Mit Biotracks zur Biodiversität

Luise Knoblich

Mit Biotracks zur Biodiversität

Die Natur als Lernort durch
Exkursionen erfahren

Mit einem Geleitwort von Prof. Dr. Uwe Hoßfeld

 Springer Spektrum

Luise Knoblich
Arbeitsgruppe Biologiedidaktik
Friedrich-Schiller-Universität Jena
Jena, Deutschland

Überarbeitete Fassung der Dissertation, Friedrich-Schiller-Universität Jena, 2018
Ausgezeichnetes Projekt der UN-Dekade Biologische Vielfalt

ISBN 978-3-658-31209-1   ISBN 978-3-658-31210-7 (eBook)
https://doi.org/10.1007/978-3-658-31210-7

Die Deutsche Nationalbibliothek verzeichnet diese Publikation in der Deutschen National-
bibliografie; detaillierte bibliografische Daten sind im Internet über http://dnb.d-nb.de abrufbar.

Springer Spektrum ist ein Imprint der eingetragenen Gesellschaft Springer Fachmedien Wiesbaden
GmbH und ist ein Teil von Springer Nature.
Die Anschrift der Gesellschaft ist: Abraham-Lincoln-Str. 46, 65189 Wiesbaden, Germany

Geleitwort

Eines der Hauptprobleme des 21. Jahrhunderts ist die kontinuierlich fortschreitende Umweltverschmutzung sowie die anthropogene Klimabeeinflussung. Der daraus folgende Biodiversitätsverlust wird nach Auffassung der Europäischen Kommission als kritischste globale Umweltbedrohung neben dem Klimawandel gewertet. Laut einem Bericht des Weltbiodiversitätsrats (IPBES) vom 6. Mai 2019 sind eine Million Arten in den kommenden Jahren und Jahrzehnten vom Aussterben bedroht, bereits 85 Prozent der Feuchtgebiete zerstört, neun Prozent aller Nutztierrassen ausgestorben und wurden 32 Millionen Hektar tropischer Regenwald allein zwischen 2010 und 2015 abgeholzt.

Als Gymnasiallehrerin und aktuell wissenschaftliche Mitarbeiterin an der Friedrich-Schiller-Universität Jena sieht es Luise Knoblich nicht nur als ihren Beruf, sondern als ihre Berufung an, diesen negativen Entwicklungen der natürlichen Umwelt aktiv entgegenzuwirken. Die Sensibilisierung und Bildung der heranwachsenden Mitglieder unserer Gesellschaft hinsichtlich des anthropogenen Biodiversitätsverlustes gilt dabei als essenzielle Voraussetzung für den Schutz der biologischen Vielfalt. Daher erarbeitet Frau Knoblich seit ihrer Studienzeit Konzepte und Methoden, die bei Schülern positive Wirkungen auf deren Umweltbildung haben sollen.

Inhalte und Methoden des Biologieunterrichts sind abhängig von der Kultur, Wissenschaft und Gesellschaft der jeweiligen Epoche. Der Biologieunterricht des 21. Jahrhunderts wird dabei von vier zentralen fachübergreifenden Aufgaben bestimmt: 1. Gesundheitserziehung, 2. Sexualerziehung, 3. Bioethik und 4. Umwelterziehung/-bildung. Alle diese vier Aufgaben sind auf das bewusste und aktive Handeln der Schüler in der (jeweiligen) Gesellschaft ausgerichtet. Gerade im Zeitalter wachsender Globalisierung und der Verknappung der natürlichen Ressourcen kommt den oben angeführten Punkten besondere Bedeutung zu. Hier müssen auch die Biologielehrer zukünftig eindeutiger Position beziehen, sich ihrer Verantwortung bewusst werden und sich nicht wie in der Vergangenheit oftmals hinter den Aussagen von Politikern, Schuldirektoren usw. verstecken. Dem außerschulischen Lernort (Tierpark, Botanischer Garten, Ökosystem Bach etc.) kommt – insbesondere bei Punkt 4, hier innerhalb des Studiums der Biologie und der Lehrerausbildung – nach wie vor eine große Bedeutung zu, zumal derzeit große Teile des Biologieunterrichts im Schulgebäude als sehr inhaltsbezogener, faktenträchtiger und auf Stoffvermittlung ausgerichteter Frontalunterricht stattfinden.

Bereits im Jahr 2015 legte Luise Knoblich in ihrem Buch *Spiel, Spannung und Abenteuer in der Natur. Das Seesport- und Erlebnispädagogische Zentrum*

Kloster als außerschulischer Lernort den Schwerpunkt auf die Sensibilisierung von Schülern für die derzeitige Umweltproblematik durch den Besuch natürlicher außerschulischer Lernorte. Ihre hier vorliegende Abhandlung beschreibt das darauf aufbauend entwickelte und erprobte didaktische Verfahren, das die Bereiche *Biodiversität, Bildung* und *Biologieunterricht* als Einheit betrachtet und explizit auf die Verbesserung der Biodiversitätsbildung von Schülern abzielt. Ziel des Projekts war es, ein Verfahren zu entwickeln, aus dem eine biologisch basierte GPS-Tour (von der Autorin „Biotrack" genannt) resultiert, um einen Transfer der Biodiversitätsproblematik in die Schulpraxis zu ermöglichen. Aufgrund des hohen Schülerinteresses für digitale Medien und deren vielfältige Einsatzmöglichkeiten als Unterrichtsmittel hat sich Frau Knoblich für den unterstützenden Einsatz von Smartphones beim Gang in die Natur entschieden.

Die Erprobung der verfahrensbasierten Biotracks erfolgte im Naturpark „Thüringer Schiefergebirge/Obere Saale" im Mai und Juni 2016 in Form von zwei Schülerexkursionen, die durch den Abenteuercharakter (unterwegs mit „Forschungsboot" und Mountainbike) aufbauend auf dem Ansatz „Schüler in der Rolle von Forschern" als Expeditionen deklariert wurden. Die digital gestützten Untersuchungen und Experimente erfolgten mit Schülern einer siebten und neunten Klasse am Nordufer des Bleilochstausees bzw. im „Biotopverbund Rothenbach" bei Heberndorf in Thüringen. Die Schüler des Staatlichen Gymnasiums „Dr. Konrad Duden" Schleiz und des „Christian-Gottlieb-Reichard-Gymnasiums" Bad Lobenstein nahmen damit erfolgreich am GEO-Tag der Artenvielfalt, der größten Feldforschungsaktion in Mitteleuropa, teil. Die Ergebnisse der empirischen Studie (aus Fragebögen, Expeditionsheften und Wissenstests) zeigen, dass Biotracks positive Wirkungen auf die Einstellungen zur Biodiversität sowie das Biodiversitätswissen und -handeln von Schülern haben können.

Zusätzlich zum Anknüpfen an die digitale Lebenswelt der Schüler wurde mit den entwickelten Biotracks ein wertvoller Beitrag zur Verminderung von Naturferne, geringen Artenkenntnissen und auch Bewegungsmangel Jugendlicher geliefert, was neben der hohen wissenschaftlichen auch die gesellschaftliche Bedeutung des Verfahrens andeutet. Weitere Kennzeichen sind das hohe interdisziplinäre Unterrichtsfach-Potential (Sport, Ethik, Geografie usw.), die breite Anwendbarkeit (z. B. auch für Studierende) sowie die Nachhaltigkeit und Langfristigkeit des Biotrack-Verfahrens. Luise Knoblich hat die in der Praxis erprobten didaktisch durchstrukturierten Biotracks zusammen mit den Unterrichtsmaterialien in der Mediothek des Thüringer Schulportals veröffentlicht und damit allen Thüringer Schulen zur Verfügung gestellt. Die von ihr zur potenziellen Vermarktung des Verfahrens entwickelte Wort-/ Bildmarke „N-E-W-S" (*Nature education way with smartphones*) wurde im Jahr 2015 in das Register des Deutschen Patent- und Markenamtes eingetragen. Das Biotrack-Verfahren wurde im Jahr 2016 als Patentanmeldung veröffentlicht. Dieser Einsatz hat auch die Juroren des UN-Dekade-Wettbewerbs beeindruckt: Im Jahr 2018 wurde ihr Projekt „Abenteuer Biodiversität: Mit ‚Biotracks' Arten- und Ökosystemvielfalt erkunden" während des MINT-Festivals in Jena durch die Fachjury der *UN-Dekade Biologische Vielfalt* ausgezeichnet. Die UN-Dekade Fachjury hebt in ihrer Begründung hervor, dass mit den Biotracks ein vorbildliches IT-gestütztes Naturbildungs- und Naturerlebnisangebot geschaffen und erprobt wurde, mit dem junge Menschen für die biologische Vielfalt sensibilisiert und für deren Erhaltung motiviert werden können.

Jena   Uwe Hoßfeld

Danksagung

„Nicht die Glücklichen sind dankbar. Es sind die Dankbaren, die glücklich sind" (Schefter 2017). Mit diesen Worten von Francis Bacon möchte ich im Folgenden allen Menschen danken, die zum Gelingen dieses Buches (überarbeitete Fassung der Dissertation) beigetragen haben. An erster Stelle danke ich meinem Betreuer Herrn Prof. Dr. Uwe Hoßfeld für seine kontinuierliche wissenschaftliche Unterstützung, den bereichernden intellektuellen Gedankenaustausch, die konstruktiven Ratschläge sowie die stetige Motivierung zum selbstständigen wissenschaftlichen Arbeiten. Außerdem gilt mein Dank Herrn PD Dr. habil. Georgy Levit (DIfE, Potsdam-Rehbrücke), der mich im Schaffensprozess stets durch zielführende Diskussionen und anhaltende Hilfestellung wissenschaftlich begleitet und unterstützt hat. Den Mitarbeitern der AG Biologiedidaktik Jena danke ich hiermit für die wertvollen fachlichen Gespräche und Ratschläge, die mich im Erstellungsprozess immer wieder neue Aspekte und Ansätze entdecken ließen: Herrn Dr. Michael Markert und Frau Dr. Kirsten Gesang danke ich für die methodischen Anregungen, Herrn Clemens Hoffmann sowie Frau Dr. Elizabeth Watts für den fachlichen Austausch und die vielen motivierenden Gespräche. Herrn Dr. Volker Vopel bin ich sehr dankbar für die vielseitige Hilfe und angenehme Zusammenarbeit im Rahmen der Expeditionsdurchführung. Bei Herrn Dr. Winfried Voigt vom Institut für Ökologie und Evolution Jena bedanke ich mich für die Beantwortung der biodiversitätsbezogenen Fragen, die Hinweise zur Artenbestimmung und das weitergegebene statistische Know-how.

Die Durchführung der beiden Schülerexpeditionen wurde erst durch die Kooperation mit den schulischen und außerschulischen Partnern möglich: Für die Realisierung der Schülerexpedition in den „Biotopverbund Rothenbach" bei Heberndorf danke ich an hiermit zuerst der Schulleiterin Frau Andrea Schmidt des Staatlichen Gymnasiums „Christian-Gottlieb-Reichard" Bad Lobenstein sowie den Eltern der teilnehmenden Schüler für das Einverständnis zur Expeditionsdurchführung und die Fotoerlaubnis. Ferner bedanke ich mich bei der Biologielehrerin Frau Christiane Degenhardt für die Expeditionsbegleitung. Besonderer Dank gebührt außerdem dem Revierförster Herrn Burkhardt Reuter der Forstbetriebsgemeinschaft Heberndorf für die vielen praktischen Anregungen und die Bereicherung der Expedition durch Inhalte aus der Forstwirtschaft. Dem Hobbyimker Herrn Günter Zwerrenz (Heberndorf) bin ich für die Betreuung der „Bienen-Station" sehr dankbar. Den Schülern der Klasse 7a danke ich für die Aufgeschlossenheit und Neugier während der Expedition. Nicht nur für die Begleitung der Vorexpedition und der Schülerexpedition, sondern auch für die Hilfe bei der Schülerbetreuung und der zoologischen Artenbestimmung danke ich darüber hinaus besonders herzlich Herrn Hans-Christian Schmidt (Weida). Frau Gabriele Müller (TBG und NABU Jena) danke ich für die Teilnahme an der Vorexpedition und die wertvolle Kontaktvermittlung im Rahmen der Artenbestimmung. Besonderer Dank geht bezüglich der Expedition am Bleilochstausee in erster Linie an die Schulleiterin des Staatlichen Gymnasiums „Dr. Konrad Duden" Schleiz Frau Alexandra Fischer, den stellvertretenden Schulleiter Herrn Günter Meinhardt sowie die Eltern der teilnehmenden Schüler für die Genehmigung der Expedition sowie die Fotoerlaubnis. Bei den Schülern der Klasse 9a bedanke ich mich für die interessierte Teilnahme an der Expedition sowie bei der Biologielehrerin Frau Jutta Steinbiß und dem Biologielehrer Herrn Dr. Volker Vopel für die Begleitung der Expedition. Außerdem spreche ich hiermit dem Leiter des SEZ Kloster Herrn Robert Müller, den pädagogischen Mitarbeitern Frau Janine Oßwald und Herrn Klaus Lendorf für die erneute Kooperation sowie Frau Pia Schubert und Herrn Tony Dietrich für die Schülerbetreuung während der Boots- bzw. Mountainbiketour ein großes Dankeschön aus.

Für die unkomplizierte Erteilung der artenschutzrechtlichen Ausnahmegenehmigung zur Expeditionsdurchführung im Flächennaturdenkmal „Biotopverbund Rothenbach" sowie im Landschaftsschutzgebiet „Obere Saale" darf zudem ein besonderer Dank an Herrn Udo Schröder von der Unteren NSB Schleiz nicht fehlen. Artenlisten wurden hier bereits im Rahmen meiner Examensarbeit im Jahr 2014 ausgetauscht und auch anlässlich der Expeditionen im Jahr 2016 zur Einarbeitung in die faunistische Datenbank THKART übermittelt. Herrn Tristan Lemke (Dipl.-Ing. für Landeskultur und Umweltschutz, Jena) danke ich für die Möglichkeit der Einarbeitung der expeditionsbasierten Artenfunde in die floristische Datenbank FLOREIN. Für die kompetente Unterstützung bei zoologischen Bestimmungsfragen im Zusammenhang mit der Erstellung der Artenlisten ergeht hiermit ein herzliches Dankeschön an Herrn Dr. Frank Fritzlar und Frau Katrin Wolf von der TLUG (nun TLUBN) Jena sowie an Herrn Matthias Hartmann (Naturkundemuseum Erfurt). Dank gebührt in diesem Zusammenhang ebenso Herrn Prof. Dr. Günter Köhler (Jena, Determination Heuschrecken), Herrn Dr. Karl-Hinrich Kielhorn (Berlin, Determination Spinnen), Herrn Dr. Ulrich Bößneck (Erfurt, Determination Krebse), Herrn Dr. Dirk Mattern (Gotha, Determination Asseln), Herrn Dr. Thomas Voigt (Jena, Determination Graptolithen), Herrn Egbert Friedrich (Jena, Determination Raupen) und Herrn Andreas Tränkner (Erfurt, Determination Ameisen). Bei botanischen Bestimmungsfragen standen Herr Dr. Jörn Hentschel und Herr Dr. Hans-Joachim Zündorf vom Herbarium Haussknecht der FSU Jena sowie Herr Dr. Heiko Korsch (TLUBN, Außenstelle Weimar) beratend zur Seite, die hiermit in großer Dankbarkeit Würdigung finden sollen.

Besonderen Dank möchte ich außerdem Herrn Dr. Christoph König (Goethe-Universität Frankfurt) und Herrn Dr. Marian Busch (Edith-Stein-Schule

Erfurt) für die verlässliche Hilfe bei der statistischen Analyse und Auswertung der erhobenen Daten entgegenbringen. Auch die Gespräche mit Herrn PD Dr. habil. Gottfried Jetschke vom Institut für Ökologie und Evolution Jena sowie mit Herrn Dr. Clemens Töpfer (Friedrich-Alexander-Universität Erlangen-Nürnberg) haben meine Arbeit nachhaltig beeinflusst. Herzlichen Dank für die Rückmeldung zum Untersuchungsdesign und die Literaturempfehlungen.

Mein außerordentlicher Dank gilt zudem Herrn Pat.-Ass. Michael Rothenburger sowie Herrn Dr. Christian Liutik des Patentinformationszentrums Jena für die konstruktive Zusammenarbeit im Rahmen der Patent- und Markenanmeldung sowie Frau Dr. Ina Weiß (Wissenschaftliche Informationsstelle Jena) für die Unterstützung bei der Patentrecherche. Des Weiteren soll Herrn André Kröckel vom ThILLM (Bad Berka) für die Klärung formaler Fragen zu Bildrechten sowie Herrn Manfred Schmutzler (Manager Cartography & Software Development bei Garmin, Garching bei München) für die Genehmigung zur Verwendung des Garmin-Materials gedankt werden.

Den Mitarbeitern der DBU (Osnabrück) sowie Herrn Prof. Dr. Markus Peschel von der Universität des Saarlandes (Saarbrücken) danke ich für die konstruktive Kritik zu meinen Vorträgen und die didaktisch-konzeptionellen Anregungen. Für die vielseitige Unterstützung bei technischen Fragen bin ich außerdem den Mitarbeitern vom Universitätsrechenzentrum der FSU Jena zu Dank verpflichtet.

Dem Team vom GEO-Tag der Artenvielfalt (Hamburg) gilt ein herzlicher Dank für den Materialaustausch und die genehmigte Nutzung ausgewählter GEO-Materialien für die Schülerexpeditionen. Dem Team des Cornelsen Verlages (Berlin) und Ernst Klett Verlages (Stuttgart) danke ich für die erworbenen Nutzungslizenzen im Zusammenhang mit der Erstellung der Expeditionshefte sowie Herrn Herbert Beste vom NABU Herten e. V. für die erhaltenen Bildrechte. Weiterer Dank geht an Herrn Dietrich Tuttas der Informationsstelle für Umwelt und Naturschutz Plothen sowie Herrn Dr. Karl Porges (Erfurt) für die Durchsicht des Manuskripts und die konstruktiven Hinweise.

Frau Dr. Angelika Schulz vom Springer Verlag danke ich für die wertvolle Unterstützung im Zuge der optischen und inhaltlichen Aufbereitung des Manuskripts sowie die Abwicklung des Produktionsprozesses. Dem Team vom Springer Verlag sei für die Möglichkeit gedankt, dass dieses Buch als Baustein zum Entdecken, Schätzen und Schützen von Biodiversität einem breiteren Publikum zugänglich gemacht werden kann.

Besonders möchte ich hiermit auch meiner Familie und allen Freunden für die Unterstützung mit Rat und Tat und das entgegengebrachte Verständnis für die Arbeit danken.

Luise Knoblich

Inhaltsverzeichnis

Abbildungsverzeichnis

Tabellenverzeichnis

Abkürzungsverzeichnis[1]

2-MEV	Two Major Environmental Values (Modell)
AG	Arbeitsgruppe
AkuTh e. V.	Arbeitskreis Umweltbildung Thüringen
ANU	Arbeitsgemeinschaft Natur- und Umweltbildung
App	Applikation, Softwareapplikation
BANU	Bundesweiter Arbeitskreis der staatlich getragenen Bildungsstätten im Natur- und Umweltschutz
BArtSchV	Bundesartenschutzverordnung
BaseCamp	Software für Outdoor-Aktivitäten (Datenorganisation und -aufbereitung)
BBN	Bundesverband Beruflicher Naturschutz
BfN	Bundesamt für Naturschutz
Biotrack	biologisch basierte GPS-Tour
BL	Bestimmungsliteratur
BMBF	Bundesministerium für Bildung und Forschung
BMELF	Bundesministerium für Ernährung, Landwirtschaft und Forsten
BMJV	Bundesministerium der Justiz und für Verbraucherschutz
BMU	Bundesministerium für Umwelt, Naturschutz und nukleare Sicherheit
BMUB	Bundesministerium für Umwelt, Naturschutz, Bau und Reaktorsicherheit
BNatSchG	Bundesnaturschutzgesetz
BNE	Bildung für nachhaltige Entwicklung, Education for Sustainable Development
BPB	Bundeszentrale für politische Bildung
BRIDI	Grundsätze der Werbung (Benefikation, Reduktion, Identifikation, Dramatisierung, Inforezeption)

---

1 Das Abkürzungsverzeichnis umfasst neben offiziellen Abkürzungen (z. B. „TFA" für *Thüringer Faunistische Abhandlungen*) auch vereinzelt inoffizielle Abkürzungen (z. B. „IFKTh" für *Informationen zur Floristischen Kartierung in Thüringen*) sowie Eigennamen mit entsprechender Erklärung (z. B. „FLOREIN" als Name einer floristischen Datenbank). Im Buch wird bei erstmaliger Nennung die ausführliche Bezeichnung mit der Abkürzung in Klammern und ab der zweiten Erwähnung i. d. R. nur noch die Abkürzung genannt.

BUND	Bund für Umwelt und Naturschutz Deutschland e. V.
CBD	Convention on Biological Diversity, Synonym für UN-Biodiversitätskonvention
DBS	Deutscher Bildungsserver
DBU	Deutsche Bundesstiftung Umwelt
DEPATISnet	Deutsches Patentinformationssystem des DPMA (elektronisches Dokumentenarchiv)
DIfE	Deutsches Institut für Ernährungsforschung Potsdam-Rehbrücke
DFG	Deutsche Forschungsgemeinschaft
DIPF	Deutsches Institut für Internationale Pädagogische Forschung
DLRG	Deutsche Lebens-Rettungs-Gesellschaft e. V.
DPMA	Deutsches Patent- und Markenamt
E	Ebene
EM	Experimentiermaterialien
EPA	Einheitliche Prüfungsanforderungen in der Abiturprüfung
ESSTEP	The Earth and Space Science Technological Education Project
F	Forschungsfrage
FF	Fichtenforst
FFH-Richtlinie	Fauna-Flora-Habitat-Richtlinie
FIS Naturschutz (LINFOS)	Fachinformationssystem Naturschutz (LINFOS)
FLOREIN	floristische Datenbank (abgeleitet von: floristische Daten-Eingabe)
FM	Fortbewegungsmittel
FSU Jena	Friedrich-Schiller-Universität Jena
FüU	Fächerübergreifender Unterricht
FWU	Institut für Film und Bild in Wissenschaft und Unterricht
GEB	General Ecological Behavior (Skala)
Google Earth	virtueller Globus (Software)
GPS	Global Positioning System
GPX	GPS Exchange Format
H	Hypothese
HGF	Helmholtz Gemeinschaft Deutscher Forschungszentren
iDiv	Deutsches Zentrum für integrative Biodiversitätsforschung
IFKTh	Informationen zur Floristischen Kartierung in Thüringen
IGB	Isabellengrüner Bucht

iOS	Internetwork Operating System (Name des Apple Standard-Betriebssystems)
IPBES	Intergovernmental Science-Policy Platform on Biodiversity and Ecosystem Services, Weltbiodiversitätsrat
ISB	Staatsinstitut für Schulpädagogik und Bildungsforschung
IT	Informationstechnik
IUCN	International Union for Conservation of Nature and Natural Resources, Internationale Union zur Bewahrung der Natur und natürlicher Ressourcen, auch Weltnaturschutzunion
juris GmbH	Juristisches Informationssystem für die Bundesrepublik Deutschland
KMK	Kultusministerkonferenz
KMZ	Keyhole Markup Language (Datenformat einer gezippten KML-Datei)
LfU Bayern	Bayerisches Landesamt für Umwelt
M	Methode
MNT	Mensch-Natur-Technik (Unterrichtsfach)
MNU	mathematisch-naturwissenschaftlicher Unterricht
MO	Motivation
MPG	Max-Planck-Gesellschaft
MPI	Max-Planck-Institut
MR	Magerrasen
NABU	Naturschutzbund
NAWI	Naturwissenschaften
NP	Naturpark
NSB Schleiz	Naturschutzbehörde Schleiz
NWuT	Naturwissenschaft und Technik (Wahlpflichtfach Thüringer Lehrplan)
OS X	operating system (Betriebssystem des Software-Unternehmens Apple)
OSM	OpenStreetMap (freie Weltkarte)
OsmAnd	Karten- und Navigations-App (Open Street Map, Android)
OTZ	Ostthüringer Zeitung
Pat.-Ass.	Patentassessor
PISA	Programme for International Student Assessment (Programm zur internationalen Schülerbewertung)
PL Rheinland-Pfalz	Pädagogisches Landesinstitut Rheinland-Pfalz
POI	Point of Interest

ProfJL	Professionalisierung von Anfang an im Jenaer Modell der Lehrerbildung
Q3	Quartier für Medien.Bildung.Abenteuer
Qlb	Qualitätsoffensive Lehrerbildung
QR-Code	Quick Response (zweidimensionaler Code)
RLD	Rote Listen Deutschlands
RLT	Rote Listen Thüringens
SCHUBZ	Schulbiologie- und Umweltbildungszentrum
Sek.	Sekundarstufe
SEZ Kloster	Seesport- und Erlebnispädagogisches Zentrum Kloster
StMLU	Bayerisches Staatsministerium für Landesentwicklung und Umweltfragen
STN International	The Scientific & Technical Information Network
TBG	Thüringer Botanische Gesellschaft
TFA	Thüringer Faunistische Abhandlungen
ThILLM	Thüringer Institut für Lehrerfortbildung, Lehrplanentwicklung und Medien
THKART	Thüringer Artenerfassungsprogramm
ThürNatG	Thüringer Gesetz für Natur und Landschaft
TLUBN	Thüringer Landesamt für Umwelt, Bergbau und Naturschutz
TLUG	Thüringer Landesanstalt für Umwelt und Geologie
TMBJS	Thüringer Ministerium für Bildung, Jugend und Sport
TMBWK	Thüringer Ministerium für Bildung, Wissenschaft und Kultur
TMLFUN	Thüringer Ministerium für Landwirtschaft, Forsten, Umwelt und Naturschutz
TSF	Tonschieferfelsen
TSP	Thüringer Schulportal
TU	Technische Universität
TV	Teilvermittlung
UNCED	United Nations Conference on Environment and Development
UNESCO	United Nations Educational Scientific and Cultural Organization
UW	Unterrichtswoche
WGL	Wissenschaftsgemeinschaft Gottfried Wilhelm Leibnitz
WLAN	Wireless Local Area Network
WWF	World Wide Fund For Nature
WWW	World Wide Web
Z	Ziel

1 Einleitung²

Das Einleitungskapitel ist wie folgt strukturiert: Nach der Erläuterung des Grundansatzes vorliegender Abhandlung sowie einem überblicksartigen Einblick in den themenbezogenen Forschungsstand wird die Relevanz des gewählten Themas für Wissenschaft und Gesellschaft aufgezeigt. Nach der Ableitung der Forschungsfrage und der Vorstellung entwickelter Hypothesen und zugehöriger Methoden werden die Ziele des Buches geschildert. Eine Skizze zum Aufbau der Arbeit schließt das erste Kapitel ab.

1.1 Grundansatz

Die Natur als Rückzugs- und Erholungsraum gewinnt gerade in der heutigen Zeit der zunehmenden Medialisierung, Individualisierung und Pluralisierung von Lebensstilen immer mehr an Bedeutung: „Diesen Schatz gilt es in seiner ökologischen Qualität zu bewahren und für die kommenden Generationen zu erhalten" (Bayerisches Staatsministerium für Landesentwicklung und Umweltfragen (StMLU) & Staatsinstitut für Schulpädagogik und Bildungsforschung (ISB) 2000, S. 3). Dabei reicht es nicht aus, den Schutz der Umwelt – speziell der Biodiversität³ – gesetzlich zu verordnen, da die Ziele einer nachhaltigen Umweltpolitik vielmehr im Bewusstsein der Öffentlichkeit verankert werden müssen. Dazu ist Bildung eine unerlässliche Voraussetzung für den richtigen Umgang mit der biologischen Vielfalt (StMLU & ISB 2000). Der derzeit zu verzeichnende globale Rückgang der Biodiversität kann dazu führen, dass die Funktionsfähigkeit und Stabilität der Ökosysteme herabgesetzt wird (Görg et al. 1999). Die biologische Vielfalt ist daher „in den letzten Jahren zu einem wichtigen Feld der internationalen Umweltpolitik geworden" (Görg et al. 1999, S. 9). Bereits 1992 wurde die Biodiversitätskonvention in Rio de Janeiro verabschiedet, dennoch ist die biologische Vielfalt bislang nicht ausreichend untersucht. Aus diesem Grund ist das Thema „Biodiversität" „auf allen Ebenen des Bildungssystems zu berücksichtigen" (Bundesverband Beruflicher Naturschutz (BBN) 2003, S. 16) sowie dessen

---

2　Auf geschlechtsneutrale Formulierungen wurde zugunsten der Lesbarkeit i. d. R. verzichtet. Im Text sind immer alle Geschlechter gemeint. Im Text definierte Begriffe sind durch Fettdruck hervorgehoben.

3　Synonym: biologische Vielfalt; diese setzt sich aus Artenvielfalt, Ökosystemvielfalt und genetischer Vielfalt zusammen (Görg et al. 1999, s. Kap. 2.1).

© Springer Fachmedien Wiesbaden GmbH, ein Teil von Springer Nature 2020
L. Knoblich, *Mit Biotracks zur Biodiversität*,
https://doi.org/10.1007/978-3-658-31210-7_1

Ziele und Inhalte in das Konzept der „Bildung für eine nachhaltige Entwicklung"
zu integrieren (BBN 2003). Die vorliegende Arbeit baut auf diese Erkenntnis auf
und widmet sich explizit der Integration des Themas „Biodiversität" in die
Schulbildung an Thüringer Gymnasien im Fach Biologie in Form des Lernens an
außerschulischen Lernorten, da der erhöhte Lernerfolg der Schüler bspw. in
Form des kumulativen Kompetenzerwerbs außerhalb des Schulgebäudes nachgewiesen ist (Kittlaus 2017a). Hinzu kommt, dass es den Schülern in der heutigen Zeit häufig an außerschulischen Primärerfahrungen mangelt, die in direktem
Kontakt mit Mitmenschen und der Umwelt gemacht werden. An ihre Stelle treten zunehmend die Medien, welche lediglich Informationen aus zweiter Hand
ermöglichen. Daher ist es wichtig, „den Klassenraum auch zu verlassen und
andere Lern- und Erfahrungsräume aufzusuchen und zu erkunden, um so die
Lerndefizite in einer veränderten Umwelt zu vermindern" (Kittlaus 2017b). Die
Natur selbst kann hierbei mit ihrer biologischen Vielfalt als übergreifender außerschulischer Lernort dienen.

Grundanliegen der wissenschaftlichen Abhandlung ist es, einen Zugang zu
den drei „ökologischen B's"[4] herzustellen und die Bereiche „Biodiversität",
„Bildung" und „Biologieunterricht" sinnvoll miteinander zu verbinden. Da die
Lebenswelt der Schüler in der heutigen Zeit wie beschrieben vorwiegend medial
geprägt ist und ihnen gleichzeitig essenzielle Naturerlebnisse fehlen, wurde sich
im Rahmen der Studie für den Einsatz Neuer Medien (hier am Beispiel von
Smartphones) als alternative Form der Wissensvermittlung zur Steigerung der
Schülermotivation entschieden. Wie Ellenberger (1993) in seinem Werk *Ganzheitlich-kritischer Biologieunterricht* anführt, soll sich der Biologieunterricht auf
reale Probleme der Lebenssituation Jugendlicher (hier: im eigenen Umfeld erfahrbare Folgen des Biodiversitätsverlustes) verbunden mit der Nutzung des
innovatorischen Potentials der Schüler bei der Problemlösung (hier Erweiterung
der Artenkenntnis und folgender Biodiversitätsschutz) beziehen. In diesem Kontext ist die Integrierung von Einsichten aus anderen Fächern unabdingbar, was
Ellenberger (1993, S. 98) wie folgt unterstreicht:

---

4   Zugunsten der Lesbarkeit wird im Buch an geeigneten Stellen die im Inhaltsver-
     zeichnis verankerte Bezeichnung „Biodiversität" (Kap. 2), „Bildung" (Kap. 3) und
     „Biologieunterricht" (Kap. 4) durch die metaphorische Kurzform der „drei ökologi-
     schen B's" ersetzt. Die ökologischen Bezüge der drei Bereiche sind wie folgt darzu-
     stellen: Biodiversität (erstes „ökologisches B") wird als Teilgebiet der Ökologie ver-
     standen. Außerdem wird ökologische Bildung in Form von Umweltbildung
     fokussiert und in einem ökologisch angelegten Biologieunterricht konkretisiert (zwei-
     tes und drittes „ökologisches B").

„Der Unterricht erhält hier zwangsläufig eine fächerübergreifende Komponente, er kann nicht auf ‚wertfreie' Vermittlung biologischer Fakten beschränkt bleiben und muß Elemente anderer Fächer (z. B. Physik, Chemie, Religion, Ethik) mit einbeziehen".

Gemäß dem Motto: „Nur was man kennt, kann man auch schützen", unter dem jedes Jahr der GEO-Tag der Artenvielfalt veranstaltet wird, soll im Rahmen dieser Studie bei der Zielgruppe (hier Kinder und Jugendliche, speziell Schüler) durch ein gemeinsames, erkenntnisreiches Naturerlebnis schrittweise Bewusstsein für die Biodiversität geweckt werden (Hasselmann & Kästner 2016). Grundanliegen hierbei ist die Sensibilisierung junger Menschen für die Schutzbedürftigkeit der Natur. Nicht zuletzt wird dieses Leitziel auch von der Heinz Sielmann Stiftung als Partner des GEO-Tages der Artenvielfalt verfolgt (Müller 2012). Dass sich der GEO-Tag der Artenvielfalt mit außerschulischem Biologieunterricht kombinieren lässt, zeigen die in Kap. 6.3 vorgestellten Schülerexpeditionen.

Zentrales Fundament, auf dem alle folgenden Ausführungen aufbauen, ist das pädagogische Konzept handlungsorientierten Unterrichts (Gudjons 2008), das Denken und Handeln insbesondere im Rahmen von Projektunterricht miteinander zu verbinden sucht. Den Kern bildet die „eigentätige, viele Sinne umfassende Auseinandersetzung und aktive Aneignung" des Lerngegenstandes (Gudjons 2008, S. 8). Anknüpfend an die bestätigten „verkürzte[n] und vereinseitigte[n] kulturelle[n] Aneignungsformen von Kindern und Jugendlichen" (Gudjons 2008, S. 9) im 21. Jahrhundert und dem damit einhergehenden veränderten Auftrag der Schule, wurde sich in vorliegender Abhandlung für eine Orientierung an diesem Konzept entschieden. Die Systematik der Projektschritte und -merkmale (s. Kap. 1.5) erfolgt in theoretischer Anlehnung an die „Stufen des Denkvorganges" und die „Philosophie des Pragmatismus" des amerikanischen Pädagogen John Dewey (Gudjons 2008, S. 77). Über diese theoretische Einbettung hinaus weisen die Projektschritte und -merkmale auch unmittelbaren Praxisbezug auf, da sie als „Ergebnis einer Analyse von ca. 200 durchgeführten Projektbeispielen" verstanden werden können (Gudjons 2008, S. 77). Der „pragmatische Vorteil" des Merkmalskatalogs, „in der Praxis des Projektunterrichts […] als direkt anwendbare ‚Checkliste' fungieren zu können" (Gudjons 2008, S. 77) wurde in der wissenschaftlichen Abhandlung genutzt (s. Kap. 7.1).

Resultate der empirischen Umwelt- und Gesundheitsforschung zeigen, dass die „Vermittlung von Wissen eine notwenige, aber keine hinreichende Bedingung für die Veränderung von Handlungen ist" (Köpke 2006, S. 2). Spezifiziert man den Blick von der allgemeinen Didaktik auf die Fachdidaktik, hier die Biologiedidaktik, bildet das integrierte Handlungsmodell (Rost, Gresele & Martens 2001) den handlungstheoretischen Rahmen für die vorliegende Studie (s. Kap. 6.2.2). Demnach entsteht eine Motivation zum Handeln erst dann, wenn „eine

Diskrepanz zwischen einem wahrgenommenen Realitätsausschnitt und subjektiven Wertvorstellungen erfahren wird" (Köpke 2006, S. i). Schwerpunkt des Buches ist nicht das detaillierte Aufgreifen aller Komponenten des komplexen Handlungsmodells, sondern das Bestreben, einen Einblick in handlungsgenerierende Faktoren zu ermöglichen (Löwenberg 2000).

1.2   Forschungsstand

Grundsätzlich ist festzustellen, dass es bisher nur vereinzelt Studien gibt, die die drei Bereiche „Biodiversität", „Bildung" und „Biologieunterricht" jeweils isoliert voneinander betrachten. Das Zeitalter von Neuen Medien und Umweltproblemen (speziell des Biodiversitätsverlustes) erfordert eine Verknüpfung dieser drei Bereiche, welche in der Fachwelt noch nicht in dieser Form bekannt geworden ist.

Es existiert bereits eine Offenlegungsschrift (US 2013/0073387 A1), die ein Verfahren zur Bereitstellung pädagogisch bezogener „Links" präsentiert. In den Kategorien „Soziales", „Geografie" und „Werbung" sind zwar Komponenten des Geo-Mappings und der 3D-Kartendarstellung in Verbindung mit GPS-Technologien inbegriffen, diese dienen aber nicht der Erarbeitung und Vermittlung von Lehrplaninhalten oder schwer zugänglichen Wissenschaftsinformationen, wie es m. H. des Biotrack-Verfahrens möglich ist. „Der Verfahrensweg wurde ebenfalls nicht dargestellt oder erläutert und die Zielgruppe nicht näher beschrieben (‚Datensätze für Endbenutzer'). Es ergibt sich auch kein Bezug zum Fachgebiet der Biologie" (Hoßfeld & Knoblich 2016, S. 3). Darüber hinaus existieren Lehrpfade wie z. B. Naturlehrpfade, heimatkundliche oder geologische Lehrpfade, die ebenfalls durch Wahrung des geografischen Bezuges Wissen insbesondere anhand von Schautafeln u. a. Lehrobjekten liefern. Diese weisen aber aufgrund der ausgesetzten Witterungsbedingungen in der freien Natur wenig Beständigkeit auf, benötigen entsprechende Wartungsaufwände und sind im Hinblick auf die erforderliche Informationsanpassung weder flexibel noch aufwandgering handhabbar (Hoßfeld & Knoblich 2016).[5]

---

5   Die nachfolgenden, nach den drei Bereichen „Biodiversität", „Bildung" und „Biologieunterricht" gegliederten Rechercheergebnisse ermöglichen einen Einblick in den bereichsbezogenen Stand der Forschung, wobei kein Anspruch auf Vollständigkeit erhoben werden kann und die Grenzen zwischen den drei Bereichen z. T. fließend sind.

1.2.1 Biodiversität

Mit der UN-Biodiversitätskonvention „hat der Naturschutz theoretisch, jedoch in der Praxis noch kaum verwirklicht, einen anderen Stellenwert zu bekommen" (BBN 2003, S. 104). Trotz der umfassenden sozial- und kulturwissenschaftlichen Forschungen zum Themenfeld „Biodiversität" „existiert fast keine – auf einer biologischen Erfassung der Biodiversitätspotentiale aufbauende – interdisziplinäre, problemorientierte und akteurszentrierte Forschung" (Görg et al. 1999, S. 26). Hier knüpft die Abhandlung an, in deren Rahmen das Thema „Biodiversität" motivational auf der Ebene von Schülerhandlungen wirksam werden soll. Hutter & Blessing (2010) tangieren mit ihrem Werk zwar in gewisser Weise die Bereiche „Biodiversität" und „Bildung", betrachten allerdings primär nur die Artenvielfalt (neben der genetischen Vielfalt und der Ökosystemvielfalt nur eine Ebene[6] von Biodiversität, s. Kap. 2.1) und sehen auch nicht die Einbindung Neuer Medien (GPS-Geräte / Smartphones u. Ä.) sowie den engen Bezug zum Lehrplan vor, welcher im Rahmen der vorliegenden Arbeit schwerpunktmäßig betrachtet wird.

Anregungen, die zur Verfestigung der eigenen Zielsetzungen (s. Kap. 1.5) beigetragen haben, wurden in den Newslettern der Deutschen Bundesstiftung Umwelt (DBU) gefunden. Die exemplarischen Artikel „Faszination Honigbienen – Schüler werden Imker", „Grundschüler werden zu Umweltreportern" oder die Schwerpunkte der DBU-Fachtagung „Lernen durch Umweltengagement – bestechend gut!?" verfolgen alle das gemeinsame Ziel, die junge Generation an Umwelt- und Nachhaltigkeitsthemen heranzuführen – sei es, für den Erhalt der Bienenpopulationen zu kämpfen, kompetent mit Medienkanälen umzugehen oder sich in schulischen und außerschulischen Umwelt- und Nachhaltigkeitsprojekten zu engagieren (DBU 2013a). Darüber hinaus präsentiert das Lehrer-Online-Portal praxiserprobte Lehrideen für die Umweltbildung, z. B. zu den Themen „Klimaschutz", „biologische Vielfalt" oder „nachhaltiger Konsum" – mit Hinweisen zu außerschulischen Lernorten zu diversen Themen der nachhaltigen Entwicklung. Basierend auf Ergebnissen aus DBU-Projekten in Verbindung mit der Aufbereitung durch didaktisch kompetente Partner harmonieren die Unterrichtseinheiten mit den Lehrplänen der unterschiedlichen Bundesländer. Angeboten werden auch Materialien für Geocaching-Exkursionen. Das Portal, das seit

---

6 In der wissenschaftlichen Abhandlung werden die genetische Vielfalt, die Artenvielfalt und die Ökosystemvielfalt als „Ebenen" von Biodiversität bezeichnet (Bundesamt für Naturschutz (BfN) 2017). Andere Autoren verwenden hierfür bspw. die Bezeichnung „Aspekte" (Umweltbundesamt 2016), „Teilaspekte" (Bayerisches Landesamt für Umwelt (LfU Bayern) 2015), „Organisationsstufen" (Spektrum Akademischer Verlag 1999a) und „Bereiche" (Greenpeace e. V. 2017).

Juni 2012 offizielles Projekt der sog. Weltdekade „Bildung für nachhaltige Entwicklung" (BNE, s. Kap. 3.3) der Vereinten Nationen ist (DBU 2013b) zeigt
damit erste Ansätze auf, um die zwei „B's" „Bildung" und „Biologieunterricht"
gewinnbringend zu verbinden.

Das Projekt „Finde Vielfalt-Biodiversität erleben mit ortsbezogenen Spielen" hat die Tatsache zum Anlass genommen, dass lokale Biodiversität von der
breiten Bevölkerung kaum wahrgenommen und der Kenntnis der biologischen
Vielfalt sowie ihrem Schutz eine geringe Bedeutung beigemessen wird. Folglich
werden im Rahmen des Projekts Zugänge mit dem Ziel entwickelt, die biologische Vielfalt vor Ort zu entdecken und deren Wert schätzen zu lernen (Haas
2017). Hier wird der Bogen zu Neuen Medien gespannt, da die Inhalte zur Biodiversität auf mobilen elektronischen Endgeräten (Smartphones, Tablets) erfahrbar gemacht werden. Allerdings wird kein konkretes Verfahren vorgeschlagen,
der Bezug zum Lehrplan bleibt aus und es handelt sich um reine Spielformen.[7]
Diese Lücke versucht das im Rahmen der wissenschaftlichen Abhandlung entwickelte Verfahren zu schließen, um damit einen Beitrag für das forschend-
entdeckende Lernen (s. Kap. 4.2.3) zu leisten. Im Naturpark „Thüringer Schiefergebirge / Obere Saale", der aufgrund seiner biologischen und geologischen
Vielfalt (s. Kap. 5.1) für die Praxiserprobung des entwickelten Verfahrens (s.
Kap. 6) ausgewählt wurde, existieren einige geführte GPS-Touren für Wanderungen und Aktionen, die allerdings nur für den Freizeitbereich angedacht sind
(Hoßfeld & Knoblich 2016).

1.2.2 Bildung

Die Idee, GPS-Touren für Bildungszwecke zu nutzen, ist nicht neu. Das zeigen
auch die GPS-Bildungsrouten, die digitale Welt und reales Naturerleben koppeln
(Greif 2011). Die Ziele der Bildungsrouten decken sich mit den Leitideen des
entwickelten Verfahrens (s. Kap. 5.3): Die Lebenswelten der Jugendlichen sollen
mit einem erlebnisorientierten Ansatz bei gleichzeitiger Initiierung informeller
Lernprozesse einbezogen werden (Greif 2011). Die enge Verknüpfung mit konkreten Lehrplanthemen, speziell Stoffgebieten fehlt allerdings bisher noch, was
durch das Verfahren gezeigt werden soll.[8]

---

7   sog. Geogames; ortsbezogene Spiele (Haas 2017).
8   Eine Analyse bisher bestehender, für Bildungszwecke entwickelter GPS-Touren
    (Hoßfeld & Knoblich 2016) zeigt, dass zahlreiche Entwicklungen auf diesem Gebiet
    existieren: Von den Projekten „WASsERLEBNIS" (Berlin / Hamburg) und „NaviNa-
    tur" (Lüneburg) über Geocaching-Angebote (Jena, Freiburg) bis hin zu Fachtagungen
    (Wedel) und die Verwendung von iPads, Tablets oder Pocket PC's zur Wissensver-
    mittlung (Vereinigte Staaten von Amerika). Diese Entwicklungen haben sich als

Das Projekt „WASsERLEBNIS" der BUND-Jugend (Berlin) und DLRG-Jugend (Hamburg) beabsichtigte, per GPS-Route neue Zielgruppen für das Thema „Nachhaltigkeit" zu begeistern und Multiplikatoren der Jugendverbandsarbeit Praxis-Know-how für die Entwicklung von GPS-Bildungsrouten zu vermitteln (Greif 2011). Allerdings wird auch hier auf die Vorstellung des konkreten Vorgehens bei der Erstellung einer solchen Tour verzichtet. Diese Lücke versucht wie o. g. das in Kap. 5.3 vorgestellte Verfahren zu füllen. Das in diesem Zusammenhang genannte Geocaching ist mit dem entwickelten Verfahren nicht gemeint, da es vordergründig nicht um eine Schatzsuche, sondern um die anschauliche Vermittlung relevanter Lehrplaninhalte auf alternative Art geht. Diese und weiterführende Informationen, z. B. zu modernen Navigations-Apps werden im Rahmen der Verfahrensentwicklung und -erprobung weitergeführt und durch den Einsatz von Smartphones weitergedacht (s. Kap. 5, Kap. 6).

Das sog. „Q3. Quartier für Medien.Bildung.Abenteuer" (Traunstein) hat sich die Verknüpfung von Medienbildung und Erlebnispädagogik auf die Fahne geschrieben. Im Fokus der gemeinnützigen GmbH steht das Lernen mit mobilen Medien an ungewöhnlichen Lernorten. Schwerpunkte der angebotenen Projekte, die in Arbeitsgemeinschaften, Kursen, Workshops und Fortbildungen stattfinden, sind die medienpädagogische Praxis, der Medienumgang der heranwachsenden Generation und die Medienbildung (Dietsch & Anders 2017a). Eine weitere Schnittmenge mit dem im Rahmen der vorliegenden Arbeit vorgestellten Projekt und Verfahren ist die Kooperation mit Schulen und anderen Bildungseinrichtungen bei der Ausführung und Gestaltung der Projekte. Dennoch fehlen jegliche Lehrplanbezüge oder die Offenbarung eines entwickelten Verfahrens, was die Entwicklung von „biologisch basierten GPS-Touren" (Biotracks, Definition s. Kap. 1.5) legitimiert und eine Kooperation lohnenswert erscheinen lässt.[9]

Wie aber Köthe (2014) ausführt, befindet sich der Einsatz von GPS-Geräten zur Vermittlung von Bildungsinhalten sowie zum Erwerb von Kompetenzen noch am Anfang und die dahinterstehenden Potenziale sind bisher kaum ausgeschöpft. An dieser Tatsache hat sich trotz weiterer Entwicklungen auf dem Gebiet der GPS-Technik auch bis zum heutigen Zeitpunkt nicht viel geändert. Dennoch werden speziell in den Bereichen „Umweltbildung" und „BNE" vermehrt GPS-unterstützte Angebote entwickelt und erprobt (Lude et al. 2013). Köthe (2014) koppelt eine GPS-geleitete Tour in Form von Geocaching mit der Ver-

---

sinnvoll für die Arbeit erwiesen und werden daher nachfolgend exemplarisch vorgestellt.

9   So könnte die gemeinnützige GmbH, speziell das im Jahr 2012 in Thüringen (Bad Lobenstein) gegründete Büro (Dietsch & Anders 2017b) die Biotracks nutzen und diese könnten auf diese Weise vermarktet werden und damit die Multiplikatorenfunktion des Q3. Quartiers erfüllen (s. Kap. 7.2).

mittlung naturwissenschaftlicher Inhalte zum Thema „Das Ökosystem Wald" im
Rahmen des fächerverbindenden Unterrichts. Allerdings wird nur eine theoretische Variante zur Umsetzung vorgestellt, wohingegen der Praxistest und konkrete Hinweise zur Umsetzung sowie die sich ggf. anschließende Optimierung ausbleiben. An diesem Punkt knüpft die vorliegende wissenschaftliche Abhandlung
an und versucht, diese Lücke durch die Entwicklung einer neuen Theorie- und
Praxismethode (s. Kap. 5, Kap. 6) schließen zu helfen.[10]

       Die DBU offenbart ebenfalls keine Methode zur Verbindung der drei Berei-
che „Biodiversität", „Bildung" und „Biologieunterricht" oder zur anschaulichen
und standortspezifischen Erarbeitung und Vermittlung wissenschaftlich schwer
zugänglicher Informationen. Es wurde zwar ein Förderprojekt zum Thema
„GPS-Bildungsrouten im Biosphärenreservat Flusslandschaft Elbe" ins Leben
gerufen, das unter dem Namen „NaviNatur" ebenfalls GPS-Geräte für die Vermittlung biologischer Themen einsetzt, aber nicht den Bezug zu Vorgaben ge-
benden Lehrplänen („Biologieunterricht") spannt (Hoßfeld & Knoblich 2016).

       Auch in den didaktischen Drehbüchern, die als „Hilfestellung bei der Ent-
wicklung von mobilen Lernangeboten in der Umweltbildung" und BNE (Lude et
al. 2013, S. 74) dienen sollen, werden statt eines konkreten Verfahrens zentrale
Planungsschritte, von der Identifikation von Zielen und der Zielgruppe über
Anregungen zur methodischen Umsetzung bis hin zur Klärung der Rahmenbedingungen bei abschließender Vorstellung exemplarischer Szenarien dargeboten.

       Im Portal „BNE" werden im Rahmen einer Fachtagung in Wedel zum The-
ma „Entwicklung von GPS-unterstützten Bildungsangeboten" zwar GPS-Geräte
als Neue Medien zur Erforschung der Natur – speziell von grünen Korridoren
und naturnah angelegten Parkanlagen präsentiert, allerdings auch hier ohne
Lehrplanbezug („Biologieunterricht") sowie nicht mit dem Zweck der Vermittlung schwer zugänglicher Wissenschaftsinformationen. Mit den verfügbaren
Standortdaten wird statt der Verbindung der drei in diesem Buch fokussierten
Bereiche lediglich der geografische Bezug mit Navigationscharakter hergestellt,
sodass wie folgt zusammengefasst werden kann:

---

10 Zudem erfolgen die im Rahmen der Studie vorgestellten Touren nicht unter dem
   Geocaching-Aspekt. Vielmehr geht es um das punktgenaue Auffinden für die Wissensvermittlung biologisch interessanter Naturobjekte (statt „Caches") in Verbindung
   mit der dortigen anschaulichen akteurszentrierten und handlungsorientierten Aneignung. Die Verstärkung der Handlungsorientierung sowie die Zunahme von Motivation durch solche außerschulischen Projekte ist schon mehrfach nachgewiesen (Köthe
   2014) und soll durch das vorliegende Projekt vor dem Hintergrund des zugrundlie-
   genden pädagogischen Konzepts handlungsorientierten Unterrichts (Gudjons 2008, s.
   Kap. 1.1, Kap. 1.5) im Idealfall unterstützt werden (s. Kap. 6.4.2, Kap. 6.5.2).

„Eine fachspezifische Wissensvermittlung von schwer zugänglichen und wenig anschaulichen wissenschaftlichen Inhalten, beispielsweise auf dem Gebiet der Biologie, ist in Verbindung mit den besagten GPS-Geräten der Fachwelt nicht [...] bekannt geworden" (Hoßfeld & Knoblich 2016, S. 2).

Geführte GPS-Touren werden auch von der Albert-Ludwigs-Universität Freiburg
angeboten.[11] Die Impulswerkstatt der Freiburger Universität setzt das Geocaching als Lehrmethode für Studenten ein. Mit dem Schwerpunkt der Navigationsfunktion und der Anwendung von Geocaching fehlt auch hier jeglicher Bezug
zur „Aufbereitung und Vermittlung wissenschaftlicher und vorzugsweise [...]
schwer zugänglicher Informationen" (Hoßfeld & Knoblich 2016, S. 2).[12]

1.2.3 Biologieunterricht

Schon Weitzel (2013a) führt in seinem Artikel „Überall zu jeder Zeit individualisiert lernen?" an, dass sich heute in jeder Schule durch den exponentiellen Anstieg der Smartphones mehr digitale Lernumgebungen finden, als eine Schule
ihren Schülern jemals zur Verfügung stellen kann. In diesem Zusammenhang
wirft er die Frage auf: „Ist unter diesen Umständen die Vorstellung nicht verlo-
ckend, die mobilen Kleinstcomputer der Schüler für unterrichtliche Zwecke zu
nutzen?" (Weitzel 2013a, S. 5). Wie dies konkret gelingen kann, soll das entwickelte Verfahren zeigen, das in Kap. 5.3 bis Kap. 5.6 vorgestellt wird. Im Artikel
von Weitzel (2013a) werden drei Vorschläge für Apps unterbreitet, die für die
Aufbereitung, die Organisation und das Üben von Lerninhalten, aber auch die
Organisation von Arbeitsabläufen eingesetzt werden können, konkrete Hinweise
zur praktischen Umsetzung im Unterricht und der Bezug zu den drei Bereichen,

---

11 Hier liegt der Fokus aber auf dem „Geocaching" (Hessemann 2013), von dem sich
   das in Kap. 5.3 vorgestellte Verfahren bewusst abgrenzt (s. Kap. 4.6.3).

12 Ein Blick auf die Vereinigten Staaten von Amerika zeigt, dass auch hier neue Möglichkeiten zur Vermittlung von Lerninhalten für Lehrer propagiert wurden. Die unterbreiteten Vorschläge mit dem Titel „Teach geology in the field with iPads"
   (Gamache et al. 2012) sind allerdings auf das Fachgebiet der Geologie sowie die Be-
   nutzung von iPads begrenzt. Die Universität of Michigan legt den Schwerpunkt ebenfalls nur auf Geologie: Die „Camp Davis Geology Field Station" hat ein feldbasiertes
   Informationstechnologie-Projekt mit dem Titel „GeoPad and Geopocket; information
   technology for field science education" (Knoop & Pluijm 2006) mit der Absicht entwickelt, zukünftig anhand von GPS-fähigen Tablets oder Pocket PC's geografische
   Feldübungen und Exkursionen für Studenten und Dozenten anzubieten. Im Vordergrund steht statt der Zusammenführung der drei Bereiche „Biodiversität", „Bildung"
   und „Biologieunterricht" oder deren stellenweiser Verknüpfung die Erhebung und
   Analyse geografischer Daten (Hoßfeld & Knoblich 2016).

speziell zum Lehrplan („Biologieunterricht") bleiben aber aus. Hier setzt das Verfahren an, mit dessen Hilfe es Lehrpersonen gelingen kann, nach einem definierten Schema biologisch basierte GPS-Touren zu entwickeln und im eigenen Unterricht bereichsübergreifend („Biodiversität" – „Bildung" – „Biologieunterricht") einzusetzen.

Das Verfahren wurde bisher zweimal in der Praxis mit unterschiedlichen Klassenstufen im außerschulischen Biologieunterricht getestet. In diesem Zusammenhang wurde auch am GEO-Tag der Artenvielfalt im Mai und Juni 2016 teilgenommen.[13] Eine zentrale Schnittmenge mit den Ausführungen von Müller (2012) ist in der interdisziplinären Betrachtung zu sehen, die für das entwickelte Verfahren ebenso kennzeichnend ist. Die in der Handreichung für Lehrer (Müller 2012) vorgeschlagene interdisziplinäre Untersuchung eines Gewässers wurde im Rahmen der Praxiserprobung des Verfahrens getestet: Ein Gewässer wurde anhand von chemischen, physikalischen und biologischen Untersuchungen zur Bestimmung der Gewässergütequalität analysiert (s. Kap. 6.3.2).[14]

In der „Mediothek"[15] des Thüringer Schulportals (TSP) werden verschiedene Materialien für die Vor- und Nachbereitung von Lernortbesuchen in Form einer abrufbaren Datenbank bereitgestellt. Die dort aufgeführten Daten beinhalten gebündelte Materialien aus unterschiedlichen Wissensgebieten (Hoßfeld & Knoblich 2016). Lehrplan- oder sonstige Vorgabenbezüge sowie Ansatzpunkte zur Verknüpfung der fokussierten drei „ökologischen B's" sind in den Materialien bisher nicht erkennbar. Der Lernort zum Thema „Geocaching – Orientierungslauf mit GPS-Geräten" (Ripka 2014), der in der Mediothek auftaucht, wurde für Schüler ab der fünften Klasse entwickelt, zielt aber nicht auf die Vermittlung eines „wissenschaftlich schwer zugänglichen, lehrplanvorgegebenen und standortbezogenen Biologie-Fachwissens ab, wie dies beispielsweise der Fachterminus ‚Fotosynthese' beinhalten würde" (Hoßfeld & Knoblich 2016, S. 2). Hinzu kommt, dass bei dem genannten Fotosynthese-Beispiel (s. Kap. 5.4) für speziell ausgewählte Standorte keine unmittelbar vorgegebenen bzw. ableitbaren und für die Wissensvermittlung anschaulichen Angaben vorliegen, was die

---

13 s. Kap. 6.3.1, Kap. 6.4.1, Kap. 6.5.1.

14 Ein Großteil der nachfolgenden Ausführungen basiert auf der Offenlegungsschrift (Hoßfeld & Knoblich 2016), sodass zugunsten des Leseflusses auf indirekte Zitationen in diesem Teilkapitel verzichtet wird. Aus der Analyse haben sich sowohl nationale als auch internationale Entwicklungen (Litauen, Vereinigte Staaten von Amerika) zum Biologieunterricht herauskristallisiert.

15 Die Mediothek des TSP ist eine Onlineplattform, die kostenfreie, lizenzrechtlich geklärte Unterrichtsmaterialien für Lehrerpersonen bereitstellt (Becker 2020).

Entwicklung des Verfahrens legitimiert (s. Kap. 5.3), da dieses auch für solche Formen anwendbar ist.[16] Resümierend kann festgestellt werden, dass die drei Bereiche „Biodiversität", „Bildung" und „Biologieunterricht" bisher isoliert bzw. z. T. kombiniert in verschiedenen Kontexten thematisiert werden (s. Kap. 1.2.1-Kap. 1.2.3). Die Idee, die Wissensvermittlung über den Unterricht im Klassenzimmer hinaus in die Natur zu verlegen, ist grundsätzlich bekannt. Für die außerschulische Umsetzung sind bisher auch moderne GPS-taugliche Navigationsgeräte für die Lehrtätigkeit in unterschiedlichen Bereichen der Wissensvermittlung dienlich. Damit verbunden werden bereits Datenbanken und Internetportale zur Bereitstellung allgemein verfügbarer und relativ einfach zugänglicher Informationen eingesetzt. Auf diese Weise ist eine Vermittlung von Wissen, ggf. auch mit geografischem Bezug für Exkursionen, möglich. Informationen, welche über diese Kriterien der Verfügbarkeit und unmittelbaren Umsetzbarkeit hinausgehen sowie insbesondere wissenschaftlich nicht ohne Weiteres zugänglich sind, bleiben von solchen vorgabenbezogenen und exkursionsfähigen Lehrmöglichkeiten unberührt. So lässt sich z. B. das Thema „Fotosynthese" (s. Kap. 5.4) für speziell ausgewählte geografische Gegebenheiten nicht direkt in eine anschauliche Wissensvermittlung umsetzen (Hoßfeld & Knoblich 2016). Diesem Anspruch will das entwickelte Verfahren gerecht werden.

---

16 Auf internationaler Ebene (hier exemplarisch Vereinigte Staaten von Amerika und Litauen) sind folgende Tendenzen erkennbar: Primäre Zielstellung eines Weiterbildungsprogramms „The Earth and Space Science Technological Education Project" (ESSTEP, Aivazian, Geary & Devaul 2000) war es, verbessertes Lernen durch die Integration geeigneter Technologien in bestehende Lehrpläne zu erreichen. Das Zwei-Jahres-Projekt mit geowissenschaftlichem Schwerpunkt fokussierte spezielles GPS-Training in Verbindung mit Felderfahrungen, effektiven Lehrmethoden und der Beurteilung des Lernerfolges von Schülern ohne Verknüpfungsansätze der drei in der wissenschaftlichen Abhandlung im Zentrum stehenden Bereiche. Auch die Lithuanian University of Educational Sciences (Bildungswissenschaftliche Universität Litauen) beschäftigt sich mit der Entwicklung von Konzepten für Lehrpersonen. Das entwickelte Konzept „Education in environme[n]tal science; present and future perspectives" (Cesnulevitius 2012) soll der Vermittlung grundlegender naturwissenschaftlicher Kenntnisse im Fach Geografie unter Einsatz moderner Technologien dienen. Die Schüler erlangen hierbei Einblicke in die praktische Arbeit mit GPS-Geräten, aber weder die Erarbeitung und Vermittlung von wissenschaftlich schwer zugänglichen Informationen noch der enge Bezug zum Lehrplan und damit Möglichkeiten zur Verbindung der drei „ökologischen B's" werden aufgezeigt (Hoßfeld & Knoblich 2016).

1.3   Wissenschaftliche und gesellschaftliche Relevanz

Die Verknüpfung der drei Bereiche „Biodiversität", „Bildung" und „Biologieunterricht" kann durch die Entwicklung eines didaktischen Verfahrens erfolgen, das sich eignet, um verschiedene Felder z. B. aus der Ökologie, der Didaktik sowie der Medien- und Sportwissenschaft miteinander zu verbinden. Hinzu kommt, dass es bisher nur wenige Fallstudien zum mobilen, ortsbezogenen Lernen in der Umweltbildung und BNE gibt, sodass die empirische Befundlage als unzureichend eingeschätzt werden kann (Lude et al. 2013). Die Diskussion über das Für und Wider von mobilen elektronischen Geräten in der Umweltbildung (s. Kap. 4.6.3) ist auf weitere empirische Untersuchungen und Analysen von Praxisangeboten angewiesen (Lude et al. 2013). Die meisten Literaturbefunde zum Thema sind lediglich Erfahrungsberichte, Handlungshilfen für die Nutzer oder Umsetzungsbeispiele, „die bislang keiner kritischen Prüfung oder Evaluation unterzogen wurden" (Lude et al. 2013, S. 19). Auch eine Tagung im April 2010 zum Thema *Natur als Abenteuer – GPS-unterstützte Bildungsangebote. Ein Beitrag zur Bildung für Nachhaltige Entwicklung?* führt zu dem Resultat, dass eine Evaluierung der Angebote sowie deren Wirkungen auf Zielgruppen ein wichtiger Schritt auf dem Weg der Weiterentwicklung der Konzepte ist. Bekräftigt und wiederholt wurde dieser Wunsch auf der zweiten Fachtagung im April 2012[17] (Lude et al. 2013).

Die Dringlichkeit der Entwicklung und Erprobung zielgruppenorientierter didaktischer Konzepte, die Neue Medien gezielt im Rahmen der modernen Umweltbildung und BNE (s. Kap. 3.8, Kap. 3.3) einbinden, wird mehrfach betont (Lude et al. 2013). Aufgrund des Mangels an didaktisch ausgereiften Konzepten sind spezifische, detailliert ausgearbeitete didaktische Konzepte für pädagogische Angebote in der Umweltbildung und BNE erforderlich. Außerdem müssen Gelegenheiten zur Erprobung, Evaluierung und Weiterentwicklung der entwickelten Konzepte gegeben sein (Lude et al. 2013). An dieser Stelle knüpft das im Rahmen der wissenschaftlichen Abhandlung vorgestellte, entwickelte und erprobte didaktische Biotrack-Verfahren mit Fokus auf Biodiversität an (s. Kap. 5.3). Hinzu kommt, dass eine Orientierung an Lehr- und Lernzielen in den bisher ins Leben gerufenen Bildungsprogrammen und -projekten meist ausbleibt: „Eine Festlegung auf konkrete, inhaltliche Ziele findet oft nicht statt" (Lude et al. 2013, S. 71). Auch hier versucht das entwickelte Biotrack-Verfahren konkrete Bausteine zu liefern, da es durch die enge Lehrplanorientierung vor dem Hintergrund des pädagogischen Konzepts handlungsorientierten Unterrichts neben dem ent-

---

17 Thema: *„Natur als Abenteuer – GPS unterstützte Bildungsrouten – Erfahrungen und Praxisbeispiele"* (Lude et al. 2013).

stehenden Produkt die Lernziele in den Fokus rückt.[18] Dass die vorliegende Thematik auch gesellschaftlich von besonderer Relevanz ist, unterstreichen Görg et al. bereits im Jahr 1999 (S. 53) wie folgt:

> „Der Begriff Biodiversität, englisch biodiversity, hat in den letzten Jahren eine erstaunliche Verbreitung gefunden. Entwicklungsexperten und Landschaftsplanerinnen, Klimaforscher und Weltbankberater führen ihn heute mit der gleichen Selbstverständlichkeit im Munde wie Ökologinnen, Naturschützer und Vertreter indigener Völker".

Hinsichtlich des fortschreitenden Biodiversitätsverlustes verweisen Görg et al. (1999) auf die folgenden Kernprobleme des Biotop- und Artenverlustes: die derzeitige Form der Landwirtschaft, die ertragsorientierte Forstwirtschaft sowie die Zerschneidung von Biotopen und deren allmähliche Verkleinerung durch Siedlungen und Verkehr. Der internationale Bezug wird wie folgt zum Ausdruck gebracht: „Die internationale Staatengemeinschaft hat die [...] anthropogene Bedrohung der Biodiversität als ein zentrales Umweltproblem gewertet" (Görg et al. 1999, S. 22).[19]

Nur durch eine Anwendung des Naturschutzes – hier des Schutzes der biologischen Vielfalt – in der Praxis sowie die Sensibilisierung von Schülern als jüngste Mitglieder der Gesellschaft, kann das globale Problem des Biodiversitätsverlustes langfristig gelöst werden (BBN 2003). Diese Erkenntnis wurde im *Jahrbuch für Naturschutz und Landschaftspflege* im Jahr 2003 festgehalten und trifft damit den Kern heutiger Bestrebungen im Natur- und Umweltschutzbereich:

> „Die ganzheitliche Betrachtungsweise der Biodiversitätskonvention, die nach der Ratifizierung durch Bundestag und Bundesrat geltendes deutsches Recht ist, eröffnet dem Naturschutz die Chance ins Zentrum der gesellschaftlichen Entwicklungen zu rücken" (BBN 2003, S. 104).

Das Biodiversitätsproblem hat im letzten Jahrzehnt politische Relevanz erhalten. Es ist wissenschaftlich plausibilisiert, dass der Rückgang der genetischen Vielfalt der Kulturpflanzen die landwirtschaftliche Produktivität gefährdet, da die genetische Vielfalt essenzielle Voraussetzung für die Züchtung neuer Sorten ist. Analog wird befürchtet, dass die Funktionsfähigkeit und Stabilität der Ökosys-

---

18 s. Kap. 6.3.1.1, Kap. 6.3.2.1.

19 Der Bestseller-Autor Edward O. Wilson bezeichnet das Ausmaß und die Kontrolle von Biodiversität nicht nur als „zentrales Problem der Evolutionsbiologie", sondern als eines der „Schlüsselprobleme der Wissenschaft überhaupt" (Wilson 1992, S. 31): ‚[...] the magnitude and control of biological diversity is not just a central problem of evolutionary biology, it is one of the key problems of science as a whole' (Wilson 1988, S. 14).

teme durch den zunehmenden Rückgang der Artenvielfalt global abnimmt (Görg
et al. 1999). Mehr als zehn Jahre nach den Bestrebungen von Görg et al. kommt
Kullak-Ublick (2012) zu folgenden Erkenntnissen:

> „Die Umweltkrise ist eine Bewusstseinskrise. Unsere Zeit leidet an einem Naturde-
> fizit-Syndrom. Kinder müssen […] mit all ihren Sinnen […] grundlegende Erfah-
> rungen in der Natur sammeln. Nur was man kennt, kann man schätzen und lieben.
> Nur was man schätzt und liebt, kann man erkennen und schützen. Aus der Naturer-
> fahrung wächst die Naturverantwortung".

Basierend auf den Erkenntnissen beider Autoren nimmt vorliegende Arbeit zusätzlich das große Interesse von Schülern für die Neuen Medien zum Anlass, um
die aus dem entwickelten Verfahren resultierenden „Biotracks" mit den lebensre-
levanten, biologischen Inhalten (Schwerpunkt Biodiversität) zu verknüpfen.
Darüber hinaus sollen die Schüler die Erfahrung machen, dass Lernen nicht
zwangsläufig mit Leistungsdruck und dem Schulgebäude verbunden ist, sondern
Freude bereiten und inmitten der Natur stattfinden kann (Knoblich 2015a). Ob
durch derartige Aktivitäten tatsächlich das Interesse an der Natur geweckt, emotionale Bindungen vermittelt und umweltschonendes Handeln geübt werden
kann, ist noch unsicher (Lude et al. 2013). Hier soll das Verfahren weitere Erkenntnisse liefern.[20]

Weiterhin wird das Thema „Biodiversität" in der Schule nur unzureichend
behandelt (s. Kap. 2.6.2, Kap. 2.7.2) und die Schüler zeigen, u. a. bedingt durch
ihr vorwiegend medial geprägtes Leben, nur wenig Interesse für dieses Thema.
Statt Primärerfahrungen in der Natur zu sammeln, verbringen sie einen Großteil
ihrer Zeit vor dem Bildschirm bzw. mit dem Smartphone.[21] Folglich müssen die
Jugendlichen dort abgeholt werden, wo sie aktuell stehen. Dabei erscheint die

---

20 Güss (2010) plädiert außerdem für eine Richtungsänderung zugunsten der Nachhal-
    tigkeit und verweist unter Bezugnahme auf Al Gore's 2009 veröffentlichten Aus-
    spruch „Wir haben die Wahl" (Güss 2010, S. 3) auf die Dringlichkeit des Einbezugs
    aller Menschen. Weiterhin betont er die Erfordernis einer offensiven Öffentlichkeits-
    arbeit sowie einer verstärkten Umweltbildung bzw. BNE. Diese Forderung wird mit
    dem Verfahren ebenfalls berücksichtigt, da es neben dem vernetzten Theorie- und
    Praxiskonzept auch Teilprojekte im Bereich der Öffentlichkeitsarbeit zur Folge hatte
    (z. B. GEO-Tag der Artenvielfalt, s. Kap. 6.3.1, Kap. 6.4.1, Kap. 6.5.1).
21 Diese Tatsache bestätigen auch die Ergebnisse aus dem 7. Jugendreport Natur 2016:
    57 % der befragten Jugendlichen verbringen nach eigenen Angaben mindestens drei
    Stunden pro Tag vor Bildschirmen – teilweise parallel vor mehreren Geräten. Dabei
    gibt es deutliche Unterschiede zwischen „Stubenhockern" und „Naturliebhabern":
    Während Erstgenannte zu 78 % mindestens drei Stunden in elektronischen Sphären
    verbringen, sind es bei Letztgenannten nur 37 % (Brämer, Koll & Schild 2016).

Verknüpfung von „altmodischen Themen" wie Naturerfahrung[22] mit der neuen Technik des digitalen Zeitalters zeitgemäß (Güss 2010, S. 3). Das Buch soll dazu beitragen, diesen Bogen schlagen zu helfen. So soll das vorgeschlagene Verfahren dazu dienen, komplexe Lehrplaninhalte v. a. in Bezug zur Biodiversität durch den Einsatz moderner Medien anschaulich zu vermitteln. Gleichzeitig sollen Hinweise gewonnen werden, ob dadurch Kinder und Jugendliche wieder zunehmend für die Natur bzw. Biodiversität zu begeistern sind. Ganz bewusst wird das Verfahren in Thüringen, speziell im Naturpark „Thüringer Schiefergebirge / Obere Saale" (s. Kap. 5.1) erprobt, um den Schülern zu verdeutlichen, dass jeder in seinem eigenen Lebensumfeld ohne großen Aufwand einen entscheidenden Beitrag zum Biodiversitätsschutz leisten kann und man sich nicht gleich für den Schutz des tropischen Regenwaldes einsetzen muss, um sich erfolgreich Naturschützer nennen zu dürfen.[23]

Auffällig bei der Betrachtung von bisher bestehenden Projekten mit mobilen Endgeräten (s. Kap. 1.2) ist der häufige Einsatz von GPS-Geräten: „Kaum ein Angebot kommt bisher ohne diese Geräte aus" (Lude et al. 2013, S. 34). Weiterhin wurde die Erkenntnis erlangt, dass andere Geräte wie Smartphones oder Notebooks zwar auch in einigen bisherigen Bildungsangeboten vorkommen, aber nicht mit einer entsprechenden Häufigkeit. Hier stecken noch „große ungenutzte Potenziale" (Lude et al. 2013, S. 66). Da diese Geräte in der heutigen Zeit aber bereits genauso Möglichkeiten der Ortung bieten und jedem verfügbar sind, sollten diese ebenfalls entsprechend genutzt werden. Dieses Anliegen ist auch deswegen zu verfolgen, weil sich ein Bildungsprogramm in erster Linie am Alltag der Teilnehmer (hier der Kinder und Jugendliche) orientieren sollte, was mit dem Einsatz von Smartphones zur Motivationssteigerung erreicht werden kann (Lude et al. 2013).[24]

Ein weiteres, bisher unbeachtetes Problem ist die Tatsache, dass die Kinder und Jugendlichen in der heutigen Zeit wesentlich medienkompetenter als ihre

---

22 Der hohe Stellenwert von Naturerfahrungen in vorliegender Studie ist im Titel dieses Buches verschlüsselt: Demnach zielt das Werk darauf ab, Möglichkeiten aufzuzeigen, wie die Lernenden während der Biotracks auf Exkursionen die *Natur* als Lernort *erfahren* können.

23 Unabhängig davon ist der Schutz der tropischen Regenwälder eine unverzichtbare und dringende Aufgabe, die Wilson bereits im Jahr 1988 (S. 8) erkannte: ‚[…] although these habitats cover only 7 % of the Earth's land surface, they contain more than half the species in the entire world biota […]. […] the forests are being destroyed so rapidly that they will mostly disappear within the next century, taking with them hundreds of thousands of species into extinction'.

24 Diese Lücke versucht das in Kap. 5.3 vorgestellte Verfahren durch die Erprobung des Smartphoneeinsatzes ebenfalls schließen zu helfen.

Lehrkräfte sind. Das kann so weit führen, dass Lehrkräfte das Bildungsangebot wegen des GPS-Einsatzes nicht buchen wollen, um vor ihren Schülern nicht inkompetent zu wirken (Lude et al. 2013). Auch hier versucht das Biotrack-Verfahren Abhilfe zu schaffen, da sich die Lehrkräfte im Vorfeld bei der Buchung oder Erstellung der eigenen Tour detailliert mit der entsprechenden App auf dem Smartphone (OsmAnd, s. z. B. Kap. 6.2.3, Kap. 6.3.1) und der speziellen Software am Computer („Google Earth" und „BaseCamp") angeleitet auseinandersetzen und folglich vor Ort über die entsprechenden Medienkompetenzen verfügen. Ergänzend können in der Vorbereitungsphase die Schüler einbezogen und in Technik-Expertenteams eingeteilt werden (s. Kap. 6.3).

1.4   Forschungsfrage, Hypothesen und Methoden

Vorliegende wissenschaftliche Abhandlung geht folgender Forschungsfrage (F) nach:

F: Wie gelingt es, aus den vorgegebenen Lehrplaninhalten einen Biotrack zu entwickeln, der die drei „ökologischen B's" „Biodiversität", „Bildung" und „Biologieunterricht" miteinander verknüpft und sich positiv auf die Umwelteinstellungen, das Umweltwissen und das Umwelthandeln von Schülern auswirkt?

Nachfolgende Tabelle gibt einen Überblick über die im Rahmen der Studie aufgestellten Hypothesen (H1-H5)[25] und angewendeten Methoden (M1-M6).

Tab. 1:   Kapitelbezogene Hypothesen mit zugehörigen Methoden.

Kapitel	Hypothese	Methode(n)
2	H1: Biodiversität wird in Thüringer Lehrplänen und Schulbüchern nur marginal thematisiert.	M1: Dokumentenanalyse (Lehrpläne, Schulbücher)
3	H2: Biodiversität nimmt in den Nationalen Bildungsstandards und im Thüringer Bildungsplan einen geringen Stellenwert ein.	M1: Dokumentenanalyse (Bildungsstandards, Bildungsplan)

---

25 Die aufgeführten Hypothesen werden im entsprechenden Kapitel jeweils zu Beginn zur Orientierung aufgeführt und am Ende im Sinne eines Zwischenfazits abschließend diskutiert.

Kapitel	Hypothese	Methode(n)
4	H3: Außerschulischer Biologieunterricht[26] bietet ein hohes interdisziplinäres Potenzial und schult in hohem Maße essenzielle biologische Arbeitstechniken.	M1: Dokumentenanalyse (Lehrpläne, Expeditionsheft) M2: Praxistest
5	H4: Das Biotrack-Verfahren dient zur Verknüpfung der drei Bereiche „Biodiversität", „Bildung" und „Biologieunterricht" und kann auch zur Vermittlung wissenschaftlich schwer zugänglicher Lehrplanthemen angewendet werden.	M2: Praxistest M4: Verfahrensanalyse
6	H5: Biotracks haben positive Wirkungen auf die Umwelteinstellungen, das Umweltwissen und das Umwelthandeln von Schülern.	M5: Fragebogen M3: Expeditionsheft M6: Wissenstest M2: Praxistest

M1: Dokumentenanalyse (Bildungsstandards, Bildungsplan, Lehrpläne, Schulbücher, Expeditionsheft)

Zur Ermittlung des Stellenwertes von Biodiversität dienten eine detaillierte Analyse des Thüringer Lehrplans Biologie,[27] des Thüringer Lehrplanes MNT[28] auf Basis eines Lehrplanvergleiches (Thüringen, Sachsen-Anhalt, Niedersachsen, s. Kap. 2.6.1), eine exemplarische Schulbuchanalyse Thüringer Biologie-Schulbücher (s. Kap. 2.7) sowie die biodiversitätsbezogene Analyse der Bildungsstandards im Fach Biologie[29] (s. Kap. 3.5) und des Thüringer Bildungsplanes[30] (s.

---

26 Die in dieser Arbeit synonym verwendete Bezeichnung lautet „Biologieunterricht an außerschulischen Lernorten".

27 Im Buch wird statt des vollständigen Titels *Lehrplan für den Erwerb der allgemeinen Hochschulreife Biologie* (Thüringer Ministerium für Bildung, Wissenschaft und Kultur (TMBWK) 2012a) zugunsten der Lesbarkeit oft die Kurzform „Thüringer Lehrplan Biologie" verwendet.

28 Statt des vollständigen Titels *Lehrplan für den Erwerb der allgemeinen Hochschulreife Mensch-Natur-Technik* (Thüringer Ministerium für Bildung, Jugend und Sport (TMBJS) 2015a) wird nachfolgend meist auf die verkürzte Bezeichnung „Thüringer Lehrplan Mensch-Natur-Technik" zurückgegriffen.

29 Statt des vollständigen Titels *Bildungsstandards im Fach Biologie für den Mittleren Schulabschluss* (Ständige Konferenz der Kultusminister der Länder in der Bundesrepublik Deutschland (KMK) 2005) wird im Buch vorzugsweise die Kurzform „Bildungsstandards im Fach Biologie" oder „biologische Bildungsstandards" gebraucht.

Kap. 3.7). Zur Ermittlung des interdisziplinären Potenzials des praxiserprobten Verfahrens wurden Thüringer Lehrpläne von 14 Unterrichtsfächern sowie die entwickelten Expeditionshefte untersucht (s. Kap. 4.3). Letztere wurden auch zur Diskussion der Anwendung biologischer Arbeitstechniken im Rahmen des außerschulischen Biologieunterrichts herangezogen (s. Kap. 4.5).

M2: Praxistest

Das Resultat des Verfahrens sind mehrere Biotracks, die im letzten Schritt in der Praxis getestet werden. Dies erfolgt im Rahmen zweier Ganztagsexpeditionen mit Schülern einer 7. und 9. Klasse im Naturpark „Thüringer Schiefergebirge / Obere Saale" (s. Kap. 6.3.1, Kap. 6.3.2). Durch die praktische Durchführung von Expeditionen mit fächerübergreifendem Charakter dient der Praxistest der Diskussion des interdisziplinären Potenzials der Biotracks (s. H3, Tab. 1)[31] und gibt Rückschlüsse, ob durch die Biotracks die Verknüpfung der drei Bereiche „Biodiversität", „Bildung" und „Biologieunterricht" möglich ist (s. H4). Auch die Förderung essenzieller biologischer Arbeitstechniken (s. H3) sowie positive Wirkungen von Biotracks auf Umwelteinstellungen, Umweltwissen und Umwelthandeln (s. H5) sollen mit der Methode des Praxistests untersucht werden.

M3: Expeditionsheft[32]

Zur Ermittlung des Lernerfolges wurde sich für die Erstellung eines Expeditionsheftes als Handlungsprodukt entschieden (s. Kap. 6.2.2), das die Schüler während der Expedition bearbeiteten. Über die Anzahl der gelösten Zusatzaufgaben im Expeditionsheft können Rückschlüsse zur Motivation der Schüler gezogen werden. Außerdem werden Hinweise auf den Grad der Erweiterung der Artenkenntnisse sowie der biologischen Arbeitstechniken durch die Biotracks gewonnen (s. H3). Da das Expeditionsheft laut dem Verständnis des Konzepts handlungsorientierten Unterrichts ein externes Handlungsprodukt[33] darstellt, wurde es den Schülern nach der Bewertung wieder zurückgegeben, um für zukünftige

---

30 Auch beim Thüringer Bildungsplan wurde die ausführliche Bezeichnung *Thüringer Bildungsplan bis 18 Jahre* (TMBJS 2015b) in den meisten Fällen durch die Kurzversion „Thüringer Bildungsplan" ersetzt.

31 Die nachfolgenden Verweise beziehen sich – sofern nicht anders angegeben – auf Tab. 1.

32 Die Expeditionshefte wurden speziell für die Expeditionen erstellt (Knoblich 2016a; 2020a; 2016b; 2020b).

33 bzgl. inneres Handlungsprodukt (Gudjons 2008) s. Z8 (Kap. 1.5).

Wissenserwerbsprozesse sowie die inhaltliche Vertiefung zur Verfügung zu stehen.

M4: Verfahrensanalyse

Neben dem Praxistest diente die Analyse des entwickelten und erprobten didaktischen Verfahrens (s. Kap. 5.3) zur Hypothesendiskussion (s. H4). Schwerpunkt lag hierbei einerseits auf dem Einbezug und der Verknüpfung der drei Bereiche „Biodiversität", „Bildung" und „Biologieunterricht" und andererseits auf Eignungsprüfung hinsichtlich der Vermittlung wissenschaftlich schwer zugänglicher Lehrplanthemen durch Anwendung des Verfahrens.

M5: Fragebogen

Anhand eines Fragebogens mit den Skalen „Umwelteinstellungen" und „Umwelthandeln" mit offenen und geschlossenen Items in Anlehnung an das integrierte Handlungsmodell (Rost, Gresele & Martens 2001) wurden die Schüler jeweils vor und nach der Expedition zu diesen zwei Skalen mit Fokus auf Biodiversität befragt (s. Kap. 6.2.2). Die daraus gewonnenen Erkenntnisse flossen in die Auswertung der „Biotracks" ein und liefern damit Hinweise für Lehrpersonen zur Realisierung in der Praxis.[34]

M6: Wissenstest

Zur Ermittlung des Vorwissens sowie des Lernerfolges diente neben dem Lösen der Arbeitsaufträge im Expeditionsheft ein Wissenstest mit offenen Items sowie Items im Multiple-Choice-Format in Form einer Leistungsüberprüfung der Expeditions- und Kontrollklassen (s. Kap. 6.2.2) jeweils vor und nach der Unterrichtseinheit im Freien bzw. im Klassenzimmer. Der Test wurde in Abstimmung mit den Lehrplan- und Schulbuchinhalten sowie in enger Kooperation mit der jeweiligen Lehrperson erarbeitet. Auch Rückschlüsse über die mögliche Erweiterung der Artenkenntnisse können durch diese Testmethode gewonnen werden.

---

34 Es handelt sich daher nicht nur um ein theoretisches Rahmenkonzept, sondern um jeweils in der Praxis erprobte didaktisch durchstrukturierte Biotracks (Hoßfeld & Knoblich 2016).

1.5   Ziele des Buches

In Anlehnung an das pädagogische Konzept handlungsorientierten Unterrichts (Gudjons 2008, s. Kap. 1.1) werden mit diesem Buch folgende Ziele (Z) angestrebt, die hier basierend auf den vorangegangenen Teilkapiteln zusammenfassend im Überblick dargestellt sind:[35]

Das übergeordnete Rahmenziel Z0 lautet: „Entwicklung eines didaktischen Verfahrens mit Schwerpunkt ‚Biodiversität' für den Biologieunterricht an außerschulischen Lernorten unter Nutzung von Neuen Medien."[36] Es werden nachstehende Teilziele verfolgt, die vier Projektschritten und neun Projekt-Merkmalen zugeordnet wurden. Der erste Projektschritt umfasst die Auswahl einer für den Erwerb von Erfahrungen geeigneten, problemhaltigen Sachlage (hier: Biodiversitätsverlust).[37] Dem ersten Merkmal wurde das Ziel Z1 „Erkennen des Problems des Biodiversitätsverlustes durch im eigenen Umfeld erfahrbare Folgen des Verlustes der Biodiversität", dem zweiten Merkmal das Ziel Z2 „Erprobung des Einsatzes Neuer Medien am Beispiel von Smartphones als alternative Form der Wissensvermittlung in Kombination mit sportlichen Aktivitäten zur Steigerung der Schülermotivation" und dem dritten Merkmal das Ziel Z3 „Erkennen des anthropogenen Biodiversitätsverlustes als zentrales, gesamtgesellschaftliches Umweltproblem" zugeordnet. Der zweite Projektschritt ist mit der „gemeinsamen Entwicklung eines Plans zur Problemlösung (hier: Planung der Umsetzung des Biotracks)" betitelt.[38] Das Ziel Z4 „Formulierung konkreter kompetenzorientierter Lernziele mit Schwerpunkt Biodiversität unter Wahrung des engen Lehr-

---

35   Die Nummerierung der Ziele beginnt bei Ziffer 0, um eine eindeutige Zuordnung der Ziele zu den Merkmalen des pädagogischen Konzepts handlungsorientierten Unterrichts (Gudjons 2008) zu ermöglichen (z. B. Z1→M1, Z2 →M2 usw., s. Abb. 1). Die Merkmale sind in Abb. 1 und Abb. 53 mit „M" abgekürzt – nicht zu verwechseln mit der im Text verwendeten Abkürzung „M" für „Methode" (s. Abkürzungsverzeichnis).

36   Zum Erreichen dieses Rahmenziels wurden in vorliegender Abhandlung folgende Bausteine entwickelt und in den entsprechenden Kapiteln vorgestellt bzw. vergleichend einbezogen: 1. Biodiversitäts-Modul (Knoblich & Hoffmann 2018, s. Kap. 2), 2. Biodiversitätsbezogene Lehrerfortbildung (Knoblich 2017e, s. Kap. 2, Kap. 4), 3. Biodiversitäts-Biotracks (s. Kap. 5, Kap. 6). Der Schwerpunkt lag auf der Entwicklung und Erprobung der Biodiversitäts-Biotracks.

37   Dem ersten Projektschritt werden die drei Merkmale 1. Situationsbezug, 2. Orientierung an den Interessen der Beteiligten, 3. Gesellschaftliche Praxisrelevanz zugeordnet (Gudjons 2008).

38   Dem zweiten Projektschritt zugehörige Merkmale sind die Merkmale 4. Zielgerichtete Projektplanung und 5. Selbstorganisation und Selbstverantwortung (Gudjons 2008).

planbezuges" wurde in Anlehnung an Merkmal 4, das Ziel Z5 „Förderung der selbstständigen inhaltlichen, technischen und organisatorischen Vorbereitung der Schüler auf die Expedition" in Verbindung mit Merkmal 5 formuliert.

Die handlungsorientierte Auseinandersetzung mit dem Problem (hier: Erkundung der Biodiversität vor Ort in Verbindung mit der Erweiterung der Artenkenntnis) wird im dritten Projektschritt angegangen.[39] Das dem sechsten Merkmal zugehörige Ziel Z6 lautet: „Erkundung von Ökosystem- und Artenvielfalt in Verbindung mit der Erweiterung der Artenkenntnisse der Schüler unter Einbezug vieler Sinne", das dem siebten Merkmal eigene Ziel Z7: „Erkundung von Ökosystem- und Artenvielfalt in verschiedenen Sozialformen in handelnder Auseinandersetzung mit dem Lerngegenstand". Im vierten Projektschritt wird die erarbeitete Problemlösung in der Wirklichkeit überprüft (hier: Ableiten von Handlungsoptionen für den Biodiversitätsschutz).[40] Dem achten Merkmal wurde das Ziel Z8 „Erzielen positiver Wirkungen auf die Umwelteinstellungen, das Umweltwissen und das Umwelthandeln von Schülern (=inneres Handlungsprodukt)" (s. Kap. 1.4: F, H5),[41] dem neunten Merkmal das Ziel Z9 „Verdeutlichung der Erfordernis fächerübergreifender Ansätze zum Begreifen des Biodiversitätsverlustes" (s. Kap. 4.3) zugeordnet. Diese auf Basis des pädagogischen Konzepts handlungsorientierten Unterrichts aufgestellten Ziele des Buches (Z0-Z9) sind in Abb. 1 im Überblick dargestellt.

In der Darstellung wurde pro Merkmal (Gudjons 2008) jeweils nur ein Ziel formuliert, um eine eindeutige Zuordnung zum jeweiligen Merkmal handlungsorientierten Unterrichts zu ermöglichen.[42] Das Konzept handlungsorientierten

---

39 Der dritte Projektschritt wird durch die Merkmale 6. Einbeziehen vieler Sinne und 7. Soziales Lernen charakterisiert (Gudjons 2008).

40 Der vierte Projektschritt beinhaltet die Merkmale 8. Produktorientierung und 9. Interdisziplinarität (Gudjons 2008).

41 Zur eindeutigen Zielüberprüfung wurde das achte Ziel in die Teilziele Z8a: „Erzielen positiver Wirkungen auf die Umwelteinstellungen von Schülern (=inneres Handlungsprodukt)", Z8b: „Erzielen positiver Wirkungen auf das Umweltwissen von Schülern (=inneres Handlungsprodukt)" und Z8c: „Erzielen positiver Wirkungen auf das Umwelthandeln von Schülern (=inneres Handlungsprodukt)" aufgegliedert.

42 Die Ziffer des Merkmals entspricht jeweils der Nummerierung des Ziels. Aus diesem Grund wurden die drei Teilziele (Z8a, Z8b, Z8c) in das Ziel acht (Z8, s. Abb. 1) integriert. Dieses, durch Einrahmung hervorgehobene Ziel stellt neben dem Rahmenziel Z0 (s. Abb. 1, Einrahmung) ein wesentliches Hauptziel des Buches dar. Grundsätzlich wurde aus Gründen der Übersichtlichkeit in Abb. 1 immer nur die Kurzversion des jeweiligen Ziels angegeben. Alle hellgrau unterlegten Felder kennzeichnen direkte Inhalte des Buches auf Basis des zugrundeliegenden pädagogischen Konzepts handlungsorientierten Unterrichts (Gudjons 2008).

Unterrichts wird hierbei nicht als didaktische Theorie oder Modell verstanden, sondern als Unterrichtsprinzip, das laut Gudjons (2008, S. 8)

„bestimmte Merkmale hat, das argumentativ theoretisch begründbar ist (lernpsychologisch wie sozialisationstheoretisch) und das in verschiedenen Unterrichtszusammenhängen realisiert wird (und möglichst oft realisiert werden sollte!)".

Ergänzend ist der von Gudjons (2008, S. 78) angebrachte Hinweis hervorzuheben, dass man vor Projektbeginn zwar Theorien kennen aber dennoch vermeiden sollte, „ihnen sklavisch zu folgen. [...] Das Leben verläuft auch nicht geradlinig, manchmal in Sprüngen, zumeist überraschend, Projekte auch". Aus dieser Perspektive betrachtet sind die Abweichungen von den Prinzipien des pädagogischen Konzepts handlungsorientierten Unterrichts (Bedeutung des externen Projektproduktes, Grad der Schülerbeteiligung an der Planung und Auswertung, s. Kap. 6.3) zu begründen.

Die Übersicht zeigt, dass Biotracks im Rahmen von Natur- und Umweltschutzbestrebungen in diesem Buch eine zentrale Rolle zukommt, sodass mit folgenden Definitionen in den weiteren Kapiteln gearbeitet wird: Mit dem Begriff **„Biotrack"** (dt. Bio: „exemplarisch bezogen auf das Fach Biologie", engl. track: „Weg / Spur"[43]) werden spezielle biologisch basierte GPS-Touren bezeichnet, die sich aus einzelnen **POIs**[44] zusammensetzen und von den Teilnehmern per Smartphone-Navigation im Gelände im Rahmen der anschaulichen Wissensaneignung erkundet werden können (Hoßfeld & Knoblich 2016). Unter der Bezeichnung **„Naturschutz"** sind alle politischen und privaten Maßnahmen zum Erhalt intakter Ökosysteme zu verstehen. Der Naturschutz zielt darauf ab, die Leistungsfähigkeit von Landschaften in Hinblick auf ihre Ressourcen unter Schutz zu stellen. Im Gegensatz zum Umweltschutz schließt der Naturschutz auch Ökosysteme mit ein, die für den Menschen als Lebensgrundlage oder in wirtschaftlicher Hinsicht nicht unbedingt bedeutsam sind (Kubb 2017a). In dem Begriff **„Umweltschutz"** werden unterschiedliche politische und unabhängige Maßnahmen und Bestrebungen vereint, um Ökosysteme vor negativen Beeinträchtigungen zu bewahren. Dabei geht es über den Erhalt der natürlichen Lebensgrundlagen aller Lebewesen hinaus v. a. auch um den Kampf gegen zerstörerische Kräfte jeglicher Art sowie anthropogene Einflüsse, die allen Bereichen der Umwelt Schaden zufügen (Kubb 2017b).

---

43 Track ist die Bezeichnung für eine mit einem GPS-Empfänger aufgezeichnete Tour (MEDIA-TOURS 2020).

44 POI ist die Abkürzung für „Point of Interest", d. h. einen Ort / Punkt von Interesse (MEDIA-TOURS 2020). In diesem Werk sind damit „biologisch interessante Punkte" gemeint (Hoßfeld & Knoblich 2016).

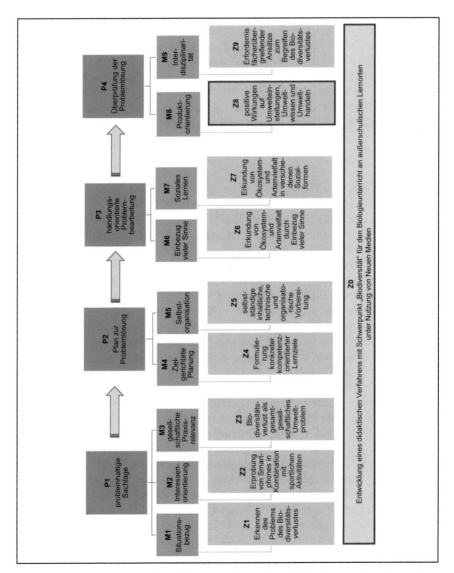

Abb. 1:   Ziele des Buches in Anlehnung an das pädagogische Konzept handlungsorientierten Unterrichts.[45]

---

45 Die Grafik wurde auf Basis des pädagogischen Konzepts handlungsorientierten Unterrichts (Gudjons 2008) erstellt. Die Gliederung erfolgt entsprechend der drei

Aufgrund der thematischen Schwerpunktsetzung in Verbindung mit dem einbezogenen Integrierten Handlungsmodell für den Umweltbereich (Rost, Gresele &
Martens 2001) und nicht zuletzt der Tatsache, dass es sich beim Biodiversitätsverlust um ein globales, vom Menschen verursachtes Umweltproblem handelt,
wird in den nachstehenden Kapiteln der Umweltschutz (am Beispiel des Biodiversitätsschutzes) in den Vordergrund gerückt. Auch die Erhebungen im Rahmen der empirischen Untersuchung sind unter diesem Fokus ausgerichtet worden.[46]

1.6   Aufbau des Buches

Das vorliegende Buch ist in sieben Kapitel gegliedert: Nach einer allgemeinen
Einführung in die Themenfelder „Biodiversität", „Umweltbildung", „außerschulischer Unterricht" und „Neue Medien" sowie der aus dem Forschungsstand
abgeleiteten Forschungsfrage im ersten Kapitel wird in den folgenden drei Kapiteln jeweils auf die drei Bereiche „Biodiversität", „Bildung" und „Biologieunterricht" eingegangen. So stellt die biodiversitätsbezogene Lehrplan- und Schulbuchanalyse mit den geschlussfolgerten Konsequenzen und dem entwickelten
Biodiversitäts-Modul den Schwerpunkt des zweiten Kapitels dar, wohingegen im
Kapitel drei der Fokus neben der Analyse der Bildungsstandards im Fach Biologie und des Thüringer Bildungsplanes mit Schwerpunkt Biodiversität auf den
Charakteristika der Umwelt- und Medienbildung liegt. Im vierten Kapitel geht es
daran anknüpfend um fächerübergreifenden Biologieunterricht sowie die an
außerschulischen Lernorten zum Einsatz kommenden biologischen Arbeitstechniken und Neuen Medien. Im fünften Kapitel wird anschließend der Versuch
gewagt, die drei zuvor vorwiegend getrennt analysierten Bereiche „Biodiversität", „Bildung" und „Biologieunterricht" didaktisch miteinander zu verknüpfen.
Das in diesem Zusammenhang vorgestellte didaktische Verfahren bildet den
Schwerpunkt dieses Kapitels. Da vorliegendes Buch den Anspruch erhebt, nicht
nur ein theoretisches didaktisches Verfahren zu entwickeln, sondern dessen Umsetzung auch in der Praxis zu erproben, widmet sich das sechste Kapitel explizit
der methodischen Umsetzung des Verfahrens durch Vorstellung der Schülerexpeditionen in Verbindung mit der Schilderung des Untersuchungsdesigns, der
Erhebungsinstrumente sowie der zugehörigen Ergebnisse und der zentralen As-

---

Ebenen (P=Projektschritt, M=Merkmal, Z=Ziel). Z0 und Z8 wurden als besondere
Hauptziele des Buches durch Einrahmung kenntlich gemacht.
46   Es erfolgte eine Dreiteilung in: Umwelteinstellungen, Umweltwissen und Umwelthandeln (s. Anh. 89, Anh. 92).

pekte der Datenauswertung. Im letzten Kapitel wird im Zusammenhang mit der Beantwortung der Forschungsfrage ein Resümee hinsichtlich der angestrebten Verbindung der drei Bereiche „Biodiversität", „Bildung" und „Biologieunterricht" gezogen, bevor ein Ausblick die Arbeit abrundet.

Die Tatsache, dass vorliegende Studie nicht nur theoretisch verortet und methodisch geplant, sondern auf Basis eines quasi-experimentellen Untersuchungsdesigns[47] auch praktisch umgesetzt wurde, führte zur Genese eines umfangreichen Datenpools sowie zahlreicher didaktischer Materialien. Der zugehörige Anhang (Anh. 1 - Anh. 242) steht kostenfrei online auf SpringerLink (siehe URL am Anfang des jeweiligen Kapitels) zum Download bereit.

---

47 Quasi-experimentelle Studien (s. Kap. 6.1) sind dadurch gekennzeichnet, dass sie im Gegensatz zu experimentellen Studien mit natürlich vorgefundenen und nicht zufällig zusammengestellten Gruppen arbeiten (keine Randomisierung), die Gruppen aber dennoch wie im echten Experiment systematisch unterschiedlich behandeln und resultierende Effekte in den Experimental- und Kontrollgruppen messen (Döring & Bortz 2016).

2 Biodiversität

Im Rahmen des vorliegenden Kapitels erfolgt zu Beginn eine allgemeine begriffliche Einführung, die Darstellung zentraler Biodiversitätsebenen sowie grundlegender Ausführungen zu Wert, Gefährdung und Schutz der Biodiversität. Anschließend soll anhand einer Lehrplan- und Schulbuchanalyse in Verbindung mit einem Lehrplanvergleich und der Vorstellung eines Biodiversitäts-Moduls die erste Hypothese dieser Arbeit (H1, s. Tab. 1) diskutiert werden. Die Hypothese lautet: „Biodiversität wird in Thüringer Lehrplänen und Schulbüchern nur marginal thematisiert". Die abschließende Diskussion der Hypothese ist in das letzte Kapitel (s. Kap. 2.8) in Verbindung mit der Darlegung zentraler biodiversitätsbezogener Schwerpunktsetzungen vorliegender Abhandlung integriert.

2.1 Biodiversität – ein neuer Begriff macht die Runde

Die aus der *Thüringer Strategie zur Erhaltung der biologischen Vielfalt* (Thüringer Ministerium für Landwirtschaft, Forsten, Umwelt und Naturschutz (TMLFUN) 2012, S. 2) entnommene Kapitelüberschrift trifft den Kern des vorliegenden Teilkapitels sehr gut: Mehr als zuvor wurde der Begriff „Biodiversität" in den vergangenen Jahren in der Presse, wissenschaftlichen Veröffentlichungen sowie politischen Erklärungen und Abkommen verwendet (Bundesministerium für Ernährung, Landwirtschaft und Forsten (BMELF) 1997).

Als Geburtsstunde des Begriffs gilt ein im Jahr 1986 in Washington durchgeführtes Biodiversitätsforum.[48] Der Begriff rückte durch den daraus entstandenen Bestseller biodiversity von Wilson (1988)[49] und durch die Biodiversitäts-

---

48 Wilson führt den Begriff ‚biodiversity' (bzw. „Biodiversität" oder „Biovielfalt") auf Walter G. Rosen zurück und schätzt die Vereinigung der „Fülle an Themen und Perspektiven des Washingtoner Forums" (Wilson 1992, S. 15) mit den Worten: ‚[…] he introduced the term biodiversity, which aptly represents, as well as any term can, the vast array of topics and perspectives covered during the Washington forum' (Wilson 1988, S. VI).

49 Stephen J. Gould schätzt das Buch als umfassendstes Werk ein, das jemals über eines der wichtigsten Themen aller Zeiten veröffentlicht wurde: ‚This is the most comprehensive book, by the most distinguished group of scholars, ever published on one of the most important subjects of our (and all) times' (Wilson 1988, Cover). Karl E.

Zusatzmaterial online
Zusätzliche Informationen sind in der Online-Version dieses Kapitel (https://doi.org/10.1007/978-3-658-31210-7_2) enthalten.

© Springer Fachmedien Wiesbaden GmbH, ein Teil von Springer Nature 2020
L. Knoblich, *Mit Biotracks zur Biodiversität*,
https://doi.org/10.1007/978-3-658-31210-7_2

konvention in Rio de Janeiro im Jahr 1992 (s. Kap. 1.1) in das öffentliche Bewusstsein (Potthast 2007). Darüber hinaus wurde das Jahr 2010 als internationales Jahr der Biodiversität ausgeschrieben, die UN-Dekade Biologische Vielfalt
von 2011 bis 2020 gestartet, am 22. Mai 2016 der Tag der Biologischen Vielfalt
gefeiert und der Begriff letztendlich als „Schlüsselbegriff des Naturschutzes im
21. Jahrhundert" (Potthast 2007, Cover) bezeichnet. Andere Autoren sprechen
von einer „kometenhaften Karriere" des Begriffs „Biodiversität", dessen Ende
noch nicht abzusehen ist (Görg et al. 1999, S. 54). Es kann von einem „erstaunli-
chen Siegeszug" von „Biodiversität" sowohl in der internationalen Umweltpolitik als auch in den Biowissenschaften die Rede sein (Potthast 2007, S. 5). Trotz
dieser angedeuteten weiten Verbreitung und Verwendung des Begriffs „Biodiversität" im 21. Jahrhundert[50] fällt bei näherer Betrachtung auf, dass die einzelnen Projekte und Aktionen immer nur Randinitiativen sind.[51]

Bei der Wortschöpfung „Biodiversität" handelt es sich um eine Konzeption
namhafter Biologen mit dem Ziel, „einer breiten Öffentlichkeit die weltweiten
Verluste an biologischer Vielfalt und die hieraus entstehenden Gefahren" bei
gleichzeitiger Verdeutlichung der „damit verbundenen vielfältigen kulturellen,
ökonomischen und politischen Bedeutungen" bewusst zu machen (Potthast 2007,
S. 5). In dieser Arbeit wird von dem seit Mitte der 1980er Jahre etablierten Begriffsverständnis ausgegangen, welches in Anlehnung an die UN-Biodiversitätskonvention Biodiversität mit den drei Ebenen Gene – Arten – Ökosysteme ver-
bindet (Görg et al. 1999). Folgende Begriffsdefinitionen werden zugrunde
gelegt:

Biodiversität: Unter dem Begriff „Biodiversität" wird die Vielfalt der Ökosysteme (Ökosystemvielfalt), die Vielfalt der Arten (Artenvielfalt) und die Vielfalt der Gene (genetische Vielfalt) verstanden (Görg et al. 1999).

Linsenmair betont den entscheidenden Beitrag des Werks zur „Sensibilisierung einer
breiten Öffentlichkeit" für den Biodiversitätsverlust (Wilson 1992, S. 12).

50 Diesen Trend schildert Wilson bereits im Jahr 1997 in den einführenden Worten
seines Werks *Biodiversity II. Understanding and Protecting Our Biological Resources.* Über Biodiversität schreibt er: ‚Today it is one of the most commonly used
expression in the biological sciences and subsequently has become a household
word' (Reaka-Kudla, Wilson & Wilson 1997, S. 1).

51 An diesem Punkt setzt das Buch an (s. Kap. 1.1, Kap. 1.5): Es soll Anregungen geben, die Biodiversität durch konkrete, erprobte und evaluierte Praxisvorschläge (s.
Kap. 6.3) einerseits in die Schulbildung zu integrieren (s. Kap. 2.6.3, Kap. 2.7.3) und
andererseits durch über die Schulbildung hinausgehende Aktivitäten in die breite Öffentlichkeit zu tragen (s. Kap. 6.5.4).

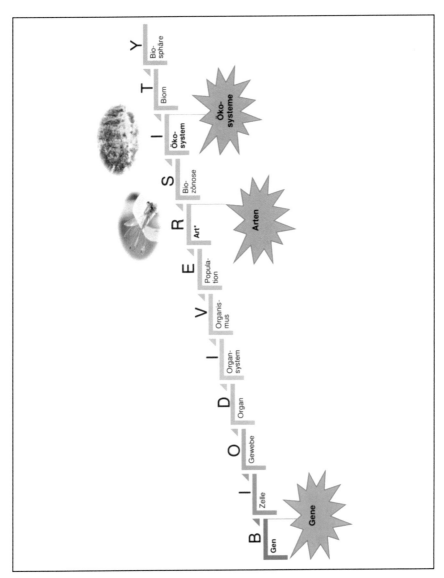

Abb. 2: Biodiversität im Zusammenhang mit den Organisationsebenen des Lebens.[52]

---

52 Die Grafik wurde in Anlehnung an Haeupler (1997; 2000; 2002) und TMBWK (2012a) auf Basis des Begriffsverständnisses von Biodiversität von Edward O. Wil-

Ökosystemvielfalt: Ökosystemvielfalt umfasst nicht nur die Diversität innerhalb der Ökosysteme (Habitatdiversität), sondern auch die Vielfalt der Biotope (Landschaftsdiversität), der Lebensgemeinschaften (biozönotische Diversität) sowie der ökologischen Prozesse in der Biosphäre (funktionelle Diversität, Loft 2009).

Artenvielfalt:[53] Artenvielfalt bezeichnet nicht nur die Gesamtzahl an Arten, die in einem bestimmten geografischen Gebiet vorkommen, sondern auch deren relative Häufigkeit, d. h. die Wahrscheinlichkeit des Antreffens einer bestimmten Art (Bundeszentrale für politische Bildung (BPB) 2008).

In der internationalen Literatur (s. z. B. Minelli 2001, S. 1) wird Biodiversität i. d. R. mit den Ebenen der Gene, Arten und Ökosysteme in Verbindung gebracht: ‚[…] three main levels of biological diversity can be identified: genetic diversity, species diversity and ecosystem diversity.' Wilson fasst den Begriff „Biodiversität" weiter. Er impliziert damit alle Organisationsebenen (s. Abb. 2) und fordert eine genaue Definition der jeweils angesprochenen Ebene ein. Über Biodiversität schreibt er:

‚Biologists are inclined to agree that it is, in one sense, everything. Biodiversity is defined as all hereditarily based variation at all levels of organization, from the genes within a single local population or species, to the species composing all or part of a local community, and finally to the communities themselves that compose the living parts of the multifarious ecosystems of the world. The key to the effective analysis of biodiversity is the precise definition of each level of organization when it is being adressed' (Reaka-Kudla, Wilson & Wilson 1997, S. 1).

Die Abbildung 2 zeigt in einer schematischen Übersicht diese von Wilson beschriebene Vielschichtigkeit des Begriffs Biodiversität anhand der Organisati-

---

son (Reaka-Kudla, Wilson & Wilson 1997) erstellt. Aufgrund des unmittelbaren Bezugs zur Unterrichtspraxis sind nicht alle 14 Organisationsebenen von Haeupler (1997; 2000; 2002) integriert, aber alle im Thüringer Lehrplan Biologie (TMBWK 2012a) aufgeführten Ebenen dargestellt. Anhand separater Formen sind die drei auch international (z. B. Minelli 2001) i. d. R. mit Biodiversität in Verbindung gebrachten Ebenen herausgestellt, wobei die in vorliegender Abhandlung fokussierten Ebenen (Arten, Ökosysteme) durch grüne Unterlegung hervorgehoben und durch Fotos der Expeditionen illustriert sind sind. * Maßgeblich bestimmend für die Anordnung der Art auf dieser Ebene ist das ökologische Artkonzept von E. Mayr, nach dem eine Art eine reproduktive Gemeinschaft von Populationen ist: ‚A species is a reproductive community of populations (reproductively isolated from others) that occupies a specific niche in nature' (Wilkins 2009, S. 216).

53 Synonym in diesem Buch: **Artendiversität** (s. Diversitätslisten, Anh. 233 – Anh. 235, Anh. 239 – Anh. 241).

onsebenen des Lebens[54] auf und erweitert damit den Blick: Zwar liegt vorliegendem Buch das Begriffsverständnis der UN-Biodiversitätskonvention zugrunde, das Biodiversität lediglich mit den drei Ebenen Gene – Arten – Ökosysteme assoziiert, dennoch muss laut Wilson darauf hingewiesen werden, dass sich Biodiversität nicht auf diese drei Ebenen reduzieren lässt (Reaka-Kudla, Wilson & Wilson 1997).[55] Auch Haeupler (2000, S. 115) bringt zum Ausdruck, dass „Biodiversität als Ganzes ein extrem komplexes Phänomen darstellt".[56]

Folgende Begriffsdefinitionen[57] waren maßgeblich für die Ein- und Anordnung der entsprechenden Ebenen in die Abbildung 2 verantwortlich:

Art: Als eine Art wird in der modernen Biologie eine „Population oder eine Reihe von Populationen" bezeichnet, „in denen unter natürlichen Bedingungen ein freier Genaustausch erfolgt. Dies bedeutet, daß alle physiologisch normal funktionsfähigen Individuen zu gegebener Zeit im Prinzip mit jedem andersgeschlechtlichen Vertreter derselben Art Nachkommen erzeugen oder doch zumindest – über eine Kette anderer sich fortpflanzender Individuen – in genetische Verbindung treten können. Laut

---

54 Im Thüringer Lehrplan Biologie (2012) werden die Ebenen Zelle – Gewebe – Organ – Organsystem – Organismus – Population – Ökosystem aufgeführt. Innerhalb des Erschließungsfeldes Ebene synonym für die Organisationsebenen des Lebens verwendete Bezeichnungen sind „Komplexitätsebenen des Lebendigen", „Ebenen des Lebendigen" und „Organisationsstufen des Lebendigen" (TMBWK 2012a, S. 2, 4, 18).

55 Da Abb. 2 auf das erweiterte Biodiversitätsverständnis von Edward O. Wilson aufbaut, wurde die englische Bezeichnung ‚biodiversity', die dem Titel seines Bestsellers (Wilson 1988) entspricht, für die symbolische Anordnung der Buchstaben auf den einzelnen Organisationsebenen gewählt. Auch Haeupler (2002, S. 247) vertritt die Ansicht, dass Biodiversität „nicht auf eine dieser Ebenen festlegbar" ist und „daher ohne nähere Information ambivalent" bleibt. Konkret plädiert er dafür, Biodiversität auf 14 Ebenen (elf davon s. Abb. 2) darzustellen: „von der genetischen Ebene über die der Zelle, zu der des Organismus, über die Population, […] Ökosystem […] bis hin zur gesamten Biosphäre" (Haeupler 2000, S. 115). Als Übersetzung des Begriffs schlägt er „Vielfalt des Lebens" vor (Haeupler 1997, S. 123), die sich auf alle Organisationsstufen des Lebens bezieht. Beck (2013) wählt ebenfalls diese Bezeichnung für Biodiversität – im Titel seines Werks *Die Vielfalt des Lebens. Wie hoch, wie komplex, warum?* Haeupler (2000) macht überdies auf die Vielfalt der Betrachtungsmaßstäbe von Biodiversität (von lokal, regional über kontinental bis zu global) aufmerksam.

56 Folglich kann sich bei der Analyse nur auf „kleine Ausschnitte" von Biodiversität bezogen werden (Haeupler 2000, S. 115).

57 Da in vorliegender Abhandlung nur die Ebene der Arten und Ökosysteme beleuchtet werden, sind auch nur diese Begriffe definiert.

Definition paaren sich die Mitglieder einer Art nicht mit Vertretern einer anderen Art" (Wilson 1992, S. 22).[58]

Ökosystem: Nach Schaefer (2012, S. 204) wird ein Ökosystem als „Beziehungsgefüge der Lebewesen untereinander (Biozönose) und mit ihrem Lebensraum (Biotop)" verstanden.

Idealerweise sollten die zwei o. g. Ebenen der Biodiversität (Arten- und Ökosystemvielfalt) im Gelände mit den Schülern erkundet werden. Bezogen auf die Ökosystemvielfalt bietet sich neben der Untersuchung der Diversität innerhalb der Ökosysteme besonders die Erfassung der Landschaftsdiversität an (s. Kap. 6.4.1). Anknüpfend an die Definition zur Artenvielfalt sollte den Schülern folgender Zusammenhang deutlich gemacht werden:

> „Wenn in einer Region gerade eine Art außerordentlich häufig ist, die Mehrzahl der übrigen Arten aber nur noch vereinzelt vorkommen, bezeichnet man die Artenvielfalt als kleiner, als wenn alle Arten in etwa gleicher Häufigkeit auftreten" (BPB 2008).

Artenvielfalt ist demzufolge eine statistische Größe, die mathematisch erfasst werden kann (BPB 2008, s. Kap. 6.5.1, Diversitätsindex).

Vor dem Hintergrund dieses Buches wurden die beiden erstgenannten Ebenen der Biodiversität – die Artenvielfalt und die Ökosystemvielfalt – auch im Rahmen der Schülerexpeditionen (s. Kap. 6.3) zur Realisierung vorgegebener Lehrplaninhalte einer näheren Betrachtung unterzogen. Unter Berücksichtigung zeitlich-organisatorischer und örtlicher Gegebenheiten wurde hierbei schwerpunktmäßig die Artenvielfalt und ergänzend die Ökosystemvielfalt analysiert.[59]

---

58 Im amerikanischen Originalwerk *biodiversity* heißt es: ‚In modern biology, species are regarded conceptually as a population or series of populations within which free gene flow occurs under natural conditions. This means that all the normal, physiologically competent individuals at a given time are capable of breeding with all the other individuals of the opposite sex belonging to the same species or at least that they are capable of being linked genetically to them through chains of other breeding individuals. By definition they do not breed freely with members of other species' (Wilson 1988, S. 5f).

59 s. Kap. 6.2.1, Kap. 6.4.1, Kap. 6.5.1.

2.2   Biodiversitätsebenen in der Theorie

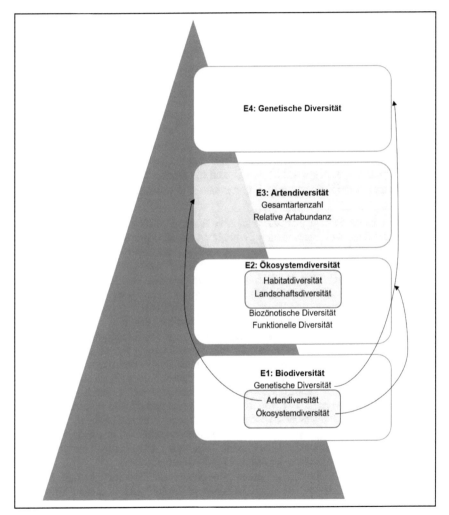

Abb. 3:   Stellenwert der vier Biodiversitätsebenen im Buch.[60]

---

60   Basis für die Strukturierung der Ebenen (E) bildete das Begriffsverständnis zu Biodiversität (Görg et al. 1999), Ökosystemvielfalt (Loft 2009) und Artenvielfalt (BPB
2008).

Die Übersicht wurde in Anlehnung an o. g. Biodiversitätsbegriff der UN-Biodiversitätskonvention (internationale Ebene, s. Abb. 6) erstellt.[61] Die pyramidale Darstellung[62] der Biodiversitätsebenen zeigt, dass im Buch entsprechend der deduktiven Vorgehensweise vom Allgemeinen zum Besonderen[63] folgende Gesichtspunkte thematisiert wurden: Zwei der drei Ebenen von Biodiversität (E1: erste, unterste Biodiversitätsebene), zwei von vier Teilaspekten der Ökosystemdiversität (E2: zweite Biodiversitätsebene) sowie das Gesamtkonstrukt Artendiversität (E3: dritte Biodiversitätsebene).[64] Grundlegend für die Thematisierung ausgewählter Biodiversitätsebenen bzw. spezieller Teilaspekte innerhalb der einzelnen Ebenen waren die Vorgaben im Thüringer Lehrplan Biologie des Jahres 2012 (regionale Ebene, s. Abb. 6). Folglich wurde der Schwerpunkt auf die im Lehrplan verankerte „Artenvielfalt" sowie „Strukturvielfalt" (Synonym: Habitatdiversität, s. Kap. 4.2.3) gelegt und die Landschaftsdiversität[65] als weiterer Teilaspekt der Ökosystemdiversität ergänzend erfasst.[66]

---

61 Der Einheitlichkeit halber wurde in Abb. 3 ausschließlich der Begriff „Diversität" statt der deutschen Bezeichnung „Vielfalt" verwendet. In den übrigen Darstellungen und Texten der wissenschaftlichen Abhandlung wurde aber bewusst auch die deutsche Bezeichnung (Artenvielfalt, Ökosystemvielfalt) verwendet.

62 Zugunsten sprachlicher Konformität mit den pyramidalen Darstellungen der Bildungsebenen (s. Abb. 6, Abb. 49) wurde sich in Anlehnung an BfN (2017) bewusst für die Bezeichnung **„Biodiversitätsebenen"** entschieden, die in Abb. 3 als biologische Hierarchien von Biodiversität verstanden werden können.

63 Gemäß der Vorgehensweise vom Allgemeinen zum Besonderen (Spektrum Akademischer Verlag 1999b) wurde auf der untersten Ebene der Pyramide der als Fundament geltende Überbegriff „Biodiversität" (inklusive der drei Ebenen: Ökosysteme, Arten, Gene) dargestellt, wobei sich dieser mit jeder höheren Ebene entsprechend der beinhaltenden Teilaspekte spezifiziert. Auch innerhalb der zweiten Ebene „Ökosystemdiversität" wurde dieser Anordnung gefolgt (die funktionelle Diversität bildet die Basis, die Habitatdiversität die Spitze innerhalb dieser Ebene, s. Abb. 3).

64 Nicht berücksichtigt wurde im Buch die vierte Biodiversitätsebene (genetische Diversität), die daher nicht in Abb. 3 unterlegt wurde. Gleiches trifft auf alle übrigen nicht erfassten Teilaspekte der anderen Biodiversitätsebenen zu.

65 Entsprechend der Definition eines **Ökosystems** als Beziehungsgefüge zwischen Lebewesen (Biozönose) und ihrem Lebensraum (Biotop) nach Schaefer (2012) müssten Landschafts- und biozönotische Diversität theoretisch auf einer Ebene stehen. Definitionsgemäß erscheint hier keine Hierarchie angebracht, aber aus Gründen der einheitlichen Kennzeichnung einbezogener Diversitätsebenen wurden diese zwei Teilaspekte der Ökosystemdiversität in Abb. 3 vertikal lokalisiert.

66 Da die Möglichkeit der Unterteilung in Alpha-, Beta- Gamma- und Deltadiversität in der wissenschaftlichen Abhandlung lediglich erwähnt (s. Kap. 2.3) und auch zugunsten des Verstehensprozesses der Schüler auf den Expeditionen nicht weiter vertieft wurde, wurde auch aus Gründen der Übersichtlichkeit in der Pyramide auf eine In-

2.3   Der Wert der Biodiversität

Die Wertschätzung der Biodiversität kann als „zentrales Begründungsmotiv des Naturschutzes" angesehen werden (Potthast 2007, S. 145) und erlangt daher in der vorliegenden Studie insbesondere im Zusammenhang mit der außerschulischen Wissensvermittlung bei Schülern (s. Kap. 6.3) eine zentrale Bedeutung. Coburger bringt den Wert der Biodiversität im Jahr 2012 (S. 36) wie folgt zum Ausdruck:

> „In Jahrmillionen andauernden Entwicklungsprozessen hat die Natur eine enorme Vielgestaltigkeit hervorgebracht – ein einmaliger Schatz und gleichzeitige Voraussetzung für die Entstehung zukünftiger Lebensformen auf unserer Erde."

Wilson (1988, S. V) bezeichnet die enorme Vielfalt an Lebensformen als größtes Wunder des Planeten: ‚The diversity of life forms, so numerous that we have yet to identify most of them, is the greatest wonder of this planet'.[67]

Anderenorts wird betont, dass diese unermessliche Vielfalt „Sammler zum Sammeln, Maler zum Malen, Weltreisende zu Weltreisen und Forscher zum Forschen angeregt" hat (Möhring 2009, S. 8), was v. a. das Interesse der Schüler wecken kann. Auch wenn sich der Wert der Biodiversität kaum in Worten oder Zahlen ausdrücken lässt, sollen nachfolgend einige grundlegende direkte und indirekte Nutzungsaspekte für den Menschen angesprochen werden:[68] Direkt durch den Menschen nutzbar ist neben dem „monetär nicht fassbaren Eigenwert der Vielfalt von Arten und Ökosystemen" (BMELF 1997, S. 188) die Nutzung von Biodiversität als bedeutende Ressource (ökonomischer Wert). Erst die direkte Nutzung von Tier- und Pflanzenarten ermöglicht die „Bereitstellung von Nahrungsmitteln, Rohstoffen und Pharmazeutika sowie die Nutzung für Umwelttechnologien" (BMELF 1997, S. 188). Besonders für die Agro- und

---

tegration dieser Einteilungsmöglichkeiten von Diversität verzichtet. Die zugehörigen „Biodiversitätsebenen in der Praxis" sind im Kap. 6.5.1.3 hinterlegt.

67   Wilson stellt in seiner Einführung des zweiten Bandes (*Biodiversity II. Understanding and Protecting Our Biological Resources*) heraus, dass der Nutzen von Kenntnis und Schutz der Biodiversität zu groß sowie die Kosten, Biodiversität zu verlieren zu hoch sind, einen Weg des geringsten Widerstandes einzuschlagen: ‚The central message of this volume is [...] that the potential benefits of knowing and conserving this biodiversity are too great and the costs of losing it are too high to take a path of least resistance' (Reaka-Kudla, Wilson & Wilson 1997, S. 2).

68   Bereits Wilson erkannte, dass Biodiversitätswissen der „großen Masse der Menschheit" (Wilson 1992, S. 32) nur dann etwas bedeutet, wenn Biodiversität genutzt werden kann: ‚It is equally true that knowledge of biological diversity will mean little to the vast bulk of humanity unless the motivation exists to use it' (Wilson 1988, S. 14).

Pharmaindustrie gewinnt der Rohstoff „Biodiversität" in der Zukunft zunehmend an Bedeutung. Ein zentraler indirekter und wichtiger Nutzungsaspekt ist in der Funktion von Arten in Ökosystemen zu sehen. Beispiele für derartige **Ökosystem-Dienstleistungen** (ecosystem services)[69] sind bspw. der Erhalt der Erdatmosphäre, klimabildende und stabilisierende Wirkungen, die Bestäubung von Kulturpflanzen, die Bodengenese, die Sicherstellung des hydrologischen Kreislaufs, das Recycling von Nährstoffen oder die Assimilation von Abfallprodukten.[70] Von nicht unerheblicher Bedeutung sind darüber hinaus kulturelle und ästhetische Leistungen wie Tourismus und Erholung (BMELF 1997).[71]

Streit (2007) erweitert den Blick dahingehend, dass die heutige Kultur und Zivilisation sowie alle vorherigen Zivilisationen auf Basis von Biodiversität entstanden sind: Sie war bereits Grundlage für die Ernährung, Kleidung und Behausung eiszeitlicher Vertreter des *Homo sapiens* und wird durch die moderne Zivilisation aktuell z. B. in Form von Kohle, Erdöl, Erdgas und nicht zuletzt durch den Konsum von Tier- und Pflanzenprodukten und als Heilmittel genutzt.[72]

Auf tiefgründigere Ausführungen zum medizinischen, gesellschaftlichen, gesundheitlichen und ökonomischen Wert von Biodiversität wird an dieser Stelle aus Gründen der Übersichtlichkeit verzichtet – die Liste des Wertes der Biodiversität wäre zweifelsohne noch wesentlich weiter fortzuführen (Streit 2007; Hotes & Wolters 2010). Anzumerken sei an dieser Stelle lediglich noch, dass nicht nur Staat und Wirtschaft entscheidenden Einfluss auf Biodiversität nehmen, sondern hierfür auch die Bedürfnisse einzelner Personengruppen verantwortlich sind. Das Konsumverhalten kann bewusst oder unbewusst über Medien

---

69   Nach Hotes & Wolters (2010) werden unter ökosystemaren Dienstleistungen (ecosystem services) alle Funktionen von Ökosystemen gezählt, die Menschen direkt
     oder indirekt nutzen.

70   Eine stabilisierende Wirkung von Biodiversität auf den Naturhaushalt ist allerdings
     „bis heute weder schlüssig nachgewiesen noch widerlegt worden" (BMELF 1997,
     S. 189).

71   Diese ecosystem services können insbesondere Schülern gut verdeutlicht werden und
     wurden daher bei der inhaltlichen Planung der Schülerexpeditionen berücksichtigt
     (s. Kap. 6.3).

72   Am Beispiel der Bionik wird darüber hinaus deutlich, dass auch moderne Technologien, Patente und Produktionsbetriebe durch Biodiversität initiiert wurden: Denkt
     man bspw. an den 1951 zum Patent angemeldeten Klettverschluss nach dem Vorbild
     der Großen Klette *Arctium lappa* oder den in den 1990er Jahren von Pflanzenblättern
     abgeschauten Lotuseffekt zur „Wasserabstoßung und selbsttätigen Reinigung von
     Oberflächen", der auf marktfähige Produkte übertragen wurde (Streit 2007, S. 20).

gesteuert und Produkte aus speziellen Ländern können gefördert oder im Absatz benachteiligt werden (Streit 2007).[73]

Abschließend sei an dieser Stelle noch darauf verwiesen, dass das Messen von Biodiversität und die anschließende Bewertung des Gemessenen weiterhin als wesentliche Voraussetzung für erfolgreichen Biodiversitätsschutz gelten kann (Görg et al. 1999). Zu beachten ist der Aspekt, dass nicht alle Arten gleich häufig vorkommen, was Baur (2010, S. 36) wie folgt ausdrückt: „In den meisten Lebensgemeinschaften kommen wenige Arten mit sehr vielen Individuen vor, während zahlreiche Arten nur durch wenige Individuen vertreten sind (die so genannten seltenen Arten)". Aus diesem Grund ist es erforderlich, bei einer quantitativen Erfassung der Biodiversität zusätzlich zur Artenvielfalt auch die relativen Häufigkeiten der einzelnen Arten einzubeziehen, was bei der Erhebung der biodiversitätsbezogenen Daten während der Schülerexpeditionen (s. Kap. 6.2.1) geschah.

Die Artenvielfalt (species richness) gilt als einfachstes Maß für die Biodiversität einer Lebensgemeinschaft, eines Gebietes oder einer Region. Biodiversität auf Artniveau wird folglich zum einen aus der Anzahl unterschiedlicher Arten und zum anderen aus der Häufigkeitsverteilung der Arten gebildet. Zur Berechnung von Biodiversität existieren zahlreiche Vorschläge für Methoden, die diese beiden Informationen in einem Biodiversitätsindex zusammenführen (z. B. Simpson-Index, Kap. 6.5.1). **Diversitätsindizes** werden dabei als analytische Werkzeuge verstanden, die beim Vergleich von Lebensgemeinschaften zum Einsatz kommen können. Sie ermöglichen außerdem vergleichende Betrachtungen der Artendiversität auf verschiedenen geografischen Skalen,[74] wobei im Rahmen des Buches nur die **Alpha-Diversität** (local diversity), d. h. die Anzahl der Arten in einem Lebensraum, näher betrachtet wird. Alpha-Diversität ist prädestiniert für den Vergleich der Artenzahlen in unterschiedlichen Untersuchungsgebieten und kann auch auf Ökosystemvielfalt (s. Kap. 6.4.1) angewendet werden. Aufgrund des mit dem Bestimmen einer großen Artenanzahl verbundenen hohen Arbeitsaufwandes sowie des häufigen Fehlens von Experten kann auf

---

73 Dieser Sachverhalt gewinnt v. a. mit Fokus auf die jüngsten Mitglieder der Gesellschaft (hier Schüler der Sekundarstufe I, s. Kap. 6.3) hinsichtlich des Erhalts der Biodiversität an Bedeutung (s. Kap. 2.5, Fragebogen Umwelthandeln, Anh. 89, Anh. 92).

74 Als **Alpha-Diversität** wird die Anzahl der Arten in einem Lebensraum, als **Beta-Diversität** das Ausmaß der Änderungen der Artzusammensetzung entlang eines Umweltgradienten und als **Gamma-Diversität** die Artenzahl einer großen geografischen Region bezeichnet (Baur 2010). Schaefer (2012, S. 66) führt zusätzlich die **Delta-Diversität** als Bezeichnung für den „Artenwechsel zwischen Regionen oder entlang klimatischer Gradienten" an.

zahlreiche alternative Ansätze zur Erfassung oder Abschätzung von Biodiversität zurückgegriffen werden. Ein Beispiel hierfür ist die Betrachtung höherer taxonomischer Stufen als Vielfaltskriterium, indem die Vielfalt der auf Familien- oder Gattungsniveau bestimmten Organismen als Indikator für die Artenvielfalt gilt (Baur 2010). Auch diesem alternativen Ansatz wurde sich bei der Erhebung und Auswertung der biodiversitätsbezogenen Daten[75] im Rahmen der Schülerexpeditionen ergänzend neben der Berechnung der Diversitätsindizes bedient.

Der in diesem Teilkapitel einblicksartig verdeutlichte Wert der Biodiversität wurde von mehr als 180 Unterzeichnerstaaten in der UN-Biodiversitätskonvention (Convention on Biological Diversity – CBD) anerkannt (Möhring 2009). Potthast (2007, S. 167) kommt zu folgendem Schluss „Kein anderes Naturschutzabkommen hat je diese Größenordnung erreicht".

2.4 Gefährdung und Verlust der Biodiversität

Seit Jahrzehnten ist weltweit ein drastischer Rückgang der Biodiversität zu beobachten (Coburger 2012).[76] Warum dieser Rückgang so bedeutend und bedrohlich ist, wird in diesem Teilkapitel in den Grundzügen verdeutlicht. Der Verlust der Biodiversität wird nach Auffassung der Europäischen Kommission als „kritischste globale Umweltbedrohung neben dem Klimawandel" gesehen (Coburger 2012, S. 36). An anderer Stelle ist vom „globalen Massenaussterben" die Rede: lokale Aussterbeereignisse führen unmittelbar zu einem Vielfaltsverlust der lokalen Ökosysteme, welcher schon lange vor dem endgültigen Aussterben einzelner Arten bemerkbar ist (Möhring 2009, S. 4). Es liegt auf der Hand, dass alle im vorangegangenen Teilkapitel geschilderten Werte der Biodiversität durch die Gefährdung und den Verlust von Biodiversität sukzessive verloren gehen. Unbestritten ist z. B., dass das beschleunigte Artensterben nicht nur den Verlust genetischer Ressourcen, sondern auch den Verlust von Ökosystem-Dienstleistungen nach sich zieht (Möhring 2009).

Obwohl der Begriff „Biodiversität" neben Artenvielfalt auch die Vielfalt von Ökosystemen und Genen einbezieht (s. Kap. 2.1), wird Biodiversitätsverlust „meist als lokaler oder globaler Artenverlust definiert" (BMELF 1997, S. 189). Von großer Bedeutung im Zusammenhang mit dem Verlust von Biodiversität ist daher die in regelmäßigen Abständen von der Weltnaturschutzunion (Internatio-

---

75 s. Kap. 6.2.1, Kap. 6.4.1, Kap. 6.5.1.
76 Das Buch *biodiversity* von Wilson (1988) liefert einen Überblick über die Biodiversität der Erde bei gleichzeitiger Verdeutlichung der durch den Menschen verursachten Veränderung und Zerstörung derselben (Wilson 1992).

nal Union for Conservation of Nature and Natural Resources, IUCN) herausgegebene aktuelle Liste der bedrohten Arten (IUCN Red List). Trotz der Tatsache,
dass diese Liste jeweils nur einen kleinen Anteil der Arten erfasst, kann anhand
der Liste der aktuelle Bedrohungsgrad der irdischen Artenvielfalt abgeschätzt
werden. Hinsichtlich des Bedrohungsgrades wird auch erfasst, ob eine Art von
Natur aus selten oder erst durch den Einfluss des Menschen selten geworden ist.
Die Liste wird auch von den Medien genutzt und kann sich bis auf die Ebene der
Schutzmaßnahmen (s. Kap. 2.5) auswirken (Streit 2007). Aus der Internationalen
Roten Liste (Stand 2016, s. Tab. 2) geht hervor, dass 23928 Tier- und Pflanzenarten als gefährdet und ca. ein Drittel der 82945 von der IUCN erfassten Tier-
und Pflanzenarten als bedroht eingestuft wurden (WWF Deutschland 2016a).
Ferner wurde in diesem Zusammenhang ermittelt, dass sich die „Aussterberate
von Arten durch menschliche Einflüsse mittlerweile um den Faktor 1000 bis
10000 gegenüber der natürlichen Rate erhöht hat" (WWF Deutschland 2016b).

Tab. 2: Chronik der Roten Liste der bedrohten Arten der IUCN seit 2000.[77]

Arten-gruppe / Jahr	2000	2004	2008	2010	2012	2014	2016
Säugetiere	1130	1101	1141	1131	1140	1199	1203
Vögel	1183	1213	1222	1240	1313	1373	1375
Reptilien	296	304	423	594	802	927	983
Amphibien	146	1770	1905	1898	1931	1957	2063
Fische	752	800	1275	1851	2041	2222	2343
Wirbellose (Insekten, Weichtiere)	1493	1533	1622	2021	2686	2973	3113
Pflanzen	5611	8321	8457	8724	9193	10584	11562
Gesamt	11046	15503	16928	18351	19817	21235	22642

Die Resultate der untersuchten Arten zeigen, dass jede fünfte Säugetierart,
jede achte Vogelart und jede dritte Amphibienart als bedroht gilt (WWF
Deutschland 2016b).

Schon im Jahr 2006 kam die IUCN zu der Erkenntnis, dass der Biodiversitätsverlust trotz der inzwischen zahlreich initiierten Schutzmaßnahmen immer
noch fortschreitet (Streit 2007). An dieser Tatsache hat sich auch bis zum jetzi-

---

77 Aufgeführt sind nur die vom Aussterben bedrohten, stark gefährdeten und gefährdeten Arten (WWF Deutschland 2016b).

gen Zeitpunkt nichts geändert (s. Tab. 2). Neben der globalen Sicht ist der Blick auch verstärkt auf regionale und lokale Ereignisse zu richten, um die unmittelbare Relevanz der Thematik zu verdeutlichen. Rote Listen existieren auch sowohl für Staaten wie z. B. Deutschland (Rote Listen Deutschlands, kurz RLD[78]) als auch für Bundesländer, z. B. Thüringen (Rote Listen Thüringens, kurz RLT,[79] s. Kap. 6.4.1) und visualisieren den jeweiligen Bedrohungsgrad des nationalen (RLD) und regionalen (RLT) Artenspektrums (Streit 2007).

Es ist bewiesen, dass die Erde „seit Millionen von Jahren nicht mehr so viele Arten in so kurzer Zeit verloren hat" (BMELF 1997, S. 190). Trotz der Schwierigkeit des genauen Zurückführens der Ursachen des Aussterbens auf bestimmte menschliche Aktivitäten soll an dieser Stelle exemplarisch einerseits auf den Bevölkerungszuwachs[80] und andererseits auf die aus dem Ressourcenbedarf des Bevölkerungswachstums resultierenden Landnutzungsänderungen[81] hingewiesen werden (BMELF 1997).[82]

---

78 Die ausführliche Bezeichnung lautet: *Rote Listen gefährdeter Tiere, Pflanzen und Pilze Deutschlands* (BfN 2011).

79 Der vollständige Titel lautet: *Rote Listen der gefährdeten Tier- und Pflanzenarten, Pflanzengesellschaften und Biotope Thüringens* (Thüringer Landesanstalt für Umwelt und Geologie (TLUG) 2011).

80 Der Bevölkerungszuwachs kann als Hauptursache aller globalen Umweltänderungen angesehen werden. Das BMELF (1997) schildert ausführlich, dass sich alle Einflüsse der Komponenten des globalen Wandels auf Biodiversität auf die Zunahme der Erdbevölkerung zurückführen lassen.

81 Etliche Quellen belegen den schnell fortschreitenden Verlust zahlreicher bisher ungenutzter aquatischer und terrestrischer Lebensräume. Die Änderungen in der Landnutzung vollziehen sich einerseits in Form der Umwandlung von Nutzungsformen und andererseits durch Modifikation der Nutzung innerhalb einer speziellen Landnutzungsform (BMELF 1997).

82 Wilson vergleicht den Rückgang der Artenvielfalt mit den am Ende des Paläozoikums und Mesozoikums stattgefundenen großen Naturkatastrophen und spricht von einer derzeitigen Entwicklung zum „größten Einschnitt für das Leben auf der Erde seit 65 Millionen Jahren" (Wilson 1992, S. 28). Gleichzeitig verweist er darauf, dass vom aktuellen Artensterben – im Gegensatz zu vergangenen Phasen des Massenaussterbens – erstmalig auch Pflanzenarten betroffen sind (Wilson 1992): ‚In the earlier mass extinctions, which some scientists believe were caused by large meteorite strikes, most of the plants survived even though animal diversity was severely reduced. Now, for the first time, plant diversity is declining sharply' (Wilson 1988, S. 12).

2.5   Verantwortung und Handlungsbedarf

Die Situation zum Biodiversitätsproblem wird von Beck (2013, S. IX) wie folgt resümiert:

> „Trotz atemberaubender Dokumentarberichte über Landschaften, Vegetation und Tierleben in Fernsehen, Videos und Magazinen und trotz Biologieunterricht an den Schulen ist die Bedeutung der Biodiversität noch wenig ins Bewusstsein vieler Zeitgenossen eingedrungen, geschweige denn wird ihre Erhaltung als prioritäre gesellschaftliche Aufgabe akzeptiert".

Statt einer umfassenden Schilderung aller möglichen Verantwortungsbereiche und Handlungsoptionen widmet sich dieses Teilkapitel vielmehr der Eröffnung einiger beispielhafter Perspektiven, wie dem globalen Umweltproblem des Biodiversitätsverlustes begegnet werden kann und welche Schritte dabei von besonderer Dringlichkeit sind. Der Blick wird dabei ausgehend von der globalen Sicht bis hin zur regionalen Ebene fokussiert.

Vor dem Hintergrund des beunruhigend schnell fortschreitenden Verlustes der Biodiversität (s. Kap. 2.4) werden der Umweltschutz, die Aufklärung der Bevölkerung und die Forschung als wichtigste Schritte zur Reduktion des Artensterbens angesehen (Möhring 2009).[83] Der an zweiter Stelle genannte Aspekt erlangt im Rahmen der vorliegenden Arbeit eine besondere Bedeutung, da es gilt, v. a. Schüler als jüngste Mitglieder der Gesellschaft über den Biodiversitäts-

---

83   Im Buch *Biodiversity II. Understanding and Protecting Our Biological Resources* wird ein kostengünstiger und praktikabler Weg zur Erhaltung der biologischen Ressourcen vorgeschlagen: ‚By documenting the infrastructure of knowledge and institutions that already are in place, this volume suggests that there is a cost-effective and feasible way of approaching the conservation of the world's biological ressources' (Reaka-Kudla, Wilson & Wilson 1997, S. 2). Der Schlüssel zur kosteneffizienten Lösung der Biodiversitätskrise liegt aus Sicht der Autoren in der Zusammenarbeit von Museen, Forschungseinrichtungen und Universitäten, in der Bündelung menschlicher und finanzieller Ressourcen sowie in der gemeinsamen Nutzung bereits vorhandener physischer und institutioneller Strukturen: ‚The key to a cost-effective solution to the biodiversity crisis lies in the collaboration of museums, reserach institutions, and universities; the pooling of human and financial resources; and the shared use of physical and institutional structures that are already present' (Reaka-Kudla, Wilson & Wilson 1997, S. 2f). Weiterhin geben die Verfasser zu bedenken: ‚Rather than building the knowledge, institutional and physical infrastructure for documenting biodiversity from the ground up, we need to build upon preexisting infrastructure and increase support for systematics, training, and museums' (Reaka-Kudla, Wilson & Wilson 1997, S. 3)

verlust aufzuklären und zum aktiven Biodiversitätsschutz zu motivieren (s. Kap. 6.3).

Festzustellen ist trotz o. g. Erkenntnis, dass sich Biodiversität „von einem Thema der Ökologie und Evolutionsforschung zu einem Schwerpunkt transdisziplinärer Forschungsprogramme und politischer Initiativen entwickelt" hat (Hotes & Wolters 2010, S. 302). Die von Seiten der Regierungen beigemessene hohe Priorität kam bereits 1992 durch die Verabschiedung der CBD (s. Kap. 2.1) sowie die EU *Fauna-Flora-Habitat-Richtlinie* (FFH)[84] zum Ausdruck. Weitere Belege sind Aktivitäten wie das europäische Natura 2000 Schutzgebietsnetz, die *Nationale Strategie zur Biologischen Vielfalt* (Bundesministerium für Umwelt, Naturschutz, Bau und Reaktorsicherheit (BMUB) 2007), das *Bundesprogramm Biologische Vielfalt* (s. Kap. 3.4.2) oder die Roten Listen (s. Kap. 6.4.1). Trotz dieser vielversprechenden Entwicklungen ist Biodiversität aktuell aber noch nicht „ausreichend in Entscheidungsprozesse zur Land- und Ressourcennutzung integriert" (Hotes & Wolters 2010, S. 302). So wurde auch das 2002 gesteckte Ziel der Verhinderung des Biodiversitätsverlustes bis zum internationalen Jahr der biologischen Vielfalt (2010) verfehlt. Ursachen für derartige Probleme sind sowohl auf globaler als auch auf europäischer Ebene in einer Kombination aus fehlendem Bewusstsein über die Schutzbedürftigkeit der Biodiversität und sozialökonomischen Maßnahmen vor dem Hintergrund des Spannungsfeldes zwischen Gemeinnutz und Eigennutz zu sehen (Hotes & Wolters 2010).

Der Erhalt der Biodiversität ist nicht nur auf die Sicherung einer durch Umweltschutz hervorgerufenen guten Wasser-, Boden- und Luftqualität angewiesen, sondern Umweltschutz bedarf im Umkehrschluss auch dem Erhalt von Biodiversität, insbesondere deren natürlicher Dynamik zur Sicherung menschlicher Lebensgrundlagen. Biodiversitätsschutz bezieht sich nicht nur auf Tier- und Pflanzenschutz. Inbegriffen sind vielmehr die o. g. Ökosystem-Dienstleistungen wie z. B. das Selbstreinigungsvermögen als zentrale Funktionen der Biodiversität. Das Verständnis von Biodiversität als hochrangiges Schutzgut hat sich etabliert, der Erhalt der Biodiversität ist auf allen Ebenen (internationale, nationale, regionale und lokale Ebene, s. Abb. 6) als kollektive Pflicht anzusehen, deren Umsetzung auf politische Maßnahmen angewiesen ist (Potthast 2007).[85] Vor diesem Hintergrund kommt v. a. der *Nationalen Strategie zur biologischen Viel-*

---

84 Die vollständige Bezeichnung lautet: *Richtlinie 92/43/EWG des Rates vom 21. Mai 1992 zur Erhaltung der natürlichen Lebensräume sowie der wildlebenden Tiere und Pflanzen* (Manderbach 2017).

85 Wilson (1992) betont die zentrale Verantwortung von internationalen Organisationen und Institutionen für die Reduktion von Umweltschäden: ‚Much of the responsibility of minimizing environmental damage falls upon the international agencies that have the power to approve or disapprove particular projects' (Wilson 1988, S. 15).

falt der Bundesregierung (BMUB 2007) und der damit verbundenen Steigerung der biologischen Vielfalt bis zum Jahr 2020 besondere Bedeutung zu (Hotes & Wolters 2010). An diesem Punkt müssen die Industrieländer eine Vorreiterrolle im Biodiversitätsschutz insbesondere bei der Entwicklung „ökologischer und sozial verträglicher Lebens- und Wirtschaftsformen" einnehmen (Potthast 2007, S. 229).

In Deutschland hat nicht nur der Weltbiodiversitätsrat (Intergovernmental Science-Policy Platform on Biodiversity and Ecosystem Services, IPBES) seinen Sitz gefunden – auch die Biodiversitätswissenschaft hat mittlerweile durch verschiedene Wissenschaftsorganisationen[86] einen besonderen Stellenwert erlangt: Im Fokus steht die öffentlichkeitswirksame Darstellung interessanter Aspekte aus wissenschaftlicher, politischer und planerischer Sicht (Beck 2013).[87] Ein Blick auf die rechtliche Seite führt zu der Erkenntnis, dass der Begriff „Biodiversität" noch nicht Einzug in entsprechende rechtliche Grundlagen erhalten hat, was bspw. am *Gesetz über Naturschutz und Landschaftspflege* (Bundesnaturschutzgesetz, BNatSchG) deutlich wird: Hier wird der Begriff „Biodiversität" keinmal erwähnt, lediglich die oft synonym gebrauchte Bezeichnung „biologische Vielfalt" wird einmal im Zusammenhang mit dem Schutz von Ökosystemen, Biotopen und Arten genannt (Bundesministerium der Justiz und für Verbraucherschutz (BMJV) 2010). In der *Verordnung zum Schutz wildlebender Tier- und Pflanzenarten* (Bundesartenschutzverordnung, BArtSchV) wird auf eine Erwähnung des Begriffs „Biodiversität" o. ä. Begriffe gänzlich verzichtet (BMJV 2005).

Ein Blick auf Thüringen macht Folgendes deutlich: Da der Biodiversitätsverlust neben dem Klimawandel als größte globale Umweltbedrohung zu sehen ist (s. Kap. 2.4), wurde die *Thüringer Strategie zur Erhaltung der biologischen Vielfalt* (TMLFUN 2012) ins Leben gerufen, welche die folgenden vier Hauptziele verfolgt (Coburger 2012, S. 36): 1. Sicherung der Artenvielfalt, 2. Erhaltung der Lebensraum- und Landschaftsvielfalt, Vernetzung von Lebensräumen (Biotopverbund), 3. Integration von Biodiversitätsbelangen in Landnutzung,

---

86 v. a. die Helmholtz Gemeinschaft Deutscher Forschungszentren (HGF), die Deutsche Forschungsgemeinschaft (DFG), die Wissenschaftsgemeinschaft Gottfried Wilhelm Leibnitz (WGL) und die Max-Planck-Gesellschaft (MPG, Beck 2013).

87 Bereits Wilson hat im Jahr 1988 das Bündnis zwischen wissenschaftlichen, politischen und wirtschaftlichen Kräften dokumentiert und die Bedeutung derselben für die internationale Naturschutzbewegung kommender Jahrzehnte vorausgesagt (Wilson 1992). In seinem Vorwort schreibt er über sein Werk: ‚It also documents a new alliance between scientific, governmental, and commercial forces – one that can be expected to reshape the international conservation movement for decades to come' (Wilson 1988, S. VI).

Sicherung der Rassen- und Sortenvielfalt, 4. Aktive Beteiligung der Bürger an der Erhaltung der Biodiversität. Dem vierten Hauptziel wurde sich im Buch wie o. g. besonders gewidmet – speziell in Form der Verbesserung der biodiversitätsbezogenen Umwelteinstellungen, der Erweiterung des Biodiversitätswissens (Umweltwissens) mit dem Ziel der Motivation zu Umwelthandeln für den dauerhaften Biodiversitätsschutz.[88]

Nachfolgende Ausführungen sollen einen kleinen Einblick in die vielfältige Palette von Möglichkeiten des Biodiversitätsschutzes geben: Zur Umsetzung der *Nationalen Strategie zur biologischen Vielfalt* (BMUB 2007) muss der Staat die zur Verfügung stehenden Instrumente, wie z. B. die durch das BNatSchG offenbarten naturschutzrechtlichen Instrumente, den Aufbau des Natura 2000-Netzes aber auch ökonomische Instrumente, v. a. die finanzielle Förderung erwünschten Verhaltens und finanzielle Belastung unerwünschten Verhaltens nutzen. Außerdem muss sich indikativer Instrumente bedient werden, zu denen Aufklärungskampagnen, die Verbesserung des Umweltbewusstseins, Umweltbildung usw. im Rahmen problemorientierten Unterrichts gezählt werden. In der Vergangenheit musste der Staat erkennen, dass „gewünschte Politikziele nicht allein mit Verboten, Geboten und Überwachung erreicht werden" können, sondern es vielmehr einer „kluge[n] Kombination von Instrumenten" bei gleichzeitiger Einbeziehung gesellschaftlicher Akteure bedarf (Hotes & Wolters 2010, S. 233). Anhand der aus der naturwissenschaftlichen Forschung resultierenden Daten können Folgeabschätzungen z. B. zu Landnutzungsänderungen getroffen werden. Entsprechende Untersuchungen sind aber auf gesellschaftliche Aufmerksamkeit angewiesen, während bei der Initiierung von Schutzaktivitäten wieder soziale und politische Vorgänge eine unverzichtbare Rolle einnehmen (Hotes & Wolters 2010).

Aufgrund der Tatsache, dass dem Thema „Biodiversität" im Biologieunterricht in Thüringen aktuell offensichtlich nur eine geringe Bedeutung beigemessen wird (s. Kap. 2.6, Kap. 2.7), wurde kürzlich die Einführung eines vierten Basiskonzepts namens „Biodiversität" vorgeschlagen (Graf et al. 2017). Hinsichtlich der Erhebung biodiversitätsbezogener Daten sind neu entwickelte Verfahren zur Artenbestimmung wie das auf Gensequenzen basierende Barcoding mit dem Ziel einer schnelleren Auswertung anzuwenden, wobei für die Artenerfassung im Gelände nach wie vor ausgebildete Beobachter von Nöten sind. Zur Steigerung der Effektivität sollten neue Informationstechnologien wie z. B. GPS eingesetzt und „ausreichend viele Personen zur Teilnahme an der Datensammlung motiviert" werden[89] (Hotes & Wolters 2010, S. 304).[90]

---

88   s. Kap. 6.2.2, Kap. 6.4.2, Kap. 6.5.2.
89   Eigene Praxisbeispiele hierfür s. Kap. 6.3.

Als erfolgversprechend im Rahmen der Inszenierung von Biodiversität in der Bildungsarbeit gilt die Beachtung der Grundsätze der Werbung („BRIDI") in der Öffentlichkeitsarbeit: Ausgehend von der Benefikation (Vorteile bieten) über die Reduktion (Wiedererkennung hervorrufen) und Identifikation (völlige Gleichheit herstellen) bis hin zu Dramatisierung (Botschaften interessant gestalten) und Inforezeption (Empfangssituationen berücksichtigen) können die Mitmenschen (hier v. a. Schüler, s. Kap. 6.3) im Idealfall positiv hinsichtlich des Biodiversitätsschutzes gestimmt werden (BBN 2003).[91] Hervorhebenswert ist die Erkenntnis, dass lokale und regionale Aktivitäten wesentliche Grundsteine für den globalen Biodiversitätsschutz legen können, da auf regionaler Ebene „Maßnahmen und Ziele am ehesten mit Einsichten in den Wert des Erhalts einer Kombination natürlicher, kultureller und historischer Vielfalt einhergehen" (Streit 2007, S. 111).[92] Darüber hinaus kann jeder einzelne durch ein bewusstes Konsumverhalten auch dem Biodiversitätsverlust entfernter Regionen entgegenwirken.[93]

2.6 Lehrplananalyse

Aufgrund der Verbindlichkeit des Lehrplans und der hohen Bedeutung des Schulbuchs als Unterrichtsmittel im Biologieunterricht werden diese Dokumente in den nachfolgenden Teilkapiteln in dieser Reihenfolge analysiert.

---

90 Auf die Notwendigkeit der Standardisierung von „Erfassungsmethoden, Datenformaten, Dateneingabeprozeduren und Plausibilitätsprüfungen über Staats- und Ländergrenzen hinweg" (Hotes & Wolters 2010, S. 305) wird hiermit hingewiesen.

91 Geeignete öffentlichkeitswirksame Aktivitäten sind laut Streit (2007) bspw. die Unterstützung biodiversitätsbezogener Schutzorganisationen wie IUCN, WWF (World Wide Fund For Nature) oder Naturschutzbund (NABU) Deutschland und die Teilnahme an Aktionen wie dem Internationalen Tag der Biodiversität (in Deutschland als GEO-Tag der Artenvielfalt, nun GEO-Tag der Natur bekannt, s. Kap. 6.3, Kap. 6.5).

92 Als Praxisbeispiele dienen die Schülerexpeditionen, die ausgehend vom Biodiversitätsverlust den problemorientierten Unterricht fokussieren (s. Kap. 6.3).

93 Bspw. kann dem Anbau weiterer Palmölplantagen und der damit einhergehenden Vernichtung der Regenwälder in Indonesien, Malaysia, Thailand, Nigeria und Kolumbien durch konsequente Vermeidung von Palmöl-Produkten entgegengewirkt werden. Darauf macht auch das Kindermagazin *GEOlino extra: Wälder* (Gaede 2013) mit dem Verweis auf Online-Listen palmölfreier Produkte aufmerksam. Dieses Themenheft wurde jedem Expeditionsschüler der Klasse 7a am Ende des Expeditionstages zusammen mit der Urkunde ausgehändigt (s. Anh. 110).

Die Thüringer Lehrpläne stellen die verbindliche Rechtsgrundlage für Unterricht und Erziehung dar (TMBJS 2015b) und sichern damit ein „Mindestmaß an Vergleichbarkeit in einem Bundesland" (Thüringer Institut für Lehrerfortbildung, Lehrplanentwicklung und Medien (ThILLM) 2014, S. 12). Matthes & Heinze (2005, S. 41) bringen die Verbindlichkeit der Lehrpläne wie folgt zum Ausdruck: „Lehrpläne kodifizieren und normieren den Schulunterricht; sie sind ein direktes Steuerungsmittel des Staates im Bereich des Bildungswesens".[94] Über die Prinzipien, nach denen Lehrpläne entwickelt werden, ist wenig bekannt. Umso mehr sollten Lehrpersonen die Lehrpläne hinterfragen und sich kritisch mit ihnen auseinandersetzen (Berck & Graf 2010), was in vorliegender Abhandlung mit dem Fokus auf das Thema „Biodiversität" angestrebt wurde. Als Methode wurde für den Lehrplanvergleich und die Untersuchung der Schulbücher die Dokumentenanalyse (s. Kap. 1.4, M1) angewendet. Neben dem übergreifenden Begriff „Biodiversität" wurde sich im Rahmen der biodiversitätsbezogenen Analyse auf die Artenvielfalt und Ökosystemvielfalt als zwei essenzielle Ebenen der Biodiversität konzentriert. Analysegrundlage bildeten Lehrpläne für die Schulart Gymnasium.

Hierbei wurde anhand einer **Häufigkeitsanalyse**[95] die Anzahl der Begriffe pro Kapitel zur Klärung folgender zentraler Leitfragen ermittelt (Berck & Graf 2010):

---

94 Aufgeschlüsselt nach Schulfächern werden Bildungsziele in Form von Kompetenzen nach den Vorgaben der Nationalen Bildungsstandards aufgeführt (s. Kap. 3.5). Hierbei werden verbindliche fachspezifische und überfachliche Kompetenzen unterschieden, wobei konkrete Hinweise zur Gestaltung des Lehr-Lernprozesses ausbleiben (TMBJS 2015b). Diesen Entscheidungsspielraum kann die Lehrperson bspw. in Form des Lernens an außerschulischen Lernorten nutzen (s. Praxisbeispiele, Kap. 6.3). Die formulierten kompetenzbezogenen Lehrplanziele betonen die aus gesellschaftlicher Sicht erwarteten Qualifikationen und stimmen mit den Bildungsangeboten des Thüringer Bildungsplanes (s. Kap. 3.7) überein (TMBJS 2015b).

95 Nach Mayring (2010) umfasst eine **Häufigkeitsanalyse** (oft auch als Frequenzanalyse bezeichnet) das Auszählen bestimmter Elemente sowie den Vergleich ihrer Häufigkeit mit dem Auftreten anderer Elemente. Der vorliegenden Analyse sowie allen weiteren Analysen (s. Kap. 2.7, Kap. 3.5, Kap. 3.7) wurde in Anlehnung an Schallenberger (1976) die Auffassung zugrunde gelegt, dass aus der Häufigkeit der Begriffsnennung Aufschluss über die Bedeutung, die dem entsprechenden Begriff beigemessen wird, gewonnen werden kann. Als Orientierung dienten die acht Ablaufschritte von Häufigkeitsanalysen nach Mayring (2010): 1. Formulierung der Fragestellung, 2. Bestimmung der Materialstichprobe, 3. Aufstellen des Kategoriensystems, 4. Definition der Kategorien, 5. Bestimmung der Analyseeinheiten, 6. Durcharbeiten des Materials m. H. des Kategoriensystems, 7. Feststellen und Vergleichen der Häufigkeiten, 8. Darstellung und Interpretation der Ergebnisse.

1. Werden bestimmte, v. a. wichtige Begriffe (hier Biodiversität, Ökosystem-vielfalt und Artenvielfalt) immer wieder verwendet, sodass von einer ange-messenen Thematisierung im Unterricht ausgegangen werden kann oder etwa nur ein- oder zweimal?
2. In welchen Klassenstufen werden die Begriffe (hier Biodiversität, Ökosys-temvielfalt und Artenvielfalt) bevorzugt aufgeführt?
3. Erlangen wichtige Begriffe (hier Biodiversität, Ökosystemvielfalt und Arten-vielfalt) neben der Erwähnung im Text auch in Form von Überschriften /Teilüberschriften einen besonderen Stellenwert?

2.6.1 Vergleich der Lehrpläne von Thüringen, Sachsen-Anhalt und Niedersachsen

Der Stellenwert des Themas „Biodiversität" wurde exemplarisch in fünf Lehr-plänen des Unterrichtsfaches Biologie an Gymnasien entsprechend der Klassen-stufen (aufsteigend) untersucht:

1. *Lehrplan für den Erwerb der allgemeinen Hochschulreife Mensch-Natur-Technik* Thüringen (MNT, TMBJS 2015a)
2. *Lehrplan für den Erwerb der allgemeinen Hochschulreife Biologie* Thüringen (TMBWK 2012a)
3. *Fachlehrplan Gymnasium Biologie* Sachsen-Anhalt (Ministerium für Bildung 2016)
4. *Kerncurriculum für das Gymnasium Schuljahrgänge 5-10 Naturwissenschaf-ten* (NAWI) Niedersachsen (Niedersächsisches Kultusministerium 2015)
5. *Kerncurriculum für das Gymnasium – gymnasiale Oberstufe [...] Biologie*[96] Niedersachsen (Niedersächsisches Kultusministerium 2017)

Die Bundesländer Sachsen-Anhalt und Niedersachsen wurden exemplarisch als Nachbarbundesländer Thüringens herausgegriffen, um durch einen relativen Vergleich der fünf Lehrpläne Hinweise für den Stellenwert des Themas „Bio-diversität" im Thüringer Lehrplan zu gewinnen (s. Kap. 2.6.2). Von nicht uner-heblicher Bedeutung war außerdem die Analyse der jeweils aktuellen Fassung des Lehrplanes, um die derzeitige Situation realistisch abzubilden. Die Ermitt-lung der Trefferzahlen erfolgte systematisch anhand folgender in biodiversitäts-

---

96 Der ausführliche Titel des niedersächsischen Lehrplanes lautet: *Kerncurriculum für das Gymnasium – gymnasiale Oberstufe die Gesamtschule – gymnasiale Oberstufe das Berufliche Gymnasium das Abendgymnasium das Kolleg Biologie* (Niedersächsi-sches Kultusministerium 2017).

bezogene Kategorien eingeteilter einschlägiger Suchbegriffe (s. Anh. 1-5):[97]
1. Kategorie „Biodiversität (biologische Vielfalt)", 2. Kategorie „Ökosystemvielfalt (Vielfalt der Ökosysteme)", 3. Kategorie „Artenvielfalt (Artendiversität)", 4.
Kategorie „Vielfalt (vielfältig)".[98]

Bei der Recherche zur Ökosystemvielfalt wurde auch die Anzahl der erwähnten Ökosysteme mit erfasst, d. h. nicht nur die Vielfalt innerhalb der Ökosysteme betrachtet (s. Definition, Kap. 2.1).[99]

*1. Lehrplan für den Erwerb der allgemeinen Hochschulreife Mensch-Natur-
Technik Thüringen*

Da das Unterrichtsfach MNT in Thüringen als Ersatz für Biologieunterricht in
den 5./6. Klassen gilt, wurde der Lehrplan für das Fach MNT analysiert.

Es finden sich ausschließlich in der letztgenannten Kategorie für die Klassenstufe 5 und 6 zehn Hinweise zur Thematisierung der Vielfalt im Unterricht
(s. Tab. 3), wobei vier der zehn Nennungen in Teilüberschriften erfolgen (s.
Anh. 1).

---

97 Die Anhänge zu Kapitel 2 (Anh. 1 - Anh. 11) stehen kostenfrei online auf Springer-
Link (siehe URL am Anfang dieses Kapitels) zum Download bereit.

98 Bei der Kategoriendefinition wurde deduktiv-induktiv vorgegangen: Während die
ersten drei Kategorien als Hauptkategorien aus theoretischen Überlegungen im Zusammenhang mit der Begriffsdefinition „Biodiversität" hervorgegangen sind (**deduktive Kategoriendefinition**), wurde die vierte Kategorie „direkt aus dem Material in
einem Verallgemeinerungsprozess" abgeleitet (**induktive Kategoriendefinition**,
Mayring 2010, S. 83). Am Beispiel des inhaltsanalytischen Vorgehens verdeutlicht
Mayring (2010, S. 20) den engen Zusammenhang qualitativer und quantitativer Analyse: Die Erarbeitung und Testung der Kategorien am Material ist qualitativer Art.
„Von diesem qualitativen Anfangsschritt hängen entscheidend die Ergebnisse der Inhaltsanalyse. Erst auf dieser Basis können quantitative Analyseschritte vorgenommen werden […]". Die Interpretation der Ergebnisse ist wiederum der qualitativen Analyse zuzuordnen (Mayring 2010). Allerdings muss darauf hingewiesen
werden, dass der Sprachgebrauch bei der Differenzierung in qualitative und quantitative Analysen nicht einheitlich ist (Schallenberger 1976). Als Indiz für den Stellenwert des Themas „Biodiversität" im jeweiligen Lehrplan galt die Anzahl der in den
vier Kategorien auftauchenden biodiversitätsbezogenen Begriffe, wobei sich die
Analyse auf die Stichworte sowie die zugehörigen verwandten Begriffe (s. Einklammerung) bezog.

99 Auf die Darstellung indirekter Bezüge zur Artenvielfalt (z. B. Hinweise zur Erweiterung der Artenkenntnis) wurde verzichtet, da bei der vorliegenden Analyse bis auf
Ökosystemvielfalt nur die direkte Nennung der entscheidenden Begriffe von Interesse ist.

Tab. 3: Trefferzahlen biodiversitätsbezogener Begriffe im Thüringer Lehrplan MNT.[100]

Kategorie	Anzahl direkter Treffer	Anzahl indirekter Treffer
1. Biodiversität (biologische Vielfalt)	0	0
2. Ökosystemvielfalt (Vielfalt der Ökosysteme)	0	0
3. Artenvielfalt (Artendiversität)	0	0
4. Vielfalt (vielfältig)	10	0

2. Lehrplan für den Erwerb der allgemeinen Hochschulreife Biologie Thüringen

Tab. 4: Trefferzahlen biodiversitätsbezogener Begriffe im Thüringer Lehrplan Biologie.[101]

Kategorie	Anzahl direkter Treffer	Anzahl indirekter Treffer	Klassenstufe
1. Biodiversität (biologische Vielfalt)	2	0	12
2. Ökosystemvielfalt (Vielfalt der Öko- systeme)	0	2	10 11
3. Artenvielfalt (Artendiversität)	2	0	10 11
4. Vielfalt (vielfältig)	3	0	7 8

In Tab. 4 wird ersichtlich, dass sowohl der Begriff „Biodiversität" als auch der Begriff „Artenvielfalt" lediglich zwei Mal direkt im Lehrplan auftaucht, wobei die Ökosystemvielfalt keinmal explizit angesprochen, sondern nur an zwei Stellen indirekt aufgeführt wird. Auch in der ergänzend aufgestellten Kategorie „Vielfalt" konnten nicht mehr als drei begriffliche Nennungen gefunden werden. Eine explizite Betrachtung der klassenstufenspezifischen Lehrplaninhalte führte zu folgendem Ergebnis: Neben den einführenden Worten im ersten Kapitel zur

---

100 Die Recherche erfolgte im drei Kapitel umfassenden Thüringer Lehrplan MNT für Gymnasien (TMBJS 2015a) durch begriffliche Einordnung in vier Kategorien.

101 Die Recherche erfolgte im fünf Kapitel beinhaltenden Thüringer Lehrplan Biologie für Gymnasien (TMBWK 2012a) durch begriffliche Einordnung in vier Kategorien.

Kompetenzentwicklung taucht der Begriff „Biodiversität" nur einmal im Zusammenhang mit Klassenstufe 12 auf, der Begriff „Artenvielfalt" jeweils einmal für Klassenstufe 10 und 11. Die Ökosystemvielfalt wird indirekt jeweils einmal in letztgenannten Klassenstufen angedeutet, während Treffer in der Kategorie „Vielfalt" ausschließlich für die Klassen 7 und 8 gefunden wurden. Die biodiversitätsbezogenen Begriffe tauchen dabei jeweils nur als Wort bzw. in Stichpunktform und nicht in Überschriften im Lehrplan auf (s. Anh. 2).

3. Fachlehrplan Gymnasium Biologie Sachsen-Anhalt

Tab. 5:   Trefferzahlen biodiversitätsbezogener Begriffe im Lehrplan Biologie von Sachsen-Anhalt.[102]

Kategorie	Anzahl direkter Treffer	Anzahl indirekter Treffer	Klassenstufe
1. Biodiversität (biologische Vielfalt)	15	0	7-12
2. Ökosystemvielfalt (Vielfalt der Ökosysteme)	1	4	9 11 12
3. Artenvielfalt (Artendiversität)	2	0	11 12
4. Vielfalt (vielfältig)	3	0	11 12

Mit 15 direkten Nennungen ist der Begriff „Biodiversität" im o. g. Lehrplan in den Klassenstufen 7-12 von den biodiversitätsbezogenen Begriffen am häufigsten vertreten (s. Tab. 5). Die Ökosystemvielfalt wird bei den Ausführungen zu Klasse 9, 11 und 12 einmal direkt und viermal indirekt aufgeführt, wohingegen der Begriff „Artenvielfalt" zweimal und der Begriff „Vielfalt" dreimal in den Klassenstufen 11 und 12 auftaucht. Der Begriff „Biodiversität" kommt von den 15 Nennungen zweimal in Form einer Überschrift, einmal als einzelnes Wort und sonst im Stichpunktformat vor. Alle anderen Begriffe mit direktem Biodiversitätsbezug („Ökosystemvielfalt", „Artenvielfalt") sind lediglich als Wort oder Stichpunkt vertreten (s. Anh. 3).

---

102 Die Recherche erfolgte im drei Kapitel umfassenden Lehrplan Biologie von Sachsen-Anhalt (Ministerium für Bildung 2016) durch begriffliche Einordnung in vier Kategorien.

4. *Kerncurriculum für das Gymnasium Schuljahrgänge 5-10 Naturwissenschaften Niedersachsen*

Tab. 6: Trefferzahlen biodiversitätsbezogener Begriffe im niedersächsischen Kerncurriculum NAWI (Klasse 5-10).[103]

Kategorie	Anzahl direkter Treffer	Anzahl indirekter Treffer	Klassenstufe
1. Biodiversität (biologische Vielfalt)	2	0	5-10
2. Ökosystemvielfalt (Vielfalt der Ökosysteme)	0	1	5-10
3. Artenvielfalt (Artendiversität)	3	0	5-10 8
4. Vielfalt (vielfältig)	4	0	5-10

Es hat sich herausgestellt, dass der Begriff der biologischen Vielfalt bereits an zwei Stellen für die Klassenstufen 5-10 aufgeführt wird und auch die Begriffe „Artenvielfalt" und „Vielfalt" allgemein mit drei bzw. vier Treffern im niedersächsischen Kerncurriculum für die genannten Klassenstufen vertreten sind. Auch auf die Ökosystemvielfalt wird im Zusammenhang mit der biologischen Vielfalt, wenn auch nur einmal indirekt, hingewiesen (s. Tab. 6). Die biodiversitätsbezogenen Begriffe werden dabei größtenteils allgemein für alle Klassenstufen 5-10 aufgeführt, wobei der Begriff „Artenvielfalt" zusätzlich in Klassenstufe 8 besonders im Curriculum thematisiert wird (s. Anh. 4). Die vermeintlich überschaubare Nennung der biodiversitätsbezogenen Begriffe wird durch folgende Tatsache legitimiert: Ein Blick auf die Art und Weise des Auftauchens der Begriffe macht deutlich, dass der Begriff „biologische Vielfalt" durch die Einbettung als Satz bzw. Stichpunkt und der Begriff „Artenvielfalt" neben der Aufführung als Stichpunkt in Form einer Teilüberschrift besondere Bedeutung erlangen. Letzterer Aspekt ist ein Indiz dafür, dass Biodiversität in Form von Artenvielfalt Einzug in das Basiskonzept „Variabilität und Angepasstheit" des niedersächsischen Curriculums und damit einen hohen Stellenwert erhalten hat. Da Basiskonzepte neben der Strukturierungshilfe für Lehrer und Schüler besonders dem Ableiten eines grundlegenden Basiswissens dienen sollen (Niedersächsisches Kultusministerium 2015), kann im Umkehrschluss davon ausgegangen werden,

---

103 Die Recherche erfolgte im vier Kapitel beinhaltenden Kerncurriculum für das Gymnasium Schuljahrgänge 5-10 NAWI von Niedersachsen (Niedersächsisches Kultusministerium 2015) durch begriffliche Einordnung in vier Kategorien.

dass Biodiversität im niedersächsischen Kerncurriculum als wesentlicher Bestandteil des Basiswissens verstanden wird.[104]

5. Kerncurriculum für das Gymnasium – gymnasiale Oberstufe [...] Biologie Niedersachsen

Tab. 7:   Trefferzahlen biodiversitätsbezogener Begriffe im niedersächsischen Kerncurriculum Biologie (Oberstufe).[105]

Kategorie	Anzahl direkter Treffer	Anzahl indirekter Treffer
1. Biodiversität (biologische Vielfalt)	9	0
2. Ökosystemvielfalt (Vielfalt der Ökosysteme)	2	4
3. Artenvielfalt (Artendiversität)	3	0
4. Vielfalt (vielfältig)	13	0

Auffallend ist die vergleichsweise häufige direkte Nennung des Begriffs „Biodiversität" im Kerncurriculum für die niedersächsische gymnasiale Oberstufe. Zusätzlich werden auch die Begriffe „Ökosystemvielfalt" und „Artenvielfalt" für die Klassenstufen 11-13 zwei- bzw. dreimal direkt aufgeführt, wobei auf die Ökosystemvielfalt weiterhin an vier Stellen indirekt verwiesen wird (s. Tab. 7). Darüber hinaus wird an 13 weiteren Stellen auf Vielfalt in unterschiedlichen Kontexten hingewiesen (z. B. „regionale Vielfalt Niedersachsens", „Vielfalt der Lebewesen", „Vielfalt des Lebens", s. Anh. 5). Ein Blick auf die Art der Nennung der biodiversitätsbezogenen Begrifflichkeiten zeigt, dass der Begriff „Biodiversität" vorrangig in Sätzen, der Begriff „Ökosystemvielfalt" zu gleichen

---

104 Auch an anderer Stelle wird der Aspekt der festen Verankerung der biologischen Vielfalt im aktuellen Kerncurriculum von Niedersachsen in Verbindung mit der Verknüpfung aller Basiskonzepte auf Grundlage der Evolutionstheorie zu schätzen gewusst (Graf et al. 2017). Schließlich wurden „Inhalte der niedersächsischen Einheitlichen Prüfungsanforderungen in der Abiturprüfung (EPA) ins Fach Biologie bereits auch für biologische Inhalte der Sekundarstufe I aufgegriffen" (Graf et al. 2017, S. 15), was auf das Basiskonzept „Variabilität und Angepasstheit" (Niedersächsisches Kultusministerium 2015) und den integrierten Bestandteil der Artenvielfalt zutrifft.

105 Die Recherche erfolgte im fünf Kapitel umfassenden Kerncurriculum gymnasiale Oberstufe Biologie von Niedersachsen (Niedersächsisches Kultusministerium 2017) durch begriffliche Einordnung in vier Kategorien.

Anteilen in Sätzen, Stichpunkten und einzelnen Worten und der Begriff „Artenvielfalt" als Wort bzw. Stichpunkt auftaucht.

2.6.2 Stellenwert des Themas „Biodiversität" in Thüringer Lehrplänen

In diesem Teilkapitel wird der folgende Teilaspekt der aufgestellten Hypothese
H1 diskutiert: „Biodiversität wird in Thüringer Lehrplänen […] nur marginal
thematisiert" (s. Kap. 1.4).

Die vergleichende Betrachtung der ermittelten Trefferzahlen in den Tab. 3
bis Tab. 7 deutet darauf hin, dass das Thema „Biodiversität" im Thüringer Lehrplan MNT und Thüringer Lehrplan Biologie für Gymnasien nur einen vergleichsweise geringen Stellenwert einnimmt, was an der Trefferquote des
Begriffs „Biodiversität" zum Ausdruck kommt.[106] Die ähnlich geringen Trefferzahlen im Thüringer Lehrplan Biologie und MNT für die übrigen Kategorien
„Ökosystemvielfalt (Vielfalt der Ökosysteme)", „Artenvielfalt (Artendiversität)"
und „Vielfalt (vielfältig)" (s. Kap. 2.6.1) stützen den anhand der biodiversitätsbezogenen Begriffe abgeleiteten geringen Stellenwert der Thematik in den untersuchten Lehrplänen.

Am Ende der Analyse hat sich gezeigt, dass die anfänglich aufgestellte erste
Leitfrage (wiederholte Verwendung der Begriffe) negativ beantwortet werden
kann. Die Antworten auf die Fragen zwei (bevorzugte Klassenstufen) und drei
(Begriffe in Überschriften) lassen sich wie folgt zusammenfassen: Dadurch, dass
die zwei zentralen Begriffe „Biodiversität" und „Artenvielfalt" nur in drei Klassenstufen (10-12) und keinmal in Form einer Überschrift oder Teilüberschrift im
Thüringer Lehrplan Biologie und Thüringer Lehrplan MNT auftauchen (s. Anh.
1-Anh. 2) und der Begriff „Ökosystemvielfalt" nur indirekt angedeutet wurde,
kann der Stellenwert des Themas „Biodiversität" v. a. auch in kontrastierender
Gegenüberstellung mit den Lehrplänen von Sachsen-Anhalt und Niedersachsen
als gering eingestuft und damit der erste Teilaspekt der Hypothese H1 gestützt
werden: „Biodiversität wird in Thüringer Lehrplänen […] nur marginal thematisiert" (s. Kap. 2).[107]

---

106 Null direkte Nennungen im Thüringer Lehrplan MNT (TMBJS 2015a), zwei direkte
Nennungen im Thüringer Lehrplan Biologie (TMBWK 2012a) vs. 15 direkte Nennungen im Lehrplan von Sachsen-Anhalt (Ministerium für Bildung 2016), zwei direkte Nennungen im niedersächsischen Kerncurriculum für die Schuljahrgänge 5-10
(Niedersächsisches Kultusministerium 2015), neun direkte Nennungen im niedersächsischen Kerncurriculum für die gymnasiale Oberstufe (Niedersächsisches Kultusministerium 2017, s. Tab. 3 -Tab. 7).

107 Diese Ergebnisse decken sich auch mit den Resultaten der Expertenrunde im Rahmen
der am 1. Februar 2017 an der FSU Jena veranstalteten Lehrerfortbildung zum The-

2.6.3   Konsequenzen

Der Lehrplanvergleich der Thüringer Lehrpläne mit den Lehrplänen von Sachsen-Anhalt und Niedersachsen deutet darauf hin, dass Biodiversität in beiden
Nachbarbundesländern einen wesentlich höheren Stellenwert als in Thüringen
einnimmt. Dieser Tatsache wird vor dem Hintergrund des abgeleiteten Rahmenziels (Z0, s. Kap. 1.5) mit der Erarbeitung von drei exemplarischen Vorschlägen
zur Verbesserung der Situation begegnet.[108]

Ein Baustein wird mit dem Biodiversitäts-Modul (Knoblich & Hoffmann
2018) geliefert, das für den *Lehrplan für den Erwerb der allgemeinen Hochschulreife Wahlpflichtfach Naturwissenschaft und Technik* (NWuT) für die Klassen 9/10 (TMBJS 2018) entwickelt wurde. Das Modul mit dem Titel „Naturerfahrung mit Neuen Medien!?"[109] wurde für Kapitel 2 „Ziele des Kompetenzerwerbs in den Klassenstufen 9/10" (TMBJS 2018, S. 13), konkret für den
Themenbereich „Umwelt und Energetik" (TMBJS 2018, S. 16) ergänzend zu den
bereits vorhandenen sechs Modulen als siebtes Modul vorgeschlagen.[110]

---

ma „Naturerfahrung mit Neuen Medien!?" (Knoblich 2017e) im Teilprojekt „Ausbildung der Ausbilder" des Projekts „Professionalisierung von Anfang an im Jenaer
Modell der Lehrerbildung" (ProfJL) innerhalb der bundesweiten „Qualitätsoffensive
Lehrerbildung" (QLb). Demnach sollte das Thema „Biodiversität" im aktuellen Thüringer Lehrplan Biologie (TMBWK 2012a) und Thüringer Lehrplan MNT (TMBJS
2015a) laut Angaben der teilnehmenden Biologie-Lehrpersonen aus Weimar und
Ilmenau einen höheren Stellenwert erhalten (s. Anh. 6, Frage 2, S. 2). Einigkeit
herrschte unter den Experten aus der Schulpraxis auch dahingehend, dass erst durch
die Integration des Themas „Biodiversität" in die Thüringer Lehrpläne die Schüler
Thüringer Gymnasien umfassend für den erforderlichen Biodiversitätsschutz sensibilisiert werden können (s. Anh. 6, Frage 3, S. 2). Zentrale, im Rahmen der Lehrerfortbildung zum Einsatz gekommene Materialien (Fragebogen, Verlaufsordnung,
PowerPoint) sind im Anh. 6 – Anh. 8 hinterlegt.

108 Neben der biodiversitätsbezogenen Lehrerfortbildung (Knoblich 2017e) für ProfJL
stellen die Entwicklung von Biodiversitäts-Biotracks (s. Kap. 5, Kap. 6) für die Mediothek des TSP sowie die Entwicklung eines Biodiversitäts-Moduls (Knoblich &
Hoffmann 2018) für den Thüringer Lehrplan NWuT (TMBJS 2018, s. Anh. 9) weitere Anregungen auf dem Weg der Integration des Themas „Biodiversität" in die
Schulbildung an Thüringer Gymnasien dar. Aufgrund der thematischen Zugehörigkeit dieses Kapitels erfolgen an dieser Stelle noch einige zentrale Anmerkungen bezüglich des Biodiversitäts-Moduls.

109 Aufgrund der interdisziplinären Ausrichtung des Moduls wurde sich für diesen Titel
statt „Biodiversität" entschieden, was aber nichts an der Tatsache ändert, dass Biodiversität das inhaltliche Schwerpunktthema des Moduls bildet.

110 Die Erfordernis der Integration von biodiversitätsbezogenen Themen kommt auch
dadurch zum Ausdruck, dass der Begriff „Biodiversität" bisher lediglich zweimal im

Im Bereich der Sach- und Methodenkompetenz wurden im Biodiversitäts-
Modul die folgenden Schwerpunkte festgelegt: 1. Biologie (Schwerpunkt Biodiversität), 2. Methoden der Charakterisierung von Ökosystemen, 3. Land-
schaftsformung, 4. Neue Medien (hier GPS-Empfänger). Ein daran anknüpfender
Schwerpunkt mit dem Titel „Vorschläge für Schülerexperimente bzw. -projekte"
stellt durch Beispiele zur chemischen, physikalischen und biologischen Gewässergütebestimmung, Gesteinsuntersuchungen oder den Einsatz von zur Wissensvermittlung geeigneten Apps den biodiversitätsbezogenen Praxisbezug in den
Vordergrund. Der Anhang des Moduls soll durch ein Glossar und konkrete, nach
Themenfeldern sortiere Lehrerhinweise die Realisierung der vorgeschlagenen
Inhalte in der Praxis erleichtern. Das Thema „Biodiversität" taucht im Modul in
14 Fällen direkt auf (s. Tab. 8).[111]
    Angesichts der Tatsache, dass Biodiversität „im Biologieunterricht stark un-
terrepräsentiert ist" (Graf et al. 2017, S. 13), kann, wie in Kap. 2.5 angedeutet,
eine weitere Möglichkeit in der Kreation eines Basiskonzepts mit dem Titel
„Biodiversität" gesehen werden, um das Thema „Biodiversität" in den Thüringer
Lehrplänen in den Vordergrund zu rücken. Von diesem durch die Dimensionen
„Spezielle Biologie" und „Theoretische Biologie" repräsentierten zusätzlichen
Basiskonzept erhoffen sich die Autoren langfristig positive Effekte auf das Na-
turschutzengagement. Dabei deuten sie auf explizite Zusammenhänge zwischen
den Basiskonzepten „Biodiversität" und „System" mit Verweis auf die Struktur-
ebenen der Biodiversität (Ökosysteme, Arten, Gene) hin (Graf et al. 2017).[112]

Lehrplan des Wahlpflichtfaches NWuT auftaucht (Modul: Energieversorgung, Modul: Ökosysteme, TMBWK 2018) und daher offensichtlich nur marginal in den Klassenstufen 9 und 10 thematisiert wird. Alle anderen biodiversitätsbezogenen Begriffe
(s. Tab. 3 - Tab. 7) finden keine Erwähnung.

111 Auf eine Auflistung weiterer biodiversitätsbezogener Begriffe wie „Artenvielfalt",
    „Ökosystemvielfalt" usw. wurde aus Gründen der Übersichtlichkeit verzichtet. Bei
    der Entwicklung des Moduls wurde nicht nur auf eine häufige begriffliche Nennung,
    sondern auch auf die Integration des Begriffs „Biodiversität" in die Überschrift des
    ersten Schwerpunktes sowie in praktische Untersuchungen (z. B. Biodiversitäts-
    Apps) Wert gelegt. Weitere, auch fächerübergreifende Bezüge sind dem Anh. 9 zu
    entnehmen.

112 Die Ergebnisse aus dem Fragebogen der Lehrerfortbildung (Knoblich 2017e) zeigen,
    dass das Thema „Biodiversität" ggf. mit Ausklammerung von Klasse 8 in allen Klas-
    senstufen (Klasse 5-12) lehrplanbezogen thematisiert werden sollte. In Klasse 5/6
    empfiehlt sich die Vermittlung von Grundlagen und die Verwendung des Begriffs
    „biologische Vielfalt" als Synonym für Biodiversität. Ab Klassenstufe 7 sollte der
    Begriff „Biodiversität" eingeführt, einleuchtend definiert und mit zunehmenden Bei-
    spielen und Anwendungsbezug bis zur Klasse 12 einen zentralen Stellenwert im Un-
    terricht einnehmen.

Tab. 8:   Auftreten des Begriffs „Biodiversität" im Biodiversitäts-Modul.[113]

Seite	Beispiel	Sprachliche Einordnung	Auftreten im Bio-diversitäts-Modul
S. 1	„Biologie (Schwerpunkt Biodiversität)"	Überschrift	„Sach- und Metho-denkompetenz" (S. 1)
S. 1	„anthropogene Einflüsse in Ökosyste-men sowie deren Auswirkung auf Bio-diversität"	Stichpunkt	„Sach- und Metho-denkompetenz" (S. 1)
S. 1	„praktische Beispiele […] in Zusammen-hang mit Biodiversität bringen"	Stichpunkt	„Sach- und Metho-denkompetenz" (S. 1)
S. 1	„die Bedeutung von Biodiversität und nachhaltiger Bewirtschaftung begrün-den"	Stichpunkt	„Sach- und Metho-denkompetenz" (S. 1)
S. 1	„sich zum Biodiversitätsverlust positio-nieren sowie Maßnahmen zu dessen Verringerung erläutern"	Stichpunkt	„Sach- und Metho-denkompetenz" (S. 1)
S. 2	„Maßnahmen zum Schutz und zur För-derung der Biodiversität ableiten"	Stichpunkt	„Sach- und Metho-denkompetenz" (S. 1)
S. 3	„*Biodiversitäts-Apps* sachgerecht an-wenden (siehe Anhang)"	Stichpunkt	„Sach- und Metho-denkompetenz" (S. 1)
S. 3	„alternative Formen des Wissenser-werbs (hier durch Nutzung von GPS-Empfängern wie z. B. Smartphones) zur Aneignung von Biodiversitätswissen anwenden"	Stichpunkt	„Selbst- und Sozi-alkompetenz" (S. 3)
S. 3	„sich unter Nutzung seines ökologischen Fachwissens einen Standpunkt zum […] Biodiversitätsschutz bilden"	Stichpunkt	„Selbst- und Sozi-alkompetenz" (S. 3)
S. 3	„[…] verantwortungsvollen Umgang mit Naturressourcen, insbesondere der Biodiversität, begründen"	Stichpunkt	„Selbst- und Sozi-alkompetenz" (S. 3)
S. 7	„Biodiversität"	Wort	„Glossar" (S. 7)

---

113 Die Recherche erfolgte im Biodiversitäts-Modul *Naturerfahrung mit Neuen Medi-en!?* (Knoblich & Hoffmann 2018) anhand der konkreten namentlichen Nennung des Begriffs „Biodiversität" mit sprachlicher Einordnung.

Seite	Beispiel	Sprachliche Einordnung	Auftreten im Bio-diversitäts-Modul
S. 7	„Unter dem Begriff Biodiversität wird die Vielfalt der Ökosysteme (Ökosystem-vielfalt), die Vielfalt der Arten (Artenviel-falt) und die Vielfalt der Gene (geneti-sche Vielfalt) zusammengefasst."	Satz	„Glossar" (S. 7)
S. 7	„Biodiversitäts-Apps"	Wort	„Glossar" (S. 7)
S. 7	„Biodiversity Is Us"	Stichpunkt	„Glossar" (S. 7)

Die in diesem Teilkapitel aufgezeigten Beispiele sollen als Ansätze verstanden werden, um den Stellenwert des Themas „Biodiversität" in den Thüringer
Lehrplänen langfristig und dauerhaft zu erhöhen und damit dem Level anderer
Bundesländer (z. B. Sachsen-Anhalt, Niedersachsen, s. Kap. 2.6.1) sukzessive
anzupassen. So kann der aktuell fortschreitende Biodiversitätsverlust grundlegend angegangen und bereits bei den jüngsten Mitgliedern der Gesellschaft ins
Bewusstsein gerückt werden. Auch an anderer Stelle wird darauf hingewiesen,
dass „Veränderungen biologischer Erkenntnis, gesellschaftliche Bedingungen
und Notwendigkeiten der Ausbildung der Schüler" die Anpassung der Lehrpläne
erforderlich machen (Berck & Graf 2010, S. 55). Betont wird außerdem: „Auch
lernpsychologische und biologiedidaktische Erkenntnisse sollten bzw. müssen
sich in der Neugestaltung von Lehrplänen auswirken" (Berck & Graf 2010, S.
55), was am Beispiel der außerschulischen Lernorte (s. Kap. 4.4) sowie der Neu-
en Medien (s. Kap. 4.6) aufgegriffen wird.[114]

---

114 Die Verbindlichkeit von Lehrplänen ist unbestritten, aber auch Schulbücher besitzen
verbindlichen Charakter, was Matthes und Heinze (2005) anhand eines umfassenden
Kriterienkatalogs zum Ausdruck bringen. Die Verwendung der Schulbücher als öffentliche Bücher, die Verbindlichkeit von Lehrplänen für die Schulbuchkonzeption
und die Vermittlung von Werten sowie das Geltendmachen von Normen seien an
dieser Stelle exemplarisch genannt. Hinzu kommt, dass Schulbücher im „Unter-
richtsalltag […] mehr Beachtung als Lehrpläne" finden (Matthes & Heinze 2005, S.
41). Gleichzeitig stellen die Neuen Medien keine Konkurrenz für Schulbücher dar,
sondern werden eher als Ergänzung genutzt (Fuchs, Kahlert & Sandfuchs 2010). Vor
diesen Hintergründen wurde die Schulbuchanalyse (s. Kap. 2.7) zur Lehrplananalyse
hinzugenommen.

2.7   Schulbuchanalyse

Aus der umfangreichen Palette an Unterrichtsmitteln – von Naturobjekten und
Präparaten, über Modelle und Rollbilder bis hin zu Videos und Schulbüchern –
wurde das Schulbuch als essenzielles Unterrichtsmittel für die Analyse herausgegriffen.[115] Es existiert nicht nur eine Fülle an Unterrichtsmitteln, sondern auch
an synonym verwendeten Begrifflichkeiten: so wird bspw. von „Unterrichtsmedien" (Berck & Graf 2003) bzw. „Medien" (Berck & Graf 2010) gesprochen,
während Killermann, Hiering & Starosta (2016) die Bezeichnung „Arbeitsmittel"
und Hoßfeld et al. (2019) den Ausdruck „Repräsentationsformen" verwenden.[116]
Eine allgemeingültige Definition und Klassifikation haben Baer & Grönke bereits im Jahr 1969 (S. 295) aufgestellt, die die Basis nachfolgender Ausführungen bildet. Demnach werden unter **Unterrichtsmitteln** „alle für den Biologieunterricht notwendigen Lehrmittel, die den biologischen Lehrgegenstand in
irgendeiner Form repräsentieren […] und über längere Zeit aufbewahrt werden,
sowie ein Teil der Ausstattungsgegenstände […]" verstanden. Eine Klassifizierung dieser Lehrmittel und Ausstattungsgegenstände stellt Abb. 4 dar.

In der Unterrichtspraxis hat sich außerdem die Unterteilung der Lehrmittel
in Arbeits- und Demonstrationsmittel als zielführend erwiesen.[117] Das Schulbuch
als Unterrichtsmittel im Biologieunterricht wird folglich dem Bereich der Lehrmittel, konkret den literarischen Lehrmitteln (s. Abb. 4) und bezogen auf die
Unterrichtspraxis den Arbeitsmitteln zugeordnet (Baer & Grönke 1969).

Auch im 21. Jahrhundert nimmt das Schulbuch im Unterricht einen zentralen Stellenwert ein: „Das Schulbuch ist aus dem Unterricht nicht wegzudenken.
Es lässt sich eine Vielzahl von Belegen finden […], die seine Bedeutung bestätigen" (Berck & Graf 2010, S. 164). Konkret auf das Unterrichtsfach Biologie
bezogen führen die Autoren weiter aus: „Es ist anzunehmen, dass die Wirkung
des Biologie-Schulbuchs größer ist als die jedes anderen im Biologieunterricht
eingesetzten Mediums" (Berck & Graf 2010, S. 164). Gespräche mit amtieren-

---

115 Weitere, im Rahmen der Expeditionen verwendete Unterrichtsmittel sind Kap. 6.3.1
     und Kap. 6.3.2 zu entnehmen.
116 Aufbauend auf die bei Knoblich (2015a) verwendete Bezeichnung „Repräsentations-
     formen" wurde sich in vorliegender wissenschaftlicher Abhandlung für die universel-
     ler und allgemeinverständlicher erscheinende Bezeichnung „Unterrichtsmittel" in
     Anlehnung an Baer & Grönke (1969) entschieden.
117 Während **Demonstrationsmittel** originaler oder stellvertretender Art und i. d. R. nur
     einmal in der biologischen Sammlung verfügbar sind, handelt es sich bei **Arbeitsmit-
     teln** vorwiegend um Originalgegenstände in hoher Anzahl (Klassensatzstärke, d. h.
     15-30 Exemplare, Baer & Grönke 1969).

den Biologielehrern, inklusive der Fachlehrer der Expeditionsklassen 7a und 9a (s. Kap. 6.3) bestätigen diese Aussage.[118]

Aus der Perspektive der Schulbuchforschung wird die hohe Bedeutung von Schulbüchern durch Bezeichnungen wie „heimliche Richtlinie" (Stein 1977), „zum Leben erweckte Lehrpläne", „Leitmedium des Unterrichts", „unverzichtbarer Bildungsfaktor"[119] (Matthes & Heinze 2005) und „heimliches Curriculum" (Fuchs, Kahlert & Sandfuchs 2010) zum Ausdruck gebracht und dabei gleichzeitig die Beziehung von Lehrplänen und Schulbüchern[120] angedeutet: „Grundsätzlich soll über die Lehrpläne die Auswahl und Anordnung der Unterrichtsinhalte im Schulbuch gesteuert werden" (Matthes & Heinze 2005, S. 9).[121]

---

118 Nicht nur im Unterricht selbst, sondern auch bei der Unterrichtsvorbereitung wird das Schulbuch von Lehrpersonen häufig genutzt, was soweit führt, dass „der gültige Lehrplan weit hinter dem in der Klasse eingeführten und anderen Schulbüchern" zurückliegt (Matthes & Heinze 2005, S. 10). Daher wird in der Fachliteratur (z. B. Matthes & Heinze 2005, S. 13) auch von der Doppelfunktion des „Schulbuchs als Lehrplan und Lehrmittel" gesprochen.

119 Mit der Bezeichnung von Schulbüchern als „unverzichtbarer Bildungsfaktor" (hier klingen die Bereiche „Bildung" und „Biologieunterricht" an) machen die Autoren auf die Tatsache aufmerksam, dass Schulbücher für einen beachtlichen Teil der Bevölkerung fast die einzigen im Leben gelesenen Bücher darstellen: „Ohne Lektüre von Schulbüchern würde vielen Menschen viel Wissen vorenthalten bleiben, welches ihnen im Leben nützlich sein kann. Die Zeit, in der Wissen durch Schulbücher vermittelt wird, ist für einen Teil der Menschen die einzige Zeit in ihrem Leben, in der ihnen ein lebenswichtiges Wert- und Orientierungswissen verinnerlicht wird" (Matthes & Heinze 2005, S. 24f).

120 Das Wechselverhältnis von Lehrplänen und Schulbüchern bringen Matthes und Heinze (2005, S. 9) wie folgt auf den Punkt: „Mit den Lehrplänen legen die jeweiligen Kultusministerien in Zusammenarbeit mit Praktikern, Wissenschaftlern und Vertretern gesellschaftlicher Gruppen die zentralen Inhalte und Ziele des entsprechenden Unterrichtsfaches fest. Gleichzeitig werden Schulbuchautoren und Verlage auf diese Festlegungen durch die an ein staatliches Zulassungsverfahren gebundene Verwendung der Schulbücher im Unterricht verpflichtet, wobei die Berücksichtigung der Lehrplanvorgaben ein Kriterium der Prüfung ist [...]."

121 Die Zielvorgaben der Lehrpläne transferieren Matthes und Heinze (2005, S. 9) wie folgt auf die Schulbuchebene: „Mit der Verwendung der entsprechenden Schulbücher im Unterricht sollen schließlich die in den Lehrplänen formulierten Ziele auch erreicht werden." Stein weist bereits im Jahr 1977 (S. 239) auf die Mehrdimensionalität des Unterrichtsmittels Schulbuch als „Politicum", „Informatorium" und „Paedagogicum" hin und weiß die Rolle des Schulbuchs neben der Repräsentation von Schulbuchwissen als „Sozialisationsfaktor und Steuerungsinstrument im politischen System sowie seinen Stellenwert als Unterrichtsmittel und Erziehungshilfe für pädagogisches Handeln" zu schätzen (Stein 1977, S. 235).

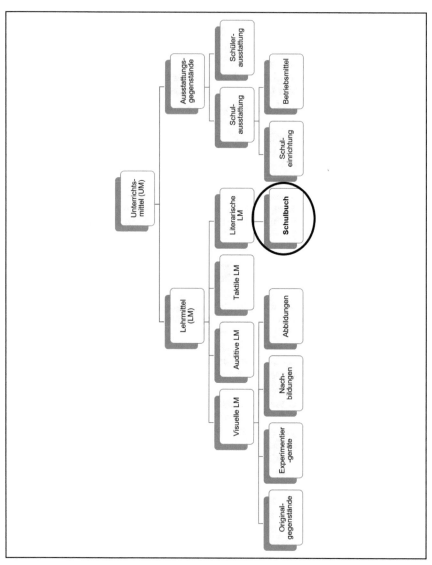

Abb. 4:   Einordnung des Schulbuchs als Unterrichtsmittel im Biologieunterricht.[122]

---

122 In Anlehnung an Baer & Grönke (1969) ergänzt durch die Verfasserin. Die Autoren
    verzichten in ihrer biologiedidaktischen Handreichung auf eine explizite Einordnung

Vor diesem Hintergrund wurde eine Schulbuchanalyse durchgeführt, um ergänzend zur Lehrplananalyse (s. Kap. 2.6) einen Einblick in den Stellenwert des Themas „Biodiversität" in diesem Unterrichtmittel zu gewinnen.

Die Unterschiedlichkeit der historischen und gegenwartsbezogenen Fragestellungen, vor deren Hintergrund Schulbücher untersucht werden, bedingt die Vielfalt der Methoden in der Schulbuchforschung.[123] Im vorliegenden Fall wurde sich für eine inhaltsanalytische Herangehensweise entschieden (Knecht et al. 2014). Für die Schulbuchanalyse wurde die Häufigkeitsanalyse als bewährte Methode[124] und Grundtechnik der inhaltsanalytischen Herangehensweise (Mayring 2010) ausgewählt. In Anlehnung an Berck & Graf (2010) galt die Anzahl der Begriffe pro Kapitel als zentrales Untersuchungskriterium in Verbindung mit der Klärung folgender Fragen:[125]

1. Werden bestimmte, v. a. wichtige Begriffe (hier Biodiversität, Ökosystemvielfalt und Artenvielfalt) immer wieder verwendet, sodass sie durch Lesen wiederholt werden oder etwa nur ein- oder zweimal?

---

des Schulbuchs und führen nur „Schülerliteratur" (Bildbände, erzählende und populärwissenschaftliche Literatur), Praktikumsbücher und Lexika als Beispiele für literarische Lehrmittel an. Das Schulbuch kann ebenfalls in diese Kategorie integriert werden und ist durch Einkreisung kenntlich gemacht. Auf eine Einordnung weiterer Unterrichtsmittel in Abb. 4 wurde aus Gründen der Übersichtlichkeit verzichtet.

123 Knecht et al. (2014, S. 10) konkretisieren die Vielfalt der Methoden der Schulbuchforschung mit folgenden Worten: „[...] hermeneutische, ideologiekritische, kontextualisierend-inhaltsanalytische Herangehensweisen, Text- und Bildanalysen, Diskursanalysen, statistische Erhebungen und Metaanalysen haben in der Schulbuchforschung genauso ihren Ort wie schriftliche Befragungen, Interviews, Gruppendiskussionen, Unterrichtsbeobachtungen, Evaluationsverfahren und darüber hinaus methodische Spezifizierungen".

124 Die Häufigkeitsanalyse ist ein bewährtes Verfahren bei der Analyse von Schulbüchern: „Bei der Durchsicht von Schulbuchanalysen der letzten Jahre fällt auf, daß sie sich mehr oder weniger immer derselben Methode bedienen: besonders auffallende Formulierungen [...] werden herausgestellt und mit anderen Schulbüchern [...] verglichen. [...] Dieses Verfahren ist nicht neu, es verschafft Einblick in die Beschaffenheit des Schulbuchs und läßt Schlüsse auf seine Verwendbarkeit und Wirkung im Unterricht zu" (Schallenberger 1976, S. 74). Das didaktisch-methodische Vorgehen der Häufigkeitsanalyse der Schulbücher entspricht demjenigen der Lehrpläne, sodass an dieser Stelle ein Verweis genügt (s. Kap. 2.6).

125 Bei der Analyse des Stellenwertes von Biodiversität in Thüringer Schulbüchern wurde sich analog zur Lehrplananalyse neben dem Thema „Biodiversität" basierend auf dem Begriffsverständnis von Görg et al. (1999) auf die zwei biodiversitätsbezogenen Ebenen „Ökosystemvielfalt" und „Artenvielfalt" konzentriert.

2. Werden die Begriffe (hier Biodiversität, Ökosystemvielfalt und Artenvielfalt) klar genug erklärt bzw. definiert?
3. Werden wichtige Begriffe (hier Biodiversität, Ökosystemvielfalt und Artenvielfalt) nicht nur im Text, sondern auch durch Abbildungen erklärt?

2.7.1   Analyse Thüringer Schulbücher des Cornelsen-Verlages

Zur Ermittlung des Stellenwertes des Themas „Biodiversität" wurden folgende zwei aktuelle Thüringer Schulbücher für die Klassenstufen 7/8 und 9/10 analysiert:

1. *Biologie plus Klassen 7/8 Gymnasium Thüringen* (Göbel & Vopel 2011)
2. *Biologie plus Klassen 9/10 Gymnasium Thüringen* (Göbel & Vopel 2012)

Die Wahl fiel auf die Lehrwerke des Cornelsen-Verlages, da diese bereits auf Basis des aktuellen Thüringer Lehrplanes Biologie für Gymnasien (s. Kap. 2.6) entwickelt wurden (Riemer 2017). Des Weiteren wurden die genannten Schulbücher in beiden Expeditionsklassen als zentrales Unterrichtsmittel verwendet, sodass Rückschlüsse zum vermittelten Stellenwert von Biodiversität möglich sind. Außerdem orientieren sich die eingesetzten Stoffverteilungspläne[126] an diesen Lehrwerken.

Der ursprünglich für dieses Teilkapitel zur Erhöhung der statistischen Plausibilität angedachte Vergleich der Thüringer Schulbücher mit Schulbüchern anderer Bundesländer (analog zum Lehrplanvergleich Schulbücher von Sachsen-Anhalt und Niedersachsen) konnte aufgrund fehlender vergleichbarer Rahmenbedingungen nicht durchgeführt werden: Grundlage für einen repräsentativen Schulbuchvergleich wäre das Vorhandensein nahezu gleicher Auflagen bzw. Erscheinungsjahre sowie das Bereitstellen von Lehrwerkreihen für verschiedene Bundesländer durch ein und denselben Verlag gewesen.[127] Es wurde stellvertretend nur die Analyse der o. g. zwei aktuellen Thüringer Schulbücher des Cornelsen-Verlages durchgeführt und damit auf den anfänglich geplanten Vergleich der o. g. zwei Thüringer Schulbücher mit den entsprechenden Werken von Sachsen-Anhalt *Biologie plus Gymnasium Klassen 7/8 Sachsen-Anhalt* (Högermann &

---

126 s. Anh. 94 – Anh. 95, Anh. 114 – Anh. 115.
127 Die ausführliche Recherche in Abstimmung mit renommierten Schulbuchverlagen wie z. B. Cornelsen Verlag GmbH & Co (Berlin), Duden Paetec Schulbuchverlag (Berlin), Ernst Klett Verlag GmbH (Stuttgart) und Schroedel Verlag GmbH (Braunschweig) führte zu der Erkenntnis, dass entsprechende Schulbücher entweder nicht für die ausgewählten Bundesländer angeboten werden und / oder eine zu große Differenz hinsichtlich der Erscheinungsjahre (zehn und mehr Jahre) aufweisen.

Meißner 2003), *Biologie plus Gymnasium Klassen 9/10 Sachsen-Anhalt* (Högermann & Meißner 2002) verzichtet.[128]
    Folgende Kategorien wurden bei der systematischen Untersuchung zur
Klassifizierung gleichnamiger biodiversitätsbezogener Begriffe im Rahmen des
Kriterienkataloges zur Analyse der Biologieschulbücher für die genannten Klassenstufen aufgestellt (s. Anh. 10-Anh. 11): 1. Kategorie „Biodiversität (biologische Vielfalt)", 2. Kategorie „Ökosystemvielfalt (Vielfalt der Ökosysteme)",
3. Kategorie „Artenvielfalt", 4. Kategorie „Vielfalt (vielfältig, viele, Vielzahl)",
5. Kategorie „Artenreichtum (artenreich, Artenzahl)", 6. Kategorie „Formenvielfalt".[129]
    Anhand der Anzahl in den Kategorien genannter Begriffe wurden Hinweise
bezüglich des Stellenwerts des Themas „Biodiversität" im jeweiligen Schulbuch
gewonnen. Hierbei wurde sich nur auf die oben in den Kategorien genannten
Stichworte und die in Klammern gesetzten verwandten Begriffe bezogen und aus
Gründen der Übersichtlichkeit indirekte Bezüge zur Artenvielfalt (z. B. erwähnte
Tier- und Pflanzenarten) nicht berücksichtigt.[130]

---

128 Die aktuellsten Ausgaben stammen aus den Jahren 2002/2003 und es sind keine
    neuen Ausgaben geplant (Weidmann 2017).
129 Bei der Kategoriendefinition wurde analog zur Lehrplananalyse deduktiv-induktiv
    vorgegangen (deduktive Kategoriendefinition der ersten drei Kategorien als Hauptka-
    tegorien, induktive Kategoriendefinition der Kategorien vier bis sechs, s. Kap. 2.6,
    Mayring 2010).
130 Analog zur Lehrplananalyse fand in der Kategorie „Ökosystemvielfalt" auch die
    Vielfalt der erwähnten bzw. dargestellten Ökosysteme Berücksichtigung (s. Definiti-
    on, Kap. 2.1).

1. Biologie plus Klassen 7/8 Gymnasium Thüringen

Tab. 9:   Trefferzahlen biodiversitätsbezogener Begriffe im Schulbuch Biologie plus Klassen 7/8 Gymnasium Thüringen.[131]

Kategorie	Anzahl direkter Treffer	Anzahl indirekter Treffer
1. Biodiversität (biologische Vielfalt)	0	0
2. Ökosystemvielfalt (Vielfalt der Ökosysteme)	0	0
3. Artenvielfalt	1	0
4. Vielfalt (vielfältig, viel(e), Vielzahl)	2	1
5. Artenreichtum (artenreich, Artenzahl)	3	1
6. Formenvielfalt	1	0

Es hat sich gezeigt, dass weder der Begriff „Biodiversität" bzw. „biologische Vielfalt" noch die Ökosystemvielfalt bzw. Vielfalt der Ökosysteme im Cornelsen-Schulbuch für die Klassen 7/8 eine Rolle spielt (s. Tab. 9). Der Begriff „Artenvielfalt" taucht nur einmal auf. Lediglich in den ergänzend hinzugenommenen Kategorien vier bis sechs sind einzelne Belege anzuführen: Der Begriff „Vielfalt" bzw. „vielfältig" wird an zwei Stellen direkt und einmal indirekt, der Begriff „artenreich" dreimal direkt und einmal indirekt aufgeführt. Der Begriff „Formenvielfalt" wird einmal verwendet. Die o. g. Begriffe tauchen jeweils einmal als Teilüberschrift („Vielfalt"), Bildunterschrift („Artenzahl") und Wort („Formenvielfalt") sowie sechs Mal in Sätzen auf. Auf eine anfängliche Definition der zentralen Begriffe wird im untersuchten Schulbuch verzichtet (s. Anh. 10).

---

131 Analysiert wurde das sieben Kapitel umfassende Schulbuch mit o. g. Titel des Cornelsen-Verlages (Göbel & Vopel 2011) inklusive des Anhangs mit Einordnung in sechs Kategorien. Die Trefferzahlen stammen aus dem 39 Seiten umfassenden Kapitel 2: „Wirbellose Tiere in ihren Lebensräumen". Von einem **direkten Treffer** ist jeweils bei expliziter begrifflicher Nennung die Rede, z. B. „Artenvielfalt", „vielfältig", „artenreich", während entfernter verwandte Begriffe, z. B. „viele", „Vielzahl" oder „Artenzahl" unter **indirekte Treffer** subsumiert wurden.

2. Biologie plus Klassen 9/10 Gymnasium Thüringen

Tab. 10:   Trefferzahlen biodiversitätsbezogener Begriffe im Schulbuch Biologie plus Klassen 9/10 Gymnasium Thüringen.[132]

Kategorie	Anzahl direkter Treffer	Anzahl indirekter Treffer	Ort des Auftretens
1. Biodiversität (biologische Vielfalt)	11	0	– Inhaltsverzeichnis – Kap. 3: „Ökosystem Wald" (S. 58) – Register
2. Ökosystemvielfalt (Vielfalt der Ökosysteme)	0	14	– Kap. 2: „Organismen in ihrer Umwelt" (S. 42) – Kap. 3: „Ökosystem Wald" (S. 58) – Kap. 4: „Ökosystem Gewässer" (S. 96)
3. Artenvielfalt	8	0	– Kap. 3: „Ökosystem Wald" (S. 58)
4. Vielfalt (vielfältig, viel(e), Vielzahl)	3	7	– Kap. 3: „Ökosystem Wald" (S. 58) – Kap. 4: „Ökosystem Gewässer" (S. 96)
5. Artenreichtum (artenreich, Artenzahl)	7	1	– Kap. 3: „Ökosystem Wald" (S. 58)
6. Formenvielfalt	0	0	---

Die elf direkten Treffer zum Begriff „Biodiversität" deuten auf einen höheren Stellenwert des Begriffs als im Schulbuch für die Klassen 7/8 hin, zumal er zweimal als Überschrift und einmal als Teilüberschrift auftaucht. Hinsichtlich der zweiten Kategorie muss auf folgende Ausnahme hingewiesen werden: Bezüglich der Ökosystemvielfalt wurden die indirekten Bezüge mit analysiert, da unter dem Stichwort „Ökosystemvielfalt" bzw. „Vielfalt der Ökosysteme" trotz der inhaltlichen Tangierung keine direkten Treffer gefunden wurden. Diese Tat-

---

132 Analysiert wurde das o. g. aus sechs Kapiteln bestehende Schulbuch des Cornelsen-Verlages (Göbel & Vopel 2012) inklusive Anhang mit Einordnung in sechs Kategorien. Die Trefferzahlen in den sechs Kategorien entstammen neben dem Inhaltsverzeichnis dem Kapitel 2: „Organismen in ihrer Umwelt" (15 Seiten), dem Kapitel 3: „Ökosystem Wald" (37 Seiten) und dem Kapitel 4: „Ökosystem Gewässer" (25 Seiten).

sache erklärt die hohe Anzahl indirekter Treffer. Der Begriff „Artenvielfalt" ist mit acht Treffern im dritten Kapitel vertreten, in den anderen Kapiteln wird dieser nicht erwähnt. Die Betrachtung der ergänzend aufgestellten Kategorien drei bis sechs zeigt, dass in den Kategorien „Vielfalt" und „Artenreichtum" zahlreiche Nennungen (zehn bzw. acht, s. Tab. 10) erfolgten, während der Begriff „Formenvielfalt" nicht verwendet wurde. Wird der Frage der Definition nachgegangen, fällt auf, dass nur die Begriffe „Biodiversität" und „Artenvielfalt" in den zugehörigen Kapiteln (Kap. 2, Kap. 3) definiert wurden, wobei der Begriff „Artenvielfalt" als „Anzahl verschiedener Arten" (Göbel & Vopel 2012, S. 82) eher ansatzweise erklärt als umfassend definiert wird (Definition, s. Kap. 2.1). Der Begriff „Ökosystemvielfalt" bzw. „Vielfalt der Ökosysteme" wurde nicht erklärt oder definiert. Ein Blick auf die Bildunterschriften zeigt, dass der Begriff „Biodiversität" einmal auftaucht, während die Fachbegriffe „Ökosystemvielfalt" und „Artenvielfalt" keinmal explizit anhand eines beschrifteten Bildes illustriert werden (lediglich zweimal in der Kategorie „Vielfalt", s. Anh. 11).

2.7.2   Stellenwert des Themas „Biodiversität" in Thüringer Schulbüchern

Bezugnehmend auf die anfänglich aufgestellten schulbuchbezogenen Fragestellungen lassen sich die Ergebnisse der Schulbuchanalyse wie folgt zusammenfassen:[133]

1. Werden bestimmte, v. a. wichtige Begriffe (hier Biodiversität, Ökosystemvielfalt und Artenvielfalt) immer wieder verwendet, sodass sie durch Lesen wiederholt werden oder etwa nur ein- oder zweimal?

Im untersuchten Schulbuch für die Klassenstufen 7 und 8 muss die erste Frage negativ beantwortet werden, da die Begriffe „Biodiversität" bzw. „biologische Vielfalt" und „Ökosystemvielfalt" bzw. „Vielfalt der Ökosysteme" gänzlich fehlen und der Begriff „Artenvielfalt" nur ein einziges Mal genannt wird, sodass nicht von einem durch wiederholtes Lesen hervorgerufenen Einprägen dieser biodiversitätsbezogenen Begriffe bei den Schülern ausgegangen werden kann. Anders gestaltet sich die Situation im Schulbuch für die Klassenstufen 9 und 10: Die elf Treffer des Begriffs „Biodiversität" im dritten Kapitel und Inhaltsver-

---

133 Die aus der Schulbuchanalyse generierten Daten müssen mit Vorsicht interpretiert werden, da sie einen exemplarischen Einblick gewähren und keine verallgemeinernden Rückschlüsse zum Stellenwert des Themas „Biodiversität" in Thüringer Schulbüchern zulassen. Der zweite Teilaspekt der Hypothese H1: „Biodiversität wird in Thüringer [...] Schulbüchern nur marginal thematisiert" (s. Kap. 1.4) kann demnach ausschließlich anhand der zwei untersuchten Thüringer Schulbücher des Cornelsen-Verlages diskutiert werden.

zeichnis lassen vermuten, dass dieser auch häufiger von Schülern gelesen und schrittweise eingeprägt wird. Dagegen fehlt jeglicher begriffliche Hinweis auf die Ökosystemvielfalt – hier sind nur indirekte Bezüge festzustellen, die den Schülern nicht die Thematik der Ökosystemvielfalt direkt vor Augen führen. Die achtmalige Nennung des Begriffs „Artenvielfalt" im 37 Seiten umfassenden Kapitel 3 macht ansatzweise deutlich, dass dieser Begriff von den Schülern durch Lesen wiederholt und im Gedächtnis behalten werden könnte.

2. Werden die Begriffe (hier Biodiversität, Ökosystemvielfalt und Artenviel-falt) klar genug erklärt bzw. definiert?

Auch diese Frage muss in Bezug auf das analysierte Schulbuch *Biologie plus Klassen 7/8 Gymnasium Thüringen* verneint werden. Die drei zentralen Begriffe werden weder erklärt noch definiert. Dagegen beinhaltet das Cornelsen-Schul-buch *Biologie plus Klassen 9/10 Gymnasium Thüringen* eine Erklärung bzw. Definition der Begriffe „Biodiversität" und „Artenvielfalt" (s. Anh. 11): Bio-diversität wird den Schülern hierbei als Überbegriff für Artenvielfalt, die Vielfalt an Lebensräumen und die Vielfalt an verschiedenen Individuen innerhalb der Arten erklärt. Um dem wissenschaftlich anerkannten Verständnis von Biodiver-sität gerecht zu werden, müsste in der Definition die „Vielfalt an Lebensräumen" durch die „Vielfalt an Ökosystemen" bzw. „Ökosystemvielfalt" ersetzt werden (s. Kap. 2.1). Der Begriff „Artenvielfalt" wird im analysierten Schulbuch mit der „Anzahl verschiedener Arten" gleichgesetzt und entspricht damit nicht der voll-ständigen Definition (s. Kap. 2.1).

3. Werden wichtige Begriffe (hier Biodiversität, Ökosystemvielfalt und Arten-vielfalt) nicht nur im Text, sondern auch durch Abbildungen erklärt?

Keiner der o. g. zentralen biodiversitätsbezogenen Begriffe wird im Schulbuch *Biologie plus Klassen 7/8 Gymnasium Thüringen* explizit m. H. einer Abbildung erläutert, wohingegen im Schulbuch *Biologie plus Klassen 9/10 Gymnasium Thüringen* der Begriff „Biodiversität" einmal direkt in einer Bildunterschrift Verwendung findet. Direkte Erklärungen zur Ökosystemvielfalt und Artenviel-falt anhand von Abbildungen konnten aber auch im letztgenannten Schulbuch nicht gefunden werden.

Die Antworten auf die drei zu Beginn aufgestellten Fragen deuten darauf hin, dass der Stellenwert des Themas „Biodiversität" in beiden analysierten Schulbüchern gering ist, wobei das Schulbuch für die Klassenstufen 9 und 10 diesbezüglich im Vergleich noch besser abschneidet als das der Klassenstufen 7 und 8. Unter diesem Blickwinkel kann der zweite Teilaspekt der aufgestellten Hypothese H1 „Biodiversität wird in Thüringer [...] Schulbüchern nur marginal thematisiert" (s. Kap. 1.4) gestützt werden, wobei die Erkenntnisse, wie be-schrieben, nur auf dem Vergleich der zwei exemplarischen Thüringer Schulbü-

cher des Cornelsen-Verlages beruhen. Nichtsdestotrotz ist es im speziellen Fall
wahrscheinlich, dass die Schüler beider Expeditionsklassen nur über geringes
Vorwissen zum Thema „Biodiversität" verfügen. Hier soll die Teilnahme an den
Biodiversitäts-Biotracks (s. Kap. 6.3) ansetzen. Allgemeinere Rückschlüsse sind
an dieser Stelle aufgrund der fehlenden Vergleichswerte der Schulbücher anderer
Bundesländer nicht möglich.[134]

2.7.3   Konsequenzen

Auch die Schulbuchanalyse hat deutlich gemacht: Obwohl das Thema „Biodiversität" in der Öffentlichkeit (Presse, TV, Neue Medien) derzeit in aller Mun-
de ist (s. Kap. 2.1), hat es zum jetzigen Zeitpunkt weder in Thüringer Lehrplänen
noch Thüringer Schulbüchern einen entsprechenden Stellenwert erlangt (s. Kap.
2.6.2, Kap. 2.7.2). Konkret auf die zwei analysierten Cornelsen-Schulbücher
bezogen sind mehr direkte Bezüge statt der vielen indirekten Bezüge (s. Anh. 10-
Anh. 11) erforderlich. Damit verbunden, erscheint die wiederholte Verwendung
der zentralen biodiversitätsbezogenen Begriffe „Biodiversität", „Ökosystemvielfalt" und „Artenvielfalt" von wesentlicher Bedeutung, um diese von den Schülern schrittweise einprägen zu lassen. Hierbei sollten diese Fachbegriffe statt der
häufig synonym verwendeten Bezeichnungen „biologische Vielfalt", „Vielfalt
der Ökosysteme" und „Vielfalt der Arten" verwendet werden, damit die Schüler
die Begriffe tatsächlich als definitionsgemäße Fachtermini erkennen und verwenden.[135] Essenziell ist damit verbunden die anfängliche, fachlich korrekte und
allumfassende Definition der genannten drei Begriffe im jeweiligen Schulbuch:
Sowohl bei der ersten Erwähnung im Text als auch im Glossar empfehlen sich

---

134 Den geringen Stellenwert des Themas „Biodiversität" in Thüringer Schulbüchern
    deuten auch die aus der Expertenrunde im Rahmen der Lehrerfortbildung resultieren-
    den Ergebnisse an (Knoblich 2017e): Die Lehrpersonen stimmten insbesondere den
    Aussagen zu, dass erstens das Thema „Biodiversität" einen höheren Stellenwert in
    Thüringer Biologieschulbüchern erhalten sollte und zweitens erst die umfassende In-
    tegration dieser Thematik in Thüringer Schulbücher den Weg zur nachhaltigen Sen-
    sibilisierung der Schüler für Biodiversitätsschutz ebnen kann (s. Anh. 6, Fragen 2
    und 3, S. 3).
135 Die Ergebnisse der Lehrerfortbildung (Knoblich 2017e) verdeutlichen die oftmals
    synonyme Verwendung und fehlende begriffliche Einordnung bzw. Abgrenzung fol-
    gender Begriffe im schulischen Kontext, was sich nachteilig auf den Verstehenspro-
    zess der Schüler auswirkt: Artendiversität, Artenvielfalt, Artenreichtum, Vielfalt, ge-
    netische Vielfalt, biologische Vielfalt, Biodiversität (s. Anh. 6, Frage 1, S. 5). Diese
    Erkenntnis unterstreicht die Erfordernis einheitlicher, in Kap. 2.1 dargestellter Defi-
    nitionen.

die Definitionen in Anlehnung an die UN-Biodiversitätskonvention (CBD, s. Kap. 2.1).

Sinnvoll hinsichtlich des Lernprozesses der Schüler wäre neben der verständlichen Definition und wiederholten Verwendung der Fachbegriffe die Erläuterung derselben anhand von Abbildungen, die in den analysierten Schulbüchern weitestgehend fehlte.[136] Insbesondere für visuelle Lerntypen ist diese anschauliche Form der Wissensvermittlung von Bedeutung und kann das Verstehen der anfänglich abstrakt erscheinenden Fachbegriffe erleichtern.[137]

Darüber hinaus ist es essenziell, die für den Biologieunterricht freigegebenen Schulbücher grundlegend am aktuellen Thüringer Lehrplan MNT (2015) bzw. Thüringer Lehrplan Biologie (2012) zu orientieren, um zumindest in Thüringen eine gewisse Einheitlichkeit bzw. Vergleichbarkeit zu ermöglichen. Der aktuelle Schulbuchkatalog[138] für das Schuljahr 2020/21 findet sich im TSP (Seipel 2020). Sollte dem geäußerten Wunsch der vermehrten Integration des Themas „Biodiversität" in die Thüringer Lehrpläne nachgekommen werden (Graf et al. 2017), würde eine stärkere Schulbuch-Lehrplan-Verschränkung[139] im Umkehrschluss bedeuten, dass das Thema „Biodiversität" auch in den Schulbüchern einen höheren Stellenwert erlangt.

---

136 Der Begriff „Biodiversität" tauchte nur ein einziges Mal im Schulbuch für Klasse 9/10 (Göbel & Vopel 2012) in einer Bildunterschrift auf (s. Anh. 11).

137 Eine hohe Anschaulichkeit gewinnt auch angesichts der Motivation der Schüler für die Lektüre des Unterrichtsmittels Schulbuch an Bedeutung: „Die Dauerbindung junger Menschen an Schulbücher wird nur dann gelingen, wenn diese so gestaltet sind, dass sie die Leselust der Schüler entfachen und Lesezwang gar nicht nötig machen" (Matthes & Heinze 2005, S. 38).

138 Im Schulbuchkatalog sind die vom Kultusministerium für den Unterricht zugelassenen, d. h. auf Lehrplankonformität überprüften Schulbücher gelistet. Damit wirkt der Staat „auf indirektem Wege in die Schule hinein" (Matthes & Heinze 2005, S. 42).

139 Die gemeinsame Aufgabe von Lehrplänen und Schulbüchern spiegelt sich auch in der Bezeichnung von Matthes und Heinze (2005, S. 41) wider: „Lehrplan und Schulbuch – […] zwei Instrumente des Staates zur Steuerung des Bildungswesens".

2.8   Resümee

Nachfolgende Ausführungen beziehen sich nur auf die anfänglich aufgestellte Hypothese und sind damit nicht allumfassend, da die eigentliche Schlussbetrachtung dem siebten Kapitel dieses Buches vorbehalten ist. Die Methode der Dokumentenanalyse, speziell die Analyse des Thüringer Lehrplanes MNT[140] und des Thüringer Lehrplanes Biologie[141] sowie zweier exemplarischer Thüringer Schulbücher des Cornelsen-Verlages[142] hat ergeben, dass die Hypothese H1 gestützt werden kann: „Biodiversität wird in Thüringer Lehrplänen und Schulbüchern nur marginal thematisiert."

Dieses Ergebnis kam jeweils durch die geringe Trefferquote zum Begriff „Biodiversität" und verwandter Suchbegriffe wie „Ökosystemvielfalt", „Artenvielfalt" usw. (s. Kap. 2.6, Kap. 2.7) zum Ausdruck. So wird der Begriff „Biodiversität" im Thüringer Lehrplan MNT keinmal und im Thüringer Lehrplan Biologie lediglich zweimal genannt (s. Kap. 2.6.2). Im Schulbuch *Biologie plus Klassen 7/8 Gymnasium Thüringen* wurde ebenfalls auf die begriffliche Nennung von Biodiversität verzichtet, während dieser Begriff im Schulbuch *Biologie plus Klassen 9/10 Gymnasium Thüringen* zwar elf Mal auftaucht, allerdings ohne vollständige und inhaltlich korrekte Definition (s. Kap. 2.7.2). Die Diskussion obiger Hypothese ist immer im Kontext der angewendeten Methode (hier Dokumentenanalyse) zu verstehen, sodass sich die Unterstützung der marginalen Thematisierung von Biodiversität in Thüringer Lehrplänen und Schulbüchern (H1, s. Kap. 1.4) nur auf die analysierten Dokumente (Lehrpläne von Thüringen, Sachsen-Anhalt und Niedersachsen, zwei Thüringer Schulbücher) bezieht und übergreifende Verallgemeinerungen an dieser Stelle ausbleiben.

In der wissenschaftlichen Abhandlung wurde bei der Verknüpfung der drei Bereiche „Biodiversität", „Bildung" und „Biologieunterricht" der Schwerpunkt innerhalb des ökologischen B's „Biodiversität" auf Artenvielfalt und Ökosystemvielfalt gelegt (s. Kap. 2.6, Kap. 2.7), wobei das Verständnis von Artenvielfalt über die Gesamtartenzahl hinaus durch Berücksichtigung der relativen Arthäufigkeit erweitert wurde.[143] Bezüglich der Ökosystemvielfalt wurden die Teilaspekte der Habitat- und Landschaftsdiversität herausgegriffen. Zum Messen

---

140 Ausführlicher Titel: *Lehrplan für den Erwerb der allgemeinen Hochschulreife Mensch-Natur-Technik* (TMBJS 2015a).
141 Ausführlicher Titel: *Lehrplan für den Erwerb der allgemeinen Hochschulreife Biologie* (TMBWK 2012a).
142 *Biologie plus Klassen 7/8 Gymnasium Thüringen* (Göbel & Vopel 2011) und *Biologie plus Klassen 9/10 Gymnasium Thüringen* (Göbel & Vopel 2012).
143 s. Definition (Kap. 2.1) und Artenlisten (Anh. 138, Anh. 141, Anh. 144 – Anh. 145, Anh. 150, Anh. 154, Anh. 157).

von Biodiversität wurde der Simpson-Index als Biodiversitätsindex ausgewählt
(s. Kap. 2.3, Kap. 6.5.1). Der zentrale Rahmen der biodiversitätsbezogenen Betrachtungen wird durch die UN-Biodiversitätskonvention (CBD) sowie die UN-
Dekade biologische Vielfalt gebildet, weshalb diese beiden Beschlüsse durch
Anordnung in horizontaler Ebene die Verankerung symbolisieren (s. Abb. 5).

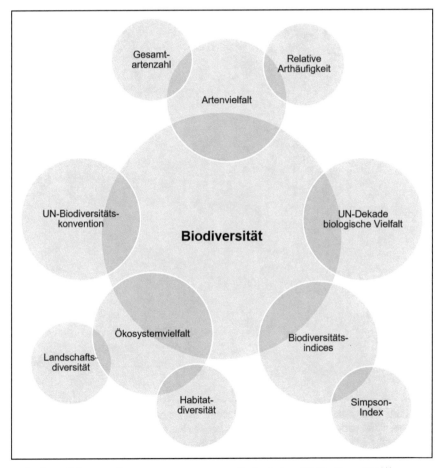

Abb. 5:   Schwerpunktsetzungen zum ersten „ökologischen B" Biodiversität.[144]

---

144 In der Grafik wurden die definierten Schwerpunktsetzungen bzw. fokussierten Teilbereiche zum Thema „Biodiversität", dem ersten „ökologischen B", visualisiert.

Der Projekt-Beitrag zur UN-Dekade biologische Vielfalt ist bei Knoblich (2016c) zu finden.[145]

Abb. 5 soll damit einerseits das Verständnis für die nachfolgenden Kapitel erleichtern und stellt andererseits einen Baustein der finalen Überblicksdarstellung durch Vernetzung mit den anderen zwei „ökologischen B's" „Bildung" und „Biologieunterricht" dar (s. Abb. 51). Zu Wahrung des Überblicks wurden lediglich maximal zwei Ebenen (große und kleine Kreise, s. Abb. 5) dargestellt.

145 Auf die Darstellung weiterer Abkommen wie die *Nationale Strategie zur biologischen Vielfalt* (BMUB 2007), das *Bundesprogramm biologische Vielfalt* (BMUB 2016), sowie die *Thüringer Strategie zur Erhaltung der biologischen Vielfalt* (TML-FUN 2012) wurde in Abb. 5 aus Gründen der Übersichtlichkeit verzichtet. (s. Kap. 3.4.2, Kap. 2.1 in dieser Reihenfolge).

3 Bildung

Ausgehend von der Schilderung des zugrundeliegenden Bildungsverständnisses, der „Bildung für nachhaltige Entwicklung" und der Verortung von Bildungsebenen werden ausgewählte Ministerien vorgestellt. Das Kapitel zielt auf die Diskussion der Hypothese H2 ab: „Biodiversität nimmt in den Nationalen Bildungsstandards und im Thüringer Bildungsplan einen geringen Stellenwert ein." Hierzu werden die Nationalen Bildungsstandards sowie – nach einem Exkurs zum Deutschen Bildungsserver – der Thüringer Bildungsplan einer Analyse unterzogen (s. Kap. 3.5 – Kap. 3.7). Es schließen sich Ausführungen zu zentralen Aspekten der Umwelt- und Medienbildung an. Analog zum vorangegangenen Kapitel wird auch im vorliegenden Kapitel der Bezug zur zugehörigen Hypothese (H2, s. Kap. 1.4) mit gleichzeitiger Diskussion derselben im abschließenden Resümee hergestellt (s. Kap. 3.10). Eine überblicksartige Darstellung zentraler Schwerpunkte im Bereich „Bildung" ist ebenfalls an dieser Stelle verortet.

3.1 Bildungsverständnis

Im Vorwort des Thüringer Bildungsplanes wird betont, dass jedes Kind und jeder Jugendliche das Recht auf Bildung und, damit verbunden, auf den Erwerb von Urteils- und Handlungsfähigkeit hat. Bezugnehmend auf das zugrundeliegende Konzept handlungsorientierten Unterrichts (Gudjons 2008) erlangt die Handlungsfähigkeit im Zusammenhang mit dem Bildungsbegriff eine besondere Bedeutung. Handlungsfähige Persönlichkeiten werden in der Gesellschaft des 21. Jahrhunderts insbesondere zur Bewältigung der komplexen globalen Herausforderungen (z. B. Klimawandel, begrenzte Ressourcen, Umwelt) gebraucht (TMBJS 2015b). Im Thüringer Bildungsplan (TMBJS 2015b, S. 8f) wird das Bildungsverständnis von Humboldt (1960) als Basis gewählt: **Bildung** ist demnach als Verknüpfung des „Ichs mit der Welt" zu verstehen: Es ist ein „vom einzelnen Menschen ausgehendes aktives Geschehen, eine tätige Auseinandersetzung mit der Welt und sich selbst".

In den einführenden Worten dieses Teilkapitels mit dem Titel „Bildungsverständnis" wird neben einer begrifflichen Klärung vermutlich die Darstellung der Zugehörigkeit zu einer bestimmten Bildungstheorie erwartet. Dieser wird zwar kein separates Teilkapitel gewidmet, aber eine grundsätzliche Einordnung wird im nachstehenden Abschnitt vorgenommen. Basis bilden die bildungstheoretischen Grundlagen des renommierten Erziehungswissenschaftlers Wolfgang

---

Zusatzmaterial online
Zusätzliche Informationen sind in der Online-Version dieses Kapitel (https://doi.org/10.1007/978-3-658-31210-7_3) enthalten.

Klafki, in dessen Konzept die „Bildung im Medium des Allgemeinen" fungiert (Klafki 2007 nach Spahn-Skrotzki 2010, S. 90) und sog. epochaltypische Schlüsselprobleme im Vordergrund stehen. Allgemeinbildung sollte demnach ein Bewusstsein für zentrale Probleme der Gegenwart und Zukunft fördern und erfordert dafür nicht nur die Einsicht in Mitverantwortlichkeit, sondern auch die Bereitschaft zur aktiven Mitarbeit bei der Problembewältigung. Folgende fünf epochaltypische Schlüsselprobleme sollten zentrale Grundlage eines jeden Lehrplanes bilden (Klafki 2007 nach Spahn-Skrotzki 2010): 1. Friedensfrage, 2. Umweltfrage, 3. Ungleichheit, 4. Umgang mit neuen Technologien, 5. Umgang in zwischenmenschlichen Beziehungen.[146]

Klafki (2007) betont neben der Anregung eigenen Handelns in seinem Konzept der Schlüsselprobleme insbesondere die Entwicklung eines Problembewusstseins anhand der Fokussierung auf einige Zentralprobleme (Spahn-Skrotzki 2010). Nachfolgend wird insbesondere die Umweltfrage sowie der Umgang mit neuen Technologien (hier Neue Medien) herausgegriffen, näher beleuchtet (s. Kap. 4.6) und mit Praxisvorschlägen versehen (s. Kap. 6.3). Für diesen, an Schlüsselproblemen orientierten Problemunterricht hält Klafki (2007) folgende vier Prinzipien für essenziell (Spahn-Skrotzki 2010): 1. Exemplarisches Lehren und Lernen, 2. Methodenorientiertes Lernen, 3. Handlungsorientierter Unterricht, 4. Verbindung von sachbezogenem und sozialem Lernen. Das an dritter Stelle genannte Prinzip handlungsorientierten Unterrichts wurde im Zusammenhang mit dem pädagogischen Konzept von Gudjons (2008) als Grundlage für alle didaktisch-methodischen Überlegungen und Schwerpunktsetzungen der vorliegenden Studie genommen.[147]

Jank und Meyer (2014) liefern durch Darstellung folgender Zusammenhänge eine bildungstheoretische Begründung für das im Vordergrund dieses Buches stehende pädagogische Konzept handlungsorientierten Unterrichts: Wie Klafki bringen die Autoren (2014, S. 325) mit dem Begriff „**Bildung**" die „Befähigung

---

146 Auf die Erfordernis des fächerübergreifenden Unterrichts zur Bearbeitung der fünf inhaltlich differierenden Schlüsselprobleme wird hiermit hingewiesen. Die Vorbereitung auf komplexe Zukunftsprobleme kann nur im Zusammenspiel unterschiedlicher Disziplinen erreicht werden und gilt damit als zentrales bildungstheoretisches Argument für fächerübergreifenden Unterricht (Spahn-Skrotzki 2010, s. Kap. 4.3).

147 s. Kap. 1.1, Kap. 1.5. Auch aufgrund des Aktualitätsbezuges wurde sich auf das Allgemeinbildungskonzept Klafiks gestützt. Schließlich gilt die Ausrichtung des Unterrichts an Schlüsselproblemen als Modell für zeitgemäßen Biologieunterricht, der Lösungen für aktuelle gesellschaftliche Probleme sucht (Spahn-Skrotzki 2010). Zur Charakterisierung von Bildung führt Klafki die drei selbstständig erarbeiteten Fähigkeiten „Selbstbestimmungsfähigkeit", „Mitbestimmungsfähigkeit" und „Solidaritätsfähigkeit" an (Klafki 2007 nach Spahn-Skrotzki 2010, S. 47).

zu vernünftiger Selbstbestimmung" in Verbindung und geben zu bedenken, dass diese nur in der aktiven Auseinandersetzung mit der Welt erlangt werden kann. Jedes Individuum muss dabei den damit verbundenen Erfahrungsprozess selbst durchlaufen. Hierbei sind Erfahrungen einerseits immer das Resultat von Handlungen und stehen andererseits gleichzeitig in direkter Verbindung mit zukünftigen Handlungen. Die Autoren sprechen von einer „Lernspirale", in der Handeln und Erfahren „immer wieder auf einem neuen Niveau miteinander vermittelt und integriert werden" (Jank & Meyer 2014, S. 325). Daran anknüpfend wird an handlungsorientierten Unterricht die Forderung gestellt, entsprechende Erfahrungs- und Handlungsfelder zur Verfügung zu stellen (Jank & Meyer 2014). Diesbezügliche Umsetzungsmöglichkeiten werden im Kap. 6.3 bei der Vorstellung der Schülerexpeditionen aufgezeigt.

Im Thüringer Bildungsplan (TMBJS 2015b, S. 11) wird diese Handlungsfähigkeit von Kindern und Jugendlichen mit dem Kompetenzbegriff gleichgesetzt. Demnach umfassen **Kompetenzen** nicht nur Wissen, sondern auch Können (Fähigkeiten und Fertigkeiten) sowie die Bereitschaft, Wissen und Können anzuwenden. Auf die in diesem Zusammenhang genannten Kompetenzen (Sach-, Methoden-, Selbst-, Sozialkompetenz) wird aufgrund des hohen Stellenwertes in Thüringer Lehrplänen in Kap. 6.3 näher eingegangen.

3.2 Bildungsebenen in der Theorie

Die Anordnung aller folgenden Teilkapitel des dritten Kapitels erfolgt entsprechend der dargestellten Bildungsebenen von der internationalen Ebene (E1: BNE) über die nationale Ebene (E2: Ministerien, Bildungsstandards, Bildungsserver) zur regionalen Ebene (E3: Thüringer Bildungsplan). Die in vier Ebenen eingeordneten Dokumente wurden im Buch entweder einbezogen (z. B. DBS), genauer analysiert (z. B. Thüringer Lehrpläne und Schulbücher) oder durch eigene Beiträge erweitert (z. B. UN-Dekade Biologische Vielfalt, s. Abb. 49).[148]

---

148 Die Auswahl der Dokumente erfolgte exemplarisch anhand der Schwerpunktlegung auf Biodiversität, Bildung und Biologieunterricht (s. Inhaltsverzeichnis) und erhebt folglich keinen Anspruch auf Vollständigkeit. Nicht alle im Buch einbezogenen Dokumente wie z. B. die Strategie der KMK *Bildung in der digitalen Welt* (Sekretariat der KMK 2016, nationale Ebene) und die analysierten Lehrpläne von Sachsen-Anhalt (Ministerium für Bildung 2016) und Niedersachsen (Niedersächsisches Kultusministerium 2015; 2017) wurden aufgeführt. Die in Abb. 6 dargestellten Dokumente und Abkommen wurden der Einheitlichkeit halber wie in Abb. 49 nach Erscheinungsjahren in der pyramidalen Darstellung angeordnet. Die Auflistung der Dokumente innerhalb der einzelnen Ebenen ist folglich nicht als Hierarchie zu verstehen und bildet

Die reine Anzahl der Dokumente betrachtend, wurden auf nationaler Ebene[149] die meisten Bezüge hergestellt (s. Abb. 6). Zentrale rechtliche Grundlage für die Artenbestimmung während der Schülerexpeditionen bildete das BNatSchG und die BArtSchV. Allerdings darf die Gewichtung in der Arbeit nicht vernachlässigt werden: Die Analyse wesentlicher Dokumente der regionalen Ebene (Thüringer Lehrpläne,[150] Thüringer Schulbücher,[151] z. T. Thüringer Bildungsplan) nahm einen elementaren Stellenwert im theoretischen Teil des Buches, das Thüringer Gesetz für Natur und Landschaft (ThürNatG) eine Basisfunktion bei der Realisierung des Praxisteils ein.

Die Roten Listen [...] Thüringens (TLUG 2011) galten während der Nachbereitung der Expedition zur Identifikation der gefundenen Rote-Liste Arten.[152]

---

nicht die Priorität der Dokumente in vorliegender Arbeit ab. Die Titel der Dokumente sind, wie im gesamten Buch, durch Kursivdruck hervorgehoben.

149 In der Rubrik „Nationale Bildungsstandards" wurden speziell die *Bildungsstandards im Fach Biologie für den Mittleren Schulabschluss* (KMK 2005, s. Kap. 3.5) analysiert.

150 Bei der Angabe der Thüringer Lehrpläne in Abb. 6 wurden zwei Jahre angegeben, da in diesem Buch vordergründig der Lehrplan MNT (TMBJS 2015a) und der Lehrplan Biologie (TMBWK 2012a) der Analyse unterzogen wurden (s. Kap. 2.6).

151 Die Schulbuchanalyse (s. Kap. 2.7) erfolgte stellvertretend anhand der zwei Schulbücher des Cornelsen-Verlages: *Biologie plus Klassen 7/8 Gymnasium Thüringen* (Göbel & Vopel 2011) und *Biologie plus Klassen 9/10 Gymnasium Thüringen* (Göbel & Vopel 2012). Da im TSP der vorgabengebende Schulbuchkatalog (Seipel 2020) einsehbar ist, wurde die Abkürzung an dieser Stelle in Abb. 6 ergänzt.

152 Die ausführliche Bezeichnung lautet: *Rote Listen der gefährdeten Tier- und Pflanzenarten, Pflanzengesellschaften und Biotope Thüringens* (TLUG 2011). Im „Biotopverbund Rothenbach" bei Heberndorf wurden die drei Rote-Liste Arten Brauner Fichtenbock *Tetropium fuscum* (RLT 1), Gemeine Eintagsfliege *Ephemera vulgata* (RLT 2) und Zweigestreifte Quelljungfer *Cordulegaster boltonii* (RLT 3) nachgewiesen (s. Anh. 138). Am Nordufer des Bleilochstausees erfolgte die Determination von folgenden neun Tier- und Pflanzenarten der Roten Liste Thüringens (TLUG 2011, s. Anh. 154, Anh. 157): Rotmilan *Milvus milvus* (RLT 3), Kormoran *Phalacrocorax carbo* (RLT R), Feldhase *Lepus europaeus* (RLT 2), Gewöhnliche Pechnelke *Silene viscaria* (RLT 3), Frühlings-Spark *Spergula morisonii* (RLT 3), Deutscher Ginster *Genista germanica* (RLT 3), Dillenius-Ehrenpreis *Veronica dillenii* (RLT 1), Rasen-Steinbrech *Saxifraga rosacea* (RLT 2) und Nördlicher Streifenfarn *Asplenium septentrionale* (RLT 3). Die Rote-Liste-Arten wurden an die TLUG (nun Thüringer Landesamt für Umwelt, Bergbau und Naturschutz, TLUBN) zur Einarbeitung in das regionale Projekt „Kartierung der FFH- und Rote-Liste-Pflanzenarten in Thüringen" (TLUG 2016) übermittelt (s. Kap. 6.4.1).

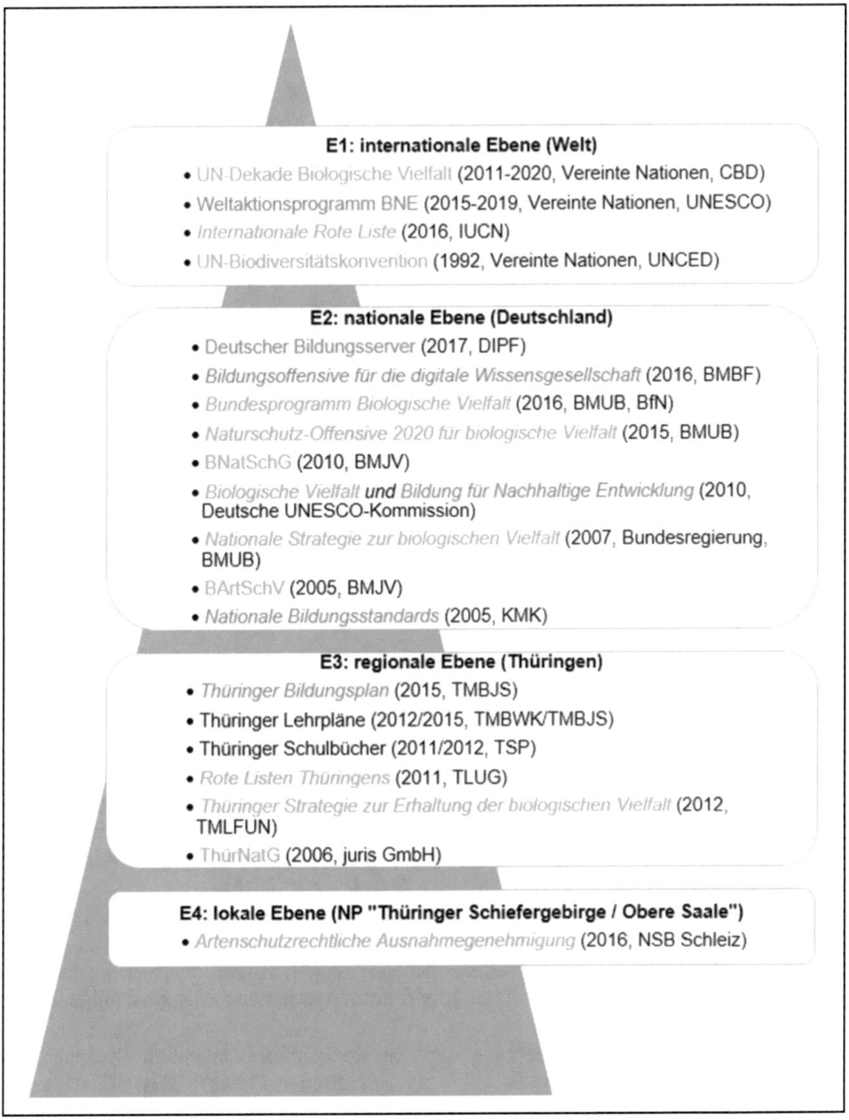

E1: internationale Ebene (Welt)
- UN-Dekade Biologische Vielfalt (2011-2020, Vereinte Nationen, CBD)
- Weltaktionsprogramm BNE (2015-2019, Vereinte Nationen, UNESCO)
- *Internationale Rote Liste* (2016, IUCN)
- UN-Biodiversitätskonvention (1992, Vereinte Nationen, UNCED)

E2: nationale Ebene (Deutschland)
- Deutscher Bildungsserver (2017, DIPF)
- *Bildungsoffensive für die digitale Wissensgesellschaft* (2016, BMBF)
- *Bundesprogramm Biologische Vielfalt* (2016, BMUB, BfN)
- *Naturschutz-Offensive 2020 für biologische Vielfalt* (2015, BMUB)
- BNatSchG (2010, BMJV)
- *Biologische Vielfalt und Bildung für Nachhaltige Entwicklung* (2010, Deutsche UNESCO-Kommission)
- *Nationale Strategie zur biologischen Vielfalt* (2007, Bundesregierung, BMUB)
- BArtSchV (2005, BMJV)
- *Nationale Bildungsstandards* (2005, KMK)

E3: regionale Ebene (Thüringen)
- *Thüringer Bildungsplan* (2015, TMBJS)
- Thüringer Lehrpläne (2012/2015, TMBWK/TMBJS)
- Thüringer Schulbücher (2011/2012, TSP)
- *Rote Listen Thüringens* (2011, TLUG)
- *Thüringer Strategie zur Erhaltung der biologischen Vielfalt* (2012, TMLFUN)
- ThürNatG (2006, juris GmbH)

E4: lokale Ebene (NP "Thüringer Schiefergebirge / Obere Saale")
- *Artenschutzrechtliche Ausnahmegenehmigung* (2016, NSB Schleiz)

Abb. 6: Für diese Arbeit relevante Dokumente auf vier Bildungsebenen.[153]

---

153 Die verwendeten Abkürzungen sind im Abkürzungsverzeichnis erklärt. „CBD" wurde in Abb. 6 als Abkürzung für den CBD-Sekretariat verwendet, die Bezeichnung

Die artenschutzrechtliche Ausnahmegenehmigung (E4: lokale Ebene)[154] bildete die Voraussetzung für die praktische Umsetzung der Projekte in Heberndorf und am Bleilochstausee (s. Abb. 49). Auf internationaler Ebene erfolgte eine Verortung der eigenen Umweltbildungs-Projekte in Verbindung mit der Herstellung zentraler Bezugspunkte.[155] Die Ebenen sind innerhalb und untereinander vernetzt.[156]

Die zahlreichen grünen Hervorhebungen auf internationaler Ebene deuten auf einen hohen Stellenwert von Biodiversität in der internationalen Umweltpolitik hin (s. Kap. 2.1), wobei auch das nicht grün unterlegte Weltaktionsprogramm BNE das Thema „Biodiversität" im zugehörigen BNE-Portal und *UNESCO Roadmap zur Umsetzung des Weltaktionsprogramms „Bildung für nachhaltige Entwicklung"* (Deutsche UNESCO-Kommission e. V. 2014) beinhaltet (s. Kap. 3.3). Dennoch ist die Umsetzung der internationalen politischen Vorgaben auf den unteren Ebenen nur von Randinitiativen geprägt, weshalb vorliegendes Buch sowohl einen Beitrag zur Integration des Themas „Biodiversität" in die Thüringer Schulbildung (E3: regionale Ebene) als auch zur Öffentlichkeitsarbeit über die Schulbildung hinaus leisten möchte (s. Kap. 2.1, Abb. 49).[157]

„Red List of Threatened Species" (IUCN 2017) wird synonym mit der Bezeichnung „Internationale Rote Liste" (WWF Deutschland 2016a) gebraucht.

154 Die artenschutzrechtliche Ausnahmegenehmigung basiert auf dem Vollzug des BNatSchG, der BArtSchV (nationale Ebene) sowie des ThürNatG (regionale Ebene, s. Anh. 75). Der vollständige Titel lautet: *Vollzug des Bundesnaturschutzgesetzes – BnatSchG -, des Thüringer Gesetz[es] für Natur und Landschaft (ThürNatG) sowie der Bundesartenschutzverordnung – BartSchv* (Rauner 2016).

155 Die Zugehörigkeit der Dokumente zum entsprechenden „ökologischen B" wurde durch die in diesem Buch verwendete Akzentfarbe kenntlich gemacht (grün für Bereich „Biodiversität", orange für Bereich „Bildung"). Hierbei wurden nur jene Dokumente farblich unterlegt, die aufgrund ihrer Ausrichtung eine eindeutige Zuordnung erlauben.

156 So erfolgt bspw. die Umsetzung der UN-Biodiversitätskonvention (internationale Ebene) durch die *Nationale Strategie zur biologischen Vielfalt* (BMUB 2007, nationale Ebene). Das *Bundesprogramm Biologische Vielfalt* (BMUB 2016, nationale Ebene) trägt wiederum zur Realisierung der *Nationalen Strategie zur biologischen Vielfalt* (nationale Ebene) bei (s. Kap. 3.4.2, BMUB 2016).

157 Die eigenen Beiträge zur Naturschutz- und Öffentlichkeitarbeit sind gegliedert nach den vier Bildungsebenen im Kapitel „Bildungsebenen in der Praxis" (s. Kap. 6.5.4) einzusehen.

3.3 Bildung für nachhaltige Entwicklung

Da Biodiversität grundsätzlich als zentrales Themenfeld einer BNE verstanden wird und nachhaltige Entwicklung[158] zu den wichtigsten politischen Aufgaben des 21. Jahrhunderts zählt (Deutsche UNESCO-Kommission e. V. 2010), wird in diesem Teilkapitel ein Einblick in den Zusammenhang von Biodiversität und BNE gegeben.[159] Neben dem Klimawandel wird der Biodiversitätsverlust als Kernproblem des globalen Wandels bezeichnet. Die Entscheidung der Vereinten Nationen, erst eine Weltdekade (2005-2014) und nun ein Weltaktionsprogramm „BNE"[160] auszurufen impliziert Bildung als unverzichtbares Element zur Bewältigung dieser globalen Herausforderung in Verbindung mit der Gestaltung einer zukunftsfähigen Entwicklung. Gleichzeitig wird die Vermittlung der komplexen Problemstellungen und Lösungsstrategien bezüglich des Schutzes und der nachhaltigen Nutzung von Biodiversität als Herausforderung in Bildungskontexten betitelt. Die Bedeutung der Sicherung von Biodiversität wird demnach als zentrale Bildungsaufgabe verstanden und zeigt damit die Verflechtung von Kap. 2 („Biodiversität") und Kap. 3 („Bildung") auf. Außerdem wird an die in der UN-ESCO-Handreichung aufgeführte Erkenntnis angeknüpft, dass die Sicherung der Biodiversität nicht nur aus wissenschaftlicher, sondern v. a. auch aus gesellschaftspolitischer Perspektive insbesondere für Jugendliche als Zielgruppe bildungsrelevant ist (s. Kap. 6.3).

Von der AG Biologische Vielfalt wurden folgende vier Schlüsselthemen der Biodiversität ins Leben gerufen, „um die mit der Erhaltung der biologischen

---

158 **Nachhaltige Entwicklung** wird hierbei als Entwicklung verstanden, „die die Bedürfnisse der Gegenwart befriedigt, ohne zu riskieren, dass künftige Generationen ihre eigenen Bedürfnisse nicht befriedigen können" (Deutsche UNESCO-Kommission e. V. 2010, S. 5).

159 Basis bildet die von der Deutschen UNESCO-Kommission herausgegebene und von der AG Biologische Vielfalt erarbeitete Handreichung *Biologische Vielfalt und Bildung für Nachhaltige Entwicklung* (Deutsche UNESCO-Kommission e. V. 2010).

160 Aus der UN-Dekade BNE gingen Kooperationen und Erkenntnisse hervor, die zukünftig zur Umsetzung des Weltaktionsprogramms BNE beitragen können (Deutsche UNESCO-Kommission e. V. 2017a). Innerhalb von fünf Jahren (2015-2019) soll mit dem Weltaktionsprogramm BNE langfristig eine „systemische Veränderung des Bildungssystems" (Deutsche UNESCO-Kommission e. V. 2017b) durch Verfolgung einer Doppelstrategie erzielt werden: Es soll nicht nur eine Integration von nachhaltiger Entwicklung in den Bereich „Bildung" erfolgen, sondern auch der Bereich „Bildung" soll in die nachhaltige Entwicklung eingebunden werden. Die Realisierung des Weltaktionsprogramms auf sechs Ebenen (internationale, regionale, subregionale, nationale, subnationale, lokale) soll der „Stärkung der Rolle von Bildung" dienen (Deutsche UNESCO-Kommission e. V. 2017b).

Vielfalt verbundenen Herausforderungen für eine Bildung für nachhaltige Entwicklung zu konkretisieren" (Deutsche UNESCO-Kommission e. V. 2010, S. 9):
1. Vielfalt der Lebensräume, 2. Leistungen der Natur, 3. Klimawandel und biologische Vielfalt, 4. Konsum und biologische Vielfalt. Die Schüler erhielten auf den Expeditionen sowohl Einblicke in die Vielfalt der Lebensräume (erstes Schlüsselthema) als auch in die Leistungen der Natur (zweites Schlüsselthema) und wurden für die Zusammenhänge von Konsumverhalten und Biodiversität (viertes Schlüsselthema) sensibilisiert (Knoblich 2016a; 2020a; 2016b; 2020b).[161]

Im Rahmen des ersten Schlüsselthemas lernten die Schüler bspw. „unterschiedliche Ökosystemtypen" wie den Laubmischwald sowie „vom Menschen geschaffene Landschaftselemente" (Deutsche UNESCO-Kommission e. V. 2010, S. 10) wie die Hecke kennen und erkannten, dass sich die Intensivierung der Landwirtschaft nachteilig auf die Vielfalt der Arten und deren Lebensräume auswirkt (Deutsche UNESCO-Kommission e. V. 2010; Knoblich 2016a; 2020a). Bezugnehmend auf die bei diesem Schlüsselthema ebenso erwähnten invasiven Arten lernten die Schüler während der Expedition am Bleilochstausee die Nilgans *Alopochen aegyptiaca* beispielhaft kennen.[162] Auch die im zweiten Schlüsselthema inbegriffenen Ökosystem-Dienstleistungen (s. Kap. 2.3) waren Bestandteil der Schülerexpeditionen (Knoblich 2016b; 2020b). Exemplarisch genannt seien an dieser Stelle die CO_2-Speicherfunktion von Wäldern, die Bereitstellung von Nahrung und Holz oder die Ermöglichung von Erholung und Naturerlebnis (Deutsche UNESCO-Kommission e. V. 2010). Die folgenden Zielstellungen des vierten Schlüsselthemas decken sich mit dem Anliegen vorliegenden Buches:[163] Es gilt, an die alltäglichen Lebenswelten jedes Einzelnen anzuknüpfen und einen unmittelbaren Bezug zu konkreten Handlungsweisen herzustellen, „um auf dieser Grundlage Handlungskompetenzen für einen nachhaltigen Konsumstil zu vermitteln" (Deutsche UNESCO-Kommission e. V. 2010, S. 22). Beispielhafte Bezüge des Weltaktionsprogramms BNE zum Thema „Biodiversität" sind einerseits die im zugehörigen BNE-Portal registrierten Initiativen (z. B. Jugendkongress Biodiversität) sowie Lehr- und Lernmaterialien zum Thema „Biodiversität" (Deutsche UNESCO-Kommission e. V. 2017c) und andererseits die Einarbeitung von BNE bspw. in die UN-Biodiversitätskonvention – speziell deren Artikel 13 (Deutsche UNESCO-Kommission e. V. 2014).

---

161 s. Fragebögen Umwelthandeln (Anh. 89, Anh. 91).
162 s. Kap. 6.5.1, Anh. 154.
163 s. Kap. 1.5, Fragebogen Umwelthandeln (Anh. 89, Anh. 92).

3.4   Ministerien

Die Verknüpfung der drei Bereiche „Biodiversität", „Bildung" und „Biologieunterricht" im Kontext von Umweltbildung macht eine Abhandlung der zugehörigen, vorgabengebenden Ministerien erforderlich. Daher wird nachfolgend kurz auf die beiden Ministerien 1. Bundesbildungsministerium (für die Bereiche „Bildung" und „Biologieunterricht") und 2. Bundesumweltministerium (für den Bereich „Biodiversität") geblendet.

3.4.1   Bundesministerium für Bildung und Forschung

Zentrale Aufgabe des Bundesministeriums für Bildung und Forschung (BMBF; Bundesbildungsministerium) ist es, junge Heranwachsende durch Bildung auf die Herausforderungen in der „sich rasch verändernden, stark globalisierten Welt" vorzubereiten (BMBF 2017a). Forschung dient dazu, neue Erkenntnisse zu gewinnen und bereits Bekanntes zu optimieren. Bildung und Forschung sind damit als Basis zu verstehen, „auf denen wir in einer Welt des Wandels unsere Zukunft aufbauen" (BMBF 2017a). Der Bereich Bildung wird näher beleuchtet. Abb. 7 zeigt die thematischen Schwerpunkte, die in der wissenschaftlichen Abhandlung von Bedeutung sind.

Im Bereich der digitalen Bildung wird die sinnvolle Nutzung neuer Medien in der Bildung hervorgehoben. Die ehemalige Bundesbildungsministerin Johanna Wanka betont: „Zu guter Bildung im 21. Jahrhundert gehören IT-Kenntnisse und der souveräne Umgang mit Technik [...] ebenso wie das Lernen mittels der vielen neuen Möglichkeiten digitaler Medien" (BMBF 2017c). Einen Vorschlag zur Umsetzung liefert vorliegendes Buch. Wichtig ist, dass dabei Neue Medien nicht als Selbstzweck, sondern als Mittel um „leichter, besser und erfolgreicher zu lernen" dienen (BMBF 2017c). In diesem Zusammenhang wurden Smartphones in den Lernprozess der Expeditionsschüler einbezogen (s. Kap. 6.3). Zentrale Bedeutung erlangt die *Bildungsoffensive für die digitale Wissensgesellschaft* (BMBF 2016) zur Förderung des Lernens mit Neuen Medien. In dem „systematischen Handlungsrahmen" wird das Ziel formuliert, digitale Endgeräte auch im Rahmen der eigenen Aus- und Weiterbildung zu nutzen (BMBF 2016, S. 4).[164]

---

164 Hierbei wird der Begriff „**digitale Bildung**" gebraucht, der nach dem Verständnis des BMBF (2016, S. 10) einerseits digitale Kompetenz und andererseits das Lehren und Lernen mit digitalen Medien umfasst.

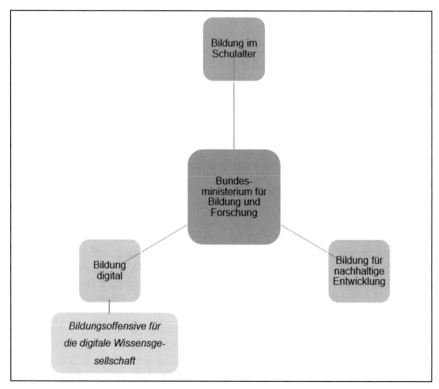

Abb. 7:   Relevante thematische Schwerpunkte des Bundesbildungsministeriums im
Bereich Bildung.[165]

Die deutsche Bildungslandschaft wird im Hinblick auf Maßnahmen zur
Umsetzung digitaler Bildung als „bisher weitestgehend von Einzelinitiativen und
Insellösungen geprägt" eingeschätzt. „[I]nsbesondere Fortbildungsangebote und
lehrplanbasierte Unterrichtsmaterialien stehen auf der Wunschliste" laut einer
Befragung von Lehrkräften (BMBF 2016, S. 12).[166]

---

165 Die Grafik wurde in Anlehnung an das BMBF (2017a) erstellt. Der dort verortete
thematische Schwerpunkt „Bildung im Schulalter" wird aufgrund der beinhaltenden
Themen 1. Ganztagsschulen, 2. Bildungsstudien und 3. Begabtenförderung (BMBF
2017b) nicht vorgestellt, da diese Themen nicht Schwerpunkt der Abhandlung sind.
166 An diesem Punkt setzt dieses Buch mit der aus dem Praxisteil resultierenden Lehrerfortbildung (Knoblich 2017e, s. Anh. 6 - Anh. 8) und den lehrplanbasierten und praxiserprobten Unterrichtsmaterialien an (s. Kap. 6.3 und z. B. Anh. 51 – Anh. 59,

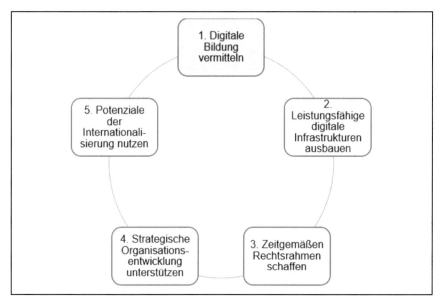

Abb. 8:   Handlungsfelder der Bildungsoffensive für die digitale Wissensgesellschaft.[167]

Der durch die *Bildungsoffensive für die digitale Wissensgesellschaft* aufgestellte Handlungsrahmen kommt durch fünf thematische Handlungsfelder zum Ausdruck (s. Abb. 8).

An dieser Stelle wird nur das Handlungsfeld „digitale Bildung vermitteln" (BMBF 2016, S. 14) aufgrund der inhaltlichen Zugehörigkeit kurz betrachtet: Zu den in diesem Handlungsfeld aufgestellten Forderungen zählen erstens die Nutzung von Smartphones für die eigene Aus- und Weiterbildung sowie zweitens die Integration Neuer Medien in den Fachunterricht, an die im Rahmen des außerschulischen Biologieunterrichts (s. Kap. 6.3) angeknüpft wurde.[168]

Anh. 87, Anh. 90, Anh. 96 – Anh. 102, Anh. 104 – Anh. 113, Anh. 116 – Anh. 122, Anh. 125 – Anh. 131).

167 Die Grafik wurde in Anlehnung an das BMBF (2016) erstellt. Das bei den Schülerexpeditionen einbezogene Handlungsfeld ist unterlegt.

168 Der dritte thematische Schwerpunkt BNE (BMBF 2017a, s. Abb. 7) wurde im Kap. 3.3 fokussiert.

3.4.2   Bundesministerium für Umwelt, Naturschutz und nukleare Sicherheit

Schon der Name des Bundesministeriums für Umwelt, Naturschutz und nukleare Sicherheit (BMU; Bundesumweltministerium) deutet auf die zahlreichen politischen Zuständigkeitsbereiche dieses Ministeriums innerhalb der Bundesregierung hin. Neben dem Schutz der Bürger vor Strahlung und Umweltgiften, dem verantwortungsbewussten Umgang mit Rohstoffen und dem Klimaschutz zählt die „Nutzung der natürlichen Lebensgrundlagen, bei der die Vielfalt von Tier-, und Pflanzenarten und der Erhalt ihrer Lebensräume sichergestellt wird" (BMUB 2017a) zu einem zentralen Aufgabenbereich des Bundesumweltministeriums, der an dieser Stelle betrachtet wird. In Abb. 9 sind die relevanten Schwerpunkte dieses Aufgabenbereichs visualisiert.

Den Schwerpunkt „Naturschutz / biologische Vielfalt" (BMUB 2017b) betrachtend wird zuerst auf das vom BMU initiierte *Bundesprogramm biologische Vielfalt* 2016 eingegangen, bevor die *Naturschutz-Offensive 2020. Für biologische Vielfalt!* (BMUB 2015) einer Analyse unterzogen wird.[169]

Nachfolgend werden im Zusammenhang mit einer kurzen Charakterisierung der einzelnen Schwerpunkte die zentralen Bezüge zu den Projekten dieses Buches hergestellt. Im Rahmen des ersten Förderschwerpunktes (s. Abb. 10) werden Maßnahmen unterstützt, die dem Schutz derjenigen Arten dienen, die nur oder mit einem hohen Anteil der Weltpopulation in Deutschland vorkommen. Hierzu zählt bspw. der während der Expedition am Bleilochstausee thematisierte Feuersalamander *Salamandra salamandra* (Knoblich 2016b; 2020b) oder der mit Klasse 9a gesichtete Rotmilan *Milvus milvus*.[170] Mit „**Hotspots der Biodiversität**", auf die der zweite Förderschwerpunkt abzielt, sind schützenswerte deutsche Regionen gemeint, die sich durch eine besonders hohe Vielfalt und Dichte charakteristischer Lebensräume, Arten und Populationen auszeichnen.[171]

---

169 Das *Bundesprogramm biologische Vielfalt* (BMUB 2016) lässt sich wie folgt verorten: Die UN-Biodiversitätskonvention (CBD, s. Kap. 2.1) wird auf nationaler Ebene durch die *Nationale Strategie zur biologischen Vielfalt* (BMUB 2007) umgesetzt. Das Bundesprogramm leistet wiederum einen zentralen Beitrag zur Umsetzung der Nationalen Strategie (BMUB 2016).

170 s. Kap. 6.4.1, Artenliste (Anh. 154).

171 Zu den bisher 30 definierten Hotspots biologischer Vielfalt in Deutschland gehören z. B. die Allgäuer Alpen, die Ostvorpommersche Küste oder der Thüringer Wald mit den nördlichen Vorländern (BMUB 2016).

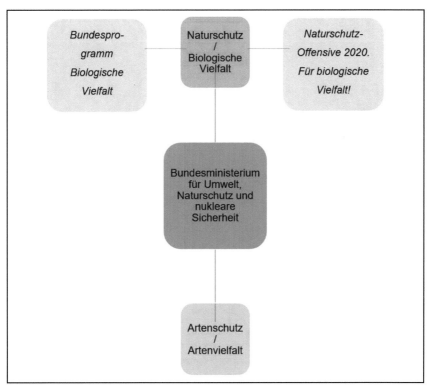

Abb. 9:   Relevante thematische Schwerpunkte des Bundesumweltministeriums.[172]

Der Erhalt und die Förderung von Ökosystem-Dienstleistungen (s. Kap. 2.3) wird im dritten Förderschwerpunkt impliziert. Besondere Bedeutung kommt dem letzten Förderschwerpunkt zu, da hierzu u. a. Bildungsprojekte zur biologischen Vielfalt gezählt werden. Daher kann das eigene Projekt im vierten Förderschwerpunkt verortet werden. Folgende an die Bildungsprojekte vom Bundesprogramm gestellte Anforderungen wurden fokussiert (BMUB 2016): 1. Information und Kommunikation als obligatorische Bestandteile der Projektplanung, 2. Leisten eines Beitrags zur Stärkung des gesellschaftlichen Bewusstseins für Biodiversität und 3. Kooperation verschiedener Akteure in den Projekten. Während der Expeditionen (s. Kap. 6.3) erhielten die Schüler auch einen Einblick in die als Förderschwerpunkte deklarierten Verantwortungsarten sowie zentrale

---

172 Die Grafik wurde in Anlehnung an das BMUB (2017b) erstellt.

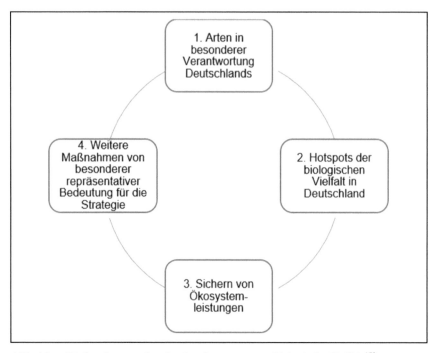

Abb. 10:   Förderschwerpunkte des *Bundesprogramms Biologische Vielfalt*.[173]

Ökosystem-Dienstleistungen (s. Abb. 10, Schwerpunkt 1 und 3). Die ehemalige Bundesumweltministerin Barbara Hendricks betont, dass der Erhalt und der Schutz von Biodiversität „wieder zu einem der wichtigsten Handlungsfelder des Bundesumweltministeriums werden" (BMUB 2015, S. 5).

Mit der Naturschutz-Offensive soll ein „ambitioniertes Handlungsprogramm" bereitgestellt werden, das in zehn prioritären Handlungsfeldern Möglichkeiten aufzeigt, um „endlich die Trendwende zugunsten der biologischen Vielfalt zu erreichen" (BMUB 2015, S. 5). Hendricks ruft alle gesellschaftlichen Akteure dazu auf, „mit eigenen Initiativen das Handlungsprogramm zu flankieren und eigene Schwerpunkte zu setzen" (BMUB 2015, S. 5).

Bezüglich des ersten Handlungsfeldes (s. Abb. 11) sollen gefährdete halbnatürliche Lebensräume wie Hecken und Streuobstwiesen erhalten bzw. wiederhergestellt werden (BMUB 2015). Auf der Expedition wurden die Schüler für

---

173 Die Grafik wurde in Anlehnung an das BMUB (2016) erstellt.

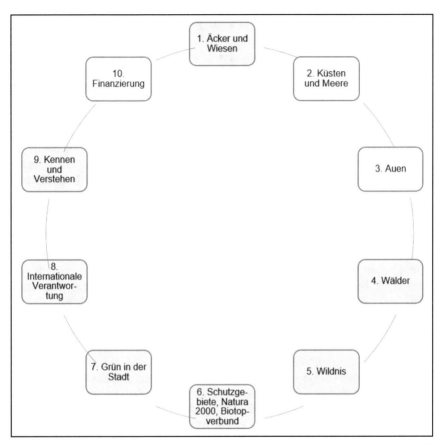

Abb. 11: Handlungsfelder der *Naturschutz-Offensive 2020. Für biologische Vielfalt!*.[174]

diese Thematik anhand eines Einblicks in die Agrarökosysteme Acker und Streuobstwiese sowie halbnatürliche Lebensräume wie z. B. Hecken sensibilisiert (Knoblich 2016a; 2020a). Im Rahmen des vierten Handlungsfeldes plädiert das BMU im Rahmen langfristiger Vertragsnaturschutzprogramme für einen besonderen Fokus auf Totholz- und Altholzprogramme (BMUB 2015). Die Expeditionsschüler lernten in diesem Zusammenhang auf beiden Expeditionen

---

174 Die Grafik wurde in Anlehnung an das BMUB (2015) erstellt. Die im Rahmen der Schülerexpeditionen einbezogenen Handlungsfelder sind unterlegt. Es werden diejenigen Handlungsfelder kurz beleuchtet, die direkte Bezüge zu den ins Leben gerufenen Projekten (s. Kap. 6.3) aufweisen.

durch praktische Untersuchungen in Waldökosystemen die Bedeutung von Totholz für Biodiversität kennen (Knoblich 2016a; 2020a; 2016b; 2020b).[175]
    Im fünften Handlungsfeld soll durch vermehrte Öffentlichkeitsarbeit dem Thema „Wildnis" in Deutschland eine höhere Bedeutung zugeschrieben werden (s. Kap. 6.3). Im sechsten Handlungsfeld wird anknüpfend an die Regelungen des BNatSchG das Ziel fokussiert, bis zum Jahr 2020 ein mindestens zehn Prozent der Fläche eines jeden Landes umfassendes Netz verbundener Biotope (**Biotopverbund**) in Deutschland zu kreieren. Während der Expedition lernten die Schüler den „Biotopverbund Rothenbach" bei Heberndorf als exemplarisches Beispiel dafür kennen und die Bedeutung des BNatSchG für das Flächennaturdenkmal schätzen (s. Kap. 6.3.1, Knoblich 2016a; 2020a). Am Bleilochstausee wurden die Schüler für das Landschaftsschutzgebiet „Obere Saale" sensibilisiert (s. Kap. 6.3.2, Knoblich 2016b; 2020b). Im Rahmen des siebten Handlungsfeldes will das BMU die Finanzierung der UN-Dekade (s. Kap. 2.1) und die Verknüpfung mit dem Weltaktionsprogramm „BNE" (s. Kap. 3.3) bis zum Jahr 2020 forcieren, um „möglichst viele Menschen für den Schutz und die Erhaltung der biologischen Vielfalt zu begeistern" (BMUB 2015, S. 26). Ein Vorschlag für die vom BMU in diesem Zusammenhang geforderten neuen Konzepte zum Erreichen dieses Ziels soll mit diesem Buch geliefert werden (s. Kap. 5, Kap. 6). Die im Rahmen des achten Handlungsfeldes angebrachte Zielformulierung „Verbesserung der zielgruppenspezifischen Aufklärung der Verbraucherinnen und Verbraucher und Erhöhung ihres Bewusstseins für einen naturverträglichen und nachhaltigen Konsum" (BMUB 2015, S. 29) geht ebenfalls mit dem Anliegen der Arbeit einher (s. Kap. 1.5). Zentraler Bezugspunkt ist außerdem das neunte Handlungsfeld, das sich das „Kennen und Verstehen – Den Schatz des Naturwissens bewahren und vermehren" (BMUB 2015, S. 35) zur Kernaufgabe gemacht hat. Das BMU erkennt in diesem Zusammenhang an, dass zum Erreichen des im Handlungsfeld verankerten Ziels Menschen mit taxonomischer Expertise benötigt werden, die derzeit immer weniger werden. Zum Erreichen des priorisierten Ziels „Verbesserung der Datenbasis zu Zustand und Entwicklung der biologischen Vielfalt in Deutschland" (BMUB 2015, S. 31) konnten für die Schülerexpeditionen z. B. Spezialisten aus dem Herbarium Haussknecht der Friedrich-Schiller-Universität (FSU) Jena, Biologielehrer, Hobbybiologen, ein Förster, ein Imker sowie Mitarbeiter der NSB Schleiz und der TLUG (nun TLUBN) zur fachkundigen Betreuung gewonnen werden (s. Kap. 6.3).
    Abschließend ist noch auf zwei ausgewählte, vom BMU bereitgestellte Publikationen zum Thema „Biodiversität" zu verweisen, die auf der zugehörigen Homepage erhältlich sind:

---

175 Aufgaben zum Mikrobiotop Totholz (s. Kap. 6.2.1, Kap. 6.4.1, Kap. 6.5.1).

1. *Biologische Vielfalt. Materialien für Bildung und Information* (BMUB 2011a)[176]
2. *Handreichung für Lehrkräfte* (BMUB 2011b)

Anzumerken ist an dieser Stelle, dass in dem o. g. Schülerarbeitsheft von keiner umfassenden, einheitlichen und inhaltlich korrekten Definition von Biodiversität ausgegangen wird: Zum einen wird Biodiversität als Überbegriff für die „Vielfalt an Ökosystemen oder Lebensräumen" und die „Vielfalt an unterschiedlichen Arten in einer Region" verstanden (BMUB 2011a, S. 15). Hier fehlt die Ebene der genetischen Vielfalt. Zum anderen wird Biodiversität in der gleichen Publikation an anderer Stelle auf Artenvielfalt beschränkt, was folgende Zeilen zeigen:

> „Biologische Vielfalt wird meistens über die Vielfalt der verschiedenen Arten definiert. Sie ist einfach zu messen: Je mehr Arten in einem bestimmten Umfeld leben, desto größer ist die biologische Vielfalt" (BMUB 2011a, S. 48).

Hierbei bleiben Ökosystemvielfalt und genetische Vielfalt unberücksichtigt, wobei auch die Definition von Artenvielfalt nicht vollständig ist, da hier nur auf die Gesamtzahl an Arten Bezug genommen wird, statt auch die relative Häufigkeit der Arten einzubeziehen.[177] Ein weiteres beispielhaftes Angebot vom BMU, das über den Deutschen Bildungsserver (DBS, s. Kap. 3.6) bereitgestellt wird, nennt sich „Umwelt im Unterricht". Hierbei handelt es sich um einen Online-Service für Lehrpersonen, um aktuelle umweltbezogene Anlässe kurzfristig im Unterricht zu thematisieren (DIPF 2017a).[178]

3.5 Bildungsstandards im Fach Biologie

Pütz deutet im Jahr 2007 (S. 20) mit folgender Aussage auf die Erfordernis von Bildungsstandards hin: „Wissen und Können sollen messbar gemacht – oder besser: standardisiert werden". Gleichzeitig verweist er darauf, dass dieses Bestreben in den Grundzügen nicht neu ist, da man schon vor über hundert Jahren in Deutschland zu dieser Erkenntnis kam. Neben personellen Schwierigkeiten -

---

176 Hierbei handelt es sich um ein Arbeitsheft für Schüler der Sekundarstufe (BMUB 2011a).
177 Zur umfassenden und inhaltlich korrekten Definition s. Kap. 2.1. Auf eine Analyse der zugehörigen Lehrerhandreichung (BMUB 2011b) wird an dieser Stelle verzichtet.
178 Dazu kann auf die wöchentlich auf folgender Seite bereitgestellten Hintergrundinformationen und Materialien zu aktuellen Themen mit Umweltbezug zurückgegriffen werden: www.umwelt-im-unterricht.de (DIPF 2017a).

„Lehrer und Schüler sind natürliche Variablen" (Pütz 2007, S. 20), ruft auch der Föderalismus in Deutschland bekannte Probleme hervor: Jedes einzelne der 16 Bundesländer in Deutschland bemüht sich um bildungspolitische Aktivitäten. Aufgabe der KMK ist es, ein zu weites Auseinanderklaffen dieser Aktivitäten zu vermeiden (Pütz 2007). Neben dieser grundlegenden Zielstellung wurde die Einführung Nationaler Bildungsstandards im Jahr 2002 von der KMK als „unmittelbare Reaktion auf die deutschen PISA-Ergebnisse" beschlossen (Becker 2017a). Einigkeit herrschte unter den 16 Vertretern dahingehend, dass diese verbindlichen Standards eine „notwendige Voraussetzung für die nachhaltige Verbesserung der schulischen Bildung" sind (Becker 2017a). Darüber hinaus sollen die Bildungsstandards zu einer besseren Vergleichbarkeit der schulischen Abschlüsse sowie zu einer höheren Durchlässigkeit des Bildungssystems führen (Becker 2017a).

Von folgendem Begriffsverständnis kann nachfolgend ausgegangen werden: **Bildungsstandards** sind als Formulierungen erwarteter Lernergebnisse eines mittleren Anforderungsniveaus für die jeweilige Klassenstufe anzusehen. Hierbei erfolgt eine Orientierung an allgemeinen Bildungs- und Erziehungszielen sowie den fachspezifischen Kompetenzmodellen (Becker 2017a). Die Nationalen Bildungsstandards sind damit ein Maßstab zum Messen der erbrachten Leistungen der Schüler (Becker 2017b).

Da sich die einzelnen Bundesländer, so auch Thüringen, zur „schnellstmöglichen Implementation und Anwendung der Bildungsstandards" (Becker 2017b) verpflichtet haben, wird die Umsetzung möglichst vieler Bildungsstandards angestrebt. So werden in diesem Teilkapitel die *Bildungsstandards im Fach Biologie für den Mittleren Schulabschluss* (Jahrgangsstufe 10, KMK 2005) mit den praxiserprobten außerschulischen Lernangeboten (s. Kap. 6.3) in Zusammenhang gebracht. Die genauere Betrachtung der biologischen Bildungsstandards dient dabei neben der Darstellung der Bezüge zu den Schülerexpeditionen der Diskussion des ersten Teilaspekts der anfänglich aufgestellten Hypothese H2 (s. Kap. 1.4): „Biodiversität nimmt in den Nationalen Bildungsstandards [...] einen geringen Stellenwert ein". Zuerst werden aber die zentralen Bezugspunkte zwischen den biologischen Bildungsstandards und vorliegender Studie herausgearbeitet.

Die Bildungsstandards fungieren grundsätzlich als zentrales Dokument für Biologiedidaktiker und Entwickler von Lehrplänen zur Legitimation von unterrichtlichen Entscheidungen (Graf et al. 2017).[179] Bildungsstandards stellen die

---

179 Das Verhältnis Thüringer Lehrpläne und Nationaler Bildungsstandards ist in aller Kürze wie folgt auszumachen: Die Lehrpläne fokussieren in erster Linie den unterrichtlichen Prozess des Kompetenzerwerbs. In den Bildungsstandards für den Mittleren Schulabschluss werden dagegen jene Kompetenzen dargestellt, die die Schüler

Basis für die Aufstellung der fachspezifischen Anforderungen für den mittleren Schulabschluss (Graf et al. 2017) und gleichzeitig ein Bezugssystem für das professionelle Handeln von Lehrkräften u. a. durch die Formulierung konkreter und überprüfbarer Unterrichtsziele dar (Becker 2017b). Da der zukünftige Auftrag der Schulen in der Realisierung der in den Bildungsstandards formulierten Kompetenzanforderungen besteht (Becker 2017b), werden in diesem Teilkapitel auch die Kompetenzbereiche des Faches Biologie einbezogen.

Die von der KMK im Jahr 2005 vorgelegten *Bildungsstandards im Fach Biologie für den Mittleren Schulabschluss* veranschaulichen den Beitrag des Faches Biologie zur Bildung: In diesem Teilkapitel wird explizit die naturwissenschaftliche Bildung (s. Kap. 3.8) als zentraler Bestandteil von Allgemeinbildung aufgeführt. Bei der Schilderung des Beitrages des Faches Biologie zur Bildung und damit zur Erschließung der Welt wird anknüpfend an die Auseinandersetzung mit dem Lebendigen auch direkt auf die Systeme Organismus und Ökosystem sowie umweltverträgliches Handeln eingegangen.

Anknüpfend an die Definition des Kompetenzbegriffs (s. Kap. 3.1) erfolgt im Anschluss ein Einblick in die Kompetenzen, die die Schüler mit einem mittleren Schulabschluss entsprechend der Bildungsstandards erworben haben müssen.[180] In den Bildungsstandards wird formuliert, dass die Kompetenzen neben den Fachinhalten insbesondere die Handlungsdimension berücksichtigen müssen. Diese Forderung deckt sich mit dem Schwerpunkt des Konzepts handlungsorientierten Unterrichts (Gudjons 2008).[181] Die Handlungsdimension wird in den biologischen Bildungsstandards an experimentellem Arbeiten, Kommunikation und der Bewertung biologischer Sachverhalte festgemacht. Alle drei Aspekte standen während der Schülerexpeditionen im Vordergrund (s. Kap. 6.3).[182]

Der Kompetenzbereich „Fachwissen" bezieht sich auf das Kennen von Lebewesen, biologischen Phänomenen, Begriffen, Prinzipien und Fakten sowie die Zuordnung zu Basiskonzepten. Folgende drei Basiskonzepte stehen für die

---

bis zum Ende der Klassenstufe 10 erworben haben sollen. Lehrpläne geben damit einen „verbindlichen pädagogisch-fachlichen Rahmen" für das Arrangement von Lehr- und Lernprozessen vor, während in den Bildungsstandards die Lernergebnisse aufgeschlüsselt werden (Becker 2017b).

180 Hierbei wird der Gliederung in die vier Kompetenzbereiche des Faches Biologie gefolgt: 1. Fachwissen, 2. Erkenntnisgewinnung, 3. Kommunikation, 4. Bewertung (KMK 2005).

181 s. Kap. 1.1, Kap. 1.5.

182 In den Bildungsstandards wird die Handlungsdimension in den Kompetenzbereichen „Erkenntnisgewinnung", „Kommunikation" und „Bewertung" dargestellt, während die Inhaltsdimension vorrangig dem Kompetenzbereich „Fachwissen" zugeordnet wird (KMK 2005).

Strukturierung der Inhalte im Fach Biologie zur Verfügung: „System", „Struktur und Funktion", „Entwicklung". Tab. 11 stellt die in den Bildungsstandards Biologie verankerten und im Rahmen der Expeditionen praktisch fokussierten fachwissenschaftlichen Inhalte sortiert nach den drei Basiskonzepten dar:

Tab. 11:   Inhaltsdimensionen der Bildungsstandards Biologie.[183]

Basiskonzept	Inhalt
„System" (S. 8)	– Organismen und Ökosysteme als Beispiele für lebendige Systeme – Zuordnung der Systeme zu verschiedenen Systemebenen – Zusammensetzung lebendiger Systeme aus unterschiedlichen Elementen, z. B. Ökosystem aus abiotischen und biotischen Elementen – Eigenschaften lebendiger Systeme, z. B. Organismen in Wechselwirkung mit Umwelt, Ökosysteme mit Wechselwirkungen zwischen belebter und unbelebter Natur, Stoffkreisläufe und Energiefluss – Charakterisierung lebendiger Systeme durch Struktur und Funktion
„Struktur und Funktion" (S. 9)	– Funktionen von Organismen und Ökosystemen auf Basis struktureller Grundlagen – Umwelt-Angepasstheit von Organismen als Ergebnis evolutionärer Struktur-/ Funktionsentwicklung
„Entwicklung" (S. 9)	– artspezifische individuelle Entwicklung von Organismen – Veränderungen von Ökosystemen im Laufe der Zeit – direkte und indirekte Veränderungen lebendiger Systeme durch den Menschen

Die durchgeführten Schülerexpeditionen zielten auch auf den in den Bildungsstandards im Zusammenhang mit den Basiskonzepten angestrebten Perspektivwechsel ab: Die Schüler wurden einerseits aufgefordert, bei der Bearbeitung der Expeditionsaufgaben flexibel die Systemebenen zu wechseln (vertikaler Perspektivwechsel) sowie andererseits verschiedene Perspektiven innerhalb der Biologie und zwischen den Naturwissenschaften einzunehmen (horizontaler Perspektivwechsel). Die durch Basiskonzepte ermöglichte „interdisziplinäre Vernetzung von Wissen" (KMK 2005, S. 10) wird in Kap. 4.3 bei der Beschreibung des fächerübergreifenden Unterrichts erneut aufgegriffen. Ein weiterer Schnittpunkt zwischen Bildungsstandards und Expeditionsinhalten ist in der „Berück-

---

183 Die Inhalte entstammen den *Bildungsstandards im Fach Biologie für den Mittleren Schulabschluss* (KMK 2005), speziell dem Kompetenzbereich „Fachwissen". Es erfolgte eine Zuordnung zu den drei Basiskonzepten.

sichtigung des Naturschutzes und der nachhaltigen Entwicklung" (KMK 2005, S. 10) zu sehen (s. Kap. 3.8, Kap. 3.3).

Der Kompetenzbereich „Erkenntnisgewinnung" umfasst neben dem Beobachten, Vergleichen und Experimentieren die Nutzung von Modellen sowie die Anwendung von Arbeitstechniken.[184] Das sach- und fachbezogene Erschließen und Austauschen von Informationen bildet den Kern des Kompetenzbereichs „Kommunikation", während das Erkennen und Bewerten biologischer Sachverhalte in verschiedenen Kontexten dem Kompetenzbereich „Bewertung" zugeordnet wird (KMK 2005). Die in den Bildungsstandards verankerten und mit den Expeditionsklassen außerschulisch einbezogenen Handlungsdimensionen sind für die drei Kompetenzbereiche in Tab. 12 überblicksartig dargestellt:

Tab. 12: Handlungsdimensionen der Bildungsstandards Biologie.[185]

Kompetenzbereich	Inhalt
„Erkenntnisgewinnung" (S. 10)	– Experimentieren – Bestimmung oder Auszählen von Lebewesen – kriterienbezogenes Beobachten und Vergleichen – verwandtschaftliche Beziehungen zwischen Arten
„Kommunikation" (S. 11)	– Erfassung des Informationsgehalts verschiedener Informationsträger (z. B. Texte, Bilder) – eigene Stellungnahme in mündlicher und schriftlicher Form – Nutzung von Informationsquellen: Medien wie z. B. Internet, Befragung von Experten
„Bewertung" (S. 12)	– Entwicklung von Wertschätzung für intakte Natur – Zeigen von Verständnis für Entscheidungen vor dem Hintergrund nachhaltiger Entwicklung – Urteilsbildung hinsichtlich eines verantwortungsvollen Verhaltens des Menschen gegenüber der Umwelt, z. B. Eingriffe in Ökosysteme – Bewertungskriterien: Grundsätze nachhaltiger Entwicklung, „Schutz einer systemisch intakten Natur um ihrer Selbstwillen" (KMK 2005, S. 12) – Perspektivwechsel hinsichtlich der Dimension der Natur – Vertreten eines eigenen Standpunktes

---

184 Den Arbeitstechniken im Fach Biologie wurde ein separates Kapitel gewidmet (s. Kap. 4.5).

185 Die Handlungsdimensionen entstammen den *Bildungsstandards im Fach Biologie für den Mittleren Schulabschluss* (KMK 2005), speziell den Kompetenzbereichen „Erkenntnisgewinnung", „Kommunikation" und „Bewertung".

Entsprechend der Gliederung in die vier zentralen Kompetenzbereiche sind in Tab. 13 die von der KMK formulierten Regelstandards für das Fach Biologie und das Stoffgebiet Ökologie aufgeführt, die von Schülern bis zum mittleren Schulabschluss (Klassenstufe 10) zu erreichen sind und im Rahmen der Schülerexpeditionen (s. Kap. 6.3) mit den Expeditionsklassen 7a und 9a praktisch thematisiert wurden.

Tab. 13:   Während der Schülerexpeditionen fokussierte Regelstandards.[186]

Abkürzung	Standard	Exemplarische Inhalte aus Expeditionsheften
1. Kompetenzbereich Fachwissen (F)		
Basiskonzept System		
F 1.3	Erklären von Ökosystemen als System	Zusammenspiel von Biotop und Biozönose
F 1.4	Beschreiben und Erklären von Wechselwirkungen zwischen Organismen und zwischen unbelebter Materie und Organismen	Wechselwirkung zwischen Baummarder und Eichhörnchen
F 1.5	Wechseln zwischen Systemebenen	Wechsel zwischen Systemebene Artenvielfalt und Ökosystemvielfalt
F 1.8	Kennen und Verstehen der grundlegenden Kriterien nachhaltiger Entwicklung	Leitprinzip der Nachhaltigkeit
Basiskonzept Struktur und Funktion		
F 2.5	Beschreiben funktioneller und struktureller Organisation im Ökosystem	Schichtung im Ökosystem Wald
F 2.6	Beschreiben und Erklären der Umwelt-Angepasstheit ausgewählter Organismen	Angepasstheit von Insekten an die Lebensräume Wiese und Bach
Basiskonzept Entwicklung		
F 3.4	Beschreiben zeitlicher Veränderung eines Ökosystems	Sukzession im Ökosystem Wald als Reaktion auf Stürme

---

186 Die Darstellung der Regelstandards erfolgt entsprechend der vier Kompetenzbereiche (KMK 2005) mit Zuordnung konkreter Inhalte aus den Expeditionsheften (Knoblich 2016a; 2020a; 2016b; 2020b). Hierbei wurden die Inhalte aus beiden Expeditionen zusammengefasst und nicht separat ausgewiesen.

Abkürzung	Standard	Exemplarische Inhalte aus Expeditionsheften
F 3.8	Kenntnis und Erörterung menschlicher Eingriffe in die Natur und von Kriterien für menschliche Entscheidungen	Menschliche Eingriffe durch Bau der Staumauer, Segelklub, Forstwirtschaft
2. Kompetenzbereich Erkenntnisgewinnung (E)		
E 4	Ermittlung häufig vorkommender Arten im Ökosystem anhand geeigneter Bestimmungsliteratur	Bestimmung von Arten der Flora und Fauna (Wirbeltiere, Wirbellose) im Rahmen des Dauerauftrages und praktischer Untersuchungen in Ökosystemen
E 5	Durchführung von Untersuchungen mit geeigneten quantifizierenden oder qualifizierenden Verfahren	Artenbestimmung und Messen abiotischer Umweltfaktoren in Ökosystemen
E 6	Durchführung von Experimenten	Experimente im Rahmen der chemischen und physikalischen Gewässeruntersuchung
E 12	Erklärung dynamischer Prozesse in Ökosystemen	zeitliche Veränderung (Sukzession) im Ökosystem Wald nach dem Sturmtief Kyrill
3. Kompetenzbereich Kommunikation (K)		
K 1	Kommunikation und Argumentation über verschiedene Sozialformen	Partner- und gruppenarbeitsteilige Erkundung verschiedener Ökosysteme
K 6	Darstellung von Ergebnissen biologischer Untersuchungen	Ergebnisdarstellung (Artnamen, Messwerte, Ökosystembezeichnungen) im Expeditionsheft
K 8	Erklärung biologischer Phänomene unter Einbezug von Alltagsvorstellungen	Regenwurm- und Ameisenexperiment
4. Kompetenzbereich Bewertung (B)		
B 5	Beschreibung und Beurteilung der Auswirkungen von Eingriffen des Menschen im Ökosystem	Menschliche Eingriffe, z. B. durch Rodung, Beweidung, Tourismus, Verschmutzung usw.
B 6	Bewertung der Beeinflussung globaler Kreisläufe mit Fokus auf nachhaltige Entwicklung	Ökobilanz von Wasserkraftwerken, Ausbau erneuerbarer Energien
B 7	Erörtern von Handlungsoptionen einer natur- und umweltverträglichen Teilhabe auf Basis der Nachhaltigkeit	Prinzip der Nachhaltigkeit, Schutzmaßnahmen für Insekten, Amphibien, Ökosysteme Bach, See, Wald

Es zeigt sich, dass ökologiebezogene Regelstandards aus allen vier Kompetenzbereichen während der Schülerexpeditionen in der Praxis thematisiert werden konnten, wobei die meisten Standards aus dem Kompetenzbereich „Fachwissen" stammen (acht Standards, s. Tab. 13). Diesen Kompetenzbereich betrachtend, wurden Standards aus allen drei Basiskonzepten auf den Expeditionen fokussiert.[187] Die restlichen drei Kompetenzbereiche wurden mit drei (Kompetenzbereiche „Kommunikation" und „Bewertung") bzw. vier (Kompetenzbereich „Erkenntnisgewinnung") thematisierten Standards zu ähnlichen Anteilen in die Expeditionen einbezogen.

Die kategorienbasierte Häufigkeitsanalyse[188] der Nationalen Bildungsstandards im Fach Biologie anhand der Kategorien[189] „Biodiversität (biologische Vielfalt)", „Ökosystemvielfalt (Vielfalt der Ökosysteme)", „Artenvielfalt (Artendiversität)" und „Vielfalt (vielfältig)" (s. Kap. 2.6, Kap. 2.7) lässt sich wie folgt zusammenfassen:

Bildungsstandards im Fach Biologie für den Mittleren Schulabschluss

Das 70 Seiten und vier Kapitel umfassende Dokument der Bildungsstandards im Fach Biologie für die Jahrgangsstufe 10 lässt die in Tabelle 14 dargestellten biodiversitätsbezogenen Bezüge erkennen.

Auffallend ist, dass in den Bildungsstandards jegliche Bezüge zum Thema „Biodiversität" und verwandten Suchbegriffen fehlen.[190] Lediglich an einer Stelle wurde der Begriff „Vielfalt" im Zusammenhang mit einem Aufgabenbeispiel in einer Teilüberschrift im Kapitel „Kommentierte Aufgabenbeispiele" (KMK 2005, S. 18) genannt („Gegliederte Vielfalt", KMK 2005, S. 43).[191] Trotz der

---

187 Basiskonzept „System": vier Standards, Basiskonzept „Struktur und Funktion": zwei Standards, Basiskonzept „Entwicklung": zwei Standards (KMK 2005, s. Tab. 13).

188 Das didaktisch-methodische Vorgehen der Häufigkeitsanalyse der Nationalen Bildungsstandards entspricht demjenigen der Lehrplan- und Schulbuchanalyse, sodass an dieser Stelle ein Verweis genügt (s. Kap. 2.6, Kap. 2.7).

189 Bei der Kategoriendefinition wurde analog zur Lehrplan- und Schulbuchanalyse deduktiv-induktiv vorgegangen (deduktive Kategoriendefinition der ersten drei Kategorien als Hauptkategorien, induktive Kategoriendefinition der vierten Kategorie, s. Kap. 2.6, Kap. 2.7, Mayring 2010).

190 Jeweils null direkte und indirekte Treffer in den Kategorien eins bis drei (KMK 2005, s. Tab. 14).

191 Die zugehörige Tabelle, die die Rechercheergebnisse zusammenführt, ist im Anh. 12 hinterlegt.

Tab. 14: Trefferzahlen biodiversitätsbezogener Begriffe in den Bildungsstandards im Fach Biologie.[192]

Kategorie	Anzahl direkter Treffer	Anzahl indirekter Treffer
1. Biodiversität (biologische Vielfalt)	0	0
2. Ökosystemvielfalt (Vielfalt der Ökosysteme)	0	0
3. Artenvielfalt (Artendiversität)	0	0
4. Vielfalt (vielfältig)	1	0

herausgearbeiteten Bezüge zu den Themen „Ökologie", „Natur", „Umwelt" und „nachhaltiger Entwicklung" ist festzustellen, dass das Thema „Biodiversität" in keinen der festgelegten Regelstandards explizit integriert wurde (s. Tab. 13, Tab. 14) und damit auch nicht von einer angemessenen Bedeutungszuschreibung dieses Themas ausgegangen werden kann.

Vor diesem Hintergrund kann der erste Teilaspekt der zweiten Hypothese (H2) gestützt werden: „Biodiversität nimmt in den Nationalen Bildungsstandards [...] einen geringen Stellenwert ein" (s. Kap. 1.4). Von einem geringen Stellenwert wird gesprochen, da lediglich im Standard E4 ein erster Ansatz durch die Festschreibung der literaturbasierten Artenbestimmung und damit ein indirekter Bezug zu einer Ebene von Biodiversität erkennbar ist (s. Tab. 13). Aber auch die Artenkenntnis ist nur randständig vertreten: Berck & Graf betonen bereits im Jahr 2010 eine verbesserungswürdige Situation hinsichtlich der Verankerung von Artenkenntnissen und kritisieren, dass Kenntnisse über Tier- und Pflanzenarten in den Bildungsstandards „nicht explizit aufgeführt" sind (s. Kap. 4.2.2). Es wird darauf hingewiesen, dass der Terminus „Biodiversität" in den aktuellen Bildungsstandards nicht auftaucht und der Aspekt der biologischen Vielfalt in den Bildungsstandards „viel zu kurz kommt bzw. gar keine Rolle spielt" (Graf et al. 2017, S. 11). Diesen Äußerungen kann sich im Rahmen vorliegenden Buches mit dem Vorschlag angeschlossen werden, bei der Fortentwicklung der Bildungsstandards das Thema „Biodiversität" entsprechend zu integrieren, um dem hochaktuellen Thema im Zusammenhang mit der Umweltproblematik angemessen Rechnung zu tragen. Hierbei kann auf den Vorschlag von Graf et al. (2017), ein

---

192 Die Recherche erfolgte in den *Bildungsstandards im Fach Biologie für den Mittleren Schulabschluss* (KMK 2005) durch begriffliche Einordnung in vier Kategorien.

viertes Basiskonzept namens „Biodiversität" einzuführen (s. Kap. 2.5), aufgebaut werden. Pütz spricht bereits im Jahr 2007 (S. 26) im Zusammenhang mit der Reduktion von Biologie auf die Basiskonzepte „System", „Struktur und Funktion" und „Entwicklung" von einem „traurigen Höhepunkt in dem Bestreben, aus der Biologie das Wesen der Natur, also die Organismen und Naturphänomene [...] auszuschließen". Das Basiskonzept „Biodiversität" darf auch aus Sicht dieses Autors nicht fehlen, da dieser ebenfalls die Ansicht vertritt, dass die Formen- und Artenkenntnis die „Grundlage allen biologischen Arbeitens" ist (Pütz 2007, S. 26). Nicht zuletzt gehört die mit Formen- und Artenkenntnis verbundene Interessenförderung zum schulischen Bildungsauftrag: „Fehlt das Interesse, kann von Bildung nicht die Rede sein" (Berck & Graf 2010, S. 109).

Durch die Verankerung der Basiskonzepte in den Bildungsstandards im Kompetenzbereich „Fachwissen" wäre das Thema „Biodiversität" somit gleichzeitig in den Bildungsstandards integriert, wobei der direkte Einbezug dieses übergreifenden, interdisziplinären Themas zusätzlich auch in den Kompetenzbereichen „Erkenntnisgewinnung", „Kommunikation" und „Bewertung" notwendig wäre. Auf diese Weise könnte der bedauerlich geringen Bedeutung des Themas „Biodiversität" im Biologieunterricht (s. Kap. 2.5) langfristig entgegengewirkt werden. Das Basiskonzept „Biodiversität" sollte durch die Implementierung in die Bildungsstandards der KMK zukünftig verpflichtend für alle 16 Bundesländer Deutschlands werden (Graf et al. 2017).[193] Ein Vorschlag, wie die Integration des Basiskonzepts „Biodiversität" in die Bildungsstandards im Bereich Fachwissen konkret aussehen kann, ist in Anlehnung an Graf et al. (2017) im Anh. 13[194] beigefügt.[195]

---

193 Durch Verankerung des Medieneinsatzes (hier Smartphones) in den Standards könnten außerdem viele strukturelle und organisatorische Hürden umgangen werden, da z. B. nicht in jeder Schule von Neuem über Verbot oder Erlaubnis bzw. spezielle Ausnahmesituationen des Smartphoneeinsatzes entschieden werden müsste (Schmidt 2016a; Meinhardt 2016b).

194 Die Anhänge zu Kapitel 3 (Anh. 12 - Anh. 14) stehen kostenfrei online auf Springer-Link (siehe URL am Anfang dieses Kapitels) zum Download bereit.

195 Anzumerken ist an dieser Stelle noch die Verordnung der Standards „von oben" durch eine willkürlich ausgewählte Personengruppe (Pütz 2007, S. 21). Auch wenn zu hinterfragen bleibt, „wer definieren darf, was wesentlich ist" (Pütz 2007, S. 25), kann von einem Fehler gesprochen werden, die organismische Vielfalt dem Basiskonzept „System" unterzuordnen (Pütz 2007).

3.6   Deutscher Bildungsserver

Durch den Föderalismus in Deutschland (s. Kap. 3.5) ist es umso wichtiger, an zentraler Stelle einen strukturierten Überblick über das deutsche Bildungssystem zu geben. Hierzu dient in erster Linie der Deutsche Bildungsserver (DBS), der als „Wegweiser zum Bildungssystem" bezeichnet wird (DIPF 2017b). Der DBS spielt als „Partner für Bildungsforschung, Bildungspraxis, Bildungspolitik und -verwaltung" eine zentrale Rolle bei der „Herausbildung innovativer Informationsstrukturen im Bildungswesen" (DIPF 2017c) und wird daher einblicksartig mit analysiert.[196] Besonders in Anbetracht des hohen Grades an Offenheit Thüringer Lehrpläne gewinnt das umfangreiche und qualitativ hochwertige Angebot an Unterrichtsmaterialien des DBS neben dem Schulbuchkatalog (s. Kap. 2.7.3) für Lehrpersonen an Bedeutung (DIPF 2017b).

Das angebotene Themenspektrum gilt für alle Bildungsstufen, wobei in dieser Arbeit die Institution Schule im Mittelpunkt steht.[197] Neben Onlineressourcen werden auch Hinweise zu Modellprojekten, Institutionen, Veranstaltungen oder Wettbewerben gegeben (DIPF 2017b), die durch den Einbezug im schulischen Kontext, speziell im schulischen oder außerschulischen Unterricht zu dessen Innovation durch alternative Wissensvermittlung und kreative Gestaltung beitragen können. Zur Veranschaulichung wurde eine exemplarische Recherche zu dem Schlüsselbegriff „Biodiversität" durchgeführt. Die einschlägige Stichwortsuche zum Begriff „Biodiversität" im DBS (Freitext- und Schlagwortsuche) ergab 90 Treffer (Stand: 2. Mai 2020). Fünf beispielhafte Rechercheergebnisse,

---

196 Beim **Deutschen Bildungsserver** als zentralem Internet-Wegweiser zum Bildungssystem in Deutschland handelt es sich um ein nationales, von Bund und Ländern getragenes Webportal, das „allen mit Bildungsthemen befassten Professionen sowie einer breiten Öffentlichkeit qualitativ hochwertige, redaktionell gepflegte Informationsangebote" bereitstellt (DIPF 2017c). Der DBS fungiert hierbei durch den Verweis auf Internet-Ressourcen von Bund und Ländern, der EU, Hochschulen, Schulen, Landesinstituten, Forschungs- und Serviceeinrichtungen sowie Einrichtungen der Fachinformation als Meta-Server (DIPF 2017c). Thüringenweite Medienangebote werden in der Mediothek des TSP bereitgestellt, welches bei Knoblich (2015a) vorgestellt und durch eigene Angebote erweitert wurde. Das TSP ist ein Kooperationsprojekt von TMBJS und ThILLM (Becker 2017c). Das ThILLM bedarf zweifelsohne einer Erwähnung in einem mit Bildung betitelten Kapitel. Detailliertere Ausführungen würden allerdings den Rahmen vorliegenden Buches übersteigen.

197 Auf ausgewählte Schwerpunkte wie „Bildung im digitalen Zeitalter" wird später eingegangen (s. Kap. 3.9, DIPF 2017d). Die Qualitätssicherung des Portals wird in Zusammenarbeit mit dem DIPF und dem zugehörigen Konsortialpartner FWU (Institut für Film und Bild in Wissenschaft und Unterricht) gewährleistet (DIPF 2017c).

die im Rahmen der wissenschaftlichen Abhandlung durch entsprechende Bezüge besondere Bedeutung erlangen, sind in nachfolgender Tabelle zusammengefasst. Tab. 15 liefert lediglich einen kleinen Einblick in die zahlreichen Anregungen für die Thematisierung von Biodiversität im Unterricht, die vom DBS gegeben werden. Diese Fundgrube kann von Lehrern genutzt werden, zumal viele Materialien wie Arbeitsblätter und Handreichungen (z. B. zur Lernsoftware PRONAS) kostenlos zur Verfügung stehen. Außerdem besteht die Möglichkeit, dass Lehrer selbst entwickeltes Material oder Informationen zu Homepages, Institutionen oder Veranstaltungen in spezielle Datenbanken des DBS eintragen, welche nach redaktioneller Prüfung ggf. in den Datenpool integriert werden. Die Bereitstellung der Biodiversitäts-Biotracks (s. Kap. 6) stellt einen möglichen Vorschlag zur Erweiterung des Datenpools des DBS dar (s. Kap. 7.2).[198]

Tab. 15:   Exemplarische Treffer zum Begriff „Biodiversität" im Deutschen Bildungs-server.[199]

Titel	Kurzbeschreibung	Verortung in diesem Buch
Animationsfilm Biodiversität	„Biologische Vielfalt meint die Vielfalt von Arten, der genetischen Varianten innerhalb der Arten und der Ökosysteme. Diese Vielfalt ist viel Wert, sowohl wirtschaftlich als auch ideell. Sie wird aber auch von vielen Seiten bedroht, z. B. durch Klimawandel, einwandernde Arten oder Verschmutzung. Biologen warnen, der Mensch löse derzeit eines der größten Artensterben der Weltgeschichte aus. Aber was genau ist Biologische Vielfalt? Warum ist sie so wichtig? Und warum ist sie so gefährdet? Dies sind die Fragen, denen der neue Clip der WissensWerte Reihe […] nachgeht" (DIPF 2017f).	Der Einsatz dieses Films (bzw. eines Filmausschnitts) wäre im Rahmen der Vorbereitungsstunde oder der Schlechtwettervariante der Schülerexpeditionen (s. Kap. 6.3) denkbar.
Bürgerwissenschaft: Laien-Forscher untersuchen die Biodiversität	„Anhand von Beispielen wird der Begriff der Bürgerwisssenschaft erläutert. In Astronomie, Botanik, Ornithologie, Zoologie und anderen Disziplinen beteiligen sich Bürger an der Erhebung von Forschungsdaten, indem sie etwa Tiere und Pflanzen	Im Rahmen der Schülerexpeditionen haben Schüler, Lehrer und pädagogische Mitarbeiter Forschungsdaten in Form von Artenlisten

---

198 Auf die im DBS angegebenen thematischen Schwerpunkte „Bildung im digitalen Zeitalter" sowie „BNE" (DIPF 2017d) wird bzw. wurde im entsprechenden Teilkapitel (s. Kap. 3.9, Kap. 3.3) Bezug genommen.

199 Die Recherche erfolgte im DBS nur exemplarisch m. H. einer einschlägigen Stichwortsuche (DIPF 2017e).

Titel	Kurzbeschreibung	Verortung in diesem Buch
	beobachten oder zählen. Laienforscher werden an Forschungsprojekten beteiligt und es hat sich die Citizen Science-Bewegung gebildet, die im Wachsen begriffen ist" (DIPF 2017g)	erhoben und sich damit an der Citizen Science-Bewegung beteiligt.
Entdecke die Vielfalt!	„Bei diesem Wettbewerb geht es darum, dass Kinder und Jugendliche im Alter zwischen 9 und 25 Jahren Projekte und Aktionen planen, durchführen und der Öffentlichkeit präsentieren, die helfen sollen, die Biodiversität zu erhalten. Dabei sollen sie auch soziale und wirtschaftliche Aspekte berücksichtigen" (DIPF 2017h).	Eine Teilnahme am Wettbewerb „Entdecke die Vielfalt!" wäre bei Schülerexpeditionen alternativ zum GEO-Tag der Artenvielfalt möglich.
Lernsoftware PRONAS - Biodiversität im Visier der Umweltbildung	„PRONAS ist das Akronym für PROjektionen der NAtur für Schulen. Wie wird die Welt in dreißig oder einhundert Jahren aussehen? Werden wir dann noch das Tagpfauenauge über die Wiese flattern sehen, und stehen dann noch die Fichten am Fuße des Brockens? Die Lernsoftware zeigt, wie Umweltforscher an solche Fragen herangehen. Anhand von Zukunftsszenarien werden Aussagen bis zum Jahr 2100 getroffen. Diese Szenarien beschreiben ‚mögliche künftige Welten' in ihren politischen, ökonomischen, sozialen und ökologischen Dimensionen. Wissenschaftler, Lehrer, Umweltpädagogen und Hochschuldidaktiker haben gemeinsam Lernmaterialien entwickelt" (DIPF 2017i).	Die Lernsoftware wurde aufgrund ihrer inhaltlichen Vielschichtigkeit und Zukunftsrelevanz hier mit aufgeführt und bietet sich für den schulischen Unterricht oder eine Schlechtwettervariante an einem außerschulischen Lernort an.
UN-Dekade Biologische Vielfalt 2011-2020	„Die Vereinten Nationen haben den Zeitraum 2011-2020 zur UN-Dekade Biologische Vielfalt ausgerufen. Durch die Dekade sollen mehr Menschen für den Erhalt der biologischen Vielfalt sensibilisiert werden. Das gesellschaftliche Bewusstsein für den Wert der biologischen Vielfalt und die Verantwortung für deren Schutz und nachhaltige Nutzung soll gefördert werden. Die Seite bietet u. a. Informationen zu einem Projektwettbewerb und bereits ausgezeichneten Projekten" (DIPF 2017j).	Vor dem Hintergrund des Schwerpunktes Biodiversität wurden in dieser Arbeit an mehreren Stellen Bezüge zur UN-Dekade Biologische Vielfalt hergestellt (s. Kap. 2.1). Mit dem Beitrag *Adventure Biodiversity: Exploring species and ecosystem diversity with ‚biotracks'* (Knoblich 2016c) wurde am Wettbewerb teilgenommen.

3.7   Thüringer Bildungsplan

Vorliegendes Teilkapitel nimmt den *Thüringer Bildungsplan bis 18 Jahre* (TMBJS 2015b) in den Fokus. Diskutiert werden soll in diesem Zusammenhang, welchen Stellenwert Biodiversität in selbigem einnimmt und ob die in der Hypothese H2 fixierte Vermutung „Biodiversität nimmt […] im Thüringer Bildungsplan einen geringen Stellenwert ein" (s. Kap. 1.4) gestützt werden kann. Vor der Analyse des Thüringer Bildungsplanes, die dem Grundschema der Lehrplan- und Schulbuchanalyse (s. Kap. 2.6, Kap. 2.7) folgt, werden einige grundlegende Informationen zum Thüringer Bildungsplan gegeben.

„Mit dem Thüringer Bildungsplan bis 18 Jahre ist Thüringen bundesweit Vorreiter" (TMBJS 2015b, S. 1). Der Thüringer Bildungsplan grenzt sich von den Lehrplänen dahingehend ab, dass er als Orientierungsrahmen für pädagogisches Handeln in Thüringen für alle Bildungsorte sowie alle im Bildungsbereich Tätigen gilt. Die Thüringer Lehrpläne und der Thüringer Bildungsplan sind als „zentrale Steuerungsinstrumente […] in Thüringen für die Gestaltung von schulischen Bildungsprozessen" zu verstehen (TMBJS 2015b, S. 20f), wobei der Thüringer Bildungsplan primär die Realisierung von Zielen und Inhalten der Thüringer Lehrpläne unterstützen soll (TMBJS 2015b).

Unabhängig von Institutionen und Lehrplänen werden statt Schulfächern Gelingensbedingungen für zehn Bildungsbereiche beschrieben, von denen einerseits der Bereich der naturwissenschaftlichen Bildung (s. Kap. 3.8) und andererseits der Bereich der Medienbildung (s. Kap. 3.9) in diesem Buch exemplarisch beleuchtet wird. Im Bildungsplan wird ausdrücklich auf die Möglichkeit der inner- und außerschulischen Erarbeitung dieser Bildungsbereiche hingewiesen (TMBJS 2015b). Vorliegende Arbeit illustriert in Form konkreter Praxisbeispiele exemplarische Szenarien im Rahmen der außerschulischen Lernorte (s. Kap. 6.3). Die formulierten Bildungsaufgaben werden im Bildungsplan nach fünf Lebensphasen formuliert.[200]

---

200 Demnach bilden folgende fünf aufeinander aufbauende Arten der Weltaneignung die Basis (zugehörige Altersangaben in Klammern): basal (0-3 Jahre), elementar (3-6 Jahre), primar (6-10 Jahre), heteronom-expansiv (10-14 Jahre), autonom-expansiv (14-18 Jahre, TMBJS 2015b), wobei die zwei zuletzt genannten aufgrund der Fokussierung auf den gymnasialen Bereich hier dargestellt werden. Durch die kapitelbezogene Schwerpunktsetzung auf Umweltbildung und Medienbildung erfolgen an dieser Stelle keine weiteren diesbezüglichen Ausführungen zum Thüringer Bildungsplan.

Nachfolgende Ausführungen fokussieren die Häufigkeitsanalyse des Thüringer Bildungsplanes[201] zum Erhalt von Rückschlüssen auf den Stellenwert von Biodiversität in diesem zentralen Orientierungsrahmen für pädagogisches Handeln in Thüringen. Analog zur Dokumentenanalyse im zweiten Kapitel (s. Kap. 2.6, Kap. 2.7) erfolgte auch an dieser Stelle eine Recherche im Thüringer Bildungsplan anhand einschlägiger biodiversitätsbezogener Suchbegriffe, die folgenden vier Kategorien zugeordnet wurden: 1. Kategorie „Biodiversität (biologische Vielfalt)", 2. Kategorie „Ökosystemvielfalt (Vielfalt der Ökosysteme)", 3. Kategorie „Artenvielfalt (Artendiversität)", 4. Kategorie „Vielfalt (vielfältig)". Demnach galt die Anzahl der in diesen vier Kategorien gefundenen biodiversitätsbezogenen Begriffe als Hinweis für den Stellenwert von Biodiversität im Thüringer Bildungsplan.[202]

Thüringer Bildungsplan bis 18 Jahre

Tab. 16: Trefferzahlen biodiversitätsbezogener Begriffe im Thüringer Bildungsplan.[203]

Kategorie	Anzahl direkter Treffer	Anzahl indirekter Treffer
1. Biodiversität (biologische Vielfalt)	1	0
2. Ökosystemvielfalt (Vielfalt der Ökosysteme)	0	0
3. Artenvielfalt (Artendiversität)	1	1
4. Vielfalt (vielfältig)	0	0

201 Das didaktisch-methodische Vorgehen der Häufigkeitsanalyse des Thüringer Bildungsplanes entspricht demjenigen der Lehrplan- und Schulbuchanalyse, sodass an dieser Stelle ein Verweis genügt (s. Kap. 2.6, Kap. 2.7).

202 Bei der Kategoriendefinition wurde analog zur Lehrplan- und Schulbuchanalyse deduktiv-induktiv vorgegangen (deduktive Kategoriendefinition der ersten drei Kategorien als Hauptkategorien, induktive Kategoriendefinition der vierten Kategorie, s. Kap. 2.6, Kap. 2.7, Mayring 2010). Die Stichwortsuche erfolgte sowohl m. H. der vier zentralen Begriffe „Biodiversität", „Ökosystemvielfalt", „Artenvielfalt" und „Vielfalt" als auch anhand der in Klammern gesetzten verwandten Suchbegriffe, um auch indirekte Bezüge zu erfassen.

203 Die Recherche erfolgte im drei Kapitel und 273 Seiten umfassenden *Thüringer Bildungsplan bis 18 Jahre* (TMBJS 2015b) durch begriffliche Einordnung in vier Kategorien. Das im Rahmen der Recherche im Fokus stehende Kapitel trägt den Titel „naturwissenschaftliche Bildung" und umfasst 28 Seiten.

Tab. 16 zeigt auf, dass Biodiversität nur ein einziges Mal direkt im Thüringer Bildungsplan Erwähnung findet – und hier nur in Form des Synonyms „biologische Vielfalt". Der Begriff „Artenvielfalt" taucht in den Tabellen zur heteronom-expansiven naturwissenschaftlichen Bildung einmal direkt im Stichpunktformat sowie im Kapitel zur naturwissenschaftlichen Bildung einmal indirekt in einem Satz auf. In den übrigen zwei Kategorien „Ökosystemvielfalt (Vielfalt der Ökosysteme)" und „Vielfalt (vielfältig)" wurden weder direkte noch indirekte biodiversitätsbezogene Treffer erzielt (s. Anh. 14). Die geringen Trefferzahlen in den vier Kategorien deuten auf die fehlende Verankerung von Biodiversität im Thüringer Bildungsplan hin, sodass der zweite Teilaspekt der aufgestellten Hypothese H2: „Biodiversität nimmt […] im Thüringer Bildungsplan einen geringen Stellenwert ein" gestützt werden kann.[204]

3.8   Umweltbildung

Zu Beginn sind ein übergreifender Blick und eine Verortung des Bildungsbereichs „Umweltbildung" in der naturwissenschaftlichen Grundbildung (**Scientific Literacy**) relevant. Laut PISA wird unter diesem Begriff u. a. das Verständnis charakteristischer Eigenschaften der Naturwissenschaften als Form menschlichen Wissens und Forschens, das Anwenden naturwissenschaftlichen Wissens zum Erkennen naturwissenschaftlicher Fragen und zum Beschreiben naturwissenschaftlicher Phänomene subsumiert. Inbegriffen ist außerdem die Erkenntnis der Umweltformung durch Naturwissenschaften und Technik sowie die „Bereitschaft, sich mit naturwissenschaftlichen Ideen und Themen zu beschäftigen und sich reflektierend mit ihnen auseinanderzusetzen" (TMBJS 2015b, S. 131).

Im *Thüringer Bildungsplan bis 18 Jahre* (TMBJS 2015b) wird hinsichtlich der Unterstützung naturwissenschaftlicher Bildung für die Integration handlungsorientierter Angebote in Lern- und Erfahrungssituationen sowie für die Hervorhebung des Experiments im Erkenntnisprozess plädiert. Wie dieser Forderung in der Praxis begegnet werden kann, wird bei der Vorstellung der Schülerexpeditionen dargelegt. Auch der im Thüringer Bildungsplan gegebene Hinweis des Einbezugs außerschulischer Lernorte sowie der hohe Stellenwert des Beobachtens und Experimentierens wurde in diesem Zusammenhang praktisch in den Vordergrund gerückt (s. Kap. 4.4, Kap. 4.5, Kap. 6.3). Nicht zuletzt wurden die Schülerexpeditionen vor dem Hintergrund geplant, das ebenfalls im Bil-

---

204 Weitere Ausführungen zum Schwerpunkt „naturwissenschaftliche Grundbildung" des Bildungsplanes (TMBJS 2015b, S. 129ff) werden in Verbindung mit Umweltbildung (s. Kap. 3.8) und den durchgeführten Schülerexpeditionen (s. Kap. 6.3) vorgestellt.

dungsplan aufgeführte Interesse für Naturwissenschaft und Technik zu wecken (TMBJS 2015b).

Besondere Bedeutung erlangen darüber hinaus die naturwissenschaftlichen Basiskonzepte:[205] Bezugnehmend auf das Basiskonzept „System" fokussiert biologische Bildung die „Bindung von Kindern und Jugendlichen an die Natur und die Auseinandersetzung mit Fragen eines verantwortungsvollen Umgangs mit Natur und Lebewesen" (TMBJS 2015b, S. 132), die in der vorliegenden Studie besondere Bedeutung erlangen. Den Bereich „Umweltbildung" betrachtend, lassen sich folgende Aussagen im Thüringer Bildungsplan zusammenfassen: Umweltbildung wird hier synonym mit dem Begriff „ökologische Bildung" verwendet und ist auf interdisziplinäre Arbeit (s. Kap. 4.3) angewiesen. Die Ermöglichung handlungsorientierten Lernens in einem lebenslangen Prozess stellt dabei eine wesentliche Zielstellung von Umweltbildung dar. Außerdem steht die Entwicklung eines „natur- und umweltverträglichen Handelns" im Vordergrund (TMBJS 2015b, S. 134).[206] Im Thüringer Bildungsplan wird anknüpfend an die dargelegten Zielstellungen der Umweltbildung der Bogen zur BNE (s. Kap. 3.3) gespannt: Demnach wird Umweltbildung mit der Forderung nach BNE verbunden, um Kindern und Jugendlichen zunehmend Mitgestaltungsmöglichkeiten für Gegenwart und Zukunft zu gewährleisten (TMBJS 2015b).

Eine weitere zentrale Forderung, die an Umweltbildungsprozesse in Schulen gestellt wird, ist die Betrachtung von Umweltbildung als Querschnittsaufgabe, d. h. 1. die Ermöglichung von Begegnungen mit der Natur und Umwelt, 2. die Thematisierung des eigenen ökologischen Handelns (z. B. sparsamer Umgang mit Rohstoffen und Energie) und 3. die Bearbeitung von Inhalten wie Arten- und Biotopschutz sowie biologische Vielfalt (TMBJS 2015b). Alle drei Teilaspekte werden immer wieder aus verschiedenen Blickwinkeln beleuchtet (s. Kap. 1, Kap. 4) und mit praktischen Beispielen verknüpft (s. Kap. 5, Kap. 6). Besondere Bedeutung erlangt dabei das Thema „Biodiversität", das im Thüringer Bildungsplan unter dem Synonym „biologische Vielfalt" in obigem Kontext einmal angesprochen wird (s. Kap. 3.7). Im Zusammenhang mit naturwissenschaftlicher Bildung wird darüber hinaus die „Vielfalt der Pflanzen und Tiere" (TMBJS 2015b, S. 135) und die Untersuchung von Ökosystemen genannt, die die Schüler im Rahmen von Ausflügen in die Natur zu außerschulischen Lernorten handlungsorientiert kennenlernen sollen. Diese im Bildungsplan formulierte Forderung (TMBJS 2015b) trifft den Kern des Anliegens vorliegenden Buches und lässt einen Bezug zur Biodiversität erkennen.

---

205 Das Fach Biologie wird durch die drei Basiskonzepte „Entwicklung", „Struktur und Funktion" sowie „System" charakterisiert (KMK 2005, s. Kap. 3.5).

206 Die umweltbildungsbezogenen Zielstellungen des Thüringer Bildungsplans (TMBJS 2015b) entsprechen dem Anliegen vorliegenden Buches.

Abschließend empfiehlt sich noch ein Blick auf die zwei Lebensphasen während der gymnasialen Laufbahn der Schüler: Zur heteronom-expansiven Bildung für die 10- bis 14-Jährigen zählt laut Angaben im Bildungsplan insbesondere das während der Expeditionen durchgeführte Experimentieren sowie die Thematisierung des Verhältnisses von Mensch und Natur (TMBJS 2015b). Weitere, dem Bildungsplan entnommene und praktisch thematisierte Inhalte sind in folgender Tab. 17 dargestellt.

Tab. 17:   Während der Expeditionen thematisierte Bereiche heteronom-expansiver naturwissenschaftlicher Bildung.[207]

Entwicklungs- und Bildungsaufgaben	Bildungsansprüche der Kinder und Jugendlichen	Mögliche Lernarrangements
- experimentelles Erforschen (s. Kap. 4.5, Kap. 6.3)	- Transfer bekannter und neu erworbener Erkenntnisse z. B. über Energieproblematik auf Natur- und Umweltschutz (Artenschutz) - Verknüpfung naturwissenschaftlicher Teilbereiche untereinander oder mit Gesellschaftswissenschaften durch außerunterrichtliche Tätigkeit oder fächerübergreifenden Unterricht (s. Kap. 4.3, Kap. 6.3) - Erforschen und Beobachten der Natur, Erleben von Naturphänomenen (s. Kap. 4.5, Kap. 6.3)	- Erkundung chemischer und physikalischer Vorgänge des Lebens (Feuchtbiotope als Ökosysteme, s. Kap. 4.3, Kap. 6.3) - Thematisierung von biologischen, chemischen, physikalischen Vorgängen zu Umweltbelastungen, Auswirkungen auf Lebewesen (s. Kap. 4.3, Kap. 6.3) - Untersuchung von Ökosystemen, z. B. Ökosystem Hecke (s. Kap. 6.3) - Auswirkungen von Monokulturen in Wäldern und auf Feldern auf Artenvielfalt

Die autonom-expansive Bildung für Schüler im Alter von 14 bis 18 Jahren umfasst die Darstellung von Zusammenhängen zwischen lokalem Handeln und globalen Auswirkungen, das Erkennen der Vernetzung von Naturwissenschaften sowie die Sensibilisierung für die nachhaltige Nutzung von Ressourcen (TMBJS 2015b). Auch diese Zielstellungen wurden im Rahmen des Praxisteils (s. Kap. 6) mit dem Fokus auf Biodiversität einbezogen. Analog zur Darstellung der heteronom-expansiven Bildungsinhalte findet sich in Tab. 18 die Übersicht über die

---

207 In Anlehnung an den Thüringer Bildungsplan (TMBJS 2015b) verändert durch die Verfasserin. Der aufgeführte heteronom-expansive naturwissenschaftliche Bildungsbereich entspricht laut Altersangaben im Thüringer Bildungsplan der Expeditionsklasse 7a. Die Kapitelbezüge sind durch Einklammerung kenntlich gemacht.

expeditionsbegleitend thematisierten Bildungsinhalte autonom-expansiver naturwissenschaftlicher Bildung:

Tab. 18: Während der Expeditionen thematisierte Bereiche autonom-expansiver naturwissenschaftlicher Bildung.[208]

Entwicklungs- und Bildungsaufgaben	Bildungsansprüche der Kinder und Jugendlichen	Mögliche Lernarrangements
- Treffen von Entscheidungen zum eigenen umweltverträglichen Handeln (s. Kap. 6.3) - fächerübergreifendes und vernetztes Denken (s. Kap. 4.3, Kap. 6.3)	- Transfer bekannter und neu erworbener Erkenntnisse z. B. über Energieproblematik auf Natur- und Umweltschutz (Artenschutz) - Erprobung von Experimenten anhand der experimentellen Methode (s. Kap. 4.5, Kap. 6.3) - Besuch außerschulischer Lernorte (s. Kap. 4.4, Kap. 6.3)	- Reflexion menschlicher Eingriffe in die Natur, z. B. wie verändern sich Ökosysteme? (Monokulturen im Wald, auf dem Feld, s. Kap. 6.3) - Grundlagen von Navigationssystemen (z. B. GPS, s. Kap. 4.6, Kap. 6.3) - durch Natur und Landschaft angeregtes Nachdenken über Arten- und Umweltschutz (s. Kap. 6.3) - Technik in der unmittelbaren Umgebung (z. B. Handy, s. Kap. 4.6, Kap. 6.3)

Auch im DBS findet das Thema „Umweltbildung", wie angedeutet, Berücksichtigung (s. Kap. 3.6): Bei der Auflistung fächerübergreifender Themen wird der Begriff „Umweltbildung" als spezielle Rubrik ausgeschrieben, die direkt mit einem Animationsfilm zum Thema „Biodiversität" aus der Reihe „WissensWerte" verlinkt ist (DIPF 2017f).[209] Der BBN betonte im Jahr 2003 im Zusammen-

---

208 In Anlehnung an den Thüringer Bildungsplan (TMBJS 2015b) verändert durch die Verfasserin. Der aufgeführte autonom-expansive naturwissenschaftliche Bildungsbereich entspricht laut Altersangaben im Thüringer Bildungsplan der Expeditionsklasse 9a. Die Kapitelbezüge sind durch Einklammerung kenntlich gemacht.

209 Bei der zu Beginn des Kurzfilms dargestellten Unterteilung von Biodiversität in die drei Ebenen „genetische Vielfalt", „Artenvielfalt" und „Ökosystemvielfalt" fällt auf, dass 1. bei der Definition der Artenvielfalt nur die Gesamtzahl der Arten ohne Hinweis auf deren relative Häufigkeit einbezogen und 2. die Vielfalt der Ökosysteme durch Aufzählen exemplarischer Lebensräume wie Meere, Wiesen und Wälder auf Landschaftsdiversität reduziert wird (DIPF 2017k). Dabei entsprechen beide Definitionen nicht den umfassenden Definitionen zur Arten- und Ökosystemvielfalt (s. Kap. 2.1). Der Bereich „Umweltbildung" wird nicht nur im Thüringer Bildungsplan (TMBJS 2015b), sondern auch im DBS wiederholt mit BNE (s. Kap. 3.3) in Verbindung gebracht, was z. B. die Subkategorie „Umweltbildung / Nachhaltigkeit in

hang mit der Berücksichtigung des Themas „Biodiversität" auf allen Bildungsebenen die erforderliche Integration der biodiversitätsbezogenen Ziele und Inhalte in das Konzept der Bund-Länder-Kommission „BNE" (s. Kap. 3.3).

Im Bildungsportal „Lehrer-Online" wird einen Schritt weitergegangen: Im
Themenportal werden nicht nur Umweltbildung und BNE in einer Rubrik genannt, sondern es wird auch der Bogen zu Neuen Medien (s. Kap. 3.9, Kap. 4.6)
und Exkursionen (s. Kap. 6.3) gespannt. Vorgestellt werden praxiserprobte
Lehrideen in Form von Unterrichtseinheiten mit didaktischen Hinweisen (Eduversum GmbH 2017a) sowie außerschulische Lernorte (Eduversum GmbH
2017b).[210] In diesem Teilkapitel können nicht alle Aspekte von Umweltbildung
beleuchtet werden, was auch nicht Ziel des Teilkapitels ist. Vielmehr soll in
folgendem Abschnitt ein überblicksartiger Einblick in bisherige Umweltbil-
dungsaktivitäten in Thüringen erfolgen. Grundsätzlich ist, die letzten Jahre betrachtend, ein entscheidender Bedeutungswandel zu verzeichnen: Statt dem „Do-
zieren" über dramatische globale Umweltzerstörungen wird sich zunehmend
einer handlungsorientierten ganzheitlichen Umweltbildung zugewendet, die „in
die Ideen der Bildung für Nachhaltigkeit" mündet (Stremke & Ludwig 2000, S.
17, s. Kap. 3.3). Dies ist auch die Begründung dafür, dass sich bewusst für die
Fokussierung auf Umweltbildung statt auf die oft in diesem Zusammenhang
erwähnte Umwelterziehung entschieden wurde.[211] **Umweltbildung** kann wie
folgt definiert werden:

> „Vermittlung von Informationen, Methoden und Werten, um den handelnden und
> verantwortlichen Menschen zur Auseinandersetzung mit den Folgen seines Tuns in
> der natürlichen, gebauten und der sozialen Umwelt zu befähigen und zu umweltge-
> rechtem Handeln als Beitrag zu nachhaltiger Entwicklung zu bewegen" (Bundeswei-
> ter Arbeitskreis der staatlich getragenen Bildungsstätten im Natur- und Umwelt-
> schutz (BANU) 2003, S. 8).

Deutschland" (‚Environmental education / sustainability in Germany', DIPF 2011)
verdeutlicht.

210 Auch aktuelle Themen wie „Biodiversität" sind vertreten: Durch Eingabe des Such-
     begriffs „Biodiversität" werden Lehrpersonen bspw. auf den „Jugendkongress Bio-
     diversität 2017" aufmerksam gemacht (Eduversum GmbH 2017c). Weiterführende
     Informationen zum Portal, speziell zum Schwerpunkt BNE (s. Kap. 3.3), finden sich
     unter: http://bne.lehrer-online.de/ (Eduversum GmbH 2017d).

211 Während mit dem Begriff „**Umwelterziehung**" die Vorstellung verbunden ist, „bei
     den zu Erziehenden die rechte Einsicht, Gesinnung und Tatkraft zur Lösung von
     Umweltproblemen zu bewirken", rückt der Begriff der Umweltbildung die Selbsttä-
     tigkeit des Menschen in den Mittelpunkt (Kyburz-Graber et al. 1997 nach Spahn-
     Skrotzki 2010, S. 39, s. Kap. 3.1).

Die Vielschichtigkeit der Umweltbildungslandschaft in Thüringen lässt sich anhand der zahlreichen Verbände nur abschätzen. Stellvertretend sei an dieser Stelle der als Dachverband fungierende „Arbeitskreis Umweltbildung Thüringen" (AkuTh) e. V. genannt, der vom Umweltministerium (s. Kap. 3.4.2) Unterstützung erfährt. Eine Orientierung in der Umweltbildungslandschaft liefert der landesweite Angebots-Katalog *Der Grüne Faden* durch eine „ausgezeichnete Übersicht aller Angebote zur Umweltbildung" (AG Natur- und Umweltbildung e. V. 2017, kurz ANU). Die vorgestellten Angebote reichen von Naturlehrpfaden und grünen Klassenzimmern bis hin zu Projekttagen.[212] Darüber hinaus werden von der Landeszentrale für politische Bildung und der Gemeinsamen Transferstelle Agenda 21 fachspezifische Schulungen und von der TLUG (nun TLUBN) Weiterbildungen für „Umweltbildner" angeboten (Stremke & Ludwig 2000, S. 19).

Hinsichtlich der Weiterentwicklung der Umweltbildung in Thüringen gilt es laut Stremke & Ludwig (2000), auf die bisherigen Projekte der letzten Jahre aufzubauen und langfristige Kooperationsvereinbarungen zwischen Schulen und außerschulischen Partnern zu initiieren. Durch die zwei entwickelten Projekttage konnten die Kooperationspartner „Seesport- und Erlebnispädagogisches Zentrum (SEZ) Kloster" und die „Revierförsterei Heberndorf" im Rahmen der außerschulischen Umweltbildung gewonnen werden. Gleichzeitig wurden in diesem Zusammenhang das Nordufer des Bleilochstausees und der „Biotopverbund Rothenbach" bei Heberndorf als außerschulische Lernorte definiert und in die alternative Wissensvermittlung einbezogen (s. Kap. 4.4, Kap. 6.3).

Der Forderung nach öffentlichkeitswirksamen Aktionen („Ecotainment") zur Inszenierung von Natur, um „größere Teile der Bevölkerung zu erreichen" (BBN 2003, S. 17) wird durch die mit den Schülerexpeditionen verbundenen Aktionen, z. B. Beteiligung am GEO-Tag der Artenvielfalt (Knoblich 2017b; 2017c), Artikel in der *Ostthüringer Zeitung* (OTZ) über die Expedition in Heberndorf (Hagen 2016), Beiträge in den *Thüringer Faunistischen Abhandlungen* (TFA, Knoblich 2016d; 2017a) sowie den *Informationen zur Floristischen Kartierung in Thüringen* (IFKTh, Knoblich 2017d) beispielhaft begegnet. Hierbei wurde sich bewusst für die Thematisierung lokaler Themen in den Expeditionsgebieten entschieden. Letztendlich bietet die Orientierung an lokalen und regionalen Problemen, auch unter der Bezeichnung „gemeinwesenorientierte Umweltbildung" bekannt, eine gute Möglichkeit, an die Erfahrungen der Schüler anzuknüpfen (Spahn-Skrotzki 2010, S. 69).

---

212 Zwei beispielhafte Projekttage werden in dieser Arbeit vorgestellt (s. Kap. 6.3.1, Kap. 6.3.2).

3.9 Medienbildung

Im *Thüringer Bildungsplan bis 18 Jahre* wird der Stellenwert von Medien im
Zusammenhang mit Bildungsprozessen wie folgt verdeutlicht. „Mehr als je zuvor ist erzieherisches und pädagogisches Handeln heute als Handeln in einer
durch Medien geprägten Welt zu denken" (TMBJS 2015b, S. 300).[213]
     Das Begriffsverständnis von Medienbildung ist im Zusammenhang mit dem
der Bildung (s. Kap. 3.1) zu sehen. Demnach wird **Medienbildung** im Rahmen
lebenslangen Lernens als „dauerhafter Vorgang der konstruktiven Auseinandersetzung mit der Medienwelt, der auf unterschiedliche Weise pädagogisch strukturiert und begleitet wird" verstanden (TMBJS 2015b, S. 300).
     Konkret zielt Medienbildung nach dem Verständnis des Thüringer Bil-
dungsplans darauf ab, Handlungsräume zum Sammeln von Medienerfahrung zu
bieten und „pädagogisch wertvolle Medienangebote" bereitzustellen (TMBJS
2015b, S. 299). Dabei wird die Forderung aufgestellt, Neue Medien frühzeitig
und aktiv in Bildungsprozesse zu integrieren, die didaktischen Möglichkeiten
Neuer Medien zu nutzen und dabei an die Alltagserfahrungen und das Vorwissen
der Schüler anzuknüpfen.[214] Als zentrale Bildungsaufgaben im Zusammenhang
mit Medienbildung werden folgende angesehen (TMBJS 2015b), die im Rahmen
der Schülerexpeditionen fokussiert wurden: 1. Erweiterung der Erfahrungen und
praktischen Kenntnisse im Umgang mit Medien, Aneignung der sinnvollen Verwendung der Geräte, 2. Entwicklung von Fähigkeiten der Mediennutzung für eigene Anliegen, Fragen und Bedürfnisse (z. B. als Informationsquelle, zum Lernen).
     Bezüglich der heteronom-expansiven Medienbildung erlangen für die 10-
bis 14-Jährigen die „multifunktionalen, internetfähigen mobilen Endgeräte"
(TMBJS 2015b, S. 310) zunehmende Bedeutung. Analog zu den Erörterungen
zur naturwissenschaftlichen Bildung (s. Kap. 3.8) sind die im Bildungsplan verankerten und in der Praxis fokussierten medienpädagogischen Inhalte Tab. 19 zu
entnehmen.

---

213 Medienbildung wird im *Thüringer Bildungsplan bis 18 Jahre* (TMBJS 2015b) ein
     extra Kapitel gewidmet.
214 Vor diesem Hintergrund wurden die Smartphones der Schüler im Rahmen der Bio-
     tracks während der Schülerexpeditionen in den außerschulischen Unterricht einbezo-
     gen (s. Kap. 6.3).

Tab. 19:   Während der Expeditionen thematisierte Bereiche heteronom-expansiver Medienbildung.[215]

Entwicklungs- und Bildungsaufgaben	Bildungsansprüche der Kinder und Jugendlichen	Mögliche Lernarrangements
- „ortsunabhängige rezeptive und produktive Nutzung medialer Angebote" (TMBJS 2015b, S. 318, s. Kap. 4.6, Kap. 6.3)	- „Schulunterricht mit integrativen, fächerübergreifenden und speziellen Einheiten zur Medienbildung" (TMBJS 2015b, S. 318, s. Kap. 4.3, Kap. 4.6, Kap. 6.3)	- „selbstverständliche, interessengeleitete und selbstbestimmte Nutzung der Medien" (TMBJS 2015b, S. 318, z. B. Apps, Smartphone, Tablet, Internet, s. Kap. 4.6, Kap. 6.3) - „noch reglementierter Umgang mit präferierten Kommunikationsformen in pädagogischen Kontexten (z. B. Handyverbot in der Schule [...])" (TMBJS 2015b, S. 318, s. Kap. 4.6, Kap. 6.3)

Im Rahmen der autonom-expansiven Medienbildung taucht der Begriff „Smartphone" im Thüringer Bildungsplan im Kapitel Medienbildung direkt im Text auf.[216] Weitere bildungsplanspezifische Expeditionsinhalte sind in Tab. 20 zusammengeführt:

---

215 In Anlehnung an den Thüringer Bildungsplan (TMBJS 2015b) verändert durch die Verfasserin. Der aufgeführte heteronom-expansive Medienbildungsbereich entspricht laut Altersangaben im Thüringer Bildungsplan der Expeditionsklasse 7a. Die Kapitelbezüge sind durch Einklammerung kenntlich gemacht. Nach umfassender Schilderung des sinnvollen Einsatzes der jedem Schüler verfügbaren Neuen Medien erklärten sich beide Schulleitungen mit dem Einsatz der Smartphones für rein wissenschaftliche Zwecke während der Expeditionen einverstanden (Schmidt 2016a; Meinhardt 2016b).

216 In den medienbildungsbezogenen Ausführungen werden außerdem die Bezeichnungen „Telefon" (TMBJS 2015b, S. 300) oder „Handy" (TMBJS 2015b, S. 309, 310) verwendet.

Tab. 20:   Während der Expeditionen thematisierte Bereiche autonom-expansiver Medienbildung.[217]

Entwicklungs- und Bildungsaufgaben	Bildungsansprüche der Kinder und Jugendlichen	Mögliche Lernarrangements
- selbstständiger, multifunktionaler Medienumgang durch Mobilität, Interaktivität und persönlichen Interessen und Bedürfnissen entsprechende Medienausstattung (s. Kap. 4.6, Kap. 6.3)	- „Schulunterricht mit integrativen, fächerübergreifenden und speziellen Einheiten zur Medienbildung" (TMBJS 2015b, S. 319, s. Kap. 4.3, Kap. 4.6, Kap. 6.3)	- „selbstverständliche, interessengeleitete, selbstbestimmte Nutzung der Medien (insbes. multifunktionaler, mobiler, internetfähiger Endgeräte) [...]" (TMBJS 2015b, S. 320, s. Kap. 4.6, Kap. 6.3)
		- „noch teilweise restriktiver Umgang mit präferierten Kommunikationsformen in pädagogischen Kontexten (z. B. Handyverbot in der Schule)" (TMBJS 2015b, S. 320, s. Kap. 4.6, Kap. 6.3)
		- schulische Projektwochen und Exkursionen (s. Kap. 4.4, Kap. 6.3)

Mit folgenden Worten bringt die KMK (2012, S. 9) im Beschluss zur *Medienbildung in der Schule* den Stellenwert von Medienbildung auf den Punkt: „Medienbildung gehört zum Bildungsauftrag der Schule, denn Medienkompetenz ist neben Lesen, Rechnen und Schreiben eine weitere wichtige Kulturtechnik geworden".[218] Trotz der Verankerung der Medienbildung in den Lehr- und Bildungsplänen der Länder (s. Kap. 3.7) bedarf es derzeit noch einer entsprechenden „Akzentuierung der Medienbildung in den einzelnen Fächern" (KMK 2012, S. 6). In diesem Zusammenhang wurde der Forderung nach Unterstützung kreativer Prozesse mit Medien begegnet: Im Rahmen der Schülerexpeditionen erfüllten die Smartphones der Schüler vier Funktionen (s. Kap. 6.3).[219] Die KMK

---

217 In Anlehnung an den Thüringer Bildungsplan (TMBJS 2015b) verändert durch die Verfasserin. Der aufgeführte autonom-expansive Medienbildungsbereich entspricht laut Altersangaben im Thüringer Bildungsplan der Expeditionsklasse 9a. Die Kapitelbezüge sind durch Einklammerung kenntlich gemacht.

218 Vorteile des Einsatzes Neuer Medien sind im Kap. 4.6.3 zusammengestellt.

219 1. Navigationsfunktion (per GPS von einem POI (Point of Interest) zum anderen), 2. Recherchefunktion (im Internet zur Aufgabenlösung), 3. Dokumentationsfunktion (Fotos zur Aufgabenlösung), 4. Messfunktion (Stoppuhr, Apps: Luxmeter, Anemometer, Thermometer).

begründet im o. g. Beschluss den hohen Stellenwert von Medien im Zusammenhang mit schulischen Bildungsprozessen vielfältig, konkrete Umsetzungs-
hinweise auch speziell zum Einsatz von Smartphones innerhalb und außerhalb
des regulären Unterrichts bleiben aber aus. Auch in der im Jahr 2016 herausge-
brachten Strategie der KMK zur *Bildung in der digitalen Welt* (Sekretariat der
KMK 2016) fehlen diesbezügliche Anregungen.

In Thüringen regelt die *Verwaltungsvorschrift des Thüringer Ministeriums
für Bildung, Jugend und Sport zur Durchführung des Kurses Medienkunde an
den Thüringer allgemeinbildenden und berufsbildenden Schulen* (Ohler 2019)
die Medienkompetenzentwicklung von Schülern der Klassen 5-10 (s. Kap. 4.6).

Abschließend empfiehlt sich noch ein fokussierender Blick auf den Einsatz
der privaten Smartphones der Schüler im Unterricht. Grundsätzlich spricht aus
juristischer Sicht nichts gegen die Verwendung der privaten Geräte im Unterricht, zu bemängeln ist allerdings, dass derzeit keine bundesweit einheitlichen
Regelungen existieren, auf die sich bezogen werden kann. Zu begrüßen wären
daher verbindliche und juristisch leicht handhabbare Regelungen (Weitzel
2013a), die bislang in keiner der o. g. Handreichungen[220] Berücksichtigung finden.

3.10 Resümee

Analog zum zweiten Kapitel wird nachfolgend auf die zusammenfassende Diskussion der zu Beginn aufgestellten Hypothese H2 abgezielt: „Biodiversität
nimmt in den Nationalen Bildungsstandards und im Thüringer Bildungsplan
einen geringen Stellenwert ein". Die Analyse der Dokumente *Bildungsstandards
im Fach Biologie für den Mittleren Schulabschluss* (KMK 2005) und *Thüringer
Bildungsplan bis 18 Jahre* (TMBJS 2015b) hat gezeigt, dass Biodiversität bzw.
deren zugehörige Ebenen nur indirekt (s. biologische Bildungsstandards) bzw.
nur marginal (s. Thüringer Bildungsplan) vertreten sind. Folglich können beide
Teilaspekte der Hypothese gestützt werden, sodass von einem geringen Stellenwert des Themas „Biodiversität" in den beiden zentralen Dokumenten ausgegangen werden kann. Unmittelbarer Hinweis ist die fehlende bzw. geringe Trefferquote des zentralen Suchbegriffs „Biodiversität".[221] Die wesentlichen

---

220 KMK-Beschluss zur *Medienbildung in der Schule* (KMK 2012), KMK-Strategie zur
Bildung in der digitalen Welt (Sekretariat der KMK 2016).

221 Nationale Bildungsstandards Biologie (KMK 2005): Null Treffer, Thüringer Bildungsplan (TMBJS 2015b): Ein Treffer (s. Kap. 3.5, Kap. 3.7). Weitere schlussfol-
gernde Ausführungen des dritten Kapitels sind in der Schlussbetrachtung (s. Kap.
7.1) mit den Erkenntnissen der anderen Kapitel zusammengeführt.

Schwerpunktsetzungen und fokussierten Teilbereiche zum Bereich „Bildung" als zweites „ökologisches B" sind in Abb. 12 zusammenfassend dargestellt.[222] Der Schwerpunkt wurde innerhalb des Bereichs „Bildung" auf die zwei Bildungsbereiche „Umweltbildung" und „Medienbildung" gelegt (s. Kap. 3.8, Kap. 3.9). Die Umweltbildung, die den Kernbereich der wissenschaftlichen Abhandlung ausmacht (s. zentrale Anordnung in Abb. 12) wurde laut Thüringer Bildungsplan stets mit der Forderung nach einer BNE verknüpft und daher in dem Weltaktionsprogramm BNE (s. Kap. 3.3) verortet. Auch die analysierte *Naturschutz-Offensive 2020. Für biologische Vielfalt!* des BMUB (2015) kann dem Bildungsbereich der Umweltbildung zugeordnet werden. Im Bereich Medienbildung wurde durch die Thematisierung Neuer Medien einerseits schwerpunktmäßig an die *Bildungsoffensive für die digitale Wissensgesellschaft* (BMBF 2016) angeknüpft und andererseits die Medienkompetenz hervorgehoben (s. Kap. 3.9). Die *Bildungsstandards im Fach Biologie für den Mittleren Schulabschluss* (KMK 2005) sowie der *Thüringer Bildungsplan bis 18 Jahre* (TMBJS 2015b) bilden den zentralen Rahmen der bildungsbezogenen Betrachtungen, weshalb diese zwei Komponenten symbolisch in horizontaler Ebene in Abbildung 12 angeordnet wurden.

Da sich die Nationalen Bildungsstandards an den fachspezifischen Kompetenzmodellen orientieren (s. Kap. 3.5), wurden die Kompetenzen an dieser Stelle integriert und im Zusammenhang mit Medienbildung in Form der Medienkompetenz konkretisiert (s. Kap. 3.9). Im Thüringer Bildungsplan wird Umweltbildung als Bestandteil naturwissenschaftlicher Bildung verortet, weshalb letztere ebenfalls einen Schwerpunkt bildet und damit an entsprechender Stelle in Abb. 12 aufgenommen wurde.[223]

---

222 Auch Abb. 12 wird in der abschließenden Überblicksdarstellung mit den anderen Schwerpunkten („Biodiversität, „Biologieunterricht", „Biotracks", s. Abb. 50) zusammengeführt.

223 Aus Gründen der Übersichtlichkeit wurde auf eine Darstellung der einbezogenen Bundesministerien (BMBF, BMU), des DBS und des *Bundesprogramms biologische Vielfalt* (BMUB 2016) verzichtet.

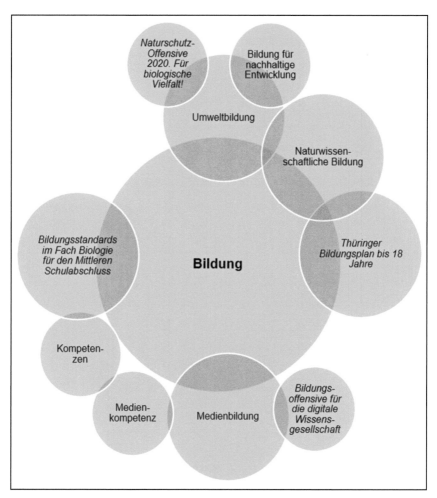

Abb. 12:   Schwerpunktsetzungen zum zweiten „ökologischen B" Bildung.

4 Biologieunterricht

Das dritte „ökologische B", das für Biologieunterricht steht, wird in diesem Kapitel analysiert. Nach einigen grundlegenden Bemerkungen zur Wissenschaft der Biologiedidaktik werden vor dem Hintergrund von Lernprozessen im Biologieunterricht motivations- und interessenbezogene Aspekte sowie das Prinzip des forschenden Unterrichts in Verbindung mit entdeckendem Lernen in den Mittelpunkt der Betrachtung gerückt. Die sich anschließenden Teilkapitel zum fächerübergreifenden Biologieunterricht, dem Lernen an außerschulischen Lernorten und der Anwendung biologischer Arbeitstechniken zielen primär auf die Diskussion der zentralen Hypothese H3 dieses Kapitels ab: „Außerschulischer Biologieunterricht bietet ein hohes interdisziplinäres Potenzial und schult in hohem Maße essenzielle biologische Arbeitstechniken". Abschließend wird der Bogen zur Nutzung Neuer Medien im Biologieunterricht mit Bezügen zum Medieneinsatz während der Expeditionen (s. Kap. 6.3) gespannt und eine zusammenfassende Diskussion der Hypothese in Verbindung mit der Darlegung zentraler Schwerpunktsetzungen dieses Kapitels vorgenommen (s. Kap. 4.7).

4.1 Biologiedidaktik – die Wissenschaft vom Biologieunterricht

An modernen Biologieunterricht werden vielfältige Bildungsansprüche gestellt, die sich in Bildungs- und Lehrplänen niederschlagen (s. Abb. 13) und in schülergerechte Konzepte transferiert werden müssen. Diese zentrale Aufgabe kommt der Biologiedidaktik zu, die als „primäre Bezugswissenschaft des Biologieunterrichtes" (Verfürth 1987, S. 12) bezeichnet werden kann. Killermann, Hiering & Starosta (2016, S. 14) sprechen in diesem Zusammenhang von der „Wissenschaft vom Lehren und Lernen im Fach Biologie". Berck & Graf (2010, S. 19) legen folgende Definition zugrunde:

> „**Biologiedidaktik** untersucht mit Hilfe empirischer und hermeneutischer Methoden, welche Erkenntnisse der Biologie und welche Möglichkeiten der Wechselwirkung

---

Zusatzmaterial online
Zusätzliche Informationen sind in der Online-Version dieses Kapitel (https://doi.org/10.1007/978-3-658-31210-7_4) enthalten.

mit Lebewesen bestimmten Gruppen von Menschen mit möglichst optimalen Methoden zu vermitteln sind – zum Zweck der besseren Weltbewältigung".[224]

Basierend auf diesem Verständnis wird folgender Verortung der Biologiedidaktik in Anlehnung an Verfürth (1987), Krüger & Helsper (2010), Porsch (2016) und Tulodziecki, Herzig & Blömeke (2017) gefolgt: Biologiedidaktik ist über die Allgemeine Biologie einerseits den Naturwissenschaften zugehörig. Andererseits ist die Biologiedidaktik über die Allgemeine Didaktik mit der Erziehungswissenschaft verzahnt.[225] Entsprechend dieser Einordnung gilt die Fachdisziplin Biologie als „Basiswissenschaft für die Fachrelevanz biologiedidaktischer Entscheidungen" (Verfürth 1987, S. 12) und steht als Naturwissenschaft in enger Verbindung mit anderen Naturwissenschaften wie z. B. der Chemie und der Physik.[226] Letztere stellen ebenso wie die Mathematik wichtige Bezugswissenschaften für die Biologie dar.[227] Die Adressaten- und Gesellschaftsrelevanz betrachtend, fungiert die Allgemeine Didaktik als Basiswissenschaft für biologiedidaktische Entscheidungen.[228] Diese Subdisziplin der Erziehungswissenschaft

---

224 Unter **hermeneutischen Methoden** sind im biologiedidaktischen Kontext laut Krüger (2003, S. 8) Methoden zu verstehen, die auf der Analyse und Interpretation von Texten beruhen.

225 Natur auf der einen Seite – Erziehung auf der anderen Seite: Diese zwei Komponenten (s. Abb. 13) nehmen in vorliegendem Buch eine grundlegende Funktion ein, wenn auch mit etwas anderer Gewichtung: Statt Natur wurde der Fokus auf Umwelt und statt Erziehung auf Bildung gelegt. Schwerpunkt der Studie ist Umweltbildung, wobei die Verzahnung von Bildung, Erziehung, Umwelt und Natur in der wissenschaftlichen Abhandlung immer wieder anklingt. Beispiele hierfür sind die Orientierung der Bildungsstandards an Bildungs- und Erziehungszielen (s. Kap. 3.5), die Schilderung der Zusammenhänge von Umweltbildung und Umwelterziehung (s. Kap. 3.8) sowie Umweltschutz und Naturschutz (s. Kap. 1.5) und die Hervorhebung der Erziehungsabsichten der Schülerexpeditionen (s. Kap. 6.3.1, Kap. 6.3.2).

226 s. zwei linke Zahnräder in Abb. 13. Zentrale Gemeinsamkeit aller drei Naturwissenschaften ist die Beschäftigung mit den Gesetzmäßigkeiten, Erscheinungen und Veränderungen der belebten und unbelebten Natur. Alleinstellungsmerkmal der Biologie ist die Beschäftigung mit den Lebewesen und deren Verhältnis zur Umwelt, wobei die Analyse des Menschen selbst als „Objekt naturwissenschaftlicher Betrachtung und Untersuchung" gilt (Verfürth 1987, S. 13).

227 Mathematik kann laut Anzenbacher (2002) den Formalwissenschaften zugeordnet werden (s. Kap. 4.3).

228 Die Erziehungswissenschaft wird als Disziplin der Sozialwissenschaften verstanden (Krüger & Helsper 2010). Die Punkte in Abb. 13 symbolisieren weitere Ebenen (Verbindungen zu Grundlagen-, Hilfs- und Nachbarwissenschaften) sowohl der Naturwissenschaften (Verfürth 1987) als auch der Erziehungswissenschaft (Krüger & Helsper 2010) im interdisziplinären Kontext.

grenzt sich als „Wissenschaft von Schule und Unterricht" (Krüger & Helsper 2010, S. 329) von anderen erziehungswissenschaftlichen Subdisziplinen wie z. B. der Sozialpädagogik und der Sonderpädagogik ab.[229]

Aufgrund der Charakterisierung durch Basis- und Bezugswissenschaften ist die Biologiedidaktik folglich interdisziplinär zu verstehen (s. Abb. 13). Das zentrale Handlungsfeld der Biologiedidaktik ist der Biologieunterricht mit den unterrichtspraktischen Erfahrungen und Unterrichtszielen.[230] Verfürth (1987, S. 14) stellt in diesem Zusammenhang die nach wie vor geltende Forderung an Biologiedidaktik heraus:

> „Fachdidaktik darf niemals den Bezug zur unterrichtlichen Praxis verlieren, sie ist ihr eigentliches Handlungsfeld. ‚Lerne, biologisch zu handeln' […] ist deshalb Fazit und Aufruf biologiedidaktischer Theorie."

Der mit diesen Worten verdeutlichte essenzielle Praxis- und Handlungsbezug nimmt in vorliegender Studie eine Basisrolle ein (s. Kap. 6.3). Die interdisziplinäre Verzahnung der Biologiedidaktik ist aus Abb. 13 im Zusammenhang mit der Verortung der drei Bereiche „Biodiversität", „Bildung" und „Biologieunterricht" ersichtlich.[231] Killermann, Hiering & Starosta (2016, S. 14) bringen die Bildungskomponente wie folgt mit Biologieunterricht in Verbindung:

> „In ihrem Bestreben, die Bildungsfunktion des Unterrichtsfaches Biologie theoriebezogen zu legitimieren und Verfahren optimalen Lehrens und Lernens zu erforschen, betreibt die Fachdidaktik Biologie sowohl grundlagenbezogene als auch anwendungsbezogene Forschung."

Zentrale Aufgabe der Biologiedidaktik stellt nach der verwendeten Definition die Untersuchung von Beziehungen eines einzelnen oder Gruppen von Menschen zu Pflanzen und Tieren dar. Keine andere Wissenschaft widmet sich der systemati-

---

229 s. zwei rechte Zahnräder in Abb. 13. Die Allgemeine Didaktik als Subdisziplin der Erziehungswissenschaft wird in der heutigen Zeit mit der Bezeichnung „Schulpädagogik" in Zusammenhang gebracht (Krüger & Helsper 2010; Porsch 2016). Die Allgemeine Didaktik kann in diesem Kontext als Vorläuferdisziplin der Schulpädagogik verstanden werden (Krüger & Helsper 2010), wobei zugunsten der einheitlichen und verständlichen Darstellung in dieser Arbeit auf die ursprüngliche Bezeichnung „Allgemeine Didaktik" zurückgegriffen wird (s. Abb. 13).

230 s. „UZ" und „UP" in Abb. 13.

231 Der Bereich „Biodiversität" (B1) ist demnach in der Fachdisziplin Biologie lokalisiert, der Bereich „Bildung" (B2) ist im Bildungsanspruch verankert und der Bereich „Biologieunterricht" (B3) bildet laut Verfürth (1987) das zentrale Handlungsfeld innerhalb der Unterrichtspraxis (s. Abb. 13). Die Größe der Zahnräder steht nur symbolisch für die Verortung auf verschiedenen Ebenen (Fach- bzw. Subdisziplinen, Basis- und Bezugswissenschaften).

schen Erforschung dieses Zusammenhangs und benötigt gleichzeitig solche Erkenntnisse für den Unterricht (Berck & Graf 2010).

Aus der Definition leiten sich laut Berck & Graf (2010) acht Hauptaufgaben der Biologiedidaktik ab.[232] Der Schwerpunkt der wissenschaftlichen Abhandlung ist in der speziellen Biologiedidaktik angesiedelt, wobei das Ziel immer im Fokus steht: „Zentraler Aspekt von Biologieunterricht ist die ‚Zielfrage‘ […] also wozu und mit welchem Ergebnis Biologie unterrichtet werden soll" (Berck & Graf 2010, S. 27). Die Autoren deklarieren die Vermittlung von Kenntnissen, Fähigkeiten und Fertigkeiten zum begründeten Handeln in aktuellen und zukünftigen Situationen als Leitziel für den Biologieunterricht. Dieses Leitziel beinhaltet die sog. drei Determinanten des Lehrplanes. Demnach sollte der Lehrplan die Schüler-, Wissenschafts- und Gesellschaftsrelevanz eines Themas beachten. Je nach Thema ist zu berücksichtigen, in welchem Ausmaß eine dieser drei Determinanten bei der Vermittlung eines Inhaltes berücksichtigt werden soll. Folgende Optionen sind denkbar, wenn eine der drei Determinanten oder auch ein einzelner Teilaspekt überbetont wird (Berck & Graf 2010): 1. Überbetonung des Fachwissens (→ Abbilddidaktik), 2. Überbetonung formaler und / oder methodologischer Kenntnisse (→ formale Bildung), 3. Überbetonung subjektiver Erfahrung (→ Erlebnisbiologie), 4. Überbetonung des gesellschafts- und schülerbezogenen Wissens (→ Existenzbiologie).

---

232 1. Überprüfung der Übereinstimmung von Bildungszielen mit Erkenntnissen der Biologie, 2. Bestimmung des Beitrages von Biologieunterricht zur allgemeinen Erziehung: hier gilt es z. B. als Aufgabe des Biologieunterrichts, Handlungsbereitschaft zum Schutz der Umwelt zu fördern und zu erreichen, 3. Bereitstellung einer Theorie für die Entwicklung begründeter Lehrpläne für Biologieunterricht, 4. Entwicklung spezifischer Lehrpläne für bestimmte Bezugsgruppen anhand einer Lehrplantheorie, 5. Umsetzung von Lehrplänen durch überprüfte Ausarbeitung von Unterrichtseinheiten aufgrund der Bildungsstandards, 6. Untersuchung des erforderlichen biologischen Anteils an fächerübergreifenden Projekten im Rahmen des Integrierten Naturwissenschaftlichen Unterrichts, 7. Überprüfung der Bedeutung der Beschäftigung mit Tieren und Pflanzen für den Menschen, 8. Berücksichtigung von Einsichten aus der Analyse der Geschichte des Biologieunterrichts (Berck & Graf 2010). Bei der Planung von Biologieunterricht muss die Aufgliederung der Biologiedidaktik in folgende zwei Teilbereiche beachtet werden: Während sich die **allgemeine Biologiedidaktik** mit grundsätzlich alle Bereiche des Biologieunterrichts betreffenden Fragen beschäftigt, analysiert die **spezielle Biologiedidaktik** die Inhalte und Methoden in Bezug auf bestimmte Themen des Biologieunterrichts (Berck & Graf 2010).

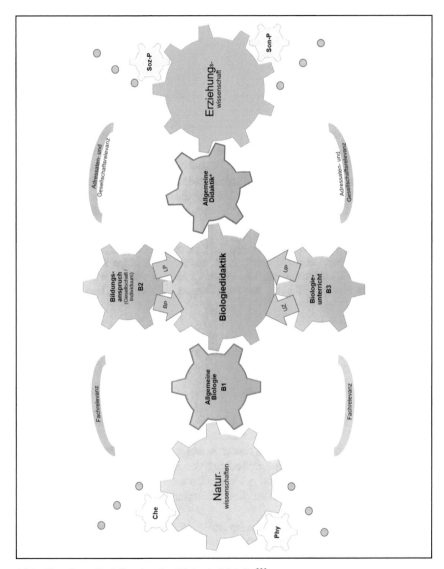

Abb. 13: Interdisziplinarität der Biologiedidaktik.[233]

---

233 In Anlehnung an Verfürth (1987), Krüger & Helsper (2010), Porsch (2016) und Tulodziecki, Herzig & Blömeke (2017). BP=Bildungsplan, LP=Lehrplan, UZ=Unter-

Im sechsten Kapitel wird die Schülerrelevanz im Sinne der Erlebnisbiologie in den Vordergrund gerückt und damit der Tendenz gefolgt, sich der Dominanz der Schülerbedürfnisse und Aspekten der Erlebnispädagogik anzunehmen. Letztere äußert sich bezogen auf den Biologieunterricht v. a. in dem hohen Stellenwert von Naturbegegnung und offenem Unterricht. Um eine persönliche Beziehung zur Natur aufzubauen, bedarf es bestimmter Erlebnisse, Begegnungen, Erfahrungen und Kenntnisse (Berck & Graf 2010), die die Schüler im Rahmen der in Kap. 6.3 vorgestellten Schülerexpeditionen gewinnen konnten. Motivation für die Orientierung an dem pädagogischen Konzept handlungsorientierten Unterrichts (s. Kap. 1.1) war die bestätigte Tatsache, dass sich die aus einem handlungsorientierten Unterricht bzw. Projekt resultierenden Produkte[234] erheblich von den üblicherweise zu findenden Unterrichtsergebnissen unterscheiden. Insbesondere das an der Produkterstellung gewonnene Wissen hat laut Gudjons (2008, S. 88) eine andere Qualität:

> „Es ist im Aufbau anders konstruiert […], ist multimedial gespeichert, gedächtniswirksamer, nicht ‚träges Wissen‘, es ist anders in vielfältige Bezüge einer Sache vernetzt, es ist nicht nur enzyklopädisches oder assoziatives Wissen, sondern oft handlungsrelevantes Wissen, das den Transfer zu weiterem Handeln erleichtert […]“.

4.2 Lernprozesse im Biologieunterricht

4.2.1 Motivation für das Fach Biologie

„Damit Schüler[…] eine erwünschte Lernhaltung einnehmen und kognitive Prozesse überhaupt stattfinden, müssen sie motiviert sein und ihre Aufmerksamkeit auf das Lernangebot richten". Mit dieser Aussage bringen Killermann, Hiering & Starosta (2016, S. 68) die hohe Bedeutung von **Motivation** für den Biologieunterricht zum Ausdruck und legen in diesem Zusammenhang folgende Begriffsdefinition zugrunde: „Motivation ist die Bezeichnung für Beweggründe menschlichen Handelns".

Kompetenzorientiertes Lernen im Biologieunterricht bedarf einer expliziten Berücksichtigung der motivationalen Bereitschaften der Schüler (Meyer-Ahrens

---

richtsziele, UP=Unterrichtspraxis, B1=Biodiversität, B2=Bildung, B3=Biologieunterricht, Che=Chemie, Phy=Physik, Soz-P=Sozialpädagogik, Son-P=Sonderpädagogik, *=syn. Schulpädagogik.

234 auch die inneren Produkte wie z. B. Einstellungsänderungen bei Kindern und Jugendlichen (Gudjons 2008).

et al. 2010). Um die Motivation von Schülern beurteilen zu können, müssen nach der Selbstbestimmungstheorie sowohl die Stärke als auch die Ausrichtung der Motivation berücksichtigt werden (Krapp & Ryan 2002).[235] Eine Differenzierung in intrinsische und extrinsische Motivation ist unverzichtbar, um das motivationale Geschehen zu verstehen: **Intrinsische Motivation** ist durch interessenbestimmte Handlungen definiert, „deren Aufrechterhaltung keine vom Handlungsgeschehen ‚separierbaren' Konsequenzen, d. h. keine externen oder intrapsychischen Anstöße, Versprechungen oder Drohungen" erfordert (Deci & Ryan 1993, S. 225).[236] Dagegen werden Handlungen, die „mit instrumenteller Absicht durchgeführt werden, um eine von der Handlung separierbare Konsequenz zu erlangen" (Deci & Ryan 1993, S. 225) der **extrinsischen Motivation** zugeordnet.[237] Sowohl intrinsische Motivation als auch bestimmte Formen extrinsischer Motivation[238] können von den Schülern als selbstbestimmt wahrgenommen werden (Deci & Ryan 1993).

Eine prototypische Form intrinsischer Motivation ist das Neugier- und Explorationsverhalten von Schülern. Bei der Konzeption inner- und außerschulischer Unterrichtsangebote ist zu berücksichtigen, dass die Handlungen von Schülern i. d. R. motivational mehrfach verankert sind. Folglich können neben intrinsischen Anreizen auch extrinsische Motive Einfluss nehmen (Krapp & Ryan 2002).[239] Grundlegend für die Genese intrinsischer Motivation ist das Selbstbestimmungsempfinden der Schüler (Meyer-Ahrens et al. 2010, S. 155): „Selbstgesteuertes Lernen im Biologieunterricht […] kann die intrinsische Motivation verbessern". Außerdem können sich gefühlte Autonomie und wahrgenommene soziale Einbindung positiv auf die Schülermotivation auswirken

---

235 Die Motivationsstärke bringt zum Ausdruck „wie stark sich eine Person insgesamt motiviert fühlt", während die Art der Ausrichtung Aufschluss über das „Warum" von Handlungen einer Person gibt (Krapp & Ryan 2002, S. 58).

236 Weitere Charakteristika intrinsischer Motivation sind Neugier, Exploration, Interesse und Spontanität (Deci & Ryan 1993).

237 Extrinsisch motivierte Handlungen werden durch Aufforderungen initiiert und sind daher i. d. R. weniger durch Spontanität gekennzeichnet (Deci & Ryan 1993).

238 Nach der Selbstbestimmungstheorie können neben der intrinsischen Motivation vier Formen extrinsischer Motivation – von völliger Fremdbestimmung bis hin zu einer „zunehmend selbstbestimmten extrinsischen Motivation" – unterschieden werden (Krapp & Ryan 2002, S. 61).

239 Da Motivation in der vorliegenden Studie nur *ein* untersuchter Teilaspekt war (s. Z2, Kap. 1.5), wird im Folgenden nur die allgemeine Bezeichnung „Schülermotivation" bzw. „Motivation" verwendet, ohne im Detail auf extrinsische bzw. intrinsische Aspekte einzugehen. In entsprechender Fachliteratur wird oft die Bezeichnung „Lernmotivation" verwendet (s. z. B. Deci & Ryan 1993; Krapp & Ryan 2002; Killermann, Hiering & Starosta 2016).

(Meyer-Ahrens et al. 2010). Auch emotionale Erlebnisqualitäten und die Qualität
sozialer Beziehungen haben Einfluss auf die Motivation der Schüler (Krapp &
Ryan 2002).[240] Zudem werden positive Wirkungen einer durch „informationshal-
tige Lern- und Entwicklungsbedingungen" charakterisierten Umwelt postuliert
(Krapp & Ryan 2002, S. 59).

Auf die bisher theoretisch beschriebene Korrelation von Schülermotivation
und Lernerfolg (Meyer-Ahrens et al. 2010) sollte hiermit mit folgender Erkenntnis hingewiesen werden: „Mitbestimmungsmöglichkeiten fördern anzustrebende
Qualitäten von Motivation und vermutlich auch den Lernerfolg von Schülern"
(Meyer-Ahrens et al. 2010, S. 165).[241]

Als konkrete Möglichkeiten zur Steigerung der Schülermotivation wurden
in vorliegender Studie einerseits die Nutzung von Smartphones und andererseits
der Einbezug sportlicher Aktivitäten ausgewählt (s. Z2, Kap. 1.5) und damit an
die empirischen Studien *Digitale Medien im Sportunterricht und deren Einfluss
auf die Motivation von Schülerinnen und Schülern* (Eigenmann 2014) und *Bewegtes Lernen im Biologieunterricht – Ein Unterrichtskonzept zur Förderung
des Lernerfolgs* (Krüger 2010) angeknüpft.[242]

Neue Medien wie Smartphones bieten folglich hohes Potenzial, Schüler
nicht nur generell zum Lernen, sondern auch zum Bewegen zu motivieren und
verbinden damit diese im zweiten Ziel formulierten Aspekte miteinander. Bestimmte Smartphone-Apps können die bewegungsbezogene Schülermotivation
positiv beeinflussen (Eigenmann 2014), sodass „dosierter Medieneinsatz [...] als
ein Baustein für einen motivierenden Unterricht" gelten kann (Eigenmann 2014,
S. 83).

---

240 Folglich sind verschiedene Erklärungsansätze erforderlich, um das „Motivationsge-
schehen in seiner ganzen Bandbreite angemessen zu beschreiben und zu erklären"
(Krapp & Ryan 2002, S. 57). Dies ist aber nicht Schwerpunkt vorliegender Studie.
Vielmehr wurden ausgewählte motivationale Aspekte an entsprechenden Stellen analysiert (s. Kap. 6.3).

241 Rückschlüsse zum Lernerfolg der Expeditionen wurden anhand des Expeditionsheftes sowie des Wissenstests gewonnen (s. Kap. 6.2.2).

242 Aufgrund der Tatsache, dass Motivation ein vielschichtiges Gesamtkonstrukt ist,
existiert auch eine Fülle an Methoden zur Erfassung der Motivation (Eigenmann
2014). Als Messinstrumente können bspw. spezielle Fragebögen (Eigenmann 2014)
oder Verfahrensweisen wie die „Zeitdauer frei gewählter Aktivitäten und Ratings
über das Ausmaß von Interesse und Freude im Handlungsvollzug" (Deci & Ryan
1993, S. 225f) zum Einsatz kommen. In vorliegender Studie wurde sich für folgende
vier Erhebungsinstrumente entschieden, um Hinweise zur Schülermotivation zu gewinnen: Zusatzaufgaben Expeditionsheft, Feedbackbogen post-Fragebogen, „Votum-
Scheibe", Gedächtnisprotokoll (s. Kap. 6.4.2).

Ausgehend von der inspirierenden Wirkung von Wanderungen in der Natur, die bereits Goethe nachgesagt werden, wies Krüger (2010) den förderlichen Einfluss von Bewegung auf Lernprozesse und das damit inbegriffene Motivationspotenzial **Bewegten Lernens**[243] im Biologieunterricht nach. Insbesondere aktive Lernformen, zu denen das Erkunden, Experimentieren und selbstständige Problemlösen zählen (s. Kap. 4.5) sowie das Lernen mit vielen Sinnen sind prädestiniert und wurden auch auf den Schülerexpeditionen angewendet (s. Kap. 6.3).[244] Im Biologieunterricht kann das **themenbezogene Bewegen**,[245] bspw. die Durchführung von Versuchen und Messungen die Eigentätigkeit der Schüler fördern und zu **ganzheitlichem Lernen**[246] beitragen. Dem Wunsch der Schüler nach Integration bewegter Lernelemente in den Biologieunterricht (Krüger 2010) wurde mit den Schülerexpeditionen gefolgt, auf denen Bewegung und Lernen im ständigen Wechselspiel standen (Wandern, Rad- und Bootfahren mit zugehörigen Arbeitsaufträgen, Erkunden, Experimentieren usw. s. Kap. 6.3).

Auch in der *MNU Themenreihe Bildungsstandards* (Lampe et al. 2015, S. 4) wird die Bedeutung von Experimenten und Neuen Medien für die Schülermotivation zu schätzen gewusst:

> „Oft sind es die aus dem Alltag bekannten Phänomene, die die Schülerinnen und Schüler für die Naturwissenschaften begeistern. Experimente mit überraschenden oder außergewöhnlichen Ergebnissen motivieren ebenso wie Experimente, bei denen digitale Werkzeuge zum Einsatz kommen".

Die von den Autoren in diesem Zusammenhang vorgeschlagene Erfassung von Messdaten mit dem eigenen digitalen Messgerät wurde am Beispiel der Schüler-Smartphones in vorliegender Studie angewendet.

Im Sinne einer Überleitung zu dem sich anschließenden Teilkapitel soll abschließend noch kurz auf den Einfluss lebender Tiere auf die Schülermotivation eingegangen werden, der in einer empirischen Studie von Schröder et al. (2009) untersucht wurde. Der Einbezug lebender Tiere (hier Zwergmäuse) im Unterricht führte demnach zu einer hohen intrinsischen Schülermotivation, wohingegen die

---

243 Unter Bewegtem Lernen kann das „zeitgleiche Stattfinden von kognitiven Lernprozessen und Bewegung", d. h. die Integration von körperlicher Aktivität in den Lernvorgang verstanden werden (Krüger 2010, S. 328).

244 Frühere Untersuchungen belegen den positiven Zusammenhang zwischen erhöhtem Aktivitätsgrad und der Merkfähigkeit (Krüger 2010).

245 Laut Krüger (2010, S. 329) meint das themenbezogene Bewegen die „Verknüpfung von Bewegung mit Fachinhalten als gezieltes didaktisches Hilfsmittel". Auf die häufige Verwendung der didaktischen Funktion „Motivation" während der Schülerexpeditionen wird in Kap. 6.3.1 und Kap. 6.3.2 eingegangen.

246 Nach Pestalozzi impliziert ganzheitliches Lernen ein Lernen mit allen Sinnen, d. h. ein Lernen mit Kopf, Herz und Hand (Krüger 2010).

Vermittlung über Medien (hier Laptops) keine vergleichbaren positiven motivationalen Wirkungen erzielte.[247] Die aktive Beschäftigung mit lebenden Objekten ermöglicht über Primärerfahrungen demnach eine gesteigerte Schülermotivation. Dabei wird nicht nur die Stärke, sondern auch die o. g. Ausrichtung der Schülermotivation positiv beeinflusst: „Lebende Tiere werden von Schülern als interessant erlebt […]. Interesse gilt als direktes Maß für intrinsische Motivation" (Schröder et al. 2009, S. 57).

4.2.2 Interesse an Tier- und Pflanzenarten

Ausgangspunkt der folgenden Betrachtung bildet die Situation, dass Artenkenntnisse, d. h. Kenntnisse über Tier- und Pflanzenarten in den biologischen Bildungsstandards (s. Kap. 3.5) zum jetzigen Zeitpunkt nicht explizit aufgeführt sind. Da Erfahrungen aus der Praxis demgegenüber aber zeigen, dass Schüler den Namen von Tieren und Pflanzen bei der Lehrperson erfragen, hat diese die Aufgabe, sich das spezielle Artenwissen selbst anzueignen bzw. aufrecht zu erhalten und sich Gedanken über die schülergerechte Vermittlung zu machen (Berck & Graf 2010),[248] zumal die Thematisierung von Tier- und Pflanzenarten die Rolle eines Grundthemas im Biologieunterricht einnimmt. Artenkenntnisse bilden aus Sicht der Autoren auch für das Verständnis ökologischer Zusammenhänge eine essenzielle Voraussetzung und nehmen im Rahmen der Verbindung der Wissenschaften Biologiedidaktik und Ökologie (s. Kap. 1.5) eine Schlüsselfunktion ein (s. Z6, Kap. 1.5). Eine Art bleibt erst dann im Gedächtnis, wenn der

---

247 In der eigenen empirischen Studie wurde der Einbezug lebender Tierarten im Gegensatz zu Schröder et al. (2009) nicht im Kontrast, sondern in Kombination mit Neuen Medien zur Motivationsförderung gesehen. Das Sammeln, Bestimmen und Wieder-Freilassen der Tierarten erfolgte im Rahmen größerer öffentlichkeitswirksamer Projekte (s. Kap. 6.3.1) zur Motivation der Schüler zu Umwelthandeln, speziell dem Biodiversitätsschutz (s. Kap. 2.5). Schwerpunktmäßig wurden die Erprobung von Smartphones und die Integration sportlicher Aktivitäten in die Expeditionen vor dem Hintergrund der Interessenorientierung (s. M2, Kap. 1.5) als zwei exemplarische motivationsfördernde Faktoren herausgegriffen (s. Z2, Kap. 1.5). Es kann davon ausgegangen werden, dass zusätzlich weitere Faktoren wie die Arbeit mit lebenden Arten (s. Z6, Z7), der Einbezug vieler Sinne (s. M6), das soziale Lernen (s. M7) sowie die hohe Selbstorganisation der Schüler (s. M5) zur Motivationssteigerung beigetragen haben.

248 Berck & Graf (2010) haben in ihrem biologiedidaktischen Basiswerk ausführlich das Interesse an Tieren und Pflanzen beleuchtet. Zur Verbesserung der Lesbarkeit werden in diesem Teilkapitel bei den entsprechenden indirekten Zitatangaben alternativ die Bezeichnungen „biologiedidaktische Autoren", „Autoren" bzw. „Verfasser des biologiedidaktischen Basiswerks" statt „Berck & Graf (2010)" verwendet.

Artentdeckung ein „interessanter Aufhänger" oder eine „beeindruckende Erfahrung" vorausgegangen ist (Berck & Graf 2010, S. 137). Diese Erkenntnis wurde bei der Planung und Durchführung der Schülerexpeditionen (s. Kap. 6.3) berücksichtigt.[249]

Die Erfordernis der Vermittlung von Artenkenntnissen ist mehrfach belegt. Neben dem erleichterten Verständnis biologischer Themen sei unter dem Blickwinkel des pädagogischen Konzepts handlungsorientierten Unterrichts (s. Kap. 1.1) an dieser Stelle auf den folgenden von den biologiedidaktischen Autoren beschriebenen Zusammenhang hingewiesen: Artenkenntnisse tragen explizit zur Verbesserung des Umweltschutzverständnisses bei und erhöhen damit verbunden die Bereitschaft zum aktiven Handeln in diesem Bereich, welches im Kap. 6 in den Vordergrund der Betrachtung rückt.[250]

Aus praktischen Untersuchungen mit Freilandbiologen, die gezeigt haben, dass deren Interesse im besonderen Maße auf eine Organismengruppe fokussiert ist, wurde die Schlussfolgerung gezogen, dass Biologieunterricht die Aufgabe hat, einen „begrenzten ‚Grundkanon[…]' wichtiger Arten" zu vermitteln (Berck & Graf 2010, S. 138). Demnach würde es sich anbieten, dass sich die Schüler über einen bestimmten Zeitraum mit einer speziellen Tiergruppe beschäftigen. Dieser Vorschlag der Autoren wurde während der Schülerexpedition mit Klasse

---

249 Berck & Klee (1992) führen aus, dass die eigene Naturbegegnung und die Beschäftigung mit Arten zu Interesse führt, das tatsächlich in Handlungen umgesetzt wird (s. Kap. 1.1, Kap. 1.5: pädagogisches Konzept handlungsorientierten Unterrichts, Gudjons 2008). Die von Schülern genannten Aspekte wie Mitarbeit in Natur- und Umweltschutzgruppen, Verantwortungsbewusstsein für die Umwelt, Informationen aus Printmedien und Besuche von Naturschutzgebieten (Berck & Graf 2010) wurden in vorliegender Studie z. T. erneut erfragt bzw. in die Praxis umgesetzt. Lehrpersonen wird unter diesem Gesichtspunkt als besonders effektive Möglichkeit zur Förderung der Schülerinteressen die Untersuchung eines in der Region realisierbaren Natur- bzw. Umweltschutzthemas sowie die intensive Auseinandersetzung mit den Tier- und Pflanzenarten angeraten (Berck & Graf 2010), die im Rahmen der empirischen Studie fokussiert wurden (s. Kap. 6).

250 Bereits existierende Untersuchungen konnten u. a. die Annahme bestätigen, dass gute Artenkenntnisse bei Kindern und Jugendlichen positive Wirkungen auf die Ausprägung von Umwelthandeln haben (Berck & Graf 2010). Der Praxisteil soll weitere Hinweise für diese Befunde der Autoren durch Umsetzung der Schülerexpeditionen liefern. Die Verfasser des biologiedidaktischen Basiswerks *Biologiedidaktik. Grundlagen und Methoden* (Berck & Graf 2010) weisen darauf hin, dass bei der empirischen Aufklärung eine ganze Reihe an verschiedenen Parametern berücksichtigt werden muss. Diese werden im Kap. 6.5 erörtert.

7 durch vorherige Einteilung der Schüler in Expertengruppen („Ameisenexperten", „Bienenexperten" usw.) in der Praxis erprobt (s. Kap. 6.3.1).[251]

Ferner weisen die biologiedidaktischen Autoren auf die Entwicklung verbesserter Methoden zur Vermittlung von Artenkenntnissen hin. Ein möglicher Vorschlag hierfür wird bei der Vorstellung der Schülerexpeditionen unterbreitet.[252] Die von Berck & Graf (2010, S. 143) identifizierten Anregungsfaktoren wie „naturkundliche Wanderungen" und „Mitarbeit im Naturschutz" wurden in die Praxiserprobung des entwickelten Verfahrens einbezogen.[253]

Es stellt sich die Frage, wie die Vermittlung von Artenkenntnissen unter Berücksichtigung der o. g. Aspekte konkret gestaltet werden sollte, um einen maximalen Nutzen bei Schülern zu erreichen. An einer Vielzahl vorgeschlagener Methoden mangelt es nicht, dennoch wird in der Fachliteratur eindringlich darauf hingewiesen, dass es noch aussteht, Konzepte zur optimalen Vermittlung von Artenkenntnissen zu entwickeln und empirisch zu untersuchen. Die Autoren sprechen von einem „Forschungsgebiet der Biologiedidaktik, das offenbar völlig brach liegt" (Berck & Graf 2010, S. 145). Das didaktische Verfahren, das in Kap. 5 (Theorie) und Kap. 6 (Praxis) vorgestellt wird, versucht auch auf diesen Punkt einzugehen.[254]

---

251 Knoblich 2020e; 2020f; 2020g; 2020h; 2020i. Eine Diskussion der Ursachen für die geringen Arteninteressen von im 21. Jahrhundert lebenden Schülern würde an dieser Stelle zu weit führen. Die unterbreiteten Vorschläge zur Erhöhung der Arteninteressen wie die betonte Anerkennung von Schülerleistungen im Bereich der Artenkenntnisse, die Planung gemeinsamer Veranstaltungen (z. B. Naturschutzaktionen), Exkursionen unter „Einschluss ‚emotionaler Bedingungen'" (Berck & Graf 2010, S. 140), die merkliche Begeisterung bei der Vermittlung von Artenkenntnissen der Biologielehrkraft und die Herstellung eines lebendigen Bezuges einzelner Arten zu den Schülerinteressen (Berck & Graf 2010) wurden verknüpfend im Rahmen der Schülerexpeditionen einbezogen (z. B. Kennenlernen essbarer Pilze, s. Knoblich 2016b; 2020b).

252 Bereits frühere Studien haben gezeigt, dass sich die Auseinandersetzung mit Tierarten positiv auf die Einstellungen, Interessen und z. T. auch den Wissensstand der Schüler auswirken (Braun 1983; Ramsey, Hungerford & Tomera 1981; Bolscho 1990). Aktuelle Ergebnisse der eigenen Untersuchung sind in Kap. 6.4.2 vorgestellt.

253 z. B. naturkundliche Wanderung im „Biotopverbund Rothenbach" bei Heberndorf und Teilnahme am GEO-Tag der Artenvielfalt (s. Kap. 6.3.1).

254 Berck und Klee (1992) haben ein Siebenschrittmodell zur Genese von Arteninteresse konstruiert. Die Stufen lauten: 1. Faszination, 2. Befriedigung, 3. Beschäftigung, 4. Positive Einstellung, 5. Beschäftigung, 6. Interesse, 7. Handeln. Exemplarische Aspekte dieses Modells wurden bei der Planung des Untersuchungsdesigns (z. B. bei der Fragebogenkonstruktion) aufgegriffen (s. Kap. 6.2.2).

4.2.3 Entdeckendes Lernen und forschender Unterricht

Entdeckendes Lernen und forschender Unterricht stellen entscheidende Bausteine auf dem Weg zur Entwicklung von Entscheidungs- und Handlungsfähigkeit der Schüler dar, weshalb an dieser Stelle eine Betrachtung dieser beiden Prinzipien in der genannten Reihenfolge geschieht. Grundsätzlich gilt laut Ellenberger (1993), dass Schülern im Unterricht Problemstellungen aufgezeigt werden müssen (hier z. B. Biodiversitätsverlust), die diese in selbsttätiger Auseinandersetzung bearbeiten. So kann dem Ziel der zu entwickelnden Handlungsfähigkeit nähergekommen werden. Die Siebtklässler erhielten im Rahmen der Schülerexpedition bspw. die Möglichkeit, die Lebewesen im Waldboden unter Nutzung vielfältiger Sinne in Kleingruppen ohne weitere Vorgaben zu erkunden und sich so im Sinne des entdeckenden Lernens neben der Erweiterung der Artenkenntnisse mit dem Problem der Bedrohung der Wirbellosen und ihrer Lebensräume auseinanderzusetzen (s. Kap. 6.3.1).[255]

Durch diese Art der Freilandarbeit wurde dem von Ellenberger (1993) gestellten Anspruch an **entdeckendes Lernen**, den Schülern durch den freien Umgang mit dem Lerngegenstand eigene Erfahrungen sowie eigene Lernwege zu ermöglichen, begegnet. Der Leitspruch „Lernen durch Handeln" (Ellenberger 1993, S. 180) wird am ehesten durch die originale Begegnung mit dem Lerngegenstand selbst und weniger anhand einer medialen Vermittlung erreicht (Ellenberger 1993).[256] Daran anknüpfend kann **forschender Unterricht** als eine Form entdeckenden Lernens verstanden werden, die „stärker an den Regeln naturwissenschaftlichen Denkens orientiert ist" (Ellenberger 1993, S. 192) – allerdings nicht auf Kosten von Spontanität und Kreativität, die dem entdeckenden Lernen zugrunde liegen. So haben die Siebtklässler die Problemlösung zur Fortbewegung des Regenwurmes durch Aspekte naturwissenschaftlichen Vorgehens im Rahmen des „Regenwurmexperiments" (Knoblich 2016a; 2020a) untersucht.[257]

---

255 Die Lehrperson verstand sich während des Lernprozesses als Berater, der bei Bestimmungsfragen zur Seite stand und Bestimmungsliteratur bereitstellte (Ellenberger 1993, s. Materialliste, Anh. 113). Die Lehrperson sollte die Vorgaben bei den Arbeitsaufträgen weitgehend minimieren, um den Schülern genügend Freiraum für entdeckendes Lernen zu bieten (Ellenberger 1993).

256 Auf Aspekte, warum Neue Medien (hier Smartphones) dennoch sinnvoll im außerschulischen Biologieunterricht – auch im Sinne des entdeckenden Lernens – eingesetzt werden können, wird im Kap. 4.6 eingegangen.

257 Einen hohen Stellenwert nimmt die Problemorientierung ein. Hier eröffnen sich zwei grundsätzliche Möglichkeiten, die je nach Thema und Voraussetzungen der Lerngruppe didaktisch sinnvoll ausgewählt werden müssen: Entweder liegt es in der Hand der Schüler, das in der Lernausgangssituation enthaltene Problem zu finden (**Prob-**

Ellenberger (1993) unterscheidet die Phasen „Problemerkenntnis", „Problemge-
winnung" und „Problemlösung", die im Rahmen des Vergleichs der Gewässerökosysteme Bleilochstausee und Retschbach sowie bei der Schlussfolgerung
der „Bedeutung von Struktur- und Artenvielfalt für die Stabilität von Ökosystemen"[258] einbezogen wurden (Knoblich 2016b; 2020b, S. 28f). Es konnten übergreifende Einsichten in die Funktion von Stoffkreisläufen sowie zur Biodiversität
gewonnen werden, die von Ellenberger (1993, S. 194) unter dem Überbegriff
„theoretisierende Problemlösung" subsumiert werden.[259]

Zum Aufbau entdeckenden und forschenden Lernens ist ein schrittweises
Hinführen der Schüler notwendig. In diesem Zusammenhang gibt Ellenberger
(1993) konkrete Praxishinweise, die mit Bezügen zur vorliegenden Analyse im
Anh. 15[260] aufgeführt sind. Ellenberger (1993) führt die Schritte nach wachsen-
dem Offenheitsgrad auf, sodass der projektorientierte Unterricht an außerschulischen Lernorten die offenste Form darstellt. Entdeckendes Lernen und forschender Unterricht können folglich als Prozess verstanden werden, in dessen Verlauf
die Schüler immer selbsttätiger werden. Daran anknüpfend leisten entdeckendes
Lernen und forschender Unterricht einen entscheidenden Beitrag, Schüler zu
selbstbewussten und entscheidungsfähigen Persönlichkeiten werden zu lassen
(Ellenberger 1993). Dennoch darf die für solche Unterrichtsformen benötigte
Zeit und Geduld nicht unterschätzt werden, genauso wenig wie die veränderte
Struktur der Lernzielformulierungen: Hier kommt es laut Ellenberger (1993)
weniger auf eng umrissene, operationalisierte Lernziele an, die allein auf Effektivität ausgerichtet sind.[261] Zu den Gelingensbedingungen offenerer Unterrichts-
formate zählt außerdem die Erweiterung der biologischen Sammlung durch nütz-

---

lemfindung) oder dieses wird vom Lehrer selbst vorgegeben (**Problemstellung**, Ellenberger 1993).

258 Im Thüringer Lehrplan Biologie (TMBWK 2012a, S. 19) wird die Bezeichnung
    „Struktur- und Artendiversität" für die Ebenen bzw. Teilaspekte von Biodiversität
    verwendet, aber nicht näher erläutert. In vorliegendem Buch wurde der Schwerpunkt
    neben dem Fokus auf Artenvielfalt auf Ökosystemvielfalt – speziell Habitat- und
    Landschaftsdiversität gelegt. Der Begriff „**Strukturvielfalt**" entspricht laut Jenny et
    al. (2010) der in dieser Arbeit verwendeten Bezeichnung „Habitatdiversität" (Loft
    2009, s. Kap. 2.1).

259 Da sich forschender Unterricht immer zentralen naturwissenschaftlichen Arbeits-
    techniken bedient (Ellenberger 1993), wird auf biologische Arbeitstechniken im Kap.
    4.5 eingegangen.

260 Die Anhänge zu Kapitel 4 (Anh. 15 - Anh. 74) stehen kostenfrei online auf Springer-
    Link (siehe URL am Anfang dieses Kapitels) zum Download bereit.

261 Beispiele für Zielformulierungen wurden in Kap. 1.5 dargestellt und werden in Kap.
    7.1.3 diskutiert.

liche Geräte und Medien[262] sowie die aktive Erkundung von Möglichkeiten im Freiland (Ellenberger 1993).[263]

4.3 Fächerübergreifender Biologieunterricht

Dieses Teilkapitel zielt auf Basis der durchgeführten Schülerexpeditionen auf die Diskussion des folgenden Teilaspekts der dritten Hypothese (H3) ab: „Außerschulischer Biologieunterricht bietet ein hohes interdisziplinäres Potenzial […]" (s. Kap. 1.4).[264]

Labudde (2004) geht von folgendem Verständnis aus, das aufgrund der logischen und einheitlichen Systematik die Basis der nachfolgenden Betrachtungen bildet: **Fächerübergreifender Unterricht** (FüU) wird als Oberbegriff verstanden, der sich durch die Betrachtung von zwei Ebenen nochmal in insgesamt fünf Varianten aufspaltet. Auf der Ebene der Stundentafel wird in Fächer ergänzenden und integrierten Unterricht differenziert.[265] Auf der zweiten Ebene, der Ebene der Fachdisziplinen, kann in folgende Varianten unterschieden werden: 1. **Fachüberschreitender Unterricht,**[266] 2. **Fächerverknüpfender Unterricht,**[267] 3. **Themenzentrierter Unterricht.**[268] Die Studie lässt sich unter dem Oberbegriff des fächerübergreifenden Unterrichts dem themenzentrierten bzw. interdisziplinären Unterricht zuordnen, sodass diese Begrifflichkeiten im Folgenden verwendet werden (s. Z9, Kap. 1.5). Wie Labudde (2004) exemplarisch am Beispiel des Treibhauseffektes aufzeigt, kann das übergeordnete Thema bspw. ein Schlüsselproblem der Menschheit sein, das aus der Perspektive unterschiedlicher Einzelfächer bearbeitet wird. Der Biodiversitätsverlust wird im vorliegenden Fall

---

262 z. B. in Form des an das Schleizer Gymnasium gelieferten Klimakoffers im Jahr 2014 (Knoblich 2015a).

263 z. B. die Auswahl geeigneter Ökosysteme während der Vorexpeditionen (s. Kap. 5.3).

264 Die praktisch erprobten fächerübergreifenden Bezüge (s. Kap. 6) werden auf Basis einer Analyse 14 Thüringer Lehrpläne für Gymnasien vor dem Hintergrund der Hypothese H3 veranschaulicht.

265 Da diese Ebene (Labudde 2004) nicht Grundlage der vorliegenden Betrachtung war, wird diese nicht weiter beleuchtet.

266 Synonym: **intradisziplinärer Unterricht**. Das einzelne Fach bildet die Ausgangsbasis, wobei Fachgrenzen durch den Blick aus der Perspektive des Einzelfaches auf andere Fächer überschritten werden (Labudde 2004).

267 Synonym: **multi- oder pluridisziplinärer Unterricht**. Die Fachinhalte von zwei oder mehr Fächern werden an einer oder mehreren Stellen verknüpft (Labudde 2004).

268 Synonym: **interdisziplinärer Unterricht**. Die Arbeit an einem Thema steht im Vordergrund und bedingt Bezüge zu mehreren Fächern (Labudde 2004).

als zentrale Problemstellung im Rahmen der themenzentrierten Arbeit verstanden (s. Abb. 1, P1, M1, Z1).[269] In den *Hinweisen zur Lehrplanimplementation* (ThILLM 2014) wird auf die Erfordernis fächerübergreifenden Unterrichts an mehreren Stellen explizit hingewiesen. So ist in den Checklisten in der Rubrik „Lehr- und Lernkultur" von der Verknüpfung fachspezifischer und überfachlicher Kompetenzen die Rede. Auch in den Rubriken „Gestaltung des (Fach-)Unterrichts" und „Schulinterne Lehr- und Lernplanung" wird die fächerübergreifende Gestaltung des (Fach-)Unterrichts betont. Darüber hinaus ist der fächerübergreifende Aspekt ebenso in der Rubrik „Die Schulleitung initiiert, unterstützt und kontrolliert [...]" – hier in Bezug zu den Abstimmungsprozessen zur Kompetenzentwicklung verankert (ThILLM 2014).

Anknüpfend an den engen Lehrplanbezug (s. F, Kap. 1.4; Z4, Kap. 1.5) wird der Blick nun auf die einzelnen Lehrpläne gerichtet. Vor dem Hintergrund des Teilaspekts der Hypothese „Außerschulischer Biologieunterricht bietet ein hohes interdisziplinäres Potenzial [...]" (s. H3, Kap. 1.4) sind fächerübergreifende Zusammenhänge während der Expeditionen den erstellten Mindmaps (s. Abb. 14, Abb. 15) zu entnehmen. Basis dieser Ergebnisse bildet die Methode der Dokumentenanalyse, die zur Diskussion der Hypothese für 14 Thüringer Lehrpläne für Gymnasien angewendet wurde.[270] Zentrale Gemeinsamkeit beider Über-

---

269 Die Bezüge zu 14 Unterrichtsfächern sind in jeweils einer Übersichts-Mindmap (s. Abb. 14, Abb. 15) sowie jeweils 14 Teilmindmaps (s. Anh. 16 – Anh. 29, Anh. 33 – Anh. 46) für Klassenstufe 7 und 9 illustriert.

270 In den beiden Überblicks-Mindmaps erfolgt die Anordnung der einzelnen Fächer in Anlehnung an die Klassifikation der Einzelwissenschaften von Anzenbacher (2002) in Realwissenschaften (Naturwissenschaften, Kulturwissenschaften) und Formalwissenschaften (z. B. Mathematik, mittlerer rechter Teil des Mindmaps). Zu den Naturwissenschaften zählen nach dieser Einteilung bspw. Physik, Chemie und Biologie (unterer rechter Teil des Mindmaps), während die Kulturwissenschaften wiederum in Geisteswissenschaften (z. B. Kunst-, Sprach-, Religions- und Geschichtswissenschaften, oberer Teil des Mindmaps) sowie Sozialwissenschaften (linker Teil des Mindmaps) unterteilt werden können. Die Zuordnung der Fächer zu den Sozialwissenschaften wurde entsprechend der zugehörigen Thüringer Lehrpläne vorgenommen, in denen die Bezeichnung „Gesellschaftswissenschaften" (TMBWK 2012b; 2012c; 2012d; 2012e) statt Sozialwissenschaften (Anzenbacher 2002) gebraucht wird. Hinsichtlich der Lokalisierung der Fächer in den Überblicks-Mindmaps für Klasse 7a und 9a wurde darauf Wert gelegt, dass die Fächeranordnung identisch erfolgt, um auf einen Blick Rückschlüsse darüber zu gewinnen, welche Fächer im Rahmen der Schülerexpedition stark bzw. marginal einbezogen wurden, wie viele Lernbereiche tangiert wurden, welche Lernbereiche regulär im Lehrplan für diese Klassenstufe vorgesehen sind (Fettdruck) und welche im Lehrplan in einer anderen Klassenstufe verankert sind, aber im Rahmen der Expedition vermittelt werden können (Kursivdruck).

blicks-Mindmaps ist das Aufzeigen von fächerübergreifenden Bezügen zu 14 Einzelfächern.[271] Alle im Folgenden dargestellten Mindmaps wurden auf Basis der aktuellen Thüringer Lehrpläne für Gymnasien für die jeweiligen Fächer entwickelt.[272]

Bei näherer Betrachtung der Mindmap (s. Abb. 14)[273] wird deutlich, dass zahlreiche Fächer aus allen vier Wissenschaftsbereichen bei der Umsetzung des Biotracks in Form der Schülerexpedition mit Klasse 7a beteiligt waren. Der hohe Anteil an fett gedruckten Wörtern verdeutlicht die Verankerung der vermittelten Themen in den zugehörigen Lehrplänen und bringt damit die Relevanz der Unterrichtsthemen, die in Abstimmung mit den örtlichen Gegebenheiten vermittelt wurden, zum Ausdruck. Die vereinzelten kursiv gedruckten Wörter weisen auf Bezüge zu Fächern hin, die vom TMBWK (2012a; 2012b; 2012e; 2012f)

---

271 Die Fächer Wirtschaft und Recht, Sozialkunde und Informatik tauchen erst für die Klassenstufen 9/10 im jeweiligen Lehrplan auf (TMBWK 2012b; 2012e; 2012f). Bei letzterem handelt es sich um ein erst in Klassenstufe 9 einsetzendes Wahlpflichtfach (TMBWK 2012f). Bei der Erstellung der Mindmaps wurde sich i. d. R. nur auf Lehrplaninhalte der jeweiligen Klassenstufe (Klasse 7 bzw. 9) bezogen, da der inhaltliche Rahmen sonst überstiegen worden wäre. In einigen Fällen wurde in beiden Überblicks-Mindmaps auf thematische Überschneidungen mit anderen Klassenstufen hingewiesen (Kursivdruck). Folgende Etappen wurden bei der Analyse der verschiedenen Lehrpläne zur Erstellung der Mindmaps (Übersichts-Mindmaps, Teil-Mindmaps) für Klasse 7a und Klasse 9a absolviert und in der nachstehend beschriebenen Schrittfolge zum Nachvollziehen des methodischen Vorgehens zusammengefasst: 1. Auswahl von Lehrplaninhalten entsprechend der jeweiligen Klassenstufe (Hauptäste in Mindmap), 2. Auswahl explizit passender Lehrplaninhalte aus anderen Klassenstufen (Hauptäste in Mindmap), 3. Zuordnung eigener Inhalte zu den ausgewählten Lehrplaninhalten (Unteräste im Mindmap), 4. Ergänzung eigener, nicht explizit den ausgewählten Lehrplaninhalten zuzuordnender Inhalte (Extraäste im Mindmap), 5. Finalisierung ausführlicher Übersichts-Mindmap, 6. Isolierung detaillierter Teil-Mindmaps aus ausführlicher Übersichts-Mindmap, 7. Erstellen verdichteter Übersichts-Mindmap (s. Abb. 14, Abb. 15).

272 Latein (TMBWK 2011a), Mathematik (TMBWK 2011b), Geschichte (TMBWK 2012g), Wirtschaft und Recht (TMBWK 2012b), Ethik (TMBWK 2012c), Sozialkunde (TMBWK 2012e), Geografie (TMBWK 2012d), Kunst (TMBWK 2012h), Informatik (TMBWK 2012f), Physik (TMBWK 2012i), Chemie (TMBWK 2012j), Biologie (TMBWK 2012a), Evangelische Religionslehre (TMBWK 2013) und Sport (TMBJS 2016).

273 Die zugehörigen ausdifferenzierten 14 Teil-Mindmaps für Klassenstufe 7 mit den konkreten Unterrichtsinhalten der Schülerexpedition sind im Anh. 16 - Anh. 29 zu finden.

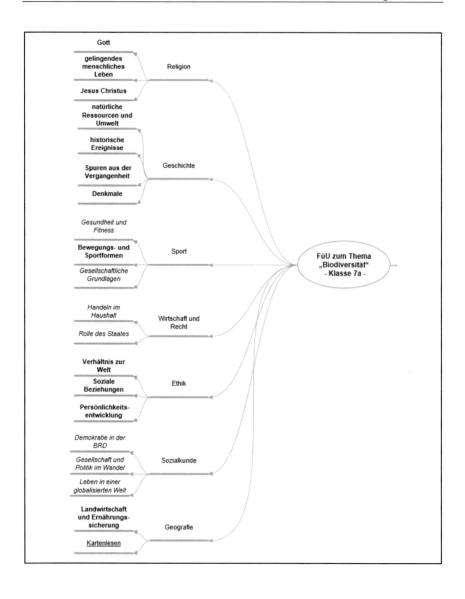

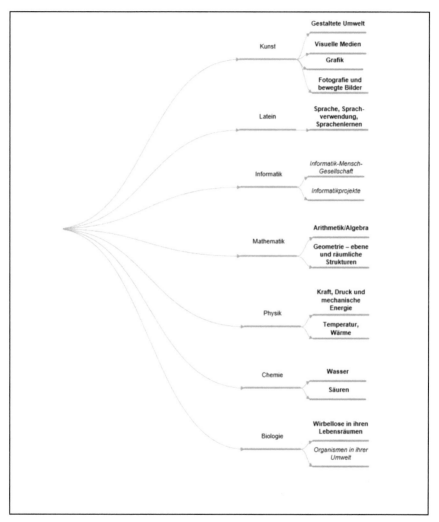

Abb. 14: Fächerübergreifender Unterricht zum Thema „Biodiversität" mit Expeditionsklasse 7a.[274]

---

274 Basis bildete die Analyse von 14 Thüringer Lehrplänen (TMBWK 2011a; 2011b;
2012a; 2012b; 2012c; 2012d; 2012e; 2012f; 2012g; 2012h; 2012i; 2012j; 2013b,
TMBJS 2016). Fett=im Lehrplan explizit für diese Klassenstufe aufgeführt, kur-
siv=im Lehrplan für andere Klassenstufe aufgeführt, aber relevant für diese Klassenstufe, unterstrichen=eigene Ergänzungen.

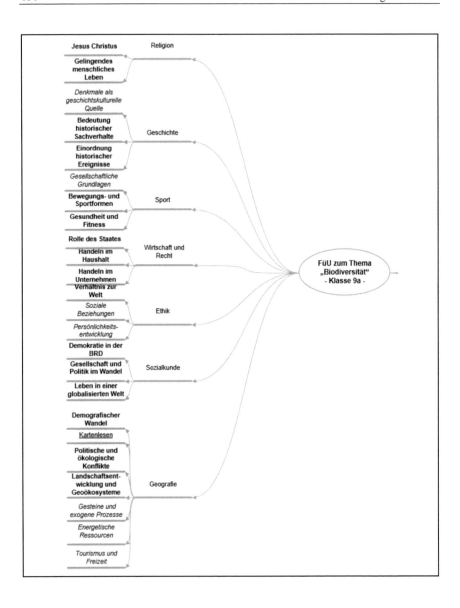

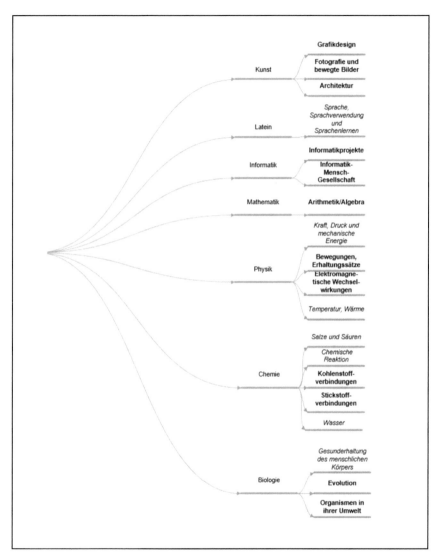

Abb. 15: Fächerübergreifender Unterricht zum Thema „Biodiversität" mit Expeditions-klasse 9a.[275]

---

bzw. TMBJS (2016) in einer anderen Klassenstufe vorgesehen sind, aber ideal aufgrund der lokalen Naturgegebenheiten und des biodiversitätsbezogenen Rahmenthemas des Biotracks in der Praxis behandelt werden können und daher mit in die Grafik aufgenommen wurden.[276] Die zusätzlich während der Expedition mündlich vermittelten biologischen Artnamen laut binärer Nomenklatur nach Linné sind jeweils lateinischen oder griechischen Ursprungs.[277] Der Begriff „Biodiversität" wurde den Schülern der Klasse 7a im Rahmen der Expedition als aus dem Englischen abgeleiteter biologischer Fachbegriff vermittelt (Wortbedeutung: biological diversity, biodiversity, biologische Vielfalt). Im Sinne eines Zwischenfazits kann an dieser Stelle festgehalten werden, dass die während der Schülerexpedition mit Klasse 7a 14 einbezogenen Unterrichtsfächer[278] zeigen, dass Biologieunterricht an außerschulischen Lernorten zur Lösung einer zentralen Problemstellung (hier Biodiversitätsverlust) mit den Lehrplaninhalten zahlreicher Unterrichtsfächer verknüpft werden kann. Auch die in den Tabellen dargestellten Inhalte für weitere passende fächerübergreifende Bezüge (s. Anh. 30) sowie einbezogene Fremdsprachen deuten darauf hin, dass der folgende Teilaspekt der aufgestellten Hypothese H3: „Außerschulischer Biologieunterricht bietet ein hohes interdisziplinäres Potenzial [...]" für die Expedition mit Klasse 7a gestützt werden kann.

Die Betrachtung der Mindmap (s. Abb. 15)[279] zeigt: Auch in Klassenstufe 9 wurden im Rahmen der Expedition 14 Unterrichtsfächer aus den vier Wissenschaftsbereichen einbezogen. Die Verankerung der konkreten Unterrichtsthemen

---

TMBJS 2016). Fett=im Lehrplan explizit für diese Klassenstufe aufgeführt, kursiv=im Lehrplan für andere Klassenstufe aufgeführt, aber relevant für diese Klassenstufe, unterstrichen=eigene Ergänzungen.

276 Die Tabelle im Anh. 30 zeigt einen Überblick über weitere passende Inhalte für Klassenstufe 7, die im Rahmen der Schülerexpedition aus Kapazitätsgründen nicht umgesetzt wurden, aber aufgrund der Eignung zur Verdeutlichung des interdisziplinären Potenzials der thematischen Biotracks dient. Im Anh. 31 und Anh. 32 findet sich eine Auflistung der in Klasse 7a während der Expedition verwendeten und auf Schülernachfrage erklärten bzw. per Wortherkunft abgeleiteten wissenschaftlichen Begriffe lateinischen und griechischen Ursprungs, von denen aus darstellungstechnischen Gründen in der zugehörigen Teil-Mindmap für das Fach Latein nur sechs exemplarische lateinische Fachbegriffe illustriert wurden (s. Anh. 17).

277 Die Auflistung aller während der Expedition determinierten Arten mit zugehörigen wissenschaftlichen Artnamen liefert hierzu die beigefügten Artenlisten (s. Anh. 138, Anh. 141, Anh. 144 – Anh. 145).

278 s. Übersichts-Mindmap (Abb. 14) und 14 Teil-Mindmaps (Anh. 16 – Anh. 29).

279 Die zugehörigen ausdifferenzierten 14 Teil-Mindmaps für Klassenstufe 9 mit den konkreten Unterrichtsinhalten sind analog wie bei Klassenstufe 7 im Anh. 33 - Anh. 46 zu finden.

in insgesamt 28 Lernbereichen (Fettdruck) zeigt die Relevanz dieser Inhalte in Klassenstufe 9 auf. Ergänzend dazu sind 14 weitere Lernbereiche dargestellt (Kursivdruck), die vom TMBWK (2011a; 2012a; 2012c; 2012d; 2012g; 2012i; 2012j) bzw. TMBJS (2016) für eine andere Klassenstufe vorgeschlagen wurden, aber in Abstimmung sowohl mit den lokalen Voraussetzungen im Gelände des Expeditionsgebietes als auch vor dem Hintergrund des biodiversitätsbezogenen Rahmenthemas eine Eignung für die Realisierung in der Praxis aufweisen.[280] Wie erwähnt wurden die Mindmaps im Rahmen der Planung und Entwicklung der zwei Schülerexpeditionen erstellt und könnten folglich noch viel mehr interdisziplinäre Bezüge der tangierten Unterrichtsfächer aufzeigen.[281]

Bei der Erstellung der Mindmaps wurde außerdem darauf geachtet, dass eine eindeutige Zuordnung der auf der Expedition behandelten Inhalte in den passenden Lernbereich erfolgt, um inhaltliche Überschneidungen zu vermeiden.[282] Im Rahmen des einbezogenen Unterrichtsfachs Latein wurden in Klasse 9a zahlreiche wissenschaftliche Begriffe lateinischen und griechischen Ursprungs auf der Expedition verwendet, im Expeditionsheft (Knoblich 2016b; 2020b) dargestellt sowie ausgewählte Begriffe bei Verständnisschwierigkeiten im Rahmen der Vorbereitungsstunde (s. Kap. 6.3.2.2) im Unterrichtsgespräch geklärt.[283] Auch

---

280 Besonders unter dem Blickwinkel der interdisziplinären Thematik ist in Einzelfällen die konkrete Zuordnung einzelner Unterrichtsschwerpunkte der realisierten Expedition zu einem Unterrichtfach nicht sinnvoll, weil die Grenzen z. T. fließend sind. Auf folgende zwei Beispiele aus dem Expeditionsheft (Knoblich 2016b; 2020b, S. 20) trifft dieser Aspekt zu: Der thematisierte Kontext zu den technischen Denkmälern ist physikalisch, die Berechnung ist mathematisch. Das Messen abiotischer Umweltfaktoren (Knoblich 2016b; 2020b, S. 22f) wird im Lehrplan Biologie aufgeführt, aber grundsätzlich lassen sich die in diesem Zusammenhang untersuchten Parameter den einzelnen Unterrichtsfächern zuordnen: Lichtintensität (Physik), Windgeschwindigkeit (Physik), Lufttemperatur (Physik), Luftfeuchtigkeit (Geografie), pH-Wert (Chemie).

281 Diese wurden aber aus Gründen der Übersichtlichkeit nicht mit dargestellt. Einen exemplarischen Einblick über weitere denkbare Inhalte ermöglicht analog zu Anh. 30 die tabellarische Auflistung im Anh. 47.

282 Einzige Ausnahme stellt bei Klasse 9a der Unterrichtsinhalt „elektrolytische Leitfähigkeit" dar, der sowohl in der Teil-Mindmap Physik als auch in der Teil-Mindmap Chemie aufgrund der inhaltlichen Passung unter verschiedenen Blickwinkeln eingeordnet wurde (s. Anh. 37, Anh. 38).

283 Aus Gründen der Übersichtlichkeit wurden in der zugehörigen Teil-Mindmap nur sechs exemplarische lateinische Fachbegriffe und keine griechischen Begriffe visualisiert (s. Anh. 34). Nähere Details zu den während der Expedition mündlich vermittelten biologischen Artnamen laut binärer Nomenklatur nach Linné jeweils lateinischen oder griechischen Ursprungs (s. Anh. 48, Anh. 49) liefern die beigefügten Artenlisten (s. Anh. 150, Anh. 154, Anh. 157).

den Schülern der Klasse 9a wurde der Begriff „Biodiversität" als aus dem Englischen abgeleiteter biologischer Fachbegriff mit zugehöriger Wortbedeutung nähergebracht.[284] Bei unteren Klassenstufen (Sekundarstufe I) ist eine explizite Begriffsklärung und bevorzugte Verwendung deutscher bzw. vereinfachter Bezeichnungen (z. B. biologische Vielfalt statt Biodiversität, s. Kap. 2.1) zu empfehlen, um eine kognitive Überforderung zu vermeiden und die zentralen Inhalte (z. B. zum Biodiversitätsschutz) zu vermitteln.

Die Ausführungen zu den während der Expedition realisierten und potenziell denkbaren fächerübergreifenden Inhalten für Klassenstufe 9 deuten darauf hin, dass der folgende Teilaspekt der aufgestellten Hypothese H3: „Außerschulischer Biologieunterricht bietet ein hohes interdisziplinäres Potenzial [...]" gestützt werden kann. Der Einbezug von lehrplanbasierten Themen von 14 Unterrichtsfächern in insgesamt 28 klassenstufenbezogenen Lernbereichen zeigt auch für diese Klassenstufe, wie Biologieunterricht fächerübergreifend an außerschulischen Lernorten in die Praxis umgesetzt werden kann (s. Kap. 6.3). Vereinfacht zusammengefasst fördert FüU das vernetzte Denken, unterstützt Lernprozesse und leistet einen Beitrag zu einer umfassenden naturwissenschaftlichen Bildung (Labudde 2014).[285]

Ellenberger (1993) unterstreicht die Notwendigkeit der Handlungsorientierung im Rahmen fächerübergreifenden Unterrichts: Entdeckendes Lernen und forschender Unterricht (s. Kap. 4.2.3) stellen wichtige Ausrichtungen im Kontext der Handlungsorientierung dar. Auf diese Weise können Schüler die heute immer wichtiger erscheinenden Naturerfahrungen durch eigenes Tun, direktes Er-

---

284 Alle Tabellen (s. Anh. 31 - Anh. 32., Anh. 48 - Anh. 49) erheben keinen Anspruch auf Vollständigkeit, bilden aber dennoch die zentralen, auf den Expeditionen verwendeten Fachbegriffe fremdsprachlichen Ursprungs ab.

285 Die Studie möchte einen Beitrag hinsichtlich einer positiven Einstellungsänderung der Schüler, der Erweiterung des Umweltwissens sowie der Motivation zu aktivem Umwelthandeln leisten (s. Z8, Kap. 1.5). Aus einem großen Umweltwissen muss nicht automatisch Umwelthandeln resultieren (Schlüter 2007). Fächerübergreifender Biologieunterricht ist mehrperspektivisch und kann durch das Ansprechen von Emotionen und vielen Sinnen (s. Z6, Kap. 1.5) über das Bearbeiten naturwissenschaftlicher Themen hinaus die erforderliche Verbindung zwischen Wissen und Handeln hervorrufen (Spahn-Skrotzki 2010), was sich mit den Erkenntnissen des pädagogischen Konzepts handlungsorientierten Unterrichts (Gudjons 2008, s. Kap. 1.1, Kap. 1.5) deckt. FüU mündet in den Ansatz der Problemorientierung (Spahn-Skrotzki 2010). Nach dem bildungstheoretischen Ansatz der Schlüsselprobleme von Klafki (2007) steht in diesem Buch der Biodiversitätsverlust im Zentrum der Betrachtungen, der dem Schlüsselproblem der „Umweltfrage" zugeordnet werden kann (Spahn-Skrotzki 2010, s. Kap. 3.1).

leben und den Einsatz vieler Sinne nach- bzw. aufholen (Spahn-Skrotzki 2010).[286]

FüU und handlungsorientierter Unterricht stellen die Basis dar, „die Institution und ihre schulorganisatorischen Bedingungen so zu verändern, dass ‚nachhaltiges Lernen' im angestrebten Sinne tatsächlich und unbehindert stattfinden kann" (Moegling 1998, S. 205). Eine Möglichkeit auf diesem Weg soll mit dem entwickelten Biodiversitäts-Modul für das Fach NWuT aufgezeigt werden (Knoblich & Hoffmann 2018, s. Kap. 2.6.3), das aufgrund seiner interdisziplinären Ausrichtung Praxisbausteine für die Realisierung fächerübergreifenden naturwissenschaftlichen Unterrichts bietet (s. Anh. 9).[287]

4.4 Außerschulische Lernorte im Fach Biologie

Bereits Rousseau wusste seinerzeit das hohe didaktische Potenzial der Natur bzw. Landschaft zu schätzen. Zu den Vorteilen der natürlichen Umgebung zählt er Folgende: „die reine Luft und die sonstigen gesunden Lebensbedingungen, die Einfachheit der Sitten und die Fülle des Anschauungsstoffes, die didaktisch wichtig ist" (Kühl 1927, S. 50). Im Jahr 1990 kam man zu der Erkenntnis, dass Biologieunterricht im Schulgebäude bei der Vermittlung bestimmter Wissensgüter und Kompetenzen irgendwann an seine Grenzen stößt: „Naturnahe Erziehung und Bildung haben ganzheitlichen Charakter, sie beziehen sich auf viele Aspekte

---

286 Zur Realisierung FüU kann die Zusammenarbeit mit Kollegen anderer Fächer bereichernd sein, da im Idealfall die fachlichen Kompetenzen ergänzt und durch die Kooperation auf ein höheres Niveau gehoben werden. Die leichteste und zeitsparendste Version ist allerdings das Unterrichten zweier Schulfächer von ein und derselben Lehrperson in einer Schulklasse (Moegling 1998), wie es hier am Beispiel der Verknüpfung der Fächer Biologie und Sport ansatzweise geschah (s. Kap. 4.3, Kap. 6.3). In der vorliegenden Studie wurde sich aber bewusst nicht auf diese beiden Fächer beschränkt, was auch anhand der erstellten Mindmaps (s. Abb. 14, Abb. 15) ersichtlich wird.

287 Die Beschreibung zur interdisziplinären Umsetzung der Schülerprojekte findet sich im Kap. 6.3. Erst in der Zusammenarbeit mehrerer Fächer wird Biologieunterricht den bildungstheoretischen Forderungen nach Fächerüberschreitung zum konstruktiven Umgang mit gesellschaftlich relevanten Fragestellungen sowie zunehmender Lebensweltorientierung gerecht, fungiert aber in diesem Zusammenhang nicht als Ersatz, sondern als sinnvolle Ergänzung zum regulären fachspezifischen Unterricht. Erst, wenn sich Schüler innerlich öffnen, steht der Erschließung neuer Inhalte auf verschiedenen Ebenen gekoppelt mit verantwortlichem Handeln im Sinne eines aktiven Prozesses und der daraus resultierenden Bildung (s. Kap. 3.1) nichts mehr im Wege (Spahn-Skrotzki 2010).

des Lebens. Daher können sie sich auch nicht auf die Schule beschränken" (Göpfert 1990, S. 69). Ein Projekttag kann hier als geeignete Möglichkeit für die Verwirklichung ganzheitlicher Naturerfahrungen dienen (Göpfert 1990). Auch in Anlehnung an die Ergebnisse des Jugendreports wird herausgestellt, dass es sich immer wieder zeigt: „Das reale Naturerlebnis, die Begegnung mit der Natur ist durch nichts zu ersetzen" (Hutter & Blessing 2010, S. 87).

Nachfolgend werden außerschulische Lernorte in das nähere Blickfeld der Betrachtung gerückt, wobei auf frühere Ausarbeitungen (Knoblich 2015a) Bezug genommen wird und dortige Gedanken weitergeführt werden.

In Ergänzung zu Göpfert (1990) gewinnen außerschulische Lernorte gerade in der heutigen, durch Medien geprägten Zeit (s. Kap. 4.6) im Sinne des Sammelns von außerschulischen Primärerfahrungen zunehmend an Bedeutung. Aufgrund des Fehlens einer einheitlichen Begriffsdefinition werden nachfolgend in Anlehnung an Berck und Starosta (1990) unter **außerschulischen Lernorten** alle Orte außerhalb des Schulgebäudes verstanden, die im Rahmen des Unterrichts aufgesucht werden und durch originale Begegnungen und die aktive Tätigkeit am Lernobjekt zum Kompetenzerwerb beitragen (Knoblich 2015a).

Gemäß der internationalen Literatur (Falk & Dierking 1997; Falk & Storksdieck 2005; Klaes 2008) wird grundsätzlich in **didaktisch aufbereitete** und **didaktisch nicht aufbereitete Lernorte** eingeteilt. Zu Erstgenannten zählen didaktisch sinnvoll strukturierte Lernorte wie Museen, botanische Gärten oder Zoos.[288] Demgegenüber sind natürliche Ökosysteme, wie z. B. die Ökosysteme Wald, Wiese, Bach und See[289] den didaktisch nicht aufbereiteten Lernorten zuzuordnen (Knoblich 2015a). Auch Naturparke, wie im vorliegenden Fall der Naturpark „Thüringer Schiefergebirge / Obere Saale" können i. w. S. als außerschulische Lernorte bezeichnet werden (Verband Deutscher Naturparke e. V. 2013).[290] In vorliegendem Buch wurde bewusst die Natur als solches als übergreifender Lernort bezeichnet (s. Titel des Buches), da es hier nicht zielführend

---

288 Der internationale Terminus für die didaktisch aufbereiteten Lernorte ist ‚museum' (Falk & Dierking 1997; Falk & Storksdieck 2005; Klaes 2008). Für das Aufsuchen von Lernorten existiert demgegenüber keine einheitliche internationale Bezeichnung. Es wird z. B. von ‚visits' (Falk & Storksdieck 2005), ‚field trips' (Falk & Dierking 1997), ‚excursions' (Stolpe & Björklund 2013), ‚outings' (Aziz 2012) und ‚expeditions' (Harper et al. 2017) gesprochen (Klaes 2008).

289 s. Kap. 6.2.1, Kap. 6.4.1, Kap. 6.5.1.

290 Eine weitere Ordnungsmöglichkeit außerschulischer Lernorte stellt die Kategorienbildung und anschließende Zuordnung der Lernort-Beispiele dar, die hiermit nur erwähnt wurde. Weitere Details, explizit auch zur Kategorie „Natur und Umwelt" sind dem zugehörigen Werk (Knoblich 2015a) zu entnehmen.

ist, die Vielfältigkeit der Natur auf einzelne Lernorte, wie z. B. spezielle Ökosysteme zu reduzieren.[291]

Im Hinblick auf die Organisationsformen zur Erkundung außerschulischer Lernorte stellt die biologische Exkursion die häufigste Form dar, die jeweils durch die Integration des Abenteueraspekts zu einer Expedition ausgebaut wurde.[292] Für den themenübergreifenden Angebotskatalog *Lernorte* (Naturparkverwaltung Thüringer Schiefergebirge / Obere Saale 2015)[293] des Vereins „Naturpark Thüringer Schiefergebirge / Obere Saale" wurden vier beispielhafte Expeditionsgebiete als außerschulische Lernorte angemeldet: Der „Biotopverbund Rothenbach" bei Heberndorf, das Nordufer des Bleilochstausees, das Sormitzgebiet bei Leutenberg und das Plothener Teichgebiet.[294]

Aus der weitführenden Palette der Vorzüge der Einbindung außerschulischer Lernorte in den Biologieunterricht soll im Folgenden nur eine zusammengestellte Auswahl derjenigen Vorteile dargestellt werden, die in diesem Buch einen besonderen Stellenwert erhalten. Neben der Schulung kommunikativer Fähigkeiten, der Förderung sozialen Lernens sowie der Ermöglichung neuer Erfahrungshorizonte in Verbindung mit der Erhöhung der Behaltensleistung sind außerschulische Lernorte prädestiniert, entdeckendes Lernen und forschenden Unterricht (s. Kap. 4.2.3) zu initiieren. Außerdem leisten sie einen entscheidenden Beitrag zur Verminderung von Lerndefiziten in einer veränderten Umwelt unter Einbeziehung vieler Sinne (Burk & Claussen 1981 nach Knoblich 2015a).

Durch den hohen interdisziplinären Charakter außerschulischer Lernorte erlauben diese die Verknüpfung naturwissenschaftlicher, künstlerischer, kultureller und gesellschaftspolitischer Fragestellungen sowie die Durchführung fächerübergreifender Projekte (Kap. 4.3). Nicht zuletzt können außerschulische Lernorte im Biologieunterricht einen wertvollen Beitrag leisten, die Handlungsbereit-

---

291 Auch der Deutsche Jagdverband e. V. wählte diese begriffliche Kombination: *Lernort Natur* ist ein anerkanntes Projekt der „Weltdekade Bildung für nachhaltige Entwicklung 2005 – 2014", das erlebnisorientierte Natur- und Umweltbildungsangebote für Kindergärten, Schulen u. a. Interessenten anbietet (Deutscher Jagdverband e. V. 2020).

292 Wortherkunft s. Anh. 31, Anh. 48: Expedition (lat.) expeditio: „Feldzug", expedire: „losmachen", Entdeckungsreise (PONS GmbH 2017), Begriffsdefinition: s. Kap. 6.1, Praxisbeispiele: s. Kap. 6.3.

293 Hierbei handelt es sich um einen Arbeitstitel. Zum jetzigen Zeitpunkt (Stand: Mai 2020) wurden die vier Beiträge online in das TSP eingestellt, da die angedachte Printversion *Lernorte* (Naturparkverwaltung Thüringer Schiefergebirge / Obere Saale 2015) noch aussteht.

294 s. Anh. 52 – Anh. 59. Die zugehörigen Kartendarstellungen sowie die Visitenkarte sind im Anh. 50 und Anh. 51 hinterlegt.

schaft der Schüler gezielt zu fördern (Becker 2014a nach Knoblich 2015a), was dem zugrundeliegenden Konzept handlungsorientierten Unterrichts entspricht und sich im Grundansatz und in den Zielstellungen dieses Buches widerspiegelt (s. Kap. 1.1, Kap. 1.5). Nicht zu vernachlässigen ist auch der Beitrag zur Motivationssteigerung der Schüler. Bereits durch die Ankündigung eines Lernortbesuches[295] können die Schüler neugierig gemacht und für den Unterrichtsgegenstand motiviert werden, was im Rahmen der Vorbereitungsstunden in Klasse 7a und 9a zum Ausdruck kam (s. Kap. 6.3.1.2, Kap. 6.3.2.2).

Bereits Konrad Lorenz erkannte zu seiner Zeit den hohen Beitrag außerschulischer Lernorte zum Erwerb eines besseren Umweltbewusstseins und Naturverständnisses (Lorenz & Wuketits 1983) und sprach sich für „einen möglichst engen Kontakt mit der lebendigen Natur (und zwar in möglichst frühem Alter)" aus, „um Wertempfindungen für das Schöne und das Gute zu wecken […]" (Killermann, Hiering & Starosta 2016, S. 98, s. Z8a, Kap. 1.5).

> „In der Biologie können wir versuchen, die Aufmerksamkeit der Schüler über die Schönheit und Vielfalt der Natur (oder deren Bedrohung), ihr erstaunliches Zusammenspiel und den wunderbaren Bau ihrer Lebewesen zu wecken. Wir können Erlebnisfreude und Spaß in ihre Bereitschaft umwandeln, sich dem angesprochenen Thema zuzuwenden. Sehen, hören, betasten, auch riechen und schmecken, das direkte sinnliche Erfassen, aber auch miteinander und darüber sprechen, all das eröffnet den Zugang zu neuen, unbekannten Phänomen[en] […]".

Diese Worte von Ellenberger (1993, S. 174) deuten darauf hin, dass derartige Zugänge zu unbekannten Phänomenen (hier Biodiversität, s. Kap. 2) besonders gut im Rahmen des außerschulischen Biologieunterrichts, insbesondere auf Exkursionen angeeignet werden können, auf denen die einzelnen Lerntypen in vielen Lebensbezügen angesprochen werden (Ellenberger 1993).[296]

Die zeitintensiven Vor- und Nachbereitungsphasen eines außerschulischen Lernortbesuches lassen sich durch den Einsatz konkreter Leitfäden (s. Anh. 60 – Anh. 62) minimieren (Knoblich 2015a). Der Gliederung in die drei Phasen „Vorbereitung", „Durchführung" und „Nachbereitung" folgend wurden drei Checklisten in Anlehnung an Pohl (2008) mit dem Ziel erstellt, zukünftig diese drei Phasen effektiver zu gestalten und den organisatorischen Aufwand durch konkrete Praxistipps zu minimieren.

Schon an der Anzahl der fortlaufenden Nummerierung fällt auf, dass ein außerschulischer Lernortbesuch eine tiefgründige und detaillierte Vorbereitung

---

295 hier z. B. Expedition zum größten Stausee Deutschlands (s. Kap. 6.3.2, Anh. 118).
296 Mögliche Barrieren außerschulischer Lernorte sind z. B. bei Becker (2014a nach Knoblich 2015a) nachzulesen.

erfordert, die anhand der beigefügten Checkliste überprüfbar ist (s. Anh. 60).[297] Einen eminenten Stellenwert nimmt die Vorexpedition ein, die von jedem Expeditionsleiter im Vorfeld zur Klärung der Rahmenbedingungen[298] und Abstimmung der Unterrichtsinhalte eingeplant werden sollte (s. Punkt 32).[299] Bei der Auswahl von Ökosystemen als außerschulische Lernorte, wie es bei beiden Schülerexpeditionen der Fall war, müssen der Jahreszeitenaspekt und die damit einhergehenden wechselnden Artenabfolgen und veränderten Standortbedingungen berücksichtigt werden (Pohl 2008), sodass ein prinzipielles Erkunden des Expeditionsgebietes (s. Punkt 1) sowie eine spezielle Vorexpedition (s. Punkt 32) anzuraten ist.

Von hoher Relevanz sind außerdem die in der Tabelle dargestellten Punkte 14-16 der Nachbereitungsphase (s. Anh. 62), da die Expeditionsergebnisse durch verschiedene Möglichkeiten einer breiteren Öffentlichkeit zugänglich gemacht werden sollen.[300] Auf diese Weise kommt zum Ausdruck, dass der außerschulische Unterricht nicht zum Selbstzweck durchgeführt wurde, sondern einen übergreifenden Nutzen[301] sowie, damit einhergehend, eine größere Bedeutung für die Schüler hatte und damit ihre Arbeit aufwertete (Pohl 2008). Durch regelmäßige Integration außerschulischer Lernorte in den Unterricht können diese fester Bestandteil des Schulkonzepts werden und zu einer bereichernden Lehr-Lernkultur beitragen (Knoblich 2015a).[302]

Erkundungen und Beobachtungen haben einen unverzichtbaren Stellenwert im Rahmen des Lernortbesuches, in dessen Rahmen ausreichend Raum zum Beobachten, Untersuchen und Erkunden geschaffen werden soll (Becker 2014b nach Knoblich 2015a). Diese und weitere Arbeitstechniken werden im nachfol-

---

297 Die nachfolgenden Verweise beziehen sich – sofern nicht anders angegeben – auf Anh. 60.

298 Wegstrecke, Wetterverhältnisse, „biologische Highlights", benötigtes Material, vorzufindende Arten, Zeitbedarf, Datenerhebung: Arten, Fotos, Videos usw. (s. Kap. 5.3).

299 Umso überraschender erscheint der aus einer empirischen Untersuchung resultierende Aspekt, dass „ungefähr die Hälfte der Probanden gegebenenfalls auf eine Voruntersuchung verzichtet. Wenn man postuliert, dass Voruntersuchungen zur obligatorischen Unterrichtsvorbereitung gehören, liegen die Werte für den eventuellen Verzicht ausgesprochen hoch" (Pohl 2008, S. 180).

300 z. B. durch einen Artikel in der Lokalzeitung (Hagen 2016, s. Anh. 190).

301 z. B. Beteiligung am GEO-Tag der Artenvielfalt und Mitarbeit am Thüringer Artenerfassungsprogramm „THKART" (TLUG 2017, s. Kap. 6.3 – Kap. 6.5).

302 Ziel ist es, außerschulische Lernorte zu einem festen Bestandteil schulischer Bildungsarbeit zu machen. Dies ist die Forderung, die im *Thüringer Bildungsplan bis 18 Jahre* (s. Kap. 3.7) sowie in den Leitlinien zu den Lehrplänen der Thüringer Schule gestellt wird (Becker 2014b nach Knoblich 2015a).

genden Abschnitt vorgestellt, zumal sich viele biologische Arbeitstechniken häufig nur durch den Unterricht im Freiland erschließen lassen (Pohl 2008).

4.5   Biologische Arbeitstechniken

Die bisherigen Ausführungen machen deutlich, dass die Schülertätigkeit während der Vorbereitung, Durchführung und Auswertung eines außerschulischen Lernortbesuches zunehmend an Bedeutung gewinnt. Der Klassifizierung von Hoßfeld et al. (2019) folgend, kristallisieren sich in diesem Zusammenhang zentrale biologische Arbeitstechniken heraus.[303] Unter **„biologischen Arbeitstechniken"** werden in Anlehnung an Killermann, Hiering & Starosta (2016, S. 136) in diesem Buch i. w. S. all jene Denk- und Arbeitsmethoden verstanden, mit deren Hilfe man zu Erkenntnissen im Biologieunterricht gelangt. Die nachfolgenden Erörterungen zu biologischen Arbeitstechniken erfolgen mit dem Ziel der Diskussion des zweiten Teilaspekts der aufgestellten Hypothese H3 anhand der Methode der Dokumentenanalyse – hier der Expeditionshefte (Knoblich 2016a; 2016b): „Außerschulischer Biologieunterricht [...] schult in hohem Maße essenzielle biologische Arbeitstechniken" (s. Kap. 1.4).[304]

Soll eine Klassifizierung dieser vielfältigen biologischen Arbeitstechniken erfolgen, empfiehlt sich grundsätzlich die Einteilung in **rezeptive und produktive Techniken** (Hoßfeld et al. 2019).[305] Die Bedeutung der Arbeitstechniken

---

303 Aufgrund des Fehlens einer einheitlichen Definition und je nach Autor synonym verwendeter Begriffe wie „Schülertätigkeiten", „Lerntätigkeiten" und „Methoden" (Hoßfeld et al. 2019), „Schülertätigkeiten" und „Arbeitstechniken" (Baer & Grönke 1969), „Arbeitsweisen" (Pohl 2008, Ellenberger 1993) wird im Folgenden die Bezeichnung „biologische Arbeitstechniken" gebraucht, die in ähnlicher Form auch in den Bildungsstandards im Fach Biologie (s. Kap. 3.5) verwendet wird („biologiespezifische Arbeitstechniken", KMK 2005, S. 17).

304 Aufgrund der Vielfältigkeit biologischer Arbeitstechniken (Baer & Grönke 1969) wurde sich sowohl im Text als auch bei der Erstellung der Mindmaps (s. Abb. 16, Abb. 17) auf das Wesentliche beschränkt. Eine exemplarische Auflistung weiterer Arbeitstechniken ist für die Expeditionsklassen 7a und 9a im Anh. 66 und Anh. 70 aufgeführt.

305 Bei ersteren werden Techniken des Auffassens sowie des wiedergebenden Darstellens unterschieden, während die produktiven Techniken das Erkunden, logische Operieren, Erkennen von Problemen, Gestalten und schaffende Darstellen einschließen (Hoßfeld et al. 2019, s. Anh. 63). Auf eine weitere Aufgliederung sowie die Definition der einzelnen Arbeitstechniken wird an dieser Stelle verzichtet, da prinzipielles Anliegen in diesem Kapitel ein zusammenfassender Überblick der biologischen Arbeitstechniken ist.

kann wie folgt zusammengefasst werden: Kennzeichnend ist der unmittelbare Bezug biologischer Arbeitstechniken zum „Gegenstandsbereich der Biologie: dem Leben, den Lebewesen, der Natur" (Verfürth 1987, S. 62). Wird naturnaher Biologieunterricht angestrebt, müssen biologische Arbeitstechniken dem Anspruch gerecht werden, Anschauung zu initiieren. Dies gelingt einerseits durch den ihnen eigenen Handlungscharakter, durch die damit verbundene Kontaktaufnahme mit der unmittelbaren oder vermittelten Realität und andererseits durch Vermittlung von Verhaltensweisen, die sich an biologischen Techniken orientieren (Verfürth 1987).[306]

Zur Diskussion der Aussage, dass außerschulischer Biologieunterricht in hohem Maße essenzielle biologische Arbeitstechniken schult (s. zweiter Teilaspekt Hypothese H3) erfolgte eine Analyse der Expeditionshefte beider Klassen (Knoblich 2016a; 2016b, s. Kap. 6.2.2). Im Folgenden werden die aus dieser Dokumentenanalyse resultierenden speziell auf die Expeditionsklassen (7a und 9a) abgestimmten Mindmaps mit den zentralen daraus gewonnenen Erkenntnissen präsentiert.[307] Bei Betrachtung der Mindmap der in Klasse 7a angewendeten biologischen Arbeitstechniken fällt auf, dass bei den rezeptiven Techniken alle Formen des Auffassens und zahlreiche Formen des wiedergebenden Darstellens während der Expedition gefördert wurden (s. Abb. 16). Bis auf das Gestalten wurden auch alle produktiven Techniken wie schaffendes Darstellen, Erkennen von Problemen, Logisches Operieren und Erkunden in der freien Natur geschult, sodass für die Expeditionsklasse 7a der zweite Teilaspekt der zugrundeliegenden Hypothese „Außerschulischer Biologieunterricht […] schult in hohem Maße essenzielle biologische Arbeitstechniken" auf Basis der praktischen Anwendung im Rahmen der Schülerexpedition (s. Kap. 6.3) gestützt werden kann. Folgende exemplarische inhaltliche Hinweise empfehlen sich an dieser Stelle für das weitere Verständnis sowie die Interpretation der dargestellten Mindmap. Im Zu-

---

306 Auf diese Art und Weise erlangen die Schüler die Befähigung zum Lösen biologischer Aufgaben und Probleme der Umwelt unter Verwendung adäquater Methoden, zum Verstehen biologischer Prozesse und Techniken, zum Erkennen der Leistungen und Grenzen biologischer Methoden, zur Übernahme von Verantwortung für das Leben und die Natur sowie zur Verstärkung des emotionalen Verhältnisses zur Natur durch Sach- und Methodenkenntnis (Verfürth 1987).

307 Die Hervorhebung (Kursivdruck) weist darauf hin, dass die jeweilige biologische Arbeitstechnik in dieser Klassenstufe auf der Expedition angewendet wurde. Die Aufstellung orientiert sich dabei grundlegend an den Arbeitsaufträgen in den zugehörigen Expeditionsheften (Knoblich 2016a; 2016b), wohingegen spontane mündliche Erklärungen während der Expedition weitgehend unberücksichtigt bleiben. Die von Verfürth (1987) angegebenen Arbeitstechniken Sammeln und Fotografieren wurden mit in den eigenen, über die Mindmaps hinausgehenden Katalog aufgenommen (s. Anh. 66, Anh. 70).

sammenhang mit dem Zeichnen der Borkenkäferfalle sowie dem Bau der Waldpfeife, wurden von den Schülern gleichzeitig rezeptive Techniken (Abzeichnen,
Nachformen) und produktive Techniken (Zeichnen, Bauen) abverlangt und im
Mindmap folglich durch Kursivdruck hervorgehoben. In allen anderen Fällen
wurde eine derartige „Überlappung" im Mindmap bewusst vermieden, um Fehl-
interpretationen der Ergebnisse auszuschließen. An einigen Stellen wurde auf die
Darstellung der Zahlen in Klammern hinter der jeweiligen Technik in der Mindmap bewusst verzichtet, da in diesen Fällen die Techniken permanent expeditionsbegleitend geschult wurden, daher nicht direkt im Expeditionsheft (Knoblich
2016a) Erwähnung fanden und folglich eine konkrete Anzahl nicht ermittelbar
und sinnvoll ist. Zugunsten der prinzipiellen Vorstellungskraft wurde dennoch
exemplarisch angedeutet, inwiefern, d. h. bei der Vermittlung bestimmter Inhalte
bzw. in konkreten Situationen während der Expedition die jeweiligen Techniken
geschult wurden (s. Anh. 64).[308] Das Expeditionsheft wurde im Rahmen der
Dokumentenanalyse nicht nur auf die Anzahl der direkten Treffer (z. B. „be-
trachte", „zeichne", „bestimme" usw.) durchsucht, sondern auch im Hinblick auf
indirekte Bezüge analysiert.[309]

   Bevor eine vergleichende Betrachtung der zentralen Erkenntnisse beider
Mindmaps (s. Abb. 16, Abb. 17) vorgenommen wird, fällt an dieser Stelle in der
Mindmap der Klasse 9a auf, dass während der Expedition viele rezeptive Techniken im Bereich des Auffassens und wiedergebenden Darstellens im Fokus
standen. Analog zu Klasse 7a wurden bis auf die produktive Technik des Gestal-
tens auch alle anderen produktiven Techniken (Schaffendes Darstellen, Erkennen
von Problemen, Logisches Operieren und Erkunden) im Rahmen des außerschulischen Biologieunterrichts mit Klasse 9a einbezogen. Demnach konnte auch

---

308 Wie beschrieben, wurde sich bei der Hervorhebung durch Kursivdruck grundlegend
    an den Ausführungen im Expeditionsheft der Klasse 7a (Knoblich 2016a) orientiert.

309 z. B. „schaue an", „fertige an", „erstelle" (s. Anh. 65, rechte Spalte: „subsumierte Tä-
    tigkeiten"). Die Tabellen im Anh. 65 – Anh. 66 zeigen die sich an die Recherche an-
    schließende Klassifizierung. Ob „Nennen", „Vermerken", „Befragen", „Nutzen",
    „Vorgehen", „Ausfüllen" und „Beantworten" hier tatsächlich als biologische Arbeits-
    techniken bezeichnet werden können, soll an dieser Stelle nicht erörtert werden. Ggf.
    würde sich die über den Biologieunterricht hinausgehende Bezeichnung „Operato-
    ren", wie sie in den Thüringer Lehrplänen, z. B. im Thüringer Lehrplan MNT
    (TMBWK 2015a, S. 25) und im Thüringer Lehrplan Biologie (TMBWK 2012a, S.
    22) verwendet wird, besser eignen. Aus Gründen der Übersichtlichkeit wurden Fra-
    gen ohne konkret beinhaltete biologische Arbeitstechniken (bzw. Operatoren wie
    z. B. „nenne") bei der vorliegenden Analyse und Darstellung in der Mindmap nicht
    berücksichtigt. Dieser Aspekt trifft nur auf Items zu, bei denen keine nachträgliche
    Zuordnung zu den in der Mindmap dargestellten Arbeitstechniken erfolgte (per Pfeil
    und Fettdruck gekennzeichnet, s. Anh. 67).

anhand der Schülerexpedition mit Klasse 9a analog zur Expedition mit Klasse 7a der zweite Teilaspekt der zu diskutierenden Hypothese H3 durch den Praxistest (s. Kap. 6.3) gestützt werden: „Außerschulischer Biologieunterricht [...] schult in hohem Maße essenzielle biologische Arbeitstechniken".

Auch bei der Erstellung der Abb. 17 wurden doppelte Zuordnungen bis auf eine Ausnahme vermieden: Im Rahmen der Demonstration der Fangtechniken am Ökosystem Bach durch die Expeditionsleiterin[310] wurden sowohl rezeptive Techniken (Zuschauen) als auch produktive Techniken (Beobachten) bei den Schülern geschult und in der Mindmap entsprechend gekennzeichnet (Kursivdruck).[311]

Bei der angekündigten vergleichenden Betrachtung der während der Schülerexpeditionen mit Klasse 7a und 9a geförderten biologischen Arbeitstechniken wird zuerst auf exemplarische Gemeinsamkeiten, dann zentrale Unterschiede eingegangen und die Betrachtung mit einem Fazit abgerundet. Zu den rezeptiven Techniken: In beiden Expeditionsklassen wurden gleich viele Techniken des umformenden und des freien Wiedergebens geschult, nämlich das Ablesen,[312] das mündliche Wiedergeben[313] sowie das schriftliche Wiedergeben.[314] Auf Seite der produktiven Techniken fällt auf, dass in beiden Expeditionsklassen die Ar-

---

310 Der Begriff „**Expeditionsleiterin**" wird im Zusammenhang mit den durchgeführten Schülerexpeditionen verwendet und entspricht der außerhalb der praktischen Umsetzung gebrauchten Bezeichnung „Verfasserin" bzw. „Autorin".

311 Analog zu den Ausführungen zur Mindmap von Klasse 7a wurde in der Mindmap für Klasse 9a z. T. ebenfalls auf Zahlen in Klammern hinter speziellen Techniken verzichtet. Auch hier handelt es sich um permanent expeditionsbegleitend geschulte Techniken (s. Anh. 68). In den zugehörigen Tabellen im Anhang wurden analog zu den Ausführungen für Klasse 7a sowohl die indirekten Bezüge (s. Anh. 69, rechte Spalte: „subsumierte Tätigkeiten") als auch die aus der Recherche resultierende Klassifizierung für die Expedition mit Klasse 9a dargestellt (s. Anh. 70). Unter Wahrung des Ziels einer übersichtlichen zusammenfassenden Darstellung in den Mindmaps wurden auch bei der Erstellung der Mindmap für Klasse 9a sämtliche Fragen ohne konkret beinhaltete biologische Arbeitstechnik (bzw. Operatoren wie bspw. „nenne") nicht berücksichtigt. Lediglich die im Anh. 71 aufgeführten Items, bei denen nachträglich eine Zuordnung zu biologischen Arbeitstechniken erfolgte (siehe Kennzeichnung durch Pfeil und Fettdruck), wurden im Anschluss mit in die Mindmap (s. Abb. 17) und Tabellen (s. Anh. 69 – Anh. 70) aufgenommen.

312 Wiedergebendes Darstellen → Gebundenes Wiedergeben → Umformendes Wiedergeben (Hoßfeld et al. 2019, s. Abb. 17).

313 Wiedergebendes Darstellen → Freies Wiedergeben → mündlich (Hoßfeld et al. 2019, s. Abb. 17).

314 Wiedergebendes Darstellen → Freies Wiedergeben → schriftlich (Hoßfeld et al. 2019, s. Abb. 17).

beit mit Bestimmungsliteratur[315] einen hohen Stellenwert einnahm.[316] Außerdem wurde in beiden Klassenstufen im Bereich des mündlichen sprachlichen Darstellens ausschließlich das Erklären[317] geschult. Auch das Erkennen von Problemen war während beider Expeditionen von nicht unerheblichem Interesse und taucht in beiden Mindmaps auf. Hinsichtlich der produktiven Technik des Erkundens fällt auf, dass in beiden Expeditionen der Schwerpunkt auf dem Untersuchen und Betrachten lag (s. Abb. 16, Abb. 17).

Zentrale Unterschiede lassen sich im Bereich der rezeptiven Tätigkeiten dahingehend ausmachen, dass dem kopierenden Wiedergeben in Klasse 7a eine höhere Bedeutung beigemessen wurde.[318] Wird der Blick den produktiven Techniken zugewendet, wird deutlich, dass in Klasse 7a das bildlich-körperliche Darstellen einen höheren Stellenwert als in Klasse 9a einnahm. Beide Aspekte lassen sich in Anbetracht des Alters und der damit verbundenen Interessen der Schüler erklären: Jüngere Schüler (hier Schüler der Klasse 7a) sind häufiger durch bildlich-körperliche Tätigkeiten (hier Zeichnen und Bauen) zu begeistern, während Schüler einer neunten Klassenstufe mit schwerpunktmäßig Tätigkeiten kopierenden Wiedergebens unterfordert wären.[319] Hinsichtlich des schriftlichen sprachlichen Darstellens haben sich folgende zentrale Differenzen herauskristallisiert: Während in Klasse 7a vordergründig die Techniken Beschreiben und Begründen geschult wurden, lernten die Schüler der Klasse 9a v. a. die Techniken des Begründens und Erklärens auszubauen. Unter dem Blickwinkel des logischen Operierens fällt auf, dass in Klasse 7a der Fokus auf dem Begrifflichen Ordnen und Gliedern sowie Vermuten lag (s. Abb. 16), wohingegen in Klasse 9a das Begriffliche Einordnen und Ausschließen und das Vergleichen im Vordergrund stand (s. Abb. 17).[320]

---

315 Schaffendes Darstellen → bildlich-körperliches Darstellen → körperlich → Arbeit mit Bestimmungsliteratur (Hoßfeld et al. 2019, s. Abb. 17).

316 Klasse 7a: elf direkte Bezüge zum Expeditionsheft (Knoblich 2016a, s. Abb. 16), Klasse 9a: 13 direkte Bezüge zum Expeditionsheft (Knoblich 2016b, s. Abb. 17).

317 Schaffendes Darstellen → mündlich → Erklären (Hoßfeld et al. 2019).

318 Fünf der insgesamt sieben Techniken wurden permanent oder einmalig geschult (s. Abb. 16), in Klasse 9a dagegen nur zwei (s. Abb. 17).

319 Auf weitere Interpretationsansätze wird an dieser Stelle verzichtet, da die konkrete Auswertung der Schülerexpeditionen im Kap. 6.5.2 erfolgt.

320 Hinsichtlich einer abschließenden Auflistung derjenigen Techniken, die ausschließlich in Klasse 7a bzw. 9a während des außerschulischen Biologieunterrichts gefördert wurden, sei hiermit auf Anh. 72 verwiesen.

Im Sinne eines Fazits kann an dieser Stelle festgehalten werden, dass auf beiden Schülerexpeditionen über die Hälfte der in den Mindmaps dargestellten biologischen Arbeitstechniken geschult wurde, was die hohe Schüleraktivität während des außerschulischen Lernortbesuches andeutet. Konkret wurden in Klasse 7a von den insgesamt 50 biologischen Arbeitstechniken mindestens 32 gefördert.[321] Für Klasse 9a zeigt sich ein ähnliches Bild: Hier wurden mindestens 30 der insgesamt 50 biologischen Arbeitstechniken gefördert (s. Abb. 17), sodass anhand beider praktisch realisierten Schülerexpeditionen (s. Kap. 6.3) der folgende Teilaspekt der in der Hypothese H3 fixierten Vermutung gestützt werden kann: „Außerschulischer Biologieunterricht [...] schult in hohem Maße essenzielle biologische Arbeitstechniken" (s. Kap. 1.4).[322]

---

321 Da es sich bei der erstellten Mindmap (s. Abb. 16) nur um eine Überblicksdarstellung handelt und weitere Ergänzungen (Techniken / Operatoren) im Anh. 64 – Anh. 67 visualisiert sind, wurde bewusst der Ausdruck „mindestens" verwendet.

322 Natürlich darf bei der Ermittlung der bloßen Anzahl geförderter biologischer Arbeitstechniken nicht die durch die in Klammern genannte Anzahl des Auftauchens im Expeditionsheft (Knoblich 2016a; 2016b) ermittelbare Gewichtung vernachlässigt werden, die in der Mindmap dargestellt und bereits exemplarisch im Text diskutiert wurde.

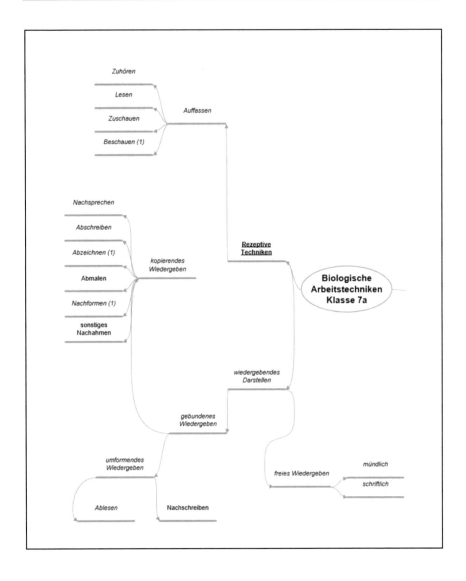

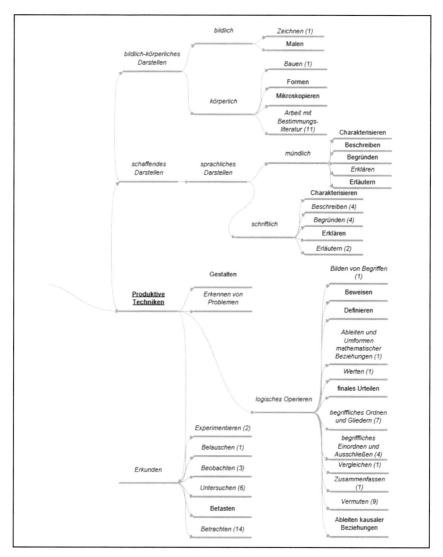

Abb. 16:   Während der Schülerexpedition mit Klasse 7a angewendete biologische Arbeitstechniken.[323]

---

323 Die Mindmap wurde auf Basis von Hoßfeld et al. (2019) erstellt. Die im Rahmen des außerschulischen Biologieunterrichts angewendeten Techniken sind durch Kursivdruck hervorgehoben.

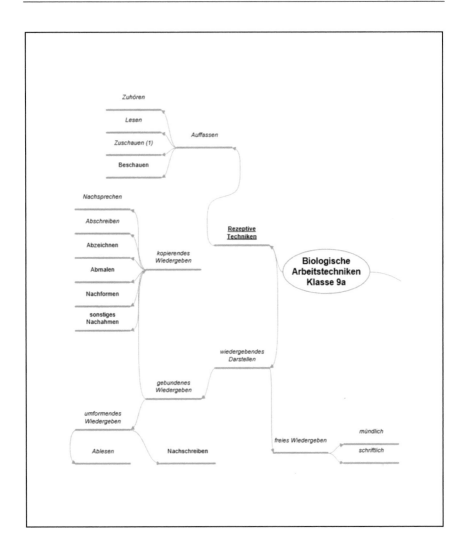

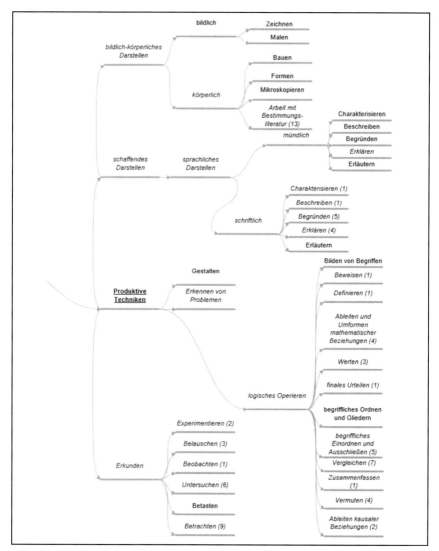

Abb. 17: Während der Schülerexpedition mit Klasse 9a angewendete biologische Arbeitstechniken.[324]

---

324 Die Mindmap wurde auf Basis von Hoßfeld et al. (2019) erstellt. Die im Rahmen des außerschulischen Biologieunterrichts angewendeten Techniken sind durch Kursivdruck hervorgehoben.

4.6 Neue Medien im Biologieunterricht

Vor dem Hintergrund des handelnden Lernens, das inhaltliche Variationen und
Beweglichkeit im Denken ermöglicht, dienen Medien als Lernhilfen, da sie
Schülern je nach Lerntyp verschiedene Zugänge zur Thematik eröffnen (Ellenberger 1993). Während Ellenberger (1993) unter den Begriff „Medien" alle im
Unterricht eingesetzten Utensilien (wie z. B. Maßbänder, Plastiktüten, Meßzy-
linder usw.) subsumiert, sind im vorliegenden Fall mit dem Begriff „**Neue Medien**" nur die elektronischen, digitalen und interaktiven Medien (z. B. WWW,
DVD's, Smartphones, Tablets) gemeint (Konradin Medien GmbH 2017). Alle
anderen auf den Schülerexpeditionen zum Einsatz gekommenen Unterrichtsmittel werden als „**Materialien**" bezeichnet.[325] Auch der Schulbuchverlag „Cornelsen" plädiert dafür, den Medienbegriff auf technisch vermittelte Erfahrungsfor-
men zu beschränken und verwendet für computerbasierte Medien den Begriff
„**digitale Medien**" synonym (Cornelsen Verlag 2017a). Alle Materialien und
Medien haben gemeinsam, dass sie der Erweiterung des Erfahrungsbereiches
sowie der Erhöhung der Anschaulichkeit dienen sollen. Sie bilden erst die Voraussetzung, um handelnden Umgang mit dem Lerngegenstand sowie entdeckendes Lernen (s. Kap. 4.2.3) zu initiieren – und das folglich nicht durch bloße Illustration der Sachverhalte, sondern durch eine aktive Auseinandersetzung. Weiterhin erfolgt der Medienumgang in Verbindung mit der Anwendung
biologischer Arbeitstechniken wie dem Untersuchen, Messen, Experimentieren,
dem tabellarischen Fixieren von Ergebnissen sowie dem Aufzeigen von Beziehungen (Cornelsen Verlag 2017a, s. Kap. 4.5).

Ferner ist die Erfordernis verschiedener Medien zur Informationsbeschaf-
fung und -bearbeitung sowie die „Entwicklung von Medienkompetenz" in den
Hinweisen zur Lehrplanimplementation verankert (ThILLM 2014), auf eine
Auswahl derer unter dem Blickwinkel der Neuen Medien in diesem Teilkapitel
Bezug genommen wird. Auch ein Blick auf den Thüringer Lehrplan Biologie für
Gymnasien zeigt, dass der Erwerb von Medienkompetenz einen hohen Stellenwert im Unterricht im Zusammenhang mit dem Erwerb von Methodenkompetenz
einzunehmen hat: Schüler sollen bei der Beschaffung von Informationen und der
fachwissenschaftlichen Kommunikation im Biologieunterricht lernen, ihre „Medienkompetenz anzuwenden bzw. weiter zu entwickeln […]" (TMBWK 2012a,
S. 7). Eickelmann bestätigt die Einbindung Neuer Medien in den Schulunterricht

---

325 s. Kap. 6.3.1, Kap. 6.3.2, Anh. 113, Anh. 131.

mit folgender Aussage: „Obwohl Deutschland ein hochtechnisiertes Land ist, genießt die digitale Bildung bei uns keine Priorität" (Cornelsen Verlag 2017b).[326]
„Wenn es um den Umgang mit Smartphone, Tablet und Co. geht [...] ist die Generation der ‚Digital Natives' meist im Vorteil" (Cornelsen Verlag 2017c). Studien haben gezeigt, dass bereits 72 Prozent aller Haushalte, in denen Grundschüler leben, über Smartphones bzw. Tablets verfügen,[327] sodass dieser Aspekt auch in vorliegendem Buch genutzt wurde (s. Z2, Kap. 1.5). Folglich kann davon ausgegangen werden, dass viele Kinder bereits im Vorschulalter Erfahrungen mit mobilen Endgeräten haben (Cornelsen Verlag 2017c). Aus diesem Grund liegt der Schluss nahe, diese Neuen Medien auch in den schulischen Unterricht zu integrieren, was Schwerpunkt der Betrachtung dieses und der folgenden Teilkapitel ist.

Zentrale Zielstellung der Allgemeinbildung (s. Kap. 3.1) ist es, Schüler auf eine Begegnung mit einer mediendurchdrungenen Welt vorzubereiten und gleichzeitig mit Medien sowie Informations- und Kommunikationstechnologien vertraut zu machen. Die hohe Relevanz des Themas und die damit verbundenen gesellschaftlichen Anforderungen schlagen sich auch in den aktuellen übergreifenden bildungspolitischen Empfehlungen nieder (Cornelsen Verlag 2017a).[328]

Der Cornelsen Verlag (2017a) bringt den hohen Stellenwert von Medienkompetenz wie folgt zum Ausdruck: „Als spezifische Ausprägung einer allgemeinen Kompetenz hat in den vergangenen Jahren kaum ein anderer Begriff eine solche Konjunktur erlebt wie der Begriff Medienkompetenz". Einen Ansatz zum Bündeln der unterschiedlichen Vorstellungen zum Konstrukt „Medienkompetenz" liefert das von der Paderborner AG Medienpädagogik entwickelte handlungs- und entwicklungsorientierte Modell, das aufgrund der Handlungsorientierung sehr gut zum pädagogischen Konzept (Gudjons 2008, s. Kap.1.1, Kap. 1.5) passt und daher hiermit mit den fünf Kernbausteinen Erwähnung findet. Um die o. g. mediendidaktischen Ziele zu erreichen, bedarf es folglich verschiedener

---

326 Ursachen dafür liegen erstens in der vergleichsweise schlechten Ausstattung deutscher Schulen und zweitens an dem geringen Stellenwert dieses Themas in der Lehrerausbildung (Cornelsen Verlag 2017b). Dem ersten Kritikpunkt wird durch die Einbindung der Schüler-Smartphones in den außerschulischen Biologieunterricht (s. Kap. 6), der zweiten Problemsituation durch die kreierte und durchgeführte Lehrerfortbildung (Knoblich 2017e, s. Anh. 6 – Anh. 8) begegnet.

327 Studie „Grundschulkinder und Neue Medien", Tivola Publishing 2013 (Cornelsen Verlag 2017c).

328 Im Beschluss der KMK zur *Medienbildung in der Schule* (KMK 2012) wird Medienkompetenz als unverzichtbare Schlüsselqualifikation für nahezu alle Bereiche allgemeiner und beruflicher Bildung bezeichnet und folglich nicht nur als Ergänzung zu traditionellen Kulturtechniken angesehen (Cornelsen Verlag 2017a, s. Kap. 3.9).

Kompetenzen in den nachstehend genannten fünf Handlungsfeldern (Cornelsen Verlag 2017a): 1. Auswählen und Nutzen von Medienangeboten, 2. Eigenes Gestalten und Verbreiten von Medienbeiträgen, 3. Verstehen und Bewerten von Mediengestaltungen, 4. Erkennen und Aufarbeiten von Medieneinflüssen, 5. Durchschauen und Beurteilen von Bedingungen der Medienproduktion und - verbreitung.

Wird der Blick auf schulische Kontexte fokussiert, zeigt sich, dass aufgrund des Fehlens eines eigenen obligatorischen Unterrichtsfaches zur Medienbildung (s. Kap. 3.9) die Umsetzung fächerübergreifend geschehen muss (s. Kap. 4.3). Im vorliegenden Fall geschah dies im Rahmen der Schülerexpeditionen, was die Bezüge in den Mindmaps (s. Abb. 14, Abb. 15) verdeutlichen. Bereits bei der Planung eines medienpädagogischen Angebots hat es sich als sinnvoll erwiesen, die Unterstützung der Schulleitung einzuholen (Cornelsen Verlag 2017a; Schmidt 2016a; Meinhardt 2016b).[329]

Dass Medien stärker denn je unser tägliches Leben beeinflussen, ist mehrfach bestätigt. „In Thüringen hat man diese Erkenntnis aufgegriffen und als erstes Bundesland für die Schule verbindlich umgesetzt" (ThILLM 2017). Seit dem Schuljahr 2002/2003 müssen alle Schüler der Klassenstufe 5 bis 7 den integrativen Kurs Medienkunde besuchen, seit dem Schuljahr 2009/2010 bis zur 10. Klasse. Der speziell für dieses Unterrichtfach erstellte kompetenzorientierte *Kursplan Medienkunde* (TMBWK 2010) stellt die verbindliche Planungsgrundlage für die Doppelklassenstufen 5/6, 7/8 und 9/10 dar und vereint medienkundliche und informatische Inhalte. Unterrichtet werden die Schüler von speziell fortgebildeten Lehrpersonen, von denen sie am Ende des Kurses einen Medienpass erhalten (ThILLM 2017).[330]

4.6.1 Aktuelle Trends im Überblick

Die hohe Trefferzahl von ca. 238.000.000 Ergebnissen der Suchmaschine „Google" am 9. Mai 2020 für den Suchbegriff „Neue Medien" deutet auf die hohe Aktualität dieser Thematik hin. Nach o. g. allgemeinen Ausführungen wird sich aufgrund des Schwerpunktes der vorliegenden Studie sowie aus Gründen

---

329 Zukünftig wird die Implementation von Fortbildungen gefordert, um „Unterrichtsentwicklung im Zusammenhang von Medienbildung in angemessener Weise zu fördern" (Cornelsen Verlag 2017a). Einen Vorschlag liefert die entwickelte und am 1. Februar 2017 durchgeführte Lehrerfortbildung im ProfJL-Teilprojekt „Ausbildung der Ausbilder" zum Thema „Naturerfahrung mit Neuen Medien!?" (Knoblich 2017e, s. Anh. 6 – Anh. 8).

330 Weitere Bezüge zu Neuen Medien finden sich in den entsprechenden Teilkapiteln (z. B. Kap. 1.3, Kap. 3.9).

der Übersichtlichkeit in den nachfolgenden Ausführungen vorzugsweise auf den Einsatz Neuer Medien im Biologieunterricht bezogen.[331]

Sollen Schüler für einen verantwortungsbewussten Umgang mit Neuen Medien sensibilisiert werden, ist eine Einbindung dieser in den Unterricht unumgänglich. Wie die Verknüpfung von Neuen Medien und schulischem Lernen gelingen kann, zeigen folgende sieben ausgewählte aktuelle Trends, wobei aufgrund der praktischen Anwendung im Rahmen der Schülerexpeditionen nur auf Punkt 1 (Lern-Apps) und Punkt 7 (Smartphones) näher eingegangen wird: 1. Lern-Apps, 2. Chat, SMS, WhatsApp, 3. Lehrfilme, 4. Schulblog, 5. Whiteboard, 6. Tablets, 7. Smartphones (s. Kap. 4.6.2).

Es hat sich eine Vielzahl an Lernangeboten in Form von Lern-**Apps**[332] für alle Unterrichtsfächer und Themengebiete etabliert. Unterschieden werden reine Übungs-Apps, die ausschließlich Aufgaben präsentieren und Apps mit erweiterten Funktionen wie bspw. das Simulieren von Experimenten in naturwissenschaftlichen Fächern (Cornelsen Verlag 2017c). Im Rahmen der Schülerexpedition mit Klasse 9a wurden z. B. zum Messen der abiotischen Umweltfaktoren in den Ökosystemen Wald und Wiese die verschiedenen Apps in der Praxis im Rahmen des außerschulischen Biologieunterrichts angewendet (s. Kap. 3.9). Gerade im Bereich der naturwissenschaftlichen Fächer eröffnen sich viele Möglichkeiten der sinnvollen Einbindung Neuer Medien in unterrichtliche Prozesse. Das derzeit verfügbare Angebot an Apps ist sehr breit und qualitativ sehr gut, sodass entsprechende Messgeräte[333] ersetzt werden können (Cornelsen Verlag 2017d). Während der Schülerexpeditionen kam neben den aufgeführten Apps zur Ermittlung der abiotischen Umweltfaktoren (s. Anh. 73) die Navigations-App „OsmAnd" (OsmAnd BV 2010-2020) zum Einsatz, die zuvor von den Schülern im Rahmen der Vorbereitungsaufgaben installiert und ausgetestet wurde (s. Kap. 6.3).[334]

---

331 Während sich die Arbeit von Reppe (2012) zum Thema: *Der Einsatz „Neuer Medien" im Biologieunterricht im 21. Jahrhundert am Beispiel der Stoffeinheit Humanbiologie* auf Nutzungsmöglichkeiten des Computers beschränkt, sollen im vorliegenden Fall Möglichkeiten für die Nutzung verschiedener Neuer Medien im Rahmen von Bildungsprozessen vorgestellt werden.

332 =Kurzform für „Application", engl. Bezeichnung für Anwendungssoftware, die auf Computern installiert werden kann; erweitert die Funktionen von Smartphones und Tablets (Weitzel 2013a, S. 7).

333 z. B. Luxmeter, Anemometer, Thermometer (s. Anh. 131).

334 Die Vorbereitungsaufgaben zum Umgang mit der App „OsmAnd" sind im Thüringer Schulportal bereitgestellt (Knoblich 2020c; 2020j). Eine App-Anleitung findet sich bei Raatz (2017). Zum Speichern, Auswerten, Katalogisieren und Austauschen von per GPS erhobenen Daten (s. Kap. 4.6.2) kann darüber hinaus z. B. die App „Evernote" verwendet werden (Weitzel 2013a).

Da es für den Einzelnen oft nicht einfach ist, aus der Vielzahl der Apps die für den Unterricht passende zu finden, kann an dieser Stelle die Onlinedatenbank für Bildungs-Apps: www.schule-apps.de empfohlen werden (Weitzel 2013a). Aus insgesamt über 350 Einträgen (Stand: 2017) können Lehrkräfte die für ihren speziellen Unterricht geeignete App anhand pädagogischer Kriterien schnell und unkompliziert auswählen. In der Datenbank werden sowohl Apps für iOs (iPad) als auch für Android und Windows Tablets präsentiert (Dorsch 2017). Die Stichwortsuche ermöglicht eine zielgerichtete Recherche, z. B. für das Unterrichtsfach Biologie. Nach Eingabe des Stichwortes „Biologie" werden dem Nutzer innerhalb weniger Sekunden 35 für den Biologieunterricht geeignete Apps vorgeschlagen.[335]

Weitere Hinweise des Cornelsen Verlages in Verbindung mit Neuen Medien sind Recherche-Aufträge für die Schüler im Internet in regelmäßigen Zeitabständen, um das Suchen, Filtern und Prüfen von Informationen im Internet auszubauen (Cornelsen Verlag 2017e).[336] Außerdem wird mehrfach für den zu übenden Umgang mit PowerPoint plädiert, da PowerPoint im bevorstehenden Berufsleben der Schüler in den meisten Fällen zum Standard gehört. Eine Möglichkeit bieten Kurzreferate (Cornelsen Verlag 2017e), in deren Rahmen die Schüler den effektiven Umgang mit der Software schulen.[337]

---

335 Stand: 2017, z. B. „Baumbestimmung (Sek. I, Sek. II)", „Wildtiere (Sek. I)", „NABU Vogelführer (Sek. I, Sek. II)" (Dorsch 2017).

336 Dies wurde während der Referendariatszeit der Verfasserin z. B. im Rahmen der Ausarbeitung von Schülervorträgen zum Thema „Erbkrankheiten" in Klasse 10 erprobt.

337 Schüler einer elften Klasse wurden (ebenfalls im Rahmen der Referendariatszeit) aufgefordert, PowerPoint-Präsentationen zu ökologischen Sachverhalten zu erstellen. Neben der Fülle an Neuen Medien existieren zahlreiche Vorschläge für einen praktikablen Einsatz im Unterricht. Weitere Praxistipps finden sich z. B. bei Tulodziecki, Herzig & Grafe (2010); Müller & Serth (2012); Weitzel (2013b); Grund & Kettl-Römer (2013); Herzig & Martin (2014) sowie Mittelstädt & Mittelstädt (2015). Die Zeitschrift *Unterricht Biologie* mit dem Titel „Mobiles Digitales Lernen" (Weitzel 2013b) stellt ein Repertoire an Möglichkeiten zur Integration Neuer Medien in den Biologieunterricht dar. Die Verwendung des Präsentationsprogramms „Prezi" zur Erstellung digitaler biologischer Wissensnetze oder der Einsatz von **QR-Codes** als didaktisches Mittel zum Entdecken von Baumarten seien nur beispielhaft genannt. QR=engl. „Quick Response", verschlüsseln Zahlen und Text in Form quadratischer Muster aus hellen und dunklen Punkten; 1994 von japanischer Firma entwickelt (Lehnert 2013, S. 28).

4.6.2 Einsatz von Smartphones

Eine prinzipielle Problemstellung zeigt sich darin, dass Smartphones, die in der heutigen Zeit zum Alltagsgegenstand für Kinder und Jugendliche geworden sind, oftmals in der Schule verboten werden. Das Verbot dieser modernen Informations- und Kommunikationstechnologien in schulischen Kontexten mag auf den ersten Blick nachvollziehbar und plausibel erscheinen, bedingt aber das derzeitig fehlende Anknüpfen an medienbezogene Alltagsroutinen und soziale Praktiken in der Schule. Unter diesen Bedingungen wird es für die Institution Schule zunehmend schwer, die zentrale Zukunftsaufgabe der konstruktiven Integration medienbezogener Aktivitäten in schulische Lernprozesse zu erfüllen (Cornelsen Verlag 2017a). Dieses Buch möchte am Beispiel der Integration von Smartphones in den außerschulischen Biologieunterricht (s. Kap. 1.5) einen Mosaikstein zur Erfüllung dieser Zukunftsaufgabe liefern und gleichzeitig für den Einsatz Neuer Medien im Unterricht zum Aufgreifen medienbezogener Alltagsroutinen von Kindern und Jugendlichen ermutigen. Nicht unproblematisch erweisen sich auch die uneinheitlichen Ausgangsbedingungen: Die eine Lehrkraft verbietet konsequent alle Smartphones im Unterricht, während die andere Lehrkraft die Schüler damit regelmäßig recherchieren lässt (Cornelsen Verlag 2017e).[338]

Der Cornelsen Verlag (2017d) bestätigt, dass Schüler im Umgang mit Smartphones ihren Lehrkräften „um Lichtjahre voraus" sind, woran Weitzel (2013a, S. 5) wie folgt anknüpft: „In jeder Schule tummeln sich [...] in den Taschen der SchülerInnen potentiell mehr digitale Lernumgebungen, als eine Schule ihren SchülerInnen jemals zur Verfügung stellen kann". Statt sich dadurch verunsichern zu lassen, sollten sich Lehrkräfte der Aufgabe stellen, die neuen Informations- und Kommunikationstechnologien in den Unterricht einzubinden und zu thematisieren. Denn auch die Schüler können auf bestimmten Wissensgebieten im Zusammenhang mit Medienbildung noch dazulernen, so z. B. beim reflektierten Umgang mit Medien, denen sie sich tagtäglich widmen. Smartpho-

---

338 Eine vorbildhafte Vorreiterrolle nimmt das Bundesland Bremen ein: Die ehemalige KMK-Chefin Claudia Bogedan will die digitale Bildung voranbringen – durch den Einsatz der Schüler-Smartphones. Sie sieht darin sogar Möglichkeiten auf dem Weg zu mehr Chancengerechtigkeit im Bildungssystem: „Selbst in Schulen in sozialen Brennpunkten haben die meisten Jugendlichen ein Smartphone. Dieses soll als Unterrichtsmittel eingesetzt werden. Schüler lernen so, gezielt damit umzugehen und es nicht nur als Instrument zum Chatten und zum Austausch mit Freunden zu nutzen" (Jansen 2016). Auf diese Weise sieht Bogedan realistische Möglichkeiten, soziale Herkunft und Bildungserfolg weiter voneinander zu entkoppeln (Jansen 2016). Auch Weitzel (2013a) weist in seinem Beitrag darauf hin, dass ein soziales Gefälle hinsichtlich der Smartphone-Ausstattung nicht erkennbar ist und ermutigt für deren Einsatz im Unterricht.

nes bieten vielfältiges Potenzial, um nicht nur neue Lernerfahrungen und The-
menzugänge zu ermöglichen, sondern auch um besser auf die individuellen
Lernvoraussetzungen der Schüler eingehen zu können. Folgende Einsatzmöglichkeiten von Smartphones im Unterricht sind denkbar (Cornelsen Verlag
2017d): Zur Präsentation und Speicherung von Arbeitsergebnissen,[339] als Informationsquelle und Lernhilfe,[340] als Werkzeug bzw. Unterstützung zur Lösung
von Aufgaben,[341] als Planungshilfe,[342] zur Kooperation bzw. zum Austausch.[343]

Bereits bei der Ankündigung des Einsatzes von Smartphones (s. Power-
Point, Anh. 96, Anh. 118) bringen die Schüler eine motiviertere Grundeinstel-
lung mit, die sich förderlich auf die ohnehin durch den Einsatz Neuer Medien
schon spielerische und individuelle Aneignung des Lernstoffes auswirkt (Cornelsen Verlag 2017f). Neben der reinen optischen und akustischen Navigation über
die App „OsmAnd" (OsmAnd BV 2010-2020) von einem POI zum nächsten
könnten an den einzelnen POIs auch entsprechende Unterrichtsmaterialien wie
Fotos, Videos, Arbeitsblätter, Audiodateien, Notizzettel usw. eingeblendet werden und der anschaulichen Wissensvermittlung vor Ort dienen. Diese Form der
Wissensdarbietung wurde im Rahmen der Vorbereitungsstunde bei der erstmali-
gen Präsentation der Expeditionsroute während des virtuellen „Abfahrens" der
Tour mit dem Programm „BaseCamp" (Garmin Deutschland GmbH 2017) und
der Software „Google Earth" genutzt.[344] Somit war es Schülern und Lehrern
möglich, eine konkrete (durch „Google Earth" plastische) Vorstellung vom Expeditionsgebiet und dem Tourenverlauf zu erhalten, ohne selbst zuvor dort gewesen sein zu müssen.[345]

Ein weiterer Nutzen beim Einsatz von Smartphones ist in dem Erstellen digitaler Notizen und Fotos zu sehen. Merksätze, Stichpunkte, Artenfunde oder
Expeditionsimpressionen (s. Kap. 6.3) können unkompliziert im Notizzettelfor-
mat abgespeichert und jederzeit abgerufen werden, sodass die digitalen Kartei-
karten immer griffbereit sind. Komplizierte Inhalte oder Schemata an der Tafel
können außerdem über ein einziges Tippen auf dem Smartphone von den Schülern unverzüglich festgehalten und für zukünftige Lernprozesse abgespeichert
werden. Gerade diese Funktion ist im Falle des zu früh ertönenden Stundenklin-
gelns am Ende einer Unterrichtsstunde nicht hoch genug einzuschätzen, um den

---

339 Speichern von Fotos (s. Kap. 5.3).
340 s. Rechercheaufträge in Expeditionsheften (Knoblich 2016a; 2020a; 2016b; 2020b).
341 s. Hilfe 1, Hilfe 2 usw. in Expeditionsheften (Knoblich 2016a; 2020a; 2016b; 2020b).
342 Planung des Biotracks mit der App „OsmAnd" (s. Kap. 6.3).
343 von Fotos, Ergebnissen (s. Kap. 5.3).
344 s. Kap. 5.3, Anh. 96, Anh. 118.
345 Detailliertere Informationen sind in Kap. 5.5 nachzulesen.

Schülern die Stundeninhalte dennoch vollständig „mit nach Hause zu geben" (Cornelsen Verlag 2017f).

Eine Möglichkeit, besonders für akustische Lerntypen, besteht in dem Aufnehmen von Merksätzen o. a. wichtigen Informationen als Sprachnachrichten via Smartphone (Cornelsen Verlag 2017f). Die während der Schülerexpeditionen geförderte biologische Arbeitstechnik des „Nachsprechens" (s. Anh. 63) im Rahmen des Erlernens wissenschaftlicher Artnamen kann auf diese Weise vertieft erlernt bzw. im Sinne des Wiederholens abgespeichert werden. Weiterhin haben die Schüler beider Expeditionsklassen während des außerschulischen Biologieunterrichts zudem z. T. von der akustischen Navigation via Smartphone (App „OsmAnd") Gebrauch gemacht, um von einem Wegpunkt zum nächsten zu gelangen.

In Verbindung mit Exkursionen bietet sich auch die Einbindung von „Google Maps" an: Mit dieser auf den Smartphones vorinstallierten App können mit den Schülern nicht nur biologisch interessante Orte virtuell erkundet werden, sondern diese können nach der virtuellen Erkundungstour auch in natura per Smartphone aufgesucht und in die Wissensvermittlung einbezogen werden (Cornelsen Verlag 2017e). Dass die Einsatzmöglichkeiten von Smartphones im Unterricht äußerst vielfältig sind, zeigt auch folgendes Beispiel: Sei es als Themeneinstieg oder im Rahmen einer Gruppenarbeit zu einer konkreten Fragestellung: Die Smartphones sind sofort einsatzbereit, um Umfragen aufzunehmen oder Kurzinterviews zu führen – somit erhalten Schüler ohne aufwändiges Zusatzmaterial und speziellen Vorbereitungsaufwand einen persönlichen Bezug zum Thema (Cornelsen Verlag 2017e). Darüber hinaus sind Verwendungen der mobilen Kleinstcomputer im Rahmen der Erstellung von Smartphone-Protokollen zur individuellen Datenauswertung sowie zum „**digitalen Abpausen**"[346] für mikroskopische Zeichnungen denkbar (Weitzel 2013a; 2013c). Wie im Kap. 4.5 angeklungen ist, werden das im Rahmen des digitalen Abpausens geschulte Mikroskopieren und Zeichnen als zentrale biologische Arbeitstechniken angesehen – auch aufgrund des hohen Motivationspotenzials. Das Selbsterstellen von Medien wird nicht umsonst als „Königsweg des Medieneinsatzes" (Meier 1993 nach Weitzel 2013d, S. 15) bezeichnet, da wie gezeigt, biologiebezogene Lernprozes-

---

346 Unter dieser Bezeichnung ist die Anfertigung von Zeichnungen durch Abpausen der zuvor erstellten Fotos zu verstehen, für welche die Smartphones mit ihrer Kamera direkt auf das Okular des Mikroskops aufgesetzt werden. Weitzel (2013c, S. 10) vertritt die Meinung, dass diese Methode den „zeichnerischen Erkenntnisweg" und die „Analyse zellulärer Struktur-Funktions-Zusammenhänge" erleichtert. Dennoch erscheint das aktive Abzeichnen vom Original oder einer guten Abbildung hinsichtlich eines tieferen und langfristigeren Erkenntnisgewinns nach wie vor sinnvoll.

se somit initiiert und unterstützt werden (Weitzel 2013d). Auch das Erstellen von Videoclips mit Smartphones kann hier eingeordnet werden.

Zu folgender Erkenntnis gelangte Göpfert (1990, S. 105) in seinem Werk *Naturbezogene Pädagogik*: „Unterricht vermittelt Kenntnisse über die Natur vor allem durch Medien, er läßt Natur zu wenig direkt erfahren." Um Medien nicht im Kontrast zur Natur zu sehen, ist GPS-Technik dazu geeignet, Brücken zu bauen, um diese zwei auf den ersten Blick gegensätzlich erscheinenden Sachverhalte – Natur und Technik – miteinander zu verbinden. Eine in diesem Zusammenhang und auch in Verbindung mit Lern-Apps (s. Kap. 4.6.1) bereits angesprochene Einsatzmöglichkeit von Smartphones ist die Gestaltung von GPS-Erlebnistouren, wie sie im Rahmen der beiden Schülerexpeditionen umgesetzt wurden (s. Kap. 6.3). Im Naturpark „Teutoburger Wald" wurde Ähnliches ausprobiert – allerdings ohne Lehrplanbezug und den Schwerpunkt der Biodiversität (s. Kap. 1.2): Per Smartphone werden Besucher im Rahmen des UN-Dekade-Projekts BNE (s. Kap. 3.3) über Erlebnisstationen, die Bildungsinhalte per Ton, Video, Bild und Text präsentieren, durch die Natur- und Kulturlandschaft geführt (Zweckverband Naturpark Teutoburger Wald / Eggegebirge 2017). Dennoch fehlt es insgesamt an didaktisch ausgereiften Konzepten. Es erfordert spezielle, detailliert ausgearbeitete didaktische Designs für sinnvolle pädagogische raumbezogene Angebote in der Umweltbildung (Lude et al. 2013). Hier möchte dieses Buch mit der Vorstellung des entwickelten didaktischen Verfahrens (s. Kap. 5.3) einen praxiserprobten Vorschlag leisten.[347]

4.6.3   Potenzial Neuer Medien im Biologieunterricht

Reppe (2012) verweist darauf, dass Neue Medien besonders im Biologieunterricht immer mehr Anwendung finden. Dass der Biologieunterricht davon profitieren kann, steht fest, doch sind immer Vor- und Nachteile im speziellen Fall abzuwägen, da direkte Naturerfahrungen nicht ersetzt werden können (Spörhase-Eichmann & Ruppert 2004 nach Reppe 2012). Die Effektivität von Medien ist folglich nicht nur im Hinblick auf Schülermotivation und Kenntniserwerb zu bewerten, sondern auch bzw. gerade hinsichtlich der Schaffung von Naturzugängen und der Sensibilisierung für Naturschutzaspekte (Reppe 2012).[348] Mit

---

347 Weitere Literatur zum Einsatz von GPS zur Wissensvermittlung findet sich z. B. bei Fischer (2004); Schönfeld (2008); Güss (2010); DBU (2010) sowie SCHUBZ – Umweltbildungszentrum der Hansestadt Lüneburg (2012).

348 Nach einer Auflistung allgemeiner Vorteile des Einsatzes von Neuen Medien findet sich im Anh. 74 eine tabellarische Zusammenstellung der Vorzüge und Probleme einzelner Neuer Medien. Dabei wird der in Kap. 4.6.1 aufgestellten Reihenfolge treu geblieben, wobei nur eine zusammengestellte Auswahl der dargestellten aktuellen

Abb. 18 wurden zentrale in Verbindung mit Neuen Medien immer wieder genannte Vorteile (Six, Gleich & Gimmler 2007 nach Reppe 2012) in einer Überblicksdarstellung zusammengeführt.[349] Mit „**Multicodalität**" ist der Aspekt gemeint, dass die Präsentation des Lernstoffs durch Neue Medien in
unterschiedlichen Informationsarten erfolgt. Das Ansprechen unterschiedlicher
Sinnesmodalitäten wird mit dem Begriff „**Multimodalität**" zusammengefasst,
während mit dem Begriff „**Interaktivität**" auf das große Maß an Eingriffs- und
Steuerungsmöglichkeiten für Lernende durch die Neuen Medien hingewiesen
wird. „**Adaptivität**" umfasst das Festhalten von Lernhandlungen des Nutzers
und Vorschlagen eines speziell abgestimmten Lernangebots. Auf die nahezu
unbegrenzten Einsatzmöglichkeiten wird mit dem Überbegriff „**Universalität**"
hingewiesen (Staeck 2009 nach Reppe 2012). Die Kosteneinsparung ist dahingehend zu verstehen, dass durch den Einsatz Neuer Medien z. B. Kosten für Prä-
senzseminare durch Online-Kurse entfallen und simulierte Experimente Ausgaben für teure Chemikalien o. a. Substanzen einsparen.

Der Überbegriff „**Globalität**" bedeutet im Kontext z. B. die Teilnahme an
weltweiten Online-Programmen mit Aus-, Fort- und Weiterbildungen sowie
zugehörigen Zertifizierungsprogrammen durch Neue Medien, während „**Syn-
chronizität**" auf das jederzeitige Abrufen von Informationen aus dem Internet
sowie das zeitgleiche und direkte Ergänzen von Online-Inhalten hindeutet. Unter
der „Visualisierung verborgener Vorgänge" (s. Abb. 18) kann bspw. das Durch-
führen von Experimenten und die Simulation mittels zugehöriger Lernsoftware
verstanden werden, wobei letztere ebenfalls bei virtuellen biologischen Sektio-
nen zum Einsatz kommen kann (Zumbach 2010 nach Reppe 2012) und damit
einen wertvollen Beitrag zum schonenden Umgang mit natürlichen Ressourcen
leistet. Neben dem damit verbundenen Verzicht auf den Einsatz lebender Tiere
wird dabei auch der hohe logistische Aufwand umgangen. Die explizite Beachtung des schonenden Umgangs in und mit der Natur wird auch im Zusammenhang mit dem Aufsuchen von Caches im Rahmen des Geocachings angeraten
(Garmin Deutschand, Deutscher Wanderverband & Deutsche Wanderjugend
2015), von dem sich hiermit bewusst abgegrenzt wird, da im vorliegen-

---

Trends Neuer Medien beleuchtet wird (Whiteboards, Tablets, Smartphones). Hiermit
wird ein Einblick, aber kein vollständiger Überblick gegeben. Auch werden Vorschläge zur Lösung der geschilderten Nachteile unterbreitet und die Erkenntnisse aus
der entwickelten und durchgeführten Lehrerfortbildung (Knoblich 2017e) eingearbeitet.

349 Ausgewählte Vorteile (Six, Gleich & Gimmler 2007, Staeck 2009 nach Reppe 2012)
werden nachstehend kurz erläutert.

Abb. 18:   Zusammenstellung wesentlicher Vorteile des Einsatzes von Neuen Medien.[350]

---

350 *=Cornelsen Verlag (2017b), **=Cornelsen Verlag (2017e), ***=Reppe (2012).

den Fall nicht das Spielen, sondern die anschauliche Wissensvermittlung relevanter Lehrplaninhalte mit Biodiversitäts- und Ortsbezug im Vordergrund steht (s. Kap. 1.2). Auch das sog. **„Biocaching"**, das spezielle Spielvarianten für den Biologieunterricht umfasst (Schaal 2013) ist im vorliegenden Fall nicht gemeint.[351] Aus der Literaturrecherche und Praxiserprobung resultierende Tipps für die Planung und Durchführung mobilen, ortsbezogenen Lernens mit Smartphones sind Abb. 19 zu entnehmen.[352]

Im Sinne eines Resümees kann an dieser Stelle festgehalten werden, dass sich der Einsatz Neuer Medien besonders dann als sinnvoll in der Schule erweist, wenn ein schülerzentrierter Unterricht angestrebt wird, bei dem der Schwerpunkt auf Handlungsprodukten der Schüler liegt (Cornelsen Verlag 2017b). Bezogen auf die Zielstellungen und Schwerpunktlegungen dieses Buches im Zusammenhang mit dem zugrundeliegenden Konzept handlungsorientierten Unterrichts (Gudjons 2008) erscheint die Einbindung Neuer Medien am Beispiel von Smartphones zur Erzeugung positiver Wirkungen auf die Umwelteinstellungen, das Umweltwissen und das Umwelthandeln von Schülern (s. Z8, Kap. 1.5) geeignet. Vor dem Einsatz Neuer Medien sollte sich die Lehrperson immer die Frage stellen, welcher digitale Mehrwert dadurch erzielt wird, um Lernprozesse auf eine Art und Weise zu initiieren bzw. zu unterstützen, wie es analog nicht möglich wäre. Zudem sollte sich die Lehrkraft bewusst sein, dass dennoch didaktische Entscheidungen an erster Stelle stehen. Aus diesem Grund ist nach wie vor die bekannte Schrittfolge von erstens der Festlegung der Lernziele über zweitens die Zuordnung der Inhalte und drittens die Entscheidung für die passende Methode (s. Kap. 7.1.2) einzuhalten und erst im Anschluss über die mögliche Einbindung Neuer Medien nachzudenken. Die digitalen Helfer können auch nur für bestimmte Unterrichtsphasen zielführend sein (Cornelsen Verlag 2017b). Während der beiden Schülerexpeditionen (s. Kap. 6.3) erwies sich allerdings der lückenlose

---

351 Auf entsprechende Fachliteratur wird lediglich beispielhaft verwiesen: Köthe (2014); Reumann (2014); Ripka (2014); Schulze & Busch (2014).

352 Die von der ehemaligen Bundesbildungsministerin Johanna Wanka angebrachte Lösung des Ausbaus des WLAN-Netzes an Schulen zur Ermöglichung digitalen Lernens (WeltN24 GmbH 2016, s. Anh. 74) muss unter dem Gesundheitsaspekt kritisch eingestuft werden. Die Bundesregierung legt die Vermeidung von WLAN in Schulen nahe, um „durch Strahlung bedingte Gesundheitsgefahren" bei Schülern auszuschließen und appelliert an die Verwendung kabelgebundener Netzwerke (Umweltinstitut München e. V. 2016). Derartige Überlegungen entfallen, wenn der Unterricht, wie mit vorliegender Studie beabsichtigt, so oft wie möglich in die Natur verlagert wird: Hier können Smartphones für den Wissenserwerb über die offline funktionierende App „OsmAnd" (OsmAnd BV 2010-2020) zum Einsatz kommen, ohne gegen die Empfehlungen der Bundesregierung zu verstoßen.

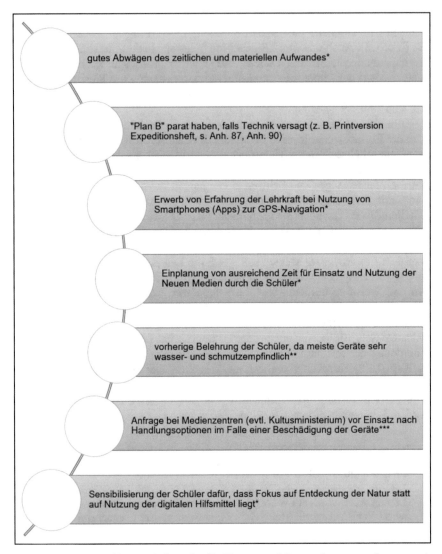

gutes Abwägen des zeitlichen und materiellen Aufwandes*

"Plan B" parat haben, falls Technik versagt (z. B. Printversion Expeditionsheft, s. Anh. 87, Anh. 90)

Erwerb von Erfahrung der Lehrkraft bei Nutzung von Smartphones (Apps) zur GPS-Navigation*

Einplanung von ausreichend Zeit für Einsatz und Nutzung der Neuen Medien durch die Schüler*

vorherige Belehrung der Schüler, da meiste Geräte sehr wasser- und schmutzempfindlich**

Anfrage bei Medienzentren (evtl. Kultusministerium) vor Einsatz nach Handlungsoptionen im Falle einer Beschädigung der Geräte***

Sensibilisierung der Schüler dafür, dass Fokus auf Entdeckung der Natur statt auf Nutzung der digitalen Hilfsmittel liegt*

Abb. 19: Ausgewählte Praxistipps für die Planung mobilen ortsbezogenen Lernens mit Smartphones.[353]

---

353 *=Schaal (2013), **=Greif (2011), ***=Weitzel (2013a).

Einsatz der Schüler-Smartphones (in Kombination mit anderen Unterrichtsmitteln) als gewinnbringend, da diese Neuen Medien hier als Navigations-, Recher-
che- und Dokumentationsmittel sowie Messgerät (s. Kap. 3.9) die Schüler permanent bei der Erkundung der verschiedenen Ökosysteme begleiteten.

Grundsätzlich sollen die Neuen Medien nicht zum Selbstzweck gebraucht
werden, sondern „den Umweltbildungsgedanken als neues Werkzeug unterstützen (z. B. zur Motivationssteigerung). Dies sollte durch ein gutes didaktisches
Konzept gelingen" (Lude et al. 2013, S. 16). Einen praxiserprobten Vorschlag
möchte das vorliegende Buch liefern.[354]

4.7 Resümee

Bezugnehmend auf die Hypothese H3 erfolgt nun eine aus der Dokumentenanalyse und dem Praxistest resultierende Diskussion der enthaltenen Aussagen: Die
Dokumentenanalyse, speziell die Analyse von 14 Thüringer Lehrplänen für
Gymnasien mit Schwerpunkt des fächerübergreifenden Unterrichts sowie der
Expeditionshefte mit Fokus auf die biologischen Arbeitstechniken hat ergeben,
dass die Hypothese des vorliegenden Kapitels für beide Expeditionen an außerschulischen Lernorten gestützt werden kann: „Außerschulischer Biologieunterricht bietet ein hohes interdisziplinäres Potenzial und schult in hohem Maße
essenzielle biologische Arbeitstechniken". Bestärkt wurde diese Erkenntnis
durch die Methode des Praxistests, d. h. die zwei durchgeführten Schülerexpeditionen mit Klasse 7a und 9a (s. Kap. 6.3).

Indizien für das hohe interdisziplinäre Potenzial außerschulischen Biologieunterrichts stellen die auf der Expedition mit Klasse 7a und mit Klasse 9a einbezogenen 14 Unterrichtsfächer[355] zum Verstehen des zentralen Problems des Biodiversitätsverlustes dar. Durch die tangierten Lehrplaninhalte anderer
Unterrichtsfächer wurde angedeutet, wie fächerübergreifender Biologieunterricht
an außerschulischen Lernorten in die Praxis umgesetzt werden kann.[356] Der
zweite in der Hypothese enthaltene Aspekt der Förderung essenzieller biologischer Arbeitstechniken durch außerschulischen Biologieunterricht wurde durch
die in den Expeditionsheften integrierten biologischen Arbeitstechniken gestützt:
Über die Hälfte der in den Mindmaps dargestellten biologischen Arbeitstechniken wurde von den Schülern der Klasse 7a und Klasse 9a in der Praxis an außer-

---

354 theoretische Darlegung s. Kap. 5, praktische Umsetzung s. Kap. 6.
355 s. Abb. 14, Abb. 15, Teil-Mindmaps im Anh. 16 – Anh. 29, Anh. 33 – Anh. 46.
356 Auf weitere Charakteristika der interdisziplinären Biotracks wird in Kap. 6 eingegangen.

schulischen Lernorten geschult. Die Förderung von mindestens 32 (Klasse 7a) bzw. 30 (Klasse 9a) der insgesamt 50 biologischen Arbeitstechniken (s. Kap. 4.5) stützt den o. g. zweiten Aspekt der Hypothese H3.

Die zentralen Schwerpunkte und Teilgebiete zum dritten „ökologischen B" „Biologieunterricht" sind in Abb. 20 überblicksartig zusammengeführt.[357] Wie auch bei den anderen zwei „ökologischen B's" werden in Abb. 20 zehn zentrale Schwerpunkte dargestellt. Biologieunterricht ist nach dem Verständnis vorliegender Abhandlung an fünf Unterrichtskonzeptionen angelehnt – vom handlungsorientierten und forschenden Unterricht über problemorientierten und fächerübergreifenden Unterricht bis hin zum außerschulischen Unterricht, der einen zentralen Stellenwert einnimmt. Hierbei wurde der handlungsorientierte Unterricht bewusst an der Spitze von Abb. 20 dargestellt, da das pädagogische Konzept handlungsorientierten Unterrichts nach Gudjons (2008) die biologiedidaktische Basis in Theorie und Praxis bildet (s. Kap. 1.1, Kap. 1.5). Ausgangspunkt aller didaktischen Betrachtungen und Überlegungen bildet der Biodiversitätsverlust (s. Z1, Z4, Kap. 1.5), der zum aktiven Handeln auffordern soll. Demnach wurde auch der problemorientierte Unterricht im Zusammenhang mit dem pädagogischen Konzept handlungsorientierten Unterrichts in vorliegende Arbeit integriert.[358] Um sich aktiv handelnd mit dem Biodiversitätsproblem auseinanderzusetzen, kommt dem außerschulischen Unterricht eine elementare Bedeutung zu: Gemeint ist hiermit das Lernen an außerschulischen Lernorten (s. Kap. 4.4) speziell unter Einbezug verschiedener Unterrichtsmittel wie z. B. Neuer Medien (s. Kap. 4.6) und anderer Unterrichtsfächer, sodass auch dem fächerübergreifenden Unterricht eine hohe Bedeutung beigemessen wird (s. Kap. 4.3). Da außerschulische Lernorte prädestiniert sind, forschenden Unterricht in Verbindung mit entdeckendem Lernen zu fördern, bildet auch der forschende Unterricht in Anlehnung an das pädagogische Konzept handlungsorientierten Unterrichts einen zentralen Baustein des Buches (s. Kap. 4.2.3). Dieser Aspekt begründet die Lokalisierung dieser Unterrichtskonzeption in räumlicher Nähe zum handlungsorientierten Unterricht. Forschender Unterricht als Form entdeckenden Lernens zeichnet sich durch die Anwendung zentraler biologischer Arbeitstechniken aus (s. Kap. 4.5, Abb. 20).

---

357 Abb. 20 ergänzt damit die finale Zusammenstellung der drei „ökologischen B's" „Biodiversität", „Bildung" und „Biologieunterricht" im Kap. 7.1 (s. Abb. 50).

358 Handlungsorientierter Unterricht ist ohne Problemorientierung nicht realisierbar, wenn bleibende Erkenntnisgewinne erreicht werden sollen (Ellenberger 1993, s. Kap. 4.2.3).

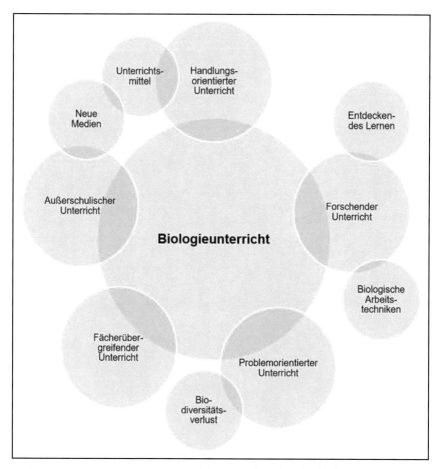

Abb. 20: Schwerpunktsetzungen zum dritten „ökologischen B" Biologieunterricht.

5 Vernetzung der Bereiche „Biodiversität", „Bildung" und „Biologieunterricht"

Das fünfte Kapitel fokussiert nach einer Charakterisierung des ausgewählten Naturparks „Thüringer Schiefergebirge / Obere Saale" in Verbindung mit der Thematisierung zentraler Naturschutzaspekte die Vorstellung des entwickelten Verfahrens zur Erstellung biologisch basierter GPS-Touren (Biotracks). Im Zusammenhang mit der Schilderung von Vorüberlegungen, Charakteristika und Teilschritten des Verfahrens sowie der Beschreibung eines Ausführungsbeispiels zum Thema „Fotosynthese" soll die nachstehende Hypothese H4 (s. Kap. 1.4) diskutiert werden: „Das Biotrack-Verfahren dient zur Verknüpfung der drei Bereiche ‚Biodiversität', ‚Bildung' und ‚Biologieunterricht' und kann auch zur Vermittlung wissenschaftlich schwer zugänglicher Lehrplanthemen angewendet werden". Den Abschluss bilden Ausführungen zu Potenzial und Grenzen des Verfahrens, bevor eine abschließende Diskussion zu obiger Hypothese vorgenommen sowie zentrale Schwerpunktlegungen vorliegenden Kapitels dargelegt werden.

5.1 Der Naturpark „Thüringer Schiefergebirge / Obere Saale"

Zur Vernetzung der Bereiche „Biodiversität", „Bildung" und „Biologieunterricht" musste ein Gebiet zur Praxis-Erprobung der entwickelten Tour ausgewählt werden. Thüringen als „Grünes Herz Deutschlands" ist aufgrund der vielseitigen Naturlandschaften und zusammenhängenden Waldgebiete besonders reizvoll. Im Südosten Thüringens ist der ca. 830 km² umfassende Naturpark „Thüringer Schiefergebirge / Obere Saale" lokalisiert (Verband Deutscher Naturparke e. V. 2012). Der Naturpark „Thüringer Schiefergebirge / Obere Saale" bietet durch seine Vielfalt, von den Himmelsteichen über das **„blaue Gold"**[359] bis hin zum **„Thüringer Meer"**[360] ideale Möglichkeiten zur Erkundung von Gebieten hoher Biodiversität. Daher wurde sich im vorliegenden Fall für diesen Naturpark zur Umsetzung der Biotracks entschieden. Die Unterschiedlichkeit der fünf Natur-

---

359 =Bezeichnung für Schiefer (Naturpark-Haus und -verwaltung 2017).
360 =Bezeichnung für den Bleiloch- und Hohenwartestausee (Naturpark-Haus und -verwaltung 2017).

Zusatzmaterial online
Zusätzliche Informationen sind in der Online-Version dieses Kapitel (https://doi.org/10.1007/978-3-658-31210-7_5) enthalten.

© Springer Fachmedien Wiesbaden GmbH, ein Teil von Springer Nature 2020
L. Knoblich, *Mit Biotracks zur Biodiversität*,
https://doi.org/10.1007/978-3-658-31210-7_5

räume, von offenen Hochflächen über bewaldete Berge und tief eingeschnittene Täler sorgt für den Reiz dieser Landschaft und bietet großes Potenzial zur Umsetzung von Touren mit Schwerpunkt Biodiversität (Verwaltung und Verein Naturpark „Thüringer Schiefergebirge/Obere Saale" 2009). Dass Mensch und Natur zusammen gehören wird auch im Flyer *Land des blauen Goldes* (Seifert-Rösing 2017) betont und bei der Umsetzung der Touren nicht außer Acht gelassen. Die durch Wald, Wasser und Schiefer geprägte Landschaft ist durch die folgenden fünf Naturräume gekennzeichnet (Seifert-Rösing 2017):[361]

1. *Hohes Thüringer Schiefergebirge-Frankenwald*: Charakteristisch ist die gesunde Luft, die in der Weite und Ruhe der Wälder in Höhenlagen bis zu 800 Metern genossen werden kann.

2. *Schwarza-Sormitz-Gebiet*: Sowohl hügelige waldreiche Hochflächen als auch tiefe Bachtäler, „deren Talsohlen als Wiesen und Weiden genutzt werden" (Seifert-Rösing 2017, S. 6) prägen diesen Naturraum. In den vielen Schieferbrüchen konnten sich im Laufe der Jahrhunderte wertvolle Lebensräume entwickeln.[362]

3. *Ostthüringer Schiefergebirge-Vogtland*: Flache Talmulden wechseln sich mit welligen Hochflächen des Oberlandes in der hohen und offenen Landschaft ab, die nun vorzugsweise landwirtschaftlichen Aktivitäten dient.[363]

4. *Oberes Saaletal*: Seifert-Rösing (2017, S. 7) charakterisiert diesen Naturraum wie folgt: „Variationen der Elemente Wald, Wasser und Fels bestimmen das Bild des Saalelaufes". Neben dem „Thüringer Meer" und der Saale, die sich wie ein blaues Band um die Berge windet, schaffen die vorherrschenden trocken-warmen Witterungsbedingungen hervorragende Lebensbedingungen für wärmeliebende Tier- und Pflanzenarten, die im Rahmen der entwickelten Touren untersucht werden können.[364]

5. *Plothener Teichgebiet*: Das Plothener Teichgebiet wird als „Land der Tausend Teiche" bezeichnet, obwohl es sich in der Realität nur um einige hundert Teiche in einer „flachwelligen Hügellandschaft" (Seifert-Rösing 2017, S. 7) handelt. Nicht nur als Vogelschutzgebiet ist diese, aus reinem Niederschlag gespeiste, von Wald, Wiesen und Feldern umgebene Teichlandschaft für die Umsetzung von biodiversitätsbezogenen Touren interessant.[365]

---

361 Die im Anh. 52 – Anh. 59 vorgestellten Touren sind dem jeweiligen Naturraum zugeordnet.

362 Lernort Sormitzgebiet bei Leutenberg (Knoblich 2017h, s. Anh. 56).

363 Lernort „Biotopverbund Rothenbach" bei Heberndorf (Knoblich 2017f, s. Anh. 52).

364 Lernort Nordufer des Bleilochstausees (Knoblich 2017g, s. Anh. 54).

365 Lernort Plothener Teichgebiet (Knoblich 2017i, s. Anh. 58).

5.2 Naturschutzproblematik

Vor dem Hintergrund von BNE (s. Kap. 3.3) gilt der Erhalt der charakteristischen Landschaft in Kombination mit einer nachhaltigen, touristischen Nutzung und kommunalen Entwicklung als wichtigstes Ziel des ausgewählten Naturparks (Naturpark Thüringer Schiefergebirge / Obere Saale 2010).

Dem thematischen Handlungsfeld „Naturschutz und Landschaftspflege" wird mit den zugehörigen Entwicklungszielen von der Naturparkverwaltung eine zentrale Bedeutung zugeschrieben. Demnach steht der Schutz der vielfältigen Lebensräume für Pflanzen und Tiere sowie die Bewahrung der Landschaft vor nachteiligen Entwicklungen, wie z. B. Zerschneidungen an erster Stelle. Ferner wird die Reduktion des Landschaftsverbrauches infolge weiterer Bodenversiegelungen angestrebt. Das zweite der insgesamt fünf thematischen Handlungsfelder „Umweltbeobachtung und Forschung" ist für die vorliegende Betrachtung von besonderer Relevanz. Die Naturparkverwaltung sieht sich als Partner für Umweltbeobachtungs- und Forschungsprojekte (Naturpark Thüringer Schiefergebirge / Obere Saale 2010). Die Projekte, die in Absprache mit der Naturparkverwaltung Leutenberg und der NSB Schleiz entwickelt und durchgeführt wurden, werden im Kap. 6.3 vorgestellt und unterliegen den strengen Naturschutzrichtlinien. Für die Erkundung des ausgewählten Untersuchungsgebiets wurde vor Tourendurchführung eine artenschutzrechtliche Ausnahmegenehmigung von der NSB Schleiz eingeholt (s. Anh. 75),[366] die u. a. erlaubte, das „Gebiet außerhalb der befestigten Wege zu betreten und Tiere aufzusuchen und für Determinationszwecke zu fangen" (Rauner 2016, S. 1).

Bei der Auswahl des Gebiets zur Umsetzung der Biotracks bieten sich aufgrund der Fülle von Tier- und Pflanzenarten und der vielseitigen Landschaftsformen besonders Naturschutzgebiete an. Davon sprechen Hahn & Spreter (2006, S. 8) bei der Vorbereitung eines GEO-Tages der Artenvielfalt: „Natürlich bietet sich ein Schutzgebiet [...] an. Hier finden sich in der Regel ein großer Artenreichtum und eine eindrucksvolle Landschaft". Gerade bei Projekten mit Kindern und Jugendlichen ist es wichtig, dass das Gelände viele Möglichkeiten zum direkten Erleben bietet (Hahn & Spreter 2006). Auf der anderen Seite muss in diesem Zusammenhang bedacht werden, dass Gebiete, in denen das Verlassen der Wege grundsätzlich verboten ist, weniger geeignet für Biotracks und deren Umsetzung mit z. B. Kindern und Jugendlichen sind. Vor dem Hintergrund der *Naturschutz-Offensive 2020. Für biologische Vielfalt!* (BMUB 2015, s. Kap.

---

366 Die Anhänge zu Kapitel 5 (Anh. 75 - Anh. 78) stehen kostenfrei online auf Springer-Link (siehe URL am Anfang dieses Kapitels) zum Download bereit.

3.4.2) ist es vor der Durchführung von Waldprojekten,[367] Touren in anderen Ökosystemen[368] und Schutzgebieten[369] unabdingbar, sich mit dem zuständigen Förster sowie der ansässigen NSB abzusprechen (Hahn & Spreter 2006), was bei den Biotracks vor deren Durchführung erfolgte (Rauner 2016).[370]

Bei den anderen entwickelten, aber bisher noch nicht in der Praxis durchgeführten Biotracks (s. Anh. 56 – Anh. 59) ist beim Versenden der Tour per Mailanhang (KMZ- oder GPX-Datei) an die Lehrer explizit darauf hinzuweisen, wenn die Tour ganz oder z. T. in einem Naturschutzgebiet stattfindet.[371] Möchte man den Vorbereitungsaufwand für den Leiter des Biotracks reduzieren, sollte auf Biotracks zurückgegriffen werden, die außerhalb von Naturschutzgebieten stattfinden. Dass aber Touren in Naturschutzgebieten ihren besonderen Reiz haben, unterstreichen auch die von Greif (2011) vorgestellten Projekte: Hier wurden in Kooperation mit Naturschutzorganisationen eine Kröten-Tour durch das Naturschutzgebiet „Boberger Niederung", eine Wandse-Rallye entlang des renaturierten Flusslaufes der Wandse sowie eine Fehmarn-Route im NABU-Wasservogelreservat Wallnau auf Fehmarn erarbeitet.

Da bei vielen Biotracks sportliche Aktivitäten mit biologischem Fachwissen gekoppelt werden (s. Anh. 52 – Anh. 59), sind Gedanken über umweltverträglichen Natursport unabdingbar. Sport dient nicht nur zur Bewältigung der Wegstrecke von einem Wegpunkt zum nächsten, sondern kann auch die Wahrnehmung verstärken und einen neuen Blickwinkel auf die Natur bieten, z. B. vom Zehnerkanadier aus (s. Anh. 54 – Anh. 55). Für die Natur kann Sport allerdings zur Belastung werden, sodass einige zentrale Grundsätze (s. Tab. 21, Tab. 22) beachtet werden müssen (Schrader, Schütz & Scholze 2006).[372]

---

367 s. Expedition Heberndorf (Kap. 6.3.1).

368 See, Bach, s. Expedition Bleilochstausee (Kap. 6.3.2).

369 s. z. B. Expedition Heberndorf (Kap. 6.3.1).

370 Der eigene GEO-Tag der Artenvielfalt wird in Kap. 6.3.1 für Klasse 7a und in Kap. 6.3.2 für Klasse 9a vorgestellt.

371 Das vorherige Einholen der Genehmigung (s. Anh. 75) sowie eine umfassende Belehrung der Schüler (s. Anh. 101 – Anh. 102) sind essenzielle Voraussetzungen vor dem Beginn. Die Dokumente finden in Kap. 6.3 Erwähnung und können vor der Durchführung jedes Biotracks herangezogen werden.

372 Zuerst folgen einige allgemeine Hinweise gegliedert in: 1. Vorbereitung, 2. Durchführung, 3. Verpflegung, 4. Ausrüstung, bevor auf die drei Hauptsportaktivitäten der entwickelten Biotracks (Wandern, Radfahren, Bootfahren) eingegangen wird (Schrader, Schütz & Scholze 2006).

Tab. 21: Zentrale Grundsätze für umweltverträglichen Natursport.[373]

Kategorie	Hinweise
1. Vorbereitung	- Anreise mit öffentlichen Verkehrsmitteln, alternativ Bildung von Fahrgemeinschaften - Beachtung von Schutzbereichen und Sperrzeiten; kein Verlassen der Wege in Schutzgebieten - kleine Gruppengröße zum Schutz von Wildtieren - Benutzung von markierten Park- und Lagerplätzen - Entscheidung für Unterkünfte mit ökologischen Standards bei Mehrtagestouren, Projektwochen u. Ä.
2. Durchführung	- Vermeidung von Lärm - Verpflegung mit wenig Verpackungsmüll, Einsammeln von Abfall - Vermeidung von abgeknickten Getreidefeldern oder Wiesen - Verzicht auf Rauchen in der Natur - offenes Feuer nur auf dafür ausgewiesenen Plätzen
3. Verpflegung	- Bevorzugung frischer Nahrungsmittel - Gesunde Kost wie Früchte, Nüsse, geschnittenes Gemüse
4. Ausrüstung	- richtige Prioritäten setzen: Funktionalität statt Mode - atmungsaktive Kleidung - Baumwoll-Kleidung aus ökologischem Anbau - Information über Möglichkeiten des Materialverleihs (z. B. Mountainbike, s. Lernort Nordufer des Bleilochstausees, Anh. 54 – Anh. 55)

---

373 Die Grafik wurde in Anlehnung an Schrader, Schütz & Scholze (2006) erstellt.

Tab. 22:   Hinweise für umweltverträgliches Wandern, Rad- und Bootfahren.[374]

Sportaktivität	Lernort(e)	Hinweise
1. Wandern	- „Biotopverbund Rothenbach" bei Heberndorf (Anh. 52 – Anh. 53) - Sormitzgebiet bei Leutenberg (Anh. 56 – Anh. 57) - Plothener Teichgebiet (Anh. 58 – Anh. 59)	- kein Verlassen der ausgewiesenen Wege in Schutzgebieten - kein Abkürzen, z. B. bei Serpentinen an Hängen
2. Radfahren	- Nordufer des Bleilochstausees (Anh. 54 – Anh. 55)	- Tempoverminderung in der Nähe von Wanderern - keine Nutzung von Abkürzungen (z. B. bei Serpentinen) - kein „Querfeldeinfahren" laut Landeswaldgesetzen
3. Bootfahren[375]	- Nordufer des Bleilochstausees (Anh. 54 – Anh. 55)	- rechtzeitige Information über gesetzliche Vorschriften und Naturschutzvereinbarungen - Einhaltung von ausreichend Abstand zu Wasserpflanzen, Ufervegetation und Tieren - Berücksichtigung eines ausreichenden Wasserstandes (mind. ein halber Meter unter dem Kiel) - Verzicht auf die Befahrung erkennbar übernutzter Gewässer - Kleinflüsse nicht in großen Gruppen befahren

---

374 Die Grafik wurde in Anlehnung an Schrader, Schütz & Scholze (2006) erstellt.

375 Je nach Häufigkeit und Intensität des Wassersports können seltene Vogelarten wie Eisvogel *Alcedo atthis*, Wasseramsel *Cinclus cinclus* und Flussuferläufer *Actitis hypoleucos* beunruhigt oder vertrieben werden. Geschieht das Ein- und Aussetzen der Boote nicht vorsichtig genug, kann dies zu Schäden des Uferbewuchses und Uferabbrüchen führen (Schrader, Schütz & Scholze 2006).

5.3 Verfahrensentwicklung zur Erstellung von Biotracks

5.3.1 Vorüberlegungen und Vorarbeiten

Die nachfolgenden Überlegungen wurden vor dem Hintergrund der Hypothese H4 angestellt: „Das Biotrack-Verfahren dient zur Verknüpfung der drei Bereiche ‚Biodiversität', ‚Bildung' und ‚Biologieunterricht' und kann auch zur Vermittlung wissenschaftlich schwer zugänglicher Lehrplanthemen angewendet werden". Die Bezüge zu den drei „ökologischen B's" „Biodiversität", „Bildung" und „Biologieunterricht" sind an den entsprechenden Stellen innerhalb der folgenden Teilkapitel kenntlich gemacht und abschließend zusammengefasst (s. Kap. 5.7).

Im Vorfeld der Verfahrensentwicklung war eine detaillierte Lehrplananalyse inklusive der Stundenverteilung auf die Stoffgebiete für den außerschulischen Biologieunterricht notwendig. Da im aktuellen Thüringer Lehrplan Biologie (TMBWK 2012a) jegliche Stundenangaben zu Lehrplaninhalten (zu Fach-, Stoff- und Themengebieten) fehlen, wurde sich im vorliegenden Fall am Lehrplan Biologie (Thüringer Kultusministerium 1999) orientiert sowie Erfahrungen aus der eigenen Unterrichtspraxis einbezogen. Ergänzend dienten die vorgeschlagenen Stoffverteilungspläne renommierter Schulbuchverlage (hier Cornelsen) als Vorlage, da die dortigen Angaben auf Erfahrungswerten geschulter Lehrkräfte beruhen.[376]

Innerhalb der Recherche wurde festgestellt, dass zahlreiche Literatur zu den Schwerpunkt-Themen „Biodiversität", „Bildung", „Biologieunterricht" und

---

376 Bei der Einbettung der außerschulischen Bildungsangebote (s. Kap. 6.3) bildete der Stoffverteilungsplan des Lehrwerks *Biologie plus Klassen 7/8 Gymnasium Thüringen* (Cornelsen Verlag GmbH 2011) bzw. *Biologie plus Klassen 9/10 Gymnasium Thüringen* (Cornelsen Verlag GmbH 2013) eine Orientierung, da dieser Entwurf aus der Praxis von erfahrenen Pädagogen stammt, die an Thüringer Gymnasien (z. B. Staatliches Gymnasium „Dr. Konrad Duden" Schleiz) unterrichten. Zwei Beispiele für Stoffverteilungspläne mit Einbettung der Expeditionen, dem vorletzten Schritt des entwickelten Verfahrens, befinden sich im Anh. 94 und Anh. 114. In der *Thüringer Schulordnung* (TMBJS 2011) finden sich dagegen nur sog. Rahmenstundenpläne, die keine konkreten Stundenangaben zu den Lehrplaninhalten liefern, sondern lediglich die Fächer mit der zugehörigen Wochenstundenanzahl für jeweils zwei Klassenstufen aufführen (z. B. Kl. 5/6, 7/8, 9/10, Anlage 4, 8, 13, TMBJS 2011). Da die Ferien im Bundesland Thüringen bereits bis 2024 feststehen und auf der Homepage des TMBJS (2017) eingesehen werden können, ist im Prinzip eine Einbettung der Biotracks für den außerschulischen Biologieunterricht in den Stoffverteilungsplan bis 2024 möglich.

„Neue Medien"[377] vorhanden ist. Die diese Themenbereiche betreffenden neuen Ideen wurden vernetzt zu einem didaktischen Verfahren ausgebaut, das am 17. Dezember 2014 zum Patent beim Deutschen Patent- und Markenamt (DPMA) München angemeldet wurde. Die Offenlegung[378] fand nach Eingangsprüfung nach 18 Monaten am 23. Juni 2016 statt.[379] Am 8. März 2015 erfolgte das Einreichen der Wort-/ Bildmarke im Rahmen der Markenanmeldung beim DPMA München, um den Weg für eine potenziell denkbare Vermarktung des Verfahrens (s. Kap. 5.5) zu ebnen. Die Marke (Knoblich 2015b) wurde am 13. April 2015 in das Register eingetragen (Registerauszug und Markenurkunde (DPMA 2015), s. Anh. 76, Anh. 77).[380]

Die zentralen Stufen von der Erfindung zum Patent fasst Abb. 21 zusammen. Davon wurden die vier bisher abgearbeiteten Punkte mit einem Haken versehen. Der nächste anstehende Punkt ist der Prüfungsantrag. Dieser wurde bis zum jetzigen Zeitpunkt noch nicht gestellt, da dies an der FSU Jena erst üblich ist, wenn ein Verwertungspartner (Kap. 7.2) daran interessiert ist (Liutik & Pänke 2016).[381]

---

377 s. Kap. 1.2, Kap. 2, Kap. 3, Kap. 4.6.

378 Die Offenlegungsschrift kann bspw. unter folgendem Link über das DEPATISnet (Deutsches Patentinformationssystem) eingesehen werden: https://depatisnet.dpma. de/DepatisNet/depatisnet?action=pdf&docid=DE102014018970A1 (DPMA 2016a).

379 Ausgangspunkt für die Recherche (Oktober / November 2014) war die Suche in Datenbanken des Datenbankanbieters „STN International" (FIZ Karlsruhe – Leibniz-Institut für Informationsinfrastruktur GmbH 2017), die in Kooperation mit der Wissenschaftlichen Informationsstelle Jena erfolgte. In folgenden Datenbanken wurde recherchiert: GEOREF, BIOSIS, COMPENDEX, HCAPLUS, EMBASE, BIO-TECHABS, SCISEARCH, MEDLINE, PASCAL, CABA, NTIS, DISSABS, AGRICOLA, ESBIOBASE, BIBLIODATA, AEROSPACE (Literaturdatenbanken) sowie AUPATFULL, DEFULL, GBFULL, IFIALL, INFULL, PQSCITECH und USPAT2 (Patentdatenbanken). Bei den Patentdatenbanken wurden aus Kostengründen nur Dokumente aus ausgewählten Patentdatenbanken einbezogen, weshalb sich eine Recherche im DEPATISnet anschloss.

380 Die Schutzdauer der Marke (Knoblich 2015b) beginnt am Anmeldetag (21. Januar 2015) und ist bis 2025 gültig (DPMA 2015). Eine Verlängerung um jeweils zehn Jahre ist gemäß § 47 Markengesetz möglich (BMJV 1995, s. Anh. 76).

381 Die Schutzdauer des Patents beträgt maximal 20 Jahre ab dem Anmeldetag d. h. sie läuft maximal bis zum 17. Dezember 2034. Dies ist an folgende Nebenbedingungen geknüpft: Erstens muss ab dem dritten Jahr eine jährliche Gebührenzahlung erfolgen. Diese wird für das dritte und vierte Jahr von dem Schutzrechtsservice der FSU Jena übernommen. Anschließend sind die Kosten von der AG Biologiedidaktik Jena zu tragen. Zweitens muss innerhalb von sieben Jahren der Prüfungsantrag gestellt werden (DPMA 2016b).

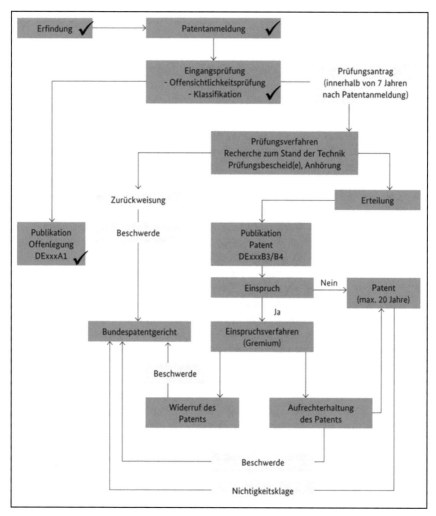

Abb. 21:   Der Weg zum Patent.[382]

Eine kurze Klärung folgender Begriffe erscheint für das Verständnis dieses und der nachfolgenden Teilkapitel von Bedeutung: Mit dem Begriff „**Track**" wird in Anlehnung an die im Kap. 1.5 vorgenommene Definition „Biotrack" abgeleitet

---

382 In Anlehnung an DPMA (2016b) ergänzt durch die Verfasserin. Die bereits absolvierten Schritte wurden abgehakt.

aus dem Englischen (engl. für „Weg / Spur") die mit dem Smartphone bzw. GPS-Gerät aufgezeichnete Expeditionsroute bezeichnet. Der Begriff „**POI**" ist die Abkürzung für „Point of Interest" (MEDIA-TOURS 2020) und kann als biologisch interessanter Wegpunkt verstanden werden (s. Kap. 1.5).[383]

5.3.2   Das Verfahren im Überblick

Die folgenden Ausführungen widmen sich in Anlehnung an die aus der Patentanmeldung resultierende Offenlegungsschrift (Hoßfeld & Knoblich 2016) der Vorstellung und detaillierten Beschreibung des entwickelten Verfahrens.[384] Unter Beachtung des Prinzips „vom Allgemeinen zum Besonderen" werden in Anlehnung an die deduktive Vorgehensweise (Spektrum Akademischer Verlag 1999b) ausgehend von einigen allgemeinen Kennzeichen des Verfahrens die einzelnen Schritte des Verfahrens erläutert, bevor ein Ausführungsbeispiel zum Thema „Fotosynthese" in Verbindung mit der Diskussion des zweiten Teilaspekts der Hypothese H4: „Das Biotrack-Verfahren […] kann auch zur Vermittlung wissenschaftlich schwer zugänglicher Lehrplanthemen angewendet werden" die Ausführungen abrundet (s. Kap. 5.4).

Das Verfahren verfolgt die Absicht, standortspezielle, vorgabenbezogene und wissenschaftlich schwer zugängliche Informationen wie z. B. Lehrplaninhalte für die Ausbildung im Fachgebiet Biologie (hier für den außerschulischen Biologieunterricht) systematisch und standortspezifisch zu erarbeiten. Die Vermittlung der daraus gewonnenen Informationen erfolgt anschließend im Rahmen von Expeditionen. Ein wesentliches Kennzeichen des Verfahrens ist, dass es insbesondere in der Fachwissenschaft Biologiedidaktik für Ausbilder und deren Schulklassen im Rahmen außerschulischen Biologieunterrichts anwendbar ist. Darüber hinaus eignet es sich für die Wissensvermittlung in biologischen Bereichen der Hochschulbildung und sonstigen Ausbildung. Da es aber weder auf diese spezielle Wissensvermittlung noch auf solche Bildungsinhalte beschränkt ist, kann von einem übergreifend anwendbaren Verfahren gesprochen werden, das sich v. a. auch für fächerübergreifenden Unterricht (s. Kap. 4.3) eignet. In diesem Zusammenhang soll gezeigt werden, dass auch wenig anschauliche Wissensinhalte anhand von Vorgaben standortspezifisch, beständig, universell und

---

383 Alternativ wird zugunsten sprachlicher Variabilität auch oft die deutsche Übersetzung „Wegpunkt" verwendet.

384 Zur Verbesserung des Leseflusses wird nachfolgend auf indirekte Zitationen der den Kap. 5.3, Kap. 5.4 und Kap. 5.5 zugrundeliegenden Offenlegungsschrift (Hoßfeld & Knoblich 2016) verzichtet.

zukunftsrelevant m. H. des Verfahrens erarbeitet und vermittelt werden können.[385]

Die Idee, die zur Entwicklung des Verfahrens geführt hat, beruht einerseits auf der Frage, wie die drei Bereiche „Biodiversität", „Bildung" und „Biologieunterricht" sinnvoll miteinander verknüpft werden können (s. Inhaltsverzeichnis und Titel von Kap. 5). Andererseits ist die Überlegung grundlegend, wissenschaftliche Inhalte, die nicht unmittelbar zur Verfügung stehen, für den Wissensgewinn und die damit verbundene Aneignung mit lokalem Bezug verfügbar sowie für die Wissensvermittlung interessant zu machen.[386] Wird das Fachgebiet der Biologie fokussiert, zeigt sich, dass hier speziell wissenschaftliche Daten nicht bereits explizit für eine geografisch zuordnungsfähige, anschauliche Wissensvermittlung vorliegen, wie es z. B. bei den Fachgebieten Geografie und Geologie der Fall ist. Somit sind die biologischen Daten nicht unmittelbar von Lehrplänen[387] oder sonstigen Vorgaben übertragbar und auf die erwähnte anschauliche und lokal bezogene Wissensvermittlung im Rahmen von Expeditionen transferierbar.

Die Einbringung und Verknüpfung der Daten erfolgt m. H. einer definierten Schrittfolge (s. Kap. 5.3.3) ausgehend von der Auswahl eines geeigneten geografischen Großraumes über die Ausarbeitung der wissenschaftlichen Informationen, bspw. anhand von Lehrplänen mit anschließender Definition eines Expeditionsgebiets in Verbindung mit der geografischen Auswahl der POIs. Darauf aufbauend erfolgt die Tourenerstellung sowie die Erweiterung, Charakterisierung, Verknüpfung und Visualisierung der erstellten Expeditionstour. Nun sind die Voraussetzungen für die Tourenerprobung im Gelände geschaffen, welche unter Einsatz moderner Navigationstechnologien, wie z. B. GPS erfolgt, bevor – darauf aufbauend – die Optimierung der Expeditionstour ansteht. Besonderes Augenmerk bei der o. g. Erweiterung, Charakterisierung, Verknüpfung und Visualisierung der Expeditionstour liegt darauf, eine möglichst hohe Vor-Ort-Anschaulichkeit der abstrakten bzw. schwer zugänglichen Informationen zu erreichen. Zur Erhöhung der Anschaulichkeit vor Ort bieten sich v. a. entsprechende Fotos, Videos, Audiodateien und Apps an (s. Kap. 6.3). Ebenfalls eminente Bedeutung hat die Auswahl repräsentativer POIs im Gelände, welche dem zuvor erwählten abstrakten bzw. schwer zugänglichen (Lehrplan-) Inhalt sowie

---

385 Die hypothesengeleitete Diskussion dieses Aspekts erfolgt explizit im sich anschließenden Kap. 5.4. Weitere Vorteile werden im Kap. 5.5 näher erläutert.

386 Denkbare Ansätze insbesondere zur Umsetzung des zweiten Anspruches verdeutlicht das in Kap. 5.4 vorgestellte Ausführungsbeispiel zum Thema „Fotosynthese" (Hoßfeld & Knoblich 2016).

387 z. B. Thüringer Lehrplan Biologie (TMBWK 2012a) als verbindliche Grundlage für Biologieunterricht.

dem Schwerpunkt Biodiversität (s. Kap. 2) gerecht werden müssen. Der Einbezug schwer zu findender bzw. schwer erreichbarer POIs in der Natur legitimiert
hierbei den Einsatz der Neuen Medien (Smartphones, s. Kap. 6.3) zur punktgenauen Lokalisation: Eine versteckte Bachquelle, eine verborgene Höhle oder ein
Tierbau können auf diese Weise während der Expedition aufgesucht und in die
Wissensvermittlung einbezogen werden. Da dieser Anspruch nicht selten im
Konflikt mit den im Kap. 5.2 aufgeführten Verhaltensregeln in der Natur steht,
wird an dieser Stelle dezidiert auf die Einhaltung der genannten Grundätze in
Naturschutzgebieten vor dem Hintergrund des Biodiversitätsschutzes (s. Kap.
2.5) verwiesen, die bei der Erarbeitung der dargestellten Schrittfolge stets beach-
tet werden müssen.

Aus multimedialer Sicht kommen im Zusammenhang mit der beabsichtigten
Medienbildung folgende Geräte an spezifischen Stellen der Schrittfolge zum
Einsatz (s. Kap. 4.6): Die bereits für diesen Zweck bekannten GPS-Geräte dienen der Aufzeichnung der geeigneten POIs im Rahmen der Datensicherung und
anschließenden Tourenfinalisierung. Smartphones wurden für die Tourendurchführung mit der jeweiligen Zielgruppe (z. B. Schüler oder Studenten) ausgewählt, da sie als „mobile, moderne und zukunftsträchtige sowie flexible Träger
der wissenschaftlichen Informationen" (Hoßfeld & Knoblich 2016, S. 4) sowohl
auditiv als auch visuell umfassende Möglichkeiten zur Durchführung der Expeditionstour bieten.[388] Die spezielle Expeditionstour, die am Ende der Schrittfolge
des Verfahrens entsteht, enthält außerdem Empfehlungen zur Zielgruppe, Erreichbarkeit, zu empfohlenen Fortbewegungsmitteln, zum zeitlichem Umfang, zu
besonderen örtlichen Gegebenheiten usw. Jede Tour ist mit einer je nach Themengebiet bestimmten Anzahl von themenbezogenen Apps für die eingesetzten
Smartphones erweiterbar.

Zusammenfassend kann an dieser Stelle festgehalten werden, dass das hier
vorgestellte Verfahren nicht der bloßen Erstellung von Expeditionstouren dient,
sondern vielmehr einen Weg aufzeigen will, auf welche Art und Weise es gelingen kann, auch schwer zugängliche Bildungsinhalte mit Schwerpunkt Biodiversität anschaulich und mit lokalem Bezug in interessante Expeditionstouren für
den außerschulischen Biologieunterricht umzuwandeln (s. H4, Kap. 1.4).[389]

---

388 Im Ausführungsbeispiel zum Thema „Fotosynthese" (Hoßfeld & Knoblich 2016, s.
    Kap. 5.4) wird auf nähere Details verwiesen.
389 Das Verfahren wird im folgenden Teilkapitel in Form eines allgemeinen Ausfüh-
    rungsbeispiels für den außerschulischen Biologieunterricht näher erläutert. In diesem
    Buch steht der Schulbezug im Vordergrund, obwohl das Verfahren, wie beschrieben,
    auch auf andere Bildungsbereiche transferierbar ist. Das spezielle Ausführungsbei-
    spiel zum lehrplanbasierten Thema „Fotosynthese" (Hoßfeld & Knoblich 2016) wird
    im Kap. 5.4 vorgestellt. Die Materialien der vier entwickelten Touren inklusive der

5.3.3 Teilschritte des Verfahrens

Schritt 1: Auswahl eines geeigneten geografischen Großraumes

Den ersten Schritt des Verfahrens markiert die geografische Vorauswahl eines zur Wissensvermittlung geeigneten geografischen Großraums für ein Expeditionsgebiet (Landschaftsgebiet). Die Auswahl kann über drei wesentliche Quellen erfolgen: Erstens über das Internet (z. B. Software „Google Earth"), zweitens über Druckschriften (z. B. Bücher, Zeitschriften, Karten) und drittens über ortskundige Personen. Über die in Abb. 22 dargestellten fünf Teilschritte wird illustriert, wie von der globalen Perspektive des Erdballs als Startpunkt (s. Ziffer 1) über die Auswahl eines Kontinents (s. Ziffer 2, Europa), ein Land (s. Ziffer 3, Deutschland) sowie nachfolgend ein Bundesland (s. Ziffer 4, Thüringen) und letztendlich eine Region, im vorliegenden Beispiel der Naturpark „Thüringer Schiefergebirge / Obere Saale" (s. Ziffer 5) vor dem Hintergrund des Schwerpunktthemas „Biodiversität" (s. Kap. 2) sowie der beabsichtigten Umweltbildung (s. Kap. 3.8) ausgewählt wird.[390] Bei der geografischen Auswahl des Großraumes muss geprüft werden, ob das Gebiet im Hinblick auf die Wissensvermittlung mit Schwerpunkt Biodiversität ausreichend örtliche Gegebenheiten zur Umsetzung handlungs- und problemorientierten Unterrichts (s. Kap. 4.2.3) bereitstellt. Für die Wissensvermittlung im Fach Biologie müsste in diesem Zusammenhang das Vorhandensein hinreichend interessanter botanischer und zoologischer Anschauungsobjekte in dem Gebiet überprüft werden.

---

beiden mit Schulklassen durchgeführten und ausgewerteten Touren (s. Kap. 6.3 - Kap. 6.5) sind Anh. 52 – Anh. 59 zu entnehmen.

390 Andere Naturparke, Nationalparks (z. B. der Nationalpark „Schwarzwald"), UNESCO-Biosphärenreservate (z. B. das Biosphärenreservat „Rhön"), aber auch Natur- und Landschaftsschutzgebiete (z. B. das Natur- und Landschaftsschutzgebiet „Neustädter Teiche") sowie Flächennaturdenkmale (z. B. der Warnsdorfgrund bei Ottendorf) kämen aufgrund der vergleichsweise hohen Biodiversität genauso als potenzielle Regionen in Deutschland in Frage (Hoßfeld & Knoblich 2016).

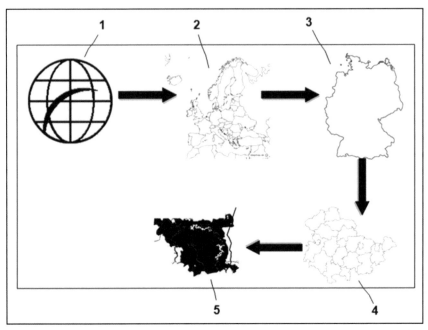

Abb. 22:   Auswahl eines geografischen Großraumes.[391]

Schritt 2: Ausarbeitung wissenschaftlicher Inhalte anhand von Vorgaben

Die detaillierte Ausarbeitung der wissenschaftlichen Inhalte, z. B. naturwissenschaftlicher Bildungsinhalte (s. Kap. 3.8) anhand von Vorgaben schließt sich im
zweiten Schritt unmittelbar an die Auswahl des geografischen Großraumes an.
Inhaltliche Grundlage für die Ausarbeitung der beabsichtigten Umweltbildungs-
themen bilden Nationale Bildungsstandards (s. Kap. 3.5), Bildungspläne (s. Kap.
3.7), Lehrpläne und sonstige Vorgaben – nach Möglichkeit mit Integration in ein
größeres öffentlichkeitswirksames Projekt.[392] Sofern nicht schon im Plan selbst
vorgegeben, wird nun eine spezielle Zielgruppe[393] im Vorgabenplan ausgewählt.
In Verbindung damit erfolgt die Auswahl eines konkreten Stoffgebiets für die

---

391 Entnommen aus Hoßfeld & Knoblich (2016, S. 20). 1=Erdball, 2=Europa,
    3=Deutschland, 4=Thüringen, 5=Naturpark „Thüringer Schiefergebirge / Obere Saa-
    le".
392 z. B. die UN-Biodiversitätskonvention, die UN-Dekade biologische Vielfalt (s. Kap.
    2.1) oder das Weltaktionsprogramm „BNE" (s. Kap. 3.3).
393 Für den außerschulischen Biologieunterricht bspw. Schüler der Klassenstufe 12.

Wissensvermittlung im o. g. geografischen Großraum, wobei auch ein **schwer zugängliches Stoffgebiet**[394] in Frage kommt, das, sofern nicht schon vorhanden, durch den Schwerpunkt Biodiversität ergänzt wird. Im Thüringer Lehrplan Biologie für Gymnasien (TMBWK 2012a, S. 18) erfüllt z. B. das Stoffgebiet „Lebensprozesse von grünen Pflanzen, Pilzen und Bakterien" diese Funktion, das im Kap. 5.4 näher ausgeführt wird (s. Tab. 23, Punkt a).[395]

Ist die Auswahl des Stoffgebiets getroffen, kann sich der Detailauswahl geeigneter Schwerpunkte für den außerschulischen Biologieunterricht gewidmet werden. Am Beispiel des Thüringer Lehrplanes Biologie mit Fokus auf Klassenstufe 12 wäre eine Auswahl des Themengebietes „Struktur, Dynamik, Stabilität und Beeinflussbarkeit von Ökosystemen" (TMBWK 2012a, S. 38) denkbar. Darauf aufbauend werden die bereits dem Plan entnommenen Inhalte mit weiteren Vorgaben koordiniert sowie spezifiziert. Hierbei dienen in erster Linie im Biologieunterricht verwendete Lehr- und Fachbücher, wissenschaftliche Artikel, Journalbeiträge u. Ä. als Grundlage für die Ausarbeitungen. Bleibt das Beispiel Biologieunterrichts für Klasse 12 im Fokus, kann die Recherche in Schulbüchern wie *Biologie heute SII* (Braun, Paul & Westendorf-Bröring 2011) und *Natura Biologie für Gymnasien Oberstufe* (Beyer et al. 2005) durchgeführt werden.[396] Die aus diesen Lehrwerken gefilterten zentralen Informationen zum erwählten Themenfeld werden nun im Stichpunktformat als „Anforderungen an die POIs" (s. Punkt d) festgehalten.[397] In diesem Schritt der Ausarbeitung der lehrplanbasierten Inhalte muss auf die Verknüpfung der drei „B's" geachtet werden, um bereits in diesem Anfangsstadium den entsprechenden Fokus zu legen.

---

394 Unter der Bezeichnung „**schwer zugänglich**" werden hierbei Stoffgebiete verstanden, bei denen die aufgeschlüsselten Inhalte nicht unmittelbar für eine praktische Umsetzung in der Natur vorliegen und sich demzufolge auch nicht bereits aus dem Titel oder den zugehörigen Schwerpunkten ableiten lassen (Hoßfeld & Knoblich 2016). Aber auch weniger schwer zugängliche Inhalte, wie z. B. das Stoffgebiet „Ökologie" der Klassenstufe 12 des Thüringer Lehrplanes Biologie für Gymnasien (TMBWK 2012a, S. 37) können m. H. des Verfahrens aufgearbeitet und umgesetzt werden.

395 Die nachfolgenden Verweise beziehen sich – sofern nicht anders angegeben – auf Tab. 23.

396 Analysierte Schulbücher für die Klassenstufen 7/8 und 9/10, s. Kap. 2.7.1.

397 Die übrigen noch leeren Spalten der Tabelle (s. Punkt b, c, e-j) werden schrittweise im Laufe des Verfahrens auf Basis der ausgearbeiteten wissenschaftlichen Inhalte vervollständigt (Hoßfeld & Knoblich 2016).

Tab. 23:   Anforderungsliste an die POIs.[398]

a	Lehrplaninhalt
b	Bezeichnung des Expeditionsgebiets
c	Bezeichnung der POIs
d	Anforderungen an die POIs
e	Biodiversitätspotenzial
f	Jahreszeitenaspekt
g	Zeitlicher Rahmen
h	Erreichbarkeit
i	POI-Nummern
j	Touren-Nummer

Schritt 3:   Definition eines Expeditionsgebietes und geografische Auswahl der Points of Interest (POIs)

Zur Erarbeitung und Vermittlung der wissenschaftlichen Inhalte – im vorliegenden Fall Lehrplaninhalte für den Biologieunterricht – schließt sich im nächsten Schritt die Definition eines Expeditionsgebiets im ausgewählten geografischen Großraum sowie die geografische Auswahl der darin vorzufindenden POIs an.[399] Hilfreich ist Wissen von Einheimischen vor Ort, die das Gebiet mit den biologischen und geologischen Besonderheiten gut kennen und das Biodiversitätspotenzial einschätzen können. Zusätzlich zu den festgelegten wissenschaftlichen Inhalten (z. B. Lehrplanvorgaben) werden in diesem Schritt auch Angaben zum Erreichbarkeits- und Entfernungsfaktor gemacht sowie der Zeitaspekt (z. B. Ganztagsexpedition, s. Kap. 6.3) ergänzt. Darüber hinaus werden spezielle Eigenschaften der Zielgruppe[400] bei der Auswahl eines geeigneten Expeditionsgebietes berücksichtigt (s. Tab. 23). Ein weiterer, nicht zu vernachlässigender Aspekt ist das Prüfen des Expeditionsgebietes hinsichtlich des Vorhandenseins ausreichender bzw. vielfältiger interessanter POIs, welche neben dem Thema „Biodiversität" auch primär schwer zugängliche Themen anschaulich in der

---

398 In Anlehnung an Hoßfeld & Knoblich (2016) verändert durch die Verfasserin. Die Punkte a und d werden für den außerschulischen Biologieunterricht erarbeitet.

399 Hierfür kommen neben Internetinformationen (v. a. Software „Google Earth") auch Druckschriften wie Bücher, Zeitschriften usw. zum Einsatz (Hoßfeld & Knoblich 2016).

400 z. B. Kompetenzen von Gymnasialschülern einer neunten Klasse (Hoßfeld & Knoblich 2016, s. Kap. 6.3).

Praxis umsetzen lassen.[401] Außerdem muss das Expeditionsgebiet ausreichende Möglichkeiten für handlungs- und problemorientierten Unterricht (s. Kap. 1.5) bieten.

Um eine Vorstellung für mögliche biologisch interessante biodiversitätsbezogene POIs zum exemplarisch gewählten Stoffgebiet „Ökologie" der Klassenstufe 12 (TMBWK 2012a, S. 37) zu erhalten, an denen biologische Arbeitstechniken (s. Kap. 4.5) angewendet werden können, wurden einige Beispiele in Abb. 23 illustriert und nummeriert. So symbolisiert POI Nr. 6 z. B. ein geschütztes Waldgebiet, das versteckte und nicht näher dargestellte Höhlen sowie besondere „Highlights" in Flora und Fauna beherbergt. Das Ökosystem Getreidefeld mit charakteristischer Tier- und Pflanzenwelt kommt genauso als potenzieller POI zum Kennenlernen lokaler Artenvielfalt als Ebene von Biodiversität in Frage und ist in POI Nr. 7 abgebildet. Ebenso interessant für die Wissensvermittlung mit Schwerpunkt Biodiversität können versteckte Steinhaufen sein, welche als POI Nr. 8 wärmeliebenden Reptilien Unterschlupf bieten und den Schülern im Rahmen forschenden Unterrichts und entdeckenden Lernens (s. Kap. 4.2.3) einen Einblick in Landschaftsdiversität als Teilaspekt von Ökosystemvielfalt ermöglichen (s. Kap. 2.1). POI Nr. 9 verkörpert dagegen ein Fließgewässer, bspw. einen klaren Bachlauf, der nicht nur Lebensraum für seltene Wasserpflanzen, sondern auch für viele speziell angepasste Wassertiere, wie z. B. Wasserskorpione *Nepa cinerea* schafft.[402]

Bei POI Nr. 10 handelt es sich um das Ökosystem Tümpel, bei POI Nr. 11 um eine artenreiche Feuchtwiese. Ein besonders vielfältiger Landschaftsausschnitt mit unterschiedlichen Mikrobiotopen[403] auf engstem Raum ist mit POI Nr. 12 dargestellt, während POI Nr. 13 einen schroffen Felsen mit seltener Flora (z. B. Polsterpflanzen) symbolisiert. Alle genannten POIs ermöglichen neben der lokal vorzufindenden Artenvielfalt durch ihre Verknüpfung bzw. Anordnung in der Landschaft Einblicke in die Ökosystemvielfalt des Expeditionsgebietes.[404]

---

401 Auf diese Weise müsste bspw. das Erschließen des Themas „Fotosynthese" im außerschulischen Biologieunterricht (Hoßfeld & Knoblich 2016, s. Kap. 5.4) möglich sein.

402 Weitere denkbare Möglichkeiten für interessante und im Untersuchungsgebiet nicht sofort identifizierbare POIs sind ebenfalls in Abb. 23 integriert.

403 Landschafts- und Habitatdiversität (s. Kap. 2.1).

404 Ist die Definition des Expeditionsgebietes inklusive der benannten POIs abgeschlossen, wird dieses namentlich in der tabellarischen Aufstellung (unter Punkt b) integriert, während die o. g. festgelegten POIs unter Punkt c ergänzt werden. Die POIs werden in diesem Schritt in gedruckte oder elektronische Karten bzw. topologische

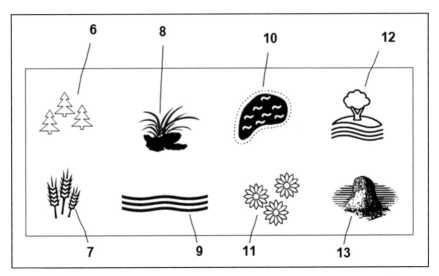

Abb. 23: Übersichtskarte über die POIs mit Fokus auf Biodiversität, speziell Ökosystemvielfalt.[405]

Schritt 4:   Verknüpfung der POIs zu einer Expeditionstour (Biotrack)

Der vierte Schritt umfasst die Verknüpfung der zuvor ausgewählten POIs.[406] Zu beachten ist, dass bei der Tourenerstellung eine repräsentative Auswahl aus den zuvor festgelegten bzw. nach der Vor-Ort-Inspektion ergänzten POIs getroffen wird. Im Umkehrschluss bedeutet dies, dass nur jene POIs zu einer Expeditionstour verknüpft werden, welche ausreichenden Biodiversitätsbezug aufweisen und

---

Mapfiles, ggf. erst nach der Vor-Ort-Inspektion (s. Schritt 5) eingetragen (Hoßfeld & Knoblich 2016).

405 Entnommen aus Hoßfeld & Knoblich (2016, S. 21). POIs mit direktem Bezug zur Landschaftsdiversität: 6=Ökosystem Wald, 7=Ökosystem Getreidefeld, 9=Ökosystem Quellbach, 10=Ökosystem Tümpel, 11=Ökosystem Feuchtwiese (s. Kap. 6.2.1); POIs mit direktem Bezug zur Habitatdiversität: 8=Mikrobiotop Steinhaufen, 12= vielfältige Mikrobiotope, 13=Mikrobiotop Felsen.

406 Diese ist in Abb. 24 durch eine gestrichelte Linie symbolisch markiert. Wie im Kap. 1.5 definiert, wird die durch die Verknüpfung der POIs entstandene Expeditionstour im Folgenden als sog. „**Biotrack**" bezeichnet, da diese Tour der anschaulichen Wissensvermittlung – hier biologischer Bildungsinhalte im außerschulischen Biologieunterricht dient (bio: „Biologie", track: „Weg", Hoßfeld & Knoblich 2016).

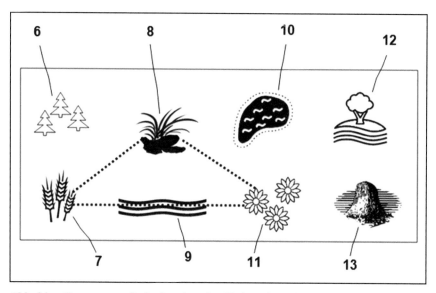

Abb. 24: Tourenentwurf als Resultat der Verknüpfung der biodiversitätsbezogenen POIs.[407]

unmittelbar der Erarbeitung und Vermittlung des zuvor ausgewählten Themengebiets mit den zugehörigen Schwerpunkten dienen (s. Tab. 23, Punkt d). Die beispielhafte Expeditionstour ist in Abb. 24 dargestellt. Ersichtlich wird, dass sich die erstellte Ökologie-Tour für Klasse 12 im vorliegenden Fall aus den POIs Nr. 7 (Ökosystem Getreidefeld), Nr. 8 (Mikrobiotop Steinhaufen), Nr. 9 (Ökosystem Quellbach) sowie Nr. 11 (Ökosystem Feuchtwiese) zusammensetzt. Auf diese Weise kann neben der erkundbaren Ökosystemvielfalt Wissen über Artenvielfalt, z. B. über besondere Tier- und Pflanzenarten wie Kornblumen *Centaurea cyanus* und den streng geschützten Feldhamster *Cricetus cricetus* (POI Nr. 7) sowie über Zauneidechsen *Lacerta agilis* und Blindschleichen *Anguis fragilis* (s. POI Nr. 8) vermittelt werden. POI Nr. 9 ermöglicht die Aneignung von Inhalten über Wasserlebewesen wie z. B. Köcherfliegenlarven (Trichoptera), während die

---

407 Entnommen aus Hoßfeld & Knoblich (2016, S. 21). POIs mit direktem Bezug zur Landschaftsdiversität: 6=Ökosystem Wald, 7=Ökosystem Getreidefeld, 9=Ökosystem Quellbach, 10=Ökosystem Tümpel, 11=Ökosystem Feuchtwiese (s. Kap. 6.2.1); POIs mit direktem Bezug zur Habitatdiversität: 8=Mikrobiotop Steinhaufen, 12=vielfältige Mikrobiotope, 13=Mikrobiotop Felsen.

Feuchtwiese (s. POI Nr. 11) Aufschluss über besonders geschützte Pflanzenarten gibt.[408]

Schritt 5: Koordinierung der lokalen Gegebenheiten sowie Inhalte, Festlegung des finalen Biotracks und ortsspezifische Datenerweiterung

Nachdem der vierte Schritt mit der Touren-Nummer gekennzeichnet wurde (s. Tab. 23, Punkt j), steht die Tourenerprobung, -erweiterung, -optimierung und -finalisierung im Gelände an. Vor Ort kommen dafür unterschiedliche Fortbewegungsmittel[409] zum Einsatz. Die Tourenoptimierung durch neue, erst vor Ort entdeckte schwer zugängliche POIs, die aufgrund ihrer geschützten Lage anhand geografischer Karten u. ä. Materialien zuvor nicht identifizierbar waren, spielt in diesem Schritt eine ebenso große Rolle wie die Erhebung von Biodiversitätsdaten, z. B. Arten- und Ökosystemlisten sowie deren Dokumentation per Foto oder Video. Die benötigten Materialien für die Begehung der Expeditionstour (s. Anh. 113, Anh. 131) sind exemplarisch mit Symbolcharakter in Abb. 25 dargestellt. Kameras, Stative, Ferngläser, GPS-Geräte, Smartphones, Protokollhefte und Bestimmungsbücher (s. Ziffer 15-21 in dieser Reihenfolge) sind nur einige Beispiele für Inventar, das in dieser Phase der biodiversitätsbezogenen Datenerhebung in Verbindung mit der Tourenerprobung im Gelände nicht fehlen darf. Zur Erhöhung der Anschaulichkeit und damit auch zur Verbesserung der Zugänglichkeit der primär schwer zugänglichen Daten (s. Tab. 23, Punkt a und d) dienen Foto- und Videoaufnahmen, die an jedem POI der finalen Tour erstellt werden.[410]

Im Zusammenhang mit der biodiversitätsbezogenen Datenerhebung nimmt bei der Vor-Ort-Inspektion die Erstellung von Artenlisten ausgewählter, z. B. besonders schwer zugänglicher Mikrobiotope einen hohen Stellenwert ein. Zur Beschreibung der lokalen Artenvielfalt an jedem einzelnen POI werden in die-

---

408 Aufgrund der nachträglich festgestellten fehlenden inhaltlichen Eignung, z. B. nicht ausreichender Biodiversitäts- oder Handlungsbezug bzw. fehlender Bezug zum Themengebiet „Struktur, Dynamik, Stabilität und Beeinflussbarkeit von Ökosystemen" (TMBWK 2012a, S. 38) der POIs Nr. 6, 10, 12 und 13 im Hinblick auf die spezielle Wissensvermittlung, finden diese in der erstellten Expeditionstour keine Berücksichtigung (Hoßfeld & Knoblich 2016).

409 z. B. Kajaks oder Zehnerkanadier (s. Abb. 28, Ziffer 14), wenn das gewählte Expeditionsgebiet Gewässerökosysteme beinhaltet (Hoßfeld & Knoblich 2016).

410 Nach der visuellen und auditiven Datenerhebung im Gelände werden die gewonnenen Biodiversitäts-Daten neben dem Zweck der Anschaulichkeit auch zur Datensicherung in Tab. 24 (Punkt g, h) integriert sowie darüber hinaus auch im vorletzten Schritt des Verfahrens (s. Abb. 27) verknüpft (Hoßfeld & Knoblich 2016).

sem Schritt Vegetationsaufnahmen in Form von Florenlisten[411] erstellt. Die Bestandsaufnahme der Fauna erfolgt z. B. durch Sichtbeobachtung und Hörerfassung sowie Hand- und Kescherfang nach vorheriger Genehmigung (s. Anh. 75).[412] Zur Identifikation der vorgefundenen Tier- und Pflanzenarten dienen Bestimmungsbücher (s. Abb. 25, Ziffer 21).[413] Protokollhefte (s. Ziffer 20) erfüllen den Zweck der Dokumentation der Artenfunde in den Kategorien „wissenschaftlicher / deutscher Artname", „Häufigkeit" und „Fundort".[414] Parallel kommt permanent das GPS-Gerät (s. Ziffer 18) zum Einsatz, um die entworfene Expeditionstour während der Erprobungsphase im Gelände aufzuzeichnen und auf diese Art und Weise für weitere Begehungen zu sichern. Im Detail wird hierzu an jedem POI, der entweder planmäßig zuvor festgelegt oder neu vor Ort entdeckt wurde, ein Wegpunkt aufgenommen.[415] In Form von Foto- und Videodaten werden die lokalen Besonderheiten des jeweiligen POIs auf diese Weise erfasst.

---

411 s. Kap. 6.4.1, Artenlisten Flora: Anh. 144, Anh. 157.

412 Die erfasste Artenvielfalt wird in Tab. 24 (s. Punkt e) bei der Charakterisierung der POIs in Form des „Biodiversitätspotenzials" verankert sowie ebenfalls in Tab. 23 (s. Punkt e) ergänzt (Hoßfeld & Knoblich 2016). Auch Anmerkungen zur Ökosystemvielfalt werden, sofern vorhanden, in diesem Punkt vermerkt.

413 Die nachfolgenden Verweise beziehen sich - sofern nicht anders vermerkt - auf Abb. 25.

414 s. Artenlisten (Anh. 138, Anh. 141, Anh. 144 – Anh. 145, Anh. 150, Anh. 154, Anh. 157).

415 Das bedeutet, dass jeder POI durch die Aufnahme der GPS-Koordinaten sowohl punktgenau lokalisiert als auch zukünftig wieder auffindbar gemacht wird. Das Stativ (s. Ziffer 16) kommt an landschaftlich besonderes herausragenden bzw. für die biologische Wissensvermittlung im Rahmen der Biodiversitätsbildung unverzichtbaren POIs zum Erstellen einer Panorama-Aufnahme zum Einsatz. Bei sog. „Jahreszeitentouren" wird in gleicher Weise verfahren, da die Panoramaaufnahmen die detaillierte Dokumentation der landschaftlichen Veränderungen der Ökosysteme im Jahresverlauf wie z. B. die Blütenfolge oder Herbstfärbung ermöglichen (Hoßfeld & Knoblich 2016).

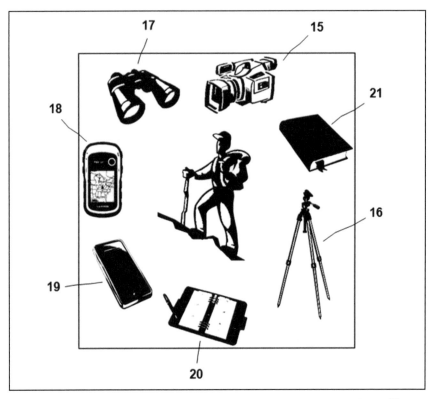

Abb. 25:   Während der Vor-Ort-Inspektion zum Einsatz kommende Materialien.[416]

Die erhobenen Daten fließen nun mit den bei der Vor-Ort-Inspektion ge-wonnenen Erfahrungen in Tab. 23 ein, sodass folgende Fragen beantwortet wer-den können: „Spielt der Jahreszeitenaspekt in der Tour eine besonders dominante Rolle?" (s. Punkt f), „Wieviel Zeit muss für die Expeditionstour im Rahmen des außerschulischen Biologieunterrichts eingeplant werden?" (s. Punkt g), „Womit ist das Expeditionsgebiet am besten erreichbar?" und „Welches Fortbewegungs-mittel wird zur Durchführung der Tour während des außerschulischen Biologie-unterrichts empfohlen?" (s. Punkt h).

---

416 Entnommen aus Hoßfeld & Knoblich (2016, S. 22). 15=Kamera, 16=Stativ, 17=Fernglas, 18=GPS-Gerät, 19=Smartphone, 20=Protokollheft, 21=Bestimmungs-buch.

Schritt 6:   *Charakterisierung der POIs anhand ihrer Merkmale*

Die Charakterisierung aller final festgelegten POIs durch ihre zentralen Merkmale erfolgt im sechsten Schritt des Verfahrens (s. Tab. 24).[417] Bleibt der oben beschriebene exemplarische Fall im Fokus, würde dies bedeuten, dass für jeden der in Abb. 24 ausgewählten POIs eine zehn Kriterien umfassende Tabelle erstellt wird, die nach und nach um ortsspezifische Informationen ergänzt wird.

Für das beschriebene Beispiel würde die ausgefüllte Tabelle z. B. folgende Informationen beinhalten: Unter „POI-Nummer und -Name" (s. Punkt a) würde für POI Nr. 8 „Mikrobiotop Steinhaufen" notiert werden. Die zugehörige Kategorie wäre in diesem Fall „Gestein" (s. Punkt b).[418] Nachdem durch Angabe der jeweiligen GPS-Koordinaten (z. B. N50° 31.272' E11° 43.267') der POI im Punkt c punktgenau lokalisiert wurde, erfolgt eine (Kurz-) Beschreibung des POIs (s. Punkt d). Unter dem Blickwinkel der anschaulichen Wissensvermittlung werden hier besonders bedeutsame biologische Informationen mit Schwerpunkt Biodiversität in Verbindung mit ortsspezifischen Bezügen vermerkt. Da jede entwickelte Expeditionstour unabhängig vom Lehrplanthema dem Rahmenthema „Biodiversität" angehört (s. Kap. 2), werden auch in der Tabelle durch Angabe des Biodiversitätspotenzials (s. Punkt e) Informationen und Daten zur Arten- und Ökosystemvielfalt hinterlegt. Darauf aufbauend werden in der sechsten Zeile der Tabelle, sofern vorhanden, sog. **Vergleichsdaten zur Biodiversität**[419] angegeben. Diese biodiversitätsbezogenen Daten lassen neben dem Vergleich der früheren mit den aktuell erhobenen Daten der Artenlisten und / oder Ökosystemdaten auch Rückschlüsse über die Lebensbedingungen der Arten sowie Hinweise zur Prognose der Bestandsentwicklung zu. Unmittelbar an diese Daten schließt sich das Einfügen von Fotos und Videos an (s. Punkt g, h).[420] In den letzten zwei

---

417 In diesem Zusammenhang wird die zugehörige Nummer und Kurzbezeichnung eines jeden POIs festgelegt und in Tab. 23 integriert (s. Punkt c, i, Hoßfeld & Knoblich 2016).

418 Die Einordnung der POIs in eine solche höhere Kategorie verfolgt den Zweck der Systematisierung sowie des schnellen Wiederfindens einzelner oder zusammengehöriger POIs (Hoßfeld & Knoblich 2016).

419 Darunter sind v. a. Artenlisten von früheren Erhebungen der Flora und Fauna in dem Gebiet zu verstehen, die bereits vorliegen und in Kooperation mit wissenschaftlichen Instituten oder Behörden, z. B. der NSB Schleiz (s. Kap. 6.4.1) ausgetauscht werden können (Hoßfeld & Knoblich 2016). Auch Angaben zur Ökosystemvielfalt (Landschafts- und Habitatdiversität, s. Kap. 2.1) können an dieser Stelle gemacht werden.

420 Das externe Hochladen und Verfügbarmachen der Videos in Form eines Links ermöglicht auch im Nachhinein den Zugriff auf die Videodaten (Hoßfeld & Knoblich 2016).

Schritten werden die Fundmethode und die inhaltlichen Schwerpunkte[421] konkretisiert (s. Punkt i, j).

Tab. 24:   Steckbrief der gefundenen POIs.[422]

a	POI-Nummer und -Name
b	Kategorie
c	GPS-Daten
d	Beschreibung des POI
e	Biodiversitätspotenzial
f	Vergleichsdaten Biodiversität
g	Fotos
h	Videos
i	Fundmethode
j	Inhaltlicher Schwerpunkt

Schritt 7:   *Verknüpfung der wissenschaftlichen Inhalte und POIs in einer Auswahlmatrix*

Einen hohen Stellenwert nimmt v. a. der siebte Schritt des Verfahrens ein: Hier werden die ausgewählten wissenschaftlichen Inhalte, hier zum Stoffgebiet „Ökologie" des Thüringer Lehrplanes Biologie für Klasse 12 (TMBWK 2012a, S. 37) wie z. B. Inhalte aus Lehr- und Bildungsplänen (s. Kap. 2.6, Kap. 3.7) mit den final definierten POIs in einer Auswahlmatrix verknüpft. Im Detail wird das gewählte Stoffgebiet (s. Tab. 23, Punkt a, Tab. 25, Spalte 2) im Bezug zur Zielgruppe (hier Klassenstufe 12) im beschriebenen Beispiel den vier o. g. in Abb. 24

---

421 Die inhaltlichen Schwerpunkte werden in Bezug zu den zentralen, ggf. schwer zugänglichen Inhalten (s. Kap. 5.4) hier in der Kurzform aufgeführt (s. Tab. 23, Punkt a, d). Nähere Details sind dem Ausführungsbeispiel (s. Abb. 29) zu entnehmen (Hoßfeld & Knoblich 2016).

422 In Anlehnung an Hoßfeld & Knoblich (2016) verändert durch die Verfasserin.

Tab. 25: Auswahlmatrix.[423]

Klassenstufe	Lehrplaninhalte	6	7	8	9	10	11	12	13
5/6	Stoffgebiet 1	✓*			✓	✓			✓
5/6	Stoffgebiet 2		✓						✓
5/6	Stoffgebiet 3	✓		✓*		✓			
5/6	Stoffgebiet 4		✓*						
7/8	Stoffgebiet 5	✓*				✓	✓*		✓
9/10	Stoffgebiet 6	✓	✓		✓*			✓*	✓
11/12	Stoffgebiet 7	✓	✓	✓	✓*		✓		✓
11/12	Stoffgebiet 8		✓*	✓*			✓		
11/12	Stoffgebiet 9	✓		✓*	✓				✓*

---

423 In Anlehnung an Hoßfeld & Knoblich (2016) verändert durch die Verfasserin. ✓=besondere Eignung des POIs für die Tour, *=besonders hohes Biodiversitätspotenzial.

verbundenen ökologischen POIs zugeordnet.[424] Durch die Matrix-Darstellung und damit erzielte Verknüpfung der inhaltlichen und geografischen Merkmale kann auf einen Blick abgelesen werden, ob und wenn ja welcher POI z. B. für mehrere Stoffgebiete oder Touren geeignet ist.[425]

Schritt 8:   *Visualisierung des entworfenen Biotracks anhand der POIs*

Aufbauend auf Abb. 24 wird der erstellte „Biotrack" zum Stoffgebiet „Ökologie" nun in einer schematischen Übersicht mit den anderen Expeditionstouren zusammengeführt.[426] Die Übersicht ermöglicht sowohl die Darstellung geografischer Bezüge zwischen den einzelnen Touren als auch zwischen einzelnen POIs. Biologisch besonders interessante POIs, d. h. POIs mit einer besonders hohen Biodiversität (Floren- und Faunenvielfalt, Ökosystemvielfalt) und zahlreichen Möglichkeiten für die Anwendung biologischer Arbeitstechniken (s. Kap. 4.5) können dabei gleichzeitig in mehreren Touren der anschaulichen Wissensvermittlung und handlungsorientierten Auseinandersetzung mit dem Lerngegenstand dienen. Die einzelnen Biotracks[427] werden damit thematisch miteinander verknüpft. Wie im linken unteren Quadranten dargestellt, kann so bspw. ein kleiner, versteckt liegender Bach mit zahlreichen Mikrobiotopen wie üppiger Ufervegetation, Brutplätzen, Versteckmöglichkeiten für Tiere, angrenzendem

---

424 POI Nr. 7 (Ökosystem Getreidefeld), POI Nr. 8 (Mikrobiotop Steinhaufen), POI Nr. 9 (Ökosystem Quellbach) und POI Nr. 11 (Ökosystem Wiese, speziell Feuchtwiese) sind durch entsprechende Feldschraffierung kenntlich gemacht und heben sich somit von den anderen anfänglich erhobenen POIs ab, die trotz fehlender Integration in die Tour in Tab. 25 aufgeführt sind. Die dargestellten Häkchen symbolisieren eine besondere Eignung des POIs für die Tour für den jeweiligen Lehr- und Bildungsplaninhalt (hier Stoffgebiet „Ökologie"), während ein Stern auf ein besonders hohes Biodiversitätspotenzial hindeut, das sich anhand von Biodiversitätsindices ermitteln lässt (s. Kap. 2.3, Kap. 6.5.1). Dies ermöglicht die Auffindbarkeit konkreter POIs zur Analyse und praktischen Umsetzung (Hoßfeld & Knoblich 2016).

425 Hinweise hierauf gibt die Schraffierung bzw. Unterlegung (Hoßfeld & Knoblich 2016, s. Tab. 25).

426 Die Einrahmung kennzeichnet den hier exemplarisch vorgestellten Biotrack im Gefüge mit den anderen Expeditionstouren (Hoßfeld & Knoblich 2016, s. Abb. 26, oben links).

427 Diese sind in Abb. 26 durch gepunktete, gestrichelte oder durchgezogene Linien kenntlich gemacht (Hoßfeld & Knoblich 2016).

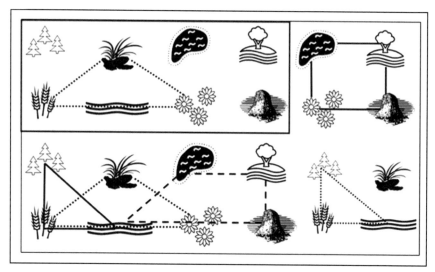

Abb. 26:   Übersichtskarte über die Biotracks.[428]

Wald[429] und verschiedenen Wasserorganismen[430] gleichzeitig für die Wissensvermittlung in drei unterschiedlichen biologischen Expeditionstouren mit jeweils
anderem thematischem Schwerpunkt genutzt werden.

Im Rahmen der Visualisierung fehlt nun noch das Abspeichern des Biotracks als virtuelle Tour. Hierzu bietet sich die Verwendung der Software
„BaseCamp" (Garmin Deutschland GmbH 2017) an. Damit kann die vervoll-
ständigte finale Expeditionstour inklusive der Biodiversitäts-Daten zum Zweck
der Kontrolle und endgültigen Tourenentscheidung visualisiert werden.[431] Wichtig ist, dass nur die unmittelbar für die Umsetzung des Biotrack erforderlichen
POIs dargestellt werden (im gezeigten Beispiel für das Stoffgebiet „Ökologie"

---

428 Entnommen aus Hoßfeld & Knoblich (2016, S. 23). Der Beispiel-Biotrack zum
 Stoffgebiet „Ökologie" für die Klassenstufe 12 ist durch Einrahmung kenntlich gemacht.

429 d. h. einer hohen Habitatdiversität.

430 d. h. einer hohen Artenvielfalt.

431 Um die Tour zusammen mit den zugehörigen Arten- und Ökosystemlisten, Fotos,
 Videos und Audiodateien digital zu sichern, muss das GPS-Gerät (s. Abb. 25, Ziffer
 18) mit dem Computer verbunden und die aufgezeichnete Expeditionstour mit den
 zugehörigen Wegpunkten (POIs) auf den Computer geladen werden (Hoßfeld &
 Knoblich 2016).

die POIs Nr. 7, 8, 9 und 11).[432] Der Biotrack kann am Computer noch modifiziert und z. B. im Tourenverlauf optimiert werden. Das Resultat dieses Schritts ist die Umwandlung der Expeditionstour in ein sog. **Adventure**". Das bedeutet, dass die erhobenen Daten (Arten- und Ökosystemlisten, Fotos, Videos, Audioaufnahmen) an den entsprechenden Wegpunkten in den virtuellen Tourenverlauf integriert werden.[433]

Folgende weitere computerbasierte Aktionen bieten sich im Rahmen der Visualisierung und Erhöhung der Anschaulichkeit an: Ausführliche Zusatzinformationen zu speziellen Parametern, die die Tour weiter charakterisieren, sind durch Doppelklick auf die virtuelle Expeditionstour abrufbar. So können z. B. zentrale Eigenschaften wie Distanz, Fläche, Zeit, Geschwindigkeit (s. Kap. 6.2.3) angezeigt werden. Beim Parameter Höhe bietet sich die Erstellung eines Höhenprofils an, um sich auf einen Blick ein Bild vom Tourenverlauf machen zu können (s. Anh. 221, Anh. 230). Ergänzend zu den digital integrierten Daten (Fotos, Videos u. Ä.) können kleine Notizzettel, auf denen das biologische Biodiversitäts-Wissen in Form kleiner Wissensportionen eingearbeitet ist, weiter die Anschaulichkeit des Biotracks in Bezug zum jeweiligen Thema erhöhen (s. Tab. 23, Punkt a, d).

Dem „Adventure" wird ein repräsentativer Titel gegeben, der in Abstimmung auf das Titelbild zusammen mit dem Schwierigkeitsgrad in einer fünfstufigen Skala[434] ergänzt wird. Im vorliegenden Fall könnte der Titel bspw. „Ökologie-Expedition – praktische Untersuchung von Ökosystemen" lauten. Die noch ausstehende Kurzbeschreibung der Tour dient der Beantwortung folgender zentraler Fragen: 1. „Was sind die interessantesten POIs im Rahmen der handlungsorientierten Biodiversitätsbildung?", 2. „Welche Materialien sollten für das außerschulische Bildungsangebot mitgebracht werden?", 3. „Welche Jahreszeit bietet sich am besten zur Durchführung des außerschulischen Biologieunterrichts

---

432 Wie bereits angedeutet, werden dagegen die POIs Nr. 6, 10, 12 und 13 (s. Abb. 24) aufgrund der fehlenden Passgenauigkeit (z. B. mangelndes Biodiversitätspotenzial, fehlende inhaltliche Eignung für konkrete Schwerpunkte des gewählten Themengebiets) für das spezielle Stoffgebiet (hier Ökologie) vernachlässigt, d. h. nicht digital dargestellt (Hoßfeld & Knoblich 2016).

433 Das jeweilige Fortbewegungsmittel wird dabei idealerweise in der Benennung der POIs verschlüsselt. So steht das „R" in der Bezeichnung der POIs „R01" bis „R11" für das Fortbewegungsmittel „Fahrrad" (kurz „Rad"). Neben der Nummerierung der POIs ist die Reihenfolge der POIs an der Pfeilrichtung auf der digitalen „BaseCamp"-Karte abzulesen (Hoßfeld & Knoblich 2016, s. Abb. 27).

434 1 – leicht, 2 – mäßig, 3 – mittel, 4 – fortgeschritten, 5 – erfahren (Garmin Deutschland GmbH 2017).

an?", 4. „Gibt es spezielle Besonderheiten bei der Anreise?", 5. „Gibt es spezielle Herausforderungen bezüglich der Zugänglichkeit?".[435]

Nun kann in „BaseCamp" auf den Button „Adventure fertigstellen" geklickt
werden, wodurch der finale Biotrack virtuell angezeigt wird und durch Betätigung des Buttons „Wiedergabe" „abgelaufen" bzw. im vorliegenden Fall mit
dem Fahrrad virtuell „abgefahren" werden kann. Im Verlauf der virtuellen Fahrt
werden an den jeweiligen POIs die zugehörigen Daten (Fotos, Videos, Audiodateien, Notizzettel) eingeblendet. Die als kleine Vierecke dargestellten Symbole
ermöglichen somit schon am Computer einen Einblick in die anschauliche biodiversitätsbezogene Wissensvermittlung in Bezug zum jeweiligen Schwerpunktthema.[436]

Diese virtuelle, durch die ortsspezifischen Daten bereicherte Expeditionstour ermöglicht das Einschätzen der Expeditionstour von Personen, die nie zuvor
selbst im Expeditionsgebiet gewesen sein müssen. Durch Mausklick am Computer auf den Button „Google Earth" im Menüpunkt „Ansicht" kann das Erleben
am Computer noch vertieft werden: Beim virtuellen Abfahren der Tour erscheinen nun die einzelnen Ökosysteme und deren ökologische Komponenten wie
Bäume und Felsen plastisch statt schematisch und gewährleisten ein noch realis-
tischeres Gesamtbild des Biotracks. Gerade auch POIs wie z. B. der Mikrobiotop
Steinhaufen (POI Nr. 8) oder das Ökosystem Quellbach (POI Nr. 9) können auf
diese Weise in ihrem realen Erscheinungsbild wahrgenommen werden.

---

435 Die jeweilige Aktivität, wie z. B. im vorliegenden Fall Radfahren, wird nicht nur
notiert, sondern zur schnellen Auffindbarkeit auch in der Karte per Symbol dargestellt (Hoßfeld & Knoblich 2016, s. Abb. 27, Einrahmung rechte obere Ecke).

436 Die Erstellung des „Adventures" macht erst Sinn, wenn die Option besteht, dieses
auch online zu veröffentlichen. Auch diese Möglichkeit ist mit dem Programm
„BaseCamp" (Garmin Deutschland GmbH 2017) gegeben. So können interessierte
Lehrpersonen das veröffentlichte „Adventure'" testen und hinsichtlich der Eignung
für den Einsatz im eigenen Biologieunterricht beurteilen. Das Versenden der finalen
Expeditionstour in Form des „Adventures" erfolgt per Mailanhang (GPX-Datei zum
Öffnen im Programm „BaseCamp" oder direkt in der App „OsmAnd") an die Interes-
senten zur Vorauswahl (Hoßfeld & Knoblich 2016).

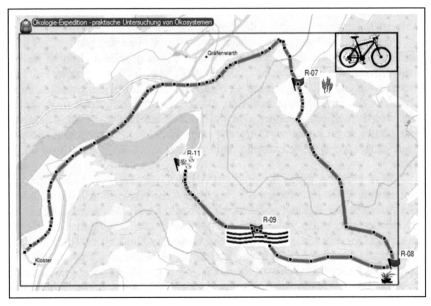

Abb. 27:   „Adventure" in „BaseCamp" der Beispiel-Ökologietour.[437]

Schritt 9: Begehung des finalen Biotracks mit GPS-tauglichen Anzeigegeräten

Die Umsetzung des entwickelten Biotracks in die Praxis mit den zugehörigen Akteuren – hier mit Schülern im Rahmen außerschulischen Biologieunterrichts – erfolgt im vorletzten Schritt des Verfahrens. Vor dem Hintergrund des handlungsorientierten und forschenden Unterrichts (s. Kap. 4.2.3) kommen die GPS-Geräte[438] zur anschaulichen Wissensvermittlung mit Schwerpunkt Biodiversität im Rahmen der Medienbildung (s. Kap. 3.9, Kap. 4.6) zum Einsatz (s. Abb. 25, Ziffer 18). Voraussetzung für das mediengestützte entdeckende Lernen vor Ort (s. Kap. 4.2.3) ist, dass die Schüler im Vorfeld die finale Expeditionstour auf ihr

---

437 In Anlehnung an Hoßfeld & Knoblich (2016) verändert durch die Verfasserin. POIs mit direktem Bezug zur Landschaftsdiversität: R07=Ökosystem Getreidefeld, R09= Ökosystem Quellbach, R11=Ökosystem Feuchtwiese, POI mit direktem Bezug zur Habitatdiversität: R08=Mikrobiotop Steinhaufen. Das „R" in der POI-Bezeichnung steht für das Fortbewegungsmittel Rad (Hoßfeld & Knoblich 2016). Kartendarstellung auf Basis von FZK project, OSM contributors & U.S.G.S. de Ferranti (2016); Copyright (2017) Garmin Ltd or its Subsidiaries. All Rights Reserved.

438 d. h. je nach Ausstattung der Teilnehmer GPS-Empfänger und / oder GPS-fähige Smartphones (Hoßfeld & Knoblich 2016, s. Kap. 6.3).

GPS-Gerät / Smartphone / Tablet übertragen haben.[439] Die Teilnehmer folgen den ortsspezifischen Angaben des Geräts von einem POI zum anderen und werden dabei zielgerichtet und punktgenau zu den auch noch so abgelegenen oder schwer zu findenden „biologischen Highlights" geleitet. Neben der reinen Navigation dienen die GPS-Geräte der Visualisierung der zuvor aufgearbeiteten wissenschaftlichen und ggf. schwer zugänglichen Inhalte (s. Kap. 5.4) zum gewählten Stoffgebiet und Thema (s. Tab. 23, Punkt a, d) mit Schwerpunkt Biodiversität. Damit verbunden werden den Nutzern wie hier Gymnasialschülern einer 12. Klasse neben Foto-, Video- und Audiodaten auch konkrete themenbezogene Arbeitsaufträge, die den Lehrplananforderungen entsprechen, dargeboten.[440]

Einen hohen Stellenwert nehmen die Zeit- und Entfernungsangaben im Rahmen der Tourendurchführung vor Ort ein, denn die Biotracks können halb- oder ganztags, in Form von Projekttagen oder Projektwochen mit Übernachtungen veranstaltet werden (s. Tab. 23, Punkt g, h). Neben den Kilometerangaben müssen die Unvorhersehbarkeit von Umweltbedingungen sowie die speziellen Voraussetzungen physischer und psychischer Art der Zielgruppe bei der Umsetzung des außerschulischen Biologieunterrichts Berücksichtigung finden. Darüber hinaus sind Detailinformationen zur Erreichbarkeit des Veranstaltungsortes des jeweiligen Biotracks von Bedeutung. Neben Empfehlungen zur umweltschonenden Anreise (z. B. per Zug) werden im Bezug zur biologischen Wissensvermittlung spezielle Hinweise zu geeigneten Fortbewegungsmitteln für die effektive Tourendurchführung gegeben.[441] So können bspw. Kajaks, Segelboote oder Fahrräder ggf. in Kombination mit Wanderschuhen oder Gummistiefeln bei der handlungsorientierten Erkundung der Arten- und Ökosystemvielfalt genutzt werden (s. Ziffer 14, 27, 29, 24, 26).[442] Natürlich bietet sich je nach Wegführung und geografischen Besonderheiten des jeweiligen Biotracks auch die Kombinati-

---

439 Die Versendung der Tour im GPX-Format (Knoblich 2020r; 2020s; 2020t; 2020u) erfolgt z. B. per E-Mail. Durch Öffnen des E-Mail-Anhangs auf dem Smartphone mit der App „OsmAnd" (s. Anh. 97, Anh. 119) wird der Biotrack mit der zugehörigen Karte auf dem Smartphone angezeigt. Durch Auswahl des Navigationspfeils kann die Tour beginnen.

440 Auch die Anwendung unterschiedlicher biologischer Arbeitstechniken (s. Kap. 4.5) ist durch den Einsatz der Smartphones gegeben.

441 Einige mögliche Beispiele, darunter auch die bei den erprobten Biotracks verwendeten Fortbewegungsmittel und Ausrüstungsgegenstände, sind in Abb. 28 dargestellt (Hoßfeld & Knoblich 2016).

442 Für spezielle Biotracks kann auch die Taucher-, Bergsteiger- oder Skiausrüstung zum Einsatz kommen (s. Ziffer 22, 25, 28, Hoßfeld & Knoblich 2016).

on der dargestellten Fortbewegungsmittel und / oder Ausrüstungsgegenstände an.[443]

Wie oben bereits angedeutet, kommen Apps im Rahmen der Erprobung der Biodiversitäts-Biotracks zum Einsatz, um das jeweilige mehr oder weniger schwer zugängliche Thema noch anschaulicher und umfassender zu erarbeiten und gleichzeitig die Medienkompetenz und Handlungsfähigkeit der Schüler zu fördern.[444] In Frage kommen z. B. spezielle Apps zur Tier- und Pflanzenbestimmung (s. Vorschläge im Biodiversitäts-Modul, Anh. 9), die durch ggf. eigene Fotos, Videos u. ä. erstellte Daten entworfen werden und somit der Erweiterung der anschaulichen Wissensvermittlung dienen. Auch Apps zu übergreifenden Bildungsthemen wie „nachhaltige Entwicklung" oder „Naturschutz" (s. Kap. 3.3) mit Spezialthemen wie „Ökosysteme", „Tierspuren" oder „Vogelstimmen" bieten sich im Rahmen der Biodiversitätsbildung zur Vertiefung an. Ebenso können Apps zum Messen verschiedener abiotischer Umweltfaktoren im Rahmen des handlungsorientierten und forschenden Unterrichts zum Einsatz kommen.[445]

Schlussfolgernd lässt sich festhalten, dass das Resultat des Verfahrens jeweils in einer anschaulichen, in der Praxis erprobten Bildungstour mit Schwerpunkt Biodiversität für ein mehr oder weniger schwer zugängliches Stoffgebiet sowie i. d. R. schwer erreichbare POIs besteht, die mit dem Zweck der verständlichen und interessanten Wissensvermittlung durch eine spezifische Anzahl themenbezogener Apps vervollständigt wurde. Nicht zuletzt dient spezielles Zusatzmaterial, insbesondere in ein Expeditionsheft integrierte Fachtexte, Erklärungen und Fotos sowie Schülerarbeitsblätter, Audiodateien und Videos[446] der weiteren Verstärkung der Anschaulichkeit in Bezug zum spezifischen Thema und damit der Abrundung der alternativen Wissensvermittlung mit Fokus auf Biodiversität.

---

443 Ein Beispiel zeigt der mit Schülern erprobte fächerübergreifende Biotrack am Bleilochstausee (Zehnerkanadier, Fahrrad, Gummistiefel) und im „Biotopverbund Rothenbach" bei Heberndorf (Wanderschuhe, Wanderkleidung, Gummistiefel) im Rahmen des außerschulischen Biologieunterrichts (s. Anh. 113, Anh. 131).

444 s. Kap. 3.9, Kap. 4.2.1.

445 z. B. Luxmeter-App, Anemometer-App (s. Kap. 4.6.1).

446 s. Kap. 6.3, Expeditionshefte (s. Anh. 87, Anh. 90).

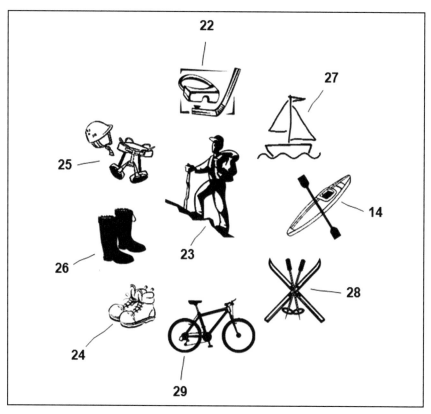

Abb. 28: Tourendurchführung.[447]

Schritt 10: Optimierung des Biotracks nach Begehung im Gelände

Dieser zehnte und als letzte Etappe markierte Schritt des entwickelten Verfahrens trägt fakultativen Charakter und muss nicht zwangsläufig „abgearbeitet" werden. Der Schritt beruht darauf, dass im Falle des Auftretens situationsbedingter Änderungen bei der Begehung des Biotracks im Gelände im Nachhinein Anpassungen bei inhaltlichen oder formalen Aspekten der Tour vorgenommen werden müssen. In diese Kategorie fallen z. B. Änderungen in der Wegführung

---

447 Entnommen aus Hoßfeld & Knoblich (2016, S. 25). 14=Kajak / Zehnerkanadier, 22=Taucherausrüstung, 23=Wanderkleidung, 24=Wanderschuhe, 25=Bergsteigerausrüstung, 26=Gummistiefel, 27=Segelboot, 28=Skiausrüstung, 29=Fahrrad.

mit der Schulklasse, die Anpassung von Pausenzeiten, Formalitäten der Gruppeneinteilung u. ä. organisatorische Aspekte. In solchen Fällen sollte die Option genutzt werden, diese Detailinformationen nachträglich in die Expeditionstour einzuarbeiten und somit zur Tourenoptimierung für zukünftige Nutzer beizutragen.[448]

Bei der Ausformulierung der zehn Teilschritte des Verfahrens sollte deutlich geworden sein, dass die drei Bereiche „Biodiversität", „Bildung" und „Biologieunterricht" auf vielfältige Weise miteinander verbunden werden können. Bevor an diese Erkenntnis anknüpfend der zugehörige Teil der Hypothese H4 diskutiert wird (s. Kap. 1.4), werden die zentralen Bezugspunkte des jeweiligen „ökologischen B's" im Zusammenhang mit dem entwickelten Biotrack-Verfahren entsprechend der o. g. Reihenfolge zusammenfassend dargestellt.[449]

Biodiversität bildet den inhaltlichen Schwerpunkt aller Biotracks unabhängig vom jeweiligen Lehr- oder Bildungsplaninhalt. Alle aus dem Verfahren resultierenden Biotracks wurden vor dem Hintergrund des Biodiversitätsschutzes geplant und umgesetzt. Zudem spielt Biodiversität eine bedeutende Rolle bei der Auswahl des geografischen Großraumes (erster Schritt) sowie des Expeditionsgebietes (dritter Schritt) mit den zugehörigen POIs. Diese Gebiete sollten im Vorfeld hinsichtlich des Biodiversitätspotenzials geprüft werden, das sich m. H. von Biodiversitätsindices ermitteln lässt. Außerdem sollten die aus dem Verfahren resultierenden Biotracks idealerweise in ein größeres öffentlichkeitswirksames Projekt[450] eingebettet werden, was v. a. bei der Auswahl der wissenschaftlichen Inhalte (zweiter Schritt) berücksichtigt werden muss. Zudem sind die Schritte des Verfahrens auf das Kennenlernen einer möglichst hohen Ökosystemvielfalt vor Ort ausgerichtet, die bei der Auswahl der POIs bedacht werden sollte: Zur Bestimmung der Landschaftsdiversität werden verschiedene Ökosysteme als POIs definiert, während Mikrobiotope als POIs zur Ermittlung der Habitatdiversität dienen (Schritte drei und vier). Die Erhebung von Biodiversitätsdaten in Form von Arten- und Ökosystemlisten sowie deren Dokumentation per Foto oder Video ist darüber hinaus essenzieller Bestandteil der Vorexpedition (fünfter Schritt) und Schülerexpedition (neunter Schritt). Im sechsten Schritt werden die gewählten POIs anhand des Biodiversitätspotenzials mit Fokus auf Arten- und Ökosystemvielfalt charakterisiert und ggf. Vergleichsdaten zur Bio-

---

448 Unter diesen Umständen müssten die zugehörigen Abbildungen (z. B. Abb. 24, Abb. 26, Abb. 27) dahingehend abgeändert werden (Hoßfeld & Knoblich 2016).

449 Die drei Bereiche werden aus Gründen der Übersichtlichkeit an dieser Stelle jeweils separat im Bezug zum Verfahren dargestellt. Im Kap. 5.7 wird die bereits im Kap. 5.3.3 veranschaulichte Vernetzung der „drei B's" zusammenfassend illustriert.

450 z. B. ausgehend von der UN-Biodiversitätskonvention die UN-Dekade biologische Vielfalt (s. Kap. 2.1).

diversität einbezogen. Demzufolge zielt das Verfahren unter dem Blickwinkel von Biodiversität auf die handlungsorientierte Erkundung von Arten- und Ökosystemvielfalt als wesentliche Ebenen von Biodiversität ab.

Der Bereich „Bildung" ist ebenfalls zentraler Baustein des Verfahrens: Der Einsatz von Neuen Medien wie z. B. Smartphones für vielfältige Verwendungszwecke bei der Durchführung des Biotracks (neunter Schritt) soll einen Beitrag zu Medienbildung (s. Kap. 3.9) der Teilnehmer leisten. Die Smartphones kommen durch spezielle Apps zur Erhebung von Biodiversitätsdaten (Artenbestimmung), zur Navigation, zum Messen abiotischer Umweltfaktoren sowie für Foto- und Videoaufnahmen zur Erweiterung von Medienkompetenz zum Einsatz. Außerdem dienen sie zur Aneignung schwer zugänglicher Bildungsinhalte, wobei sich besonders naturwissenschaftliche Inhalte (s. Kap. 3.7) vor dem Hintergrund der beabsichtigten Umweltbildung (s. Kap. 3.8) bei der Planung des zweiten Verfahrensschritts anbieten. Das Biotrack-Verfahren ist über die Institution Schule hinaus auf andere Bildungsbereiche transferierbar. Essenzielle Grundlage für die Verfahrenserarbeitung stellen neben Lehrplänen Vorgaben wie Nationale Bildungsstandards und Bildungspläne (s. Kap. 3.5, Kap. 3.7) dar, die den Ausgangspunkt für den zweiten Verfahrensschritt bilden. In diesem Schritt bietet es sich außerdem an, sich Gedanken über die Einbettung des Biotracks in ein größeres, öffentlichkeitswirksames Bildungsprojekt[451] zu machen und zentrale Bildungsthemen[452] aufzugreifen. Aus der Bildungsperspektive betrachtet zielt das Biotrack-Verfahren folglich auf eine mediengestütze[453] handlungsorientierte Umweltbildung ab.

Die zentralen Zusammenhänge zwischen dem dritten „ökologischen B" „Biologieunterricht" und dem entwickelten Verfahren lassen sich zusammenfassen: Bereits im zweiten Verfahrensschritt müssen die für den Biologieunterricht vorgesehenen verbindlichen Lehrpläne sowie Stoffverteilungspläne bei der

---

451 z. B. BNE (s. Kap. 3.3).

452 z. B. nachhaltige Entwicklung, Naturschutz (s. Kap. 3.4.2).

453 Der Begriff „mediengestützt" bezieht sich auf die Vielfalt der während der Biotracks eingesetzten Medien (Unterrichtsmittel, s. Kap. 2.7), d. h. nicht ausschließlich auf die involvierten Neuen Medien in Form von Smartphones. Vielmehr bindet das Biotrack-Verfahren die Smartphones der Lernenden entsprechend dem BYOD-Ansatz (bring-your-own-device) zielgerichtet in Kombination mit analogen Medien (z. B. Expeditionshefte, Experimentiermaterialien und Bestimmungsliteratur) zum Zweck von Biodiversitätsbildung in den Lehr-Lernprozess ein. Schaal & Lude (2015) plädierten bereits vor fünf Jahren dafür, die Stärken der „realen" und der „digitalen" Welt zu kombinieren. Insbesondere aus didaktischer Perspektive ist dies zur Förderung unterschiedlicher Lerntypen sowie biologischer Arbeitstechniken von Bedeutung. Im vorliegenden Fall kann daher von „digital gestützten Exkursionen" (bzw. „digital gestützen Expeditionen", s. Begriffsdefinitionen Kap. 6.1) die Rede sein (Knoblich 2020v).

Einbettung des Biotracks in das Schuljahr und die damit verbundene Stundenverteilung berücksichtigt werden. Auch die im Biologieunterricht verwendeten Schulbücher bilden die Grundlage der Ausarbeitung der Expeditionsinhalte dieses Verfahrensschrittes. Grundsätzlich werden alle durch das Verfahren erstellten Biotracks im Rahmen des außerschulischen Biologieunterrichts in die Praxis umgesetzt (neunter Schritt). Die Tatsache, dass das Verfahren zudem explizit für fächerübergreifenden Unterricht (s. Kap. 4.3) anwendbar ist, stellt einen weiteren Bezugspunkt dar, der praktisch erprobt wurde.[454] Prinzipiell stand bei der Verfahrensentwicklung der handlungs- und problemorientierte Unterricht im Zentrum der didaktischen Überlegungen: Bereits die Auswahl des geografischen Großraumes (erster Schritt) und des Expeditionsgebiets (dritter Schritt) erfolgte unter diesem Gesichtspunkt. Bei der Auswahl der POIs im Expeditionsgebiet muss zudem das Potenzial der lokalen Gegebenheiten zur Anwendung der im Biologieunterricht bedeutenden biologischen Arbeitstechniken (s. Kap. 4.5) eingeschätzt werden. Außerdem sollte sich in diesem Zusammenhang die Frage gestellt werden, ob der beabsichtigte forschende Unterricht in Verbindung mit entdeckendem Lernen (s. Kap. 4.2.3) an den anvisierten POIs im auserwählten Expeditionsgebiet realisiert werden kann. Der Einbezug Neuer Medien am Beispiel von Smartphones (s. Kap. 4.6) wurde bei der Schilderung des Bereichs „Bildung" bereits erwähnt und dient im außerschulischen Biologieunterricht zur Förderung zentraler biologischer Arbeitstechniken (s. Kap. 4.5) im Rahmen handlungsorientierten Unterrichts (s. Kap. 1.1, Kap. 1.5). Mit dem entwickelten Verfahren wird vor dem Hintergrund des dritten „ökologischen B's" folglich ein handlungs- und problemorientierter außerschulischer Biologieunterricht angestrebt.

Im Sinne eines Zwischenfazits kann an dieser Stelle festgehalten werden, dass neben der Vernetzung der drei „ökologischen B's" „Biodiversität", „Bildung" und „Biologieunterricht" untereinander jeweils jeder der drei Bereiche einen speziellen Stellenwert im Verfahren erlangt. Demzufolge kann der erste Teilaspekt der aufgestellten Hypothese gestützt werden: „Das Biotrack-Verfahren dient zur Verknüpfung der drei Bereiche ‚Biodiversität', ‚Bildung' und ‚Biologieunterricht' [...]" (s. Kap. 1.4). Im Rahmen der abschließenden und zusammenfassenden Diskussion der Hypothese (s. Kap. 5.7) wird die Verknüpfung der vier Bereiche „Biodiversität", „Bildung", „Biologieunterricht" und „Biotracks" in den Grundzügen veranschaulicht. Neben der hier erfolgten hypothesengeleiteten Verfahrensanalyse diente auch die Methode des Praxistests (s. Kap. 6) zur Unterstützung des ersten Teilaspekts der o. g. Hypothese.

---

454 s. Kap. 6.3.2, neunter Verfahrensschritt.

5.4   Ausführungsbeispiel zum Thema „Fotosynthese"

Das vorliegende Teilkapitel zeigt an einem konkreten Ausführungsbeispiel, wie die Entwicklung eines Biotracks nach den zehn vorgestellten Schritten des Verfahrens (s. Kap. 5.3.3) konkret abläuft. Dazu wurde das dem Thüringer Lehrplan Biologie (2012) zugehörige Thema „Fotosynthese" (TMBWK 2012a, S. 18) ausgewählt, das aufgrund seiner „Abstraktheit" besonders herausfordernd ist und anhand des Verfahrens aufgearbeitet werden kann. Vor diesem Hintergrund soll der schon angedeutete zweite Teilaspekt der Hypothese H4 diskutiert werden: „Das Biotrack-Verfahren [...] kann auch zur Vermittlung wissenschaftlich schwer zugänglicher Lehrplanthemen angewendet werden" (s. Kap. 1.4). Abb. 29 zeigt in Form eines Blockdiagramms den wesentlichen Ablaufplan zum Thema „Fotosynthese" in den zehn Verfahrensschritten im Sinne eines ersten Überblicks (s. Punkt a-j).

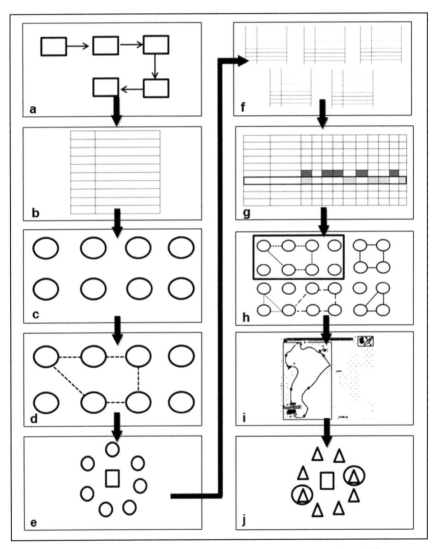

Abb. 29: Ablaufplan eines Beispiel-Biotracks zum Thema „Fotosynthese".[455]

---

455 In Anlehnung an Hoßfeld & Knoblich (2016) verändert durch die Verfasserin. Zu den
    zehn visualisierten Schritten des Verfahrens folgen die spezifischen Informationen
    zum Ausführungsbeispiel Fotosynthese (Hoßfeld & Knoblich 2016), wobei aus
    Gründen der Übersichtlichkeit in den folgenden Ausführungen auf die spezielle Er-

Schritt 1:   Auswahl eines geeigneten geografischen Großraumes

Thüringen bietet ideale Voraussetzungen für die Umsetzung von Biotracks zu verschiedenen Themen, so auch für das Thema „Fotosynthese". Wird in der Konkretisierung einen Schritt weitergegangen, fällt der Naturpark „Thüringer Schiefergebirge / Obere Saale" auf, der aufgrund der beschriebenen Vielfältigkeit (s. Kap. 5.1) auch zur praktischen Umsetzung der Fotosynthese-Tour als geeignet eingestuft werden kann und daher im vorliegenden Fall ausgewählt wurde (s. Abb. 30, Ziffer 5).

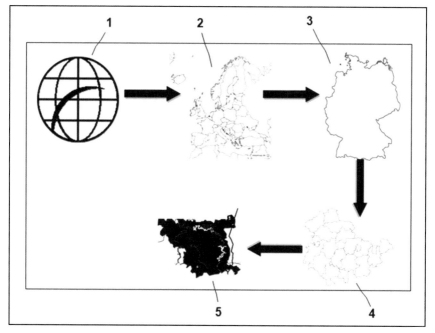

Abb. 30:   Auswahl eines geografischen Großraumes für den Fotosynthese-Biotrack.[456]

---

wähnung des jeweils beteiligten „ökologischen B's" verzichtet wird. Dies erfolgte bereits im allgemeinen Ausführungsbeispiel (Hoßfeld & Knoblich 2016, s. Kap. 5.3.3) und wird nicht erneut aufgegriffen.

456 Entnommen aus Hoßfeld & Knoblich (2016, S. 20). 1=Erdball, 2=Europa, 3=Deutschland, 4=Thüringen, 5=Naturpark „Thüringer Schiefergebirge / Obere Saale".

Schritt 2:   Ausarbeitung wissenschaftlicher Inhalte anhand von Vorgaben

Im Punkt b von Abb. 29 und konkretisiert in Tab. 26 sind die auf Lehrplan- und Schulbuchvorgaben basierenden inhaltlichen Anforderungen an die Tour im Überblick visualisiert. Das Stoffgebiet „Lebensprozesse von grünen Pflanzen, Pilzen und Bakterien" (TMBWK 2012a, S. 18) wurde aufgrund seiner für Schüler der neunten bzw. zehnten Klasse schweren Zugänglichkeit und der damit verbundenen Erfordernis von Anschaulichkeit zur Praxiserprobung in Verbindung mit der Hypothesendiskussion ausgewählt.

Tab. 26:   Anforderungsliste an die POIs zum Thema „Fotosynthese" für Klassenstufe 9/10.[457]

a	Lehrplaninhalt	- Stoffgebiet 1: „Lebensprozesse von grünen Pflanzen, Pilzen und Bakterien" (TMBWK 2012a, S. 18)
		- Themengebiet 2: „Stoff- und Energiewechsel grüner Pflanzen" (TMBWK 2012a, S. 18)
		- Zentrale Inhalte: Beschreibung des Stoff- und Energiewechsels grüner Pflanzen, Erläuterung dessen Bedeutung für den Organismus; Experimentieren, Erläuterung der Beeinflussung der Fotosynthese durch Licht, Ableiten von Möglichkeiten der Ertragssteigerung bei Pflanzen
b	Bezeichnung des Expeditionsgebiets	
c	Bezeichnung der POIs	
d	Anforderungen an die POIs	- „Algen sind wichtige Produzenten" (Högermann & Meißner 2001, S. 111)
		- „Algen bilden Sauerstoff" (Högermann & Meißner 2001, S. 111)
		- Experiment zur „Fotosynthese bei unterschiedlicher Lichtintensität" (Högermann & Meißner 2001, S. 130)
		- Experiment zum „Trennen von Blattfarbstoffen" (Högermann & Meißner 2001, S. 130)
		- Experiment zur Kohlenstoffdioxidaufnahme von Pflanzen

---

457 In Anlehnung an Hoßfeld & Knoblich (2016) ergänzt durch die Verfasserin. In Abstimmung mit den Lehrplan- und Schulbuchvorgaben (TMBWK 2012a, Högermann & Meißner 2001) wurden in dieser Tabelle aus Gründen der Übersichtlichkeit nur die zentralen Schwerpunkte aufgeführt. Die Details sind den Tab. 27–Tab. 28 zu entnehmen.

e	Biodiversitätspotenzial	
f	Jahreszeitenaspekt	
g	Zeitlicher Rahmen	
h	Erreichbarkeit	
i	POI-Nummern	
j	Touren-Nummer	

Im genannten Stoffgebiet wird exemplarisch das Themengebiet „Stoff- und Energiewechsel grüner Pflanzen" (TMBWK 2012a, S. 18) herausgegriffen und die zentralen Inhalte (laut Lehrplanvorgabe) wie folgt aufgeschlüsselt (s. Abb. 29 Punkt b):

Tab. 27:   Zentrale Lehrplaninhalte des Ausführungsbeispiels „Fotosynthese" für Klassenstufe 9/10.[458]

Einordnung	Inhalt
Stoffgebiet 1	„Lebensprozesse von grünen Pflanzen, Pilzen und Bakterien" (TMBWK 2012a, S. 18)
Themengebiet 2	„Stoff- und Energiewechsel grüner Pflanzen" (TMBWK 2012a, S. 18)
Zentrale Inhalte	Beschreibung des Stoff- und Energiewechsels grüner Pflanzen, Erläuterung dessen Bedeutung für den Organismus: - Kennzeichnung der Zelle als Ort der Stoff- und Energieumwandlung - Erläuterung der Bedeutung von Lichtenergie, Kohlenstoffdioxid, Wasser, Mineralsalzen für den Aufbau körpereigener Stoffe - Nennen von Ausgangsstoffen, Bedingungen und Endprodukten für Fotosyntheseprozesse, Aufstellung der Summengleichung Experimentieren: - Nachweis pflanzlicher Inhaltsstoffe: Traubenzucker Erläuterung der Beeinflussung der Fotosynthese durch Licht, Ableiten von Möglichkeiten der Ertragssteigerung bei Pflanzen

---

458 Die aufgelisteten Lehrplaninhalte (TMBWK 2012a) würden in Tab. 26 im Punkt a: „Lehrplaninhalt" vermerkt werden und sind hier aus Gründen der Übersichtlichkeit in Anlehnung an Hoßfeld & Knoblich (2016) in einer separaten Tabelle dargestellt.

Nach detaillierter Analyse der zum erwählten Themengebiet zugehörigen Schulbuchinhalte, können folgende aus dem Schulbuch *Biologie plus Gymnasium Klassen 9/10 Thüringen* (Högermann & Meißner 2001) entnommene Schulbuchvorgaben als „Anforderungen an die POIs" (s. Tab. 26, Punkt d) zum Thema „Fotosynthese" aufgeführt werden:

Tab. 28:   Zentrale Schulbuchinhalte des Ausführungsbeispiels „Fotosynthese" für Klassenstufe 9/10.[459]

Thematischer Schwerpunkt	Inhalt
„Algen sind wichtige Produzenten" (Högermann & Meißner 2001, S. 111)	- Leben in jedem Kleingewässer - vielgestaltiges Erscheinungsbild - bestehend aus einer bis vielen Zellen - keine Samen- und Blütenbildung wie Samenpflanzen - gute Anpassung an Umweltfaktor Wasser - fehlende Stützeinrichtungen und fehlender Verdunstungsschutz im Gegensatz zu Landpflanzen - einzellige und vielzellige Algen als wichtigste Nahrungsgrundlage für viele Wassertiere
„Algen bilden Sauerstoff" (Högermann & Meißner 2001, S. 111)	- fadenförmige Algen an Wasseroberflächen von Gewässern - Erkennen von Zellen mit Chloroplasten bei Betrachtung unter dem Mikroskop - Ansammlung von Algenfäden = „Algenwatte" - Aufsteigen von Blasen an warmen, sonnigen Tagen aus „Algenwatte" als Hinweis auf Fotosynthese als Ernährungsweise der Algen - Bildung von organischen Stoffen mithilfe des Chlorophylls aus Wasser und Kohlenstoffdioxid unter Abgabe von Sauerstoff an Wasser / Atmosphäre (→ Blasenbildung) = Fotosynthese - explosionsartige Vermehrung der Algen bei Abwassereinleitung in Gewässer (→ Sauerstoffdefizit → Absterben von Organismen → gestörte Selbstreinigungskraft des Gewässers → „Umkippen" des Gewässers)
Experiment zur „Fotosynthese bei unterschiedlicher	1. Stängelabschnitt von ca. 10 cm einer Wasserpflanze (z. B. Blaualge, Wasserlinse) in Becherglas mit Wasser legen

---

459 Die aufgeführten Schulbuchinhalte (Högermann & Meißner 2001) würden in Tab. 26 im Punkt d: „Anforderungen an die POIs" vermerkt werden und sind hier aus Gründen der Übersichtlichkeit in Anlehnung an Hoßfeld & Knoblich (2016) in einer separaten Tabelle dargestellt.

Thematischer Schwerpunkt	Inhalt
Lichtintensität" (Högermann & Meißner 2001, S. 130)	2. Stängel unter Wasser mit Rasierklinge anschneiden 3. in Entfernung von ca. 75 cm von Becherglas eine Lampe mit einer 100-Watt-Glühlampe aufstellen, Lampe einschalten und an Schnittstelle des Stängels austretende Gasblasen (Sauerstoff) beobachten 4. Anzahl der Gasblasen jede Minute zählen 5. Lampe dem Becherglas um jeweils 15 cm nähern und jeweils Anzahl der Blasen je Minute zählen und protokollieren - Erkenntnisse über den Zusammenhang zwischen Fotosynthese- und Lichtintensität gewinnen - Überlegungen auf Verhältnisse in einem naturnahen Wald übertragen
Experiment zum „Trennen von Blattfarbstoffen" (Högermann & Meißner 2001, S. 130)	1. Herstellung eines Chlorophyllauszuges aus Blättern von Wasserpflanzen 2. „Fotosynthese in den Chloroplasten" (Högermann & Meißner 2001, S. 134): - Herstellung des organischen Stoffs Glucose in Chloroplasten der Pflanzen unter Einwirkung von Lichtenergie aus Kohlenstoffdioxid und Wasser (=Fotosynthese) - Herstellung körpereigener energiereicher organischer Stoffe aus körperfremden anorganischen Ausgangsstoffen durch Pflanzen (=autotrophe Assimilation) - Abgabe gasförmigen Sauerstoffs an Umwelt als Nebenprodukt der Fotosynthese - Chloroplasten v. a. in Zellen von Palisaden- und Schwammgewebe der Blätter lokalisiert - linsenförmige Gestalt der Chloroplasten mit stark gefalteter innerer Membran (mit eingelagertem Chlorophyll) - Kohlenstoffdioxid der Luft gelangt durch Spaltöffnungen in Blätter → Zwischenzellräume → Zellen → Chloroplasten - Spaltöffnungen bei Wasserpflanzen auf Blattoberseite lokalisiert
Experiment zur Kohlenstoffdioxidaufnahme von Pflanzen	1. Kultivierung von Wasserpflanzen in zwei Glasschalen 2. Eine der Glasschalen in eine Schale mit Kalilauge und unter eine Glasglocke stellen (Kalilauge bewirkt Fixierung von Kohlenstoffdioxid der Luft) 3. andere Glasschale offen stehen lassen 4. nach zwei, drei und vier Tagen Aussehen und Farbe der Wasserpflanzen beobachten 5. Längen der Sprosse messen und Blätter zählen - Ergebnisse vergleichen und Unterschiede erklären - Wortgleichung der Fotosynthesereaktion: Kohlenstoffdioxid + Wasser → Glucose + Sauerstoff

Zur anschaulichen Wissensvermittlung dienen reale Naturobjekte (s. Kap. 4.2) als zentraler Untersuchungsgegenstand. Im vorliegenden Fall werden v. a. anhand von praktischen Untersuchungen an Wasserpflanzen wie speziellen Algenarten und Wasserlinsen des Bleilochstausees die o. g. inhaltlichen Schwerpunkte des schwer zugänglichen Themas „Fotosynthese" erarbeitet. Das Experimentieren als wichtige Arbeitstechnik im Biologieunterricht (s. Kap. 4.5) wurde bewusst mehrfach vorgeschlagen, um die komplizierten Inhalte zum Stoff- und Energiewechsel grüner Pflanzen durch die eigene praktische Anwendung im handlungsorientierten Unterricht besser zu verstehen. Die oben aufgeschlüsselten Lehrplan- und Schulbuchinhalte (s. Tab. 27, Tab. 28) wie z. B. „Algen sind wichtige Produzenten" und „Algen bilden Sauerstoff" lassen sich besonders gut am Sachgegenstand selbst (hier Algenkolonien) vermitteln und durch die eigene praktische Tätigkeit verstehen. Im Fokus stehen Beobachtungen und Experimente zur Untersuchung des Phänomens Fotosynthese.[460]

Schritt 3: Definition eines Expeditionsgebiets und geografische Auswahl der POIs

Im erwählten Naturpark steht nun die Auswahl eines für die Erarbeitung und Vermittlung des Themas „Fotosynthese" geeigneten Expeditionsgebietes an. Im vorliegenden Fall wurde hierzu das „Thüringer Meer" (s. Kap. 5.1), speziell der Bleilochstausee unter Verwendung der Software „Google Earth" ausgewählt sowie in den Ablauf nach Abb. 29 integriert (s. Tab. 26, Punkt b). Mit seinen vielen geschützten Buchten, in denen sich durch Winddrift Algen ansammeln, den charakteristischen Tonschieferfelsen, die besondere Pflanzenarten beherbergen sowie durch die gute Wasserqualität (s. z. B. Ergebnisse Gewässeranalyse mit Exkursionsschülern im Jahr 2014, Knoblich 2015a) offenbart der Bleilochstausee viele interessante POIs. Diese können zur anschaulichen Praxiserkundung sowie zur Verbesserung des Verstehensprozesses bezüglich des primär schwer zugänglichen Themas „Fotosynthese" genutzt werden.[461] Die lokalen Vorkommen an Wasserpflanzen, im Speziellen „**Algenwatte**"[462] sowie geschützte Buchten mit Wasserlinsen und Algenfelsen ermöglichen die Umsetzung

---

460 Im Laufe der Verfahrensbeschreibung werden die weiteren in Tab. 26 noch offen gelassenen Punkte (b-c, e-j) an den jeweiligen Stellen im Text erwähnt (Hoßfeld & Knoblich 2016), aber aus Gründen der Übersichtlichkeit nicht mit in Tab. 27 und Tab. 28 integriert.

461 Die breite Palette an Möglichkeiten, die das Ökosystem Bleilochstausee in seiner Vielfältigkeit offenbart, soll nachfolgend kurz erläutert werden.

462 Algenwatte ist die Bezeichnung für eine „Ansammlung von Algenfäden" (Högermann & Meißner 2001, S. 111).

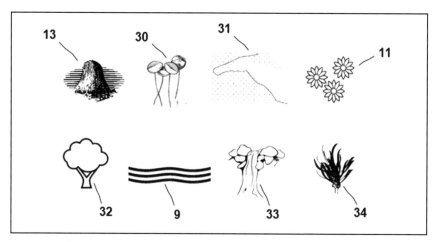

Abb. 31:   Übersicht über die POIs zum Thema „Fotosynthese".[463]

verschiedener Fotosynthese-Experimente, so z. B. die Sauerstoffbildung und Abhängigkeit der Fotosynthese von der Lichtintensität (s. Tab. 28, Tab. 26, Punkt d). Diese „biologischen Highlights" wurden mit vielen anderen als POIs am Bleilochstausee definiert.[464] Wie bereits in den einleitenden Worten dieses Teilkapitels beschrieben, trifft die Auswahl der POIs per gedruckter oder geografischer Karte auch auf die Fotosynthese-POIs zu. Im speziellen Fall wurden die POIs Nr. 9 und 31 (s. Abb. 31) auf diese Weise ausgewählt. Ergänzend kamen Datenbank- und Internetinformationen sowie Druckschriften für die Vorauswahl zum Einsatz. Auch die Option des nachträglichen Ergänzens spezieller POIs nach der Vor-Ort-Inspektion wurde für das vorliegende Ausführungsbeispiel genutzt. Konkret trifft dies auf die POIs Nr. 13, 30 und 33 zu (s. Abb. 29 Punkt c, Abb. 31).

---

463 Entnommen aus Hoßfeld & Knoblich (2016, S. 27). 9=Ökosystem Quellbach, 11=Ökosystem Trockenrasen, 13=Mikrobiotop Algenfelsen, 30=Mikrobiotop Wasserlinsen-Habitat, 31=Mikrobiotop geschützte Bucht, 32=Mikrobiotop Laubbaum, 33=Mikrobiotop kleiner Wasserfall, 34=Mikrobiotop Algenansammlung.

464 Sie sind entsprechend per Symbol in Abb. 29 (Punkt c) und Abb. 31 in Anlehnung an Abb. 23 dargestellt. Nun kann die Bezeichnung der jeweiligen POIs in Tab. 26 (Punkt c) ergänzt werden (Hoßfeld & Knoblich 2016).

Schritt 4:   Verknüpfung der POIs zu einer Expeditionstour (Biotrack)

Der vierte Schritt widmet sich der Verknüpfung der festgelegten POIs zu einem Biotrack (s. Abb. 29, Punkt c, Abb. 32). Hierfür werden, wie oben angedeutet, nur diejenigen POIs final verwendet, die eine unmittelbare Eignung bezüglich der Erarbeitung und Vermittlung des Themengebiets: „Stoff- und Energiewechsel grüner Pflanzen" mit dem inhaltlichen Schwerpunkt der „Fotosynthese" aufweisen. Im konkreten Beispiel bilden die POIs Nr. 9 „Ökosystem Quellbach", Nr. 13 „Mikrobiotop Algenfelsen", Nr. 30 „Mikrobiotop Wasserlinsenhabitat", Nr. 31 „Mikrobiotop geschützte Bucht" und Nr. 33 „Mikrobiotop kleiner Wasserfall" den Fotosynthese-Biotrack.[465]

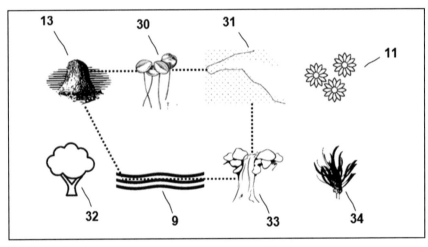

Abb. 32:   Tourenentwurf zum Thema „Fotosynthese".[466]

---

465 Dagegen wurden die POIs Nr. 11, 32 und 34 (s. Abb. 32) aufgrund der fehlenden inhaltlichen Eignung nachträglich wieder verworfen und finden keine Berücksichtigung im Fotosynthese-Biotrack (Hoßfeld & Knoblich 2016).

466 Entnommen aus Hoßfeld & Knoblich (2016, S. 27). 9=Ökosystem Quellbach, 11=Ökosystem Trockenrasen, 13=Mikrobiotop Algenfelsen, 30=Mikrobiotop Wasserlinsen-Habitat, 31=Mikrobiotop geschützte Bucht, 32=Mikrobiotop Laubbaum, 33=Mikrobiotop kleiner Wasserfall, 34=Mikrobiotop Algenansammlung.

Schritt 5:　　*Koordinierung der lokalen Gegebenheiten sowie Inhalte, Festlegung des finalen Biotracks und ortsspezifische Datenerweiterung*

Das Austesten des Fotosynthese-Biotracks erfolgt, nachdem die Expeditionstour festgelegt und mit zugehöriger Tourennummer versehen wurde.[467] Fokus liegt, wie oben beschrieben, auf der Optimierung des Biotracks mittels neu hinzukommender POIs, die aufgrund ihrer Charakteristika erst im Gelände entdeckt wurden. In Verbindung damit werden von allen Fotosynthese-POIs Foto- bzw. Videoaufnahmen sowie zu ausgewählten POIs Artenlisten angefertigt. Die Tatsache, dass das Rahmenthema „Biodiversität" unabhängig vom speziellen Biotrack-Thema in jeden Biotrack integriert wird (s. Kap. 5.3.3) begründet, dass auch bei besonders abstrakten Themen, wie es beim Thema „Fotosynthese" der Fall ist, Biodiversitätsdaten in Form von Artenlisten erhoben werden.[468] Da in Abb. 32 die finale Tour mit den endgültigen POIs dargestellt ist, erfolgt an dieser Stelle die Aufzählung derjenigen POIs, die erst nach der Vor-Ort-Inspektion durch eigene Entdeckung oder Befragung einer ortskundigen Person im Fotosynthese-Biotrack ergänzt wurden: POI Nr. 13: „Mikrobiotop Algenfelsen", POI Nr. 30: „Mikrobiotop Wasserlinsen-Habitat" sowie POI Nr. 33: „Mikrobiotop kleiner Wasserfall". Zur Erhöhung von Anschaulichkeit und Zugänglichkeit der schwer verständlichen Wissensinhalte zum Thema „Fotosynthese" dienen in erster Linie die Fotos und Videos, die an jedem POI aufgenommen werden.[469] Die Artenlisten werden auch beim Fotosynthese-Biotrack erstellt – hier v. a. in Form von Florenlisten.[470] Der Fotosynthese-Biotrack wurde, wie jede andere Expeditionstour auch, durch Aufnahme der einzelnen POIs per GPS-Gerät in der Natur aufgezeichnet und so für zukünftige Erkundungen gesichert (s. Abb. 29, Punkt e). Zusätzlich dient eine 360°-Panorama-Aufnahme, bestehend aus Foto-

---

467 s. Abb. 32, Abb. 29 Punkt e, Tab. 26 (Hoßfeld & Knoblich 2016).

468 Unter dem Blickwinkel der Biodiversität steht neben der Artenvielfalt auch die Ökosystemvielfalt, d. h. speziell die Landschafts- und Habitatdiversität im Vordergrund (s. Kap. 2.1).

469 Dementsprechend werden diese visuellen und auditiven Daten in Tab. 29 - Tab. 33 (Punkt g, h) integriert sowie in Abb. 29 (Punkt f) dargestellt. Am Ende erfolgt die Verknüpfung und Hinterlegung dieser Daten in Abb. 36 (Hoßfeld & Knoblich 2016).

470 In der Beschreibung des jeweiligen POIs (s. Abb. 34, Punkt f) wird diese lokale Artenvielfalt im Zusammenhang mit der ggf. vorhandenen Habitatdiversität unter der Bezeichnung „**Biodiversitätspotenzial**" geführt, in einer dreistufigen Skala (hoch-mittel-gering) vermerkt und in Tab. 26 (s. Punkt e) ergänzt (Hoßfeld & Knoblich 2016).

und Videodaten (s. Abb. 33) zur Visualisierung besonders bedeutender Fotosynthese-POIs.[471]

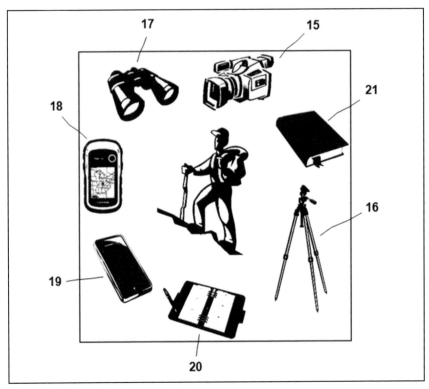

Abb. 33:   Vor-Ort-Inspektion für den Fotosynthese-Biotrack.[472]

---

471 Ein Beispiel hierfür ist die geschützte Bucht des Bleilochstausees (s. Abb. 31, POI 31). Folglich werden die leeren Spalten von Tab. 26 (Punkt f, h) durch den Jahreszeitenaspekt, die speziellen Eigenheiten der Anreise sowie Hinweise zu geeigneten Fortbewegungsmitteln für den Fotosynthese-Biotrack gefüllt (Hoßfeld & Knoblich 2016).

472 Entnommen aus Hoßfeld & Knoblich (2016, S. 22). 15=Kamera, 16=Stativ, 17=Fernglas, 18=GPS-Gerät, 19=Smartphone, 20=Protokollheft, 21=Bestimmungsbuch.

Schritt 6:   Charakterisierung der POIs anhand ihrer Merkmale

Steht die finale Expeditionstour fest, kann sich der Charakterisierung aller zur Tour zugehörigen POIs gewidmet werden. Im Steckbriefformat sind die zentralen Informationen zu jedem POI vermerkt.[473] Abb. 34 stellt die in Abb. 29 lediglich schematisch angedeuteten Tabellen nun mit zugehörigen Bezeichnungen zum besseren Verständnis dar.[474]

---

473 s. Abb. 34, Tab. 29 - Tab. 33 sowie schematische Überblicksdarstellung (s. Abb. 29, Punkt f, Hoßfeld & Knoblich 2016).

474 Aus Gründen der Übersichtlichkeit wurde auf die Zuordnung der Inhalte verzichtet, da diese den Tab. 29 - Tab. 33 zu entnehmen sind.

a)	POI-Nummer und -Name
b)	Kategorie
c)	GPS-Daten
d)	Beschreibung des POI
e)	Biodiversitätspotenzial
f)	Vergleichsdaten Biodiversität
g)	Fotos
h)	Videos
i)	Fundmethode
j)	Inhaltlicher Schwerpunkt

a)	POI-Nummer und -Name
b)	Kategorie
c)	GPS-Daten
d)	Beschreibung des POI
e)	Biodiversitätspotenzial
f)	Vergleichsdaten Biodiversität
g)	Fotos
h)	Videos
i)	Fundmethode
j)	Inhaltlicher Schwerpunkt

a)	POI-Nummer und -Name
b)	Kategorie
c)	GPS-Daten
d)	Beschreibung des POI
e)	Biodiversitätspotenzial
f)	Vergleichsdaten Biodiversität
g)	Fotos
h)	Videos
i)	Fundmethode
j)	Inhaltlicher Schwerpunkt

a)	POI-Nummer und -Name
b)	Kategorie
c)	GPS-Daten
d)	Beschreibung des POI
e)	Biodiversitätspotenzial
f)	Vergleichsdaten Biodiversität
g)	Fotos
h)	Videos
i)	Fundmethode
j)	Inhaltlicher Schwerpunkt

a)	POI-Nummer und -Name
b)	Kategorie
c)	GPS-Daten
d)	Beschreibung des POI
e)	Biodiversitätspotenzial
f)	Vergleichsdaten Biodiversität
g)	Fotos
h)	Videos
i)	Fundmethode
j)	Inhaltlicher Schwerpunkt

Abb. 34:   Steckbriefe der gefundenen POIs zum Thema „Fotosynthese".[475]

---

475 Entnommen aus Hoßfeld & Knoblich (2016, S. 28). Aus Gründen der Übersichtlichkeit wurde jeweils auf die inhaltlichen Angaben verzichtet.

Nachfolgend einige exemplarische Ausführungen zu den fünf Fotosynthese-POIs:[476]

Tab. 29:   Steckbrief des POIs Nr. 9 „Ökosystem Quellbach".[477]

a	POI-Nummer und -Name	Nr. 9: Ökosystem Quellbach
b	Kategorie	Fließgewässer
c	GPS-Daten	N50° 30.234' E11° 42.712'
d	Beschreibung des POI	Der kleine, ca. 30 cm breite Quellbach mündet in eine Bucht am Westufer in den Bleilochstausee. Temporäre Austrocknung sowie klares Wasser, durch das die Wasserpflanzen gut erkennbar sind, sind kennzeichnend. Geröll dominiert im Bachbett.
e	Biodiversitätspotenzial	✓ (hoch)
f	Vergleichsdaten Biodiversität	✓ (vorhanden)
g	Fotos	s. Anh. 78
h	Videos	---
i	Fundmethode	geografische Karte (gedruckt)
j	inhaltlicher Schwerpunkt	Experiment zur Kohlenstoffdioxidaufnahme von Pflanzen (s. Tab. 26, Punkt d)

Tab. 30:   Steckbrief des POIs Nr. 13 „Mikrobiotop Algenfelsen".[478]

a	POI-Nummer und -Name	Nr. 13: Mikrobiotop Algenfelsen
b	Kategorie	Felsen
c	GPS-Daten	N50° 31.175' E11° 43.507'

---

476 Da die einzelnen Möglichkeiten bereits im allgemeinen Ausführungsbeispiel (Hoßfeld & Knoblich 2016, s. Kap. 5.3.3) beschrieben wurden, wird nachfolgend nur auf ausgewählte, für den Fotosynthese-Biotrack spezifische Inhalte eingegangen. Die Detailinformationen werden für jeden der fünf Fotosynthese-POIs in einer Tabelle erfasst (s. Abb. 34, Abb. 29, Punkt f, Tab. 29 – Tab. 33). Fehlende Bezeichnungen wie POI-Nummer und POI-Name werden in Tab. 26 integriert (s. Punkt c, i, Hoßfeld & Knoblich 2016).

477 In Anlehnung an Hoßfeld & Knoblich (2016) ergänzt durch die Verfasserin. Inhaltlicher Schwerpunkt s. Schulbuchinhalte (Högermann & Meißner 2001).

478 In Anlehnung an Hoßfeld & Knoblich (2016) ergänzt durch die Verfasserin. Inhaltlicher Schwerpunkt s. Schulbuchinhalte (Högermann & Meißner 2001).

d	Beschreibung des POI	Die ca. 5 m hohe Felswand aus Tonschiefer ist direkt am Nordufer des Bleilochstausees lokalisiert und stellenweise von Algenkolonien überzogen (erkennbar an grünlicher Färbung, s. Anh. 78).
e	Biodiversitätspotenzial	gering
f	Vergleichsdaten Biodiversität	- (nicht vorhanden)
g	Fotos	s. Anh. 78
h	Videos	---
i	Fundmethode	bei Vor-Ort-Inspektion durch ortskundige Person
j	inhaltlicher Schwerpunkt	- „Algen sind wichtige Produzenten" (s. Tab. 26, Punkt d) - „Algen bilden Sauerstoff" (s. Tab. 26, Punkt d)

Tab. 31:   Steckbrief des POIs Nr. 30 „Mikrobiotop Wasserlinsen-Habitat".[479]

a	POI-Nummer und -Name	Nr. 30: Mikrobiotop Wasserlinsen-Habitat
b	Kategorie	stehendes Gewässer
c	GPS-Daten	N50° 31.285' E11° 42.983'
d	Beschreibung des POI	Die Ansammlung von Wasserlinsen befindet sich in einer kleinen Felsbucht am Nordufer des Bleilochstausees. Kennzeichnend ist das hohe Vorkommen der Wasserlinsen in diesem Bereich, sodass schon aus weiter Entfernung (ca. 20 m) eine geschlossene grüne Fläche wahrgenommen werden kann. Die einzelnen Individuen sind auch aus der Nähe kaum zu identifizieren.
e	Biodiversitätspotenzial	gering
f	Vergleichsdaten Biodiversität	- (nicht vorhanden)
g	Fotos	---
h	Videos	---
i	Fundmethode	eigene Entdeckung bei Vor-Ort-Inspektion
j	inhaltlicher Schwerpunkt	Experiment zur „Fotosynthese bei unterschiedlicher Lichtintensität" (s. Tab. 26, Punkt d)

---

479 In Anlehnung an Hoßfeld & Knoblich (2016) ergänzt durch die Verfasserin. Inhaltlicher Schwerpunkt s. Schulbuchinhalte (Högermann & Meißner 2001).

Tab. 32:   Steckbrief des POIs Nr. 33 „Mikrobiotop kleiner Wasserfall".[480]

a	POI-Nummer und -Name	Nr. 33: Mikrobiotop kleiner Wasserfall
b	Kategorie	Fließgewässer
c	GPS-Daten	N50° 30.226' E11° 42.675'
d	Beschreibung des POI	Der kleine Zufluss mündet über den ca. um 7° geneigten Uferhang wasserfallartig in den Bleilochstausee. Das Ufer ist geprägt von Tonschiefer und am Westufer zeichnen sich weiße Schaumkämme ab. Zudem ist ein hoher Sauerstoffgehalt des Gewässers kennzeichnend, der an der verstärkten Blasenbildung erkennbar ist.
e	Biodiversitätspotenzial	mittel
f	Vergleichsdaten Biodiversität	✓ (vorhanden)
g	Fotos	---
h	Videos	---
i	Fundmethode	bei Vor-Ort-Inspektion durch ortskundige Person
j	inhaltlicher Schwerpunkt	„Fotosynthese in den Chloroplasten" (s. Tab. 26, Punkt d)

Jeder POI wird nach Festlegung der Nummer und des Namens[481] in die zugehörige Kategorie[482] eingeordnet (s. Abb. 34, Tab. 24, Punkt b). Informationen zum Thema „Fotosynthese"[483] werden durch geografische Bezüge[484] ergänzt. Der Vergleich aktuell erhobener Daten (hier z. B. Florenlisten) mit ggf. bereits vorhandenen Biodiversitätsdaten ermöglicht bspw. die Betrachtung der Bestandsentwicklung der Heilpflanzen Gemeine Nachtkerze *Oenothera biennis* und Rainfarn *Tanacetum vulgare* in der geschützten Bucht in den letzten zehn Jahren (s. Abb. 34, Punkt d, Tab. 33). Auch Erwägungen über mögliche Ursachen für

---

480 In Anlehnung an Hoßfeld & Knoblich (2016) ergänzt durch die Verfasserin. Inhaltlicher Schwerpunkt s. Schulbuchinhalte (Högermann & Meißner 2001).

481 z. B. „POI Nr. 13: Mikrobiotop Algenfelsen" (s. Abb. 34, Punkt a, Tab. 30, Hoßfeld & Knoblich 2016).

482 z. B. „Felsen" (s. Abb. 34, Punkt b, Tab. 30, Hoßfeld & Knoblich 2016).

483 z. B. „stellenweise von Algenkolonien überzogen" (s. Abb. 34, Punkt d, Tab. 30, Hoßfeld & Knoblich 2016).

484 z. B. „ca. 5 m hohe Felswand aus Tonschiefer ist direkt am Nordufer des Bleilochstausees lokalisiert" (s. Abb. 34, Punkt d, Tab. 30, Hoßfeld & Knoblich 2016).

Tab. 33:   Steckbrief des POIs Nr. 31 „Mikrobiotop geschützte Bucht".[485]

a	POI-Nummer und -Name	Nr. 31: Mikrobiotop geschützte Bucht
b	Kategorie	besonderer Landschaftsabschnitt
c	GPS-Daten	N50° 30.934' E11° 42.710'
d	Beschreibung des POI	Die kleine windgeschützte Bucht bietet aufgrund der versteckten Lage speziellen Pflanzenarten Lebensraum. Neben Algen kommen Heilpflanzen wie Nachtkerze und Rainfarn als typische Vertreter der Flora vor. Kennzeichnend für den Gewässerabschnitt sind im Vergleich zum offenen Bleilochstausee erhöhte Wassertemperaturen sowie geringere Wasserbewegungen.
e	Biodiversitätspotenzial	✓ (hoch)
f	Vergleichsdaten Biodiversität	✓ (vorhanden)
g	Fotos	---
h	Videos	---
i	Fundmethode	eigene Entdeckung bei Vor-Ort-Inspektion
j	inhaltlicher Schwerpunkt	Experiment zum „Trennen von Blattfarbstoffen" (s. Tab. 26, Punkt d)

ein erhöhtes Vorkommen von Algen sind denkbar. Im letzten Schritt werden die inhaltlichen Schwerpunkte spezifiziert: An POI Nr. 30 wird bspw. auf das „Experiment zur Fotosynthese bei unterschiedlicher Lichtintensität" (s. Abb. 34, Tab. 31) verwiesen, da nicht nur die Umweltbedingungen (hier genügend Licht), sondern auch der Untersuchungsgegenstand selbst (Wasserlinsen als Modellorganismus) günstige Voraussetzungen dafür schaffen.

Schritt 7:   Verknüpfung der wissenschaftlichen Inhalte und POIs in einer Auswahlmatrix

Wie im Kap. 5.3.3 ausführlich dargelegt, dient der siebte Schritt des Verfahrens der Verknüpfung der schwer zugänglichen wissenschaftlichen Inhalte mit den final ausgewählten POIs. Dementsprechend erfolgt im Fotosynthese-Beispiel die Zuordnung des Stoffgebiets 1 „Lebensprozesse von grünen Pflanzen, Pilzen und Bakterien" der Klassenstufe 9/10 (TMBWK 2012a, S. 18) zu den POIs Nummer

---

485 In Anlehnung an Hoßfeld & Knoblich (2016) ergänzt durch die Verfasserin. Inhaltlicher Schwerpunkt s. Schulbuchinhalte (Högermann & Meißner 2001).

9, 13, 30, 31 und 33 (Quellbach – Algenfelsen – Wasserlinsen-Habitat – geschützte Bucht – kleiner Wasserfall, s. Tab. 34).[486]

Schritt 8:   *Visualisierung des entworfenen Biotracks anhand der POIs*

In Abb. 35 wird der Fotosynthese-Biotrack zusammen mit den anderen Biotracks
in einer schematischen Übersicht zusammengeführt.[487] Wie beschrieben, wird
der Fotosynthese-Biotrack nun mit den zugehörigen Daten mit der Software
„BaseCamp" (Garmin Deutschland GmbH 2017) visuell abgebildet (s. Abb. 36)
und in Abb. 29 (Punkt i) ergänzt.[488] Nur die unmittelbar für die Realisierung des
Fotosynthese-Biotracks erforderlichen POIs werden digital dargestellt (POI Nr.
9, 13, 30, 31, 33).[489] Das so entstehende Fotosynthese-Adventure wird schrittweise mit themenbezogenen Fotos, Videos, Artenlisten u. ä. Material zum Thema „Fotosynthese" erweitert, das an den entsprechenden Wegpunkten in der
virtuellen Tour eingeblendet wird (s. Abb. 36, Abb. 29, Punkt i). Nach der Ergänzung wesentlicher Parameter (Distanz, Fläche, Zeit, Geschwindigkeit, Höhe)
können ggf. noch virtuelle Notizzettel an den entsprechenden Wegpunkten eingearbeitet werden. Nun erhält der Fotosynthese-Biotrack neben einem repräsentativen Titelbild noch einen Titel: „Expedition Gewässer – experimentelle Untersuchung   des   Phänomens   Fotosynthese".[490]   Vermerkt   wird   der
Schwierigkeitsgrad 3 („mittel") sowie eine Kurzbeschreibung der Tour anhand
konkreter,   zum   Fotosynthese-Biotrack   zugehöriger   Antworten   zu   den   in

---

486 In der Tabelle ist diese Zusammengehörigkeit durch entsprechende Unterlegung
   kenntlich gemacht (s. analog Abb. 29, Punkt g). Der Fotosynthese-Biotrack ist in der
   Matrix durch Einrahmung hervorgehoben und kann ggf. mit anderen Touren verknüpft werden (s. Tab. 34, Abb. 29, Punkt g, Hoßfeld & Knoblich 2016).
487 Der Fall, dass ein und derselbe POI gleichzeitig in mehreren Touren vorkommt (s.
   Kap. 5.3.3) trifft beim Fotosynthese-Biotrack nicht zu. Die fünf Fotosynthese-POIs
   werden aufgrund ihrer Spezifität ausschließlich zur Bearbeitung des schwer zugänglichen Themas „Fotosynthese" verwendet (s. Abb. 35, Abb. 29, Punkt h, Einrahmung
   links oben).
488 Weitere Details zur Vorgehensweise bei der computergestützten Tourenerstellung
   sind dem Kap. 5.3.3 zu entnehmen.
489 Die restlichen POIs (Nr. 11, 32, 34, s. Abb. 32) werden vernachlässigt (Hoßfeld &
   Knoblich 2016).
490 s. Abb. 36, oben neben dem „Rucksacksymbol" (Hoßfeld & Knoblich 2016).

Tab. 34:   Auswahlmatrix zum Thema „Fotosynthese".[491]

Klassenstufe	Lehrplaninhalte	9	10	11	12	13	(...)	30	31	32	33
5/6	Stoffgebiet 4	✓*			✓	✓				✓	✓
5/6	Stoffgebiet 2		✓							✓	
5/6	Stoffgebiet 1	✓		✓*							
5/6	Stoffgebiet 3		✓*			✓					
7/8	Stoffgebiet 5	✓		✓	✓*	✓*	✓*		✓*	✓	
9/10	Stoffgebiet 1	✓*	✓	✓		✓		✓	✓*		✓
11/12	Stoffgebiet 8		✓				✓			✓	
11/12	Stoffgebiet 7	✓	✓*	✓*						✓	✓
11/12	Stoffgebiet 6	✓		✓*	✓					✓*	

491 In Anlehnung an Hoßfeld & Knoblich (2016) verändert durch die Verfasserin. ✓=besondere Eignung des POIs für die Tour, *=besonders hohes Biodiversitätspotenzial.

Kap. 5.3.3 (Schritt 8) gestellten Leitfragen.[492]

Nun wird noch die Aktivität „Bootfahren" angegeben[493] und dem „visuellen Abfahren" des Fotosynthese-Biotracks steht nichts mehr im Weg. An den fünf Wegpunkten öffnen sich dabei die eingefügten Daten und dienen der anschaulichen Wissensvermittlung zum Thema „Fotosynthese". Durch die Online-Veröffentlichung können im vorliegenden Beispiel auch Personen, die noch nicht am Bleilochstausee vor Ort gewesen waren, den Fotosynthese-Biotrack virtuell nachvollziehen, die POIs durch die „Google-Earth"-Ansicht in ihrem realen Erscheinungsbild betrachten und dabei testen, ob diese im eigenen außerschulischen Biologieunterricht zum Einsatz kommen können. Die plastische Darstellung der POIs, z. B. der Mikrobiotope „geschützte Bucht" (POI Nr. 31) oder „kleiner Wasserfall" (POI Nr. 33) wird ermöglicht einen realitätsgetreuen Einblick und erleichtert damit im Idealfall die Entscheidungsfindung.

Schritt 9: Begehung des finalen Biotracks mit GPS-tauglichen Anzeigegeräten

Der Fotosynthese-Biotrack kann z. B. mit Schülern einer neunten Klasse praktisch unter Verwendung von GPS-Geräten umgesetzt werden. Im speziellen Fall folgen die Schüler dem Fotosynthese-Biotrack auf dem Smartphone im Rahmen der Wissensaneignung (s. Abb. 37, Abb. 29, Punkt e). Die schwer zugänglichen Inhalte zum Thema „Fotosynthese" werden in Arbeitsaufträge, Informationstexte, Arbeitsblätter und Experimentieranleitungen (s. Tab. 26, Punkt d) umgewandelt.[494] Wie im Kap. 5.3.3 beschrieben, wird der Zeit- und Entfernungsfaktor konkretisiert, was für den Fotosynthese-Biotrack bedeutet, dass für dessen Durchführung aufgrund einer zurückzulegenden Gesamtdistanz von ca. 6,6 Kilo-

---

492 1. „Was sind die interessantesten POIs im Rahmen der handlungsorientierten Biodiversitätsbildung?" (Algenfelsen – Quellbach – kleiner Wasserfall - geschützte Bucht – Wasserlinsen-Habitat, s. Abb. 32), 2. „Welche Materialien sollten für das außerschulische Bildungsangebot mitgebracht werden?" (Gummistiefel, Bestimmungsbücher, wetterfeste Kleidung, Experimentiermaterialien), 3. „Welche Jahreszeit bietet sich am besten zur Durchführung des außerschulischen Biologieunterrichts an?" (Frühjahr, d. h. April-Juni), 4. „Gibt es spezielle Besonderheiten bei der Anreise?" (per Linienbus), 5. „Gibt es spezielle Herausforderungen bezüglich der Zugänglichkeit?" (versteckte Buchten, hohe Tonschieferfelsen, z. T. schwer zugängliche Algenkolonien). Die fünf Leitfragen (Hoßfeld & Knoblich 2016) wurden zur eindeutigen Zuordnung an dieser Stelle erneut aufgeführt und mit den fotosynthesespezifischen Informationen in Zusammenhang gebracht.

493 s. Abb. 36, rechte obere Ecke (Hoßfeld & Knoblich 2016).

494 Die Einbindung der Foto-, Video- und Audiodaten sowie Artenlisten erhöht die Anschaulichkeit für die Schüler (Hoßfeld & Knoblich 2016).

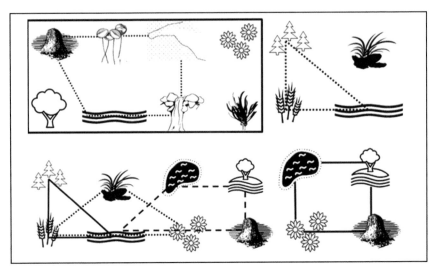

Abb. 35:   Übersicht über den aus fünf POIs bestehenden Fotosynthese-Biotrack.[495]

metern auf dem Bleilochstausee und schwer kalkulierbarer Umweltbedingungen wie bspw. starkem Gegenwind beim Bootfahren acht Zeitstunden eingeplant werden müssen (s. Tab. 26, Punkt g).[496] Der Tourenverlauf skizziert sich wie folgt: Die Anreise zum Startpunkt Kloster (s. Abb. 36) erfolgt per Linienbus von der Schule aus, die Stausee-Tour wird mit zwei Zehnerkanadiern zurückgelegt, die als „Forschungsboot"[497] fungieren. In der Materialliste (s. Anh. 113, Anh. 131) dürfen v. a. Gummistiefel nicht fehlen, da auch Sumpfgebiete wesentlicher Bestandteil der Naturerfahrungen zum Thema „Fotosynthese" sind (s. Abb. 37, Abb. 29, Punkt j). Der Quellbach (POI Nr. 9) sowie der kleine Wasserfall (POI Nr. 33) können somit analysiert werden. Die oben bereits angesprochene Ergänzung des Biotracks durch Apps sieht transferiert auf das Thema „Fotosynthese"

---

495 Entnommen aus Hoßfeld & Knoblich (2016, S. 29). Der Fotosynthese-Biotrack ist durch Einrahmung gegenüber den anderen beispielhaften Biotracks hervorgehoben.

496 Auch die Tatsache, dass viele der teilnehmenden Schüler unter Umständen das erste Mal auf einem Stausee mit dem Zehnerkanadier unterwegs sind, darf nicht außer Acht gelassen werden, da sich dieser Aspekt nachteilig auf die Geschwindigkeit der Fortbewegung und damit den Zeitplan auswirken kann (Hoßfeld & Knoblich 2016).

497 s. Abb. 37, schematisches Symbol, rechter Kreis (Hoßfeld & Knoblich 2016).

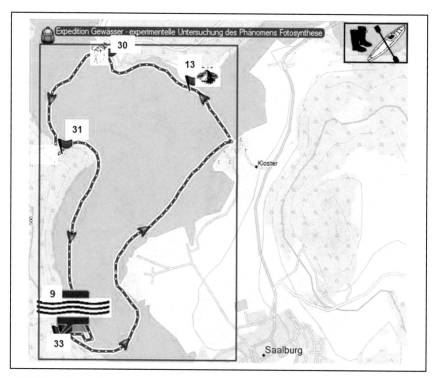

Abb. 36: Kartendarstellung des „Adventures" zum Fotosynthese-Biotrack.[498]

wie folgt aus: Eingebunden und durch selbst erhobene Daten erweitert werden können Apps zu Themen wie z. B. „Lebensweise der Algen", „Fotosynthese-Experimente", „Bestimmung von Wasserpflanzen", „Chloroplasten als Orte der Fotosynthese" und „Fotosynthetisch besonders aktive Pflanzen".

---

498 In Anlehnung an Hoßfeld & Knoblich (2016) verändert durch die Verfasserin. 9=Ökosystem Quellbach, 13=Mikrobiotop Algenfelsen, 30=Mikrobiotop Wasserlinsen-Habitat, 31=Mikrobiotop geschützte Bucht, 33=Mikrobiotop kleiner Wasserfall. Auf das „B" in der POI-Bezeichnung für das Fortbewegungsmittel Boot wurde aus Gründen der Übersichtlichkeit verzichtet. Kartendarstellung auf Basis von FZK project, OSM contributors & U.S.G.S. de Ferranti (2016); Copyright (2017) Garmin Ltd or its Subsidiaries. All Rights Reserved.

Abb. 37:   Tourendurchführung zum Thema „Fotosynthese".[499]

Schritt 10:   Optimierung des Biotracks nach Begehung im Gelände[500]

Anhand des Ausführungsbeispiels wurde in diesem Teilkapitel gezeigt, wie ausgehend von schwer zugänglichen Lehrplaninhalten (hier zum Thema „Fotosynthese") über die Abfolge der insgesamt zehn Verfahrensschritte ein themenspezifischer Biotrack entwickelt werden kann, der auf eine verständliche und anschauliche praktische Erarbeitung der speziellen Inhalte gerichtet ist. An dieser Stelle kann damit der zweite Teilaspekt der Hypothese H4 gestützt werden:

---

499 Entnommen aus Hoßfeld & Knoblich (2016, S. 31). Linker Kreis=Gummistiefel, rechter Kreis=Kajak, das symbolisch für die während des Fotosynthese-Biotracks eingesetzten Zehnerkanadier steht.

500 Auf eine Schilderung der etwaigen Anpassung des Biotracks an die Vor-Ort-Bedingungen im Gelände wird an dieser Stelle verzichtet, da dies bereits im Kap. 5.3.3 angedeutet wurde.

„Das Biotrack-Verfahren [...] kann auch zur Vermittlung wissenschaftlich schwer zugänglicher Lehrplanthemen angewendet werden" (s. Kap. 1.4).

5.5 Potenzial des Verfahrens

Nun werden Vorzüge, die mit dem Verfahren verbunden werden, dargelegt. Zur Umsetzung der Biotracks kommen GPS-Geräte, Smartphones und / oder Tablets zum Einsatz, die im Rahmen der alternativen Wissensvermittlung als mobile und moderne Träger der wissenschaftlichen Informationen visuell und auditiv fungieren. Hierbei kann das Interesse der Schüler für die Neuen Medien (s. Kap. 4.6) mit der Vermittlung wissenschaftlicher Inhalte verknüpft und in der Praxis angewendet werden. Das Smartphone, welches in der heutigen Zeit täglicher Begleiter der Schüler ist (s. Kap. 4.6.2) wird im Unterricht, speziell am Lernort Natur, eingesetzt.[501]

Gleichzeitig können die Schüler durch den Einsatz von Smartphones als Neue Medien zur Erkundung der Biotracks wieder in die Natur geführt werden. Durch entsprechende Anleitung können die Teilnehmer dabei im besten Fall für Umweltschutz sensibilisiert werden, wobei der eigentätige Lehr-Lern-Prozess im Vordergrund steht. Besonders anschauliche und interessante POIs können auffindbar gemacht werden, um die Wissensinhalte den Schülern auf alternative Art näher zu bringen. Der noch so unauffällige Felsvorsprung mit seltener Flora kann von den Teilnehmern aufgefunden und die zugehörigen wissenschaftlichen und schwer zugänglichen Inhalte können von diesen selbst angeeignet werden (s. Kap. 5.4).

Vor dem Hintergrund der Hypothese H4 erscheinen Biotracks geeignet zur Verknüpfung der drei Bereiche „Biodiversität", „Bildung" und „Biologieunterricht". Außerdem ist der Materialaufwand vergleichsweise gering, da für die Umsetzung der Biotracks neben den üblichen Exkursionsmaterialien lediglich ein GPS-Gerät bzw. Smartphone sowie das Programm „BaseCamp" (Garmin Deutschland GmbH 2017) benötigt werden, wodurch in Verbindung mit den Apps gleichzeitig der Aktualitätsbezug des Verfahrens angedeutet wird. Zudem besteht die Option, bei der Umsetzung der jeweiligen Biotracks ein Flair ähnlich einem Geländespiel zur Steigerung der Schülermotivation herzustellen.[502]

---

501 Nach dem Einverständnis der Schulleitung erfolgt eine Belehrung der Schüler, dass die Smartphones ausschließlich für wissenschaftliche Zwecke im außerschulischen Unterricht verwendet werden dürfen (s. Anh. 101).

502 Somit können die Teilnehmer auf spielerische Art und Weise die ursprünglich abstrakten Wissensinhalte aktiv in der Natur erkunden.

Ein weiterer Vorzug des für alle Klassenstufen (s. Tab. 35) geeigneten Verfahrens ist, dass dieses über das Fachgebiet der Biologie hinaus für verschiedene andere Wissensgebiete geeignet ist. Auch wenn biologische Themen prädestiniert sind, bei denen viele Informationen nicht explizit und damit leicht in einen Biotrack integrierbar vorliegen, bietet sich eine Verwendung in den Fächern Physik, Chemie, Mensch-Natur-Technik, Geografie, Geologie und Sport besonders an (s. Kap. 4.3).[503] Auch Einsatzgebiete in der Erfassung von Umweltdaten im Zusammenhang mit ökologischen und ökonomischen Aspekten sind denkbar und deuten das interdisziplinäre Potenzial des Verfahrens an.[504] Wenn es sich thematisch anbietet, die aufbereiteten Wissensinhalte des Biotracks mit wissenschaftlich interessanten Einblicken in aktuelle Forschungsergebnisse zu verbinden, eignet sich das Verfahren ebenfalls, um Forschung und Lehre zu verknüpfen. Hier bietet sich eine Kooperation mit dem Deutschen Zentrum für integrative Biodiversitätsforschung (iDiv) Halle-Jena-Leipzig und dem ThILLM an. Die ursprünglich schwer zugänglichen Daten können dadurch im Idealfall aufgrund des Neuigkeitswertes und Einblicks in Forschungsfelder zur Erhöhung der Schülermotivation beitragen. So wäre die Verbindung von Theorie und Praxis mithilfe des Verfahrens möglich.

Wird von der Schülerperspektive zur Sichtweise der Lehrperson gewechselt, können folgende Argumente für das Biotrack-Verfahren angebracht werden: Die Handhabung ist einfach und unkompliziert, was z. B. die Vorauswahl per Mailanhang und Poster zeigt.[505] Darüber hinaus kann nach Durchführung des jeweiligen Biotracks der Lehrplaninhalt (s. Tab. 35) als absolviert betrachtet und ggf. mit einer Benotung abgeschlossen werden (s. Kap. 6.4.2). Hinzu kommt, dass die Daten technologisch bedingt beständig und gleichzeitig leicht anpassungsfähig und erweiterbar sind und dadurch zukunftsorientiert jederzeit durch aktuelle Forschungsergebnisse, neue Fundstellen, Änderungen in der Wegführung usw. aktualisiert werden können.[506] Die hier vorgestellten Neuen Medien haben auch noch in Jahrzehnten Bestand, da die GPS-Koordinaten erhalten bleiben. Außerdem ist die Umsetzung auch aus ökonomischer Sicht einfacher und

---

503 Durch „Geotracks", „Chemtracks", „Sporttracks" usw. kann das spezifische Wissen auf alternative Art und Weise vermittelt werden.

504 Auf diese Weise sind fächerübergreifende Biotrack-Projekte, z. B. im Rahmen von „Motto-Touren" möglich.

505 Die Poster der durchgeführten Schülerexpeditionen (Knoblich 2016e; 2016f) finden sich mit den Postern zweier weiterer potenzieller Expeditionen (Knoblich 2016g; 2016h) im Anh. 53, Anh. 55, Anh. 57 und Anh. 59.

506 Diese Möglichkeiten bieten z. B. Lehrpfade nicht, da die meist aus Holz gefertigten Tafeln v. a. den Witterungsbedingungen ausgesetzt sind und damit langfristig Beeinträchtigungen unterliegen (Hoßfeld & Knoblich 2016).

zeitsparender, da z. B. nicht nach Sponsoren gesucht werden muss, wie es bei der Erstellung von Anschauungstafeln und Lehrpfaden oft der Fall ist. Von Vorteil ist außerdem, dass Interessenten die Biotracks digital auf Eignung für den eigenen Einsatz prüfen können, ohne vorher selbst im Expeditionsgebiet gewesen sein zu müssen. Die Versendung der Biotracks erfolgt über eine KMZ-Datei per E-Mail.[507] So kann der Tourenleiter im Vorfeld die Routen virtuell testen und aus den übermittelten Biotracks den geeigneten am Computer auswählen.

Neben dem Anbieten verschiedener Tourenarten stellt auch die Möglichkeit der flexiblen Anpassung des Biotracks einen weiteren denkbaren Vorzug dar. So können Änderungen des Inhalts, der Erreichbarkeit, der Wegführung oder der Organisation durch die unkomplizierte Einarbeitung in den bestehenden Biotrack eine nach den speziellen Bedürfnissen individuell angepasste Expeditionstour entstehen lassen. Die Eignung für zahlreiche Inhalte des *Lehrplans für den Erwerb der allgemeinen Hochschulreife Mensch-Natur-Technik* (TMBJS 2015a) sowie des *Lehrplans für den Erwerb der allgemeinen Hochschulreife Biologie* (TMBWK 2012a) kann als weiteres Charakteristikum des Verfahrens angesehen werden: So kann das Verfahren in Form von Biotracks z. B. für folgende, nach Klassenstufen sortierte Stoffgebiete in der Praxis angewendet werden:

Tab. 35: Zur Anwendung des Biotrack-Verfahrens geeignete Module / Stoffgebiete.[508]

Klassenstufe	Für Biotracks geeignete Module / Stoffgebiete
5/6	- Modul 1: Einstieg in das neue Unterrichtsfach MNT - Modul 2: Samenpflanzen - Modul 3: Wirbeltiere - Modul 5: Ökologie - Modul 6: Bionik
7/8	- Stoffgebiet: „Zelle als Lebensbaustein" (TMBWK 2012a, S. 14) - Stoffgebiet: „Wirbellose in ihren Lebensräumen" (TMBWK 2012a, S. 15)
9/10	- Stoffgebiet: „Lebensprozesse von grünen Pflanzen, Pilzen und Bakterien" (TMBWK 2012a, S. 18)

507 Nur die kostenlos erhältliche Software „Google Earth" muss auf dem Computer installiert sein. Alternativ ist das Versenden des Biotracks im GPX-Format (Knoblich 2020r; 2020s; 2020t; 2020u) und eine Ansicht im Programm „BaseCamp" oder der App „OsmAnd" (s. Kap. 6.3) möglich.

508 Die aufgeführten Module / Stoffgebiete entstammen dem Thüringer Lehrplan MNT (TMBJS 2015a, für Kl. 5/6) und dem Thüringer Lehrplan Biologie für Gymnasien (TMBWK 2012a, für Kl. 7-12).

Klassenstufe	Für Biotracks geeignete Module / Stoffgebiete
	- „Stoff- und Energiewechsel von Pilzen und Bakterien" und „Systematisierung" nur marginal geeignet, aber möglich - Stoffgebiet: „Organismen in ihrer Umwelt" (TMBWK 2012a, S. 19)
11/12	- Stoffgebiet: „Die Zelle als lebendes System" (TMBWK 2012a, S. 29) - Stoffgebiet: „Assimilation, Dissimilation und Zusammenhänge zwischen Stoffwechselprozessen" (TMBWK 2012a, S. 31) - „Fotosynthese als autotrophe Assimilation" - Stoffgebiet: „Ökologie" (TMBWK 2012a, S. 37)

Am Ende sei noch auf die denkbare Vermarktung des Verfahrens hingewiesen. Die Touren sind bisher online im TSP verfügbar und könnten zukünftig auch auf einer eigenen „Biotrack-Homepage" Interessenten zur Buchung bereitgestellt werden. Erste Bemühungen auf diesem Weg wurden durch Anmeldung einer zu diesem Zweck entworfenen Wort-/ Bildmarke (Knoblich 2015b, s. Abb. 38) beim DPMA München (DPMA 2015) unternommen. Das Logo vereint mit der Abkürzung „N-E-W-S", stehend für *Nature education way with smartphones* sowohl den Biodiversitätsaspekt („nature') als auch Bereiche der Bildung und des Biologieunterrichts („education way', „smartphones'). Grafisch wurden die drei „ökologischen B's" wie folgt berücksichtigt: Baum, Weg und Berge stehen symbolisch für Biodiversität, während das Symbolmännchen mit dem in der Hand haltenden Smartphone den im außerschulischen Biologieunterricht zu bildenden Teilnehmer darstellt. Die Bezeichnung „N-E-W-S" kann auch im übertragenen Sinne mit der deutschen Übersetzung „Neuigkeit(en)" in Verbindung gebracht werden , da der Neuigkeitswert v. a. darin besteht, anhand dieses Verfahrens Smartphones zur Verknüpfung der drei Bereiche „Biodiversität", „Bildung" und „Biologieunterricht" (s. Kap. 1.2) sowie zur Vermittlung schwer zugänglicher Bildungsinhalte (s. H4, Kap. 1.4) im Rahmen außerschulischen Biologieunterrichts einzusetzen. Auch die im Vordergrund stehende Handlungsorientierung (s. Kap. 1.1, Kap. 1.5) wurde bei der grafischen Ausführung bedacht. Diese soll durch die Darstellung des Biotrack-Teilnehmers in der Laufposition in Verbindung mit der aktiven Bedienung des Smartphones angedeutet werden (s. Abb. 38).[509]

---

509 Die zugehörige Markenurkunde (DPMA 2015) ist dem Anh. 77 zu entnehmen.

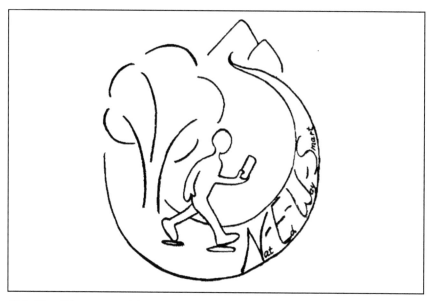

Abb. 38: Die zur potenziellen Vermarktung des Biotrack-Verfahrens entworfene Wort-/ Bildmarke.[510]

5.6 Grenzen des Verfahrens

Das Verfahren ist zwar für vielseitige Anwendungsbereiche einsetzbar (s. Kap. 5.5), aber nicht für jeden der Lehrplaninhalte, wenn das Beispiel Schule im Fokus bleibt. Es erweist sich bspw. die Vermittlung der in Tab. 36 aufgeführten Stoffgebiete des Thüringer Lehrplans MNT (TMBJS 2015a) und des Thüringer Lehrplans Biologie für Gymnasien (TMBWK 2012a) anhand von Biotracks nicht als angebracht, da die Themen zu wenig Naturbezug aufweisen und / oder eine Vermittlung im Gelände aufgrund fehlender geeigneter realer Naturobjekte schwierig machen würden.

---

510 Die Wort-/ Bildmarke (Knoblich 2015b, entnommen aus DPMA 2015, S. 2) wurde am 13. April 2015 in das Register des DPMA eingetragen. Die Abkürzung „N-E-W-S" steht für *Nature Education Way with Smartphones* (DPMA 2015, s. Anh. 76 – Anh. 77).

Tab. 36: Zur Anwendung des Biotrack-Verfahrens weniger geeignete Module / Stoffgebiete.[511]

Klassenstufe	Für Biotracks weniger geeignete Module / Stoffgebiete

5/6	- Modul 4: Der Mensch
	  - „Gesunderhaltung unseres Körpers" (TMBJS 2015a, S. 19)
	  - „Sexualität und Entwicklung" (TMBJS 2015a, S. 20)

7/8	- Stoffgebiet: „Gesunderhaltung des menschlichen Körpers" (TMBWK 2012a, S. 15f)
	  - „Fortpflanzung, Entwicklung und Sexualität des Menschen"
	  - „Herz-Kreislauf-, Atmungs- und Verdauungssystem"
	  - „Stütz- und Bewegungsapparat"
	  - „Sinnes- und Nervensystem" (hier aber Bezüge denkbar, z. B. Maßnahmen zur Gesunderhaltung: Vermeidung von Reizüberflutung durch Lärm, Verringerung von Dysstress)
	  - „Abwehrsystem" (hier aber Bezüge denkbar, z. B. gesunde Lebensweise, Stärkung des Immunsystems)

9/10	- Stoffgebiet: „Speicherung, Übertragung, Realisierung und Veränderung der genetischen Information" (TMBWK 2012a, S. 20)
	  - (hier aber Bezüge denkbar, z. B. Veränderung der genetischen Information, Bedeutung der Variabilität für Lebewesen)
	- Stoffgebiet: „Anwendungsbereiche der Genetik" (TMBWK 2012a, S. 21)
	- Stoffgebiet: „Evolution" (TMBWK 2012a, S. 21)
	  - (hier aber Bezüge denkbar, z. B. Belege für die Evolution: Bedeutung von Fossilien, Homologien, Rudimenten und Übergangsformen für die Evolution)

11/12	- Stoffgebiet: „Stoff- und Energiewechsel" (TMBWK 2012a, S. 30f)
	  - „Enzyme als Biokatalysatoren in Stoff- und Energiewechselprozessen"
	  - „Assimilation, Dissimilation und Zusammenhänge zwischen Stoffwechselprozessen", nur die Schwerpunkte:
	    - „Chemosynthese als autotrophe Assimilation"
	    - „Heterotrophe Assimilation"
	    - „Dissimilation" (hier aber Bezüge denkbar, z. B. Beeinflussung von Dissimilationsprozessen durch äußere Faktoren wie Temperatur und Sauerstoff, Nachweis der Pflanzenatmung)
	  - „Beziehungen zwischen Stoff- und Energiewechselprozessen"
	- Stoffgebiet: „Neurobiologie" (TMBWK 2012a, S. 33f)
	  - (hier aber Bezüge denkbar, z. B. Bedeutung der Reizbarkeit für

---

511 Die aufgeführten Module / Stoffgebiete entstammen dem Thüringer Lehrplan MNT (TMBJS 2015a, Kl. 5/6) und dem Thüringer Lehrplan Biologie für Gymnasien (TMBWK 2012a, Kl. 7-12).

Klassenstufe	Für Biotracks weniger geeignete Module / Stoffgebiete
	Lebewesen, Gesundheitsgefährdungen durch Stress und Maßnahmen zur Stressbewältigung) - Stoffgebiet: „Genetik, Immunbiologie und Evolution" (TMBWK 2012a, S. 35)

Natürlich könnten diese Inhalte auch in der Natur an entsprechenden Stationen bzw. POIs im Rahmen eines Biotracks behandelt werden. Allerdings würde dabei der ursprüngliche Zweck der Verknüpfung abstrakter wissenschaftlicher Inhalte mit den naturgegebenen Besonderheiten im Naturpark verfehlt werden, sodass eine derartige Umsetzung nicht dem vorgestellten Verfahren entspricht und daher nicht weiter ausgeführt wird.

Ein zu berücksichtigender Aspekt ist außerdem die Abhängigkeit der Touren von den Jahreszeiten. Jahreszeitlich bedingte Änderungen im Artenspektrum sowie in der Zusammensetzung der Ökosysteme müssen einkalkuliert werden. Unabhängig davon empfiehlt sich für jede Tour die Entwicklung einer sog. „Schlechtwettervariante" (Knoblich 2015a), die z. B. in einer dem Untersuchungsgebiet nahegelegenen Umweltbildungseinrichtung (z. B. SEZ Kloster am Bleilochstausee oder Revierförsterei in Heberndorf, s. Kap. 6.3) durchgeführt werden kann.[512]

5.7 Resümee

In vorliegendem Kapitel wurde der Frage nachgegangen, inwieweit das Biotrack-Verfahren dazu geeignet ist, einerseits die drei Bereiche „Biodiversität", „Bildung" und „Biologieunterricht" sinnvoll miteinander zu verbinden und andererseits eine Möglichkeit aufzuzeigen, wie auch schwer zugängliche Wissensinhalte greifbar bzw. für die Wissensaneignung verständlich aufbereitet werden können. Im Rahmen der Aufschlüsselung der Charakteristika der Teilschritte des Verfahrens wurde im Kap. 5.3.3[513] durch verschiedene Bezüge aufgezeigt, welche Rolle das jeweilige „ökologische B" im Rahmen des Biotrack-Verfahrens spielt. Wie angedeutet, werden an dieser Stelle vor dem Hintergrund der abschließenden Diskussion der aufgestellten Hypothese H4 zentrale Verbindungen

---

512 Grundsätzlich sind aber alle Biotracks aufgrund der umfassenden Materialausstattung (s. Abb. 33, Abb. 37) auch bei unbeständigen Wetterverhältnissen (Wind, Niederschlag) durchführbar. Nur bei Gewitter muss aus Sicherheitsgründen auf eine Indoor-Version zurückgegriffen werden.

513 Die nachfolgenden Ausführungen stehen - sofern nicht anders gekennzeichnet - in engem Zusammenhang mit Kap. 5.3.3.

sowohl zwischen den drei „ökologischen B's" untereinander als auch im Bezug zum „vierten B" („Biotrack") zusammenfassend dargestellt. Es hat sich heraus-kristallisiert, dass das erste „ökologische B" „Biodiversität" als inhaltlicher Schwerpunkt aller Biotracks fungiert und dabei die handlungsorientierte Erkundung von Arten- und Ökosystemvielfalt beabsichtigt wird. Dem zweiten „ökologischen B" „Bildung" wird die übergeordnete Funktion eines Beitrages zur Medien- und Umweltbildung durch den Smartphoneeinsatz zugeschrieben, sodass von mediengestützter handlungsorientierter Umweltbildung gesprochen werden kann. Der Biologieunterricht als „drittes ökologisches B" dient letztendlich in erster Linie zur praktischen Umsetzung der durch das Verfahren entwickelten Biotracks an außerschulischen Lernorten, sodass die Bezeichnung eines handlungs- und problemorientierten außerschulischen Biologieunterrichts zutreffend ist. Die Biotracks als „viertes B" verknüpfen daher auf unterschiedliche Art und Weise Ziele (Wozu?), Inhalte (Was?) und Methoden (Wie?) miteinander, was abschließend wie folgt in dieser Reihenfolge resümiert wird:

Mit dem übergreifenden Ziel der mediengestützten handlungsorientierten Umweltbildung durch den Einsatz von Smartphones (Ziel; zweites „ökologisches B" „Bildung") werden Biotracks (viertes „ökologisches B") in Form der handlungsorientierten Erkundung von Arten- und Ökosystemvielfalt (Inhalt; erstes „ökologisches B" „Biodiversität") im handlungs- und problemorientierten außerschulischen Biologieunterricht (Methode; drittes „ökologisches B" „Biologieunterricht") realisiert. Auch wenn Bezüge der drei „ökologischen B's" zu einzelnen Verfahrensschritten aufgezeigt wurden, muss darauf hingewiesen werden, dass sich die drei „ökologischen B's" jeweils nicht auf diese Schritte beschränken, sondern im Rahmen des gesamten Verfahrens eine Rolle spielen. Mit der Zuordnung sollte lediglich angedeutet werden, dass die drei Schwerpunkte in einigen Schritten jeweils besondere Relevanz aufweisen.

Der Einbezug der wesentlichen Komponenten des jeweiligen „ökologischen B's" in das Biotrack-Verfahren[514] und die in diesem Kapitel aufgezeigte Verknüpfung der Bereiche „Biodiversität", „Bildung" und „Biologieunterricht" untereinander stützen den ersten Teilaspekt der Hypothese H4: „Das Biotrack-Verfahren dient zur Verknüpfung der drei Bereiche ‚Biodiversität', ‚Bildung' und ‚Biologieunterricht' [...]". Die zur Diskussion der Hypothese angewendeten Methoden (Verfahrensanalyse und Praxistest) haben sich als geeignet erwiesen. In Kap. 6 wird die praktische Umsetzung der Verknüpfung der drei „B's" m. H. von zwei beispielhaften Biotracks aufgezeigt. Die dort präsentierten Biotracks wurden auf Basis des hier thematisierten zehnschrittigen Verfahrens erstellt.[515]

---

514 s. Abb. 5, Abb. 12, Abb. 20.
515 Im Rahmen der empirischen Untersuchung bot sich die Untergliederung des sechsten Kapitels in die zentralen Studienkomponenten 1. Untersuchungsdesign, 2. Erhe-

Die Anwendbarkeit und Übertragbarkeit des Verfahrens wurde an mehreren Stellen betont (s. Kap. 5.5). Ein besonderes Charakteristikum des Biotrack-Verfahrens ist, dass dieses neben der Ausarbeitung leicht zugänglicher Themen auch für schwer zugängliche bzw. weniger verständliche Themen angewendet werden kann. Vor dem Hintergrund des vorgestellten Ausführungsbeispiels zu einer schwer zugänglichen Thematik („Fotosynthese") kann der zweite Teilaspekt der Hypothese ebenfalls gestützt werden: „Das Biotrack-Verfahren [...] kann auch zur Vermittlung wissenschaftlich schwer zugänglicher Lehrplanthemen angewendet werden" (s. Kap. 1.4). Die Schülerexpeditionen (s. Kap. 6.3) machen deutlich, dass das Biotrack-Verfahren auch für nicht explizit schwer zugängliche Themen angewendet werden kann.

Die zehn zentralen Schritte des Biotrack-Verfahrens sind nachfolgend dargestellt. Die Abb. 39 des vierten „ökologischen B's" „Biotrack" als Resultat der Verknüpfung der drei „ökologischen B's" „Biodiversität", „Bildung" und „Biologieunterricht" wurde darüber hinaus in die finale, vernetzende Überblicksdarstellung integriert (s. Abb. 51).[516] Das in diesem Kapitel vorgestellte Verfahren dient im Kern dazu, durch Verknüpfung der drei „ökologischen B's" standortspezielle, vorgabenbezogene und insbesondere wissenschaftlich schwer zugängliche Informationen nach einer definierten Schrittfolge zu erarbeiten und zu vermitteln (Hoßfeld & Knoblich 2016). Die zehn zentralen Schritte (s. Abb. 39) können abschließend resümiert werden: Nach der Auswahl eines geeigneten geografischen Großraumes als Landschaftsgebiet z. B. durch topologische Mapfiles (s. Abb. 22, erster Schritt) erfolgt die Ausarbeitung wissenschaftlicher Inhalte anhand von Vorgaben wie z. B. Lehrplänen (s. Tab. 23, zweiter Schritt). An die Definition eines Expeditionsgebietes und die geografische Auswahl der POIs m. H. bspw. geografischer Karten (s. Abb. 22, dritter Schritt) schließt sich die Verknüpfung der POIs zu einer Expeditionstour an (s. Abb. 24, vierter Schritt). Nun wird im fünften Schritt die finale Expeditionstour, genannt „Biotrack", durch Koordinierung der lokalen Gegebenheiten und Inhalte festgelegt und durch ortsspezifische Daten (z. B. Fotos, Videos, Artenlisten) erweitert (s. Abb. 25, fünfter Schritt). Liegt die Charakterisierung der POIs anhand ihrer

---

bungsinstrumente, 3. Schülerexpeditionen, 4. Ergebnisse, 5. Auswertung (s. Kap. 6) an, sodass mit dieser Begründung nicht der Verfahrensgliederung (Schritte 1-10, s. Abb. 39) gefolgt wurde. Im allgemeinen und speziellen Ausführungsbeispiel (s. Kap. 5.3.3, Kap. 5.4, Hoßfeld & Knoblich 2016) wurden umfassende Einblicke diesbezüglich gegeben, die an dieser Stelle genügen sollen.

516 Das in Kap. 5.5 vorgestellte Markenlogo (Knoblich 2015b) wurde zur Charakterisierung des Biotrack-Verfahrens in Abb. 39 eingegliedert (s. Mittelkreis).

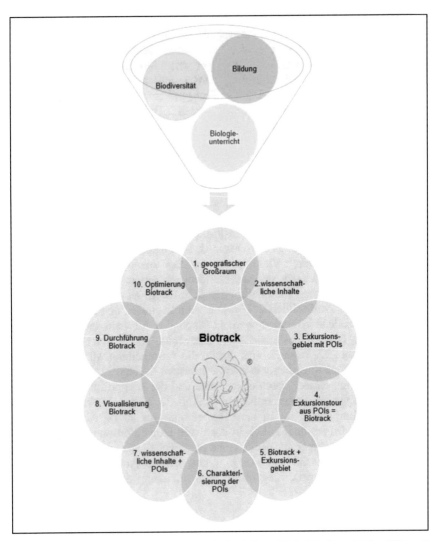

Abb. 39: Zusammenführung der drei „ökologischen B's" „Biodiversität", „Bildung" und „Biologieunterricht" anhand des Biotrack-Verfahrens.[517]

---

517 Das vierte „ökologische B" „Biotrack" setzt sich aus zehn Teilschritten zusammen. Das Markenlogo (Knoblich 2015b, entnommen aus DPMA 2015, S. 2) visualisiert zentrale Ziele, Inhalte und Methoden des Verfahrens.

Merkmale (s. Tab. 24, sechster Schritt) vor, kann sich dem zentralen Punkt der Verknüpfung der wissenschaftlichen Inhalte und POIs in einer Auswahlmatrix (s. Tab. 25, siebter Schritt) gewidmet werden. Nun sind die Voraussetzungen gegeben, den Biotrack durch die POIs inklusive der erhobenen Daten zu visualisieren und ggf. durch Apps u. Ä. zu erweitern (s. Abb. 26, achter Schritt). Die letzten zwei Schritte umfassen die Begehung des finalen Biotracks mit GPS-tauglichen Anzeigegeräten (z. B. Smartphones) unter besonderer Berücksichtigung des Zeit- und Entfernungsfaktors (s. Abb. 27, neunter Schritt) sowie die ggf. anschließende Optimierung des Biotracks nach Begehung im Gelände (s. Abb. 28, zehnter Schritt).

Die Kurzform der Verknüpfung der vier „B's" könnte, resümierend betrachtet, wie folgt lauten: „Biotracks zur handlungsorientierten Biodiversitätsbildung im außerschulischen Biologieunterricht".

6 Methodische Umsetzung zur Erprobung der Biotracks

Das vorliegende sechste Kapitel nimmt einen besonderen Stellenwert ein, da es die praktische Erprobung des in Kap. 5 beschriebenen Biotrack-Verfahrens vorstellt. Die mit Schulklassen im Rahmen der empirischen Studie veranstalteten Schülerexpeditionen dienen dabei als Praxistest der aus dem Verfahren resultierenden Biotracks. Ausgehend von der zu diskutierenden Hypothese H5 (s. Kap. 1.4): „Biotracks haben positive Wirkungen auf die Umwelteinstellungen, das Umweltwissen und das Umwelthandeln von Schülern" baut Kap. 6 auf folgende Gliederung auf: Nach einer Skizzierung des Untersuchungsdesigns, der Vorstellung der Erhebungsinstrumente sowie zentraler Aspekte der Datenauswertung werden die zwei Schülerexpeditionen präsentiert, die der praktischen Erprobung der Biotracks dienen. Abschließend werden die Ergebnisse veranschaulicht und mit praktischen Bezügen zu den Biodiversitäts- und Bildungsebenen (s. Kap. 2.2, Kap. 3.2) ausgewertet. Die o. g. Hypothese H5 wird auf Basis der angewendeten Methoden (Praxistest, Fragebogen, Expeditionsheft, Wissenstest, s. Kap. 1.4) resümierend diskutiert (s. Kap. 6.6).[518]

6.1 Untersuchungsdesign und Teilnehmer

Bevor das Untersuchungsdesign skizziert wird, erfolgt eine Klärung grundlegender in diesem Kapitel im Vordergrund stehender fünf Begrifflichkeiten.

Exkursion: Der Begriff „Exkursion" umfasst einen Gruppenausflug zu wissenschaftlichen oder Bildungszwecken (Bibliographisches Institut GmbH 2017a).

---

518 Die am Ende der Kap. 2 - Kap. 5 jeweils visualisierten Schwerpunktsetzungen entfallen im Kap. 6, da dieses auf die dortigen Ausarbeitungen aufbaut. Die in Kap. 5 zusammengeführten theoretischen Erkenntnisse werden in der Praxis angewendet. Zur Diskussion der Teilaspekte der Hypothese H5 wurde diese im Kap. 6.4.2 entsprechend der dortigen Gliederung in die folgenden Teilhypothesen aufgeteilt: H5a: „Biotracks haben positive Wirkungen auf die Umwelteinstellungen von Schülern", H5b: „Biotracks haben positive Wirkungen auf das Umweltwissen von Schülern" und H5c: „Biotracks haben positive Wirkungen auf das Umwelthandeln von Schülern" (s. Kap. 7.1.2).

Zusatzmaterial online
Zusätzliche Informationen sind in der Online-Version dieses Kapitel (https://doi.org/10.1007/978-3-658-31210-7_6) enthalten.

Expedition: In Anlehnung an den Überblick der aus dem Lateinischen abgeleiteten biologischen Fachbegriffe (s. Anh. 31, Anh. 48)[519] wird unter dem Begriff „Expedition" eine Entdeckungs- bzw. Forschungsreise einer Personengruppe in ein unerschlossenes Gebiet verstanden (Bibliographisches Institut GmbH 2017b). Die lateinische Wortherkunft stammt von expeditio: „Feldzug", expedire: „losmachen".[520]

Umwelteinstellungen: Neben Einstellungen gegenüber dem Umweltschutz werden unter dem Begriff „Umwelteinstellungen" i. e. S. auch normative Orientierungen und Werthaltungen sowie Emotionen wie Ängste, Empörung und Zorn subsumiert. Dabei stellt die Betroffenheit (‚affect'), d. h. die emotionale Anteilnahme, mit der Personen auf Prozesse der Umweltzerstörung reagieren, einen wesentlichen Teil der Umwelteinstellungen dar (Kuckartz 1998 nach Chrebah 2009).[521]

Umweltwissen: Mit „Umweltwissen" wird der Kenntnis- und Informationsstand einer Person über Umwelt und Natur sowie Trends und Entwicklungen in ökologischen Aufmerksamkeitsfeldern verstanden (BPB 2017). Umweltwissen kann daher als weiterer Gesichtspunkt zur individuellen Lösung von Umweltproblemen angesehen werden, da erst ein tiefgreifendes Verständnis den schädlichen menschlichen Einfluss minimieren kann. Dabei muss das Wissen jedoch über das reine Faktenwissen hinaus auch zu Handlungsoptionen im Umweltschutz anregen, um „Schüler zu befähigen, erfolgreich mit den individuellen Herausforderungen des täglichen Lebens umzugehen" (Frick, Kaiser & Wilson 2004 nach Liefländer 2012, S. 8).

Umwelthandeln: Sämtliches Handeln gegenüber der Umwelt, das auf der eigenständigen Entscheidung einer Person beruht, wird als „Umwelthandeln" bezeichnet. „Das entscheidende psychologische Kriterium […] ist das der Inten-

---

519 Die Anhänge zu Kapitel 6 (Anh. 79 - Anh. 242) stehen kostenfrei online auf SpringerLink (siehe URL am Anfang dieses Kapitels) zum Download bereit.

520 s. Anh. 31, Anh. 48. Im vorliegenden Fall wird von Expeditionen bzw. Schülerexpeditionen gesprochen. Vor dem Hintergrund des entdeckenden Lernens in Verbindung mit forschendem Unterricht (s. Kap. 4.2.3) gingen die Schüler mit ihren Expeditionsheften (Knoblich 2016a; 2016b) und Smartphones auf eine Entdeckungsreise zur Erkundung der Biodiversität einer für sie unerschlossenen Region (s. Kap. 6.3).

521 Informationen, die eine Einstellungsänderung hervorrufen sollen, müssen intensiv behandelt und immer wieder eingefordert werden, um einen messbaren Effekt zu erzielen (Berck & Graf 2010). Folglich sind keine „Wundereffekte" in Bezug auf eine Änderung der Umwelteinstellungen von Schülern in positive Richtung nach einem einzigen Expeditionstag zu erwarten (s. Kap. 7.2).

tionalität. Handeln ist zielorientiertes, intentionales (beabsichtigtes) Verhalten" (Rost, Gresele & Martens 2001 nach Schlüter 2007, S. 58).[522]

Die empirische Studie erfolgte mit Gymnasialschülern der Klassenstufen 7 (13 bis 14 Jahre) und 9 (15 bis 16 Jahre) in einem quasi-experimentellen Design (Prä-Post-Test mit unabhängigen Stichproben).[523] Insgesamt vier Klassen nahmen an der Studie teil: Klasse 7a und 9a waren auf einer eintägigen Expedition in der Natur unterwegs und stellten die Expeditionsklassen dar, während Klasse 7c und 9c die Unterrichtsinhalte im Klassenraum erlernten und damit jeweils die Kontrollklasse bildeten.[524]

Um potenzielle Fehlerquellen so weit wie möglich auszuschließen, wurden folgende Rahmenbedingungen bei der Konstruktion des Untersuchungsdesigns für jeweils beide Klassenstufen (7 und 9) festgelegt:

- Auswahl möglichst großer Klassen (zur Vergrößerung der Stichprobe)
- zufällige Auswahl der Klassen
- Berücksichtigung eines ausgewogenen Geschlechterverhältnisses
- gemeinsamer Prätest von Expeditions- und Kontrollklasse (Umwelteinstellungen, Umweltwissen, Umwelthandeln)
- gemeinsamer Posttest von Expeditions- und Kontrollklasse (Umwelteinstellungen, Umweltwissen, Umwelthandeln)
- gemeinsame Testentwicklung (Umweltwissen) von Expeditionsleiterin und Fachlehrerin zwecks Abstimmung der Unterrichtsinhalte (s. Stoffverteilungspläne, Anh. 94, Anh. 114)

---

522 Nicht zu verwechseln ist der Begriff mit **Umweltverhalten**, welches alle Tätigkeiten einer Person umfasst, die einen Einfluss auf die Umwelt haben – ganz gleichgültig, ob diese absichtlich oder unbewusst geschehen (Rost, Gresele & Martens 2001 nach Schlüter 2007, S. 58). Bei der Erstellung der Fragebögen (s. Anh. 89, Anh. 92) war eine detaillierte Abgrenzung der Begrifflichkeiten Umwelthandeln und Umweltverhalten bei der Zuordnung der Items nicht Anspruch der Studie, da der Inhalt der im jeweiligen Item beschriebenen Handlung im Vordergrund stand.

523 Insbesondere wenn sich, wie vorliegend, für eine Feldstudie statt einer Laborstudie entschieden wird, bietet sich die Konzeption eines quasi-experimentellen Untersuchungsdesigns an. Im realen Umfeld ist meist nicht die Möglichkeit gegeben, feststehende Personenkonstellationen (hier Schulklassen) zu trennen und zur Durchführung eines Experiments per Zufallsprinzip neu zusammenzustellen (Döring & Bortz 2016).

524 Durch die Beteiligung der Kontrollklassen an der Datenerhebung (Prä- und Posttest zu Umwelteinstellungen, Umweltwissen und Umwelthandeln mittels Fragebogen und Wissenstest, s. Abb. 40, Abb. 41) können durch das Ausfüllen der Fragebögen hervorgerufene Lerneffekte ausgeschlossen werden, sodass die ermittelten Wirkungen (s. Kap. 6.4.2, Kap. 6.5.2) auf die Expedition zurückzuführen sind (Liefländer 2012).

Ziel der festgelegten Rahmenbedingungen war es, die empirische Studie so nah wie möglich an der Schulpraxis zu orientieren. Daher wurde ein quasi-experimentelles Untersuchungsdesign gewählt und mit den natürlich vorgefundenen Bedingungen in der Schule gearbeitet (Klassenzusammensetzung und unterrichtende Lehrperson beibehalten).[525] Um die Bedingungen der Experimentalgruppe möglichst vergleichbar zu halten, wurde die Expedition von der Autorin durchgeführt, da diese als Entwicklerin der Expedition dafür bestens geeignet ist (König 2018). Alle anderen beeinflussbaren Faktoren wurden im Vorfeld entsprechend abgestimmt, um vergleichbare Rahmenbedingungen von Expeditions- und Kontrollklassen zu gewährleisten (leistungshomogene Klassen, ähnliche Klassengrößen, ausgewogenes Geschlechterverhältnis, gleiche Lerninhalte).[526]

Zur Datenerhebung im Prä-Post-Design wurde ein Fragebogen sowie ein integrierter Wissenstest eingesetzt, den die Schüler jeweils handschriftlich bearbeiteten.[527] Der Prätest, der den Fragebogen zu Umwelteinstellungen und Umwelthandeln sowie den Wissenstest beinhaltete (s. Kap. 6.2.2.1), fand bei der Expeditionsklasse 7a sechs Tage und bei der Expeditionsklasse 9a 13 Tage vor dem Expeditionstermin im Klassenraum statt.[528] Der Posttest der Expeditions-

---

525 Kontrollgruppen sollten, soweit möglich, von jeglichen anderen Einflüssen freigehalten werden. Hätte die Expeditionsleiterin den Unterricht im Klassenzimmer auch noch gehalten, könnte nicht ausgeschlossen werden, dass dadurch das Ergebnis der jeweiligen Klassen verzerrt worden wäre. Durch den Unterricht mit der regulären Lehrkraft bleibt die Kontrollgruppe komplett im natürlichen Umfeld, ohne von der Innovation (der Expedition) beeinflusst zu werden. Das wiederum hilft auch dabei, die erzielten Wirkungen rein auf die Expedition zurückzuführen (König 2018).

526 Grundsätzlich wurde die Studie so angelegt, dass während der Untersuchung nur ein Faktor geändert wird (hier die Methode der Wissensvermittlung a) im Rahmen der Expedition, b) im Klassenraum). Grund dafür war, interpretierbare Rückschlüsse bei der Beantwortung der Frage zu gewinnen, ob es einen signifikanten Unterschied zwischen beiden Klassen gibt. Eine Übersicht über Optimierungsvarianten für zukünftige Untersuchungen findet sich zusammen mit einer Tabelle über an der empirischen Studie teilgenommene Klassen im Anh. 79 und Anh. 80.

527 Die Methoden wurden im Kap. 1.4 visualisiert (Praxistest, Expeditionsheft).

528 Die Zeitspannen zwischen den Erhebungsterminen der Kontrollklassen 7c und 9c sind Abb. 40 und Abb. 41 zu entnehmen. Die schulorganisatorischen Rahmenbedingungen wirkten sich direkt auf die Festlegung der Erhebungstermine in den Expeditions- und Kontrollklassen aus.

klassen wurde jeweils direkt im Anschluss an die Expedition durchgeführt (s. Abb. 40, Abb. 41), was auch in die Fehlerbetrachtung einfließen muss.[529]

Aus verschiedenen Gründen[530] mussten insgesamt 28 der 176 Fragebögen aussortiert werden, sodass die ursprünglichen Stichprobengrößen in den Teilstudien (s. Anh. 80) leicht variierten und letztendlich insgesamt 148 Fragebögen für die Ergebnisdarstellung und Auswertung (s. Kap. 6.4.2, Kap. 6.5.2) zur Verfügung standen.[531] Das Durchschnittsalter der Studienteilnehmer beträgt 14,5 Jahre. Die Schüler der Klassenstufe 7 waren durchschnittlich 13,5 Jahre alt, während der Altersdurchschnitt der Neuntklässler bei 15,5 Jahren lag. Das Geschlechterverhältnis kann mit 42,5 % (Klassenstufe 7) bzw. ca. 41,2 % (Klassenstufe 9) männlichen Teilnehmern als relativ ausgewogen eingestuft werden.

---

529 Zur Sicherung der Anonymität sowie der späteren Zuordnung der Fragebögen wurde jeder Fragebogen des Prä- und Posttests von den Schülern mit einem persönlichen, streng vertraulichen Code versehen (s. Anh. 89, Anh. 92).

530 Die Nettostichprobengröße von insgesamt 91 Schülern reduzierte sich aufgrund des Ausschlusses von Schülern mit fehlenden Fragebögen (v. a. bedingt durch Krankheit am Testzeitpunkt), falsch codierten Fragebögen, entgegengesetzt angekreuzten Fragebögen („1" statt „6") und „unseriös" ausgefüllten Fragebögen (s. Anh. 81, Anh. 82).

531 Alle nachfolgenden Beschreibungen und Erörterungen beziehen sich folglich nur auf die in der zweiten Tabelle dargestellten Rahmenbedingungen mit den final verwertbaren Stichprobengrößen (s. Anh. 81), d. h. auf die insgesamt 40 teilnehmenden Schüler aus Klassenstufe 7 und 34 Schüler aus Klassenstufe 9.

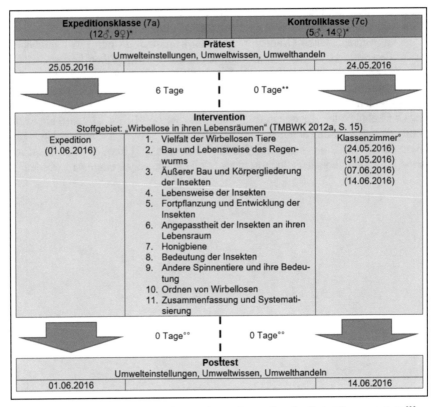

Abb. 40:   Untersuchungsdesign der quasi-experimentellen Studie in Klassenstufe 7.[532]

---

532 Die schematische Übersicht wurde in Anlehnung an Schröder et al. (2009) und Meyer-Ahrens et al. (2010) erstellt. Sowohl auf der Expedition als auch während des Unterrichts im Klassenzimmer wurden innerhalb der elf Unterrichtsinhalte Schwerpunkte gesetzt, was die Behandlung der Themen an einem Expeditionstag (acht Unterrichtsstunden, Expeditionsklasse) bzw. vier Schultagen (sechs Unterrichtsstunden,
Kontrollklasse, s. Anh. 95) erklärt. * Angegeben sind die finalen Stichprobengrößen,
die durch den Ausschluss von Fragebögen zustande gekommen sind (s. Anh. 81). **
Die Tatsache, dass in der zweiten Unterrichtsstunde am 24. Mai 2016 bereits mit der
Wissensvermittlung in der Kontrollklasse begonnen wurde, erklärt, dass hier kein
Tag Differenz zwischen Prätest und Intervention lag. ° Die Unterrichtstage und
-stunden sind dem zugehörigen Stoffverteilungsplan (s. Anh. 95) zu entnehmen. °°
Da der Posttest direkt am Interventionstag (Expedition, 7a) bzw. am letzten Tag des

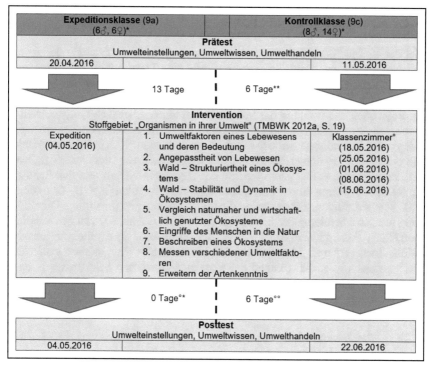

Abb. 41: Untersuchungsdesign der quasi-experimentellen Studie in Klassenstufe 9.[533]

Interventionszeitraumes (Klassenzimmer, 7c) stattfand, ist ein Zeitraum von null Tagen angegeben.

533 Die schematische Übersicht wurde in Anlehnung an Schröder et al. (2009) und Meyer-Ahrens et al. (2010) erstellt. Sowohl auf der Expedition als auch während des Unterrichts im Klassenzimmer wurden innerhalb der neun Unterrichtsinhalte Schwerpunkte gesetzt, was die Behandlung der Themen an einem Expeditionstag (acht Unterrichtsstunden, Expeditionsklasse) bzw. fünf Schultagen (fünf Unterrichtsstunden, Kontrollklasse, s. Anh. 115) erklärt. * Angegeben sind die finalen Stichprobengrößen, die durch den Ausschluss von Fragebögen zustande gekommen sind (s. Anh. 81). ** Aufgrund der einen Wochenstunde in Klassenstufe 9 konnte in Klasse 9c erst am 18. Mai 2016 mit der expeditionsbezogenen Wissensvermittlung begonnen werden. ° Die Unterrichtstage und -stunden sind dem zugehörigen Stoffverteilungsplan (s. Anh. 115) zu entnehmen. °° Aufgrund der einen Wochenstunde in Klassenstufe 9 musste die expeditionsbezogene Wissensvermittlung in Klasse 9c bereits am 15. Juni

6.2 Klassifizierung der Daten

Bei der Beschreibung der verwendeten Erhebungsinstrumente sowie der zentralen Grundlagen zur Datenauswertung wurde eine Unterteilung in „biodiversitätsbezogene Daten,"[534] „schülerbezogene Daten",[535] und „ortsbezogene Daten"[536] vorgenommen. In die Kategorie „biodiversitätsbezogene Daten" werden im Folgenden alle während der Schülerexpeditionen erhobenen Umweltdaten in Form von Artenfunden aus Flora und Fauna eingeordnet, die in den taxonomisch geordneten Artenlisten im Überblick dargestellt sind.[537] Folglich wurde sich hierbei auf die Artendiversität als eine der drei Ebenen von Biodiversität (s. Kap. 2.1) konzentriert, wobei auch Aspekte der Ökosystemvielfalt von den Schülern im Rahmen der Expedition untersucht und erhoben wurden (s. z. B. Kap. 6.2.1). Mit „schülerbezogenen Daten" sind die im Rahmen der Vorbereitung, Durchführung und Nachbereitung der Expedition (s. Anh. 60 – Anh. 62) von den Schülern gemachten inhaltlichen Angaben in den Rubriken „Umwelteinstellungen", „Umweltwissen" und „Umwelthandeln" bezeichnet.[538] Die „ortsbezogenen Daten" umfassen u. a. die während der Vorexpeditionen und Schülerexpeditionen im Gelände erhobenen GPS-Daten sowie zugehörige Parameter (z. B. Höhe, Distanz, s. Kap. 6.2.3).[539]

6.2.1   Biodiversitätsbezogene Daten

6.2.1.1   Erhebungsinstrumente

Die Genehmigung zur Datenerhebung in den ausgewählten Expeditionsgebieten „Biotopverbund Rothenbach" bei Heberndorf und „Nordufer des Bleilochstausees" erfolgte durch das Landratsamt des Saale-Orla-Kreises als Untere NSB Schleiz anhand der Übermittlung der artenschutzrechtlichen Ausnahmegenehmi-

---

2016 beendet werden. °* Da der Posttest direkt am Interventionstag (Expedition, 9a) stattfand, ist ein Zeitraum von null Tagen angegeben.

534 s. Kap. 6.2.1, Kap. 6.4.1, Kap. 6.5.1.
535 s. Kap. 6.2.2, Kap. 6.4.2, Kap. 6.5.2.
536 s. Kap. 6.2.3, Kap. 6.4.3, Kap. 6.5.3.
537 s. Anh. 138, Anh. 141, Anh. 144 - Anh. 145, Anh. 150, Anh. 154, Anh. 157.
538 Fragebögen (s. Anh. 89, Anh. 92), Expeditionshefte (Knoblich 2016a; 2016b).
539 Dieser Dreiteilung der erhobenen Daten wird auch bei der Ergebnisdarstellung (s. Kap. 6.4) und Auswertung (s. Kap. 6.5) gefolgt. In allen folgenden Teilkapiteln wird zuerst auf Expeditionsklasse 7a und im Anschluss auf Expeditionsklasse 9a Bezug genommen, weshalb zur Vermeidung von Wiederholungen die Ausführungen zu Klasse 9a kürzer ausfallen.

gung am 14. März 2016 durch den Fachdienstleiter Umwelt (Rauner 2016, s. Anh. 75). In den Nebenbestimmungen der Genehmigung wurde demnach folgende Abmachung getroffen: „Die Tierarten sind lebend zu bestimmen und anschließend am Fundort freizulassen. Von nicht im Gelände determinierbaren Arten dürfen nur Fotos angefertigt werden" (Rauner 2016, S. 2).[540] Nun werden die während der Artenerfassung eingesetzten Erhebungsinstrumente[541] aufgeschlüsselt nach den zwei Schülerexpeditionen (s. Kap. 6.3) dargelegt:

Expedition in den „Biotopverbund Rothenbach" bei Heberndorf mit Klasse 7a

Da die Schüler neben den nach Ökosystemen eingeteilten Teams (Team „Wiese", Team „Bach") an bestimmten Wegpunkten in Expertengruppen arbeiteten, konnten Funde der Fauna in verschiedenen Lebensräumen und Teilgebieten im Flächennaturdenkmal „Biotopverbund Rothenbach" und dessen Umgebung erfasst werden. Zur Erhebung der Artenvielfalt in Form von Artenlisten[542] wurden verschiedene Erhebungsmethoden angewendet: So verfolgten beide Schülerteams zusätzlich zu den speziellen Arbeitsaufträgen an den Wegpunkten den Dauerauftrag, während der Naturwanderung alle gesichteten Tierarten mit zugehörigem Ort der Sichtung im Expeditionsheft zu notieren. Fangmethoden wurden an der Totholzstelle (Wegpunkt H007), dem Totholzstrauch (Wegpunkt H009), der Rothenbachquelle (Wegpunkt H010) sowie in den Ökosystemen Wiese und Bach (Wegpunkte H013 und H014) angewendet (Knoblich 2016a; 2020a, S. 2–3). Während die Artenerfassung am Ökosystem Rothenbach durch Anwendung der Fangmethoden Ablesen, Aufwühlen, Durchkämmen und Durchsieben erfolgte, kam beim Ökosystem Wald im Rahmen des Dauerauftrages die „Hörerfassung" und beim Ökosystem Wiese der Hand- bzw. Kescherfang (Fanggläschen) hinzu (Knoblich 2016d). Weitere Nachweise erbrachte die aktive Suche unter Steinen und Totholz. Da der Schwerpunkt der Expedition auf der Erkundung der Artenvielfalt der Wirbellosen (s. Kap. 6.3.1) in Verbindung mit der Erhebung biodiversitätsbezogener Daten lag, stellten neben den Waldboden- und Totholzgebieten die Feuchtwiese im Flächennaturdenkmal „Biotopverbund Rothenbach" sowie der natürliche Bachlauf des Rothenbaches die Haupterfassungsgebiete dar.[543]

---

540 Exemplarische Fotos sind im Anh. 139 und Anh. 151 hinterlegt.
541 In diesem Teilkapitel als „Erhebungsmethoden" bezeichnet.
542 s. Anh. 138, Anh. 141, Anh. 144 - Anh. 145.
543 Zur Artenbestimmung wurde die Literatur von Baur (1998), Bellmann (1993a; 1993b), Bergau et al. (2000; 2004), Fechter & Falkner (1993), Pott (2001), Reichholf-Riehm (1993a; 1993b), Rothmaler (2011), Stichmann (2006), Stresemann et al.

Expedition an das Nordufer des Bleilochstausees mit Klasse 9a

Auch bei dieser Expedition arbeiteten die Schüler in verschiedenen Gruppenkonstellationen, sodass zahlreiche Funde der Flora und Fauna in unterschiedlichen Lebensräumen und Teilgebieten des Bleilochstausees erfasst werden konnten. Die Vielfältigkeit der untersuchten Ökosysteme bot auch verschiedenen Erhebungsmethoden Raum. Aufgrund des auch bei dieser Expedition gestellten Dauerauftrages der Notierung aller gesichteten Tierarten im Expeditionsheft durch beide Schülerteams, stellten die Sichtnachweise auch in Klasse 9a die dominierende Erhebungsmethode dar. Verschiedene Fangmethoden wurden an den Ökosystemen Bach, Wiese und Wald angewendet. Während die Artenerhebung am Retschbach[544] anhand der Fangmethoden Ablesen, Aufwühlen, Durchkämmen und Durchsieben erfolgte, kam bei den Ökosystemen Wiese[545] und Wald[546] auf der Mountainbiketour die „Hörerfassung" sowie der Hand- bzw. Kescherfang (Fanggläschen) hinzu. Durch das gezielte Suchen nach Arten unter Steinen, Totholz und auf Futterpflanzen konnten weitere Artenfunde erhoben werden. Als Haupterfassungsgebiete der Zehnerkanadiertour dieser Expedition galten die Tonschiefer- und Uferbereiche sowie die Isabellengrüner Bucht am Nordufer des Bleilochstausees. Letztere diente auch im Rahmen der Mountainbiketour als zentrales Erhebungsgebiet, während bei dieser Tour ein Fichtenforst mit vereinzelten Laubbäumen sowie ein sonnenexponierter Magerrasen am Nordufer des Stausees als Gebiete zur Artenerhebung hinzukamen. Der ebenfalls am Nordufer gelegene Retschbach mit der umgebenden Remptendorfer Bucht lieferte weitere Artenfunde für beide Schülergruppen (Knoblich 2017a).[547]

(1992), Stresemann (1995; 2000), Kelle & Sturm (1984) sowie Wirth, Hauck & Schultz (2013a; 2013b) verwendet (Knoblich 2016d).

544 Wegpunkt F001-F004 (Knoblich 2016b, S. 3).

545 Wegpunkt D011 (Knoblich 2016b, S. 4).

546 Wegpunkt D012 (Knoblich 2016b, S. 4).

547 Die Werke folgender Autoren erwiesen sich als hilfreich im Rahmen der Artenbestimmung während der Expedition (Knoblich 2017a): Baur (1998), Bergau et al. (2000; 2004), Elles, Wood & Lapworth (2015), Jaeger (1959), Kelle & Sturm (1984; 1993), Müller (1978), Overden & Greenhalgh (2010), Pott (2001), Rothmaler (2011), Stichmann (2006), Stresemann (1995) sowie Wirth, Hauck & Schultz (2013a; 2013b).

6.2.1.2 Datenauswertung

Die Datenauswertung erfolgte durch Eingabe aller Artenfunde in eine nach Flora und Fauna sowie Fundort sortierte Excel-Tabelle mit anschließendem Auszählen der Artenzahlen je taxonomischer Gruppe. Dabei wurden die aus früheren Erhebungen generierten Daten der NSB Schleiz bei der Ergebnisdarstellung (s. Kap. 6.4.1) vergleichend einbezogen.[548]

Auf den Schülerexpeditionen wurden Ökosysteme mit großer und solche mit geringer Artendiversität aufgesucht und gegenübergestellt (s. Anh. 83, Anh. 84).[549] Im Rahmen der empirischen Untersuchung wurden bei beiden Schülerexpeditionen die Arten bestimmt und gezählt und aus zeitlich-organisatorischen Gründen die Einschätzungen zur Häufigkeit[550] nachträglich anhand der Aufzeichnungen der Expeditionsleiterin in Rücksprache mit den Experten ergänzt. Die Abgrenzung von Ökosystemen ist insbesondere aufgrund der internen Vielfalt und der daraus hervorgehenden zahlreichen Klassifikationsmöglichkeiten in Sub- und Metasysteme erschwert (Görg et al. 1999), wurde aber im vorliegenden Fall dennoch vorgenommen, um die Thematik für die Schüler greifbarer zu machen: Komplexe Beziehungsgefüge zwischen Lebensgemeinschaften in weitreichenden Lebensräumen wurden mit der Bezeichnung „**Ökosystem**" versehen, während kleinere Einheiten innerhalb der Biotope, d. h. Kleinlebensräume mit geringer räumlicher Ausdehnung wie z. B. ein Flechtenrasen auf einer Baumrinde den **Mikrobiotopen** zugeordnet wurden (Schaefer 2012). Auf die z. T. fließenden Übergänge wurde bereits hingewiesen (Hotes & Wolters 2010).[551]

---

548 Dieser Vergleich ist wesentlicher Bestandteil des vorgestellten Verfahrens (Hoßfeld & Knoblich 2016, s. Kap. 5.3.3, Schritt 6: „Charakterisierung der POIs anhand ihrer Merkmale", „Vergleichsdaten zur Biodiversität").

549 Die Feststellungen zum Ökosystem Wald sowie den Ökosystemvergleichen „Weide – Wiese" und „Acker – Wiese" wurden vorwiegend mündlich getroffen und sind daher nicht mit direktem Wortlaut im Expeditionsheft aufgeführt. Alle anderen ökosystem- und biotopbezogenen Erwägungen erfolgten schriftlich m. H. der konkreten Arbeitsaufträge im Expeditionsheft (Knoblich 2016a; 2020a; 2016b; 2020b).

550 s. Kap. 6.4.1, Artenlisten (Anh. 138, Anh. 141, Anh. 144 - Anh. 145, Anh. 150, Anh. 154, Anh. 157).

551 Da der Lebensraum Luft nur im Zusammenhang mit den erkundeten Ökosystemen (Bleilochstausee, Fichtenforst, Magerrasen, s. Anh. 148) einbezogen wurde, wurde auch hier die Bezeichnung „Mikrobiotop" verwendet. In Anlehnung an das Begriffsverständnis von Schaefer (2012) handelt es sich beim **Mikrobiotop Luft** um den Luftraum ausschließlich über dem jeweiligen Ökosystem.

6.2.2   Schülerbezogene Daten

6.2.2.1   Erhebungsinstrumente[552]

Der Anspruch wurde an die Erhebungsinstrumente dahingehend gestellt, dass diese zur Diskussion der Teilhypothesen H5a-H5c (s. Kap. 1.4) dienen:

H5a: Biotracks haben positive Wirkungen auf die Umwelteinstellungen von Schülern (Erhebungsinstrument: Fragebogen zu Umwelteinstellungen prä-post)

H5b: Biotracks haben positive Wirkungen auf das Umweltwissen von Schülern (Erhebungsinstrumente: Wissenstest zu Umweltwissen prä-post, Expeditionsheft)

H5c: Biotracks haben positive Wirkungen auf das Umwelthandeln von Schülern (Erhebungsinstrument: Fragebogen zu Umwelthandeln prä-post)

Die Genehmigung zur Datenerhebung anhand der Fragebögen, des Wissenstests sowie des Expeditionsheftes erfolgte für die Expedition mit Klasse 7a durch die Schulleiterin Frau Andrea Schmidt des Staatlichen Gymnasiums „Christian-Gottlieb-Reichard" Bad Lobenstein am 6. April 2016 (Schmidt 2016a).[553] Analog erfolgte das schriftliche Einverständnis der Schulleiterin Frau Alexandra Fischer des Staatlichen Gymnasiums „Dr. Konrad Duden" Schleiz für die Datenerhebung mit Klasse 9a am 24. Februar 2016 (Fischer 2016).[554]

Neben dem Praxistest,[555] d. h. der praktischen Umsetzung bzw. Erprobung des Verfahrens wurden folgende zentrale Messinstrumente im Rahmen der Da-

---

552 Schwerpunkt der vorliegenden Studie lag nicht auf der statistischen Datenerhebung und -auswertung, sondern auf der Verfahrensentwicklung und -erprobung am Beispiel einer exemplarischen Stichprobe. Statt verallgemeinerbarer Schlussfolgerungen war der Anspruch der Arbeit, die Umsetzbarkeit des Verfahrens in der Praxis zu testen und zu zeigen, dass Biotracks im Idealfall positive Wirkungen auf die Umweltbildung der Teilnehmenden haben können.

553 In diesem Zusammenhang wurde auch das schriftliche Einverständnis der Schulleiterin zum Smartphoneeinsatz während der Expedition (Schmidt 2016a) sowie die Fotoerlaubnis (Schmidt 2016b) für alle Schüler erhalten (s. Anh. 85).

554 Die Fotoerlaubnis für alle Schüler der Klasse 9a (Meinhardt 2016a, s. Anh. 86) sowie die schriftliche Erlaubnis zum Einsatz der Smartphones (Meinhardt 2016b) wurden ebenso erteilt.

555 Dass der Praxistest als solches als Methode geeignet ist, zeigen u. a. die Erkenntnisse in der Dokumentation der Fachtagung *Natur als Abenteuer – GPS-unterstützte Bildungsangebote. Ein Beitrag zur Bildung für nachhaltige Entwicklung?*, die Bildungsrouten als wirkungsvolle Methode darstellen, um Kinder und Jugendliche an die Na-

tenerhebung mit beiden Expeditionsklassen (Klasse 7a und Klasse 9a) verwendet (s. Kap. 1.4): 1. Expeditionsheft, 2. Fragebogen (prä-post), 3. Wissenstest (prä-post). Um dem Anspruch des Biotrack-Verfahrens (s. Kap. 5.3) gerecht zu werden, neben der didaktischen Funktion der Wissensvermittlung auch die Ermittlung („E", s. Anh. 110, Anh. 128) im Zusammenhang mit der Leistungsbewertung abzudecken, wurde sich im vorliegenden Fall für eine Benotung der Expeditionshefte entschieden.[556]

Klassenstufe 7 (Expeditionsklasse 7a, Kontrollklasse 7c)

Expeditionsheft

Bei der Erstellung des 34 Seiten umfassenden und am 1. Juni 2016 im Rahmen der Expedition ausgefüllten Expeditionsheftes (Knoblich 2016a, s. Anh. 87) wurden verschiedene Aufgabenformate[557] verwendet. Exemplarische Praxisbeispiele aus dem Expeditionsheft wurden den Aufgabenformaten zugeordnet (s. Anh. 88). Das Expeditionsheft umfasst fünf zentrale Kapitel, in denen lehrplanbasierte Aufgaben gestellt werden: Der den Kapiteln vorangestellte Dauerauftrag ist dem Bereich der offenen Aufgabenstellungen zuzuordnen. Das erste Kapitel umfasst insgesamt 18 Aufgaben, davon 17 offene Aufgabenformate und ein halboffenes Aufgabenformat. Im zweiten Kapitel wurden 31 Aufgabenformate, darunter 20 offene, acht halboffene und drei geschlossene Formate zusammengestellt. Zehn Aufgaben, davon neun offene und eine halboffene, bilden das dritte

---

tur heranzuführen (Güss 2010). Auch die im Praxishandbuch *Natur als Schatzkarte! Nachhaltigkeit lernen mit GPS-Bildungsrouten zum Thema „Wasser"* vorgestellten Projekte verweisen auf eine Testphase der erarbeiteten Bildungsrouten (Greif 2011). In der Zeitschrift *Unterricht Biologie* mit dem Titel „Mobiles Digitales Lernen" wird in diesem Zusammenhang vom „**Usability-Test**", dem Test auf Brauchbarkeit, gesprochen (Lehnert 2013, S. 29).

556 s. Kap. 6.4.2, Anh. 173, Anh. 205. Gudjons (2008) bezeichnet die Frage der Zensierung von Projektunterricht als ungelöstes Problem und verweist auf Metakommunikationsphasen zur Zwischenreflexion des Arbeitsprozesses, welche fester Bestandteil beider Schülerexpeditionen waren (s. Anh. 110, Anh. 128 – Anh. 130). Auch betont er die vorherige Festlegung von Kriterien für das Produkt (hier Expeditionsheft), worauf im Rahmen der Vorbereitungsstunde Wert gelegt wurde.

557 Unter einem **Aufgabenformat** wird die Art der Aufgabenstellung mit der daraus resultierenden Aufgabenbeantwortung verstanden. Demnach werden die drei Aufgabenformate „geschlossen", „halboffen" und „offen" unterschieden (PL Rheinland-Pfalz 2017).

Kapitel, während das vierte und fünfte Kapitel jeweils eine offene Aufgabe umfassen (Knoblich 2016a; 2020a).

Fragebogen (prä-post)

Den T-Tests wurde jeweils eine **Reliabilitätsanalyse**[558] vorangestellt, um anhand des berechneten Wertes für Cronbachs Alpha die interne Konsistenz des Messverfahrens zu prüfen (s. Kap. 6.2.2.2). Die Befragung der Schüler wurde jeweils vor (Prätest) und nach (Posttest) der Expedition bzw. dem Unterricht im Klassenzimmer durchgeführt.[559] Der Prätest setzt sich aus den zwei Skalen „Umwelteinstellungen" (21 Items) und „Umwelthandeln" (31 Items) zusammen. Die Erhebung der Umwelteinstellungen erfolgte in Anlehnung an die Skala des 2-MEV-Modells (Two Major Environmental Values, Bogner & Wiseman 2006 nach Liefländer 2012), die die zwei unabhängigen Einstellungen zum Umweltschutz (preservation) und zur Umwelt(aus)nutzung (utilisation) erfasst. Neben einer Zuordnungsaufgabe wurden 20 Aussageitems in einem sechsstufigen Likert-Format mit 1 (trifft voll zu) bis 6 (trifft überhaupt nicht zu) gewählt (Schnell, Hill & Esser 2018, s. Anh. 89). Bei der Konstruktion der Umwelteinstellungs-Items wurden das Modell zur Genese von Arteninteresse von Berck & Klee (1992), das Modell von Kals, Schumacher & Montada (1998 nach Leske 2009) sowie die Studien von Schiefele et al. (1993 nach Leske 2009) und Schultz (2002 nach Liefländer 2012) einbezogen. Im Vergleich zum Fragebogen für die Klassenstufe 9 (Klasse 9a und 9c), welcher sich aus 24 Umwelteinstellungs-Items zusammensetzt, wurde der Bogen für die Siebtklässler um drei Items reduziert, um Verständnisschwierigkeiten und kognitive Überlastung zu minimieren.

Die Konstruktion der Fragen zum Umwelthandeln erfolgte in Anlehnung an Menzel & Bögeholz (2007 nach Leske 2009) mit Bezug zu den Skalen „Häufigkeiten von Naturerfahrungen" und „Handlungsbereitschaften Biodiversität zu erhalten" (Leske 2009, S. 54) sowie durch Einbezug einer veränderten GEB-Skala (GEB: General Ecological Behavior) zu allgemeinem ökologischen Verhalten (Kaiser et al. 2007 nach Oerke 2007). Zusätzlich wurde das Integrierte Handlungsmodell für den Umweltbereich (Rost, Gresele & Martens 2001) bei

---

558 Hierbei wird der Test in so viele Teile wie enthaltene Items zerlegt, sodass die Schätzung stabiler ausfällt. „Ein guter Test sollte mindestens eine Reliabilität von 0.8 aufweisen. 0.8 bis 0.9 gilt als mittelmäßig, Reliabilitäten über 0.9 gelten als hoch" (Steyer 2017).

559 Der fünf Seiten umfassende Prätest fand in Klasse 7a am 25. Mai 2016 und in Klasse 7c am 24. Mai 2016 statt. Die Erhebung mittels Posttest erfolgte mit der Expeditionsklasse (7a) am 1. Juni 2016 (sechs Seiten aufgrund des Feedbackbogens) und mit der Kontrollklasse (7c) am 14. Juni 2016 (s. Anh. 81).

der Konstruktion der Umwelthandeln-Items einbezogen. Ein vergleichender Blick auf die für die Klassenstufe 7 (7a und 7c) und 9 (9a und 9c) konstruierten Fragebögen zeigt, dass der aus 35 Umwelthandeln-Items zusammengesetzte Fragebogen für Klassenstufe 9 für die Schüler der siebten Klasse auf 31 Items reduziert wurde – auch hier wieder vor dem Hintergrund, kognitive Überforderung und Probleme hinsichtlich des Verständnisses zu minimieren. Der Fragebogen des Posttests entspricht vom Umfang und Aufbau dem des Prätests. Einzige Erweiterung bei den Bögen der Expeditionsklassen (7a und 9a) stellt der einseitige, abschließende Feedbackbogen dar, der mit sechs offenen Fragen allgemeine, positive und verbesserungswürdige Aspekte der Expedition erfragt.[560]

Wissenstest (prä-post)[561]

Dieser Test umfasst in beiden Klassen (7a und 7c) sowohl im Prä- als auch im Posttest vier Seiten (s. Anh. 89). Zur Ermittlung des Umweltwissens (20 Items) wurden bei der Fragenkonstruktion in Anlehnung an den Thüringer Lehrplan Biologie (TMBWK 2012a) sowie in Abstimmung mit den örtlichen Gegebenheiten im Gelände sowohl offene (zehn Items) als auch geschlossene Antwortformate (zehn Items) gewählt. Im Bereich der geschlossenen Formate wurde sich für Multiple-Choice-Fragen mit je vier Antwortmöglichkeiten entschieden, wobei drei Items mit einer richtigen Antwort und sechs Items mit potenziell mehreren richtigen Antworten entwickelt wurden. Der Zuwachs an Umweltwissen (z. B. Artenkenntnisse, s. Z6, Kap. 1.5) als Indiz des Lernerfolges wurde klassisch über die höhere Punktzahl im Wissenstest gemessen (s. Anh. 167).

---

560 Umwelteinstellungen und Umwelthandeln hängen eng mit Aspekten der Verantwortungswahrnehmung, des Gefährdungsbewusstseins (Kals, Schumacher & Montada 1998 nach Leske 2009) sowie der Naturerfahrung (Bolscho & Seybold 1996) zusammen, sodass diese Aspekte in die Fragebögen integriert, aber nicht separat analysiert wurden. Mit der Studie sollten lediglich allgemeine Wirkungen bezüglich der übergeordneten Umweltbildung – aufgeschlüsselt in Umwelteinstellungen, -wissen und -handeln erfasst werden (s. Fragebögen der Klasse 7a und 9a, Anh. 89, Anh. 92).

561 Da der Wissenstest aus zeitlich-organisatorischen Gründen als separater Bestandteil mit in den Fragebogen integriert wurde, gelten die beschriebenen Datenerhebungstermine auch für den Wissenstest.

Klassenstufe 9 (Expeditionsklasse 9a, Kontrollklasse 9c)

Expeditionsheft

Analog zu den im Expeditionsheft für Klasse 7a verwendeten Aufgabenformaten wurden auch bei der Erstellung des 32 Seiten umfassenden und am 4. Mai 2016 im Rahmen der Expedition ausgefüllten Expeditionsheftes für Klasse 9a (Knoblich 2016b, s. Anh. 90) die drei genannten Aufgabenformate verwendet (s. Anh. 91). Auch das Expeditionsheft für Klasse 9 setzt sich aus fünf Hauptkapiteln zusammen. Den Kapiteln „Ökosystem See" und „Ökosystem Wald" ist im Zusammenhang mit der Gruppenarbeit jeweils ein Dauerauftrag zur Artenerfassung vorangestellt, der dem offenen Aufgabenformat entspricht. Die kapitelbezogene Verteilung der Aufgabenformate lässt sich wie folgt zusammenfassen: 17 Aufgaben umfasst das erste Kapitel, unter denen sich 13 offene, drei halboffene und eine geschlossene Aufgabe befinden. Im zweiten Kapitel wurden fünf Aufgabenformate, darunter vier offene und ein halboffenes Format zusammengestellt. 45 Aufgaben, die sich in 32 offene und 13 halboffene aufschlüsseln, bilden das dritte Kapitel, während das vierte Kapitel eine offene und das fünfte Kapitel zwei offene Aufgaben umfassen (Knoblich 2016b; 2020b).

Fragebogen (prä-post)

Auch in Klassenstufe 9 erfolgte die Erhebung in Form eines Prä- und Posttests („Umwelteinstellungen": 24 Items, „Umwelthandeln": 35 Items).[562] Bei der Konstruktion der Umwelteinstellungs-Items wurde auf die Arbeiten von Bogner & Wiseman (2006 nach Liefländer 2012), Schiefele et al. (1993 nach Leske 2009), Bogner & Wiseman (2006 nach Oerke 2007), Schultz (2002 nach Liefländer 2012) und die Modelle von Berck & Klee (1992) sowie Kals, Schumacher & Montada (1998 nach Leske 2009) zurückgegriffen.
Die Umwelthandeln-Items wurden in Anlehnung an die Studien von Menzel & Bögeholz (2007 nach Leske 2009), Kaiser et al. (2007 nach Oerke 2007) und das Integrierte Handlungsmodell für den Umweltbereich (Rost, Gresele & Martens 2001) erstellt.

---

562 Während der fünfseitige Prätest mit der Expeditionsklasse (9a) am 20. April 2016 durchgeführt wurde, fand die Erhebung mit der Kontrollklasse am 11. Mai 2016 statt (s. Anh. 81). Der Posttest, der bei der Expeditionsklasse bedingt durch den Feedbackbogen eine sechste Seite beinhaltete, wurde von der Expeditionsklasse (9a) am Expeditionstag (4. Mai 2016) und von der Kontrollklasse (9c) am 22. Juni 2016 durchgeführt.

Wissenstest (prä-post)

Die zentralen Charakteristika des für Klassenstufe 9 (9a und 9c) entwickelten Wissenstests sind in Abgrenzung zum Test für Klassenstufe 7 der Umfang von fünf Seiten (s. Anh. 92), die Ermittlung des Umweltwissens anhand von 30 Items, davon 16 offene und 14 geschlossene Antwortformate sowie Multiple-Choice-Fragen mit je vier Antwortmöglichkeiten.[563]

6.2.2.2 Datenauswertung

Die folgenden Ausführungen zur Datenauswertung beziehen sich auf die vorgestellten Erhebungsinstrumente beider Klassenstufen (7 und 9):

Expeditionsheft

Die im Expeditionsheft gestellten Aufgaben wurden im Anschluss bewertet und die Notenverteilung mit dem Programm Excel grafisch dargestellt (s. Anh. 173, Anh. 205). Damit wird dokumentiert, dass die im Lehrplan vorgegebenen Inhalte während der Expedition vermittelt, angeeignet sowie schließlich abgeprüft und mit einer Note abgeschlossen wurden. Über die Anzahl der richtig gelösten Zusatzaufgaben konnten Zusatzpunkte erworben werden.[564] In Klasse 7a konnten maximal 50 Punkte (Knoblich 2016a; 2020a), in Klasse 9a maximal 48 Punkte (Knoblich 2016b; 2020b) erreicht werden.

Fragebogen (prä-post) und Wissenstest (prä-post)

Mithilfe der Statistiksoftware SPSS24 wurden die 148 Fragebögen (s. Kap. 6.1) quantitativ ausgewertet. Der Wissenszuwachs im Wissenstest wurde als Indiz für den Lernerfolg ermittelt und signifikante Unterschiede auch bezüglich der Umwelteinstellungen und des Umwelthandelns mit T-Tests näher betrachtet (Liefländer 2012). Demnach wurden Wirkungen zwischen den Gruppen (Expeditions- und Kontrollklasse) sowie dem Testzeitpunkt (prä-post) über die Software berechnet und statistisch ausgewertet (s. Kap. 6.4.2, Kap. 6.5.2). Die Bedingungen zur Durchführung des T-Tests[565] wurden vorher geprüft. Doch auch bei einer

---

563 Drei Items mit einer, elf Items mit potenziell mehreren richtigen Antworten (s. Anh. 200). Alle weiteren Details zum Wissenstest sind den Erläuterungen zu Klassenstufe 7 zu entnehmen.

564 Bewertungsmaßstab s. Anh. 171, Anh. 203.

565 =Vorliegen von unabhängigen Stichproben, intervallskalierten Daten, Normalverteilung und Varianzhomogenität (Rasch et al. 2010).

Verletzung dieser Voraussetzungen liefert der T-Test noch zuverlässige Informationen, da dieser Test generell als robust gegenüber Verletzungen eingestuft werden kann (Rasch et al. 2010). Dabei wurde neben der Reliabilitätsanalyse über die Bestimmung von Cronbachs Alpha (s. Kap. 6.2.2.1) und der deskriptiven Analyse (Berechnung von Mittelwerten) auch der Levene-Test der Varianzgleichheit im Rahmen des T-Tests durchgeführt. Der T-Test als parametrischer Test diente zum Test auf Mittelwertgleichheit. Es wurde von dem allgemein gültigen Signifikanzniveau von α=0,05 (5 %) ausgegangen (Rasch et al. 2010).

Den statistischen Auswertungen schlossen sich exemplarische empirische Analysen im Rahmen der Auswertung des Feedback-Bogens an (s. Anh. 89, Anh. 92).[566]

6.2.3   Ortsbezogene Daten

6.2.3.1   Erhebungsinstrumente

Die ortsbezogenen Daten in Form von GPS-Daten[567] wurden im Rahmen der Vorexpedition sowohl mit dem GPS-Gerät (Typ: Garmin Montana 600) als auch mit dem Smartphone per GPS-Empfänger über die kostenlose Karten- und Navigations-App „**OsmAnd**" (OsmAnd BV 2010-2020)[568] im Gelände aufgenommen und stellten damit die Grundlage für die mit dem Programm „BaseCamp" (Garmin Deutschland GmbH 2017) erstellten Datenübersichten (inkl. Höhenprofil, s. Anh. 221, Anh. 230) dar.[569] Für den ganztägigen Einsatz im Gelände kann der Einsatz externer Ladegeräte für die Smartphones („Powerbanks") empfohlen werden.[570]

---

566 Auf eine Auswertung des „Umwelteinstellungs-Items" zur Naturverbundenheit (Item 21 bzw. 24, s. Anh. 89, Anh. 92) wurde aus Kapazitätsgründen verzichtet.

567 s. Fundortlisten (Anh. 134, Anh. 148).

568 =Open Street Map Automated Navigation Directions, zu dt.: „Automatisches Navigieren auf frei erhältlichen Karten". Die Open Street Map (OSM) ist eine von einer Community ständig erweiterte, äußerst fein detaillierte Weltkarte (Raatz 2017).

569 Die ortsbezogenen Parameter der Expeditionstouren sind im Anh. 218, Anh. 222 und Anh. 227 verortet. Da für die Berechnung der Fläche eine Direktverbindung zwischen Anfangs- und Endpunkt des Tracks gesetzt und die eingeschlossene Fläche berechnet wird (Schmutzler 2017), ist die Flächenberechnung im Rahmen der Expedition nicht zielführend und wird daher in den weiteren Ausführungen und Abbildungen (s. Kap. 6.4.3, Kap. 6.5.3) nicht mehr angegeben.

570 Als praktikabel in der Praxis haben sich die handlichen „Bahama Powerbanks" mit 2600 mAh und USB-Anschluss im Schlüsselanhängerdesign (Büromarkt Böttcher AG 2017) erwiesen, die während beider Schülerexpeditionen zum Einsatz kamen.

Der Einsatz der Neuen Medien (GPS-Geräte, Smartphones) ermöglichte die unkomplizierte Erhebung von Position, Himmelsrichtung und Höhe für jeden besuchten Wegpunkt.[571] In diesem Zusammenhang konnten auch spezielle Artenfunde während der Artenerfassung punktgenau lokalisiert werden.[572] Für die Kommunikation zwischen Computer und GPS-Empfänger (GPS-Gerät, Smartphone) ist das kostenlos erhältliche Programm „BaseCamp" erforderlich. Auf Basis des GPX-Formats können Tracks und Wegpunkte auf Computer und GPS-Empfänger sowohl hoch- als auch heruntergeladen werden. Mit dieser Software wurden die im Gelände im Rahmen der Vorexpeditionen aufgenommenen Tracks im GPX-Format (Knoblich 2020r; 2020s; 2020t; 2020u) auf dem Computer abgespeichert und per E-Mail-Anhang an die Schüler im Vorfeld verschickt (s. Kap. 6.3.1, Kap. 6.3.2). Dennoch wurde auch die Arbeit mit gedruckten Karten im Rahmen der Expeditionen bei den Schülern geschult (Knoblich 2016a; 2020a, S. 2; 2016b; 2020b, S. 2), sodass dieser Bestandteil des einbezogenen Unterrichtsfaches Geografie auf den Expeditionen nicht fehlte.[573] Der Kompass war digital in die Smartphone-Ansicht während der OsmAnd-Navigation integriert und diente den Schülern als Orientierung im Gelände.

6.2.3.2   Datenauswertung

Neben der Darstellung und Organisation der erhobenen ortsbezogenen Daten erfolgte auch die Datenauswertung mit der Software „BaseCamp" (Garmin Deutschland GmbH 2017, s. Kap. 5.3.3).[574] Grundlage aller Kartendarstellungen[575] bildet die kostenlos im Internet erhältliche „Freizeitkarte Deutschland", die speziell für Nutzer des Programms „Garmin BaseCamp" (OS X, Windows) sowie Nutzer von Garmin GPS-Geräten (hier: Garmin Montana 600) entwickelt wurde und auf Daten des **OpenStreetMap-Projekts**[576] basiert (FZK project,

---

571 s. Anh. 219, Anh. 223, Anh. 225, Anh. 228.

572 Die bezüglich der Messung in „BaseCamp" (Garmin Deutschland GmbH 2017) im Vorfeld festgelegten Rahmenbedingungen für die Erhebung der ortsbezogenen Daten sind im Anh. 93 nachzulesen.

573 s. Abb. 14, Abb. 15, Kartenlesen: Anh. 23, Anh. 40.

574 Die in diesem Rahmen erstellten Statistiken sind im Anh. 219, Anh. 223, Anh. 225 und Anh. 228, die Grafiken (Höhenprofile) im Anh. 221 und Anh. 230 dargestellt (FZK project, OSM contributors & U.S.G.S. de Ferranti 2016; Copyright 2017 Garmin Ltd or its Subsidiaries. All Rights Reserved) und werden im Kap. 6.5.3 ausgewertet.

575 s. Abb. 27, Abb. 36, Anh. 220, Anh. 224, Anh. 226, Anh. 229, Karten in Expeditionsheften (Knoblich 2016a; 2020a, S. 2; 2016b; 2020b, S. 2).

576 =im Jahr 2004 gegründetes internationales Projekt mit dem Ziel der Schaffung einer freien Weltkarte (FOSSGIS e. V. 2017).

OSM contributors & U.S.G.S. de Ferranti 2016; Copyright 2017 Garmin Ltd or its Subsidiaries. All Rights Reserved). Zu beachten bei der Interpretation der ortsbezogenen Daten ist, dass diese von der jeweiligen Vorexpedition stammen, da die Schüler dem vorher aufgenommenen Track während der Schülerexpedition per Smartphone-Navigation folgten und diesen daher nicht erneut aufzeichneten. Auch das Smartphone und GPS-Gerät der Expeditionsleiterin diente aus Sicherheitsgründen der Navigation des zuvor aufgezeichneten Tracks, sodass keine erneute Aufzeichnung der Expeditionsroute erfolgte. Bis auf die Parameter Zeit (Gesamt-, Fahrt-, Pausenzeit) und Geschwindigkeit (Durchschnitt Gesamt, in Fahrt, Min., Max.)[577] sind alle anderen ortsbezogenen Daten wie Distanz, Fläche, Höhe, Himmelsrichtung und Position der Vorexpeditionen und Schülerexpeditionen unveränderliche Größen.

6.3 Schülerexpeditionen zur praktischen Erprobung der Biotracks

Für die praktische Umsetzung des Verfahrens dienten zwei exemplarische „Biotracks", die im Rahmen von zwei Projekttagen im außerschulischen Biologieunterricht durchgeführt wurden. Anknüpfend an die Ausführungen im Kap. 5.3.1 zur thematischen Integration der Biotracks in die jeweiligen Stoffverteilungspläne wird an dieser Stelle noch darauf hingewiesen, dass dabei neben den Ferienterminen auch der Jahreszeitenaspekt berücksichtigt werden muss.[578]

6.3.1 Projekttag zum Stoffgebiet „Wirbellose in ihren Lebensräumen" in Klasse 7a

6.3.1.1 Lernziele und Vermittlungsinhalte Thüringer Lehrplan Biologie

In dem einführenden Kapitel des Thüringer Lehrplans Biologie zur Kompetenzentwicklung im Biologieunterricht werden folgende übergreifende Ziele deklariert, die im Rahmen des Projekttages zum Stoffgebiet „Wirbellose in ihren Lebensräumen" in Klasse 7a im Fokus standen (TMBWK 2012a):

---

577 s. Anh. 218, Anh. 222, Anh. 227, orange Hervorhebung.

578 Neben der Vegetation haben auch die Witterungsbedingungen Einfluss auf die Arthäufigkeit und das Artenspektrum. Auf die Planung einer „Schlechtwettervariante" (Knoblich 2015a) wurde bereits im Kap. 5.6 eingegangen.

- Erhalt von Einblicken in die Vielfalt der Lebewesen, deren Einzigartigkeit und Rolle im komplexen Beziehungsgefüge der Natur
- Sensibilisierung für die Auseinandersetzung mit Fragen zur Wertschätzung der Natur
- Erkennen der Bedeutung der Biodiversität und des Prinzips der nachhaltigen Entwicklung
- interdisziplinäre Verknüpfung, kumulative Erweiterung und gezielte Anwendung des biologischen Fachwissens (s. Kap. 4.3)
- Entwicklung von Sachkompetenz anhand persönlich bzw. gesellschaftlich bedeutsamer Inhalte wie ökologische Zusammenhänge, Beeinflussung der Lebensräume durch den Menschen, Nutzung von Ressourcen, nachhaltige Entwicklung

Speziell auf das ausgewählte Stoffgebiet „Wirbellose in ihren Lebensräumen" (TMBWK 2012a, S. 15) für Klasse 7a bezogen, erfolgt eine überblicksartige Betrachtung der während der Expedition geförderten Kompetenzen: Im Bereich der Sach- und Methodenkompetenz standen die folgenden vier übergreifenden Lernziele im Fokus: Erstens die Kennzeichnung Wirbelloser als vielfältige Tiergruppe, zweitens die Erläuterung der Bedeutung Wirbelloser in der Natur, zum Dritten die Bewertung von Eingriffen des Menschen in Lebensräume Wirbelloser und an vierter Stelle das experimentelle Überprüfen von Anpassungserscheinungen (TMBWK 2012a). Bezogen auf das erstgenannte Lernziel wurden folgende Lehrplaninhalte während der Expedition erarbeitet:

- Nennen wesentlicher Merkmale ausgewählter Wirbellosengruppen und begründetes Zuordnen ausgewählter Vertreter zu den Wirbellosengruppen (Ringelwürmer, Krebstiere, Spinnentiere, Insekten, Weichtiere)
- Beschreibung von Fortpflanzung und Entwicklung der Insekten
- Ableitung bzw. Begründung der Angepasstheit Wirbelloser an ihre Lebensräume

Bezogen auf die im Thüringer Lehrplan Biologie angebrachte klassenstufenbezogene Selbst- und Sozialkompetenz wurden während des Projekttages bei den Siebtklässlern das „sachgerechte Bewerten von Eingriffen in die Natur" (TMBWK 2012a, S. 15) sowie das Vereinbaren und Einhalten von Verhaltensregeln beim Umgang mit Lebewesen sowie beim Experimentieren geschult (s. Anh. 101, Anh. 102).[579] Den rechtlichen Rahmen der Expedition bildeten im Zusammenhang mit der Bestimmung der Tier- und Pflanzenarten folgende Ge-

---

579 Auf die Bezugnahme im Thüringer Lehrplan Biologie (TMBWK 2012a) aufgeführter übergreifender kompetenzbezogener Ziele, die ebenfalls mit den Schülerexpeditionen fokussiert wurden, wird aus Kapazitätsgründen verzichtet.

setze und Verordnungen in der jeweils aktuellen Fassung (TMBWK 2012a): das BNatSchG (BMJV 2010), die BArtSchV (BMJV 2005) und das ThürNatG (juris GmbH 2006).[580]

6.3.1.2 Unterrichtsentwurf zum Thema „Abenteuer Artenvielfalt – Wirbellose im Biotopverbund Rothenbach bei Heberndorf"

Vorbetrachtungen

Zur Vorinformation wurde der in der Klasse 7a unterrichtenden Lehrperson ein Expeditionsposter (Knoblich 2016e) mit den visualisierten Rahmenbedingungen und Fotos des Expeditionsgebiets übermittelt (s. Anh. 53). Die Expeditionsklasse 7a setzte sich aus 22 Schülern, darunter zwölf Jungen und zehn Mädchen zusammen, von denen bis auf eine Schülerin alle an der Expedition am 1. Juni 2016 teilnahmen (s. Anh. 81). Der Expeditionstermin wurde bewusst auf Anfang Juni gelegt, um die Schüler eine möglichst hohe Artenvielfalt kennenlernen zu lassen. Die Einbettung der gegen Ende des Schuljahres 2015/2016 stattfindenden Expedition ist in Verbindung mit dem Prätest und der Vorbereitungsstunde im Stoffverteilungsplan (s. Anh. 94) einzusehen.[581] Im vorliegenden Fall ergaben sich 35 volle Unterrichtswochen (UW), wobei diese nicht komplett verplant werden sollten (Cornelsen Verlag GmbH 2011). Demnach wurde von 35 zur Verfügung stehenden Unterrichtsstunden für die reine Wissensvermittlung im Stoffgebiet „Wirbellose in ihren Lebensräumen" ausgegangen (Cornelsen Verlag GmbH 2011).[582] Der Stoffverteilungsplan wurde inklusive der grünen Markie-

---

580 Entsprechende Hinweise finden sich auch in den Artenlisten (s. Anh. 138, Anh. 141, Anh. 144, Anh. 145) und den Mindmaps (s. Abb. 14, Abb. 15).

581 Bei der Erstellung eines Stoffverteilungsplanes ist neben der Anzahl der verfügbaren Wochenstunden (hier zwei Wochenstunden Biologie) explizit auf die Berücksichtigung der Ferientermine, Feiertage und schulfreien Tage (s. Anh. 94, rechte Spalte) zu achten, um die reale, für die Unterrichtsinhalte zur Verfügung stehende Anzahl von UW berechnen zu können.

582 Hinzu kommen insgesamt mindestens vier Stunden für die Durchführung der beiden erforderlichen Leistungskontrollen sowie der beiden Klassenarbeiten, die im verlagseigenen Stoffverteilungsplan bei dem veranschlagten Stundenkontingent keine Berücksichtigung finden. Bei der Planung vorliegender Studie wurde der meist vorhandenen (und auch für das Staatliche Gymnasium „Christian Gottlieb Reichard" Bad Lobenstein zutreffenden) schulinternen Richtlinie gefolgt, dass die Anzahl der Wochenstunden der Anzahl der zu schreibenden Klassenarbeiten entspricht (Vopel 2017c). Da die Klasse 7a zwei Wochenstunden Biologieunterricht hat, werden auch zwei Klassenarbeiten, d. h. jeweils eine Klassenarbeit pro Halbjahr, geschrieben. Die Reservestunden sind in der Tabelle als „Puffer" aufgeführt.

rungen im Vorfeld der Lehrperson der Klasse 7a mit der Vereinbarung übermittelt, die grün markierten Inhalte für die Expedition „aufzuheben" und nicht bereits vorher im Unterricht zu thematisieren. Durch die zur Verfügung stehende Doppelstunde konnten der aus Vorbefragung und Vortest bestehende Prätest sowie die Vorbereitungsstunde an einem Unterrichtstag stattfinden (s. 35. UW). Nach dem Austausch der Stoffverteilungspläne und weiterer inhaltlicher Absprachen wurden letztendlich die blauen Markierungen hinzugefügt, die die vor der Expedition vermittelten Unterrichtsinhalte kennzeichnen. Demnach diente die Expedition der Erarbeitung und Ermittlung von ca. elf Unterrichtsinhalten.[583]

In Absprache mit der unterrichtenden Fachkollegin wurde sichergestellt, dass zwischen Prä- und Posttest keine Leistungsermittlung und -bewertung stattfindet (s. Anh. 94, Anh. 95), um das Ergebnis der empirischen Untersuchung nicht zu verfälschen.[584] Die Expedition mit Klasse 7a lieferte durch abschließende Bewertung des Expeditionsheftes eine „kleine" Note für das zweite Schulhalbjahr. Folglich wurden nicht nur lehrplanbasierte Unterrichtsinhalte durch die Expedition erarbeitet,[585] sondern die Expedition wurde gleichzeitig auch mit einer Benotung abgeschlossen, sodass die Ermittlung als zentrale didaktische Funktion außerdem inbegriffen war.[586] Im Rahmen der empirischen Erhebung musste auch der Stoffverteilungsplan für die Kontrollklasse 7c vorher detailliert mit der Lehrperson abgesprochen werden, um sicherzustellen, dass die Kontrollklasse vergleichbare Voraussetzungen im Rahmen der Befragung (Fragebogen, Wissenstest, s. Kap. 6.2.2) hatte. Folglich wurde auch der Wissenstest in Abstimmung mit der Fachlehrerin entwickelt.[587]

---

583 s. Anh. 94, Notenvergabe für Expeditionsheft s. Anh. 173. Bei der Erstellung eines Stoffverteilungsplanes ist neben der Berücksichtigung des genannten zeitlichen stundenbezogenen „Puffers" (am Ende jedes Stoffgebiets mindestens ein „Puffer") auch darauf zu achten, dass pro Schulhalbjahr (1. Halbjahr von August bis Januar, 2. Halbjahr von Februar bis Juni) mindestens drei Noten (zwei „kleine Noten" durch Leistungskontrollen, eine „große Note" durch eine Klassenarbeit o. ä. Leistung) erhalten werden. Diese Regelung entspricht den meisten schulinternen Richtlinien (Vopel 2017a) und wurde bei der Entwicklung der Stoffverteilungspläne im Rahmen vorliegender Studie berücksichtigt (s. Anh. 94, Anh. 95, Anh. 114, Anh. 115). Bei der Wahl der Termine für die Notenvergabe wurde darauf geachtet, dass bei allen Unterrichtsetappen zwischen den Ferien (z. B. Unterrichtszeitraum von August bis Oktober, Oktober bis Dezember usw.) eine Ermittlung in Form einer Leistungskontrolle bzw. Klassenarbeit stattfindet.

584 Es kann angenommen werden, dass sich die Schüler für eine zwischenzeitliche Kontrolle speziell vorbereiten und folglich ggf. besser im Posttest abschneiden würden.

585 s. grüne Markierungen (Anh. 94).

586 s. Verlaufsordnung 7a, zweite Spalte (Anh. 110).

587 Der Stoffverteilungsplan für die Klasse 7c findet sich im Anh. 95.

Ziel einer Schülerexpedition ist nicht, ein ausgewähltes Stoffgebiet komplett abzudecken, sondern vielmehr, die im Rahmen einer achtstündigen Ganztagsexpedition geeigneten Unterrichtsinhalte des Stoffgebiets in der Praxis zu erarbeiten. Im vorliegenden Fall wurden demnach in Abstimmung mit den örtlichen Gegebenheiten die ca. elf Unterrichtsinhalte im Rahmen des außerschulischen Biologieunterrichts behandelt. Bei den aufgeführten Unterrichtsinhalten wurden expeditionsbedingte Schwerpunkte gesetzt,[588] da auch Zeit vor Ort für das Zurücklegen der Strecke, praktische Untersuchungen, Pausen usw. eingeplant werden muss. Zur Behandlung des kompletten Stoffgebietes wären demnach mehrere Projekttage oder eine Projektwoche geeignet (s. Kap. 7.2).[589] Die Schülerexpedition in den „Biotopverbund Rothenbach" bei Heberndorf wurde beim „GEO-Tag der Artenvielfalt", der größten Feldforschungsaktion in Mitteleuropa (G+J Medien GmbH 2016), angemeldet (Knoblich 2016d).[590] Im Idealfall sollten auch Experten für die Begleitung der Expedition gewonnen werden (hier Revierförster, Imker, Botaniker u. Ä.).

Vorbereitungsstunde

Dem Stoffverteilungsplan (s. Anh. 94) kann entnommen werden, dass insgesamt 18 Unterrichtswochen zur reinen Wissensvermittlung für das Stoffgebiet „Wirbellose Tiere in ihren Lebensräumen" vorgesehen sind. Da seitens des TMBWK (2012a) weder Vorgaben hinsichtlich der Verteilung der Stundenanzahl auf die Stoffgebiete noch auf die einzelnen Unterrichtsinhalte existieren, wurde sich im vorliegenden Fall an dem vom Cornelsen-Verlag vorgeschlagenen Stoffverteilungsplan orientiert (Cornelsen Verlag GmbH 2011). Da der Vorbereitungsstunde der aus Vorbefragung und Vortest bestehende Prätest vorgeschaltet war, der eine ganze Unterrichtsstunde beanspruchte, wurden insgesamt zwei Unterrichtsstunden an diesem Schultag benötigt.

Die Vorbereitungsstunde diente primär dem ersten Kennenlernen von Schülern und Expeditionsleiterin, der Vorstellung der Expedition in Verbindung mit der Motivationssteigerung hinsichtlich der Expedition sowie der optimalen Vor-

---

588 z. B. Erarbeitung des Inhalts „Fortpflanzung und Entwicklung der Insekten" (TMBWK 2012a, S. 15) am Beispiel der Honigbiene (s. Anh. 94).

589 Der zeitliche Ablauf der Expedition ist in der tabellarischen Kurzversion (s. Anh. 111) sowie in der ausführlichen Variante in der Verlaufsordnung (s. Anh. 110) und bei Knoblich (2016d) nachzulesen. Auf die erforderliche Vorexpedition zur Finalisierung der Schüleraufträge und Testung der Akkulaufzeit wurde bereits in Kap. 5.3.3 hingewiesen.

590 gestaltete Internetseiten (s. Anh. 142).

bereitung der Schüler auf den Expeditionstag.[591] Grundlage für das optimale Gelingen der Vorbereitungsstunde war die Erfüllung der zuvor als Hausaufgabe aufgegebenen Schüler-Arbeitsaufträge zum Testen der Navigations-App „OsmAnd" (OsmAnd BV 2010-2020) auf dem Smartphone (Knoblich 2020c, s. Anh. 97). Aufgabe der Fachlehrerin war es, bis zur Vorbereitungsstunde die Smartphoneliste (s. Anh. 98) von den Schülern ausfüllen zu lassen und der Expeditionsleiterin zu übermitteln, damit diese die technischen Voraussetzungen, insbesondere die Ausstattung mit Powerbanks und GPS-Empfängern der Schüler-Smartphones bei der Expeditionsplanung und -durchführung berücksichtigen konnte.[592]

Wissensgewinn

Anknüpfend an die für Klasse 7a dargelegten Lernziele und unter Bezugnahme auf die Verlaufsordnung (s. Anh. 110) widmet sich vorliegender Abschnitt der Aufführung der während der Expedition im „Biotopverbund Rothenbach" bei Heberndorf behandelten, d. h. vorwiegend selbstständig von den Schülern angeeigneten Lerninhalte in Verbindung mit den vier Kompetenzbereichen. Die Konstruktion der Aufgaben im Expeditionsheft zum Stoffgebiet „Wirbellose in ihren Lebensräumen" erfolgte mit Fokus auf den Alltagsbezug der Aufgaben sowie durch Entwicklung von Zusatzaufgaben für schnelle und motivierte Schüler.[593] Die kompetenzbezogene Abgrenzung des zwei Mal in der Tabelle (s. Anh. 103) vorkommenden „Bewertens von Eingriffen" ist wie folgt zu erklären: Während im Bereich der Selbst- und Sozialkompetenz Eingriffe in die Natur allgemein im Vordergrund der Betrachtung stehen, wird der Blick im Bereich der Sach- und Methodenkompetenz auf Eingriffe in Lebensräumen von Wirbellosen fokussiert, was bei der Zuordnung der Lerninhalte aus dem Expeditionsheft bestimmend war. Bei der Auflistung der Lerninhalte wurden auch der Wissensgewinn aus Lückentexten im Expeditionsheft, bei denen die Begriffe als Hilfe vorgegeben

---

591 Der Ablauf der Vorbereitungsstunde ist der PowerPoint im Anh. 96 zu entnehmen. Aus organisatorischen Gründen wurde der Prätest mit in die PowerPoint integriert und zum besseren Verständnis als „Fragebogen: Umwelteinstellungen, Umweltwissen, Umwelthandeln" (s. Anh. 96) bezeichnet.

592 Inhaltliche Schwerpunkte sind der PowerPoint (Anh. 96) zu entnehmen. Im Anhang wurden auch der Elternbrief, das Arbeitsblatt zur Teameinteilung, die Belehrung zur Expedition sowie das Merkblatt zum Verhalten im Naturschutzgebiet (s. Anh. 99 – Anh. 102 in dieser Reihenfolge) hinterlegt.

593 Die Überblickstabelle zum Wissensgewinn der Klasse 7a wurde im Anh. 103 beigefügt. Die Auflistung der Lerninhalte in der mittleren Spalte der Tabelle folgt der Reihenfolge im Expeditionsheft (Knoblich 2016a; 2020a).

waren und die Informationen aus Zusatzaufgaben einbezogen (Knoblich 2016a; 2020a).

Bei der Darstellung der Lerninhalte wurde aus Gründen der Übersichtlichkeit auf eine Aufführung derjenigen Lerninhalte verzichtet, die zusätzlich zu den lehrplanbasierten Kompetenzen vermittelt wurden. Beispiele hierfür sind die Merkmale zur Unterscheidung von Weiß-Tanne *Abies alba* und Gemeiner Fichte *Picea abies*, Aussagen zur Biomasse der Wirbeltierfauna sowie Grundlagen zu Ökosystemen und Mikrobiotopen.[594] Ein Teil des Wissens wurde während der Expedition mündlich (z. B. Geräte der Forstarbeiter, Erklärung von Artnamen und deren Wortherkunft, s. Kap. 4.3) oder alternativ schriftlich (z. B. über die Anschauungstafel zum Borkenkäfer, Knoblich 2016a; 2020a) vermittelt, sodass die aufgelisteten Lerninhalte keinen Anspruch auf Vollständigkeit erheben, sondern nur einen überblicksartigen Einblick in die während der Expedition vermittelten und im Expeditionsheft direkt aufgeführten Lerninhalte ermöglichen.

Beitrag zur Könnensentwicklung und Erziehungsabsichten

Im Rahmen der Schülerexpedition im „Biotopverbund Rothenbach" bei Heberndorf wurden bei den Schülern verschiedene biologische Arbeitstechniken gefördert und gefordert, die überblicksartig bereits vorgestellt wurden (s. Abb. 16) und in diesem Abschnitt mit inhaltlichen Bezügen untermauert werden.

Die Anwendung der im Anh. 109 aufgeführten biologischen Arbeitstechniken trug im Idealfall zur Kompetenzentwicklung der Schüler bei (s. Kap. 6.3.1.1).[595] Die Schüler lernten unter Anwendung verschiedener biologischer Arbeitstechniken (v. a. des Erkundens und des logischen Operierens, s. Kap. 4.5) die Wirbellosen als vielfältige Tiergruppe sowie die Bedeutung der Wirbellosen

---

594 Ausgenommen von der tabellarischen Darstellung sind vor gleichem Hintergrund alle Praxisübungen, wie z. B. der Bau der Waldpfeife, die Karawanenspiegelmethode, die Untersuchung des Kastanienblattes, die Fotoaufträge sowie die Artenbestimmung im Gelände (Knoblich 2016a; 2020a). Diese Praxisübungen finden im nächsten Abschnitt: „Beitrag zur Könnensentwicklung und Erziehungsabsichten" entsprechende Beachtung. Auch Zusatzwissen aus mitgeführter Literatur wie dem Waldbüchlein (Schmitt-Menzel, Streich & WDR mediagroup licensing GmbH 2010) und Bestimmungsbüchern (s. Kap. 6.2.1), ortskundige Hinweise (z. B. Namensgebung Rothenbach), zu beschriftende Abbildungen im Expeditionsheft für Klasse 7a (Knoblich 2016a; 2020a), das Lösungsheft (Knoblich 2016i; 2020n), die Inhalte der PowerPoint (s. Anh. 96) sowie der Expertengruppen-Arbeitsblätter (s. Anh. 104 – Anh. 108) blieben aus Gründen der Übersichtlichkeit im Anh. 103 unberücksichtigt und können den entsprechenden Dokumenten im Anhang entnommen werden.

595 Die nachfolgenden Ausführungen stehen – sofern nicht anders gekennzeichnet – in engem Zusammenhang mit Kap. 6.3.1.1.

in der Natur kennen, bewerteten im Bereich des logischen Operierens Eingriffe des Menschen in die Lebensräume Wirbelloser und überprüften unter Anwendung der biologischen Arbeitstechnik des Experimentierens im Bereich des Erkundens verschiedene Anpassungserscheinungen von Wirbellosen (Sach- und Methodenkompetenz). Auch die Anwendung der verschiedenen Fangmethoden in den Ökosystemen Wiese und Bach leistete einen Beitrag zu Verbesserung der Methodenkompetenz der Schüler. Zur Erweiterung der Selbst- und Sozialkompetenz trugen das sachgerechte Bewerten von Eingriffen des Menschen in die Natur im Bereich des logischen Operierens sowie das Aufstellen und Einhalten von Verhaltensregeln beim Umgang mit Lebewesen im Bereich des Erkennens von Problemen sowie bei der biologischen Arbeitstechnik des Experimentierens bei. Auch die arbeitsteilige Erkundung der drei Ökosysteme Wald, Wiese und Bach in verschiedenen Gruppenkonstellationen ist durch Anwendung kooperativer und kommunikativer Fähigkeiten der Förderung der Selbst- und Sozialkompetenz bei den Schülern der Klasse 7a zuzuordnen (TMBWK 2012a).

Einen Beitrag im Rahmen der Könnensentwicklung leisteten verbunden mit Erziehungsabsichten die bereits angesprochenen während der Expedition von den Schülern angewendeten Praxistätigkeiten. So konnten die Schüler ihr Können im Bereich des bildlich-körperlichen Darstellens durch den Bau der Waldpfeife vertiefen (Knoblich 2016a; 2020a, S. 10), den Waldboden mittels Betrachtung durch einen Spiegel im Rahmen der Karawanenspiegelmethode (Knoblich 2016a; 2020a, S. 11) erkunden, die biologische Arbeitstechnik des Untersuchens bei der Erforschung des Kastanienblattes anwenden (Knoblich 2016a; 2020a, S. 15) und Fotoaufträge wahrnehmen (Knoblich 2016a; 2020a, S. 18, 32). Einen hohen Stellenwert nahm darüber hinaus die Artenbestimmung im Gelände aus dem Bereich des schaffenden Darstellens ein (Knoblich 2016a; 2020a, S. 12, 16). Die Anwendung der verschiedenen Formen des Erkundens und logischen Operierens ermöglichte den Schülern, ihre Artenkenntnisse im Rahmen ganzheitlicher Naturerfahrungen unter Einbezug vieler Sinne zu erweitern (Knoblich 2015a, Z6, Kap. 1.5). Im Speziellen hatten die Schüler während der Expedition bspw. Gelegenheiten, Vogelarten anhand von Vogelstimmen zu identifizieren (auditive Wahrnehmung – Hörsinn), den Waldboden in seiner Vielgestaltigkeit wahrzunehmen (visuelle Wahrnehmung – Sehsinn), die Wirbellosen im Rahmen der Artenbestimmung auf der eigenen Hand zu spüren (taktile Wahrnehmung – Tastsinn), die von den Ameisen ausgeschiedene Ameisensäure zur riechen (olfaktorische Wahrnehmung – Geruchssinn) und den Honig des Imkers zu kosten (gustatorische Wahrnehmung – Geschmackssinn, Knoblich 2016a; 2020a). Demnach wurden während der Expedition sowohl visuelle und auditive als auch haptische Lerntypen durch die entwickelten Arbeitsaufträge angesprochen. Zugunsten der haptischen Lerntypen wurde sich bewusst für den Einsatz eines gedruckten Expeditionsheftes (Knoblich 2016a; 2020a) statt der digitalen Smartphone-Variante entschieden. Auf diese Weise existierte auch ein „Plan B" für mögliches Versagen der Technik.

Das im Stoffgebiet „Wirbellose in ihren Lebensräumen" verankerte Einhalten von „Verhaltensregeln beim Umgang mit Lebewesen" (TMBWK 2012a, S. 15) rückte vor dem Hintergrund der Umwelterziehung in das nähere Blickfeld der Betrachtung. Im Rahmen der biologischen Arbeitstechnik des „Erkennens von Problemen" sollten die Schüler den Biodiversitätsverlust durch im eigenen Umfeld erfahrbare Folgen des Verlustes der Biodiversität[596] erkennen sowie die anthropogene Bedrohung der Biodiversität als zentrales, gesamtgesellschaftliches Umweltproblem verstehen (s. Z4, Kap. 1.5). Die Bearbeitung der umweltschutzbezogenen Aufgaben im Expeditionsheft, z. B. naturgeschützte Schmetterlinge, Schutzmöglichkeiten für Insekten (Knoblich 2016a; 2020a, S. 7, 8) sollte an die Problemlage anknüpfend einen Beitrag leisten, die Schüler für den Schutz der Biodiversität (Umwelt) zu motivieren (s. Z8c, Kap. 1.5). Damit verbunden sollten die Schüler im Rahmen ihrer Möglichkeiten durch die Arbeitsteilung in den Expertengruppen Verantwortung für sich und die Gruppenmitglieder übernehmen, was neben der Aufteilung in Fachexperten[597] an folgenden vier während der Expedition eingeteilten Rollen zum Ausdruck kommt: GPS-Experten (Smartphonenavigation via Navigations-App „OsmAnd"), Mülleinsammler,[598] Materialverantwortliche,[599] Literatur-Experten.[600]

Resümierend kann an dieser Stelle die Anwendung der vom ThILLM beschriebenen neuen Lernkultur angedeutet werden (Hoßfeld et al. 2019, S. 69): Demnach orientierte sich die Expedition verstärkt an den Lernprozessen und der Kompetenzentwicklung der Schüler durch das Stellen komplexer, alltagsnaher, mehrere Kompetenzbereiche fordernde Aufgaben. Weiterhin kennzeichnend war die hohe Selbstständigkeit, Eigenverantwortung und Partizipation der Schüler während der Expedition, sodass sich die Lehrperson (hier Expeditionsleiterin) vorrangig in der Funktion des Lernbegleiters und Lernberaters sah (Hoßfeld et al. 2019, S. 69), was auch durch die hohe Anzahl produktiver Schülertechniken (s. Kap. 4.5) zum Ausdruck kommt.

---

596 s. Z1, Kap. 1.5, Ökosystem Acker (Knoblich 2016a; 2020a, S. 9).
597 Bienenexperten, Ameisenexperten usw. (s. Anh. 104 – Anh. 108).
598 Zwei Hauptmüllverantwortliche (s. Anh. 100), wahlweise weitere Müllverantwortliche in Expertengruppen.
599 Eimer, Spaten, Kescher, Lupen usw. (s. Materialliste, Anh. 113).
600 Bestimmungsliteratur (s. Materialliste, Anh. 113).

Verlaufsordnung

Die Erstellung der Verlaufsordnung[601] erfolgte in Abstimmung mit den Zeitplänen zur Expedition (s. Anh. 111, Anh. 112).[602] Für Klasse 7a wurde die Streuobstwiesenstation (s. H015) und die Methode „Votum-Scheibe" (s. H016) als Zusatz ausgeschrieben.[603] Im vorliegenden Fall konnten zwei Ermittlungsformen angewendet werden. Bei der Angabe der Teilziele (s. 2. Spalte) wurden in Anlehnung an das Inhaltsverzeichnis des Expeditionsheftes (Knoblich 2016a; 2020a) aus didaktischen Gründen nur die lehrplanrelevanten Teilziele aufgeführt.[604] Bei der Zuordnung der didaktischen Funktionen (s. 2. Spalte)[605] kam der Motivationsförderung eine hohe Bedeutung zu (s. Z2, Kap. 1.5): So sollte die Motivation z. B. zu Beginn durch das Testen der Navigations-App „OsmAnd" (s. MO1, Spalte 2), permanent während der Wanderung durch das Finden des nächsten POIs (s. MO2-MO15, Spalte 2), durch das Sammeln der Artenfunde im Rahmen größerer öffentlichkeitswirksamer Projekte[606] sowie am Ende der Expedition durch die Vergabe der Urkunden und GEO-Hefte (s. MO16, Spalte 2) gefördert werden. Darüber hinaus wurde zwar die Teilvermittlung (TV) angegeben, aber dennoch handelte es sich in den meisten Fällen um die selbstständige

---

601 Bei der Wahl von Aufbau und Layout der Verlaufsordnung wurde sich für die im Rahmen des Referendariats praxiserprobte Variante entschieden, sodass die vorgestellte Verlaufsordnung (s. Anh. 110) eine Erweiterung der Version von Knoblich (2015a) auf Basis von Hoßfeld et al. (2019) darstellt. Die nachfolgenden didaktischen Hinweise werden entsprechend der Reihenfolge der Tabellenspalten (von links nach rechts) gegeben. Die Verweise beziehen sich – sofern nicht anders gekennzeichnet – auf die Verlaufsordnung (s. Anh. 110).

602 Die Praxiserfahrung aus dem Referendariat zeigt, dass pro Unterrichtsstunde mindestens ein „Puffer / Zusatz" zur Verfügung stehen sollte.

603 Die Methode „Votum-Scheibe" (Brenner & Brenner 2014) wurde lediglich als Zusatz eingeplant, da es sich hierbei um die zweite Ermittlung handelt, welche nicht unbedingt notwendig erscheint, da per Fragebogen (Feedbackbogen, s. Anh. 89) schon schriftlich ermittelt wurde.

604 Ortskundiges Wissen wurde hier nicht berücksichtigt (z. B. Erwähnung der Tannenlaus als Schädling, statt Unterscheidungsmerkmale von Weiß-Tanne *Abies alba* und Gemeiner Fichte *Picea abies*, s. H006, Anh. 110).

605 Die Zuordnung erfolgte prinzipiell nur für Phasen der aktiven Wissensvermittlung statt für organisatorische Aufgaben.

606 z. B. Teilnahme am Projekt „Kartierung der FFH- und Rote-Liste-Pflanzenarten in Thüringen" (TLUG 2016), am GEO-Tag der Artenvielfalt, Erweiterung der Datenbanken THKART, FLOREIN (floristische Datenbank), FIS Naturschutz (LINFOS, TLUG 2017) und naturgucker.de durch eigene Artenfunde (s. Abb. 49).

Erarbeitung der Lerninhalte durch die Schüler und nicht um eine Vermittlung durch die Lehrperson im klassischen Sinne.[607]

Bei der Zuordnung der einzelnen Lehrmethoden[608] zu dem jeweils am entsprechenden POI vermittelten Inhalt wurde sich immer nur für eine dominierende, d. h. die meisten Teilaufgaben des POIs betreffende Lehrmethode entschieden. Es wurde bspw. immer an den Stellen, an denen im Expeditionsheft (Knoblich 2016a; 2020a) „unter Anleitung des Imkers" bzw. „unter Anleitung des Försters" angegeben war, die anleitende Lehrmethode angegeben.[609] Bei der Artenbestimmung waren die Schüler dagegen immer selbstständig tätig, sodass in diesem Fall von der anregenden Lehrmethode die Rede sein kann. Die darbietende Lehrmethode stellt folglich den methodischen Rahmen der Expedition dar, da diese nur am Beginn und Ende der Expedition im Vordergrund stand. An der Anzahl der Nennungen der jeweiligen Lehrmethoden in der Tabelle[610] wird ersichtlich, dass der Schwerpunkt der Expedition mit Klasse 7a vor dem Hintergrund des pädagogischen Konzepts handlungsorientierten Unterrichts (Gudjons 2008, s. Kap. 1.1) auf der Förderung produktiver biologischer Arbeitstechniken anhand der anregenden Lehrmethode lag. Bei der Anwendung der anregenden Lehrmethode kam unter Beachtung der anfänglich formulierten Teilziele (s. Z1, Z4, Kap. 1.5) dem „Aufzeigen eines Problems" besondere Bedeutung zu (fünfmalige Nennung, s. Anh. 110).

Prinzipiell wurde bei der Expeditionsplanung auf eine möglichst hohe Variation der Sozialformen geachtet, um einen abwechslungsreichen und motivierenden außerschulischen Biologieunterricht im Gelände zu gestalten. Die Begründung für die vergleichsweise häufig auftauchende selbstständige Schülerarbeit ist erstens in der im Zentrum stehenden Förderung der Selbstständigkeit der Schüler und zweitens in der sich anschließenden Benotung der Expeditionshefte zu se-

---

607 Die Bewertung ist die einzige didaktische Funktion, die nicht mit in die Tabelle (s. Anh. 110) integriert wurde, da die Bewertung im Rahmen der Nachbereitung der Expedition erfolgte (s. Kap. 6.4.2, Anh. 62, Spalte 1, Nr. 12).

608 Die Kennzeichen der drei Lehrmethoden sind in dem Werk *Biologie und Bildung im Jenaer Modell* (Hoßfeld et al. 2019) nachzulesen. Die Lehrmethoden stehen in direktem Zusammenhang mit den durch die Schüler angewendeten biologischen Arbeitstechniken (s. Kap. 4.5): Während durch die darbietende Lehrmethode v. a. rezeptive Techniken von den Schülern gefordert werden, stehen bei der Anwendung der anleitenden sowie anregenden Lehrmethode in erster Linie produktive Techniken im Vordergrund (Hoßfeld et al. 2019, s. Anh. 110).

609 Als Ausnahme gilt POI H008 (Knoblich 2016a; 2020a, S. 13f) da hier bis auf Aufgabe 2 keine Anleitung durch den Lehrer erfolgte.

610 Darbietende Lehrmethode: drei, anleitende Lehrmethode: acht, anregende Lehrmethode: 24 (s. Anh. 110).

hen, welche eine vorwiegend selbstständige Aufgabenbearbeitung durch die Schüler voraussetzt.

Bei den Unterrichtsmitteln wurden die Smartphones als Neue Medien fast durchgängig angegeben, da diese permanent im Rahmen der Navigation von einem Wegpunkt zum nächsten im Einsatz waren, zur Dokumentation von Artenfunden im Gelände via GPS-Koordinaten dienten und zur Aufgabenbewältigung z. B. als Recherchemittel eingesetzt werden konnten.[611]

Arbeitsmaterialien

Im Anh. 113 wurden alle im Rahmen der Expedition mit Klasse 7a im „Biotopverbund Rothenbach" bei Heberndorf verwendeten Arbeitsmaterialien in zwölf Rubriken aufgelistet.[612] Am Ende der Vorbereitungsstunde erhielten die Schüler von der Expeditionsleiterin einen Handzettel mit den für die Expedition mitzubringenden Materialien (s. Anh. 96, Folie 28). An einigen Stellen wurde das Smartphone in der jeweiligen Rubrik explizit ausgewiesen, da hier eine spezielle Fotografie- oder Experimentieraufgabe zu bewältigen war.[613] Unabhängig davon wurden die Smartphones trotz des permanenten Einsatzes sonst nicht in jeder Rubrik aufgeführt.

6.3.2 Projekttag zum Stoffgebiet „Organismen in ihrer Umwelt" in Klasse 9a

Die Gliederung dieses Teilkapitels orientiert sich grundsätzlich an derjenigen des vorangegangenen Teilkapitels, sodass auf die dort dargestellten allgemeinen didaktischen Aussagen in den nachfolgenden Ausführungen lediglich verwiesen

---

611 Die Experimentiermaterialien (EM, s. Anh. 110) umfassen folgende Utensilien (s. Anh. 113): Petrischalen, Sammelgläschen, Lupen, Becherlupen, Federstahlpinzetten, Schaufeln / Spaten, Handschuhe, Filterpapier, Wasser, Pappen, Fangnetze, Bandmaß, Stöcke, Kescher und Siebe (Knoblich 2016a; 2020a). Die Bestimmungsliteratur wurde separat ausgewiesen (BL, s. Anh. 110).

612 Der Materialtransport erfolgte in fünf thematischen Tüten (1. Allgemeines, 2. Totholz, 3. Regenwurm, 4. Wiese, 5. Bach) durch die fünf Expertengruppen „Bienenexperten", „Waldbodenexperten", „Totholzexperten", „Regenwurmexperten" und „Ameisenexperten" (pro Gruppe eine Tüte) im Sinne der Arbeitsteilung. Die Angaben zur Anzahl der jeweiligen Materialien stellen einen an die Klasse 7a angepassten Richtwert dar. Die letzte Spalte der Materialliste diente im Rahmen der Vorbereitung der Expedition (s. Anh. 60) dem Abhaken der Materialien.

613 z. B. Nr. 39: POI H008 - Bienenstock, Nr. 66: H010 - Rothenbachquelle, Nr. 90: H015 - Ökosystem Streuobstwiese, Nr. 92: H014 - Ökosystem Bach (Knoblich 2016a; 2020a, Anh. 113).

wird und nur die für Klasse 9a spezifischen Informationen im Folgenden aufgeführt werden.

6.3.2.1 *Lernziele und Vermittlungsinhalte Thüringer Lehrplan Biologie*

Die folgenden übergreifenden und bereits bei der Schilderung des Projekttages von Klasse 7a genannten lehrplanbasierten Ziele treffen auch auf den Projekttag mit Klasse 9a zu (TMBWK 2012a):

- Erhalt von Einblicken in die Vielfalt der Lebewesen, deren Einzigartigkeit und Rolle im komplexen Beziehungsgefüge der Natur
- Sensibilisierung für die Auseinandersetzung mit Fragen zur Wertschätzung der Natur
- Erkennen der Bedeutung der Biodiversität und des Prinzips der nachhaltigen Entwicklung
- Interdisziplinäre Verknüpfung, kumulative Erweiterung und gezielte Anwendung des biologischen Fachwissens (s. Kap. 4.3)
- Entwicklung von Sachkompetenz anhand persönlich bzw. gesellschaftlich bedeutsamer Inhalte wie ökologische Zusammenhänge, Beeinflussung der Lebensräume durch den Menschen, Nutzung von Ressourcen, nachhaltige Entwicklung

Unter spezieller Betrachtung des Stoffgebiets „Organismen in ihrer Umwelt" (TMBWK 2012a, S. 19) standen die folgenden vier Sach- und Methodenkompetenzen während der Expedition mit Klasse 9a im Vordergrund: Erstens die Erläuterung der Wirkung von Umweltfaktoren, zum Zweiten die Charakterisierung von Ökosystemen, drittens die Beschreibung der Struktur eines Ökosystems und letztendlich die Erweiterung und Anwendung der Artenkenntnisse (TMBWK 2012a). Hinsichtlich der an erster Stelle genannten Kompetenz fokussierte die Expedition die Aneignung folgender Lehrplaninhalte:

- Erläuterung der Angepasstheit von Lebewesen an ihren Lebensraum an einem Beispiel (z. B. Anpassungserscheinungen von Fauna und Flora im Lebensraum Tonschiefer, Knoblich 2016b; 2020b, S. 8)
- Erläuterung des biotischen Faktors Räuber-Beute-Beziehung an einem Beispiel (z. B. Baummarder – Eichhörnchen, Knoblich 2016b; 2020b, S. 12)

Die an zweiter Stelle genannte Charakterisierung von Ökosystemen wurde durch Verfolgung nachstehender Lernziele in der Praxis fokussiert:

- Erläuterung räumlicher und zeitlicher Strukturen am Beispiel eines Ökosystems (Aspektfolge, Schichtung, Knoblich 2016b; 2020b, S. 10, 21)
- Erklärung von Stabilität und Dynamik sowie Beeinflussung eines Ökosystems

Das zuletzt genannte kompetenzbezogene Lernziel gliedert sich wiederum in die folgenden Inhaltskomponenten auf, die ebenfalls im Rahmen der Expedition mit Klasse 9a praxisbezogen angestrebt wurden:

- Beschreibung von Möglichkeiten der Selbstregulation an einem Beispiel (Räuber-Beute-Beziehung, Knoblich 2016b; 2020b, S. 12)
- Begründung der Bedeutung von Struktur- und Artendiversität für die Stabilität eines Ökosystems
- Vergleich wirtschaftlich intensiv genutzter und naturnaher Ökosysteme
- Bewertung von Eingriffen des Menschen in die Natur
- Erläuterung des Prinzips der Nachhaltigkeit

Im Bereich der Selbst- und Sozialkompetenz wurden bei den Schülern folgende fünf übergreifende Lernziele beabsichtigt: die Bildung eines eigenen Standpunktes unter Nutzung ökologischen Fachwissens, die Erhaltung von Lebensräumen, der verantwortungsvolle Umgang mit Naturressourcen, das Vereinbaren und Einhalten von Verhaltensregeln bei Exkursionen (s. Anh. 101, Anh. 102) und die Arbeit in kooperativen Lernformen in Verbindung mit der Verantwortungsübernahme für den gemeinsamen Arbeitsprozess (TMBWK 2012a).[614]

6.3.2.2 Unterrichtsentwurf zum Thema „Abenteuer Artenvielfalt – Organismen in ihrer Umwelt am Bleilochstausee"

Vorbetrachtungen

Das Expeditionsposter (Knoblich 2016f) mit zentralen Informationen zur Schülerexpedition im Rahmen des GEO-Tages der Artenvielfalt am Bleilochstausee befindet sich im Anh. 55. Von den ursprünglich 20 Schülern der Klasse 9a, darunter zwölf Jungen und acht Mädchen, nahmen 18 Schüler (elf Jungen und sieben Mädchen) am Expeditionstag teil (am Post-Fragebogen nur 16 Schüler, s. Anh. 81). Analog zu Klasse 7a wurde auch die Expedition mit Klasse 9a vor dem Hintergrund des Kennenlernens einer möglichst hohen Artenvielfalt bewusst auf das Frühjahr gelegt.[615]

Angelehnt an den Vorschlag für einen Stoffverteilungsplan (Cornelsen Verlag GmbH 2013) wurden 13 Unterrichtsstunden für die reine Stoffvermittlung im

---

614 Die naturschutzrechtlichen Grundlagen wurden bereits im Kap. 6.3.1 aufgeführt.
615 Eine Einbettung der Expedition gegen Ende des Schuljahres mit zugehörigem Prätest und der Vorbereitungsstunde ist dem Stoffverteilungsplan im Anh. 114 zu entnehmen.

Stoffgebiet „Organismen in ihrer Umwelt" vorgesehen.[616] Für die Durchführung des Prätests und der Vorbereitungsstunde an einem Schultag konnte für Klasse 9a eine zusätzliche Vertretungsstunde organisiert werden. Die Expedition mit Klasse 9a diente der Erarbeitung und Ermittlung von ca. neun Unterrichtsinhalten.[617] Die Schüler der Klasse 9a erhielten im Rahmen der Bewertung der Expeditionshefte die erforderliche „kleine Note" als eine von insgesamt drei Noten für das zweite Schulhalbjahr. Mit Klasse 9a konnten die ca. neun Unterrichtsinhalte – mit expeditionstypischen Schwerpunktsetzungen – in der Praxis thematisiert werden.[618] Aufgrund der ausführlichen Schilderung der Vorbetrachtungen für Expeditionsklasse 7a wird an dieser Stelle nur auf die artenschutzrechtliche Ausnahmegenehmigung verwiesen, die auch für die Expedition am Nordufer des Bleilochstausees mit Klasse 9a erhalten wurde (s. Anh. 75).

Vorbereitungsstunde

Wie im Stoffverteilungsplan für Klasse 9a ersichtlich wird, wurden in Anlehnung an den vom Cornelsen-Verlag (2013) vorgeschlagenen Stoffverteilungsplan 13 Stunden für die reine Wissensvermittlung im Stoffgebiet „Organismen in ihrer Umwelt" veranschlagt. Da der Tag der Vorbereitungsstunde gleichzeitig für die Durchführung des Prätests genutzt wurde, wurden am 20. April 2016 zwei Unterrichtsstunden für die Expeditionsvorbereitung benötigt.[619] Die Skizzierung

---

616 Hinzu kommen analog zum Stoffverteilungsplan für Klasse 7a mindestens drei Stunden für die Leistungsermittlung und -bewertung in Form zweier Leistungskontrollen und einer Klassenarbeit im zweiten Halbjahr der neunten Klasse (s. Anh. 114). Da die Expeditionsklasse 9a eine Wochenstunde Biologie hat, wird entsprechend der schulinternen Richtlinie des Staatlichen Gymnasiums „Dr. Konrad Duden" Schleiz in dieser Klasse, wie in allen anderen Klassen der Klassenstufe 9 auch, nur eine Klassenarbeit im gesamten Schuljahr geschrieben (Vopel 2017b).

617 s. Anh. 114, Notenvergabe für Expeditionsheft s. Anh. 205. Der Stoffverteilungsplan für die Kontrollklasse (9c) ist im Anh. 115 hinterlegt. Die schulinternen Regelungen für die Mindestanzahl von Noten pro Halbjahr für Klassenstufe 7 treffen auch auf Klassenstufe 9 zu.

618 z. B. Angepasstheit von Lebewesen im Mikrobiotop Felsen (s. UW 20), Erweiterung der Artenkenntnis in terrestrischen und aquatischen Ökosystemen (s. UW 34, 35, Anh. 114). Der zeitliche Verlauf der acht Zeitstunden umfassenden Ganztagsexpedition am 4. Mai 2016 von 9.00-17.00 Uhr mit Klasse 9a kann anhand der Kurz- und Langversion des Zeitplanes im Anh. 116 und Anh. 117 sowie detaillierter Informationen in der Verlaufsordnung (s. Anh. 128) nachvollzogen werden.

619 Ziel und Nutzen der Vorbereitungsstunde in Klasse 9a decken sich mit den Ausführungen zur Vorbereitungsstunde in Klasse 7a und werden daher nicht erneut aufgeführt.

der wesentlichen Schwerpunkte der Vorbereitungsstunde kann anhand der PowerPoint (s. Anh. 118) nachvollzogen werden. Auch die Vorbereitungsstunde in Klasse 9a baute auf die gewissenhafte Bearbeitung der Navigations-App-bezogenen Vorbereitungsaufgaben (Knoblich 2020j), das Ausfüllen der Smartphoneliste durch die Schüler, die unterschriebenen Elternbriefe und die Teameinteilung (s. Anh. 119 - Anh. 122) auf.[620]

Wissensgewinn

Der vorliegende Abschnitt knüpft an die bereits beschriebenen Lernziele und Vermittlungsinhalte für Klasse 9a an und stellt mit der Veranschaulichung der während der Expedition von den Schülern angeeigneten Lerninhalte gleichzeitig die inhaltliche Grundlage für die Verlaufsordnung dar. Die tabellarische Übersicht wurde im Anh. 123 hinterlegt.[621] Kompetenzbezogene Abgrenzungen waren auch hinsichtlich der Lerninhalte für Klasse 9a notwendig: Im Punkt „2.1 Erläuterung räumlicher und zeitlicher Strukturen am Beispiel eines Ökosystems (Aspektfolge, Schichtung)" wurde sich nur auf das Ökosystem Wald bezogen und der inhaltliche Aspekt der Sukzession integriert, da die zeitliche Struktur explizit bei der Sach- und Methodenkompetenz im Lehrplan genannt ist (TMBWK 2012a). Dagegen wurde im ähnlich formulierten Punkt „3. Beschreibung der Struktur eines Ökosystems" der Blick auf die Ökosysteme See und Wiese im Rahmen der praktischen Untersuchung gerichtet. Dem Punkt „2.2.4 Bewertung von Eingriffen des Menschen in die Natur" wurden all diejenigen Lernziele zugeordnet, die allgemeiner Art sind, während im der Selbst- und Sozialkompetenz zugehörigen Punkt „1. Bildung eines eigenen Standpunktes unter Nutzung ökologischen Fachwissens" eine Zuordnung aller Inhalte erfolgte, bei denen die eigene Meinung, ein persönliches Fazit o. Ä. explizit durch die Aufgabenstellungen im Expeditionsheft (Knoblich 2016b; 2020b) eingefordert wurden.

An diese kompetenzbezogenen Abgrenzungen ist an dieser Stelle auf die unvermeidbare Dopplung einiger weniger Inhalte hinzuweisen, die sich aus der Formulierung und Auflistung der kompetenzorientierten Lerninhalte im Lernplan ergibt:[622] So wird bspw. zweimal auf die Wirkung des biotischen Faktors Räuber-Beute-Beziehung hingewiesen (s. 1. Spalte, Punkt 1.2, Punkt 2.2.1). Auch die Punkte „4. Erweiterung und Anwendung der Artenkenntnisse" und „5. Arbeit

---

620 Die Belehrung zur Expedition sowie das Merkblatt zum Verhalten im Naturschutzgebiet (Knoblich 2020q) entsprechen den Dokumenten für Klasse 7a, sodass ein Verweis genügt (s. Anh. 101, Anh. 102).

621 Die nachfolgenden Verweise und wörtlichen Zitate beziehen sich – sofern nicht anders angegeben – auf Anh. 123.

622 Hervorhebung durch orange Markierung (s. Anh. 123).

in kooperativen Lernformen und Verantwortungsübernahme für den gemeinsamen Arbeitsprozess" überschneiden sich zwangsläufig, da die Artenbestimmung von den Schülern im Gelände meistens gruppenarbeitsteilig erfolgte. Die „Angepasstheit von Lebewesen an ihren Lebensraum" (s. Punkt 1.1, Spalte 2) wurde aufgrund der örtlichen Möglichkeiten am Nordufer des Bleilochstausees an zwei Beispielen statt laut Lehrplan (TMBWK 2012a) an einem Beispiel in der Praxis thematisiert. Grundsätzlich ist bei der Auflistung der Lerninhalte in der Tabelle auch das Wissen aus Bildunterschriften, beschrifteten Abbildungen, Lückentexten mit vorgegebenen Begriffen und Zusatzaufgaben inbegriffen (Knoblich 2016b; 2020b).[623]

Aufgrund der ebenfalls in Klasse 9a auch mündlich[624] oder alternativ schriftlich über Anschauungstafeln vermittelten Lerninhalte wird nur ein zusammenfassender Überblick der zentralen lehrplanbasierten vermittelten und im Expeditionsheft direkt aufgeführten Lerninhalte ermöglicht. Daher besteht kein Anspruch auf Vollständigkeit. Hinsichtlich des Punktes „5. Arbeit in kooperativen Lernformen […]" zeigt Anh. 123, dass die Neuntklässler in jedem der vier „Haupt-Ökosysteme" See, Bach, Wiese und Wald in kooperativen Lernformen gearbeitet haben.

Beitrag zur Könnensentwicklung und Erziehungsabsichten

Die während der Schülerexpedition mit Klasse 9a am Nordufer des Bleilochstausees geförderten biologischen Arbeitstechniken sind anknüpfend an die Schilderungen im Kap. 4.5 durch Illustration inhaltlicher Bezüge im Anh. 127 vorgestellt. Durch Anwendung verschiedener produktiver Techniken (s. Abb. 17) erläuterten die Neuntklässler die Wirkung von Umweltfaktoren durch z. B. das dem Erkunden zugeordnete Experimentieren. Sie charakterisierten Ökosysteme durch bspw. die Anwendung der produktiven Tätigkeit des Vergleichens, beschrieben die Struktur ausgewählter Ökosysteme und erweiterten ihre Artenkenntnisse durch die Arbeit mit Bestimmungsliteratur im Rahmen der Expedition am Nordufer des Bleilochstausees (s. Kap. 6.3.2.1).[625] Zur Förderung der Selbst- und Sozialkompetenz trugen folgende exemplarisch genannte biologische Arbeitstechniken bei: Die Schüler bildeten sich einen eigenen Standpunkt unter

---

623 Im Anh. 124 findet sich zusammen mit den Expertengruppen-Arbeitsblättern (Knoblich 2020l; 2020p, s. Anh. 125 – Anh. 126) eine Auflistung derjenigen Lerninhalte, auf die aus Gründen der Übersichtlichkeit in der Tabelle zum Wissensgewinn verzichtet wurde.

624 z. B. Erklärung von Artnamen und deren Wortherkunft (s. Kap. 4.3).

625 Die nachfolgenden Ausführungen stehen – sofern nicht anders gekennzeichnet – in engem Zusammenhang mit Kap. 6.3.2.1.

Nutzung ökologischen Fachwissens und erhielten Einblicke in die Erhaltung von Lebensräumen durch das dem logischen Operieren zugehörige Werten. Im Bereich des Erkundens wurden ihnen Möglichkeiten zum verantwortungsvollen Umgang mit Naturressourcen durch Anwendung der produktiven Technik des Beobachtens aufgezeigt. In Vorbereitung auf die während der Expedition geschulte produktive Technik des Untersuchens (s. Kap. 4.5) lernten die Neuntklässler in Verbindung mit dem Erkennen von Problemen, Verhaltensregeln bei Exkursionen zu vereinbaren und einzuhalten (TMBWK 2012a). Die dem Erkunden zugehörige produktive Technik des Untersuchens leistete in Verbindung mit dem Experimentieren ebenfalls einen Beitrag, der im Lehrplan aufgeführten „Arbeit in kooperativen Lernformen" sowie der „Verantwortungsübernahme für den gemeinsamen Arbeitsprozess" einen Schritt näherzukommen.[626]

Auf die in der Tabelle zum Wissensgewinn in Klasse 9a (s. Anh. 123) bisher unberücksichtigten praktischen Aufgaben wird an dieser Stelle kurz eingegangen: Im Bereich des Erkundens wurde die produktive Technik des Betrachtens bei der Erkundung des Graptolithenaufschlusses bei Kloster geschult, während das Fotografieren als weitere produktive Technik (s. Anh. 70) im Rahmen der Fotoaufträge an den Wegpunkten D003 (Graptolithenaufschluss) und D004 (Tierbeobachtungspunkt) angewendet wurde (Knoblich 2016b; 2020b, S. 16, 18). Der durch die Anwendung der verschiedenen Formen des Erkundens und logischen Operierens ermöglichte Einbezug vieler Sinne trifft auch auf die Expedition mit Klasse 9a zu: Die im Bereich des Erkundens am meisten vertretene Technik des Betrachtens förderte die visuelle Wahrnehmung, z. B. beim Betrachten der imposanten Tonschieferwand im Ökosystem See (s. Anh. 127, letzte Zeile). Weiterhin bedeutend war das Untersuchen im Bereich des Erkundens sowie das Vergleichen im Rahmen des logischen Operierens (s. Kap. 4.5). Auf diese Weise boten sich für die Schüler neben der Förderung des Sehsinns Möglichkeiten zur Schulung der auditiven (z. B. Erkennen von Vogelstimmen im Ökosystem Wald), taktilen (z. B. Fühlen von Wasserorganismen auf der eigenen Hand) und olfaktorischen (z. B. Riechen der Algen im Ökosystem See) Wahrnehmung.

Einen Beitrag zur Umwelterziehung der Schüler leistete das im Lehrplan (TMBWK 2012a) verankerte „Vereinbaren und Einhalten von Verhaltensregeln bei Exkursionen" (s. Anh. 123). Die biologische Arbeitstechnik des Erkennens von Problemen bezog sich v. a. auf das Erkennen des Biodiversitätsverlusts mittels Vergleich der Gewässer-Ökosysteme Bleilochstausee und Retschbach durch die Schüler. Einen Mosaikstein auf dem Weg zur Motivation der Schüler für

---

626 Auf die ebenfalls in diesen Bereich einzuordnende arbeitsteilige Erkundung der unterschiedlichen Ökosysteme wurde bereits bei den Ausführungen zu Klasse 7a hingewiesen.

Umwelthandeln (s. H5c, Kap. 1.4) stellte auch in Klasse 9a die Integration umweltschutzbezogener Aufgaben in das Expeditionsheft dar, z. B. „Nachhaltigkeit
– mehr als Umweltschutz!?", „Naturschutzbestimmungen für Wassertiere",
„Schutzmaßnahmen für das Ökosystem Bach", Schutzmaßnahmen des Natur-
denkmals „Steinerne Rose", Schutzmöglichkeiten für Amphibien (Knoblich
2016b; 2020b, S. 11, 13, 15, 18). Der im Lehrplan (TMBWK 2012a) ebenfalls
geforderten Verantwortungsübernahme für den gemeinsamen Arbeitsprozess
begegneten die Schüler analog zu Klasse 7a v. a. durch die Arbeit in Expertengruppen und die damit verbundene Rollenverteilung.

Verlaufsordnung

Die allgemeine tabellarische Verlaufsordnung für die Expedition mit Klasse 9a
ist mit den zugehörigen speziellen Verlaufsordnungen für Team „See"[627] und
Team „Wald"[628] sowie den Zeitplänen (Kurz- und Langversion) im Anhang
hinterlegt.[629]
    Die Motivationsförderung stand auch bei der Expedition mit Klasse 9a im
Fokus, was an der regelmäßigen Aufführung in den Tabellen zum Ausdruck
kommt (MO, s. Anh. 128 – Anh. 130). Hinsichtlich der Lehrmethoden kam neben der Artenbestimmung dem „Aufzeigen von Problemen" bei Klasse 9a eine
besondere Bedeutung zu.[630] Wurden dagegen konkrete Hinweise zum Lösungs-
weg gegeben, z. B. über das Wissen auf Anschauungstafeln, Hilfen im Expeditionsheft[631] oder mündliche Hinweise der Betreuer,[632] wurde die anleitende Lehrmethode vermerkt.[633] In beiden Teams lag der Schwerpunkt auf der anregenden

---

627 Die Schüler von Team „See" absolvierten erst die Zehnerkanadiertour mit Aufgaben
     zum Ökosystem See und dann die Mountainbiketour (ohne Aufgabenbearbeitung –
     ausgenommen Dauerauftrag).
628 Die Schüler von Team „Wald" starteten mit der Mountainbiketour mit Aufgaben zum
     Ökosystem Wald und endeten mit der Zehnerkanadiertour (ohne Aufgabenbearbei-
     tung – ausgenommen Dauerauftrag).
629 s. Anh. 128 – Anh. 130, Anh. 116 – Anh. 117.
630 Dreimalige Nennung (s. Anh. 129, Anh. 130), Integration problembehafteter Aufga-
     benstellungen auch an anderen POIs (z. B. E007: Aufg. 3a, 3b, D010: Aufg. 3, Knob-
     lich 2016b).
631 z. B. „Es müssen vier Arten sein" (Knoblich 2016b, S. 18).
632 z. B. D008 (Knoblich 2016b, s. Anh. 130).
633 Grundsätzlich wurde auf ein annähernd ausgewogenes Verhältnis von Lehrmethoden,
     didaktischen Funktionen usw. in beiden Teams (Team „See" bzw. Team „Wald") ge-
     achtet, um vergleichbare Rahmenbedingungen für die Bearbeitung des Expeditions-
     heftes herzustellen.

Lehrmethode.[634] Taucht das Unterrichtsgespräch zusammen mit der Sozialform „selbstständige Schülerarbeit" auf, handelt es sich um ein kurzes einführendes Unterrichtsgespräch mit einer sich daran anschließenden selbstständigen Schülerarbeit im Sinne der Aufgabenlösung.[635] Eine möglichst hohe Variation der Sozialformen als Baustein auf dem Weg zu abwechslungsreichem außerschulischen Biologieunterricht stand auch bei der Expedition mit Klasse 9a im Vordergrund. Den durchgehend während der Expedition mit Klasse 9a als Unterrichtsmittel eingesetzten Smartphones kam besondere Bedeutung zu: Sie erfüllten verschiedene Funktionen und fungierten bspw. als Lupe, Stoppuhr, Taschenrechner, Messgerät (Luxmeter, Thermometer, Anemometer) sowie GPS-Gerät und wurden von den Schülern für wissenschaftliche Zwecke wie die Recherche oder Artenbestimmung verwendet (s. Kap. 3.9).[636]

Arbeitsmaterialien

Die während der Expedition mit Klasse 9a verwendeten Arbeitsmaterialien wurden in zwölf Rubriken klassifiziert und im Anh. 131 hinterlegt.[637] An den Stellen, an denen die Schüler spezielle Fotografie- oder Experimentier-Aufträge mit

---

634 Team „See": zwölfmal anregende Lehrmethode, einmal anleitende Lehrmethode, Team „Wald": 18 Mal anregende Lehrmethode, fünfmal anleitende Lehrmethode (s. Anh. 129, Anh. 130). Die darbietende Lehrmethode stellte analog zu Klasse 7a nur den methodischen Rahmen der Expedition dar (s. Anh. 128).

635 SSA (s. Anh. 128 – Anh. 130).

636 Die Fortbewegungsmittel (FM, s. Anh. 128) umfassen die zwei zusammengebundenen Zehnerkanadier („Forschungsboot") sowie die Mountainbikes inklusive Paddel, Schwimmwesten und Helme. Folgende Materialien wurden den Experimentiermaterialien (EM, s. Anh. 128 – Anh. 130) zugeordnet: Gewässerkoffer, Laborgeräte (Sauerstoffmessgerät, pH-Meter, Leitfähigkeitsmessgerät, Thermometer, Min-Max-Thermometer an Schnur), 250 ml-Bechergläser, Ersatzbatterien, Abfallflasche, destilliertes Wasser, Eimerdeckel mit Gewicht an Schnur, Kochsalz, weiße Blätter, Lupen, Federstahlpinzetten, Siebe (Küchensiebe, große Siebe), Kescher, Sammelgläschen, Stöcke, Wassereimer, Messgeräte Umweltkoffer (Luxmeter, Abschwächfilter, Anemometer, Hygrometer, Thermometer, pH-Meter), Spatel / kleine Schaufeln, Wasserflasche, Strick (Knoblich 2016b; 2020b).

637 Der Materialtransport erfolgte arbeitsteilig pro Team in fünf thematischen Tüten (Zehnerkanadiertour: 1. Allgemeines, 2. Allgemeines Zehnerkanadiertour, 3. See, 4. Tonschiefer, 5. Bach; Mountainbiketour: 1. Allgemeines, 2. Allgemeines Mountainbiketour, 3. Wald, 4. Wiese, 5. Bach) von den Seeexperten (Expertengruppen „Ammonium", „Nitrat", „Nitrit", „pH-Wert", „Sauerstoffgehalt /-sättigung") bzw. Wald- und Wiesenexperten (Expertengruppen „Lichtstärke", „Windgeschwindigkeit", „Luftfeuchtigkeit", „Lufttemperatur", „pH-Wert des Bodens").

dem Smartphone lösten, wurden die Smartphones separat in der Liste der Arbeitsmaterialien aufgeführt.[638]

6.4 Ergebnisse

Die Darstellung der während der beiden Schülerexpeditionen erhobenen Daten erfolgt in diesem Kapitel anknüpfend an die Strukturierung des Kap. 6.2 anhand der Dreiteilung in biodiversitätsbezogene, schülerbezogene und ortsbezogene Daten.

6.4.1   Biodiversitätsbezogene Daten

Als biodiversitätsbezogene Daten wurden während beider Schülerexpeditionen sowohl die Artenvielfalt als auch die Ökosystemvielfalt im Gelände untersucht, wobei sich hinsichtlich der Ökosystemvielfalt neben der Diversität innerhalb der Ökosysteme auch auf die Vielfalt der Biotope (Habitat- und Landschaftsdiversität, s. Kap. 2.1) konzentriert wurde.[639] Die o. g. Klassifikation von Ökosystemen und Mikrobiotopen (s. Kap. 6.2.1.2) erklärt auch das mögliche Vorhandensein mehrerer Mikrobiotope innerhalb eines Ökosystems (s. Anh. 232, Anh. 238).

Die Angabe des Datums entfällt als extra Spalte in den Artenlisten,[640] da alle aufgelisteten Artenfunde am jeweiligen Expeditionstag (Klasse 7a: 1. Juni 2016, Klasse 9a: 4. Mai 2016) erhoben wurden. Dennoch wurden in einigen Fällen ausgewählte Fotos der Vorexpedition (Heberndorf: 17. Mai 2016, Kloster: 20. April 2016) sowie früherer Vorort-Erkundungen[641] einbezogen. Da die Arten der Vorexpeditionen nicht unmittelbarer Teil der empirischen Studie waren, wurden diese nicht mit in die Artenlisten aufgenommen.[642] Im Rahmen der Fundortbeschreibung wurde die Vielfalt der während der Expeditionen erkunde-

---

638 Dieser Aspekt erklärt die einmalige Dopplung des Smartphones als Unterrichtsmittel in der Rubrik „1. Allgemeines" mit den Teilrubriken „2.1 - 2.3", „3 - 4" und „4.1 - 4.4".

639 Dieser Zweiteilung in Arten- und Ökosystemvielfalt wird auch im vorliegenden Kapitel neben der Gliederung nach Klassenstufe (7 bzw. 9) gefolgt.

640 s. Anh. 138, Anh. 141, Anh. 144 - Anh. 145, Anh. 150, Anh. 154, Anh. 157.

641 s. Anh. 133, Anh. 139, Anh. 147, Anh. 151.

642 Grundsätzlich flossen in die Studie nur Funde ein, die bis auf Artniveau bestimmt werden konnten. Klasse 7a: Anh. 138, Anh. 141, Anh. 144 - Anh. 145, Klasse 9a: Anh. 150, Anh. 154, Anh. 157.

ten Ökosysteme[643] erfasst. Die biodiversitätsbezogenen Daten wurden in das Projekt „Kartierung der FFH- und Rote-Liste-Pflanzenarten in Thüringen" (TLUG 2016), die regionalen Datenbanken THKART, FLOREIN und FIS (Fachinformationssystem) Naturschutz (LINFOS, floristische und faunistische Datenbank) der TLUG (2017)[644] eingearbeitet und erweitern durch die Erhebung am GEO-Tag der Artenvielfalt 2016 die internationale Arten-Datenbank „naturgucker.de".[645] Die an den GEO-Tagen gesammelten Daten werden von der internationalen Forschung genutzt (Müller 2012).

6.4.1.1 *Expedition in den Biotopverbund Rothenbach bei Heberndorf mit Klasse 7a*

Ökosystemvielfalt

Eine Übersicht über durch die Schüler im Rahmen der Expedition im „Biotopverbund Rothenbach" bei Heberndorf kennengelernte bzw. aktiv erkundete Ökosysteme findet sich im Anh. 132. Im Rahmen der Ökosystemvielfalt erfassten die Schüler auch die Vielfalt der innerhalb der einzelnen Ökosysteme vorkommenden Mikrobiotope, sodass diese integriert wurden (Knoblich 2016i, S. 32–33). Das Ökosystem Hecke wurde nur randständig im Rahmen der mündlichen Vermittlung typischer Heckenpflanzenarten, das Ökosystem Streuobstwiese nur durch Nennung vor Ort während der Expedition einbezogen. Wie bereits angedeutet, wurden während der Schülerexpedition Ökosysteme mit hoher und geringer Artenvielfalt in die Wissensvermittlung integriert (s. z. B. Anh. 133). Neben vorher definierten und in die Expeditionsroute einbezogenen Ökosystemen und Mikrobiotopen (s. Anh. 132) wurden auch alle weiteren, im Rahmen des Dauerauftrages von den Schülern untersuchten oder durch mündli-

---

643 Ökosystemvielfalt als zweite Ebene von Biodiversität (hier Habitat- und Landschaftsdiversität, Loft 2009, s. Kap. 2.1).

644 Die seit dem Jahr 1990 im Bundesland Thüringen durchgeführten Artenerfassungsprogramme nehmen sowohl Tier- als auch Pflanzenarten auf. Die TLUG (nun TLUBN) nimmt die Datenspeicherung in den separaten Datenbanken THKART (Faunenfunde) und FLOREIN (Florenfunde) vor (TLUG 2017).

645 Die Ergebnisse (Artenlisten, Fotos) wurden im Aktionsportal unter https:// naturgucker.de/ (Knoblich 2017b; 2017c) der Öffentlichkeit zugänglich gemacht. Die bundesweite Hauptveranstaltung des 18. GEO-Tages der Artenvielfalt fand am 18. Juni 2016 statt. „Lokale Begleitaktionen können aber auch davor oder danach durchgeführt werden" (Hasselmann & Kästner 2016, S. 1).

che Vermittlung von Pflanzenarten kennengelernten Ökosysteme und Mikrobiotope in die Fundortliste aufgenommen.[646]

Insgesamt wurden daher elf unterschiedliche Ökosysteme und zehn Mikrobiotope von den Schülern kennengelernt bzw. per Artenbestimmung aktiv erkundet (s. Anh. 132). In die Auflistung im Expeditionsheft wurden auch jene
Ökosysteme und Mikrobiotope aufgenommen, die die Schüler ohne direkte Artenfunde (z. B. aufgrund fehlender Bestimmung bis Artniveau) kennenlernten, da
bereits die Anzahl dieser Ökosysteme bzw. Ökosystemstrukturen Daten zur Ermittlung der Landschafts- und Habitatdiversität liefert.[647]

Artenvielfalt

Aufgrund des Charakters der Schülerexpedition wurde neben den üblichen wissenschaftlichen Taxonbezeichnungen in den Artenlisten auch der jeweils deutsche Artname in Klammern angeführt. Damit wird die fächerübergreifende Ausrichtung der Expedition z. B. durch den Einbezug des Unterrichtsfaches Latein
(s. Kap. 4.3) angedeutet.

Fauna

Bedingt durch die außerschulische Erarbeitung des Stoffgebiets „Wirbellose in
ihren Lebensräumen" lag der Schwerpunkt der Expedition mit Klasse 7a im
Rahmen des GEO-Tages der Artenvielfalt auf der Erfassung von Faunenfunden,
was die verhältnismäßig wenigen, nur am Rande determinierten Pflanzenarten
erklärt (s. Anh. 144).

Für die Region des „Biotopverbundes Rothenbach" bei Heberndorf sind
zwar einige frühere Nachweise vorhanden, aber derzeit kann von einem geringen
faunistischen Untersuchungsstand der Region ausgegangen werden (Schröder
2016b nach Knoblich 2016d). Durch die GPS-basierte Expedition mit Klasse 7a
konnten verschiedene Tierarten im Gelände determiniert werden.[648] Der Dauerauftrag diente neben dem lehrplanbasierten Schwerpunkt der Wirbellosen zum

---

646 z. B. Ökosystem Bergwiese und Mikrobiotop Gemeine Fichte *Picea abies* (s. Anh.
    134).
647 z. B. Ökosystem Acker, Ökosystem Streuobstwiese (Diversitätsberechnung s. Kap.
    6.5.1.1).
648 Bei der Anordnung der Artenfunde wurde neben der grundsätzlich üblichen Eintei-
    lung in Wirbellose und Wirbeltiere der Systematik nach Stresemann et al. (1992) und
    Stresemann (1995; 2000) gefolgt, sodass die Faunenfunde in den Artenlisten nach
    Klassen, Ordnungen und Arten sortiert wurden (s. Anh. 138, Anh. 141).

Kennenlernen und Bestimmen von darüber hinausgehenden Faunenfunden (s. Anh. 141, Knoblich 2016d).

Wirbellose

Zum Erhalt eines ersten Überblicks wurden die Artenfunde der Wirbellosen den jeweiligen Ordnungen zugeordnet.[649] Es wird ersichtlich, dass die Klasse der Insekten (Insecta) mit zehn Ordnungen auf der Expedition die artenreichste Wirbellosenklasse ausmachte, wobei die Ordnung der Käfer (Coleoptera) wiederum die umfangreichste Insektengruppe während der Expedition darstellte (Knoblich 2016d).[650] Insgesamt konnten drei Rote-Liste-Arten im „Biotopverbund Rothenbach" bei Heberndorf erfasst werden (s. Anh. 138). Im Waldboden wurde die Larve des Braunen Fichtenbocks *Tetropium fuscum* (RLT 1) und im Rothenbach die Larve der Gemeinen Eintagsfliege *Ephemera vulgata* (RLT 2) determiniert. Am Quellbach konnte die bereits vor elf Jahren im Rahmen eines Schutzwürdigkeitsgutachtens (Baum 2009) erfasste Zweigestreifte Quelljungfer *Cordulegaster boltonii* (RLT 3) mit zugehöriger Larve determiniert werden. Aber auch aus entomologischer Sicht weniger hervorhebenswerte Faunenfunde wie die Raupe der Pilzeule *Parascotia fuliginaria* aus der Ordnung der Schmetterlinge (Lepidoptera), der Silberne Grünrüssler *Phyllobius argentatus* aus der Ordnung der Käfer (Coleoptera), die Larve der Gemeinen Strauchschrecke *Pholidoptera griseoaptera* aus der Ordnung der Heuschrecken (Orthoptera) oder die Gemeine Bernsteinschnecke *Succinea putris* aus der Ordnung der Lungenschnecken (Pulmonata, s. Anh. 139) trugen zur Erweiterung der Artenkenntnisse der Schüler bei (Knoblich 2016d, s. Z7, Kap. 1.5).

Anknüpfend an die Ergebnisse früherer Erhebungen im „Biotopverbund Rothenbach" bei Heberndorf erfolgen nun einige exemplarische Hinweise zu den Heuschrecken- und Libellenarten sowie den Tagfaltern in Anlehnung an ein *Schutzwürdigkeitsgutachten mit Hinweisen zu Pflege- und Entwicklungsmaßnahmen im Biotopverbund „Rothenbach" bei Heberndorf* (Baum 2009): Während der qualitativen Erfassung der Heuschreckenpopulation im Jahr 2009 wurden das Grüne Heupferd *Tettigonia viridissima* sowie die Gemeine Strauchschrecke *Pholidoptera griseoaptera* in die Artenlisten aufgenommen. Diese zwei Arten konnten auch im Rahmen der Schülerexpedition im Jahr 2016 wieder im Untersuchungsgebiet identifiziert werden. Die Zweigestreifte Quelljungfer *Cordulegaster boltonii* (RLT 3) aus der Ordnung der Libellen (Odonata)

---

649 Die determinierten Ordnungen der Wirbellosen mit den im Gelände erfassten Artenzahlen (Knoblich 2016d) sind tabellarisch im Anh. 135 – Anh. 137 visualisiert.

650 Alle Nachweise der Wirbellosen sind im Anh. 138 zusammengefasst (Knoblich 2016d).

wurde auf der Schülerexpedition am 1. Juni 2016 gleich zweimal gefunden und determiniert – zum einen als Larve und zum anderen als adultes Tier (s. Anh. 138). Der Zitronenfalter *Gonepteryx rhamni* wurde im „Biotopverbund Rothenbach" bei Heberndorf sowohl im Rahmen der aktuellen Untersuchung als auch bei einer Bestandsaufnahme im Jahr 2009 erfasst (Baum 2009 nach Knoblich 2016d).

Wirbeltiere

Analog zu den Wirbellosenfunden sind die Artenzahlen mit Zugehörigkeit zur jeweiligen Ordnung sowie die Gesamtübersicht der in die Bestandsaufnahme aufgenommenen Wirbeltierarten im Anh. 140 und Anh. 141 visualisiert. Die Sperlingsvögel (Passeriformes) stellten die artenreichste Ordnung während der Expedition mit Klasse 7a im „Biotopverbund Rothenbach" bei Heberndorf dar.

Die jeweilige Häufigkeitseinschätzung erfolgte während der Expedition sowie im Rahmen deren Nachbereitung in Kooperation mit den involvierten Experten (s. Danksagung) m. H. folgender Skala in Anlehnung an die **Braun-Blanquet-Skala**[651] (Knoblich 2017a):

- selten $\triangleq$ r (1 Exemplar)
- vereinzelt $\triangleq$ + bis 1 (2 – 5 Individuen)
- häufig $\triangleq$ 2 bis 3 (6 – 9 Individuen)
- sehr häufig $\triangleq$ 4 bis 5 (10 – Individuenzahl beliebig)

Wie im Kap. 6.4.1 angedeutet, wurden die Artenlisten zusammen mit ausgewählten Fotos der Arten auf der Homepage „naturgucker.de" unter folgendem Link im Rahmen der Nachbereitung der Expedition veröffentlicht (s. Anh. 142): https://naturgucker.de/?aktion=1633313108 (Knoblich 2017b).

Flora

Die tabellarisch dargestellten Florenarten ermöglichen einen Einblick in den Schülern mündlich vermittelte Arten der Pflanzenwelt im Expeditionsgebiet, sodass kein Anspruch auf Vollständigkeit erhoben wird (s. Anh. 144).[652] Im Expeditionsheft erfolgte ein floristischer Exkurs am Wegpunkt H006 bei der

---

651 Diese Skala nach Braun-Blanquet dient zur quantitativen Erfassung von Pflanzen im Rahmen von Vegetationsaufnahmen zur Charakterisierung eines Pflanzenbestandes anhand der **Artmächtigkeit** (=Kombination aus Individuenzahl und Deckungsgrad, Schaefer 2012, S. 22).

652 Die nachfolgenden Ausführungen stehen - sofern nicht anders gekennzeichnet - in engem Zusammenhang mit Anh. 144.

Identifikation der zentralen Unterscheidungsmerkmale von Weiß-Tanne *Abies alba* und Gemeiner Fichte *Picea abies*, am Wegpunkt H008 bei der Betrachtung der Blätter der Gewöhnlichen Rosskastanie *Aesculus hippocastanum* sowie am Wegpunkt H009 bei der Bestimmung des Totholzstrauches Roter Holunder *Sambucus racemosa* (Knoblich 2016a; 2020a, S. 10, 15, 16).[653] Die Klasse der Bedecktsamer (Magnoliopsida) umfasste die meisten auf der Expedition kennengelernten Pflanzenfamilien (zehn Familien), wobei die Buchengewächse (Fagaceae) wiederum die artenreichste Familie dieser Klasse darstellte. In der Klasse der Coniferopsida[654] nehmen diese Rolle die Kieferngewächse (Pinaceae) ein.[655]

Einige während der Expedition aufgenommene Florenarten wurden bereits im Rahmen früherer Erhebungen im Untersuchungsgebiet determiniert (Baum 2009), wobei der Untersuchungsstand nichtsdestotrotz als gering einzuschätzen ist (Schröder 2017). Hinsichtlich des Artbestandes der Bedecktsamer (Magnoliopsida) wurden folgende Arten im Jahr 2009 nachgewiesen: Gewöhnlicher Frauenmantel *Alchemilla vulgaris,* Perücken-Flockenblume *Centaurea pseudophrygia*, Gemeine Hasel *Corylus avellana*, Rotbuche *Fagus sylvatica*, Echter Faulbaum *Frangula alnus*, Gemeine Fichte *Picea abies*, Zitterpappel *Populus tremula* und Roter Holunder *Sambucus racemosa*. Aus der Klasse der Equisetopsida[656] wurde der Wald-Schachtelhalm *Equisetum sylvaticum* im Rahmen des Schutzwürdigkeitsgutachtens im gleichen Jahr identifiziert (Baum 2009). Die Häufigkeitsangaben der Pflanzenarten erfolgten in Anlehnung an die üblicherweise für Vegetationsaufnahmen verwendete Braun-Blanquet-Skala (Knoblich 2017d):

- selten   ≙ r (1 Exemplar)
- vereinzelt   ≙ + bis 1 (2 – 50 Individuen, Deckung < 5 %)
- häufig   ≙ 2 bis 3 (51 Individuen – beliebige Individuenzahl, Deckung < 5-50 %)
- sehr häufig ≙ 4 bis 5 (Individuenzahl beliebig, Deckung 51-100 %)

Die Florenarten (s. Anh. 144) wurden in die floristische Datenbank „FLOREIN" der TLUG (nun TLUBN) aufgenommen.

---

653 Die Darstellung der Pflanzenarten erfolgt in Anlehnung an Rothmaler (2011) gegliedert nach Klassen, Familien und Arten (s. Anh. 143, Anh. 144).

654 Eine deutsche Bezeichnung ist hier nicht bekannt.

655 Alle floristischen Artenfunde wurden im Anh. 144 überblicksartig aufgeführt.

656 Eine deutsche Bezeichnung ist hier nicht bekannt.

Lichenes (flechtenbildende Pilze)

Unterschiedliche Lichenes-Arten sind charakteristisch für das untersuchte Expeditionsgebiet. Drei exemplarische, von den Schülern auf der Expedition im Rahmen der mündlichen Wissensvermittlung kennengelernte Arten sind im Anh. 145 veranschaulicht. Die Arten wurden den Schülern unter Verweis auf das Zusammenleben zwischen Pilzen, Grünalgen oder Cyanobakterien nähergebracht. Da flechtenbildende Pilze nicht im Fokus der Expedition standen, entfällt die Übersicht der Anzahlen je Familie.[657]

Auch die Floren- und Lichenes-Funde wurden bei Knoblich (2017b) über die Teilnahme am GEO-Tag der Artenvielfalt der Öffentlichkeit zur Verfügung gestellt (s. Anh. 142).

6.4.1.2   *Expedition an den Bleilochstausee bei Kloster mit Klasse 9a*

Ökosystemvielfalt

Die im Anh. 146 hinterlegte Übersicht stellt die mit Klasse 9a im Rahmen der Expedition am Bleilochstausee kennengelernten Ökosysteme und Mikrobiotope im Überblick dar: Das Ökosystem Tümpel in der Isabellengrüner Bucht (s. D010, Knoblich 2016b; 2020b, S. 21) wurde den Schülern auf der Mountainbiketour nur mündlich vermittelt und nicht näher untersucht, da an diesem Wegpunkt das Ökosystem Wald (Mischwald als artenreiches Ökosystem) im Vordergrund stand. Dieses Ökosystem wurde aber in die Berechnungen der Landschaftsdiversität aufgenommen (s. Kap. 6.5.1.2). Die Schüler mussten selbst schlussfolgern, dass sie bei der Untersuchung des Graptolithenaufschlusses (s. D003, Knoblich 2016b; 2020b, S. 16) das an diesem Wegpunkt vor ca. 490 Millionen Jahren vorherrschende Ökosystem Meer untersuchten. Auch in Klasse 9a stand die Gegenüberstellung artenreicher und artenarmer Ökosysteme auf der Expedition im Fokus (s. Anh. 147). Im Rahmen der Mountainbiketour lernten die Schüler das Ökosystem Wald v. a. als artenreiches Ökosystem kennen (s. Anh. 84). Nichtsdestotrotz wurden die Neuntklässler durch Erkundung des Wegpunktes D012 „Ökosystem Fichtenforst" auch für die Existenz artenärmerer Waldökosysteme sensibilisiert.[658] Alle während des Dauerauftrages oder durch mündliche Vermittlung kennengelernten Ökosysteme und Mikrobiotope wurden ergänzend zu den vorher definierten Ökosystemen und Mikrobiotopen aufge-

---

657 Die Systematik ist wie bei den Pflanzenarten an Rothmaler (2011) angelehnt, wobei die Determination m. H. der Werke von Wirth, Hauck & Schultz (2013a; 2013b) erfolgte.

658 Eine weitere Tabelle stellt die Fundorte der Arten mit zugehörigen Koordinaten dar (s. Anh. 148).

nommen.[659] Anh. 146 macht deutlich, dass insgesamt acht verschiedene Ökosysteme und dreizehn Mikrobiotope während der Expedition mit Klasse 9a vorrangig im Rahmen der Artenbestimmung erkundet wurden.

Artenvielfalt

Fauna

Wirbellose

Die Wirbellosenfauna gilt im Gebiet des Bleilochstausees als bislang wenig untersucht. Bis auf zwei Gutachten zu den Naturschutzgebieten „Heinrichstein" und „Alpensteig" wurden in der Vergangenheit keine wissenschaftlichen Untersuchungen zu Wirbellosen durchgeführt, sodass der Wissensstand als sehr gering eingeschätzt werden kann (Schröder 2016a nach Knoblich 2017a).[660] Spinnentiere (Arachnida) sowie Flügelkiemer (Pterobranchia) waren keine schwerpunktmäßige Tierklasse während der Expedition, sodass in den zugehörigen Ordnungen jeweils nur ein Artnachweis in der Artenliste vertreten ist. Deutlich wird außerdem, dass die Klasse der Insekten (Insecta) auch im Rahmen der Expedition mit Klasse 9a die artenreichste Wirbellosenklasse, hier mit Dominanz der Schmetterlingsfunde (Lepidoptera) ausmachte (Knoblich 2017a).[661] Im artenreichen Ökosystem Retschbach (s. Anh. 84) wurden zwar viele Wirbellose, d. h. Wassertiere bestimmt, allerdings nur bis auf Gattungsniveau, sodass diese Funde nicht mit in die Artenliste aufgenommen wurden.[662]

Folgende Vergleiche können hinsichtlich der Insektenfunde zu früheren Erhebungen angestellt werden: Die von den Schülern im Jahr 2016 gesichteten Tagfalter Zitronenfalter *Gonepteryx rhamni* und Hauhechel-Bläuling *Polyommatus icarus* konnten in das FIS Naturschutz (LINFOS) aufgenommen werden. Im Jahr 1993 erfolgte die Identifikation dieser zwei Arten nach dem Kescherfang in der Remptendorfer Bucht des Bleilochstausees (Schröder 2016c nach Knoblich 2017a). Da insbesondere die Lebensweise der Insekten (Insecta) stark mit den lokalen Witterungsbedingungen korreliert, anbei noch einige diesbezügliche Anmerkungen: Die Klimabedingungen waren abgesehen von den niedrigen Temperaturen und dem auffrischenden Wind in den Morgenstunden gut: Die lange Sonnscheindauer und das Ausbleiben von Niederschlag schafften günstige

---

659 z. B. Ökosystem Nonnenwald und Mikrobiotop Luft (s. Anh. 148).

660 Die determinierten Ordnungen der Wirbellosen sind mit zugehörigen Artenzahlen im Anh. 149 aufgeführt.

661 Alle Nachweise der Wirbellosen können dem Anh. 150 entnommen werden.

662 Gleiches trifft auf die marinen Wirbellosen aus der Klasse der Flügelkiemer zu, die auf den Graptolithen identifiziert werden konnten (s. Anh. 150, Anh. 151).

Bedingungen für die Insektenarten. Diese Aussage wird durch die durchschnittlichen Werte der von den Schülern gruppenarbeitsteilig gemessenen abiotischen Umweltfaktoren Lichtintensität, Windgeschwindigkeit, Luftfeuchtigkeit und Lufttemperatur unterstrichen (Knoblich 2017a, s. Anh. 152).

Wirbeltiere

Auch die Wirbeltierfauna des Bleilochstausees gilt trotz einiger früherer Nachweise bisher als wenig untersucht (Schröder 2016a nach Knoblich 2017a). Vor dem Hintergrund des lehrplanbasierten Schwerpunktes „Organismen in ihrer Umwelt" konnten durch die GPS-basierte Expedition verschiedene Wirbeltierarten im Rahmen des Dauerauftrages von den Neuntklässlern und begleitenden Experten erfasst werden.[663] Der Dauerauftrag im Expeditionsheft ermöglichte den Expeditionsteilnehmern die Aufnahme der Wirbeltierarten in die jeweiligen Artenlisten (s. Anh. 153). Die artenreichste Ordnung der Vögel (Aves) bilden die Sperlingsvögel (Passeriformes), die neben der Sichtbeobachtung auch mittels „Hörerfassung" identifiziert wurden. Besonderer Erwähnung bedarf der als extrem selten geltende, mehrfach u. a. am Nordufer gesichtete Kormoran *Phalacrocorax carbo* (RLT R, s. Anh. 154) aus der Ordnung der Ruderfüßer (Pelecaniformes). Eine besondere Bereicherung der Artenliste stellte zudem der Rotmilan *Milvus milvus* (RLT 3) aus der Ordnung der Greifvögel (Accipitriformes) dar. Mit zwei Artsichtungen waren die Nagetiere (Rodentia) die artenreichste Ordnung der Säugetiere (Mammalia). Hervorhebenswert ist der z. B. am Waldrand des Fichtenforstes am Nordufer des Bleilochstausees von Team „Wald" gesichtete Feldhase *Lepus europaeus* aus der Ordnung der Hasenartigen (Lagomorpha, s. Anh. 154), der ebenfalls in den Roten Listen Thüringens verzeichnet ist (RLT 2). Trotz des naturschonenden Verhaltens der Schüler im Expeditionsgebiet konnte nur eine Art aus der Ordnung der Schuppenkriechtiere (Squamata) erfasst werden. Ein Blick auf frühere Erhebungen verzeichnet die Waldeidechse *Zootoca vivipara* in der Region des Bleilochstausees im Jahr 1995 in Isabellengrün (Hang nordwestlich des „Zipfels" des Bleilochstausees) sowie im Jahr 2009 in Kloster (Waldrandbereich und Grünland, 200 m nordöstlich von Kloster, Schröder 2016c nach Knoblich 2017a). Die Artenfunde der Expedition am Bleilochstausee sind ebenfalls auf der Homepage „naturgucker.de" der Öffentlichkeit zugänglich gemacht: https://naturgucker.de/?aktion=1414685612 (Knoblich 2017c, s. Anh. 155)

---

[663] Die Artenfunde der Wirbeltiere sind unter Angabe der zugehörigen Ordnung im Anh. 154 dargestellt.

Flora

Florenbezogene Aufgaben wurden an einzelnen Wegpunkten in die Expeditionsroute integriert.[664] Die Klasse der Bedecktsamer (Magnoliopsida) war diejenige
mit den meisten kennengelernten Pflanzenfamilien (24 Familien), wobei die
Rosengewächse (Rosaceae) die artenreichste Familie im Rahmen der Schülerexpedition darstellte (sieben Arten). In den Familien der weiteren Klassen wurde
bis auf die Kieferngewächse (Pinaceae, vier Arten) nur jeweils eine Art im Gelände determiniert.[665] Insgesamt ist der floristische Untersuchungsstand der Region als gering einzuschätzen (Schröder 2017 nach Knoblich 2017d).

Ein Blick auf frühere Erhebungen (Schröder 2016c) zeigt, dass aus vergan-
genen Jahren (Zeitraum 2002–2013) lediglich einzelne gefährdete Arten in verschiedenen Regionen im Landschaftsschutzgebiet erfasst wurden: Der Nördliche
Streifenfarn *Asplenium septentrionale* und der Deutsche Ginster *Genista germanica* wurden in der Region Remptendorf bestimmt, wobei der Deutsche Ginster
Genista germanica auch im Bereich des Bleilochstausees mit der Gewöhnlichen
Pechnelke *Silene viscaria* determiniert wurde. Weitere Arten wie der Rasen-
Steinbrech *Saxifraga rosacea*, die Gewöhnliche Pechnelke *Silene viscaria* und
der Dillenius-Ehrenpreis *Veronica dillenii* entstammen einer Erfassung in der
Region Gräfenwarth, der Frühlings-Spark *Spergula morisonii* in der Umgebung
von Isabellengrün und Röppisch sowie der Bach-Ehrenpreis *Veronica becca-
bunga* im Mündungsbereich des Retschbaches (Knoblich 2017d). Aus der Tabelle im Anh. 157 wird ersichtlich, dass im Rahmen der Schülerexpedition sechs
Rote-Liste-Arten Thüringens identifiziert werden konnten: Südöstlich der Staumauer[666] wurden der Nördliche Streifenfarn *Asplenium septentrionale* (RLT 3,
vereinzelt), die Gewöhnliche Pechnelke *Silene viscaria* (RLT 3, vereinzelt), der
Rasen-Steinbrech *Saxifraga rosacea* (RLT 2, vereinzelt), der Frühlings-Spark
Spergula morisonii (RLT 3, selten) sowie der Dillenius-Ehrenpeis *Veronica
dillenii* (RLT 1, vereinzelt) gefunden. Der Deutsche Ginster *Genista germanica*
(RLT 3, vereinzelt) konnte nordöstlich des Campingplatzes Röppisch[667] determiniert werden. Die Rote-Liste-Arten wurden in das Projekt „Kartierung der FFH-
und Rote-Liste-Pflanzenarten in Thüringen" der TLUG (2016) eingearbeitet.
Aufgeführt sind außerdem Arten, die zwar keinen Gefährdungsgrad aufweisen,
aber aufgrund ihres seltenen Vorkommens in der kartierten Region oder auf-

---

664 z. B. E004, E007, D010 und D011 (Knoblich 2016b; 2020b, S. 8–9, 11, 21–22, 23).
   Anh. 156 visualisiert die Artenzahlen der in diesem Zusammenhang kennengelernten
   Florenarten nach Familien sortiert.
665 Alle Pflanzenarten sind im Anh. 157 aufgelistet.
666 Region TSF1 (s. Anh. 148).
667 Region MR (s. Anh. 148).

grund der Identifikation am Rand des natürlichen Areals Bedeutung erlangen: Die Weiß-Tanne *Abies alba*[668] und das Kleinblütige Hornkraut *Cerastium brachypetalum*[669] sind Beispiele hierfür (Knoblich 2017d).

Lichenes (flechtenbildende Pilze)

Auch im untersuchten Landschaftsschutzgebiet „Obere Saale" am Bleilochstausee finden flechtenbildende Pilze ideale Lebensbedingungen und wurden daher exemplarisch in die Wissensvermittlung während der Schülerexpedition einbezogen. Bis auf Artniveau wurde die Vielgestaltige Becherflechte *Cladonia furcata* bestimmt (s. Anh. 158).

Auch die Pflanzenarten sowie die Lichenes-Art wurden in die naturgucker-Datenbank zu Dokumentationszwecken eingestellt (Knoblich 2017c, s. Anh. 155).

6.4.2   Schülerbezogene Daten

Die Darstellung der Ergebnisse der schülerbezogenen Daten erfolgt mit dem Ziel der Hypothesendiskussion[670] mit Fokus auf Umwelteinstellungen (Fragebogen prä-post), Umweltwissen (Wissenstest prä-post und Expeditionsheft), Umwelthandeln (Fragebogen prä-post) und ergänzend Motivation (Zusatzaufgaben Expeditionsheft, Feedbackbogen post-Fragebogen, „Votum-Scheibe", Gedächtnisprotokoll).[671]

6.4.2.1   Expedition in den Biotopverbund Rothenbach bei Heberndorf mit Klasse 7a

Wie der dem Kap. 6.1 zugehörigen Tabelle (s. Anh. 81) zu entnehmen ist, flossen die Ergebnisse von Prä- und Posttest der 21 Schüler der Klasse 7a, darunter zwölf Jungen und neun Mädchen sowie der Klasse 7c (19 Schüler: fünf Jungen, 14 Mädchen) in die Studie ein.

---

668 IGB3, MR, FF: selten (s. Anh. 148).
669 TSF1: vereinzelt (s. Anh. 148).
670 H5: „Biotracks haben positive Wirkungen auf die Umwelteinstellungen, das Umweltwissen und das Umwelthandeln von Schülern" (s. Kap. 1.4).
671 Die zugehörigen Erhebungsinstrumente wurden in Klammern angegeben.

Umwelteinstellungen (Fragebogen prä-post)

Anknüpfend an die Ausführungen zur Reliabilität in Kap. 6.2.2.1 kann von einer guten Reliabilität bezüglich des Tests der Umwelteinstellungen für Klassenstufe 7 zum Testzeitpunkt 1 (Cronbachs Alpha: 0,83) und Testzeitpunkt 2 (Cronbachs Alpha: 0,87, s. Anh. 159) ausgegangen werden.[672] Die Nullhypothese (H0) lautet: „Es gibt keinen signifikanten Unterschied zwischen den beiden Untersuchungsgruppen (hier Expeditionsklasse 7a und Kontrollklasse 7c) nach der Intervention." Sie wurde ebenso wie Hypothese H5 entsprechend der Gliederung der Ergebnisse in die folgenden Teilhypothesen aufgetrennt: H0a: „Es gibt keinen Unterschied bezüglich der Umwelteinstellungen zwischen den Klassen 7a und 7c nach der Expedition mit Klasse 7a", H0b: „Es gibt keinen Unterschied bezüglich des Umweltwissens zwischen den Klassen 7a und 7c nach der Expedition mit Klasse 7a" und H0c: „Es gibt keinen Unterschied bezüglich des Umwelthandelns zwischen den Klassen 7a und 7c nach der Expedition mit Klasse 7a".

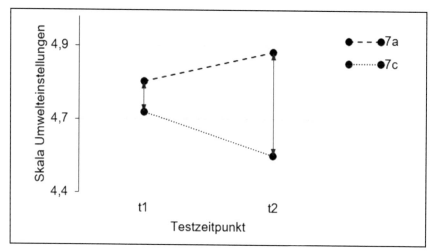

Abb. 42:   Umwelteinstellungen von Expeditionsklasse (7a) und Kontrollklasse (7c).[673]

---

672 Wie im Kap. 6.2.2.2 angedeutet, konnte der T-Test in dem Einzelfall des fehlenden Vorliegens von Varianzhomogenität (s. Anh. 161) trotzdem durchgeführt werden (Rasch et al. 2010).

673 Abb. 42 wurde in Anlehnung an Busch (2016) erstellt. Skala Umwelteinstellungen: 1≙„negative" Umwelteinstellung, 6≙„positive" Umwelteinstellung, t1=Testzeitpunkt

Abb. 42 macht deutlich, dass sich Expeditionsklasse (7a) und Kontrollklasse (7c) zum Messzeitpunkt t1 zwar optisch leicht, aber statistisch nicht signifikant voneinander unterscheiden (p=0,58). Die untersuchten Schulklassen unterscheiden sich zum Zeitpunkt t2 sichtbar stärker. Das Ergebnis ist aber statistisch nicht gesichert (p=0,08, s. Anh. 162). Die in Kap. 6.2.2 geschilderten Rahmenbedingungen bezweckten ein möglichst ähnliches Ausgangsniveau beider Klassen. Die Umwelteinstellungen von Klasse 7a und 7c liegen wie beschrieben tatsächlich in einem ähnlichen Skalenbereich zum Testzeitpunkt t1, sodass Vergleiche sowie eine Diskussion der Hypothese H5a[674] möglich sind. Die Resultate des Prätests zeigen dennoch (s. Abb. 42), dass Klasse 7a bereits positivere Umwelteinstellungen hat und diese nach der Expedition verbessert werden konnten (Mittelwert t1: 4,8, Mittelwert t2: 4,9). Dagegen sind die Umwelteinstellungen der Kontrollklasse auf einem niedrigeren Ausgangsniveau platziert und haben sich zum Testzeitpunkt t2 sichtbar verschlechtert (in ähnlichem Maße wie die Verbesserung der Klasse 7a, Mittelwert t1: 4,7, Mittelwert t2: 4,5, s. Anh. 160). Dies führt insgesamt zu einem fast signifikanten Unterschied zwischen den beiden Klassen zum Testzeitpunkt t2 (p=0,08). Zusammenfassend lässt sich feststellen: Es ergab sich ein sichtbarer Unterschied zwischen den Klassen nach der Intervention in Form der Expedition, jedoch ist dieser Unterschied statistisch nicht gesichert (s. T-Test, p-Wert von 0,08, Anh. 162), sodass die Nullhypothese[675] aus formalen Gründen angenommen und die zugehörige Alternativhypothese H5a damit formal verworfen werden muss. Dennoch ist ein Trend hinsichtlich einer positiven Bildungswirkung der Schülerexpedition erkennbar (s. auch gestrichelter Kurvenverlauf), sodass eine Unterstützung der Hypothese H5a vor diesem Hintergrund für die Expeditionsklasse 7a angedeutet werden kann: „Biotracks haben positive Wirkungen auf die Umwelteinstellungen von Schülern" (s. Kap. 7.1.2).

---

1 (Klasse 7a: 25. Mai 2016, Klasse 7c: 24. Mai 2016), t2=Testzeitpunkt 2 (Klasse 7a: 1. Juni 2016, Klasse 7c: 14. Juni 2016).

674 H5a: „Biotracks haben positive Wirkungen auf die Umwelteinstellungen von Schülern" (s. Kap. 6.2.2.1).

675 H0a: „Es gibt keinen Unterschied bezüglich der Umwelteinstellungen zwischen den Klassen 7a und 7c nach der Expedition mit Klasse 7a" (s. Kap. 6.4.2.1).

Umweltwissen (Wissenstest prä-post und Expeditionsheft)

Wissenstest prä-post[676]

Auch die Reliabilitätsstatistiken für das Umweltwissen zeigen gute Werte zum Messzeitpunkt t1 (Cronbachs Alpha: 0,74) und t2 (Cronbachs Alpha: 0,87, s. Anh. 163), welche auf eine interne Konsistenz des Messverfahrens hindeuten. Auf Basis vorherrschender Varianzhomogenität (s. Anh. 165) verdeutlicht nachfolgende Grafik (s. Abb. 43), dass die beiden Klassen zum Testzeitpunkt t1 keine signifikanten Unterschiede bezüglich des Umweltwissens aufzeigen (p=0,45), sich jedoch nach der Expedition der Expeditionsklasse zum zweiten Testzeitpunkt hochsignifikant voneinander unterscheiden (p=0,001, s. Anh. 166). Demnach kann statt der Nullhypothese H0b[677] die Alternativhypothese H5b[678] angenommen werden, d. h. „Biotracks haben positive Wirkungen auf das Umweltwissen von Schülern" (s. Kap. 7.1.2). Aufgrund des annähernd identischen Ausgangsniveaus der beiden Klassen ist die Diskussion der Hypothese H5b zulässig. Der Kurvenverlauf der Grafik zeigt außerdem, dass sich Klasse 7a fast um das Dreifache hinsichtlich des Umweltwissens verbessert hat, was auch die zugehörigen Gruppenstatistiken bestätigen (Mittelwert t1: 26,7, Mittelwert t2: 73,5). Dagegen bleibt das Wissen der Kontrollklasse 7c auf dem Ausgangsniveau (Mittelwert t1: 28,6, Mittelwert t2: 28,4, s. Anh. 164).[679]

---

676 Im Wissenstest der Klasse 7a konnte eine Gesamtpunktzahl von 146 Punkten erreicht werden (s. Anh. 167).

677 H0b: „Es gibt keinen Unterschied bezüglich des Umweltwissens zwischen den Klassen 7a und 7c nach der Expedition mit Klasse 7a" (s. Kap. 6.4.2.1).

678 H5b: „Biotracks haben positive Wirkungen auf das Umweltwissen von Schülern" (s. Kap. 6.2.2.1).

679 Die Punkteverteilung und der Erwartungshorizont des Wissenstests sind im Anh. 167 und Anh. 168 hinterlegt.

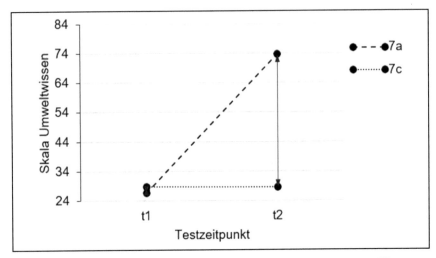

Abb. 43:   Umweltwissen von Expeditionsklasse (7a) und Kontrollklasse (7c).[680]

Expeditionsheft

Grundlegende Hinweise zur Ermittlung des anhand des Expeditionsheftes vermittelten Umweltwissens gibt der Notenspiegel im Anhang in Kombination mit
der vorgenommenen Punkteverteilung, dem schulinternen Bewertungsmaßstab
und dem Erwartungshorizont (=Lösungsheft, Knoblich 2016i).[681] Es konnte eine
Gesamtpunktzahl von 50 Punkten - ohne Zusatzaufgaben - erreicht werden (s.
Anh. 169, Anh. 170). Jeweils 43 % der 21 Schüler der Klasse 7a erhielten die
Note 1 bzw. 2 für ihre Aufgabenlösungen im Expeditionsheft (s. Anh. 173),
lediglich zwei Schüler erreichten die Note 3 und ein Schüler schloss die Aufgaben im Expeditionsheft mit Note 4 ab. Diese Resultate stützen die o. g. Hypothese H5b.[682]

---

680 Abb. 43 wurde in Anlehnung an Busch (2016) erstellt. Skala Umweltwissen: 0 bis 74
      (durchschnittlich) bzw. 146 (maximal erreichte) Punkte, t1=Testzeitpunkt 1 (Klasse
      7a: 25. Mai 2016, Klasse 7c: 24. Mai 2016), t2=Testzeitpunkt 2 (Klasse 7a: 1. Juni
      2016, Klasse 7c: 14. Juni 2016).

681 s. Anh. 173, Anh. 169 – Anh. 172 in dieser Reihenfolge.

682 Auf eine Analyse der bearbeiteten Zusatzaufgaben wird im Abschnitt „Motivation"
      eingegangen.

Umwelthandeln (Fragebogen, prä-post)

Auf eine interne Konsistenz deuten auch die Reliabilitätsstatistiken betreffend des Umwelthandelns zum Testzeitpunkt t1 (Cronbachs Alpha: 0,87) und t2 (Cronbachs Alpha: 0,90) hin (s. Anh. 174). Der in Abb. 44 auf Varianzhomogenität (s. Anh. 176) basierende dargestellte Unterschied beider Klassen hinsichtlich der Skala „Umwelthandeln" zum Zeitpunkt t1 ist statistisch nicht gesichert (p=0,11). Dagegen ist zum Messzeitpunkt t2 ein statistisch signifikanter Unterschied (p=0,02, s. Anh. 177) hinsichtlich des Umwelthandelns von Klasse 7a und 7c vorhanden, sodass die Nullhypothese H0c[683] verworfen und die Alternativhypothese H5c[684] akzeptiert werden kann. Durch die sichtbare Verbesserung der Klasse 7a von t1 zu t2 (Mittelwert t1: 4,3, Mittelwert t2: 4,5) bei gleichbleibendem Niveau von Klasse 7c (Mittelwert t1: 4,0, Mittelwert t2: 4,0, s.

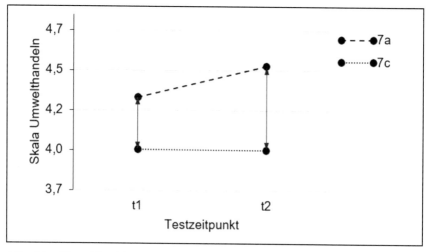

Abb. 44: Umwelthandeln von Expeditionsklasse (7a) und Kontrollklasse (7c).[685]

---

683 H0c: „Es gibt keinen Unterschied bezüglich des Umwelthandelns zwischen den Klassen 7a und 7c nach der Expedition mit Klasse 7a" (s. Kap. 6.4.2.1).

684 H5c: „Biotracks haben positive Wirkungen auf das Umwelthandeln von Schülern" (s. Kap. 6.2.2.1).

685 Abb. 44 wurde in Anlehnung an Busch (2016) erstellt. Skala Umwelthandeln: 1≙geringe Affinität zu positivem Umwelthandeln, 6≙hohe Affinität zu positivem Umwelthandeln, t1=Testzeitpunkt 1 (Klasse 7a: 25. Mai 2016, Klasse 7c: 24. Mai 2016), t2=Testzeitpunkt 2 (Klasse 7a: 1. Juni 2016, Klasse 7c: 14. Juni 2016).

Anh. 175) unterscheiden sich die Klassen 7a und 7c zum zweiten Messzeitpunkt signifikant voneinander (p=0,02, s. Anh. 177), weshalb die Aussage: „Biotracks haben positive Wirkungen auf das Umwelthandeln von Schülern" (H5c, s. Kap. 7.1.2) gestützt werden kann.

Motivation

Rückschlüsse zur Schülermotivation[686] wurden während der Expedition m. H. verschiedener Indikatoren gezogen. Der Begriff „Schülermotivation" bezieht sich hierbei auf die allgemein bekannte Definition von Motivation (s. Kap. 4.2.1).

Zusatzaufgaben Expeditionsheft

Über die Anzahl der richtig bzw. teilweise richtig bearbeiteten Zusatzaufgaben (Knoblich 2016a; 2020a) sollen Hinweise zur Motivation der Schüler gewonnen werden. Da auf den Einbezug der zwar bearbeiteten, aber falsch gelösten Zusatzaufgaben verzichtet wurde, wäre die Anzahl der prinzipiell beantworteten Zusatzaufgaben wesentlich höher. Falsch beantwortete Zusatzaufgaben wurden nicht als Fehler gewertet. Die im Anh. 178 und Anh. 179 hinterlegten Diagramme visualisieren die Anzahl der von insgesamt jeweils 16 angebotenen Zusatzaufgaben richtig bzw. teilweise richtig gelösten Aufgaben von Team „Wiese" und Team „Bach", das sich jeweils aus zehn Schülern zusammensetzte. Die Schüler wurden auf die Regelung hingewiesen, die Zusatzaufgaben erst nach den Pflichtaufgaben zu bearbeiten. Deutlich wird in beiden Säulendiagrammen, dass sowohl Team „Wiese" als auch Team „Bach" zahlreiche Zusatzaufgaben richtig bzw. teilweise richtig löste. Es hat sich gezeigt, dass jeder der zehn Schüler des Teams „Wiese" Zusatzaufgaben richtig beantwortete, 60 % lösten dabei mehr als die Hälfte der Zusatzaufgaben richtig bzw. teilweise richtig. Das beste Ergebnis erreichte ein Schüler mit 15 vollständig richtig beantworteten Aufgaben und einer teilweise richtig gelösten Zusatzaufgabe (s. Anh. 178). Auch jedem Schüler des Teams „Bach" gelangen richtige Lösungen der Zusatzaufgaben. Hierbei erlangten 70 % die volle Punktzahl für mehr als die Hälfte der insgesamt 16 Zusatzaufgaben. Die Spitze bildeten zwei Schüler mit zwölf richtigen und zwei teilweise richtigen (s. Schüler Nr. 1) bzw. 13 richtigen Zusatzaufgaben (s. Schüler Nr. 2, Anh. 179).

---

686 s. Z2 (Kap. 1.5), H5 (Kap. 1.4).

Feedbackbogen post-Fragebogen

Die Schülerantworten auf die sechs offenen Fragen des Feedbackbogens[687] wurden in Kategorien eingeordnet. Mehr als die Hälfte der Schüler (zwölf Schüler, 54 %, s. Anh. 180) bewerteten die Expedition mit Note 2, was andeutet, dass den Schülern der Klasse 7a die Expedition gefallen hat, zumal sich vier Schüler für die Note 1 und lediglich drei Schüler für die Note 3 entschieden. In Anh. 181 wird deutlich, dass den Schülern der Klasse 7a besonders die kennengelernten Tier- und Pflanzenarten (s. Ziffer 2: 31 %) sowie die Naturerfahrungen (s. Ziffer 1: 26 %) während der Expedition gefallen haben. Auch schätzten 15 % der Schüler Aspekte des Inhalts, der Organisation und des Ablaufs der Expedition als rückblickend positiv ein (s. Ziffer 6). Dass die Expedition für die Schüler insgesamt anstrengend war, zeigt eine weitere Grafik (s. Anh. 182): Neun Schüler (33 %) erwähnten diesen Aspekt im Zusammenhang mit der sportlichen Betätigung während der Expedition (s. Ziffer 1). Des Weiteren wurden die Pausenzeiten von einigen Schülern als unregelmäßig und die Zeitdauer der Expedition als zu lang empfunden (19 %, s. Ziffer 3), sodass diese Hinweise als Verbesserungsvorschläge für zukünftige Expeditionen angenommen werden können. Die Anzahl der Schüler, die gerne andere Tiere kennenlernen würde, andere Themen bevorzugt oder keine Angabe machte ist identisch und liegt jeweils bei fünf Schülern (22 %, s. Ziffer 1, 7, 8), gefolgt vom Interesse der Schüler für andere Ökosysteme (18 %, s. Anh. 183). Obwohl sich die Mehrzahl der Schüler der Frage „Was möchtest Du sonst noch mitteilen?" enthält (29 %, k. A.), plädieren die antwortenden Schüler dafür, dass sie nichts weiter anmerken können (25 %, s. Ziffer 6) und die Expedition „schön" und „interessant" empfunden haben (s. Ziffer 1, 17 %). Erst an zweiter Stelle (d. h. 13 %, s. Anh. 184, Ziffer 2) wird der Anstrengungsfaktor genannt, was in Bezug zu Anh. 182 (s. Ziffer 1) zu setzen ist.[688]

„Votum-Scheibe"

Im Anhang sind die wörtlichen Schülerkommentare im Überblick dargestellt (s. Anh. 185). Pro Schüler wurde ein Zettel mit Kommentaren versehen. In der Gesamtbetrachtung überwiegt das positive Feedback: Von den insgesamt 61 Schülerkommentaren wurde in 43 Kommentaren positive und in 18 Kommentaren negative Kritik geäußert. Da im Kap. 6.5.2 Rückschlüsse zur Beeinflussung

---

687 s. Fragebogen Klasse 7a (Anh. 89).

688 Da die anfänglich geplante Wirtschaftlichkeitsbetrachtung der Expeditionen aus Kapazitätsgründen entfällt, wird auch auf die Ergebnisdarstellung und Auswertung der zugehörigen Frage zum Geldbetrag (s. Anh. 89, Anh. 92) in beiden Klassenstufen verzichtet.

der Schülermotivation gezogen werden sollen, erfolgt eine genauere Analyse der positiven Schülerkommentare. Die Tabelle im Anh. 186 zeigt die zugeordneten Anzahlen positiver Schülerkommentare geordnet nach sechs Kategorien. Mit dem Schwerpunkt des vorliegenden Buches erscheint v. a. von Bedeutung, dass in der überwiegenden Zahl der Schülerkommentare die Naturerfahrung, gefolgt von Umweltwissen und allgemeinem Interesse als rückblickend positiv angeführt wird. Weitere Schüler schätzten außerdem die während der Expedition kennengelernte Artenvielfalt (acht Schülerkommentare) als besonders gewinnbringend ein. Der positive Gesamteindruck, der durch neun Schülerkommentare bezeugt wird, wird durch das im Anhang hinterlegte Foto (s. Anh. 187) verstärkt.[689]

Gedächtnisprotokoll

Zentrale Erkenntnisse aus der Beobachtung der Expeditionsleiterin während der Schülerexpedition wurden aus zeitlich-organisatorischen Gründen in Form eines Gedächtnisprotokolls festgehalten (s. Anh. 188). Dieses führt nur die aus motivationaler Sicht relevanten Informationen zur Schülerexpedition mit Klasse 7a auf. Auffallend ist, dass die Schüler durch ihr Verhalten während der Vorbereitung, Durchführung und Nachbereitung der Expedition einen positiven Gesamteindruck erweckten. Sie hatten sichtlich Spaß bei der Nutzung der Smartphones, brachten alle Arbeitsmaterialien mit, lösten die Arbeitsaufträge im Expeditionsheft größtenteils gewissenhaft, selbstständig bzw. gruppenarbeitsteilig und liefen zügig von einem Wegpunkt zum nächsten, sodass der Zeitplan eingehalten werden konnte. Einen Einblick in die wahrgenommene Schülermotivation geben außerdem die zahlreichen Nachfragen sowie gelösten Zusatzaufgaben der Schüler (s. Rubrik „4. Mitarbeit / Motivation"). Auch die Feedbackmethoden im Rahmen der Nachbereitung wurden von den Schülern positiv aufgenommen.

---

689 Auf die in fünf Schülerkommentaren auftauchende verbesserungswürdige Situation des steilen Berges und langen Weges (s. Anh. 185) wird im Kap. 6.5.3.1 eingegangen.

6.4.2.2   *Expedition an den Bleilochstausee bei Kloster mit Klasse 9a*

Datengrundlage bilden die ausgefüllten Fragebögen aus Prä- und Posttest von zwölf Schülern der Klasse 9a (jeweils sechs Jungen und Mädchen) sowie 22 Schülern der Klasse 9c, darunter acht Jungen und 14 Mädchen (s. Anh. 81). Hinsichtlich der Erhebungsinstrumente Expeditionsheft, „Votum-Scheibe" und Gedächtnisprotokoll dienten die Daten der 18 teilnehmenden Expeditionsschüler (elf Jungen und sieben Mädchen) als Grundlage.

Umwelteinstellungen (Fragebogen prä-post)

Die hohen Werte für Cronbachs Alpha zu beiden Messzeitpunkten (t1: Cronbachs Alpha: 0,87, t2: Cronbachs Alpha: 0,89, s. Anh. 191) deuten auf die interne Konsistenz des Messverfahrens für Klassenstufe 9 bezüglich der Skala „Umwelteinstellungen" hin.[690]

Zum Testzeitpunkt t1 weisen beide Klassen so gut wie keine Unterschiede auf, die auch statistisch nicht gesichert sind (p=0,77), sodass es relevant erscheint, die Bildungswirkung (Alternativhypothese H5a[691]) zu diskutieren. Zwar zeigt die Grafik (s. Abb. 45) leichte Unterschiede zwischen Klasse 9a und 9c hinsichtlich der Umwelteinstellungen zum zweiten Testzeitpunkt bei insgesamt niedrigeren Werten als vor der Expedition, diese sind aber mit einem p-Wert von 0,62 (s. Anh. 194) ebenfalls statistisch nicht gesichert, weshalb die Nullhypothese H0a[692] formal angenommen werden muss. Beide Klassen haben sich hinsichtlich der Umwelteinstellungen verschlechtert (Klasse 9a: Mittelwert t1: 4,7, Mittelwert t2: 4,5), wobei die Kontrollklasse 9c schon auf einem niedrigeren Niveau startete (Mittelwert t1: 4,6) und sich bis zum zweiten Messzeitpunkt noch mehr verschlechterte (Mittelwert t2: 4,4, s. Anh. 192). Demnach kann die zugehörige Alternativhypothese H5a für Klasse 9a nicht gestützt werden: „Biotracks haben positive Wirkungen auf die Umwelteinstellungen von Schülern" (s. Kap. 7.1.2).

---

690 Auch bei der Ergebnisdarstellung der gemessenen Umwelteinstellungen der Klasse 9a lag in einem Fall keine Varianzhomogenität vor (s. Anh. 193), was der Durchführung des T-Tests aber nicht im Wege steht (Rasch et al. 2010, s. Kap. 6.2.2.2).

691 H5a: „Biotracks haben positive Wirkungen auf die Umwelteinstellungen von Schülern" (s. Kap. 6.2.2.1).

692 H0a: „Es gibt keinen Unterschied bezüglich der Umwelteinstellungen zwischen den Klassen 9a und 9c nach der Expedition mit Klasse 9a" (in Anlehnung an Kap. 6.4.2.1).

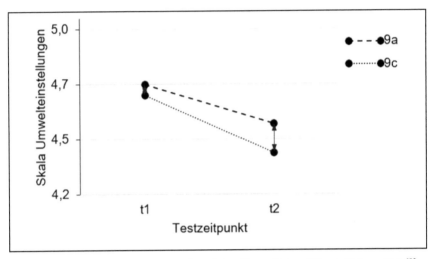

Abb. 45:   Umwelteinstellungen von Expeditionsklasse (9a) und Kontrollklasse (9c).[693]

Umweltwissen (Wissenstest prä-post und Expeditionsheft)

Wissenstest prä-post[694]

Die Reliabilitätswerte für den Bereich des Umweltwissens liegen bis auf den etwas niedrigen Wert vom ersten Messzeitpunkt (Cronbachs Alpha: 0,67) in einem guten Bereich (t2: Cronbachs Alpha: 0,87, s. Anh. 195), sodass eine interne Konsistenz des Messverfahrens angenommen werden kann. Die grafische Darstellung (s. Abb. 46) visualisiert auf Basis des vorgeschalteten Levene-Tests (Varianzhomogenität, s. Anh. 197), dass sich beide Klassen zum ersten Testzeitpunkt nicht voneinander unterscheiden, was durch die statistischen Berechnungen mit SPSS bestätigt wird: Es liegt kein signifikanter Unterschied zwischen beiden Klassen hinsichtlich des Umweltwissens vor (p=0,79), sodass die aufgestellte Hypothese H5b vor diesem Hintergrund diskutiert werden kann

---

693 Abb. 45 wurde in Anlehnung an Busch (2016) erstellt. Skala Umwelteinstellungen: 1≙„negative" Umwelteinstellung, 6≙„positive" Umwelteinstellung, t1=Testzeitpunkt 1 (Klasse 9a: 20. April 2016, Klasse 9c: 11. Mai 2016), t2=Testzeitpunkt 2 (Klasse 9a: 4. Mai 2016, Klasse 9c: 22. Juni 2016).

694 Im Wissenstest der Klasse 9a konnte eine Gesamtpunktzahl von 98 Punkten erreicht werden (s. Anh. 199).

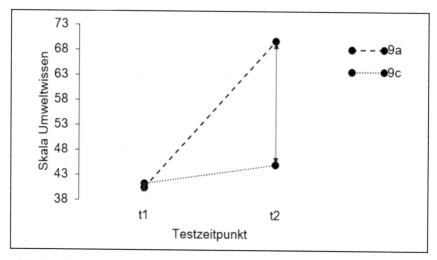

Abb. 46: Umweltwissen von Expeditionsklasse (9a) und Kontrollklasse (9c).[695]

(H5b).[696] Demgegenüber sind nach der Intervention zum zweiten Testzeitpunkt hochsignifikante Unterschiede zwischen Klasse 9a und 9c festzustellen (p=0,001, s. Anh. 198), sodass in diesem Fall die Nullhypothese H0b[697] verworfen und die Alternativhypothese H5b gestützt werden kann: „Biotracks haben positive Wirkungen auf das Umweltwissen von Schülern" (s. Kap. 7.1.2). Diese positive Wirkung der Expedition auf das Umweltwissen der Expeditionsklasse wird neben dem Kurvenverlauf auch durch den Mittelwertvergleich deutlich: Die Schüler der Klasse 9a verbesserten sich deutlich nach der Expedition (Mittelwert t1: 40,4, Mittelwert t2: 69,8), wohingegen sich das Umweltwissen der Kontrollklasse nur vergleichsweise geringfügig erhöhte (Mittelwert t1: 41,3, Mittelwert t2: 45,0, s. Anh. 196).[698]

---

695 Abb. 46 wurde in Anlehnung an Busch (2016) erstellt. Skala Umweltwissen: 0 bis 70 (durchschnittlich) bzw. 98 (maximal erreichte) Punkte, t1=Testzeitpunkt 1 (Klasse 9a: 20. April 2016, Klasse 9c: 11. Mai 2016), t2=Testzeitpunkt 2 (Klasse 9a: 4. Mai 2016, Klasse 9c: 22. Juni 2016).

696 H5b: „Biotracks haben positive Wirkungen auf das Umweltwissen von Schülern" (s. Kap. 6.2.2.1).

697 H0b: „Es gibt keinen Unterschied bezüglich des Umweltwissens zwischen den Klassen 9a und 9c nach der Expedition mit Klasse 9a" (in Anlehnung an Kap. 6.4.2.1).

698 Im Anh. 199 kann die Punkteverteilung, im Anh. 200 der Erwartungshorizont des Wissenstests eingesehen werden.

Expeditionsheft

Einen Überblick über die anhand des schulinternen Bewertungsmaßstabes und Erwartungshorizonts[699] benoteten Expeditionshefte gewährleistet der Notenspiegel (s. Anh. 205) ausgehend von einer Gesamtpunktzahl von 48 Punkten ohne Zusatzaufgaben.[700] Die überwiegende Zahl der Schüler (72 %) schloss die Aufgaben im Expeditionsheft mit der Note „gut" bzw. „sehr gut" ab: Die Hälfte der Schüler erhielt die Bewertung „gut" (Note 2), 22 % die Note 1. Dagegen wurde Note 3 nur dreimal und Note 4 zweimal vergeben. Die Noten 5 und 6 wurden nicht erteilt (s. Anh. 205). Diese positiven Ergebnisse stützen die Hypothese H5b.[701]

Umwelthandeln (Fragebogen, prä-post)

Die hohen Reliabilitätswerte zu beiden Messzeitpunkten (t1: Cronbachs Alpha: 0,88, t2: Cronbachs Alpha: 0,90, s. Anh. 206) bestätigen die interne Konsistenz des Messverfahrens auch für die Skala „Umwelthandeln" der Klassen 9a und 9c. Auf Basis der vorliegenden Varianzhomogenität (s. Anh. 208) können zum Testzeitpunkt t1 sowohl optisch (s. Abb. 47) als auch statistisch keine Unterschiede zwischen den beiden Klassen festgestellt werden, sodass aufgrund fehlender signifikanter Unterschiede (p=0,83) die Diskussion der Hypothese H5c[702] vorgenommen werden kann. Wird der zweite Testzeitpunkt betrachtet, kann zwar ein minimal sichtbarer Unterschied zwischen Klasse 9a und 9c wahrgenommen werden, dieser erweist sich aber als statistisch nicht gesichert (p=0,42, s. Anh. 209). Vor diesem Hintergrund muss die Nullhypothese H0c[703] formal angenommen werden, was bedeutet, dass die Alternativhypothese H5c „Biotracks haben positive Wirkungen auf das Umwelthandeln von Schülern" für Klasse 9a verworfen werden muss (s. Kap. 7.1.2). Während sich das Umwelthandeln der Klasse 9a auf einem annähernd gleichbleibenden Niveau bei vergleichender Betrachtung beider Testzeitpunkte bewegt (Mittelwert t1: 4,1, Mittelwert t2: 4,0), haben

---

699 s. Anh. 203, Anh. 204 (Knoblich 2016j).

700 Die detaillierte Punkteverteilung ist dem Anh. 201 und Anh. 202 zu entnehmen.

701 Die gelösten Zusatzaufgaben werden im zugehörigen Abschnitt „Motivation" analysiert.

702 H5c: „Biotracks haben positive Wirkungen auf das Umwelthandeln von Schülern" (s. Kap. 6.2.2.1).

703 H0c: „Es gibt keinen Unterschied bezüglich des Umwelthandelns zwischen den Klassen 9a und 9c nach der Expedition mit Klasse 9a" (in Anlehnung an Kap. 6.4.2.1).

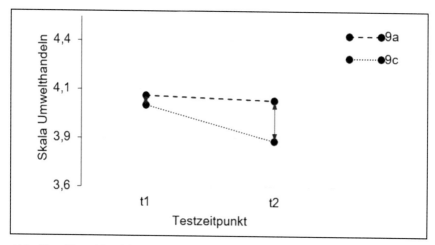

Abb. 47: Umwelthandeln von Expeditionsklasse (9a) und Kontrollklasse (9c).[704]

sich die Schüler der Kontrollklasse hinsichtlich der genannten Skala sichtbar verschlechtert (Mittelwert t1: 4,0, Mittelwert t2: 3,8, s. Anh. 207).

Motivation

Zusatzaufgaben Expeditionsheft

Die Gruppenteilung während der Expedition erklärt die unterschiedliche Anzahl der im Expeditionsheft angebotenen Zusatzaufgaben (Knoblich 2016b; 2020b). So konnten vom Team „See" insgesamt fünf Zusatzaufgaben und vom Team „Wald" elf Zusatzaufgaben ausgewählt werden. Alle Zusatzaufgaben wurden von den Schülern entweder vollständig richtig, falsch oder gar nicht gelöst.[705] Auch in Klasse 9a gelangen jedem Schüler der beiden Teams richtige Lösungen der Zusatzaufgaben. 87,5 % der Schüler von Team „See" gelang es, zwei von fünf Zusatzaufgaben richtig zu beantworten. Ein einziger Schüler (s. Schüler Nr. 1, Anh. 210) erreichte mit vier von fünf vollständig richtig gelösten Zusatzaufgaben die doppelte Anzahl. 50 % der Schüler des Teams „Wald" schaffte es, fünf und mehr der insgesamt elf Zusatzaufgaben vollständig richtig zu lösen. Die

---

704 Abb. 47 wurde in Anlehnung an Busch (2016) erstellt. Skala Umwelthandeln: 1≙geringe Affinität zu positivem Umwelthandeln, 6≙hohe Affinität zu positivem Umwelthandeln, t1=Testzeitpunkt 1 (Klasse 9a: 20. April 2016, Klasse 9c: 11. Mai 2016), t2=Testzeitpunkt 2 (Klasse 9a: 4. Mai 2016, Klasse 9c: 22. Juni 2016).
705 Letztere zwei Fälle wurden analog zu Klasse 7a nicht dargestellt.

Leistungsspitze bilden zwei Schüler mit sieben (s. Schüler Nr. 2) und neun (s. Schüler Nr. 1, Anh. 211) richtigen Antworten auf die zusätzlich gestellten Fragen.

Feedbackbogen post-Fragebogen

Die Kategorienbildung der gegebenen Schülerantworten auf die sechs offenen Fragen wurde auch für Klasse 9a vorgenommen.[706] Es fällt auf, dass die Mehrheit der antwortenden Schüler die Note 2 für die Expedition vergab. 20 % schätzten die Note 1 als zutreffend ein, lediglich ein Schüler entschied sich für Note 3 (s. Anh. 212). Besonders positiv kam bei den Neuntklässlern die sportliche Aktivität in Form der Zehnerkanadier- bzw. Mountainbiketour an (s. Ziffer 4, 29 %), gefolgt von den Experimenten während der Expedition (s. Anh. 213, Ziffer 5, 18 %). Zudem wird deutlich, dass die Schüler der neunten Klasse ähnlich wie die Siebtklässler Wunsch nach weiteren zwischenzeitlichen Pausen und einer insgesamt zeitlich kürzeren Expedition hatten. Auch die Gruppenkonstellation könnte bei zukünftigen Expeditionen nach Aussage von 13 % der Schüler (s. Anh. 214, Ziffer 4) überdacht werden. Die meisten der antwortenden Schüler nannte andere Ökosysteme wie z. B. Wüste, Gebirge, Teich oder Boden als weitere Interessengebiete für zukünftige Expeditionen (s. Anh. 215, Ziffer 3, 27 %).[707] Dass der Expeditionstag von einigen Schülern als sehr lang und die Anzahl der Pausen als zu gering eingeschätzt wurde, wurde durch die Kommentare bezüglich der Frage „Was möchtest Du sonst noch mitteilen?" neben der Angabe „nichts" von drei Schülern deutlich.[708]

„Votum-Scheibe"

Wie der Verlaufsordnung (s. Anh. 128) zu entnehmen ist, wurde zum Ende des Expeditionstages aus zeitlich-organisatorischen Gründen auf die Anwendung der ohnehin als „Puffer / Zusatz 2" eingeplanten Methode „Votum-Scheibe" verzichtet.

---

706 Die Ergebnisse sind in vier Grafiken (s. Anh. 212 - Anh. 215) dargestellt.

707 Aufgrund der großen Anzahl keiner Angaben gemachter Schüler erscheinen weitere Ausführungen zu den restlichen Ergebnissen der Grafik nicht sinnvoll.

708 Da es hierzu keinen nennenswerten Datenumfang gibt, wurde auf eine Darstellung der zugehörigen Grafik verzichtet.

Gedächtnisprotokoll

Das nach sechs Schwerpunkten gegliederte Gedächtnisprotokoll liefert einen realistischen Überblick über den Verlauf der Expedition mit Klasse 9a. Die Punkte drei bis fünf (s. Anh. 216) beziehen sich dabei insbesondere auf das Team „See", welches von der Expeditionsleiterin auf der Hinfahrt begleitet und hinsichtlich der aufgeführten Aspekte beobachtet werden konnte. Die im Rahmen der Nachbereitungsphase der Expedition aus den Auswertungsgesprächen mit den Betreuern v. a. des Teams „Wald" gewonnenen Ergebnisse flossen ebenfalls in die sechs Kategorien ein. Trotz des grundsätzlich positiven Gesamteindruckes und der sichtbaren Freude bei der Nutzung der eigenen Smartphones lassen sich gruppenspezifische Unterschiede erkennen: Während Team „See" kontinuierlich gewissenhaft, motiviert und interessiert agierte, wurde ein solches Verhalten auch durch spezielle Betreuung und wiederholte Ermahnung einzelner verhaltensauffälliger Schüler von Team „Wald" nicht in diesem Maße erreicht. Dennoch deuten die zahlreichen Schülerkommentare, Nachfragen und bearbeiteten Zusatzaufgaben (s. Punkt 4: „Mitarbeit / Motivation") auf eine zumindest gruppenspezifisch gesteigerte Motivation hin. Dafür spricht auch, dass von beiden Teams alle Wegpunkte gefunden, alle Aufgaben bearbeitet und der Zeitplan eingehalten wurde.

6.4.3   Ortsbezogene Daten

Auf die im Rahmen der Vorexpeditionen erhobenen ortsbezogenen Daten Distanz, Zeit, Geschwindigkeit, Höhe, Himmelsrichtung und Position wird anknüpfend an Kap. 6.2.3 unter Veranschaulichung der zugehörigen Grafiken[709] eingegangen.

6.4.3.1   Expedition in den Biotopverbund Rothenbach bei Heberndorf mit Klasse 7a

Da es sich bei der Expedition im „Biotopverbund Rothenbach" bei Heberndorf um einen Rundweg handelt, ist die durchschnittliche Steigung des Tracks mit einem Wert von 0,1 % annähernd Null, da sich die Werte für An- und Abstieg ausgleichen (Schmutzler 2017).[710] Der für die Expedition mit Klasse 7a entwi-

---

709 Tabellen, Karten, Höhenprofile (s. Anh. 219 – Anh. 221, Anh. 223 – Anh. 226, Anh. 228 – Anh. 230).

710 Alle im Anh. 218 nicht dargestellten ortsbezogenen Daten sind aufgrund ihrer speziellen Zugehörigkeit zu den jeweiligen Wegpunkten tabellarisch aufgeführt (s. Anh. 219).

ckelte Track setzt sich aus 16 Wegpunkten zusammen (s. Anh. 219), die vom Programm „BaseCamp" mit einer geraden Linie verbunden werden. Die Angabe der Himmelsrichtung bezieht sich auf die Richtung der Verbindungslinien zwischen den einzelnen Trackpunkten (Schmutzler 2017). In der letzten Spalte wurde die an jedem POI zur Aufgabenbearbeitung einzuplanende Richtzeit angegeben (s. Verlaufsordnung, Anh. 110).[711] Das Höhenprofil veranschaulicht das unebene Gelände bei Herausstellung eines relativ kontinuierlich verlaufenden Abstiegs bis zu einer Distanz von ca. 4,3 km, bevor der abschließende Anstieg gegen Ende des Biotracks folgt (s. Anh. 221).

6.4.3.2   *Expedition an den Bleilochstausee bei Kloster mit Klasse 9a*

Die Abbildungen im Anhang[712] stellen jeweils den von Team „See" (Zehnerkanadiertour) bzw. Team „Wald" (Mountainbiketour) bewältigten Hinweg der Expedition bis zum gemeinsamen Treffpunkt in der Remptendorfer Bucht dar. Der geringe Wert der Neigung ist wie o. g. mit dem sich nahezu ausgleichenden An- und Abstieg zu erklären.[713] Auf eine Darstellung des Höhenprofils der Zehnerkanadiertour kann aufgrund des gleichen Wasserstandes des Bleilochstausees verzichtet werden. Die während der Vorexpedition für die Bachuntersuchung aufgenommenen ortsbezogenen Daten der vier Untersuchungspunkte sind anhand der zentralen Merkmale charakterisiert. Die Angaben zu Höhe, Himmelsrichtung und Position der Mountainbiketour sind mit Zuordnung zu den jeweiligen Wegpunkten ebenfalls im Anhang aufgeführt (s. Anh. 228). Nach der Überwindung eines Berges in den ersten fünf Kilometern weist der Stausee-Panoramaweg bis zum Erreichen der Remptendorfer Bucht einen nahezu ebenen Verlauf auf (s. Höhenprofil, Anh. 230).

---

711 Weitere Abbildungen visualisieren die Karte der Expeditionstour (s. Anh. 220) sowie das zugehörige Höhenprofil (s. Anh. 212).

712 s. Anh. 222, Anh. 224, Anh. 227, Anh. 229.

713 Warum auf dem Stausee überhaupt ein An- und Abstieg wahrgenommen wurde, wird im Kap. 6.5.3.2 geklärt. Die tabellarische Übersicht der ortsbezogenen Daten der Zehnerkanadiertour ist im Anh. 223 beigefügt. Eine Aufführung und detaillierte Auswertung der am POI E002 „Mittelgrundtonne" erhobenen chemischen und physikalischen Gewässerparameter (Knoblich 2016b; 2020b) würde den Rahmen dieses Buches übersteigen.

6.5 Auswertung

6.5.1 Biodiversitätsbezogene Daten

Zur Berechnung der Alpha-Diversität (local diversity, s. Kap. 2.3) wurde der Simpson-Index als Biodiversitätsindex ausgewählt. Hierbei handelt es sich um einen der bekanntesten und robustesten Diversitäts-Indices. Dieser Index gibt durch folgende Formel die Wahrscheinlichkeit an, mit der ein zweites erfasstes Individuum einer anderen Art angehört (Magurran 2004): **Simpson-Diversitäts-Index: $D' = 1 - \sum (p_i)^2$**. Die Größe „p_i" stellt dabei den relativen Anteil der Art i an der Gesamtindividuenzahl dar. Die Werte für den Simpson-Index liegen zwischen 0 und 1. Ein hoher Wert spricht für eine hohe Wahrscheinlichkeit, dass zwei zufällig aus der Stichprobe ausgewählte Individuen unterschiedlichen Arten angehören. Mit zunehmender Artendiversität und vermehrter Gleichverteilung der Individuen der Arten geht der Wert von D' gegen 1. Je größer der Wert von D' ist, umso höher ist die Artendiversität (Magurran 2004). Der Simpson-Index kann über die Berechnung der Artendiversität hinaus auch zur Ermittlung der Ökosystemdiversität berechnet werden (s. Kap. 2.3). Statt der Arten dienen in diesem Fall verschiedene Habitatvariablen (hier Anzahl der Mikrobiotope) als Variablen. Folglich wurden m. H. des Simpson-Indexes im Rahmen der Nachbearbeitung beider Schülerexpeditionen jeweils die Artendiversität sowie die Ökosystemdiversität (Habitatdiversität, Landschaftsdiversität, s. Kap. 2.1) in beiden Expeditionsgebieten ermittelt.[714]

6.5.1.1 Expedition in den Biotopverbund Rothenbach bei Heberndorf mit Klasse 7a

Ökosystemvielfalt

Der Schwerpunkt der Expedition lag neben der Erkundung der Artenvielfalt auf dem Kennenlernen einer möglichst hohen Ökosystemvielfalt (hier: Landschaftsdiversität) als zweite Ebene der Biodiversität. Die Schüler der Klasse 7a lernten während der Expedition in den „Biotopverbund Rothenbach" bei Heberndorf neben zehn Mikrobiotopen insgesamt elf Ökosysteme kennen und untersuchten viele davon aktiv (s. Anh. 132). Zweiter Fokus lag auf der Sensibilisierung der Schüler für die Verschiedenartigkeit der einzelnen Ökosysteme (Artendiversität und Habitatdiversität) in Verbindung mit den spürbaren Folgen des Biodiversitätsverlustes (s. Z1, Kap. 1.5). Durch die Aufgaben an den Wegpunkten sowie

---

714 Mit Landschaftsdiversität sind die Ökosysteme Wald, Wiese, Bach usw. (Loft 2009, s. Anh. 231, Anh. 237) gemeint.

den Dauerauftrag lernten die Schüler die fünf artenreichen Ökosysteme Feuchtwiese, Bergwiese, Rothenbach, Mischwald und Waldboden in kontrastierender
Gegenüberstellung der fünf verhältnismäßig artenarmen Ökosysteme Nutztierweide, Acker, Fichtenforst, Rotbuchenwald und Hecke (s. Anh. 83) kennen.
Anhand mündlicher Auswertungsgespräche wurden vergleichende Betrachtungen verhältnismäßig artenarmer (z. B. Ökosystem Acker) und artenreicher (z. B.
Ökosystem Feuchtwiese) Ökosysteme hinsichtlich der Ökosystem-Dienstleistungen (s. Kap. 2.3) angestellt. Den Schülern wurde verdeutlicht, dass Ökosysteme
mit einer hohen Artenvielfalt dem Menschen großen Nutzen bieten,
z. B. durch die Bereitstellung von reiner Luft, Holz (Ökosystem Mischwald)
oder sauberem Wasser (Ökosystem Rothenbach) und demnach besonderen
Schutzes bedürfen. Beispiele für kennengelernte Ökosystem-Dienstleistungen
waren außerdem die Bestäubung von Blüten (Ökosystem Feuchtwiese) sowie die
Filterung und Speicherung von Wasser (Ökosystem Mischwald). Auch Aspekte
der Ästhetik der kennengelernten Ökosysteme wurden den Schülern vor Augen
geführt (Bsp.: Ökosystem Acker mit geringem ästhetischen Wert vs. Ökosystem
Feuchtwiese mit hohem ästhetischen Wert). Über o. g. Formel zur Berechnung
des Simpson-Indexes konnte für den „Biotopverbund Rothenbach" bei Heberndorf anhand der elf im Expeditionsgebiet kennengelernten Ökosysteme eine
Landschaftsdiversität von D'=0,91 ermittelt werden (s. Anh. 231). Der nahe an 1
liegende Wert deutet auf eine hohe Landschaftsdiversität im Expeditionsgebiet
hin, wobei der Hinweis gegeben werden muss, dass der Wert von den vorher
definierten ausgewählten Variablen abhängt.[715]

Beim Vergleich der Simpson-Diversitäten wird deutlich, dass im Ökosystem Waldboden mit einem Wert von D'=0,80 die höchste Diversität innerhalb
des Ökosystems gegeben ist. Ebenfalls hohe Diversitäten sind im Ökosystem
Bergwiese, gefolgt von den Ökosystemen Feuchtwiese und Rothenbach vorhanden, wobei die restlichen Ökosysteme eine vergleichsweise geringe Habitatdiversität aufweisen (s. Anh. 232). Bei der Interpretation der errechneten Simpson-Diversitäten ist die unterschiedliche Untersuchungszeit im jeweiligen Ökosystem zu berücksichtigen, die mit der Anzahl der kennengelernten Mikrobiotope korreliert. So wurde in den Ökosystemen Waldboden, Berg- und Feuchtwiese sowie Rothenbach mehr Zeit für die Bearbeitung der praxisbezogenen
Expeditionsaufgaben als in den übrigen Ökosystemen investiert (Knoblich
2016a; 2020a, S. 11, 16, 22, 26). Nichtsdestotrotz konnte den Schülern neben der
wahrgenommenen Landschaftsdiversität (Knoblich 2016a; 2020a, S. 32f) ein

---

715 Die m. H. des Simpson-Diversitäts-Indexes (Magurran 2004) auf Basis der kennengelernten elf Mikrobiotope errechneten Diversitäten innerhalb der einzelnen Ökosysteme sind im Anh. 232 zusammengefasst.

Einblick in die innerhalb der einzelnen Ökosysteme vorherrschende Habitatdiversität ermöglicht werden (Knoblich 2016d).

Artenvielfalt

Insgesamt wurden 88 Arten, darunter 54 Wirbellosenarten, 13 Wirbeltierarten,
18 Pflanzenarten und drei Lichenesarten im Gelände determiniert (s. Anh. 135 -
Anh. 145). Die Artenvielfalt wurde analog zur Ökosystemvielfalt m. H. des
Simpson-Indexes berechnet. Die Berechnung erfolgte dabei jeweils spezifisch
nach dem Vorkommen der Arten im speziellen Ökosystem und den taxonomischen Gruppen „Wirbellose", „Wirbeltiere", „Flora" und „Lichenes" (s. folgende
Abschnitte).

Fauna

Wirbellose

Die errechneten Diversitätswerte vergleichend hat sich das Ökosystem Feuchtwiese gefolgt vom Ökosystem Waldboden als vielfältigstes hinsichtlich der determinierten Wirbellosenfunde herauskristallisiert (s. Anh. 233).[716] Auch die
nahe 1 liegenden Werte der Ökosysteme Bergwiese und Rothenbach weisen auf
eine hohe, während der Expedition kennengelernte Artenvielfalt hin, wohingegen im Fichtenforst und Mischwald keine Wirbellosendiversität zu verzeichnen
ist. Eine Rolle beim Zustandekommen der differierenden Diversitätswerte spielte
neben den o. g. unterschiedlichen Verweildauern im jeweiligen Ökosystem auch
die Motivation bzw. Arbeitsweise der Schüler.[717] Da die Klasse der Insekten die
artenreichste Wirbellosenklasse während der Expedition darstellte (s. Kap.
6.4.1.1), anbei einige weiterführende Informationen:

Trotz unbeständiger Witterungsbedingungen war die Erfassung von Insek-
tenfunden in zehn verschiedenen Ordnungen möglich (Knoblich 2016d, s. Anh.
136). Bezugnehmend auf die Vordaten (Baum 2009) einige exemplarische Anmerkungen:

---

716 Im Anh. 233 sind die ermittelten Simpson-Diversitäten (Magurran 2004) nur derjenigen Ökosysteme dargestellt, in denen Wirbellosenfunde erzielt wurden.
717 Auf eine Anwendung der **Rarefaction-Methode** wurde aus Gründen der Übersichtlichkeit verzichtet. Hiermit sollte lediglich der Hinweis gegeben werden, dass mit
   dieser Methode die Artenvielfalt von Lebensräumen, die mit unterschiedlichem
   Sammelaufwand analysiert wurden, standardisiert und damit verglichen werden kann
   (Baur 2010).

Schmetterlinge (Lepidoptera): Besonders bemerkenswert ist der Fund der vier Schmetterlingsarten Aurorafalter *Anthocharis cardamines*, Schönbär *Callimorpha dominula*, Zitronenfalter *Gonepteryx rhamni* und Pilzeule *Parascotia fuliginaria*, da Schmetterlinge eine starke Abhängigkeit von den örtlichen Witterungsverhältnissen aufzeigen. Die für Heberndorf charakteristischen kühlen und regenreichen Sommer können die Dezimierung oder sogar das Auslöschen lokaler Populationen bewirken. Empfindlich reagieren Schmetterlingsarten außerdem auf anthropogene Einflüsse in ihren Biotopen. Die Störung eines einzigen Entwicklungsstadiums kann schon zum Aussterben der ganzen Population führen. Aus diesem Grund wurde den Schülern vor Augen geführt, dass Schmetterlinge als Indikatoren für den aktuellen Zustand des jeweiligen Ökosystems gelten und daher besonders geschützt werden müssen (Knoblich 2016a; 2020a, S. 7, Baum 2009 nach Knoblich 2016d).

Heuschrecken (Orthoptera): Entscheidend für das Vorkommen der Heuschreckenarten ist in erster Linie die Art, Ausprägung und Verteilung der Biotope innerhalb eines Ökosystems. Demnach kann die Bestimmung der Feldgrille *Gryllus campestris*, der Gemeinen Strauchschrecke *Pholidoptera griseoaptera* und des Grünen Heupferdes *Tettigonia viridissima* im Rahmen der Schülerexpedition hoch eingeschätzt werden (Baum 2009 nach Knoblich 2016d).

Libellen (Odonata): Auffallend bei Betrachtung der Artenliste (s. Anh. 138) ist die Artenarmut der Libellen. Lediglich die bereits von Baum (2009) erfasste Rote-Liste-Art Zweigestreifte Quelljungfer *Cordulegaster boltonii* (RLT 3) konnte mit den Schülern der Klasse 7a am 1. Juni 2016 erneut gesichtet werden. Denkbare Erklärungen für die geringe Anzahl an Libellenarten-Funden stellen analog zu den Schmetterlingsarten (Lepidoptera) die suboptimalen Wetterverhältnisse Anfang Juni dar. Unter günstigeren Witterungsbedingungen ist von einer höheren Artenzahl auszugehen (Knoblich 2016d). Die Schüler der Klasse 7a erlangten über die Bearbeitung der Aufgaben im Expeditionsheft einen Einblick in die vielfältigen Anpassungserscheinungen der Insekten (Insecta) an den jeweiligen Lebensraum. Bei der Erkundung des Ökosystems Rothenbach lernten sie bspw. die Besetzung von ökologischen Nischen zur Koexistenz am Beispiel von Eintagsfliegen (Larven und adulte Tiere) durch spezielle Körpermerkmale und Verhaltensweisen kennen (Knoblich 2016d).

Wirbeltiere

Die Simpson-Diversitäten der in fünf Ökosystemen erhobenen Wirbeltierfunde sind in der Tabelle im Anh. 234 visualisiert. Da Wirbeltiere nicht im lehrplanbasierten Fokus der Expedition standen und von den Schülern nur im Rahmen des Dauerauftrages auf dem Weg von einem Ökosystem zum nächsten ergänzend erfasst wurden, sind erstens auch nur in wenigen Ökosystemen Wirbeltier-

Sichtungen zu verzeichnen und zweitens nicht in den Haupt-Untersuchungs-ökosystemen (Waldboden, Berg- und Feuchtwiese, Rothenbach). In letzteren stand nur die Wirbellosenfauna im Mittelpunkt der Erhebung (Knoblich 2016a; 2020a, S. 11, 16, 22, 26), was die fehlenden Diversitäten erklärt. Im Ökosystem Mischwald konnten die meisten Wirbeltierarten identifiziert werden (Simpson-Diversität: D'=0,84). Diese Tatsache ist durch die verhältnismäßig große Zahl der gehörten Singvogelarten zu begründen (s. Anh. 140). Auch motivationale Aspekte der Schüler sind vermutlich in die Erhebung der o. g. Wirbeltierarten und die folgende Diversitätsberechnung eingeflossen.

Flora

Pflanzenarten standen zwar nicht im Vordergrund der Expedition, konnten aber begleitend in sieben der elf Ökosysteme mit erfasst werden.[718] Die meisten Pflanzenarten wurden im Ökosystem Bergwiese erhoben (Simpson-Diversität: D'=0,75, s. Anh. 235). Die vergleichsweise lange Aufenthaltsdauer am in dieses Ökosystem integrierten Mikrobiotop Totholzstrauch (Knoblich 2016a; 2020a, S. 16, s. Anh. 232) hat höchstwahrscheinlich zu diesem hohen Diversitätswert beigetragen. In den Ökosystemen Mischwald und Hecke, in denen mit einem Wert von jeweils D'=0,67 auch noch eine vergleichsweise hohe Diversität zu verzeichnen war, wurden den Schülern die entsprechenden Pflanzenarten vorzugsweise mündlich ergänzend zu den Arbeitsaufträgen nähergebracht. Die Erklärungen zu den nicht vorhandenen Diversitäten im Ökosystem Feuchtwiese und Rotbuchenwald decken sich mit den Ausführungen zu den Wirbeltieren (keine floristische Schwerpunktsetzung) und werden daher nicht weiter ausgeführt.

Lichenes (flechtenbildende Pilze)

Da im Ökosystem Hecke lediglich die drei Arten Helm-Schwielenflechte *Physcia adscendens*, Zarte Schwielenflechte *Physcia tenella* und Gewöhnliche Gelbflechte *Xanthoria parietina* jeweils vereinzelt vorkamen, ist eine diesbezügliche Diversitätsberechnung nicht sinnvoll.

Fazit:[719] Es hat sich gezeigt, dass das Ökosystem Waldboden die höchste Habitatdiversität, das Ökosystem Feuchtwiese die höchste Artendiversität der

---

718 Die nachträglich über die Artenzahlen und Häufigkeitsangaben ermittelten Diversitäten (Magurran 2004) sind im Anh. 235 gelistet.

719 Die im Anh. 236 hinterlegte Tabelle stellt die für das jeweilige mit Klasse 7a im Untersuchungsgebiet kennengelernte Ökosystem ermittelten Habitat- und Artendiversitäten (Magurran 2004) im Überblick dar.

Wirbellosen, das Ökosystem Mischwald die höchste Artendiversität der Wirbeltiere und das Ökosystem Bergwiese die höchste Artendiversität bezüglich der Pflanzenarten aufweist (s. Anh. 236). Vor diesem Hintergrund kann die anfängliche Einstufung folgender Ökosysteme als artenreich (s. Anh. 83) bestätigt werden, wobei immer die betrachtete taxonomische Gruppe angegeben werden muss: Ökosystem Feuchtwiese: artenreich bezüglich der determinierten Wirbellosen (D'=0,96), Ökosystem Waldboden: artenreich bezüglich der determinierten Wirbellosen (D'=0,80), Ökosystem Rothenbach: artenreich bezüglich der determinierten Wirbellosen (D'=0,88), Ökosystem Bergwiese: artenreich bezüglich der determinierten Wirbellosen (D'=0,89). Dagegen wurden in den Ökosystemen Hecke, Rotbuchenwald, Fichtenforst und Mischwald geringste Habitatdiversitäten ermittelt, wobei in den zwei letztgenannten Ökosystemen über den Simpson-Index gleichzeitig auch eine geringste Artendiversität der Wirbellosen festgestellt wurde. In den Ökosystemen Feucht- und Bergwiese wurden niedrigste Artendiversitäten hinsichtlich der Wirbeltiere ermittelt, in den Ökosystemen Feuchtwiese und Rotbuchenwald wurde die geringste (hier fehlende) Artendiversität der vorgefundenen Pflanzenarten bestimmt (D'=0,00). Diese Resultate unterstreichen auch die vorherige Einschätzung folgender Ökosysteme als verhältnismäßig artenarm (s. Anh. 83): Ökosystem Nutztierweide: artenarm bezüglich der determinierten Wirbeltiere (D'=0,44), Ökosystem Fichtenforst: artenarm bezüglich der determinierten Wirbellosen (D'=0,00). Die fehlende Diversität an Wirbellosen im Ökosystem Fichtenforst ist damit zu erklären, dass hier nur häufig der „Buchdrucker" *Ips typographus* anhand von Fraßspuren identifiziert wurde.[720]

Natürlich muss der Aspekt der Untersuchungsdauer berücksichtigt werden, denn an den artenreichen Ökosystemen wurde vor dem Hintergrund des Expeditionsthemas „Abenteuer Artenvielfalt" (Knoblich 2016a; 2020a) mehr Zeit eingeplant, was folglich mehr Artenfunde bedingt und bei der Interpretation der Ergebnisse berücksichtigt werden muss. Die artenarmen Ökosysteme wurden dagegen aus Zeitgründen lediglich mündlich bzw. im Rahmen des Dauerauftrages begutachtet und daher weniger zeitintensiv analysiert. Demnach können keine verallgemeinernden, alle taxonomischen Gruppen betreffenden Einschätzungen zu jedem Ökosystem hinsichtlich Artenreichtum bzw. Artenarmut erfolgen, da neben der Unterteilung in Habitat- und Artendiversität auch innerhalb der Artendiversität eine differenzierte Betrachtung der Wirbellosen, Wirbeltiere und Pflanzen erforderlich ist (s. Anh. 236).

---

720 Da im Ökosystem Acker keine Arten determiniert und das Ökosystem Hecke nur mündlich in die Wissensvermittlung einbezogen wurde, erfolgen an dieser Stelle keine weiteren Ausführungen zu diesen zwei Ökosystemen.

6.5.1.2 *Expedition an den Bleilochstausee bei Kloster mit Klasse 9a*

Ökosystemvielfalt

Auch die Neuntklässler erlangten anhand exemplarischer Ökosysteme im Gelände einen Einblick in die Ökosystemvielfalt (hier Landschaftsdiversität, s. Kap. 2.1) im Untersuchungsgebiet. Sie lernten zusätzlich zu den 13 Mikrobiotopen insgesamt acht Ökosysteme und viele davon durch die aktive praktische Auseinandersetzung kennen. Zudem wurde die angestrebte Verschiedenartigkeit der einzelnen Ökosysteme (Artendiversität, Habitatdiversität) unter Bezugnahme der Folgen des Biodiversitätsverlustes (s. Z1, Kap. 1.5) veranschaulicht: Die Schüler lernten die Ökosysteme Retschbach, Mischwald, Meer und Tümpel als artenreiche sowie die Ökosysteme Bleilochstausee, Magerrasen und Fichtenforst als verhältnismäßig artenarme Ökosysteme kennen (s. Anh. 84). Sie widmeten sich vergleichenden Betrachtungen verhältnismäßig artenarmer (z. B. Ökosystem Bleilochstausee) und artenreicher (z. B. Ökosystem Retschbach) Ökosysteme vor dem Hintergrund der Ökosystem-Dienstleistungen (z. B. sauberes Wasser des Retschbaches, reine Luft des Ökosystems Mischwald). Für das mit Klasse 9a erkundete Gebiet rund um den Bleilochstausee wurde die Landschaftsdiversität über den Simpson-Index m. H. der acht kennengelernten Ökosysteme berechnet: Der ermittelte Wert von D'=0,88 (s. Anh. 237) deutet auf eine hohe Landschaftsdiversität im Expeditionsgebiet hin, wobei der Wert noch unterhalb der in Heberndorf ermittelten Diversität (D'=0,91, s. Anh. 231) liegt.[721]

Grundsätzlich fällt bei Betrachtung der Diversitätswerte auf, dass fünf der sieben Ökosysteme eine ähnlich hohe Diversität (Werte um D'=0,8) aufweisen. Dass das Ökosystem Retschbach die meisten Habitate bereitstellt, wird durch den höchsten Wert von D'=0,88 für die Simpson-Diversität gestützt. Eine ähnlich hohe Diversität weist das Ökosystem Bleilochstausee (D'=0,86) auf, in dem sich die Schüler aber verhältnismäßig länger aufhielten als im Ökosystem Retschbach (Knoblich 2016b; 2020b, S. 6, 13). Die hohen Diversitätswerte für das Ökosystem Mischwald sprechen für eine tatsächlich hohe Habitatdiversität in diesem Ökosystem, da die Schüler dort vergleichsweise kurz vor Ort waren (Knoblich 2016b; 2020b, S. 21) und dennoch zahlreiche Habitatstrukturen identifizierten. Aufgrund der verhältnismäßig langen Aufenthaltszeiten in den Ökosystemen Magerrasen und Fichtenforst (Knoblich 2016b; 2020b, S. 22, 24) kann durch die errechneten geringen Simpson-Diversitätswerte eine tatsächlich feh-

---

721 Die ökosystembezogenen Simpson-Diversitäten (Magurran 2004) sind mit zugeordneten Mikrobiotopen dem Anh. 238 zu entnehmen.

lende bzw. geringe Habitatdiversität angenommen werden (D'=0,00 bzw. D'=0,50, s. Anh. 238).[722]

Basierend auf den chemischen und physikalischen Gewässeruntersuchungen ermittelten die Schüler des Teams „See" die richtige Gewässergüteklasse des Bleilochstausees „Güteklasse 2: gering belastet" mit Tendenzen zur Güteklasse 1 „unbelastet" (Knoblich 2016j, S. 7). Die Resultate der vier am Retschbach arbeitenden Kleingruppen deuten anhand der identifizierten Zeigerorganismen auf die Gewässergüteklasse 1 des Retschbaches hin, wobei auch hier einige Artenfunde der Güteklasse 2 entsprechen (Knoblich 2016j, S. 13).[723] Der Vergleich der Gewässerökosysteme Bleilochstausee und Retschbach erbrachte folgende Resultate: Das Ökosystem Bleilochstausee wird anthropogen beeinflusst, z. B. durch Badebetrieb, Motorbootfahren, Bebauung und Angeln, sodass negative Konsequenzen hinsichtlich der Biodiversität in diesem Ökosystem zu erwarten sind (Knoblich 2016j, S. 29f). Demgegenüber kann der Retschbach als naturbelassenes Ökosystem bezeichnet werden, weshalb keine nachteiligen Effekte auf die Biodiversität desselben abzusehen sind.

Beim Vergleich der Ökosysteme Wald (Fichtenforst) und Wiese (Magerrasen) erlangten die Schüler des Teams „Wald" die Einsicht, dass die abiotischen Umweltfaktoren in den Ökosystemen Wald und Wiese differieren (s. Anh. 152): Während im Ökosystem Wald die Lufttemperatur, Lichtintensität und Windgeschwindigkeit i. d. R. geringer sind, hat dieser eine höhere Luftfeuchtigkeit im Vergleich zu einem sonnenexponierten Wiesenbereich. Demnach gibt es auch Unterschiede hinsichtlich des Vorkommens von Insekten in diesen beiden Ökosystemen:[724] Die Deutsche Wespe *Vespula germanica*, die Hainschwebfliege *Episyrphus balteatus* und die Gemeine Viehbremse *Tabanus bromius* wurden nur auf dem sonnenexponierten Magerrasen erfasst (Knoblich 2017a, s. Anh. 150). Den abiotischen Untersuchungen in Verbindung mit der Artenbestimmung schloss sich eine Ableitung der Funktionen des Waldes (Schutz-, Erholungs- und Nutzfunktion) an. Analog zu Klasse 7a erlangten auch die Neuntklässler am Ende des Expeditionstages einen Überblick über die Ökosystemvielfalt durch

---

722 Wie bereits oben angedeutet, hängen alle hier diskutierten Werte (Magurran 2004) von den anfänglich aufgestellten Habitatvariablen ab und lassen daher keine verallgemeinernden Aussagen zu.

723 Wie angedeutet, wurden die in diesem Zusammenhang bestimmten Wasserorganismen wie z. B. Köcherfliegenlarven *Trichoptera gen sp.*, Steinfliegenlarven *Leuctra sp.*, Eintagsfliegenlarven *Ephemeroptera gen sp.* oder Wasserläufer *Gerris sp.* aufgrund der fehlenden Bestimmung bis auf Artniveau nicht mit in die Artenlisten aufgenommen (s. Anh. 150).

724 Bei den Arten handelt es sich jeweils um häufige und nicht speziell „ökosystemtypische" Arten (Knoblich 2017a).

Auflistung der kennengelernten Ökosysteme und Mikrobiotope (Knoblich 2016b; 2020b, S. 30f), auf dessen Grundlage sie lernten, dass sich die Artenvielfalt in verschiedenen Ökosystemen unterscheidet und eine stabilisierende Wirkung auf Ökosysteme haben kann. Ferner sollten die Schüler in diesem Zusammenhang dafür sensibilisiert werden, dass für die Stabilität von Ökosystemen neben der Artenvielfalt zahlreiche andere Faktoren wie z. B. Wasserhaushalt und Klima von Bedeutung sind (Knoblich 2017a).

Artenvielfalt

Die Expedition mit Klasse 9a am Nordufer des Bleilochstausees ermöglichte die Bestimmung von insgesamt 96 Arten, unter denen sich 13 Wirbellose, 28 Wirbeltiere, 54 Pflanzenarten und eine Lichenes-Art befanden (s. Anh. 149 – Anh. 158).

Fauna

Wirbellose

Für die Ökosysteme, in denen Wirbellose gefunden wurden, wurde jeweils über den Simpson-Index die Artendiversität ermittelt (s. Anh. 239). Die Simpson-Diversitäten zeigen, dass das Ökosystem Magerrasen die höchste Artendiversität der Wirbellosen aufweist (D'=0,79), während in den Waldökosystemen Fichtenforst, Nadel- und Mischwald die geringen Zahlenwerte (D'=0,44) auf eine vergleichsweise niedrige Vielfalt der dort gefundenen Wirbellosen hindeuten. Diese Resultate beeinflussende Aspekte sind analog zu Klasse 7a die unterschiedlichen Aufenthaltszeiten sowie die differierende Motivation bzw. Arbeitsweise der Schüler in den zwei Teams. Die vergleichsweise hohen Verweildauern in den Ökosystemen Bleilochstausee, Magerrasen und Fichtenforst (Knoblich 2016b; 2020b, S. 6, 22, 24) haben eine höhere Anzahl an unterschiedlichen Wirbellosenfunden und damit höhere Simpson-Diversitäten zur Folge. Die verhältnismäßig hohe Simpson-Diversität im Ökosystem Bleilochstausee kann zusätzlich auch durch die gewissenhafte Arbeitsweise der Schüler von Team „See" (s. Kap. 6.5.2.2) hervorgerufen worden sein. Der expeditionsbedingte Charakter (Zeitplan) erklärt, warum die determinierten Arten nicht der erwarteten Realität entsprechen. Das Aufsammeln einzelner Arten hätte zu einem fünf- bis zehnfachen Artenspektrum geführt (Knoblich 2017a). Besonders interessant für die Schüler waren die Funde der ehemals marinen Wirbellosen †*Monograptus dubius* und †*Monograptus uniformis* am Graptolithenaufschluss bei Kloster.[725]

---

725 Die deutschen Artnamen konnten nicht ausfindig gemacht werden. Weiterführende Informationen zu Graptolithen sind z. B. dem *Lehrbuch der Paläozoologie* (Müller

Wirbeltiere

Anhand der in fünf Ökosystemen erhobenen Wirbeltierfunde wurden die zugehörigen ökosystemspezifischen Simpson-Diversitäten berechnet (s. Anh. 240). Gründe für die sehr hohen Simpson-Diversitäten in den Ökosystemen Bleilochstausee, Fichtenforst und Magerrasen (D'=0,92, D'=0,90, D'=0,88) sind in den längeren Aufenthaltszeiten zu sehen. Außerdem konnte durch subjektive Beobachtung der Begleitpersonen festgestellt werden, dass sich die Schüler mit großem Interesse dem Dauerauftrag widmeten, was zusätzlich zu den vielen Wirbeltierfunden beigetragen haben kann. Die hohe Simpson-Diversität im Ökosystem Bleilochstausee kann außerdem wieder auf die besonders konzentrierte Arbeitsweise des Teams „See" zurückgeführt werden. Trotz der anthropogenen Beeinflussung dieses Gewässerökosystems konnten hier die höchsten Diversitätswerte bezogen auf die Wirbeltierfauna erzielt werden. Ein beispielhaftes Indiz für die anthropogene Beeinflussung des Ökosystems Bleilochstausee ist die Nilgans *Alopochen aegyptiaca*, die vereinzelt auf dem Bleilochstausee gesichtet wurde. Bei dieser Art handelt es sich ursprünglich um einen Brutvogel des afrikanischen Kontinents, der nach Auffassung der Europäischen Kommission als in der EU eingebürgert anzusehen ist (NABU Deutschland Landesverband Nordrhein-Westfalen e. V. 2014). Den Schülern wurde verdeutlicht, dass diese Art zu den Neozoen gehört, welche die heimische Vogelwelt beeinflussen. Die Rahmenbedingungen der Schülerexpedition wie die trotz Gruppenteilung verhältnismäßig große Expeditionsgruppe und der Einsatz der Fortbewegungsmittel Zehnerkanadier bzw. Mountainbikes bedingen die wenigen Mammalia-Sichtungen am 4. Mai 2016 mit Klasse 9a (s. Anh. 153).

Flora

Auch wenn die Untersuchung der Flora keinen Expeditionsschwerpunkt bildete, zeigen die Artentabellen der Pflanzenfunde (s. Anh. 156 – Anh. 157), dass die Schüler Pflanzenarten in zahlreichen Habitaten am Nordufer des Bleilochstausees bestimmten. Die in fünf Ökosystemen in diesem Rahmen erfassten Pflanzenarten führten über den Einbezug der zugehörigen Häufigkeitsangaben zur Ermittlung der Simpson-Diversitäten (s. Anh. 241). In vier der fünf Ökosysteme (Bleilochstausee, Fichtenforst, Mischwald, Magerrasen) deuten die nahe 1 lie-

---

1978) sowie dem Buch *Geologie von Thüringen* (Seidel 1995) zu entnehmen. Letzteres Werk thematisiert den Graptolithenreichtum des Thüringer Silurs, verweist auf den Wetterberg bei Gräfenwarth als wichtigen, aus der Literatur bekannt gewordenen Fundort für Graptolithen und führt an, dass mehrere Fundpunkte im Saaletal durch den Bau der Bleilochtalsperre überstaut wurden (Seidel 1995).

genden Diversitätswerte auf eine hohe Artendiversität hin. Diese Resultate beeinflussende Faktoren sind neben längeren Verweildauern, differierender Arbeitsweise der Schüler auch in den speziellen Expeditionsaufträgen zu sehen. Im Rahmen der Arbeitsaufträge im Expeditionsheft ordneten die Schüler die identifizierten Pflanzenarten den Schichten des Waldes sowie den Lebensformtypen „Bäume", „Sträucher" und „Kräuter" zu. Auch ein Vergleich des Arteninventars der Pflanzenfunde in den Ökosystemen Wald und Wiese war inbegriffen (Knoblich 2017d). Am Ökosystem Retschbach stand im Rahmen der biologischen Gewässergütebestimmung die Ermittlung von Wasserorganismen als Zeigerarten im Vordergrund, was die verhältnismäßig geringe Diversität an Pflanzenarten in diesem Ökosystem erklärt.

Lichenes (flechtenbildende Pilze)

Da im Ökosystem Fichtenforst nur eine Lichenes-Art (Vielgestaltige Becherflechte *Cladonia furcata*, s. Anh. 158) vereinzelt vorgefunden wurde, entfallen an dieser Stelle Ausführungen zur Simpson-Diversität.

Fazit:[726] Die zahlenmäßige Aufstellung der ermittelten Diversitäten zeigt, dass der Retschbach das Ökosystem mit höchster Habitatdiversität darstellt, während im Ökosystem Magerrasen die höchste Artendiversität der Wirbellosen und im Ökosystem Bleilochstausee die höchste Artendiversität der Wirbeltiere und Pflanzenarten bestimmt wurde. Werden diese Resultate mit den anfänglichen Vermutungen abgeglichen, kann unter Bezugnahme auf die taxonomische Gruppe nur das Ökosystem Mischwald als verhältnismäßig artenreich bezüglich der determinierten Wirbeltiere (D'=0,83, s. Anh. 242) eingestuft werden. In Gegenüberstellung galt das Ökosystem Magerrasen als dasjenige Ökosystem mit der geringsten Habitatdiversität und die Ökosysteme Mischwald, Fichtenforst und Nadelwald als diejenigen mit geringster Artendiversität an Wirbellosen. Im Nadelwald wurde außerdem die geringste Artendiversität an Wirbeltieren geschätzt, während der Retschbach das Ökosystem mit der geringsten Artendiversität der Pflanzenfunde darstellte. Diese Resultate bestätigen folglich nicht die anfängliche Zuordnung der Ökosysteme Bleilochstausee und Magerrasen zu den artenarmen Ökosystemen (s. Anh. 84). Die Gründe für die vergleichsweise hohe Artenvielfalt dieser anfänglich als artenarm eingestuften Ökosysteme sind in der längeren Verweildauer und den speziellen Arbeitsaufträgen im Expeditionsheft zu sehen. Das Ökosystem Magerrasen wurde aufgrund des anthropogenen Ein-

---

726 Analog zu den Diversitätsberechnungen der Expedition in Heberndorf sind die mit Klasse 9a kennengelernten Ökosysteme mit den zugehörigen Habitat- und Artendiversitäten (Magurran 2004) der Unterteilung in Wirbellose, Wirbeltiere und Pflanzenarten folgend zusammengestellt (s. Anh. 242).

flusses (unmittelbare Lage am Stausee-Panoramaweg, Mahd, Begehung) und der damit verbundenen geringen räumlichen Struktur[727] anfänglich den artenärmeren Ökosystemen zugeordnet. Analog ist die geringe Ausbeute an Arten im Ökosystem Retschbach und ehemaligen Ökosystem Meer einerseits durch die kurze Aufenthaltsdauer am entsprechenden Wegpunkt und andererseits durch die Bestimmung zahlreicher Arten bis auf Gattungsniveau zu erklären, welche nicht berücksichtigt wurden.[728]

Am Ende der Expedition wurde bewusst der Bogen zum Biodiversitätsschutz gespannt: Den Schülern wurde vor Augen geführt, dass Biodiversität einen entscheidenden Beitrag zu verschiedenen Ökosystem-Dienstleistungen wie z. B. der Regulierung von Klima und Wasserhaushalt leistet, die dem Menschen indirekt Vorteile bringen. Ebenso im Fokus stand die Sensibilisierung dafür, dass Biodiversität ein hohes landwirtschaftlich und pharmazeutisch nutzbares Potenzial bietet, das dem Menschen direkt dient. Dieser exemplarisch angedeutete Wert von Biodiversität wurde mit dem Aufruf verbunden, dass jeder einzelne ohne große Mühe einen wertvollen Beitrag zum Biodiversitätsschutz leisten kann und davon Gebrauch machen sollte (Knoblich 2017d).[729]

6.5.1.3   *Biodiversitätsebenen in der Praxis*

In Abb. 48 wurden die auf der Expedition im Flächennaturdenkmal „Biotopverbund Rothenbach" bei Heberndorf sowie die im Rahmen der Expedition am Nordufer des Bleilochstausees im Landschaftsschutzgebiet „Obere Saale" erhobenen Biodiversitätsdaten integriert (E1: erste Ebene).[730]

---

727 D'=0,00 bedeutet fehlende Habitatdiversität (s. Anh. 242).

728 Entsprechend der Ausführungen zu den Diversitätsberechnungen im „Biotopverbund Rothenbach" bei Heberndorf sind an dieser Stelle Verallgemeinerungen zur Habitat- und Artendiversität, die über die taxonomischen Gruppen hinausgehen, nicht beabsichtigt und möglich.

729 Die Schüler leisteten im Rahmen der Expedition am Nordufer des Bleilochstausees ihren individuellen Beitrag durch die Teilnahme am GEO-Tag der Artenvielfalt, der seit dem Jahr 2017 GEO-Tag der Natur heißt, um noch mehr Naturinteressierte anzusprechen (Hasselmann 2017).

730 Gemäß der Vorgehensweise vom Allgemeinen zum Besonderen (Spektrum Akademischer Verlag 1999b) wurde auf der untersten Ebene der Pyramide der als Fundament geltende Überbegriff „Biodiversität" (inklusive der drei Ebenen: Ökosysteme, Arten, Gene) dargestellt, wobei sich dieser mit jeder höheren Ebene entsprechend der beinhaltenden Teilaspekte spezifiziert. Auch innerhalb der zweiten Ebene „Ökosystemdiversität" wurde dieser Anordnung gefolgt (die funktionelle Diversität bildet die Basis, die Habitatdiversität die Spitze innerhalb dieser Ebene, s. Abb. 48).

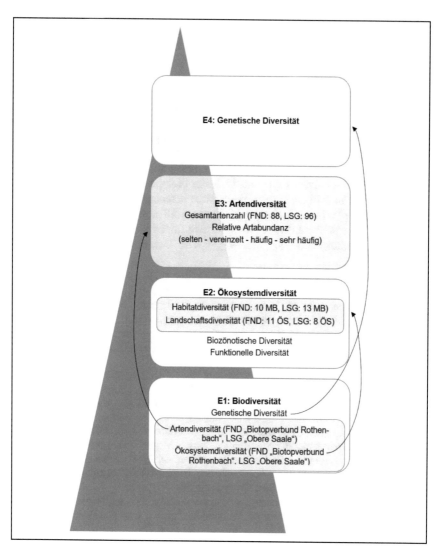

Abb. 48: Diversitätserhebungen im Jahr 2016 und deren Verortung auf den Biodiversitätsebenen.[731]

---

731 FND=Flächennaturdenkmal „Biotopverbund Rothenbach" bei Heberndorf, LSG=Landschaftsschutzgebiet „Obere Saale" am Nordufer des Bleilochstausees, ÖS=Ökosystem(e), MB=Mikrobiotop(e), E=Ebene.

Die Ebene der Ökosystemdiversität betrachtend (E2: zweite Ebene) fällt auf, dass in beiden Untersuchungsgebieten Habitat- und Landschaftsdiversitäten ermittelt wurden. Grundlage für die Berechnung der Landschaftsdiversität bildeten im „Biotopverbund Rothenbach" elf und am Nordufer des Bleilochstausees acht Ökosysteme.[732] Zur Berechnung der Ökosystemdiversität (Habitat- und Landschaftsdiversität) wurde sich des Simpson-Indexes bedient. Im „Biotopverbund Rothenbach" wurde eine Landschaftsdiversität von D'=0,91, am Nordufer des Bleilochstausees von D'=0,88 ermittelt.[733] Lehrplankonformität liegt vor, da auf beiden Schülerexpeditionen artenreiche und artenarme Ökosysteme gegenübergestellt wurden.[734] Auf Basis von zehn im Gelände identifizierten Mikrobiotopen im Flächennaturdenkmal und 13 Mikrobiotopen im Landschaftsschutzgebiet wurden die jeweiligen Habitatdiversitäten berechnet.[735]

Im „Biotopverbund Rothenbach" konnten 88 Arten und am Nordufer des Bleilochstausees 96 Arten während der Expeditionen nachgewiesen werden (E3: dritte Biodiversitätsebene, s. Abb. 48).[736] Die Gesamtartenzahlen wurden im

---

732 Ökosysteme im FND: Acker, Nutztierweide, Waldboden, Fichtenforst, Feuchtwiese, Streuobstwiese, Rothenbach, Hecke, Bergwiese, Mischwald, Rotbuchenwald (s. Anh. 132), Ökosysteme im LSG: Bleilochstausee, Retschbach, Mischwald, Fichtenforst, Magerrasen, Meer, Tümpel, Nadelwald (s. Anh. 146).

733 Je größer der Wert von D' ist, umso höher ist die Diversität (Magurran 2004). Die aus den Berechnungen hervorgehenden Werte für die Habitatdiversitäten sind im Anh. 232 und Anh. 238 einzusehen.

734 Im Thüringer Lehrplan Biologie (TMBWK 2012a) wird explizit der Vergleich wirtschaftlich intensiv genutzter und naturnaher Ökosysteme gefordert (s. Kap. 6.3.2.1). Artenreiche Ökosysteme im FND: Feuchtwiese, Rothenbach, Waldboden, Bergwiese, artenarme Ökosysteme im FND: Nutztierweide, Fichtenforst, Acker, Hecke (s. Anh. 83); artenreiche Ökosysteme im LSG: Retschbach, Mischwald, Meer, Tümpel, artenarme Ökosysteme im LSG: Bleilochstausee, Magerrasen (s. Anh. 84). Nicht alle Ökosysteme wurden in die Kategorien „artenreich" bzw. „artenarm" eingeordnet, weshalb die Summierung der artenreichen und artenarmen Ökosysteme nicht zur Gesamtanzahl der kennengelernten Ökosysteme führt.

735 Mikrobiotope im FND: Bienenstock, Ameisenhaufen, Graben, Bereiche unter Steinen, Baumstumpf, Flechtenrasen, Baumrinde, Totholz, Gemeine Fichte, Umgebung Rothenbachquelle (s. Anh. 132); Mikrobiotope im LSG: Tonschieferfelsen, Ufer Bleilochstausee, Graben, Bereiche unter Steinen, Flechtenrasen, Baumrinde, Totholz, kleine Bucht, Bruchwaldzone, Luft, Ufer Retschbach, Waldrand Bleilochstausee, Remptendorfer Bucht (s. Anh. 146).

736 Artenfunde im FND: Unter den 88 Arten befanden sich 54 Wirbellosenarten, 13 Wirbeltierarten, 18 Pflanzenarten und drei Lichenes-Arten (s. Anh. 135 - Anh. 145); Artenfunde im LSG: Die 96 Arten setzten sich aus 13 Wirbellosen, 28 Wirbeltieren, 54 Pflanzenarten und einer Lichenes-Art zusammen (s. Anh. 149 - Anh. 158). Prinzipiell wurden nur Artenfunde dokumentiert, bei denen eine Determination bis auf Art-

Rahmen der Naturschutz- und Öffentlichkeitsarbeit in die drei regionalen Datenbanken „FLOREIN", „THKART" und „FIS Naturschutz (LINFOS)" (TLUG
2017) sowie in die internationale Datenbank „naturgucker.de" eingepflegt (s.
Abb. 49). Für die jeweiligen Diversitätsberechnungen[737] war neben der Artenzahl die Ermittlung der relativen Artabundanz[738] erforderlich. Die vierstufige
Einteilung der Artvorkommen in „selten", „vereinzelt", „häufig" und „sehr häufig" (s. Abb. 48) erfolgte in Anlehnung an die Braun-Blanquet-Skala (s. Kap.
6.4.1.1). Die Berechnung der Artendiversität basierte ebenfalls auf der Formel
des Simpson-Indexes (s. Kap. 6.5.1).[739]

6.5.2 Schülerbezogene Daten

6.5.2.1 Expedition in den Biotopverbund Rothenbach bei Heberndorf mit Klasse 7a

Der hypothesengeleiteten Gliederung im Kap. 6.4.2.1 folgend werden in den
nachfolgenden Abschnitten die Ergebnisse ausgewertet.[740]

Umwelteinstellungen (Fragebogen prä-post)

Durch die Verbesserung der Klasse 7a und Verschlechterung der Klasse 7c
kommt letztendlich ein fast signifikanter Unterschied zwischen den beiden Klassen zustande (s. Abb. 42). Aufgrund der Verbesserung der Umwelteinstellungen
der Expeditionsklasse trotz der aus statistischer Sicht formalen Ablehnung der

---

niveau möglich war (s. Kap. 6.4.1). Die insgesamt zwölf Rote-Liste-Arten Thüringens (TLUG 2011, drei im FND, neun im LSG) sind mit Gefährdungsstatus in der
Erklärung zu Abb. 6 erwähnt.

737 Aufgrund der einzelnen Diversitätsberechnungen (Magurran 2004) ist eine relative
Artabundanz für die jeweilige Gesamtartenzahl in Abb. 48 nicht darstellbar.

738 Da die Erhebung im Rahmen der Schülerexpeditionen stattfand, wurde in der vorliegenden Studie die für Schüler verständlichere Bezeichnung „relative Arthäufigkeit"
(BPB 2008, s. Kap. 2.1) verwendet.

739 Der Wert von D' geht mit steigender Artendiversität und zunehmender Gleichverteilung der Individuen der Arten gegen 1 (analog zur Ökosystemdiversität gilt: Je näher
der Wert von D' an 1 ist, umso höher ist die Artendiversität, Magurran 2004, s. Kap.
6.5.1). Die aus den Berechnungen hervorgehenden Diversitätswerte sind gegliedert
nach den taxonomischen Gruppen „Wirbeltiere", „Wirbellose" und „Flora" sowie
ökosystembezogen im Anh. 231ff einzusehen. Da nur vereinzelt Lichenes-Arten
identifiziert wurden, entfallen die zugehörigen Diversitätsberechnungen.

740 Auf eine Auswertung der Frage 21 des Fragebogens (s. Anh. 89) wird verzichtet.

Nullhypothese, konnte die anfänglich aufgestellte Hypothese H5a[741] gestützt werden. Ein möglicher und wahrscheinlicher Grund für die Verschlechterung der Umwelteinstellungen der Kontrollklasse ist der am Ende des Schuljahres gelegene Testzeitpunkt 2,[742] der aus schulorganisatorischen Gründen nicht eher stattfinden konnte. In der vorletzten Stunde vor den Sommerferien ist mit einer verminderten Konzentrationsfähigkeit und Ausdauer sowie mit einer erhöhten Unruhe der Siebtklässler zu rechnen, die sich nachteilig auf das Ausfüllen der Fragebögen auswirken.

Umweltwissen (Wissenstest prä-post und Expeditionsheft)

Wissenstest prä-post

Von einem ähnlichen Ausgangsniveau startend hat die Expeditionsklasse nach der Expedition ihr Umweltwissen so sehr erweitert, dass sich beide Klassen zum zweiten Testzeitpunkt hochsignifikant unterscheiden, obwohl der Wissensstand der Kontrollklasse auf dem Ausgangsniveau verblieb (s. Abb. 43). Gründe für die Erweiterung des Umweltwissens und die damit verbundene Unterstützung der Hypothese H5b[743] der Klasse 7a sind einerseits in der wissbegierigen und aufmerksamen Art der Schüler und andererseits durch das unmittelbare Abprüfen des Umweltwissens am Ende des Expeditionstages (s. Verlaufsordnung, Anh. 110) zu sehen. Demnach scheinen den Schülern die auf der Expedition erfahrenen Informationen noch frisch im Gedächtnis geblieben und leicht abrufbar gewesen zu sein. Mögliche Erklärungen für den fehlenden Wissenszuwachs der Kontrollklasse können wieder mit dem späten Erhebungstermin des zweiten Testzeitpunktes oder eventuell auch mit der Vermittlung anderer Inhalte durch die in Klasse 7c unterrichtende Lehrperson[744] gegeben werden. Einige Schülerantworten im Wissenstest lassen außerdem vermuten, dass entgegen der Belehrung in der Kontrollklasse zusätzliche Hilfsmittel (Smartphones) verwendet wurden, was eine mangelnde Disziplin der Schüler als weiteren potenziellen Grund für den fehlenden Wissenszuwachs gelten lässt.

---

741 H5a: „Biotracks haben positive Wirkungen auf die Umwelteinstellungen von Schülern" (s. Kap. 6.2.2.1).

742 am 14. Juni 2016 (s. Anh. 95).

743 H5b: „Biotracks haben positive Wirkungen auf das Umweltwissen von Schülern" (s. Kap. 6.2.2.1).

744 Trotz vorheriger Absprache zur Schaffung ähnlicher Rahmenbedingungen (s. Kap. 6.1).

Expeditionsheft

Die bereits angedeutete Neugierde, gute Disziplin und hohe Konzentrationsfähigkeit der Expeditionsklasse wird auch durch den Notenspiegel unterstrichen. 86 % der Schüler schloss die Aufgaben im Expeditionsheft mit der Note 1 oder 2 ab (s. Anh. 173), was einem sehr guten Klassenergebnis entspricht und die aufgestellte Hypothese H5b zusätzlich stützt.

Umwelthandeln (Fragebogen prä-post)

Aufgrund des allein durch die Verbesserung des Umwelthandelns der Expeditionsklasse 7a hervorgerufenen signifikanten Unterschieds zwischen beiden Klassen zum Zeitpunkt t2 (s. Abb. 44) kann die Hypothese H5c[745] gestützt werden. Die Gründe für die fehlende Veränderung des Umwelthandelns der Kontrollklasse wurden bereits bei den vorherigen Ausführungen zu Umwelteinstellungen und Umweltwissen genannt, treffen hier ebenfalls zu und werden daher nicht erneut ausgeführt. Auch wenn hinsichtlich des Umwelthandelns positive Wirkungen angedeutet werden konnten, beruhen diese erstens nur auf der Fragebogenstudie, d. h. nicht auf unmittelbar praktischen Aktionen der Schüler und zweitens auf den diesbezüglich dem Bereich „Umwelthandeln" zugeordneten Fragestellungen im Fragebogen (s. Fragebogen Teil 3, Anh. 89).

Motivation

Grundsätzlich konnten mit allen vier Erhebungsinstrumenten Rückschlüsse hinsichtlich einer erhöhten Schülermotivation gewonnen werden.

Zusatzaufgaben Expeditionsheft

Die Grafiken verdeutlichen, dass sich das Prinzip der Zusatzaufgaben bewährt hat und die Schüler mehrheitlich das Angebot der Zusatzaufgaben genutzt haben. Die zahlreichen richtig bzw. teilweise richtig beantworteten Zusatzaufgaben von Team „Wiese" und Team „Bach" (s. Anh. 178, Anh. 179) deuten darauf hin, dass die Schüler der Klasse 7a bestrebt waren, ihre Aufmerksamkeit auf das Lernangebot zu richten und Beweggründe für ihr Handeln hatten, was den Grundzügen der Definition zur Motivation entspricht (s. Kap. 4.2.1). Vor diesem Hintergrund ist eine m. H. der richtig gelösten Zusatzaufgaben angedeutete erhöhte Schülermotivation während und nach der Expedition wahrscheinlich.

---

745 H5c: „Biotracks haben positive Wirkungen auf das Umwelthandeln von Schülern" (s. Kap. 6.2.2.1).

Feedbackbogen post-Fragebogen

Auch die Angaben der Schüler im Feedbackbogen gaben Hinweise auf eine gesteigerte Schülermotivation. So brachten die Schüler durch die häufige Vergabe von Note 1 und 2 (72 %, s. Anh. 180) und anhand der Angaben in der Kategorie „Was möchtest Du sonst noch mitteilen" (s. Anh. 184) zum Ausdruck, dass ihnen die Expedition gefallen hatte. Die zahlreichen Schülerantworten in der Kategorie „Naturerfahrung und -schutz" sowie „Artenkenntnisse Tiere / Pflanzen" deuten weiterhin auf eine Unterstützung der Hypothesen H5a-H5c (s. Kap. 1.4) hin. Die Tatsache, dass die Expedition von einem Großteil der Schüler als sehr anstrengend empfunden wurde, kann in Verbindung mit dem heutigen Lebensstil der Familien gebracht werden: Viele Kinder und Jugendliche wachsen in einer vorwiegend medial geprägten Welt auf, in der Naturerfahrungen und sportliche Aktivitäten (z. B. Wanderungen), wenn überhaupt, nur eine untergeordnete Rolle spielen (s. Kap. 1.1). Der Schwierigkeitsgrad der Naturwanderung wurde dem Alter der Schüler angepasst, was die ortsbezogenen Angaben (s. Kap. 6.4.3.1) zeigen. Nichtsdestotrotz sind bei der Planung zukünftiger Expeditionen Pausenzeiten und Gesamtdauer zu überdenken (s. Anh. 182). Auch das Interesse der Schüler für andere Tierarten und Ökosysteme wie z. B. Luft, Teich oder Sumpf (s. Anh. 183) kann als Anregung für weitere Expeditionen dienen.

„Votum-Scheibe"

Trotz des für die Schüler der Klasse 7a als sehr lang empfundenen Expeditionstages wurde ein positives Feedback gegeben (fast alle Zettel wurden in der Mitte der Zielscheibe platziert, s. Anh. 187). Dieser Aspekt ist hoch einzuschätzen, zumal sich die Schüler der Klasse 7a in einem schwierigen Alter befinden und viele andere Interessen außerhalb des Biologieunterrichts haben. Folglich wird der Expeditionstag den Schülern wohl als abwechslungsreich und abenteuerlich in Erinnerung bleiben und im Idealfall einen Beitrag zur Steigerung der Motivation für das Fach Biologie leisten.[746] Als Indiz können in diesem Zusammenhang die vielen positiven Schülerkommentare in den Kategorien „Naturerfahrung allgemein", „Umweltwissen / Interesse allgemein" und „Artenvielfalt: Neue Tier- und Pflanzenarten" gelten (s. Anh. 186).

---

746 Die hohe Begeisterung von jungen Menschen für Expeditionen konnten Harper et al. (2017, S. 1) nachweisen: Die an der britischen Studie teilnehmenden Studenten betrachteten die Expedition rückblickend als eines der besten bisherigen Erlebnisse: ‚Students regarded taking part in an expedition as one of the best things they had done in their life thus far'.

Gedächtnisprotokoll

Die Angaben im Gedächtnisprotokoll deuten ebenso auf eine gesteigerte Schülermotivation hin: Neben der vorbildlichen Vorbereitung der Expedition verhielten sich die Schüler auch diszipliniert und zeigten großes Interesse während der Expedition, welches selbst noch am Ende im Rahmen der Feedbackmethoden spürbar war. Die vielen mündlichen Wortmeldungen, inhaltlichen Nachfragen, die zügige Fortbewegung von einem Wegpunkt zum nächsten sowie das Gesamtverhalten der Schüler (s. Anh. 188) sind weitere Indikatoren, die auf eine gesteigerte Schülermotivation hindeuten. Auch die zahlreichen richtig gelösten Zusatzaufgaben (s. Anh. 178, Anh. 179) sind ein Indiz dafür, dass die Schüler richtig motiviert mehr leisteten.[747] Außerdem funktionierte die Navigation via Smartphones einwandfrei, sodass durch die Nutzung dieser Neuen Medien von den Schülern alle vorher definierten Wegpunkte gefunden und die zugehörigen Aufgaben bearbeitet werden konnten.[748] Auch die Vergabe der Urkunden (s. Anh. 189) kann einen Beitrag zur Motivationssteigerung der Schüler geleistet haben. In Auswertungsgesprächen mit den Begleitpersonen kam zum Ausdruck, dass die Expedition auch für Heberndorf als Bereicherung galt, da die Bevölkerung durch den Pressebeitrag im Lokalteil der OTZ (s. Anh. 190) sowie die zugehörige Online-Version (Hagen 2016) im Sinne der Öffentlichkeitsarbeit auf die Schülerexpedition im „Biotopverbund Rothenbach" aufmerksam gemacht wurde. Im Rahmen zukünftiger Naturschutzarbeit wäre ergänzend zum Biotrack die Erstellung einer Anschauungstafel zum Flächennaturdenkmal „Biotopverbund Rothenbach" denkbar.

---

747 Die Einbindung des Expeditionstages in den GEO-Tag der Artenvielfalt kann in Verbindung mit der Aufnahme der eigenen Artenfunde in die regionalen Datenbanken THKART, FLOREIN, FIS Naturschutz (LINFOS, TLUG 2017) und die internationale Datenbank „naturgucker.de" (s. Abb. 49) zur Motivationssteigerung beigetragen haben.

748 Es wurde v. a. die optische Navigation verwendet, da die Sprachnavigation ggf. der Sichtung von Tierarten entgegengewirkt hätte. Gut realisiert wurde ebenfalls die Teamarbeit der Schüler (s. Anh. 188) im Rahmen der Erkundung von Arten und Ökosystemen sowie als Müllverantwortliche. Auch der Einsatz Expeditionshefte (Knoblich 2016a; 2016b) hat sich bewährt.

6.5.2.2   Expedition an den Bleilochstausee bei Kloster mit Klasse 9a[749]

Umwelteinstellungen (Fragebogen prä-post)

Die aufgestellte Hypothese H5a[750] konnte nicht gestützt werden, da sich die Umwelteinstellungen der Expeditionsklasse nach der Teilnahme an der Expedition verschlechtert haben. Naheliegende Fehlerquelle sind die deutlich spürbaren Ermüdungserscheinungen der Neuntklässler am Ende des Expeditionstages, welche das unkonzentrierte und sichtlich wenig engagierte Ausfüllen der Fragebögen zur Folge hatten. Hinzu kommt die suboptimale Disziplin und scheinbar abnehmende Motivation einzelner Schüler von Team „Wald",[751] die sich während der Bearbeitung der Bögen nachteilig auf die Mitschüler auswirkte. Ein weiterer wahrscheinlicher Grund ist die Tatsache, dass die Expedition einen Tag vor den „kleinen Ferien" stattfand,[752] sodass die Schüler schon in „Ferienstimmung" und dementsprechend leicht ablenkbar waren. Letzterer Aspekt trifft auch auf die Kontrollklasse 9c zu: Schulorganisatorisch war es nicht möglich, die Befragung zu einem anderen Zeitpunkt als in der letzten Schulwoche vor den Sommerferien stattfinden zu lassen.[753] Außerdem handelte es sich bei der Woche des zweiten Testzeitpunktes um die erste Woche nach dem zweiwöchigen Betriebspraktikum der Neuntklässler. Dementsprechend waren Konzentration, Aufmerksamkeit und Disziplin etlicher Schüler suboptimal. Trotz Belehrung und Ermahnung unterhielten sich viele Schüler mit ihrem Banknachbarn, was ein weiteres Indiz für die verschlechterten Umwelteinstellungen zum zweiten Testzeitpunkt (s. Abb. 45) sein kann.

Umweltwissen (Wissenstest prä-post und Expeditionsheft)

Wissenstest prä-post

Durch die deutliche Verbesserung des Umweltwissens der Expeditionsklasse nach der Expedition unterscheidet sich diese zum zweiten Testzeitpunkt hochsignifikant von der Kontrollklasse 9c, bei der nur ein geringfügiger Wissenszuwachs zu verzeichnen ist (s. Abb. 46). Folglich trug die Teilnahme der Schüler

---

749 Analog zu Klasse 7a wird auch im vorliegenden Fall auf eine Auswertung der Frage zur Naturverbundenheit (Frage 24, s. Fragebögen Anh. 89, Anh. 92) verzichtet.

750 H5a: „Biotracks haben positive Wirkungen auf die Umwelteinstellungen von Schülern" (s. Kap. 6.2.2.1).

751 s. Gedächtnisprotokoll (Anh. 216).

752 s. Stoffverteilungsplan Klasse 9a (Anh. 114).

753 s. Stoffverteilungsplan Klasse 9c (Anh. 115).

am Biotrack zur Erweiterung des Umweltwissens bei, sodass die Hypothese H5b[754] gestützt werden konnte. Mögliche Erklärungen für die Wissenserweiterung der Expeditionsklasse können in dem aufgeschlossenen Auftreten vieler Schüler (v. a. von Team „See") und der damit verbundenen gewissenhaften Bearbeitung der Aufgaben gesehen werden. Analog zu Klasse 7a kann auch bei Klasse 9a die unmittelbar im Anschluss an die Expedition stattfindende Ermittlung des Umweltwissens zu diesen positiven Resultaten beigetragen haben. Als Ursache für die nur minimale Verbesserung der Kontrollklasse kann wieder der bereits o. g. Erhebungstermin unmittelbar nach dem Betriebspraktikum in der letzten Schulwoche mit der damit verbundenen Unaufmerksamkeit der Schüler gelten. Außerdem sind minimale Abweichungen der im Vorfeld vereinbarten Unterrichtsinhalte durch die zuständige Lehrperson der Klasse 9c trotz sorgfältiger Abstimmung mit der Lehrperson nicht auszuschließen. Dagegen kann die Nutzung unerlaubter Hilfsmittel bei Klasse 9c ausgeschlossen werden, da die Expeditionsleiterin selbst den Posttest durchführte und dahingehend prüfte.

Expeditionsheft

Das Resultat der benoteten Expeditionshefte stützt die Hypothese H5b: 72 % der Schüler erhielten Note 1 oder 2 für ihre Antworten im Expeditionsheft (s. Anh. 205), was für eine gute Arbeitsweise der Schüler während der Expedition spricht, auch wenn es, wie angedeutet (s. Kap. 6.4.2.2), gruppenspezifische Unterschiede hinsichtlich Disziplin, Ausdauer usw. gab. Aufgrund der separaten Bearbeitung der Aufgaben im Expeditionsheft durch die Schüler vom Team „See" während der Zehnerkanadiertour und Team „Wald" während der Mountainbiketour konnten die gewissenhaft arbeitenden Schüler von Team „See" nicht negativ von den z. T. verhaltensauffälligen Schülern von Team „Wald" beeinflusst werden, was zu dem positiven Gesamtergebnis beigetragen haben kann.

Umwelthandeln (Fragebogen prä-post)

Weder zum ersten noch zum zweiten Testzeitpunkt existieren signifikante Unterschiede hinsichtlich des Umwelthandelns der Schüler von Expeditions- und Kontrollklasse (s. Abb. 47), was bedeutet, dass die Teilnahme der Klasse 9a am Biotrack nicht auf positive Wirkungen bezüglich des Umwelthandelns der Schüler hindeutete (H5c[755] nicht bestätigt). Die Gründe für das ermittelte annähernd

---

754 H5b: „Biotracks haben positive Wirkungen auf das Umweltwissen von Schülern" (s. Kap. 6.2.2.1).

755 H5c: „Biotracks haben positive Wirkungen auf das Umwelthandeln von Schülern" (s. Kap. 6.2.2.1).

gleichbleibende Niveau des Umwelthandelns der Klasse 9a nach der Expedition entsprechen den für die Umwelteinstellungen genannten Gründen wie Ermüdung, Disziplinschwierigkeiten, letzter Schultag vor freien Tagen usw. und werden daher hiermit nicht detaillierter ausgeführt. Gleiches trifft auf mögliche Erklärungen für die Verschlechterung des Umwelthandelns der Kontrollklasse zu.[756]

Motivation

Zusatzaufgaben Expeditionsheft

Auch in Klasse 9a kann auf Basis der vielen richtig gelösten Zusatzaufgaben von einer Bewährung des Prinzips der Zusatzaufgaben gesprochen werden (s. Anh. 210, Anh. 211). Die Neuntklässler nahmen die über die regulären Expeditionsaufgaben hinausgehende Verbesserungsmöglichkeit sowohl im Team „See" als auch im Team „Wald" freiwillig an. Definitionsgemäß liegt der Schluss nahe, dass die Expedition zur Steigerung der Schülermotivation in beiden Teams beigetragen haben kann.

Feedbackbogen post-Fragebogen

Indizien zur gesteigerten Schülermotivation konnten auch durch die Schülerkommentare im Feedbackbogen gewonnen werden. Prinzipiell ist davon auszugehen, dass die bereits o. g. Ermüdungserscheinungen Ursache für die vielen fehlenden Angaben der Schüler im Feedbackbogen sind.[757] Nichtsdestotrotz hatte die Expedition vielen Schülern gut gefallen (30 % vergaben die Note 2, s. Anh. 212), wobei besonders die sportlichen Aktivitäten in Form des Boot- und Radfahrens von den Schülern positiv gewertet wurden. Auch die Experimente wurden von den Schülern beider Teams geschätzt (s. Anh. 213). Konstruktive, aus dem Schülerfeedback resultierende Hinweise sind in dem Wunsch der Schüler nach weiteren Pausen und einer zeitlich weniger umfangreichen Expedition zu sehen (s. Anh. 214). Diese Angaben können aber z. T. auch den o. g. suboptimalen Rahmenbedingungen geschuldet sein. Hinsichtlich der von den Schülern kritisierten Gruppenkonstellation könnte bei zukünftigen Expeditionen die Gruppeneinteilung im Vorfeld durch die Lehrperson unter Beachtung der speziellen Eigenschaften der Schüler vorgenommen werden, wie es bei Klasse 7a geschah. Ursprünglich sollte die durch die Schüler der Klasse 9a im Rahmen der Vorbereitungsstunde (s. Kap. 6.3.2.2) selbst vorgenommene Gruppeneinteilung zur

---

756 s. Punkt 1 „Umwelteinstellungen (Fragebogen prä-post)" in diesem Teilkapitel.
757 s. jeweils letzter Balken (Anh. 213 – Anh. 215).

Erhöhung von Mitbestimmung und Motivation der Neuntklässler dienen. Das geschilderte Interesse der Schüler für andere Ökosysteme wie z. B. Teich oder Boden (s. Anh. 215) kann als weitere Anregung für zukünftige Schülerexpeditionen gelten.

Gedächtnisprotokoll

Auch das Gedächtnisprotokoll erwies sich als geeignet zum Erhalt von Hinweisen zur Schülermotivation. Grundsätzlich deuten die Angaben im vierten Schwerpunkt („Mitarbeit / Motivation") darauf hin, dass ein Großteil der Schüler die Expedition motiviert absolvierte bzw. motiviert aus ihr hervorging. Auch wenn viele der positiven Rückmeldungen den Schüleraussagen des Teams „See" entstammen, das die Expeditionsleiterin persönlich bei der Aufgabenbearbeitung wahrnehmen konnte, wurde auch positives Feedback vom Team „Wald" rückgemeldet.[758] Indizien zur im Idealfall gesteigerten Schülermotivation beider Gruppen sind z. B. die vorbildliche Vorbereitung, die vielen unaufgefordert und richtig gelösten Zusatzaufgaben, die rege Beteiligung mit mündlichen Wortmeldungen und das zügige Zurücklegen der Wegstrecke von einem Wegpunkt zum nächsten (s. Anh. 216).[759] Ein weiterer Hinweis ist in der fehlerfreien Bedienung der Smartphones durch die Schüler verbunden mit der zielführenden Navigation zu sehen. Vollkommen selbstständig und sichtlich motiviert setzen die Schüler ihren Weg von einem Wegpunkt zum nächsten fort, um dort die jeweiligen Expeditionsaufgaben zu lösen. Analog zu Klasse 7a kann der Einsatz der Expeditionshefte auch bei Klasse 9a als praktikabel, die Teamarbeit als erfüllt und die Urkundenvergabe (s. Anh. 217) als potenziell motivationsfördernd eingeschätzt werden. In reflektierenden Gesprächen mit dem Team des SEZ Kloster konnte nach der Expedition festgestellt werden, dass die Expedition geeignet erscheint, zukünftig als Programmbaustein des SEZ Kloster angeboten zu werden.

Resümierend kann an dieser Stelle festgehalten werden, dass außerschulischer Unterricht ein hohes Potenzial zur anschaulichen und praxisnahen Vermittlung von Biodiversitätswissen sowie zur Sensibilisierung für den Biodiversitäts-

---

758 Gründe für die nicht ganz ausgewogene Verteilung der Schüler auf Team „See" und Team „Wald" waren krankheitsbedingte Ausfälle und das frühere Abholen zweier Schüler, was eine Umorganisation beim Tausch der Fortbewegungsmittel von Team „See" und Team „Wald" zur Folge hatte.

759 Die den Schülern im Vorfeld angekündigte Übermittlung der Artenfunde für das Projekt „Kartierung der FFH- und Rote-Liste-Pflanzenarten in Thüringen" (TLUG 2016) und die Datenbanken THKART, FLOREIN, FIS Naturschutz (LINFOS, TLUG 2017) und naturgucker.de (s. Abb. 49) kommt auch für Klasse 9a als weiterer Motivationsfaktor infrage.

schutz bietet.[760] Grundsätzlich handelt es sich bei solchen mehrperspektivischen Exkursionen immer um ein Konstrukt an Faktoren, die die Wirkungen letztendlich erzielt haben. Das Biotrack-Verfahren kombiniert z. B. bewusst die digitale Welt und die natürliche Umgebung, sodass es weniger von Interesse war, welcher dieser zwei Faktoren ausschlaggebend für die Wirkungen war, sondern vielmehr, ob sich das Biotrack-Verfahren in dieser Form mit den charakteristischen Merkmalen (v. a. Zehnschrittfolge, Handlungsorientierung, Kombination von Neuen Medien und primären Naturerfahrungen) bewährt hat und praxistauglich ist. Dieses Ziel wurde anhand der Schülerexpeditionen erreicht, da gezeigt wurde, dass Biotracks positive Wirkungen auf die Umweltbildung von Schülern haben können (s. auch Kap. 7.1.3).

6.5.3   Ortsbezogene Daten

6.5.3.1   Expedition in den Biotopverbund Rothenbach bei Heberndorf mit Klasse 7a

Vorab ist an dieser Stelle anzumerken, dass alle vorher definierten 16 Wegpunkte anhand des in der Praxis realisierten Biotrack-Verfahrens aufgefunden wurden und die zuvor festgelegten Geländebedingungen[761] als angemessen eingeschätzt werden können. Der Schwierigkeitsgrad der Expeditionsroute wurde im Vorfeld unter Berücksichtigung der altersgemäßen physischen und psychischen Voraussetzungen der Schüler konzipiert.[762] Die Distanz von 6,8 Kilometern kann als altersgerecht eingestuft werden, auch wenn der Weg von einigen Schülern als zu lang empfunden wurde (s. Anh. 182, Anh. 218). Der Anstieg von insgesamt 256 Metern (s. Anh. 218, Anh. 221) hat sich zwar durch den anfänglichen Abstieg von insgesamt 250 Metern wieder ausgeglichen, wurde aber von vielen Schülern in Form des steilen Berges am Ende der Expedition als Belastung empfunden (s. Anh. 214). Als Erklärung ist wieder der Aspekt anzuführen, dass viele Kinder und Jugendliche in der heutigen Zeit sehr medial und bewegungsarm aufwachsen, sodass die Naturwanderung für den Großteil der Schüler ein besonderes Erlebnis darstellte. Da ein Rundweg angestrebt wurde,[763] boten die Geländebe-

---

760 Darauf deuten auch die im Rahmen der Lehrerfortbildung am 1. Februar 2017 (Knoblich 2017e) aus den Fragebögen erhaltenen Ergebnisse hin (s. Frage 4, 5, S. 2, Anh. 6).

761 v. a. Distanz, Höhe (s. Anh. 218).

762 Wie in den vorherigen Teilkapiteln angedeutet, erfolgt an dieser Stelle noch ein expliziter Hinweis zu den Parametern Distanz und Höhe, die im Rahmen des Feedbacks von den Schülern mehrfach kommentiert wurden.

763 s. topografische Überblickskarte (Anh. 220).

dingungen im „Biotopverbund Rothenbach" bei Heberndorf keine anderen Möglichkeiten als die Einbettung des Berges am Ende der Expeditionsroute.[764]

6.5.3.2 *Expedition an den Bleilochstausee bei Kloster mit Klasse 9a*

Auch in Klasse 9a schufen die gewählten und den altersgemäßen Voraussetzungen der Schüler angepassten Geländebedingungen günstige Voraussetzungen zur punktgenauen Lokalisation der zuvor definierten acht (Team „See") bzw. 13 (Team „Wald") Wegpunkte m. H. des Biotrack-Verfahrens, die von allen Schülern selbstständig aufgefunden wurden. Die zurückgelegte Distanz der Zehnerkanadiertour von 4,4 Kilometern hat sich als angemessen erwiesen, da an den einzelnen Wegpunkten genügend Zeit für die Aufgabenbearbeitung eingeplant und wechselnde Witterungsbedingungen am Nordufer des Bleilochstausees[765] wie z. B. Wellen aufgrund von Gegenwind berücksichtigt werden müssen. Die Werte für An- und Abstieg während der Tour auf dem Bleilochstausee (s. Anh. 222) sind auf Messungenauigkeiten des im GPS-Gerät integrierten Höhenmessers zurückzuführen. Aufgrund der gleichbleibenden Höhe des Bleilochstausees über dem Meeresspiegel müssten die Werte für An- und Abstieg jeweils bei null Metern liegen. Durch Mittelwertbildung der minimalen und maximalen Höhenwerte der Zehnerkanadiertour ist von einer ungefähren Höhe des Bleilochstausees von 406 Metern über dem Meeresspiegel auszugehen. Auch die gewählte Distanz der Mountainbiketour von 9,3 Kilometern hat sich als praktikabel herausgestellt, da die Schüler des Teams „Wald" fast zeitgleich (fünf Minuten eher) in der Remptendorfer Bucht mit dem Team „See" aufeinandertrafen. Aufgrund der im Vergleich zum Team „See" deutlich zügigeren Fortbewegung der Schüler per Mountainbike von einem Wegpunkt zum nächsten, wurden mehr Wegpunkte in die Tour von Team „Wald" integriert und den Schülern mehr Zusatzaufgaben angeboten. Der bergige Verlauf des Radweges mit einem Gesamtanstieg von 126 Metern in den ersten fünf Kilometern (s. Anh. 227, Anh. 230) scheint die Schüler eher herausgefordert als demotiviert zu haben, wenn die Schülerkommentare im Feedbackbogen vergleichend einbezogen werden (s. Kap. 6.5.2.2).

Resümierend kann an dieser Stelle als Optimierungsvorschlag für zukünftige Expeditionen angegeben werden, ein Smartphone bei der Schülerexpedition die Route aufzeichnen zu lassen, um die realen Zeit- und Geschwindigkeitswerte

---

764 Eine Kommentierung weiterer ortsbezogener Parameter wie Himmelsrichtung oder Position scheint an dieser Stelle nicht relevant. Festzuhalten bleibt lediglich, dass diese Parameter essenziell für das damalige und zukünftige Auffinden der für die Wissensvermittlung bereitgestellten POIs waren bzw. sind und daher tabellarisch festgehalten wurden (s. Anh. 219).

765 s. topografische Überblickskarte (Anh. 224).

der Schüler zu erfassen und den Abgleich des tatsächlichen mit dem zuvor aufgestellten Zeitplan im Rahmen der Expeditionsnachbereitung zu erleichtern.
Gleichzeitig ist das Mitführen von GPS-Geräten zukünftig nicht erforderlich, da
die gewählte Navigations-App sowie die zwischenzeitliche Smartphone-
Aufladung über Powerbanks zuverlässig funktionierte, zumal Schulen i. d. R.
keine GPS-Geräte besitzen, die Ausleihe von GPS-Geräten über Medienzentren
kostspielig ist und sich damit der Aufwand unter Kosten-Nutzen-Aspekten nicht
lohnt.

6.5.4   Bildungsebenen in der Praxis

Bei Betrachtung der Darstellung[766] zeigt sich, dass unmittelbar im Zusammenhang mit dem praktisch erprobten Biotrack-Verfahren Beiträge auf allen Ebenen
existieren, aber die überwiegende Zahl der Beiträge auf regionaler (E3: neun
Beiträge) und lokaler Ebene (E4: vier Beiträge) verortet ist. Im Kap. 2.4 und
Kap. 3.8 wurde deutlich, dass gerade die Fokussierung auf regionale und lokale
Aktivitäten besonders prädestiniert ist, um an die Lebenswelt der Schüler anzuknüpfen (z. B. durch Biodiversitäts-Biotracks in der Heimat, s. Abb. 49, E4:
lokale Ebene) und Einsichten in den Wert der Vielfalt zu ermöglichen.[767]

---

766 Die Auflistung der im Zusammenhang mit der wissenschaftlichen Abhandlung entstandenen Beiträge (Stand: 2018) erhebt keinen Anspruch auf Vollständigkeit. Aus
Gründen der Übersichtlichkeit wurde bei der Offenlegungsschrift (Hoßfeld & Knoblich 2016) und der Wort-/ Bildmarke (Knoblich 2015b, s. E2: Abb. 49) nur die Kurzform (Titel) angegeben und auf die Darstellung der den Expeditionsheften (Knoblich
2016a; 2020a; 2016b; 2020b) zugehörigen Lösungshefte (Knoblich 2016i; 2020n;
2016j; 2020o) verzichtet. Aus gleichem Grund wurden auch der Zeitungsartikel (Hagen 2016) sowie die Vorträge der Verfasserin an den Staatlichen Gymnasien „Dr.
Konrad Duden" Schleiz und „Christian-Gottlieb-Reichard" Bad Lobenstein nicht in
die Übersicht integriert. Die ausführlichen Angaben sind dem Literaturverzeichnis zu
entnehmen. Die Biodiversitäts-Biotracks (Knoblich 2020r; 2020s; 2020t; 2020u), das
Biodiversitäts-Modul (Knoblich & Hoffmann 2018, s. Anh. 9) sowie die biodiversitätsbezogene Lehrerfortbildung (Knoblich 2017e) sind in der pyramidalen Darstellung per Fettdruck hervorgehoben, da diese als Hauptkomponenten aus vorliegendem
Buch hervorgehen.
767 Lokale und regionale Projekte legen damit einen wesentlichen Grundstein für den
globalen Biodiversitätsschutz (Streit 2007, s. Kap. 2.4).

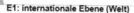

E1: internationale Ebene (Welt)

- *Faunen-, Floren- und Lichenesfunde am Nordufer des Bleilochstausees* (2017, naturgucker.de)
- *Faunen-, Floren- und Lichenesfunde im „Biotopverbund Rothenbach" / Heberndorf* (2017, naturgucker.de)
- *Adventure Biodiversity: Exploring species and ecosystem diversity with 'biotracks'* (2016, UN-Dekade biologische Vielfalt)

E2: nationale Ebene (Deutschland)

- *Verfahren zur Erarbeitung und Vermittlung standortspezieller, vorgabenbezogener und insbesondere wissenschaftlich schwer zugänglicher Informationen* (2016, DPMA)
- *Nat Ed Way Smart* (2015, DPMA)

E3: regionale Ebene (Thüringen)

- *Lernort: Abenteuer Artenvielfalt – Organismen in ihrer Umwelt am Nordufer des Bleilochstausees* (2017, TSP)
- *Lernort: Abenteuer Artenvielfalt - Wirbellose im „Biotopverbund Rothenbach" bei Heberndorf* (2017, TSP)
- *Lernort: Abenteuer Artenvielfalt – Samenpflanzen und Wirbeltiere im Sormitzgebiet bei Leutenberg* (2017, TSP)
- *Lernort: Abenteuer Artenvielfalt – Ökosysteme im Plothener Teichgebiet* (2017, TSP)
- *Faunistische Nachweise im Landschaftsschutzgebiet „Obere Saale" (Landkreis Saale-Orla-Kreis / Thüringen) (Amphibia, Arachnida, Aves, Insecta, Mammalia, Reptilia)* (2017, TFA)
- *Erfassung gefährdeter Pflanzen im Landschaftsschutzgebiet „Obere Saale" am Bleilochstausee von Kloster bis zur Remptendorfer Bucht (Saale-Orla-Kreis)* (2017, IFKTh)
- **Lehrerfortbildung** "Naturerfahrung mit Neuen Medien!?" (2017, AG Biologiedidaktik Jena, für ProfJL)
- **Biodiversitäts-Modul** *Naturerfahrung mit Neuen Medien* (2018 für TMBJS)
- *Die Vielfalt der wirbellosen Tiere im Flächennaturdenkmal „Biotopverbund Rothenbach" bei Heberndorf (Landkreis Saale-Orla-Kreis / Thüringen) (Insecta, Arachnida, Gastropoda, Chilopoda, Diplopoda, Malacostraca)* (2016, TFA)

E4: lokale Ebene (Naturpark „Thüringer Schiefergebirge / Obere Saale")

- **Biodiversitäts-Biotrack** im Flächennaturdenkmal "Biotopverbund Rothenbach" (2016, mit Gymnasium Bad Lobenstein)
- **Biodiversitäts-Biotrack** im Landschaftsschutzgebiet "Obere Saale" (2016, mit Gymnasium Schleiz)
- *Expeditionsheft Abenteuer Artenvielfalt – Wirbellose im „Biotopverbund Rothenbach" bei Heberndorf* (2016, AG Biologiedidaktik Jena)
- *Expeditionsheft Abenteuer Artenvielfalt – Organismen in ihrer Umwelt am Bleilochstausee* (2016, AG Biologiedidaktik Jena)

Abb. 49: Öffentlichkeitswirksame Beiträge und deren Verortung auf vier Bildungsebenen.[768]

---

768 Die verwendeten Abkürzungen sind im Abkürzungsverzeichnis erklärt.

Die Einbindung in größere öffentlichkeitswirksame Projekte (hier z. B. GEO-
Tag der Artenvielfalt, nationale Ebene)[769] und die Erweiterung zentraler Forschungsdatenbanken[770] (hier z. B. FLOREIN und THKART, E3: regionale Ebene) durch eigene Artenfunde kann darüber hinaus als Motivationsfaktor für
Schüler gelten (s. Kap. 6). Die aus dem GEO-Tag der Artenvielfalt hervorgehenden Veröffentlichungen weisen internationale Bezüge auf.[771] Auf internationaler
Ebene ist v. a. der Online-Beitrag auf www.undekade-biologischevielfalt.de (E1:
s. Abb. 49) zu erwähnen, wobei alle Online-Beiträge[772] durch die globalen Zu-
griffsmöglichkeiten im Internet weltweite Bezugspunkte aufweisen.[773] Um den
Stellenwert des Themas „Biodiversität" in der Schulbildung an Thüringer Gym-
nasien zu erhöhen (s. Kap. 2.6.3), wurden in vorliegendem Buch aufbauend auf
den vier angemeldeten Lernorten (Knoblich 2017f; 2017g; 2017h; 2017i) drei
Komponenten entwickelt: 1. Biodiversitäts-Biotracks, 2. Biodiversitätsbezogene
Lehrerfortbildung, 3. Biodiversitäts-Modul (s. Abb. 49).[774] Die Biodiversitäts-
Biotracks (Knoblich 2020r; 2020s; 2020t; 2020u) wurden für die Mediothek des

---

769 Der GEO-Tag der Artenvielfalt gilt als größte Feldforschungsaktion in Mitteleuropa
(s. Kap. 6.3.1.2). Die zugehörige Datenbank „naturgucker.de" besitzt internationale
Reichweite (Müller 2012).

770 Die auf den zwei Schülerexpeditionen erhobenen Artenfunde wurden in drei regionale und eine internationale Datenbank eingearbeitet. Regionale Datenbanken: FLO-
REIN (floristische Datenbank, TLUG, nun TLUBN), THKART (faunistische Datenbank, TLUG, nun TLUBN), FIS Naturschutz (LINFOS, floristische und faunistische
Datenbank, TLUG 2017). Internationale Datenbank: naturgucker.de (floristische und
faunistische Datenbank, naturgucker.de gemeinnützige eG). Die Daten vom bundesweiten GEO-Tag der Artenvielfalt fließen in die internationale naturgucker-Datenbank ein (Munzinger 2017b). Die Rote-Liste-Arten beider Expeditionen erweitern
das regionale Projekt „Kartierung der FFH- und Rote-Liste-Pflanzenarten in Thüringen" (TLUG 2016, s. Kap. 3.2).

771 Der GEO-Tag der Artenvielfalt findet in Deutschland in Anlehnung an den internationalen Tag der Biodiversität statt (Streit 2007, s. Kap. 2.5), sodass die bei dieser Ak-
tion erhobenen Daten über die Bundesebene hinaus auch internationalen Forschungszwecken dienen (Müller 2012, s. Kap. 6.4.1).

772 Die ausschließlich online verfügbaren Publikationen, wie z. B. die vier im TSP angemeldeten Lernorte (Knoblich 2017f; 2017g; 2017h; 2017i) sind in Abb. 49 durch
blaue Schriftfarbe hervorgehoben. Eine ausführlichere Auflistung findet sich im jeweiligen Literaturverzeichnis von Hauptdokument und Online-Anhang.

773 Die aus der Patentanmeldung resultierende Offenlegungsschrift (Hoßfeld & Knoblich
2016) ist bspw. nicht nur über das DEPATISnet (DPMA 2016a) oder FreePatentsOn-
line.com (2016), sondern auch über die Suchmaschine „Google" auffindbar.

774 Das Modul *Naturerfahrung mit Neuen Medien!?* wurde für den Thüringer Lehrplan
NWuT (TMBJS 2018) entwickelt und der Entwurf schriftlich fixiert (Knoblich &
Hoffmann 2018).

TSP entwickelt und zusammen mit den Expeditions- und Lösungsheften (Knoblich 2020a; 2020b; 2020n; 2020o) im Thüringer Schulportal veröffentlicht, sodass diese Beiträge trotz der lokalen Umsetzung von der lokalen auf die regionale Ebene verschoben werden könnten.[775] Die Integration der Lehrerfortbildung (Knoblich 2017e) in das Fortbildungsangebot des ThILLM sowie des Biodiversitäts-Moduls (Knoblich & Hoffmann 2018) in den NWuT-Lehrplan steht noch aus.

6.6 Resümee

Die Anwendung der vier in Kap. 1.4 vorgestellten Methoden Praxistest (M2), Expeditionsheft (M3), Fragebogen (M5) und Wissenstest (M6) erfolgte im sechsten Kapitel schwerpunktmäßig mit dem Ziel der Hypothesendiskussion (H5, s. Kap. 1.4). Die vor diesem Hintergrund dargestellten und interpretierten Ergebnisse der Schülerexpeditionen machen eine differenzierte klassenbezogene Betrachtung der drei untersuchten Teilaspekte der Hypothese H5 erforderlich: Die Ergebnisse der am Biotrack teilnehmenden Expeditionsklasse 7a erlauben eine Unterstützung aller drei Teilaspekte der Hypothese H5 (H5a-c), sodass die gesamte Hypothese H5 gestützt werden kann: „Biotracks haben positive Wirkungen auf die Umwelteinstellungen, das Umweltwissen und das Umwelthandeln von Schülern" (s. Kap. 7.1.2). Gründe für diese positiven Resultate sind vorrangig in der wissbegierigen Art der Schüler zu sehen (s. Kap. 6.5.2.1). Für die an der zweiten Schülerexpedition teilnehmenden Schüler der Klasse 9a empfiehlt sich aufgrund der unterschiedlichen Teilergebnisse eine differenzierte Betrachtung der drei Teilaspekte der Hypothese H5: Während der erste Teilaspekt nicht gestützt werden konnte (H5a: „Biotracks haben positive Wirkungen auf die Umwelteinstellungen von Schülern"), ermöglichen die bezüglich des Umweltwissens erhobenen Ergebnisse eine Unterstützung von H5b: „Biotracks haben positive Wirkungen auf das Umweltwissen von Schülern". Dagegen konnten in Klasse 9a keine statistisch gesicherten positiven Wirkungen auf das Umwelthandeln der Schüler nachgewiesen werden, was eine Verwerfung der folgenden zugehörigen Teilhypothese H5c erforderlich macht: „Biotracks haben positive Wirkungen auf das Umwelthandeln von Schülern". Zentrale Ursachen für die ausbleibenden positiven Wirkungen auf die Umwelteinstellungen und das Umwelthandeln der Neuntklässler sind die am Ende des Expeditionstages auftretenden Ermüdungserscheinungen, die damit verbundene Unkonzentriertheit und

---

775 Die nächste Stufe wäre die Bereitstellung der Biotracks auf nationaler Ebene für den DBS (s. Abb. 6, Kap. 7.2).

der Expeditionszeitpunkt (ein Tag vor den „kleinen Ferien"). Außerdem wirkte sich die mangelnde Disziplin einzelner Schüler aus Team „Wald" während der Fragebogenbearbeitung nachteilig auf die Mitschüler aus. Als zentraler Grund für die positiven Wirkungen des Biotracks auf das Umweltwissen ist die gewissenhafte Arbeitsweise zahlreicher Schüler (v. a. aus Team „See") anzugeben.

7 Schlussbetrachtung

Dieses Kapitel beabsichtigt nach der Beantwortung der Forschungsfrage (F, s. Kap. 1.4) in Verbindung mit der Zusammenführung der zentralen Schwerpunktsetzungen der vier theoretischen Kapitel[776] das Aufgreifen und die abschließende Diskussion der fünf im Rahmen dieser Arbeit fokussierten Hypothesen (H1-H5, s. Kap. 1.4). Danach wird eine Überprüfung der zehn Ziele (Z0-Z9, s. Abb. 1) vorgenommen, bevor ein Ausblick das Schlusskapitel abrundet.

7.1 Zusammenfassung

7.1.1 Beantwortung der Forschungsfrage

Die Forschungsfrage wird auf Basis der vorangegangenen Erkenntnisse abschließend beantwortet. Ziel ist das Aufzeigen der wichtigsten Bezüge bzw. Belege hinsichtlich der anfänglich aufgestellten Frage: „Wie gelingt es, aus den vorgegebenen Lehrplaninhalten einen Biotrack zu entwickeln, der die drei ‚ökologischen B's' ‚Biodiversität', ‚Bildung' und ‚Biologieunterricht' miteinander verknüpft und sich positiv auf die Umwelteinstellungen, das Umweltwissen und das Umwelthandeln von Schülern auswirkt?" (s. Kap. 1.4).

Die Beantwortung der Frage erfordert ausgehend von den zugrundeliegenden Lehrplaninhalten die Zweiteilung der Forschungsfrage in die Teilfragen Fa (drei Bereiche: „Biodiversität", „Bildung" und „Biologieunterricht", s. u.) und Fb (drei Bereiche: Umwelteinstellungen, Umweltwissen und Umwelthandeln, s. u.), die separat bearbeitet werden.

Fa: „Wie gelingt es, aus den vorgegebenen Lehrplaninhalten einen Biotrack zu entwickeln, der die drei ‚ökologischen B's' ‚Biodiversität', ‚Bildung' und ‚Biologieunterricht' miteinander verknüpft [...]?"

Die Antwort auf o. g. Teilfrage stellt das entwickelte didaktische Verfahren dar, in dessen Rahmen aufgezeigt wird, über welche definierte Schrittfolge ausgehend von den Lehrplaninhalten durch die Verknüpfung der drei Bereiche „Biodiversität", „Bildung" und „Biologieunterricht" Biotracks für die praktische Um-

---

776 s. Kap. 2.8, Kap. 3.10, Kap. 4.7, Kap. 5.7.

© Springer Fachmedien Wiesbaden GmbH, ein Teil von Springer Nature 2020
L. Knoblich, *Mit Biotracks zur Biodiversität*,
https://doi.org/10.1007/978-3-658-31210-7_7

setzung (s. Kap. 6) generiert werden können. Die zehn Verfahrensschritte (s. Kap. 5.3.3) lauten: 1. Auswahl eines geeigneten geografischen Großraumes, 2. Ausarbeitung wissenschaftlicher Inhalte anhand von Vorgaben, 3. Definition eines Expeditionsgebiets und geografische Auswahl der POIs, 4. Verknüpfung der POIs zu einer Expeditionstour (Biotrack), 5. Koordinierung der lokalen Gegebenheiten sowie Inhalte, Festlegung des finalen Biotracks und ortsspezifische Datenerweiterung, 6. Charakterisierung der POIs anhand ihrer Merkmale, 7. Verknüpfung der wissenschaftlichen Inhalte und POIs in einer Auswahlmatrix, 8. Visualisierung des entworfenen Biotracks anhand der POIs, 9. Begehung des finalen Biotracks mit GPS-tauglichen Anzeigegeräten, 10. Optimierung des Biotracks nach Begehung im Gelände. Das durch diese Zehnschrittfolge charakterisierte Biotrack-Verfahren wird damit als „viertes ökologisches B" o. g. Anspruch der Verbindung der drei „ökologischen B's" gerecht, welche bereits in Kap. 5.7 durch Unterstützung der zugehörigen Hypothese H4 gezeigt wurde (s. erster Teilaspekt von H4). Damit gilt die erste Teilfrage Fa als beantwortet. Verknüpfungen der drei „ökologischen B's" „Biodiversität", „Bildung" und „Biologieunterricht" durch den jeweiligen Biotrack wurden in einer Grafik visualisiert.[777] Die praktische Umsetzung des Verfahrens wurde anhand der zwei durchgeführten Schülerexpeditionen (s. Kap. 6.3.1, Kap. 6.3.2) gezeigt.

In Abb. 50 werden die drei „ökologischen B's" „Biodiversität", „Bildung" und „Biologieunterricht" durch das „vierte B" „Biotrack" mittels Zusammenführung der einzelnen Abbildungen[778] miteinander verknüpft. Die Methode der Biotracks stellt eine Möglichkeit für „handlungsorientierte Biodiversitätsbildung im außerschulischen Biologieunterricht" (s. Kap. 5.7) dar. Durch die am jeweiligen Kreis zentral oben lokalisierte Darstellung[779] wird deutlich, dass die Artenvielfalt Schwerpunkt der Biodiversität war, die Umweltbildung im Bereich „Bildung" im Vordergrund stand und der handlungsorientierte Unterricht im Biologieunterricht einen zentralen Stellenwert einnahm (s. Abb. 50). Ein Blick in die Mitte der Abb. 50 zeigt die Charakterisierung der Biotracks anhand einer weiteren zentralen Komponente des jeweiligen „ökologischen B's": Ausgehend von der UN-Dekade biologische Vielfalt des ersten ökologischen B's „Biodiver-

---

777 s. Abb. 51, Pfeillinien kennzeichnen die Bezüge.

778 s. Abb. 5, Abb. 12, Abb. 20, Abb. 39.

779 In Abb. 50 wurden nur die übergeordneten fünf großen Kreise der jeweiligen, ursprünglich aus zehn Teilkreisen bestehenden Abbildung zum speziellen „ökologischen B" dargestellt. Die vollständigen Abbildungen, die auch die kleinen Kreise beinhalten (s. Abb. 5, Abb. 12, Abb. 20, Abb. 39), sind am Ende der entsprechenden Kapitel zu finden. Aus Gründen der Übersichtlichkeit wurde auf eine Darstellung der zehn Schritte des Biotrack-Verfahrens verzichtet. So sind zentrale Aussagen und Verknüpfungen der einzelnen „B's" auf den ersten Blick erkennbar.

sität" finden Biotracks über die Nutzung Neuer Medien (Medienbildung, zweites ökologisches B „Bildung") im außerschulischen Biologieunterricht Anwendung (drittes ökologisches B „Biologieunterricht"). Damit stellen Biotracks eine mögliche Methode auf dem Weg zur Realisierung von Biodiversitätsbildung im Biologieunterricht dar, die in der grafischen Ausführung des Markenlogos (s. Biotrack-Kreis Mitte) verschlüsselt ist. Die wichtigsten Verknüpfungen zwischen den einzelnen Komponenten der „ökologischen B's" sind in Abb. 51 über die Pfeilverbindungen deutlich gemacht.[780]

Folgende inhaltliche Begründungen liegen den dargestellten Verknüpfungen – von der ersten bis zu dritten Ebene zugrunde:[781] Mit Schwerpunkt auf Artenvielfalt erfolgte Umweltbildung in Form von handlungsorientiertem Unterricht durch die Methode der Biotracks unter Einbezug Neuer Medien (Medienbildung, s. durchgezogene Pfeillinie). Weiterhin wichtig war die Thematisierung des Verlusts der Ökosystemvielfalt anhand problemorientierten Unterrichts durch Anwendung der mediengestützten Biotracks (Medienbildung, s. gestrichelte Pfeillinie). Die Vernetzungen innerhalb der einzelnen drei „ökologischen B's" lassen sich wie folgt zusammenfassen: Artenvielfalt als zentrale Ebene der Biodiversität ist sowohl in der UN-Biodiversitätskonvention als auch in der UN-Dekade biologische Vielfalt verankert und kann als Ausgangspunkt beider Beschlüsse angesehen werden (s. Grafik Biodiversität, Strich-Punkt-Pfeillinie). Umweltbildung als zentraler Bildungsbegriff und Schwerpunkt vorliegenden Buches wird über die Nationalen Bildungsstandards hinaus auch im Thüringer Bildungsplan thematisiert.[782]

Der im Fokus stehende handlungsorientierte Unterricht (s. Kap. 1.1, Kap. 1.5) findet in erster Linie in Form eines außerschulischen und forschenden Un-

---

780 Über die gezeigten Vernetzungen hinaus existieren zahlreiche weitere Bezüge.
781 Die dargestellten Verknüpfungen erfolgen auf drei Ebenen: Zuerst werden Bezüge zwischen den Hauptkomponenten (jeweils oben mittig am zentralen Kreis) der „ökologischen B's" veranschaulicht (s. durchgezogene Pfeillinie). In einem zweiten Schritt sind die an zweiter Stelle bedeutenden Komponenten der drei „B's" miteinander verknüpft (s. gestrichelte Pfeillinie), während in einem dritten Schritt exemplarische Bezüge zwischen Komponenten innerhalb des jeweiligen „ökologischen B's" visualisiert sind (s. Strich-Punkt-Pfeillinie, Abb. 51).
782 s. Grafik Bildung, Strich-Punkt-Pfeillinie (Abb. 51).

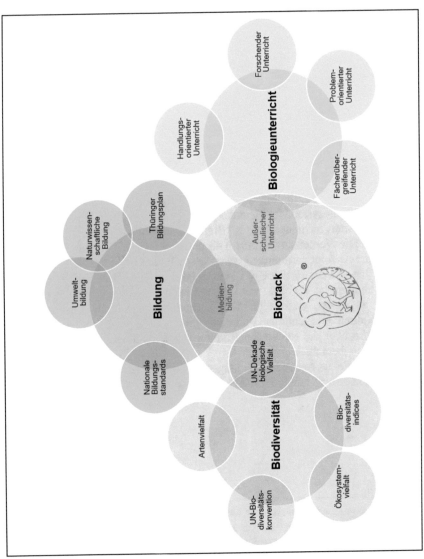

Abb. 50:   Die vier „ökologischen B's" „Biodiversität", „Bildung", „Biologieunterricht"
und „Biotrack".[783]

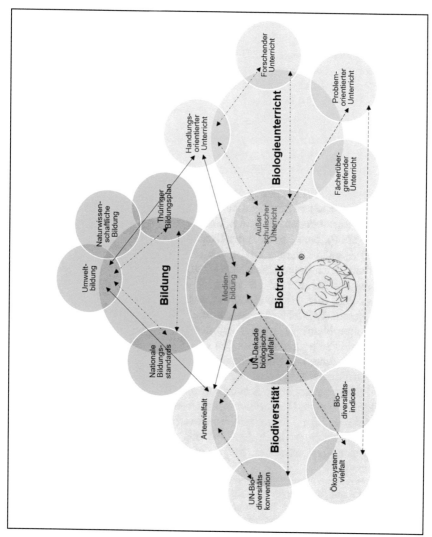

Abb. 51: Vernetzungen zwischen den vier „ökologischen B's" „Biodiversität", „Bildung", „Biologieunterricht" und „Biotrack".[784]

---

784 Strich-Punkt-Pfeillinie: Vernetzung innerhalb des jeweiligen „B's", durchgezogene und gestrichelte Pfeillinie: Vernetzung zwischen den drei „B's". Markenlogo (Knoblich 2015b) entnommen aus DPMA (2015, S. 2).

terrichts praktische Anwendung (s. Grafik Biologieunterricht, Strich-Punkt-Pfeillinie).[785] Diese exemplarischen Vernetzungen gezeigen, wie die wichtigsten Komponenten der „ökologischen B's" untereinander in Verbindung stehen, wobei auch zentrale interne Vernetzungen dargestellt wurden.[786]

Nun wird der Blick auf die zweite Teilfrage (Fb) der Forschungsfrage gerichtet:

Fb: „Wie gelingt es, aus den vorgegebenen Lehrplaninhalten einen Biotrack zu entwickeln, der [...] sich positiv auf die Umwelteinstellungen, das Umweltwissen und das Umwelthandeln von Schülern auswirkt?"

Um durch praktische Anwendung der in Kap. 5 m. H. des Biotrack-Verfahrens theoretisch entwickelten Biotracks positive Wirkungen auf die Umwelteinstellungen, das Umweltwissen sowie das Umwelthandeln von Schülern erzielen zu können (s. Kap. 6), bietet sich bei der Umsetzung der geschilderten Zehnschrittfolge (s. Fa) eine Orientierung an den neun Merkmalen des pädagogischen Konzepts handlungsorientierten Unterrichts (Gudjons 2008) an (s. Abb. 51). Bei der Ausarbeitung der Lehrplaninhalte sollte als Ausgangspunkt immer der Situationsbezug (s. M1, hier: Biodiversitätsverlust) in Verbindung mit der Verdeutlichung der gesellschaftlichen Praxisrelevanz (s. M3, hier: gesamtgesellschaftliches Umweltproblem) hergestellt werden. Zur Initiierung o. g. positiver Wirkungen muss sich außerdem an den Interessen der Beteiligten orientiert (s. M2, hier: Einbindung von Smartphones und sportlichen Aktivitäten) und deren Selbstorganisation gefördert werden (s. M5, hier: selbstständige Expeditionsvorbereitung). Einen wesentlichen Stellenwert nimmt darüber hinaus die zielgerichtete Projektplanung (s. M4, hier: kompetenzorientierte Lernziele) ein. Die praktische Umsetzung der theoretischen Vorarbeiten sollte in erster Linie handlungsorientiert, v. a. durch den Einbezug vieler Sinne (s. M6) und die Ermöglichung sozialen Lernens (s. M7) erfolgen. Letztendlich hat sich auch der

---

785 Hiermit sei auf folgende horizontale Vernetzungen hingewiesen: Im linken Kreis des jeweiligen „ökologischen B's" wurde die „höhere Kategorie" dargestellt, d. h. die UN-Dekade biologische Vielfalt leitet sich aus der UN-Biodiversitätskonvention ab (s. Grafik Biodiversität), der Thüringer Bildungsplan ist in Anlehnung an die Nationalen Bildungsstandards zu verstehen (s. Grafik Bildung) und forschender Unterricht gilt als geeignete Form außerschulischen Unterrichts (s. Grafik Biologieunterricht, Abb. 51).

786 Ein abschließender Blick auf jedes einzelne der drei „ökologischen B's" („Biodiversität", „Bildung" und „Biologieunterricht") in vertikaler Ebene zeigt, dass jeweils Komponenten aus der oberen, mittleren und unteren Ebene verknüpfend einbezogen wurden und das vorliegende Vernetzungsgeflecht bilden (s. Abb. 51).

Einbezug der Merkmale Produktorientierung (s. M8) und Interdisziplinarität (s. M9) zum Erreichen positiver Wirkungen auf die Umwelteinstellungen, das Umweltwissen und das Umwelthandeln als Bestandteile der Umweltbildung von Schülern bewährt. Vor diesem Hintergrund kann die o. g. Teilfrage mit der Berücksichtigung der Grundsätze des pädagogischen Konzepts handlungsorientierten Unterrichts (s. Kap. 1.1, Kap. 1.5) bei der Ausarbeitung der Lehrplaninhalte beantwortet werden.[787]

Dem in beiden Teilfragen der Forschungsfrage auftauchenden Schwerpunkt der verbindlichen zugrundeliegenden Lehrplaninhalte wurde sowohl in Kap. 5.3.3 im zweiten Verfahrensschritt („Ausarbeitung wissenschaftlicher Inhalte anhand von Vorgaben") als auch im Kap. 6.3.1.1 bzw. Kap. 6.3.2.1 entsprechende Bedeutung beigemessen, sodass dieser ebenfalls als umgesetzt gilt.[788]

Resümierend lautet die im Rahmen vorliegender Abhandlung zutreffende Antwort auf o. g. Forschungsfrage: Die Entwicklung von Biotracks aus den vorgegebenen Lehrplaninhalten kann durch die Orientierung an der Zehnschrittfolge des Verfahrens (s. Kap. 5.3.3) in Kombination mit der Berücksichtigung der neun Merkmale des pädagogischen Konzepts handlungsorientierten Unterrichts gelingen (s. Abb. 51).

7.1.2 Diskussion der Hypothesen

Da die einzelnen Hypothesen (s. Kap. 1.4) im jeweiligen Kapitel bereits eingehend Berücksichtigung fanden, werden an dieser Stelle nur die zentralen Gesichtspunkte für die Hypothesendiskussion aufgegriffen.

H1: „Biodiversität wird in Thüringer Lehrplänen und Schulbüchern nur marginal thematisiert."

Die Lehrplananalyse mit inbegriffenem Lehrplanvergleich (Thüringen, Sachsen-Anhalt, Niedersachsen) hat im zweiten Kapitel v. a. anhand der geringen Trefferquote des Begriffs „Biodiversität" darauf hingedeutet, dass Biodiversität in

---

787 Als praktische Belege gelten die für Klasse 7a gestützten Teilhypothesen H5a und H5c sowie die von beiden Expeditionsklassen gestützte Teilhypothese H5b (s. Abb. 52). Der zentrale Stellenwert des pädagogischen Konzepts handlungsorientierten Unterrichts (Gudjons 2008) kommt außerdem in der zusammenfassenden Grafik durch entsprechende Positionierung (oben mittige Anordnung in Grafik „Biologieunterricht", s. Abb. 50) und Vernetzung (vier einbezogene Pfeillinien, s. Abb. 51) zum Ausdruck.

788 Weitere Lehrplanbezüge wurden im Kap. 4.3 im Zusammenhang mit fächerübergreifendem Biologieunterricht dargestellt.

Thüringer Lehrplänen nur marginal thematisiert wird. Während der Begriff „Biodiversität" im Thüringer Lehrplan MNT keinmal und im Thüringer Lehrplan Biologie lediglich zweimal direkt genannt wird, ist er mit 15 (Lehrplan von Sachsen-Anhalt), zwei (niedersächsisches Kerncurriculum für die Schuljahrgänge 5-10) und neun (niedersächsisches Kerncurriculum für die Oberstufe) direkten Nennungen in den zwei Nachbarbundesländern wesentlich präsenter.

Die Trefferquote des Begriffs „Biodiversität" betrachtend liefert die Schulbuchanalyse ähnliche Befunde zur Thematisierung des Begriffs. Im Thüringer Schulbuch für die Klassenstufe 7 und 8 fehlt der Begriff gänzlich, während er im Thüringer Schulbuch für die Klassenstufe 9 und 10 zwar an elf Stellen genannt wird – allerdings ohne vollständige und inhaltlich korrekte Definition (s. Kap. 2.8). Diese Resultate der Dokumentenanalyse (Lehrpläne, Schulbücher) stützen die o. g. Hypothese.

H2: „Biodiversität nimmt in den Nationalen Bildungsstandards und im Thüringer Bildungsplan einen geringen Stellenwert ein."

Auch im dritten Kapitel wurde sich der Methode der Dokumentenanalyse (hier: Bildungsstandards, Bildungsplan) bedient. Die Stichwortsuche zum Begriff „Biodiversität" lieferte in den Nationalen Bildungsstandards keinen Treffer, lediglich im Standard E4 wird die literaturbasierte Artenbestimmung aufgeführt und damit Artenvielfalt als eine Ebene von Biodiversität tangiert.

Im Thüringer Bildungsplan ist der Begriff „Biodiversität" ebenfalls nicht nachhaltig verankert, nur die vielerorts synonym gebrauchte Bezeichnung „biologische Vielfalt" wird einmal erwähnt.

Diese Ergebnisse stützen die o. g. Hypothese in Bezug auf beide analysierten Dokumente. Die vereinzelten indirekten Biodiversitätsbezüge (Bildungsstandards: Artenbestimmung, Bildungsplan: Artenvielfalt) deuten einen geringen Stellenwert von Biodiversität (s. H2) in beiden Dokumenten an.

H3: „Außerschulischer Biologieunterricht bietet ein hohes interdisziplinäres Potenzial und schult in hohem Maße essenzielle biologische Arbeitstechniken."

Für die Expeditionsklassen 7a und 9a wurde im Kapitel 4 anhand von jeweils 14 einbezogenen Unterrichtsfächern (Religion, Geschichte, Sport, Wirtschaft und Recht, Ethik, Sozialkunde, Geografie, Kunst, Latein, Informatik, Mathematik, Physik, Chemie, Biologie) gezeigt, wie fächerübergreifender Unterricht zum Verstehen von Biodiversität und deren Verlust beitragen kann. Damit wurde das interdisziplinäre Potenzial der im Rahmen außerschulischen Biologieunterrichts stattfindenden Schülerexpeditionen angedeutet. Zum Erlangen dieser Erkenntnis wurde sich der Methode der Dokumentenanalyse (Thüringer Lehrpläne der o. g. 14 Unterrichtsfächer) sowie des Praxistests bedient.

Die Analyse der Expeditionshefte für Klasse 7a und 9a führte zu folgenden Resultaten: Von den insgesamt 50 biologischen Arbeitstechniken wurden während der Expedition mit Klasse 7a mindestens 32 und mit Klasse 9a mindestens 30 im Rahmen außerschulischen Biologieunterrichts gefördert. Von „mindestens" ist die Rede, da weitere Techniken im Anhang zusammengestellt sind, die in den Überblicks-Mindmaps des vorliegenden Buches keine Berücksichtigung fanden. Anhand von elf (Klasse 7a) bzw. 13 (Klasse 9a) direkten Bezügen zum Expeditionsheft kam der hohe Stellenwert der Arbeit mit Bestimmungsliteratur als produktive Technik während beider Expeditionen zum Ausdruck. Die Methode des Praxistests, d. h. der außerschulische Biologieunterricht in Form der zwei Schülerexpeditionen unterstützt diese Erkenntnisse. Damit kann auch die dritte Hypothese der Studie sowohl mit beiden enthaltenen Teilaspekten als auch für beide untersuchten Klassenstufen gestützt werden.

H4: „Das Biotrack-Verfahren dient zur Verknüpfung der drei Bereiche ,Biodiversität', ,Bildung' und ,Biologieunterricht' und kann auch zur Vermittlung wissenschaftlich schwer zugänglicher Lehrplanthemen angewendet werden."

Im fünften Kapitel wurde anhand der zehn Verfahrensschritte nicht nur gezeigt, wie die drei Bereiche „Biodiversität", „Bildung" und „Biologieunterricht" miteinander verbunden werden können, sondern auch, welche Rolle der jeweilige Bereich in speziellen Verfahrensschritten spielt (Biodiversität v. a. im 1.-6. und 9. Schritt, Bildung v. a. im 2. und 9. Schritt, Biologieunterricht v. a. im 1.-3. und 9. Schritt). Biodiversität (erster Bereich) stellt den inhaltlichen Schwerpunkt aller Biotracks dar, sodass das Verfahren aus der Perspektive von Biodiversität auf die handlungsorientierte Erkundung von Arten- und Ökosystemvielfalt als wesentliche Ebenen von Biodiversität ausgerichtet ist. Aus dem Blickwinkel von Bildung (zweiter Bereich) zielt das Verfahren durch den Smartphoneeinsatz neben Medienbildung auf eine mediengestützte handlungsorientierte Umweltbildung ab. Die anhand des Verfahrens erstellten Biotracks werden darüber hinaus grundsätzlich im Rahmen außerschulischen Biologieunterrichts (dritter Bereich) praktisch realisiert. Mit diesem Fokus wird mit dem Verfahren ein handlungs- und problemorientierter außerschulischer Biologieunterricht beabsichtigt. Das Biotrack-Verfahren vereint damit Ziele, Inhalte und Methoden in folgender Art und Weise: Das übergreifende Ziel der mediengestützten handlungsorientierten Umweltbildung (Ziel: Bildung) verfolgend werden Biotracks in Form der handlungsorientierten Erkundung von Arten- und Ökosystemvielfalt (Inhalt: Biodiversität) im handlungs- und problemorientierten außerschulischen Biologieunterricht (Methode: Biologieunterricht) umgesetzt.

Anhand des dem Thüringer Lehrplan Biologie entnommenen Themengebiets „Stoff- und Energiewechsel grüner Pflanzen" wurde die Aufarbeitung abstrakter Inhalte m. H. des Verfahrens dargestellt. Hierzu diente speziell das Schülern einer neunten bzw. zehnten Klasse schwer zugängliche Thema „Fotosynthese" o. g. Themengebiets, das besondere Anschaulichkeit erfordert. In Form eines Ausführungsbeispiels wurde ein Weg aufgezeigt, wie sich die schwer zugänglichen Fotosynthese-Inhalte durch Abfolge der zehn Verfahrensschritte anhand eines themenspezifischen Biotracks verständlicher und anschaulicher praktisch erarbeiten lassen.

Die hypothesengeleitete Verfahrensanalyse sowie der Praxistest haben sich als zielführende Methoden zur Diskussion o. g. Hypothese erwiesen, die hiermit sowohl theoretisch fundiert als auch praktisch realisiert[789] gestützt werden kann.

H5: „Biotracks haben positive Wirkungen auf die Umwelteinstellungen, das Umweltwissen und das Umwelthandeln von Schülern."

Die Diskussion der dem sechsten Kapitel zugehörigen Hypothese wird klassenstufenbezogen sowie entsprechend der enthaltenen Teilaspekte Umwelteinstellungen (H5a), Umweltwissen (H5b) und Umwelthandeln (H5c) vorgenommen. In Klassenstufe 7 und 9 kamen jeweils ein Fragebogen (Umwelteinstellungen, Umwelthandeln), ein Wissenstest (Umweltwissen) sowie das Expeditionsheft (Umweltwissen) als Erhebungsinstrumente zum Einsatz.

In Klasse 7a sind positive Wirkungen auf die Umwelteinstellungen der Schüler (H5a) nach der Teilnahme am Biotrack festzustellen, auch wenn der dadurch entstandene Unterschied zu Kontrollklasse 7c nicht signifikant ist ($p=0{,}08$).

Die beinahe Verdreifachung des Umweltwissens von Klasse 7a nach Teilnahme am Biotrack deutet darauf hin, dass Biotracks positive Wirkungen auf das Umweltwissen von Schülern haben können (H5b). Die Resultate des Wissenstests führten zu einem hochsignifikanten Unterschied zwischen Klasse 7a und Kontrollklasse 7c ($p=0{,}001$). Die aus der Bewertung des Expeditionshefts hervorgehende Notenvergabe (Note 1: 43 %, Note 2: 43 %, Note 3: 9 %, Note 4: 5 %) stützt die Teilhypothese H5b.

Positive Wirkungen des Biotracks auf das Umwelthandeln der Schüler von Klasse 7a (H5c) konnten anhand des Fragebogens angedeutet werden. Das führte

---

789 Der Fotosynthese-Biotrack wurde anhand einer Vorexpedition von der Verfasserin und ortskundigem Personal praktisch erprobt. Die Schülerexpeditionen mit Klasse 7a und 9a zeigen, dass das Biotrack-Verfahren auch für nicht explizit schwer zugängliche Stoffgebiete (hier „Wirbellose in ihren Lebensräumen" bzw. „Organismen in ihrer Umwelt") angewendet werden kann.

dazu, dass letztendlich ein statistisch signifikanter Unterschied bezüglich des Umwelthandelns von Klasse 7a und Kontrollklasse 7c zustande kam (p=0,02).

In Klasse 9a konnte nicht gestützt werden, dass Biotracks positive Wirkungen auf die Umwelteinstellungen der Schüler (H5a) hatten – im Gegenteil: es wurde eine Verschlechterung der Umwelteinstellungen ermittelt, die aber nicht zu einem statistisch gesicherten Unterschied zu Kontrollklasse 9c führte (p=0,62).

Der Wissenstest deutet auf positive Wirkungen des Biotracks auf das Umweltwissen der Schüler von Klasse 9a (H5b) hin, sodass hochsignifikante Unterschiede zwischen den Klassen 9a und 9c nach der Intervention dokumentiert werden konnten (p=0,001). Die Benotung der Expeditionshefte unterstreicht diese Tatsache (Note 1: 22 %, Note 2: 50 %, Note 3: 17 %, Note 4: 11 %).

Positive Wirkungen des Biotracks auf das Umwelthandeln der Schüler von Klasse 9a (H5c) konnten nicht gezeigt werden: das Umwelthandeln blieb auch nach der Teilnahme am Biotrack ungefähr auf dem Ausgangsniveau, sodass kein signifikanter Unterschied zu Klasse 9c ermittelt werden konnte (p=0,42).

Die aufgeschlüsselten Ausführungen machen deutlich, dass für Klasse 7a alle drei Teilaspekte der Hypothese (H5a-c) gestützt werden konnten. Die Intervention mit Klasse 9a lieferte nur für den zweiten Teilaspekt der Hypothese (H5b) statistisch gesicherte Ergebnisse, die eine Unterstützung dieser Teilhypothese erlauben.

Die Hypothesen wurden abschließend mit den Ergebnissen der Diskussion und Kapitelzugehörigkeit in der folgenden Übersicht zusammengeführt (s. Abb. 52). Bei Betrachtung der Abb. 52 fällt auf, dass vier der fünf Hypothesen (H1-H4) gestützt werden konnten (symbolische Kennzeichnung durch Häkchen).[790] Die Diskussion der fünften Hypothese erfolgte im Kap. 6.4.2 differenziert unter Beachtung der drei Teilaspekte Umwelteinstellungen (s. H5a), Umweltwissen (s. H5b) und Umwelthandeln (s. H5c). Die Teilhypothese H5b konnte für beide Expeditionsklassen gestützt werden, während die Teilhypothesen H5a und H5c nur für Klasse 7a gestützt werden konnten (s. Kap. 6.4.2.1).[791]

---

790 Dies gilt sowohl für die einzelnen Teilaspekte der Hypothesen als auch für die Bezüge zu den zwei Klassenstufen 7 und 9 (s. z. B. H3, Abb. 52).
791 Die erörterten Gründe für diese Resultate sind im Kap. 6.5.2 zu finden.

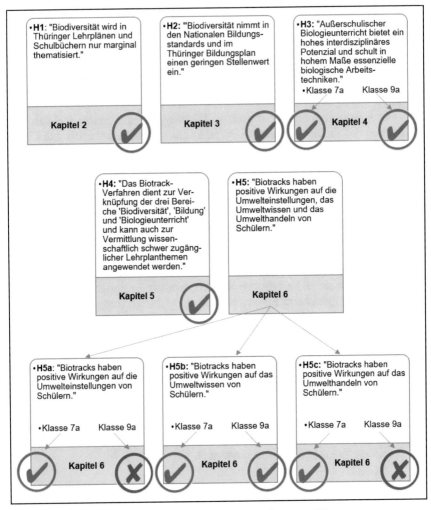

Abb. 52: Kapitelbezogene Hypothesendiskussion im Überblick.[792]

---

792 Die Diskussion der anfänglich aufgestellten und am Ende des jeweiligen Kapitels (Kap. 2 - Kap. 6) analysierten Hypothesen ist mit Häkchen (=Hypothese gestützt) bzw. Kreuz (=Hypothese nicht gestützt) kenntlich gemacht.

7.1.3   Prüfen der Zielerreichung

Im folgenden Abschnitt werden die Ziele entsprechend der Reihenfolge (Z0-Z9, s. Kap. 1.5) auf Basis der Erkenntnisse der einzelnen Kapitel auf Erreichung überprüft.[793]

Z0: „Entwicklung eines didaktischen Verfahrens mit Schwerpunkt ‚Biodiversität‘ für den Biologieunterricht an außerschulischen Lernorten unter Nutzung von Neuen Medien"[794]

Schwerpunkt des Buches lag auf den auf dem Verfahren (s. Kap. 5.3) basierenden Biodiversitäts-Biotracks (s. Kap. 6.3).[795] Das Rahmenziel Z0 kann anhand der verfahrensgeleiteten Entwicklung, Erprobung und Evaluation von Biodiversitäts-Biotracks[796] als erfüllt eingestuft werden (s. Häkchen, Abb. 53).[797]

Z1: „Erkennen des Problems des Biodiversitätsverlustes durch im eigenen Umfeld erfahrbare Folgen des Verlustes der Biodiversität"

Das Ziel Z1 (s. Kap. 1.5) kann für Klasse 7a als erfüllt gewertet werden, da die Schüler anhand der Expeditionsaufgaben die Folgen des Biodiversitätsverlustes durch das Kennenlernen von fünf artenreichen Ökosystemen (Feuchtwiese, Bergwiese, Rothenbach, Mischwald, Waldboden) in kontrastierender Gegen-

---

793 Zur Gewährleistung eines schnellen Überblicks wurden die im Folgenden verbal analysierten Zielstellungen in Anlehnung an das pädagogische Konzept handlungsorientierten Unterrichts (Gudjons 2008) durch abgewandelte Darstellung der zugehörigen Abb. 1 veranschaulicht (s. Abb. 53).

794 Z0, übergeordnetes Rahmenziel (s. Kap. 1.5).

795 Ergänzend wurde ein „Biodiversitäts-Modul" für den Thüringer Lehrplan NWuT entwickelt (Knoblich & Hoffmann 2018, s. Kap. 2, Anh. 9) und eine Lehrerfortbildung zum Thema „Naturerfahrung mit Neuen Medien!?" für ProfJL (s. Kap. 2, Kap. 4, Anh. 6 – Anh. 8) konzipiert und erprobt (Knoblich 2017e). Die Lehrerfortbildung (Knoblich 2017e) könnte zukünftig das Fortbildungsangebot des ThILLM erweitern. Das Modul für fächerübergreifenden Unterricht (s. Kap. 4.3) und die Lehrerfortbildung können ebenfalls als Möglichkeiten zur Thematisierung von Biodiversität im Biologieunterricht an außerschulischen Lernorten unter Nutzung Neuer Medien vorgeschlagen werden.

796 Für die Mediothek des TSP (Knoblich 2020r; 2020s; 2020t; 2020u).

797 Entsprechend der Gliederung in die vier zentralen Projektschritte (s. Abb. 1) in Anlehnung an Gudjons (2008) wird nun eine Wertung der weiteren neun Ziele (Z1-Z9, s. Kap. 1.5) vorgenommen. Die Ausführungen beziehen sich dabei – sofern nicht anders angegeben – auf Abb. 53.

überstellung von fünf verhältnismäßig artenarmen Ökosystemen[798] in Verbindung mit anthropogenen Einflüssen wahrnehmen. Auch Einblicke in die damit verbundenen Unterschiede der Ökosysteme hinsichtlich der Arten- und Habitatdiversität waren möglich.

Das o. g. Ziel wurde auch für die zweite Expeditionsklasse (Klasse 9a) erreicht, da die Folgen des Biodiversitätsverlustes den Schülern hier ebenfalls durch die Unterschiedlichkeit der einzelnen Ökosysteme bezogen auf die Arten- und Habitatdiversität vor Augen geführt wurden. Im Vordergrund der Expedition stand das Kennenlernen der Ökosysteme Retschbach, Mischwald, Meer und Tümpel als artenreiche sowie der Ökosysteme Bleilochstausee, Magerrasen und Fichtenforst als verhältnismäßig artenarme Ökosysteme (s. Anh. 84).[799] Die vergleichende Betrachtung des anthropogen beeinflussten Ökosystems Bleilochstausee mit dem natürlichen Ökosystem Retschbach mit Fokus auf Ökosystem-Dienstleistungen trug zum Wahrnehmen von Folgen des Biodiversitätsverlustes bei (s. Kap. 6.5.1).

Z2: „Erprobung des Einsatzes Neuer Medien am Beispiel von Smartphones als alternative Form der Wissensvermittlung in Kombination mit sportlichen Aktivitäten zur Steigerung der Schülermotivation"

In der Expeditionsklasse 7a funktionierte der Einsatz der Schülersmartphones zur Navigation, Aufgabenbearbeitung usw. einwandfrei, sodass die Siebtklässler durch Anwendung dieser Neuen Medien alle vorher definierten Wegpunkte fanden und die zugehörigen Aufgaben im Expeditionsheft lösten. Die Verwendung der Smartphones bereitete den Schülern außerdem sichtlich Freude (s. Gedächtnisprotokoll, Kap. 6.4.2.1). Bei der Auswertung des Feedbackbogens hat sich herauskristallisiert, dass 33 % der Schüler die Expedition in Form der Naturwanderung als sehr anstrengend wahrgenommen haben. Demnach kann nur der erste Teilaspekt des Ziels (Erprobung von Smartphones zur Steigerung der Schülermotivation, s. Z2, Kap. 1.5) durch den Praxistest als erfüllt gewertet werden.

Ein Blick auf Klasse 9a zeigt, dass die durch die erlaubte Verwendung von Smartphones sichtlich motivierten Schüler (s. Gedächtnisprotokoll, Kap. 6.4.2.2) die mobilen Endgeräte fehlerfrei bedienten und der Navigation vom Anfang bis zum Ende zielführend folgten. Vollkommen selbstständig absolvierten die Neuntklässler die Wegstrecke von einem POI zum nächsten, um die dortigen

---

798 Nutztierweide, Acker, Fichtenforst, Rotbuchenwald, Hecke (s. Anh. 83).

799 Die Anhänge (Anh. 1 - Anh. 242) stehen kostenfrei online auf SpringerLink (siehe URL am Anfang des jeweiligen Kapitels) zum Download bereit.

Aufgaben im Expeditionsheft unter Nutzung der Neuen Medien[800] zu lösen. Die Auswertung des Feedbackbogens führte zu dem Resultat, dass in erster Linie die sportlichen Aktivitäten in Form des Boot- und Radfahrens bei den Schülern Gefallen gefunden hatten (s. Kap. 6.5.2.2). Somit kann für die Expeditionsklasse 9a das komplette Ziel Z2 durch die Methode des Praxistests als erfüllt eingestuft werden.

Z3: „Erkennen des anthropogenen Biodiversitätsverlustes als zentrales, gesamtgesellschaftliches Umweltproblem"[801]

Entsprechend der im Ziel verankerten Vorstellung wurden die zugehörigen Aufgaben im jeweiligen Expeditionsheft konzipiert: So wurden die Schüler der Klasse 7a bspw. bei der Bearbeitung der Aufgaben zu den Ökosystemen Nutztierweide und Acker für das derzeitige bedrohend schnell fortschreitende Verschwinden der Biodiversität sensibilisiert (Knoblich 2016a; 2020a, S. 6, 9). Die Schüler der Expeditionsklasse 9a wurden anhand spezieller Arbeitsaufträge auf die anthropogene Beeinflussung des Ökosystems Bleilochstausee und damit verbundene übergreifende gesamtgesellschaftliche Umweltprobleme wie z. B. Neozoon[802] und extreme Wetterereignisse, z. B. Sturmtief „Kyrill" (Knoblich 2016b; 2020b, S. 10) aufmerksam gemacht. Daran anknüpfend lernten sie das häufig im Zusammenhang mit dem anthropogenen Biodiversitätsverlust thematisierte Leitprinzip der Nachhaltigkeit kennen (Knoblich 2016b; 2020b, S. 11).

Über das Expeditionsheft hinaus wurden auch in den Fragebogen beider Expeditionsklassen Fragestellungen zur Bedrohungswahrnehmung bzw. zum Problembewusstsein hinsichtlich des Biodiversitätsverlustes integriert.[803] Die

---

800 u. a. als Navigations-, Recherche- und Dokumentationsmittel sowie Messgerät (s. Kap. 3.9).

801 Das an dritter Stelle deklarierte Ziel steht in engem Zusammenhang mit dem ersten Ziel, da der im eigenen Umfeld kennengelernte anthropogene Biodiversitätsverlust von den Schülern als gesellschaftliches Umweltproblem verortet werden sollte.

802 Hier am Beispiel der Nilgans *Alopochen aegyptiaca* (s. Kap. 6.5.1.2).

803 Exemplarische Beispiele sind: „Ich finde, dass sich die Menschen zu viele Gedanken um den Verlust der biologischen Vielfalt machen" (Bogner & Wiseman (2006) nach Liefländer (2012), s. Fragebogen Klasse 7a und 9a, S. 2, Frage 4, Anh. 89, Anh. 92), „Die Zerstörung von Ökosystemen stellt ein immer größer werdendes Problem dar" (Kals, Schumacher & Montada (1998) nach Leske (2009), s. Fragebogen Klasse 7a, S. 2, Frage 15, Fragebogen Klasse 9a, S. 2, Frage 17, Anh. 89, Anh. 92), „Ich empfinde den Rückgang bestimmter Tier- und Pflanzenarten sowie Veränderungen von Landschaften als Bedrohung" (Rost, Gresele & Martens (2001), s. Fragebogen Klasse 7a, S. 8, Frage 2, Fragebogen Klasse 9a, S. 9, Frage 2, Anh. 89, Anh. 92), „Nicht nur Politik und Industrie sind verantwortlich für Umweltschutz: Auch ich trage per-

hier geschilderten Beispiele zeigen, dass für beide Expeditionsklassen das dritte Ziel (s. Kap. 1.5) als erreicht eingestuft werden kann.

Z4: „Formulierung konkreter kompetenzorientierter Lernziele mit Schwerpunkt Biodiversität unter Wahrung des engen Lehrplanbezuges"

Die fünf auf Basis des Thüringer Lehrplanes Biologie (TMBWK 2012a) aufgestellten übergreifenden kompetenzorientierten Lernziele können im Rahmen beider Expeditionen als erreicht bezeichnet werden.[804]

Einen Einblick in speziell auf den jeweiligen Expeditionsinhalt auf Basis des Lehrplanes abgestimmte und erreichte Lernziele (s. Kap. 6.3.1.1, Kap. 6.3.2.1) zeigt Tab. 37.[805]

---

sönliche Verantwortung für den Erhalt der biologischen Vielfalt" (Rost, Gresele & Martens (2001), s. Fragebogen Klasse 7a, S. 8, Frage 10, Fragebogen Klasse 9a, S. 9, Frage 10, Anh. 89, Anh. 92). Weitere Bezüge zum durch die Schüler kennengelernten Biodiversitätsverlust wurden bei der Analyse des ersten Ziels in diesem Teilkapitel vorgestellt.

804 1. „Erhalt von Einblicken in die Vielfalt der Lebewesen, deren Einzigartigkeit und Rolle im komplexen Beziehungsgefüge der Natur", 2. „Sensibilisierung für die Auseinandersetzung mit Fragen zur Wertschätzung der Natur", 3. „Erkennen der Bedeutung von Biodiversität und des Prinzips der nachhaltigen Entwicklung", 4. „Interdisziplinäre Verknüpfung, kumulative Erweiterung und gezielte Anwendung des biologischen Fachwissens" (s. Kap. 4.3), 5. „Entwicklung von Sachkompetenz anhand persönlich bzw. gesellschaftlich bedeutsamer Inhalte wie ökologische Zusammenhänge, Beeinflussung der Lebensräume durch den Menschen, Nutzung von Ressourcen, nachhaltige Entwicklung" (s. Kap. 6.3.1.1, Kap. 6.3.2.1).

805 Weiterführende Details, die die Umsetzung der o. g. Lernziele unterstreichen, sind der jeweiligen Tabelle des Wissensgewinns (s. Anh. 103, Anh. 123) zu entnehmen. Der enge Lehrplanbezug wurde auch im Kap. 4.3 bei der Aufschlüsselung der einbezogenen Unterrichtsfächer (Mindmaps) sowie im Kap. 5.3.3 bei der Vorstellung des zweiten Verfahrensschritts hervorgehoben. Die Lernziele wurden der Sach- und Methodenkompetenz sowie Selbst- und Sozialkompetenz (TMBWK 2012a) zugehörig dargestellt und entsprechend der Expeditionsklassen 7a bzw. 9a (s. Kap. 6.3.1.1, Kap. 6.3.2.1) ausgewiesen.

Tab. 37: Erreichte kompetenzorientierte Lernziele mit Schwerpunkt Biodiversität.[806]

Sach- und Methodenkompetenz: Erreichte Lernziele Klasse 7a	Sach- und Methodenkompetenz: Erreichte Lernziele Klasse 9a
1. Kennzeichnung Wirbelloser als vielfältige Tiergruppe	1. Erläuterung der Wirkung von Umweltfaktoren
2. Erläuterung der Bedeutung Wirbelloser in der Natur	2. Charakterisierung von Ökosystemen
3. Bewertung von Eingriffen des Menschen in Lebensräume Wirbelloser	3. Beschreibung der Struktur eines Ökosystems
4. Experimentelles Überprüfen von Anpassungserscheinungen	4. Erweiterung und Anwendung der Artenkenntnisse
Selbst- und Sozialkompetenz: Erreichte Lernziele Klasse 7a	**Selbst- und Sozialkompetenz: Erreichte Lernziele Klasse 9a**
1. sachgerechtes Bewerten von Eingriffen in die Natur	1. Bildung eines eigenen Standpunktes unter Nutzung ökologischen Fachwissens
2. Vereinbaren und Einhalten von Verhaltensregeln beim Umgang mit Lebewesen sowie beim Experimentieren	2. Erhaltung von Lebensräumen
	3. verantwortungsvoller Umgang mit Naturressourcen
	4. Vereinbaren und Einhalten von Verhaltensregeln bei Exkursionen
	5. Arbeit in kooperativen Lernformen und Verantwortungsübernahme für den gemeinsamen Arbeitsprozess

Z5: „Förderung der selbstständigen inhaltlichen, technischen und organisatorischen Vorbereitung der Schüler auf die Expedition"

Die im Gedächtnisprotokoll vermerkten Ergebnisse haben für beide Expeditionsklassen den hohen Stellenwert der Selbstorganisation der Schüler (s. M5) im Rahmen der Expeditionsvorbereitung gezeigt, weshalb das zugehörige fünfte Ziel als erreicht gelten kann (Z5, s. Kap. 1.5). Aus beiden Gedächtnisprotokollen geht hervor, dass die Schüler ihre Aufgaben selbstständig und selbstverantwortlich lösten: Die Schüler der Klasse 7a und 9a hatten sich vor der Expedition im Rahmen der technischen Vorbereitung tiefgründig mit der Navigations-App „OsmAnd" (OsmAnd BV 2010-2020) vertraut gemacht, deren Funktionsweise getestet und weitere Apps installiert.[807] Auch die Vorbereitungsaufgaben für die Expertengruppen wurden in beiden Klassenstufen im Rahmen der inhaltlichen Vorbereitung gewissenhaft gelöst. Am jeweiligen Expeditionstag brachten dar-

---

806 Die kompetenzorientierten Lernziele basieren auf dem Thüringer Lehrplan Biologie (TMBWK 2012a).

807 Klasse 9a, z. B. Luxmeter-, Anemometer- und Thermometer-App (s. Kap. 3.9).

über hinaus beide Expeditionsklassen jeweils alle erforderlichen und z. T. selbst hergestellten Expeditionsmaterialien mit,[808] weshalb auch die organisatorische Vorbereitung der Schüler selbstverantwortlich erfolgte und o. g. Ziel Z5 mit allen Teilaspekten als erreicht eingestuft werden kann.[809]

Z6: „Erkundung von Ökosystem- und Artenvielfalt in Verbindung mit der Erweiterung der Artenkenntnisse der Schüler unter Einbezug vieler Sinne"

Die Zuwächse im Bereich des Umweltwissens beider Schulklassen deuten aufgrund der Fragen aus dem Wissenstest (s. Tab. 38) auf die Erweiterung der Artenkenntnisse der Schüler hin.[810]

Wie im Kap. 6.3.1.2 angedeutet, wurden den Schülern beider Expeditionsklassen durch die praktischen Untersuchungen im jeweiligen Ökosystem verschiedene Möglichkeiten für Naturerfahrungen mit vielen Sinnen gegeben. Die Schüler der Klasse 7a schulten bspw. ihren Hörsinn bei der Identifizierung von Vogelarten m. H. von Vogelstimmen (auditive Wahrnehmung), nutzten ihren Sehsinn durch eingehende Betrachtung des Waldbodens in seiner Vielgestaltigkeit zur Lösung einer speziellen Expeditionsaufgabe (visuelle Wahrnehmung) oder bedienten sich ihres Tastsinns beim Fühlen von Wirbellosen auf der eigenen Hand im Rahmen der Artenbestimmung (taktile Wahrnehmung). Der Geruchssinn kam bspw. beim Riechen des Waldbodens, an den Blättern der Wilden Möhre *Daucus carota* oder der von den Ameisen ausgeschiedenen Ameisensäure zum Einsatz (olfaktorische Wahrnehmung).[811]

Auch die Expedition mit Klasse 9a war auf das Ansprechen mehrerer Sinne ausgerichtet: Der Sehsinn wurde z. B. beim im Expeditionsheft angegebenen

---

808 s. Gedächtnisprotokolle (Anh. 188, Anh. 216).

809 Harper et al. (2017, S. 12) sehen einen wesentlichen Vorteil von Expeditionen in der Förderung der Selbstständigkeit junger Menschen: ‚[…] they […] enhances the development of student autonomy.'

810 s. Kap. 6.4.2, Wissenstest Klasse 7a (s. Anh. 89), Wissenstest Klasse 9a (s. Anh. 92). Dass beide Expeditionen im Rahmen der Erkundung von Ökosystem- und Artenvielfalt zur Erweiterung der Artenkenntnisse der Schüler beigetragen haben, hat sich in Kap. 6 an mehreren Stellen herauskristallisiert (s. Kap. 6.3.1, Kap. 6.3.2, Kap. 6.4.1): Wissensgewinn (s. Anh. 103, Anh. 123), Artenlisten (s. Anh. 135 – Anh. 145, Anh. 149 – Anh. 158), Expeditionshefte (Knoblich 2016a; 2016b).

811 Durch Einbau einer Honigverkostung an den Bienenstationen (Knoblich 2016a; 2020a, S. 8, 13) kann zudem der Geschmackssinn bei der Verkostung des Honigs gefördert werden (gustatorische Wahrnehmung).

Tab. 38: Aufgabenstellungen des Wissenstests mit direktem Bezug zu Artenkenntnissen.[812]

Aufgabenstellungen mit direktem Bezug zu Artenwissen Klasse 7a	Aufgabenstellungen mit direktem Bezug zu Artenwissen Klasse 9a
- „Nenne so viele naturgeschützte Schmetterlinge, wie Dir einfallen" (S. 4) - „Nenne alle Wirbellosen Tiere, die Dir für das Ökosystem Waldboden einfallen" (S. 5) - „Notiere alle Schadinsekten, die Dir einfallen" (S. 5) - „Nenne alle Wirbellosen Tiere, die Dir für den Mikrobiotop Totholz einfallen" (S. 6) - „Notiere alle (Wirbellosen) Tiere, die Dir für das Ökosystem Wiese einfallen" (S. 6) - „Notiere alle (Wirbellosen) Tiere, die Dir für das Ökosystem Bach einfallen" (S. 7)	- „Nenne drei typische Tierarten, die im Mikrobiotop Felsen am Bleilochstausee vorkommen" (S. 4) - „Nenne alle Wassertiere (konkrete Artnamen!), die Dir für das Ökosystem Bach einfallen" (S. 5) - „Notiere alle Dir bekannten Pilzarten" (S. 6) - „Benenne die Schichten des Waldes in der richtigen Reihenfolge und ordne jeweils typische Tier- und Pflanzenarten zu" (S. 7)

Betrachten der imposanten Tonschieferwand im Ökosystem See geschult. Zum Erkennen von Vogelstimmen im Ökosystem Wald im Rahmen des Dauerauftrages setzen die Schüler zudem ihren Hörsinn und beim Fühlen von Wasserorganismen auf der eigenen Hand am Ökosystem Bach ihren Tastsinn ein. Auch der Geruchssinn kam zum Einsatz, z. B. beim Wahrnehmen des Algengeruchs an ausgewählten Stellen im Ökosystem See (s. Kap. 6.3.2.2).[813]

Aufgrund dieser beispielhaften Schilderungen kann für Klasse 7a und Klasse 9a das sechste Ziel als erfüllt eingestuft werden.

---

812 Die Aufgabenstellungen entstammen dem Wissenstest für Klasse 7a (s. Anh. 89) bzw. 9a (s. Anh. 92). Die Seitenzahlen des Wissenstests sind jeweils in Klammern angegeben.

813 Neben der Anwendung biologischer Arbeitstechniken (s. Kap. 4.5) ermöglichte auch der expeditionsbegleitende Einsatz der Smartphones das Ansprechen verschiedener Sinnesmodalitäten (Multimodalität, s. Kap. 4.6.3) - so z. B. des optischen Sinns beim Anschauen der Expeditionsroute auf dem Smartphonedisplay oder des akustischen Sinns beim Anhören eines Videoausschnitts zur Aufgabenlösung. Durch den Einsatz des Expeditionsheftes wurden auf beiden Expeditionen neben visuellen und auditiven auch haptische Lerntypen angesprochen (s. Kap. 6.3.1.2, Kap. 6.3.2.2).

Z7: „Erkundung von Ökosystem- und Artenvielfalt in verschiedenen Sozialformen in handelnder Auseinandersetzung mit dem Lerngegenstand"

In beiden Expeditionsklassen spielte die Erkundung der Ökosystem- und Artenvielfalt im Expeditionsgebiet in verschiedenen Sozialformen eine elementare Rolle.[814] Für Klasse 7a ist deutlich geworden, dass die anregende Lehrmethode vorzugsweise auf der Expedition angewendet wurde und die Gruppenarbeit einen hohen Stellenwert bei der Aufgabenbearbeitung einnahm. An sechs Wegpunkten arbeiteten die Schüler der Klasse 7a in dieser Sozialform.[815] Die Partnerarbeit kam auf der Expedition im „Biotopverbund Rothenbach" bei Heberndorf bei der Untersuchung toter Bienen mit der Lupe (POI H004 „Bienenstöcke") sowie am Ende beim mündlichen Austausch der Schüler über die Aufgaben der jeweils anderen Gruppe (POI H016 „Revierförsterei") im Zusammenhang mit der anleitenden Lehrmethode zur Anwendung (s. Anh. 110).

Auf der Expedition mit Klasse 9a wurden die o. g. Sozialformen ähnlich stark einbezogen: Grundsätzlich absolvierten die Schüler der Klasse 9a hier den ersten und dritten Teil der Expedition (Ökosystem See bzw. Wald) in zwei Großgruppen (Team „See" und Team „Wald"). Aber auch innerhalb dieser Gruppenteilung waren Partner- und Gruppenarbeitsphasen vorgesehen.[816] Die Sozialform „Partnerarbeit" wurde auch beim abschließenden mündlichen Austausch der Schüler über die Aufgaben des jeweils anderen Teams angewendet

---

814 Vor dem Hintergrund des pädagogischen Konzepts handlungsorientierten Unterrichts (Gudjons 2008) mit Schwerpunkt des sozialen Lernens (s. M7, Abb. 53) werden in diesem Abschnitt in Anlehnung an Hoßfeld et al. (2019) besonders jene Sozialformen beispielhaft aufgezeigt, die zwei oder mehr Teilnehmer einschließen. Hierbei handelt es sich um die Partnerarbeit sowie die Gruppenarbeit (s. Kap. 6.3.1.2). Alle weiteren Sozialformen sind der jeweiligen Verlaufsordnung (s. Anh. 110, Anh. 128) zu entnehmen.

815 Am POI H007 (Totholzstelle) bestimmten sie gruppenarbeitsteilig die Wirbellosen im Waldboden, am POI H008 (Bienenstöcke) untersuchten sie gemeinschaftlich befallene Kastanienbaumblätter und am POI H009 (Totholzstrauch) widmeten sie sich in ihrer Gruppe der Bestimmung der Wirbellosen. Auch die einzelnen Teilaufgaben im Rahmen des Regenwurmexperiments (POI H010 - Rothenbachquelle) wurden gruppenarbeitsteilig von den Siebtklässlern gelöst. Darüber hinaus fand eine Anwendung der Sozialform „Gruppenarbeit" auch bei der Artenbestimmung der Wirbellosen in den Ökosystemen Wiese (POI H013) und Bach (POI H014) statt.

816 So arbeiteten die Schüler des Teams „See" während der Zehnerkanadiertour in Partnerarbeit: Am POI E002 (Mittelgrundtonne) widmeten sie sich mit ihrem Partner der Messung chemischer und physikalischer Gewässerparameter des Bleilochstausees und am POI E006 (Staumauer) erörterten sie die Auswirkungen von Wasserkraftwerken auf die Natur, diskutierten den Ausbau erneuerbarer Energien und bestimmten den Mindestabstand von Schiffen und Booten von der Staumauer.

(POI E001 bzw. D001 „SEZ Kloster"). Neben dem Sammeln und Bestimmen von Wasserorganismen im Retschbach in vier Kleingruppen (F001-F004 „Remptendorfer Bucht") wurde auch an zwei Wegpunkten auf der Mountainbiketour mit Team „Wald" die Gruppenarbeit angewendet.[817]

Mit obigen Ausführungen ist deutlich geworden, dass die Sozialformen der Partner- und Gruppenarbeit auf beiden Schülerexpeditionen im Rahmen der Erkundung der Ökosystem- und Artenvielfalt einen zentralen Stellenwert einnahmen, weshalb das Ziel Z7 hiermit für Klasse 7a und Klasse 9a als erreicht eingestuft werden kann.[818]

Z8 „Erzielen positiver Wirkungen auf die Umwelteinstellungen, das Umweltwissen und das Umwelthandeln von Schülern (=inneres Handlungsprodukt)"[819]

Die Unterstützung der Hypothese H5 (s. Kap. 7.1.2) geht mit dem Erreichen des zugehörigen Teilziels Z8[820] für Klasse 7a einher.

Für Expeditionsklasse 9a konnte nur Teilhypothese H5b gestützt werden (s. Kap. 7.1.2), sodass auch nur das zugehörige Teilziel Z8b als erfüllt eingestuft werden kann: „Erzielen positiver Wirkungen auf das Umweltwissen von Schülern (=inneres Handlungsprodukt)".

---

817 Am POI D011 (Ökosystem Wiese) widmeten sich die Schüler gruppenarbeitsteilig dem Messen abiotischer Umweltfaktoren und der Tier- und Pflanzenbestimmung auf einer Wiesenfläche (5 m x 5 m). Die gleichen Untersuchungen führten sie in ihrer jeweiligen Gruppe am nächsten POI D012 (Ökosystem Wald) mit dem Ziel eines anschließenden Vergleichs beider Ökosysteme durch (s. Anh. 130).

818 Harper et al. (2017, S. 1) konnten mit ihrer Studie den übergreifenden Nutzen von Expeditionen zur Entwicklung übertragbarer Fähigkeiten wie z. B. Teamfähigkeit nachweisen: ‚Expeditions were excellent value […] to develop transferable skills ([…] team-working […]) […].'

819 Das durch Einrahmung hervorgehobene Ziel Z8 erlangte in der wissenschaftlichen Abhandlung neben dem zugrundeliegenden Rahmenziel Z0 (s. Einrahmung) besondere Bedeutung (s. Kap. 1.5) und wurde daher auch zum Bestandteil der fünften Hypothese gemacht (s. H5, Kap. 1.4). In Kap. 1.4 wurde angedeutet, dass vor dem Hintergrund der Produktorientierung (Gudjons 2008, s. M8, Abb. 53) einerseits das von den Schülern bearbeitete Expeditionsheft als reales Handlungsprodukt am Ende der Expeditionen entstand und andererseits die in den Teilzielen Z8a-Z8c verankerten Intentionen jeweils als innere Handlungsprodukte bei den Schülern nach den Expeditionen verstanden werden sollten. Folglich stellen die im Kap. 6.4.2 auf Basis der empirischen Ergebnisse diskutierten Hypothesen die inhaltliche Grundlage für den an dieser Stelle erfolgenden Zielabgleich (Z8, s. Kap. 1.5) dar.

820 Alle Teilziele beziehen sich auf Kap. 1.5.

Z9: „Verdeutlichung der Erfordernis fächerübergreifender Ansätze zum Begreifen des Biodiversitätsverlustes"[821]

Da der erste Teilaspekt der dritten Hypothese für beide Expeditionsklassen anhand der jeweils 14 einbezogenen Unterrichtsfächer gestützt werden konnte (s. Kap. 4.7), kann auch der fächerübergreifende Aspekt o. g. Ziels für Klasse 7a und 9a als erreicht eingestuft werden.[822] Auf beiden Expeditionen wurde der Biodiversitätsverlust als zentrale Problemstellung im Rahmen der themenzentrierten Arbeit ins Blickfeld der Betrachtung gerückt. Außerdem wurde die Vermittlung aus dem Lateinischen abgeleiteter biologischer Fachbegriffe (z. B. Artnamen laut binärer Nomenklatur nach Linné) auf beiden Expeditionen thematisiert.[823]

In Anlehnung an die Überblicksdarstellung (s. Abb. 1) wurden die zehn Ziele dieser Arbeit abschließend in der gezeigten Form visualisiert und die Zielerreichung entsprechend symbolisch gekennzeichnet (s. Abb. 53).[824] Die Zusammenführung der Ziele mit zugehöriger Wertung macht deutlich, dass sieben Ziele (Z0, Z1, Z3-Z7) in beiden Expeditionsklassen als erreicht eingestuft werden konnten. Auch das Teilziel Z8b wurde für Klasse 7a und 9a erfüllt (s. jeweils Häkchen).[825] Während das Teilziel Z2a durch beide Expeditionen erreicht werden konnte, wurde das Teilziel Z2b nur für Klasse 9a erfüllt.

---

821 Das Ziel Z9 steht in direktem Zusammenhang mit dem ersten Teilaspekt der dritten Hypothese „Außerschulischer Biologieunterricht bietet ein hohes interdisziplinäres Potenzial […]" (s. Kap. 1.4).

822 Zur Vermeidung inhaltlicher Dopplungen mit Kap. 4.3 werden an dieser Stelle nur die wichtigsten Belege für die Unterstützung der Hypothesen und damit die Zielerreichung in Erinnerung gerufen.

823 Die Schüler der Klasse 9a sollten darüber hinaus auch dadurch für die Erfordernis fächerübergreifender Ansätze zum Begreifen des Biodiversitätsverlustes (s. Z9) sensibilisiert werden, dass sie im Expeditionsheft an zwei Stellen explizit aufgefordert wurden, das jeweils beteiligte Unterrichtsfach zu nennen: Geografie, Mathematik bzw. Physik (Knoblich 2016b, S. 17, 20). Hinsichtlich weiterer Belege für die im Zusammenhang mit Ziel neun im Rahmen des Praxistests fokussierte Interdisziplinarität (Gudjons 2008, s. M9, Abb. 53) wird auf Kap. 4.3 verwiesen (z. B. Anwendung chemischer und physikalischer Methoden bei der Untersuchung der Wasserqualität des Bleilochstausees, Messen abiotischer Umweltfaktoren in den Ökosystemen Wald und Wiese).

824 Aus Gründen der Übersichtlichkeit wurde immer die Kurzbeschreibung des Ziels verwendet.

825 Aufgrund der Aufschlüsselung des zweiten und achten Ziels in zwei bzw. drei Teilziele erbrachte auch die Überprüfung auf Zielerreichung dahingehend differenzierte Ergebnisse.

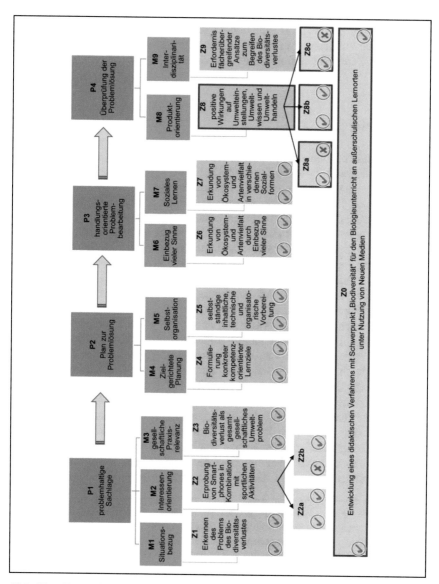

Abb. 53: Kennzeichnung der Erreichung der zehn Ziele dieses Buches.[826]

---

826 Die Grafik wurde auf Basis des pädagogischen Konzepts handlungsorientierten Unterrichts (Gudjons 2008) erstellt. Häkchen=Ziel erreicht, Kreuz=Ziel nicht erreicht,

Umgekehrt gestaltet sich die Situation für die Teilziele Z8a und Z8c, die jeweils nur in Bezug zu Klasse 7a erreicht wurden. Resümierend ist festzustellen, dass bis auf drei Teilziele (Z2b, Z8a, Z8c) die Ziele der Studie als erfüllt gelten können.[827]

7.2 Ausblick

In vorliegendem Buch wurde ein didaktisches Verfahren vorgestellt, das ausgehend vom aktuellen Problem des globalen Biodiversitätsverlustes und fehlender Naturerfahrungen in der jungen Generation die drei Bereiche „Biodiversität", „Bildung" und Biologieunterricht" zusammenführt. Durch die gezeigten positiven Wirkungen der aus dem Verfahren resultierenden Biotracks auf Umwelteinstellungen, -wissen und -handeln von Schülern werden insbesondere die Wissenschaften Biologiedidaktik und Ökologie miteinander verbunden. Durch Absolvierung der Zehnschrittfolge des Verfahrens ist es Wissenschaftlern, Lehrkräften etc. möglich, eigene Biotracks zu generieren, anhand deren Umsetzung die Natur als Lernort durch Exkursionen erfahrbar zu machen und damit einen Beitrag zum Biodiversitätsschutz zu leisten.

Dabei zeichnet sich das Verfahren neben der in der heutigen Gesellschaft zunehmend geforderten Handlungsorientierung und Interdisziplinarität durch eine breite Anwendbarkeit aus, da es neben den Wissenschaften der Didaktik und Biologie für weitere Natur-, aber auch Geo- und Technikwissenschaften anwendbar ist. Durch den Einbezug aktueller Forschungsergebnisse eignet sich die Lehr-Lernmethode außerdem, um Forschung und Lehre miteinander zu verknüpfen. Der durch die Integration aktueller Forschungsergebnisse vorhandene Aktualitätsbezug wird auch in anderer Hinsicht deutlich: Mit dem Verfahren wurde eine Möglichkeit der Integration von Smartphones (und Tablets) in außerschulische Prozesse des Wissens- und Könnenserwerbs in Kombination mit Naturerfahrungen aufgezeigt. Durch dieses Anknüpfen an die digitale Lebens-

---

P=Projektschritt, M=Merkmal, Z=Ziel, jeweils unten links=Symbol für Klasse 7a, jeweils unten rechts=Symbol für Klasse 9a, Z2a=Smartphones zur Motivationssteigerung, Z2b=sportliche Aktivitäten zur Motivationssteigerung, Z8a=positive Wirkungen auf Umwelteinstellungen, Z8b=positive Wirkungen auf Umweltwissen, Z8c=positive Wirkungen auf Umwelthandeln.

827 Eine Aufgliederung in Teilziele wurde nur vorgenommen, wenn einzelne Teilaspekte hinsichtlich der Zielerreichung variierten (s. Z2, Z8). Denkbare Gründe für die fehlende Zielerreichung in Klasse 7a (Z2b: Sportliche Aktivitäten zur Motivationssteigerung) und Klasse 9a (Z8a: positive Wirkungen auf Umwelteinstellungen, Z8c: positive Wirkungen auf Umwelthandeln) wurden im Kap. 6.5.2 diskutiert.

welt im 21. Jahrhundert soll gleichzeitig ein Beitrag zur Verminderung von Bewegungsarmut, Naturferne und geringen Artenkenntnissen der heutigen jungen Generation geliefert werden. Auch soft skills wie Teamfähigkeit als Bestandteil sozialer Kompetenz werden gefördert. Weitere Kennzeichnen des Verfahrens sind der enge Theorie-Praxis-Bezug sowie das Aufzeigen eines Weges, wie auch abstrakte Inhalte anschaulich erarbeitet werden können. Durch die entworfene Wort-/ Bildmarke „N-E-W-S" (*nature education way with smartphones*) wurde der Weg für eine potenzielle Vermarktung des Verfahrens geebnet.

Neben Biotracks gehen aus dem vorliegenden Buch zwei weitere Bausteine hervor, die ebenfalls eine Basis für die Integration von Biodiversität in die Thüringer Schulbildung darstellen können: Das Biodiversitäts-Modul (Knoblich & Hoffmann 2018) kann im Zuge der Fortentwicklung der Lehrpläne positiv in die Unterrichtspraxis hineinwirken. Die konzipierte und erprobte biodiversitätsbezogene Lehrerfortbildung (Knoblich 2017e) soll Perspektiven zur Verbesserung der Lehrerbildung in Thüringen aufzeigen. Neben erfahrungsbasierten Praxistipps gehen aus der Studie zahlreiche didaktisch durchstrukturierte und praxiserprobte lehrplanbasierte Unterrichtsmaterialien[828] hervor, die Lehrern, Dozenten, Didaktikern, Ökologen und anderen Wissenschaftlern als Handreichung und Arbeitsgrundlage dienen können und kostenfrei online auf SpringerLink zum Download bereitstehen.[829] Das Verfahren knüpft damit an die Forderung nach Lernziel-, Produkt- und Kompetenzorientierung an und kann gleichzeitig eine Grundlage für die Konzeption zukünftiger umweltschutzbezogener außerschulischer Bildungsangebote sowie das mobile ortsbezogene Lernen bilden. Die Theorie- und Praxismethode wirkt vernetzend in die Bereiche von Schule und Hochschule (v. a. außerschulische Lernorte), Natur- und Umweltschutz, Umweltbildung, BNE, Erlebnispädagogik sowie Medienbildung (v. a. Neue Medien) hinein und erlaubt einen Brückenschlag zwischen Natur und Technik.

Die anhand der verfahrensbasierten Biotracks erhobenen biodiversitätsbezogenen Daten, insbesondere die insgesamt 184 determinierten Arten, dienen Forschungszwecken zum Schutz lokaler Populationen. Diese generierten wissenschaftlichen Grundlagedaten stellen eine wesentliche Arbeits- und Beurteilungs-

---

828 Expeditionshefte (Knoblich 2016a; 2020a; 2016b; 2020b), Lösungshefte (Knoblich 2016i; 2020n; 2016j; 2020o), Expertengruppen-Arbeitsblätter (Knoblich 2020e; 2020f; 2020g; 2020h; 2020i; 2020l; 2020m; 2020p), Arbeitsblätter zur Technikeinweisung (Knoblich 2020c; 2020j) und Teameinteilung (Knoblich 2020d; 2020k) sowie zum Verhalten im Naturschutzgebiet (Knoblich 2020q).

829 Expeditionshefte (s. Anh. 87, Anh. 90), Lösungshefte (s. Anh. 172, Anh. 204), Expertengruppen-Arbeitsblätter (s. Anh. 104 – Anh. 108, Anh. 125 – Anh. 126), Arbeitsblätter zur Technikeinweisung (s. Anh. 97, Anh. 119) und Teameinteilung (s. Anh. 100, Anh. 122) sowie zum Verhalten im Naturschutzgebiet (s. Anh. 102).

grundlage für die NSB Schleiz dar (Rauner 2016) und erweitern zentrale Forschungsdatenbanken. Hierzu zählen die drei regionalen Datenbanken FLOREIN, THKART und FIS Naturschutz (LINFOS) sowie die internationale Datenbank naturgucker.de. Die zwölf identifizierten Rote-Liste-Arten wurden in das regionale Projekt „Kartierung der FFH- und Rote-Liste-Pflanzenarten in Thüringen" integriert. Aus der wissenschaftlichen Abhandlung sind 13 öffentlichkeitswirksame Publikationen – schwerpunktmäßig auf regionaler Ebene – hervorgegangen.[830] Durch die Veranstaltung des GEO-Tages der Artenvielfalt wurde an der größten Feldforschungsaktion Mitteleuropas teilgenommen. In Anlehnung an den internationalen Tag der Biodiversität dienen die Daten internationalen Forschungszwecken.[831]

Die an diese Arbeit anknüpfenden nächsten Schritte wären die zentrale Bereitstellung der entwickelten, erprobten und evaluierten Biotracks für den DBS, des konzipierten Biodiversitäts-Moduls für den Thüringer Lehrplan NWuT und der entwickelten und durchgeführten Lehrerfortbildung zum Thema „Naturerfahrung mit Neuen Medien!?" für das ThILLM.[832] Zukünftig angebracht wäre die Anwendung des Biotrack-Verfahrens z. B. bei der Entwicklung von Expeditionswochen. Außerdem würde sich im Rahmen der Öffentlichkeitsarbeit die Erstellung eigener Produkte zum Biodiversitätsschutz (z. B. Bau von Fledermauskästen, Wildbienenhotels) am Ende des Expeditionstages bzw. der Expeditionswoche anbieten. Mit Fokus auf Biodiversität wurden Biotracks mit Schwerpunkt auf Arten- und Ökosystemvielfalt erprobt. Zukünftig wäre auch der Einbezug der genetischen Vielfalt denkbar. Auch der technische Aspekt der Biotracks könnte ausgebaut werden – so z. B. durch Integration der Fotos, Videos, Arten- und Ökosystemlisten sowie Aufgabenstellungen in die Smartphone-App. Bei der Entwicklung spezieller Biotrack-Apps kann an eine Kooperation mit dem Flora Incognita Forschungsprojekt (MPI Jena & TU Ilmenau) gedacht werden. Hinsichtlich der optionalen Verwertung des Biotrack-Verfahrens auf

---

830 s. Abb. 49. Die aufgeführten Publikationen erheben keinen Anspruch auf Vollständigkeit. Die Biodiversitäts-Biotracks, die Lehrerfortbildung, das Biodiversitäts-Modul sowie die Marke *Nat Ed Way Smart* werden nicht als Publikationen gezählt (s. Abb. 49). In Kap. 6.5.4 u. a. wurde zum Ausdruck gebracht, dass lokale und regionale Projekte einen elementaren Grundstein für den weltweiten Schutz von Biodiversität legen (Streit 2007).

831 Weitere Details finden sich im Kap. 6.5.4 zusammen mit Querverweisen zu den entsprechenden Kapiteln.

832 Bezogen auf die durchgeführten Schülerexpeditionen sei hiermit in Erinnerung gerufen, dass von einem einzigen Expeditionstag keine sofortigen messbaren positiven Wirkungen auf die Umweltbildung von Schülern zu erwarten sind (Berck & Graf 2010, s. Kap. 6.1).

Basis des entwickelten Markenlogos wäre eine Kooperation mit der gemeinnützigen GmbH „Q3. Quartier für Medien.Bildung.Abenteuer" denkbar.

Über die gezeigten Möglichkeiten hinaus würde sich die Ausweitung des Biotrack-Verfahrens auf andere Unterrichtsfächer, Bildungsbereiche, Gebiete sowie andere Themen (z. B. Meerestour, Wüstentour, Bergtour) zum exkursionsbasierten Erfahren der Natur als Lernort verbunden mit dem öffentlichkeitswirksamen Kennenlernen, Wertschätzen und Schützen von Biodiversität anbieten.

Literaturverzeichnis[833]

Aivazian, B., E. Geary, & H. Devaul (2000): ESSTEP The Earth and Space Science Technological Education Project. In: International Conference on Mathematics/Science Education and Technology. Association for the Advancement of Computing in Education (AACE): 17-21.

Anzenbacher, A. (2002): Einführung in die Philosophie. Freiburg im Breisgau / Basel / Wien: Herder.

Arbeitsgemeinschaft Natur- und Umweltbildung e. V. (2017): Arbeitskreis Umweltbildung Thüringen (akuTh) e. V. legt landesweiten Angebots-Katalog „Der Grüne Faden" vor. http://www.umweltbildung.de/3751.html (zugegriffen: 24. Juni 2017).

Aziz, A. (2012): Weekly outings for alternative education students and their impact on student attitudes and behaviors regarding the environment. Dissertation, Saint Paul: Hamline University.

Baer, H.-W. & O. Grönke (1969): Biologische Arbeitstechniken für Lehrer und Naturfreunde. Berlin: Volk und Wissen.

Baum, M. (2009): Schutzwürdigkeitsgutachten mit Hinweisen zu Pflege- und Entwicklungsmaßnahmen im Biotopverbund ‚Rothenbach' bei Heberndorf. Unveröffentlichtes Gutachten im Auftrag des LRA Schleiz. Schleiz: Fachdienst Umwelt.

Baur, B. (2010): Biodiversität. Göttingen: Verlag die Werkstatt.

Baur, W. (1998): Gewässergüte bestimmen und beurteilen. Berlin: Parey.

Bayerisches Landesamt für Umwelt (2015): UmweltWissen - Natur. Biodiversität. Augsburg: o. V.

Bayerisches Staatsministerium für Landesentwicklung und Umweltfragen und Staatsinstitut für Schulpädagogik und Bildungsforschung, Hrsg. (2000): Lernort Gewässer. München: o. V. (zugegriffen: 22. Juni 2017).

Beck, E. (2013): Die Vielfalt des Lebens. Wie hoch, wie komplex, warum? Weinheim: Wiley-VCH Verlag & Co. KGaA.

Becker, J. (2014a): Lernorte und Schule. https://www.schulportal-thueringen.de/lernorte /lernorteundschule (zugegriffen: 2. Mai 2020).

--- (2014b): Ausserschulische Lernorte im Thüringer Schulportal. https://www.schulportal-thueringen.de/lernorte (zugegriffen: 2. Mai 2020).

---

833 Nachfolgende Literaturauflistung bezieht sich nur auf die Materialien im Hauptdokument. Die Literatur des Anhangs ist in einem separaten Literaturverzeichnis im Online-Anhang („Anhänge zu Kapitel 6") aufgeführt. o. O.=ohne Ortsangabe, o. V.=ohne Verlagsangabe.

© Springer Fachmedien Wiesbaden GmbH, ein Teil von Springer Nature 2020
L. Knoblich, *Mit Biotracks zur Biodiversität*,
https://doi.org/10.1007/978-3-658-31210-7

--- (2017a): Bildungsstandards - Thüringer Schulportal. http://www.schulportal-thueringen.de/schulentwicklung/bildungsstandards (zugegriffen: 24. Juni 2017).

--- (2017b): Nationalen Bildungsstandards. http://www.schulportal-thueringen.de/c/document_library/get_file?folderId=19525&name=DLFE-45.pdf (zugegriffen: 24. Juni 2017).

--- (2017c): Thüringer Schulportal. Impressum. https://www.schulportal-thueringen.de/impressum (zugegriffen: 19. Dezember 2017).

--- (2020): Herzlich willkommen auf den Seiten des Thüringer Schulportals. https://www.schulportal-thueringen.de/schulportal/start (zugegriffen: 1. Mai 2020).

Bellmann, H. (1993a): Die farbigen Naturführer. Leben in Bach und Teich. München: Mosaik Verlag GmbH.

--- (1993b): Die farbigen Naturführer. Spinnen, Krebse, Tausendfüßer. München: Mosaik Verlag GmbH.

Berck, K. H. & D. Graf (2003): Biologiedidaktik von A bis Z. Wörterbuch mit 1000 Begriffen. Wiebelsheim: Quelle & Meyer Verlag GmbH & Co.

--- (2010): Biologiedidaktik. Grundlagen und Methoden. Wiebelsheim: Quelle & Meyer Verlag GmbH & Co.

Berck, K.-H. & R. Klee (1992): Interesse an Pflanzen- und Tierarten und Handeln im Natur-Umweltschutz. Frankfurt a. M.: Lang.

Berck, H. & B. Starosta (1990): Lernorte außerhalb der Schule. Bericht der Arbeitsgruppe. In: Killermann, W. & L. Staeck, Hrsg.: Methoden des Biologieunterrichts. Bericht über die Tagung der Sektion Fachdidaktik im Verband Deutscher Biologen in Herrsching, 2.10.-6.10.1989: 163-165.

Bergau, M., H. Müller, W. Probst & B. Schäfer (2000): Bestimmungsbuch Pflanzen. Streifzüge durch Dorf und Stadt. Stuttgart / Düsseldorf / Leipzig: Ernst Klett Verlag.

--- (2004): Bestimmungsbuch Tiere. Streifzüge durch Dorf und Stadt. Stuttgart / Düsseldorf / Leipzig: Ernst Klett Verlag.

Beyer, I., H. Bickel, H. Gropengießer, S. Kluge, B. Knauer, I. Kronberg, H.-P. Krull, H.-D. Lichtner, H. Schneeweiß, G. Ströhla & W. Tischer (2005): Natura Biologie für Gymnasien Oberstufe. Stuttgart: Ernst Klett Verlag GmbH.

Bibliographisches Institut GmbH (2017a): Duden. Ex-kur-si-on. Rechtschreibung, Bedeutung, Definition, Synonyme, Herkunft. http://www.duden.de/rechtschreibung/Exkursion (zugegriffen: 28. Juni 2017).

--- (2017b): Duden. Ex-pe-di-ti-on. Rechtschreibung, Bedeutung, Definition, Synonyme, Herkunft. http://www.duden.de/rechtschreibung/Expedition (zugegriffen: 28. Juni 2017).

Bogner, F. X. & M. Wiseman (2006): ‚Adolescents' attitudes towards nature and environment: Quantifying the 2-MEV model. The Environmentalist, 26(4): 247–254. DOI: 10.1007/s10669-006-8660-9.

Bolscho, D. (1990): Environmental Education in Practice in the FRG: an Empirical Study. The Journal of Environmental Education 12: 133–146.

Bolscho, D. & H. Seybold (1996): Umweltbildung und ökologisches Lernen. Ein Studien- und Praxisbuch. Berlin: Cornelsen Scriptor.

Brämer, R., H. Koll & H.-J. Schild (2016): 7. Jugendreport Natur 2016. Erste Ergebnisse. Natur Nebensache? http://www.wanderforschung.de/files/jugendreport2016-web-final-160914-v3_1609212106.pdf (zugegriffen: 23. Juni 2017).

Braun, A. (1983): Umwelterziehung zwischen Anspruch und Wirklichkeit. Frankfurt a. M.: Haag + Herchen.

Braun, J., A. Paul & E. Westendorf-Bröring, Hrsg. (2011): Biologie heute SII. Braunschweig: Bildungshaus Schulbuchverlage Westermann Schroedel Diesterweg Schöningh Winklers GmbH.

Brenner, G. & K. Brenner (2014): Methoden für alle Fächer. Sekundarstufe I und II. Berlin: Cornelsen Schulverlage GmbH.

Bundesamt für Naturschutz (2011): Rote Listen gefährdeter Tiere, Pflanzen und Pilze Deutschlands. https://www.bfn.de/0304_rotelisten_pdm.html (zugegriffen: 27. Oktober 2017).

--- (2017): Biologische Vielfalt und die CBD. https://www.bfn.de/0304_biodiv.html (zugegriffen: 12. Oktober 2017).

Bundesministerium der Justiz und für Verbraucherschutz (1995): Gesetz über den Schutz von Marken und sonstigen Kennzeichen (Markengesetz - MarkenG). 1. Januar. https://www.gesetze-im-internet.de/markeng/MarkenG.pdf (zugegriffen: 26. Juni 2017).

--- (2005): Verordnung zum Schutz wild lebender Tier- und Pflanzenarten (Bundesartenschutzverordnung - BArtSchV). 25. Februar. https://www.gesetze-im-internet.de/bundesrecht/bartschv_2005/gesamt.pdf (zugegriffen: 24. Juni 2017).

--- (2010): Gesetz über Naturschutz und Landschaftspflege (Bundesnaturschutzgesetz - BNatSchG). 1. März. http://www.gesetze-im-internet.de/bundesrecht/bnatschg_2009/gesamt.pdf (zugegriffen: 24. Juni 2017).

Bundesministerium für Bildung und Forschung, Hrsg. (2016): Bildungsoffensive für die digitale Wissensgesellschaft. Strategie des Bundesministeriums für Bildung und Forschung. Frankfurt a. M.: Druck- und Verlagshaus Zarbock GmbH & Co. KG.

--- (2017a): Aufgaben und Aufbau - BMBF. https://www.bmbf.de/de/aufgaben-und-aufbau-215.html (zugegriffen: 24. Juni 2017).

--- (2017b): Bildung im Schulalter - BMBF. https://www.bmbf.de/de/bildung-im-schulalter-68.html (zugegriffen: 24. Juni 2017).

--- (2017c): Bildung digital - BMBF. https://www.bmbf.de/de/bildung-digital-3406.html (zugegriffen: 24. Juni 2017).

Bundesministerium für Ernährung, Landwirtschaft und Forsten (1997): Biologische Vielfalt in Ökosystemen – Konflikt zwischen Nutzung und Erhaltung. Bonn: Köllen Druck+Verlag GmbH.

Bundesministerium für Umwelt, Naturschutz, Bau und Reaktorsicherheit, Hrsg. (2007): Nationale Strategie zur biologischen Vielfalt. Kabinettsbeschluss vom 7. November 2007. Berlin: o. V.

---, Hrsg. (2011a): Biologische Vielfalt. Materialien für Bildung und Information. Arbeitsheft für Schülerinnen und Schüler. Sekundarstufe. Berlin: Zeitbild Verlag und Agentur für Kommunikation GmbH.

--- (2011b): Handreichung für Lehrkräfte. http://www.umwelt-im-unterricht.de/medien/ dateien/biologische-vielfalt-lehrerheftsek/ (zugegriffen: 24. Juni 2017).

---, Hrsg. (2015): Naturschutz-Offensive 2020. Für biologische Vielfalt! Paderborn: Bonifatius GmbH.

---, Hrsg. (2016): Bundesprogramm Biologische Vielfalt. Ziele und Fördermodalitäten. Bonn: o. V.

--- (2017a): Das Ministerium: Aufgaben und Struktur. http://www.bmub.bund.de/ ministerium/aufgaben-und-struktur/ (zugegriffen: 24. Juni 2017).

--- (2017b): Natur - Biologische Vielfalt - Arten. https://www.bmub.bund.de/themen/ natur-biologische-vielfalt-arten/ (zugegriffen: 6. November 2017).

Bundesverband Beruflicher Naturschutz, Hrsg. (2003): Biologische Vielfalt – Leben in und mit der Natur. Jahrbuch für Naturschutz und Landschaftspflege 54: 336.

Bundesweiter Arbeitskreis der staatlich getragenen Bildungsstätten im Natur- und Umweltschutz, Hrsg. (2003): BANU Leitlinien zur Natur- und Umweltbildung für das 21. Jahrhundert. https://www.banu-akademien.de/assets/downloads/BANU_Leitlinien_ Web.pdf (zugegriffen: 2. Mai 2020).

Bundeszentrale für politische Bildung (2008): Artenvielfalt: Bedeutung und Begriffsklärung. http://www.bpb.de/gesellschaft/umwelt/dossier-umwelt/61283/bedeutung (zugegriffen: 24. Juni 2017).

--- (2017): Umweltbewusstsein und Umweltverhalten. http://www.bpb.de/izpb/8971/ umweltbewusstsein-und-umweltverhalten?p=all (zugegriffen: 28. Juni 2017).

Burk, K. & C. Claussen (1981): Lernorte außerhalb des Klassenzimmers II. Frankfurt am Main: Arbeitskreis Grundschule e. V..

Büromarkt Böttcher AG (2017): Bahama Powerbank 2600mAh, externer Akku, 1x USB A Ausgang, farbig sortiert. https://www.bueromarkt-ag.de/powerbank_bahama_ 2600mah,p-34593.html (zugegriffen: 2. November 2017).

Busch, M. (2016): Empirische Studien zum fächerübergreifenden naturwissenschaftlichen Unterricht. Kompetenzförderung, Interessenentwicklung, Wahlmotive und Lehrerperspektive. Dissertation, Jena: Friedrich-Schiller-Universität Jena.

Cesnulevitius, A. (2012): Education in environmetal sciences; present and future perspectives. http://www.lgeos.lt/index.php?option=com_content&view=article&id=19&Itemid=36 (zugegriffen: 17. Februar 2016).

Chrebah, B. (2009): Umweltbewusstsein und Umweltverhalten - Ein Vergleich von deutschen und syrischen Studierenden. Dissertation, Oldenburg: Carl von Ossietzky Universität Oldenburg.

Coburger, K. (2012): Biodiversität - ein neuer Begriff macht die Runde - und die „Big Five" des Landkreises Greiz. Der Heimatbote 58, Nr. 12: 36–39.

Copyright (2017) Garmin Ltd or its Subsidiaries. All Rights Reserved Garmin International. http://www.garmin.com/en-US (zugegriffen: 27. Juni 2017).

Cornelsen Verlag (2017a): Cornelsen Praxis-Helfer: Medienbildung in der Schule. https://www.cornelsen.de/lehrkraefte/1.c.3508598.de (zugegriffen: 25. Juni 2017).

--- (2017b): Cornelsen Praxis-Helfer: Wie kann guter Unterricht mit digitalen Medien gelingen? https://www.cornelsen.de/lehrkraefte/1.c.4379890.de (zugegriffen: 25. Juni 2017).

--- (2017c): Cornelsen Praxis-Helfer: Digitale Medien im Unterricht einsetzen. https://www.cornelsen.de/lehrkraefte/1.c.4394310.de (zugegriffen: 25. Juni 2017).

--- (2017d): Cornelsen Praxis-Helfer: Neue Medien in Ihrem Unterricht: Tipps und Ideen. https://www.cornelsen.de/lehrkraefte/1.c.3508907.de (zugegriffen: 25. Juni 2017).

--- (2017e): Cornelsen Praxis-Helfer: Zehn Praxisideen für neue Medien im Unterricht. https://www.cornelsen.de/lehrkraefte/1.c.4380299.de (zugegriffen: 25. Juni 2017).

--- (2017f): Cornelsen Praxis-Helfer: Wie Schüler mit iPhone, iPad & Co. besser lernen. https://www.cornelsen.de/lehrkraefte/1.c.4379925.de (zugegriffen: 25. Juni 2017).

Cornelsen Verlag GmbH (2011): Vorschlag für einen Stoffverteilungsplan für die Klassenstufe 7/8 am Gymnasium in Thüringen bei der Umsetzung mit Biologie plus 7/8. Berlin: Cornelsen.

--- (2013): Biologie 9/10. Umsetzung mit dem Lehrwerk Biologie plus. Vorschlag für einen Stoffverteilungsplan. Gymnasium Thüringen. Berlin: Cornelsen.

Deci, E. L. & R. M. Ryan (1993): Die Selbstbestimmungstheorie der Motivation und ihre Bedeutung für die Pädagogik. Zeitschrift für Pädagogik 39, Nr. 2: 223–238.

Deutsche Bundesstiftung Umwelt (2010): DBU - GPS-Bildungsrouten im Biosphärenreservat Flusslandschaft Elbe Neue Medien in der Bildung für nachhaltige Entwicklung. https://www.dbu.de/1254ibook62724_30616_2487.html (zugegriffen: 26. Juni 2017).

---, Hrsg. (2013a): DBU aktuell Umweltbildung. Informationen aus der Fördertätigkeit der Deutschen Bundesstiftung Umwelt, Nr. 4: 1–4.

---, Hrsg. (2013b): DBU aktuell Umweltbildung, Nr. 3: 1–4.

Deutsche UNESCO-Kommission e. V., Hrsg. (2010): Biologische Vielfalt und Bildung für nachhaltige Entwicklung. Schlüsselthemen und Zugänge für Bildungsangebote. Bonn: o. V.

--- (2014): UNESCO Roadmap zur Umsetzung des Weltaktionsprogramms „Bildung für nachhaltige Entwicklung". Bonn: o. V.

--- (2017a): Die UN-Dekade BNE. http://www.bne-portal.de/de/bundesweit/un-dekade-bne-2005-2014 (zugegriffen: 9. Oktober 2017).

--- (2017b): Das Weltaktionsprogramm in Deutschland. http://www.bne-portal.de/de/bundesweit/weltaktionsprogramm-deutschland (zugegriffen: 9. Oktober 2017).

--- (2017c): Jugendkongress Biologische Vielfalt 2017. http://www.bne-portal.de/de/infothek/meldungen/jugendkongress-biologische-vielfalt-2017 (zugegriffen: 9. Oktober 2017).

Deutscher Jagdverband e. V. (2020): Lernort Natur. Eine Initiative der Jäger. Informationen und Ansprechpartner. https://www.jagdverband.de/sites/default/files/Lernort%20Natur%20Flyer_klein.pdf (zugegriffen: 14. Mai 2020).

Deutsches Institut für Internationale Pädagogische Forschung (2011): Environmental education/sustainability in Germany. https://www.eduserver.de//Environmental-education-sustainability-in-Germany-5592-en.html (zugegriffen: 10. November 2017).

--- (2017a): Umwelt im Unterricht - ein Angebot des Bundesumweltministeriums. http://www.bildungsserver.de/db/mlesen.html?Id=47723 (zugegriffen: 24. Juni 2017).

--- (2017b): Über den Deutschen Bildungsserver. http://www.bildungsserver.de/UEber-uns-480-de.html (zugegriffen: 10. November 2017).

--- (2017c): Deutscher Bildungsserver – Leitbild. http://www.bildungsserver.de/pdf/Leitbild_DBS_gueltig.pdf (zugegriffen: 23. Juni 2017).

--- (2017d): Thematische Schwerpunkte. Deutscher Bildungsserver. https://www.bildungsserver.de//Thematische-Schwerpunkte-915-de.html (zugegriffen: 10. November 2017).

--- (2017e): Deutscher Bildungsserver. Erweiterte Suche. http://www.bildungsserver.de/metasuche/es_form.html (zugegriffen: 24. Juni 2017).

--- (2017f): Animationsfilm Biodiversität. https://www.bildungsserver.de/onlineressource.html?onlineressourcen_id=51134 (zugegriffen: 28. Oktober 2017).

--- (2017g): Bürgerwissenschaft: Laien-Forscher untersuchen die Biodiversität. https://www.bildungsserver.de/innovationsportal/onlineressource.html?onlineressourcen_id=55277 (zugegriffen: 28. Oktober 2017).

--- (2017h): Entdecke die Vielfalt! https://www.bildungsserver.de/wettbewerb.html?wettbewerbe_id=1593 (zugegriffen: 28. Oktober 2017).

--- (2017i): Lernsoftware PRONAS - Biodiversität im Visier der Umweltbildung. https://www.bildungsserver.de/onlineressource.html?onlineressourcen_id=49242 (zugegriffen: 28. Oktober 2017).

--- (2017j): UN-Dekade Biologische Vielfalt 2011-2020. https://www.bildungsserver.de/innovationsportal/onlineressource.html?onlineressourcen_id=54426 (zugegriffen: 28. Oktober 2017).

--- (2017k): Umweltbildung / Umwelterziehung. http://www.bildungsserver.de/Umwelt-bildung-Umwelterziehung-706.html (zugegriffen: 24. Juni 2017).

Deutsches Patent- und Markenamt (2015): Registerauszug: Ihre Wort-/Bildmarke 30 2015 009 888.4 / 42 – Nat Ed Way Smart. München: o. V.

--- (2016a): DEPATISnet - Dokument DE102014018970A1. https://depatisnet.dpma.de/DepatisNet/depatisnet?window=1&space=menu&content=treffer&action=pdf&docid=DE102014018970A1 (zugegriffen: 2. November 2016).

---, Hrsg. (2016b): Patente. Eine Informationsbroschüre zum Patentschutz. München: o. V.

Dietsch, D. & K. Anders (2017a): Q3. Quartier für Medien.Bildung.Abenteuer. http://www.qdrei.info/ (zugegriffen: 23. Juni 2017).

--- (2017b): Standorte. http://www.qdrei.info/standorte/ (zugegriffen: 8. November 2017).

Döring, N. & J. Bortz (2016): Forschungsmethoden und Evaluation in den Sozial- und Humanwissenschaften. Berlin / Heidelberg: Springer.

Dorsch, J. (2017): Schule-apps.de - die Online-Datenbank für Bildungs-Apps. http://www.schule-apps.de/ (zugegriffen: 25. Juni 2017).

Eduversum GmbH (2017a): Lehrer-Online. https://www.lehrer-online.de/unterricht/ (zugegriffen: 10. November 2017).

--- (2017b): Überblick: Außerschulische Lernorte bundesweit. https://www.lehrer-online.de/inhalte/dossiers/gesellschaftswissenschaften-geisteswissenschaften-und-fremdsprachen/ueberblick-ausserschulische-lernorte-bundesweit/ (zugegriffen: 10. November 2017).

--- (2017c): Jugend | Zukunft | Vielfalt - Jugendkongress Biodiversität 2017. Lehrer-Online. https://www.lehrer-online.de/aktuelles/aktuelle-nachrichten/news/na/jugend-zukunft-vielfalt-jugendkongress-biodiversitaet-2017/ (zugegriffen: 6. November 2017).

--- (2017d): Das Themenportal BNE. Umweltbildung und Bildung für nachhaltige Entwicklung. https://bne.lehrer-online.de/ (zugegriffen: 24. Juni 2017).

Eigenmann, S. (2014): Digitale Medien im Sportunterricht und deren Einfluss auf die Motivation von Schülerinnen und Schülern. Masterarbeit, Freiburg: Universität Freiburg.

Ellenberger, W. (1993): Ganzheitlich-kritischer Biologieunterricht. Berlin: Cornelsen.

Elles, G. L., E. M. R. Wood & C. Lapworth (2015): A Monograph of British Graptolites. Volume 1. Cambridge: University Press.

Falk, J. H. & L. D. Dierking (1997): School Field Trips: Assessing Their Long-Term Impact. Curator 40, Nr. 3: 211–218.

Falk, J. H. & M. Storksdieck (2005): Using the Contextual Model of Learning to Understand Visitor Learning from a Science Center Exhibition. Science Education 89, Nr. 5: 744–778.

Fechter, R. & G. Falkner (1993): Die farbigen Naturführer. Weichtiere. München: Mosaik Verlag GmbH.

Fischer, A. (2016): AW: Einverständnis Exkursions- und Kontrollklasse. E-Mail: 24. Februar 2016.

Fischer, E. (2004): GPS im Unterricht - Themenrouten für die Schule. http://www.gps.medienecken.de/ (zugegriffen: 26. Juni 2017).

FIZ Karlsruhe – Leibniz-Institut für Informationsinfrastruktur GmbH (2017): STN International: Database Summary Sheets. http://www.stn-international.com/sum_sheets.html (zugegriffen: 10. November 2017).

FOSSGIS e. V. (2017): OpenStreetMap Deutschland: Die freie Wiki-Weltkarte. https://www.openstreetmap.de/ (zugegriffen: 29. Juni 2017).

FreePatentsOnline.com (2016): Verfahren zur Erarbeitung und Vermittlung standortspezieller, vorgabenbezogener und insbesondere wissenschaftlich schwer zugänglicher Informationen. http://www.freepatentsonline.com/DE102014018970.html (zugegriffen: 2. November 2016).

Frick, J., F. G. Kaiser & M. Wilson (2004): Environmental knowledge and conservation behavior: Exploring prevalence and structure in a representative sample. Personality and Individual Differences, 37: 1597–1613. DOI: 10.1016/j.paid.2004.02.015.

Fuchs, E., J. Kahlert & U. Sandfuchs, Hrsg. (2010): Schulbuch konkret. Kontexte - Produktion - Unterricht. Bad Heilbrunn: Verlag Julius Klinkhardt.

FZK project, OSM contributors & U.S.G.S. de Ferranti (2016): Freizeitkarte - Deutschland. http://freizeitkarte-osm.de/garmin/de/deutschland.html (zugegriffen: 27. Juni 2017).

Gaede, P.-M., Hrsg. (2013): Wälder. Bd. 41. GEOlino extra. Hamburg: Verlag Gruner+Jahr.

Gamache, K. R., J. R. Giardino, J. D. Vitek, C. Schroeder & M. F. Giardino (2012): Teach geology in the field with iPads; the G-Camp experience. 2012 GSA Annual Meeting in Charlotte.

Garmin Deutschland GmbH (2017): BaseCamp™-Software. https://www.garmin.com/de-DE/software/basecamp/ (zugegriffen: 27. Juni 2017).

Garmin Deutschand, Deutscher Wanderverband & Deutsche Wanderjugend (2015): Comic-Tipps zum Geocaching. https://www.wanderverband.de/conpresso/_data/Flyer_Geocaching.pdf (zugegriffen: 10. Mai 2020).

G+J Medien GmbH (2016): Das Projekt GEO-Tag der Artenvielfalt 2016. https://www.geo.de/natur/tag-der-artenvielfalt/9274-rtkl-das-projekt-geo-tag-der-artenvielfalt-2016 (zugegriffen: 23. Juni 2017).

Göbel, E. & V. Vopel, Hrsg. (2011): Biologie plus Klassen 7/8 Gymnasium Thüringen. Berlin: Cornelsen / Volk und Wissen.

---, Hrsg. (2012): Biologie plus Klassen 9/10 Gymnasium Thüringen. Berlin: Cornelsen / Volk und Wissen.

Göpfert, H. (1990): Naturbezogene Pädagogik. Weinheim: Deutscher Studien Verlag.

Görg, C., C. Hertler, E. Schramm & M. Weingarten, Hrsg. (1999): Zugänge zur Biodiversität. Marburg: Metropolis-Verlag für Ökonomie, Gesellschaft und Politik GmbH.

Graf, D., B. Wieder, H.-P. Ziemek & G. Zubke (2017): Biodiversität als Basiskonzept. MNU journal. Verband zur Förderung des MINT-Unterrichts 70, Nr. 1.

Greenpeace e. V. (2017): Was ist Biodiversität? https://www.greenpeace.de/themen/artenvielfalt/was-ist-biodiversitat (zugegriffen: 12. Oktober 2017).

Greif, M. (2011): Natur als Schatzkarte! Nachhaltigkeit lernen mit GPS-Bildungsrouten zum Thema „Wasser". Ein Praxishandbuch. Berlin: o. V.

Grund, G. & B. Kettl-Römer (2013): 99 Tipps – Social Media. Berlin: Cornelsen Schulverlage GmbH.

Gudjons, H. (2008): Handlungsorientiert lehren und lernen. Schüleraktivierung. Selbsttätigkeit. Projektarbeit. Regensburg: Friedrich Pustet.

Güss, U. (2010): Natur als Abenteuer – GPS-unterstützte Bildungsangebote. Ein Beitrag zur Bildung für nachhaltige Entwicklung? Dokumentation der Fachtagung vom 22. April 2010 in Wedel. Hamburg: o. V.

Haas, A. (2017): Projekt Finde Vielfalt. http://biodivlb.jimdo.com/deutsch/projekt-finde-vielfalt/ (zugegriffen: 23. Juni 2017).

Haeupler, H. (1997): Zur Phytodiversität Deutschlands: Ein Baustein zur globalen Biodiversitätsbilanz. Osnabrücker Naturwissenschaftliche Mitteilungen 23: 123–133.

--- (2000): Biodiversität in Zeit und Raum - Dynamik oder Konstanz? Berichte der Reinhold-Tüxen-Gesellschaft 12: 113–129.

--- (2002): Die Biotope Deutschlands. Schriftenreihe für Vegetationskunde 38: 247–272.

Hagen, P. (2016): Biotop bei Heberndorf erkundet. Ostthüringer Zeitung (8. Juni). http://badlobenstein.otz.de/web/badlobenstein/startseite/detail/-/specific/Biotop-bei-Heberndorf-erkundet-866124825.

Hahn, M. & R. Spreter (2006): Planung und Durchführung eines GEO-Tages der Artenvielfalt. Ein Leitfaden für Städte und Gemeinden. Hg. von Deutsche Umwelthilfe e. V. Radolfzell: DUH Umweltschutz-Service GmbH.

Harper, L. R., J. R. Downie, M. Muir & S. A. White (2017): What can Expeditions do for Students ... and for Science? An investigation into the Impact of University of Glasgow Exploration Society Expeditions. Journal of Biological Education 51, Nr. 1: 3–16.

Hasselmann, A. (2017): GEO - Tag der Natur 2017. http://geo-tagdernatur.de/ (zugegriffen: 29. Juni 2017).

Hasselmann, A. & S. Kästner (2016): GEO-Tag der Artenvielfalt. Häufige Fragen (FAQ) zum 18. GEO-Tag der Artenvielfalt am 18. Juni 2016. http://static.geo.de/c7/1c/GEO-Tag-FAQs.pdf (zugegriffen: 23. Juni 2017).

Herzig, B. & A. Martin (2014): Smartphones & Co. in der Schule. Lehren und Lernen mit mobilen Endgeräten. https://www.oldenbourg-klick.de/zeitschriften/schulmagazin-5-10/2014-3/smartphones-co-der-schule (zugegriffen: 25. Juni 2017).

Hessemann, R. (2013): GPS-Exkursionen. http://blog.lehrentwicklung.uni-freiburg.de/2013/05/gpsexkursionen (zugegriffen: 17. Februar 2016).

Högermann, C. & K. Meißner, Hrsg. (2001): Biologie plus Gymnasium Klassen 9/10 Thüringen. Mit fächerübergreifenden Themen und Projektangeboten. Berlin: Cornelsen / Volk und Wissen.

--- (2002): Biologie plus Klassen 9/10 Gymnasium Sachsen-Anhalt. Berlin: Cornelsen / Volk und Wissen.

--- (2003): Biologie plus Klassen 7/8 Gymnasium Sachsen-Anhalt. Berlin: Cornelsen / Volk und Wissen.

Hoßfeld, U. & L. Knoblich (2016) (Die Erfinder), Friedrich-Schiller-Universität Jena (Anmelder): DE 10 2014 018 970 A1 2016.06.23. Offenlegungsschrift. Verfahren zur Erarbeitung und Vermittlung standortspezieller, vorgabenbezogener und insbesondere wissenschaftlich schwer zugänglicher Informationen. München: Deutsches Patent- und Markenamt.

Hoßfeld, U., C. Hoffmann, E. Watts, L. Knoblich, M. Scheidemann, F. Lotze & K. Porges, Hrsg. (2019): Biologie und Bildung im Jenaer Modell. Ausgewählte Unterrichtsmaterialien. Jena: Arbeitsgruppe Biologiedidaktik Jena.

Hotes, S. & V. Wolters, Hrsg. (2010): Fokus Biodiversität: Wie Biodiversität in der Kulturlandschaft erhalten und nachhaltig genutzt werden kann. München: Oekom.

Humboldt, W. v. (1960): Theorie der Bildung des Menschen. In: Flitner, A. & K. Giel, Hrsg.: Wilhelm von Humboldt. Werke in fünf Bänden. Erster Band: Schriften zur Anthropologie und Geschichte: 234-240.

Hutter, C.-P. & K. Blessing (2010): Artenwissen als Basis für Handlungskompetenz zur Erhaltung der Biodiversität. Stuttgart: Wissenschaftliche Verlagsgesellschaft mbH.

International Union for Conservation of Nature and Natural Resources (2017): The IUCN Red List of Threatened Species. http://www.iucnredlist.org/ (zugegriffen: 6. November 2017).

Jaeger, H. (1959): Graptolithen und Stratigraphie des jüngsten Thüringer Silurs. Ausgabe 2 von Abhandlungen der Deutschen Akademie der Wissenschaften zu Berlin, Klasse für Chemie, Geologie und Biologie. Berlin: Akademie-Verlag.

Jank, W. & H. Meyer (2014): Didaktische Modelle. Berlin: Cornelsen Schulverlage GmbH.

Jansen, V. (2016): Neue KMK-Chefin will digitale Bildung voranbringen – mit den Smartphones der Schüler. http://www.news4teachers.de/2016/01/neue-kmk-chefin-will-digitale-bildung-voranbringen-mit-den-smartphones-der-schueler/ (zugegriffen: 25. Juni 2017).

Jenny, M., J. Fischer, L. Pfiffner, S. Birrer & R. Graf (2010): Leitfaden für die Anwendung des Punktesystems. Biodiversität auf Landwirtschaftsbetrieben. Frick/Sempach: Forschungsinstitut für biologischen Landbau/Schweizerische Vogelwarte.

Juristisches Informationssystem GmbH (2006): Thüringer Gesetz für Natur und Landschaft (ThürNatG). 29. Juli. http://landesrecht.thueringen.de/jportal/portal/t/h29/page /bsthueprod.psml?pid=Dokumentanzeige&showdoccase=1&js_peid=Trefferliste&doc umentnumber=1&numberofresults=1&fromdoctodoc=yes&doc.id=jlr-NatSchGTH 2006rahmen&doc.part=X&doc.price=0.0#focuspoint (zugegriffen: 29. Juni 2017).

Kaiser, F. G., B. Oerke & F. X. Bogner (2007): Behavior-based environmental attitude: Development of an instrument for adolescents. Journal of Environmental Psychology, 27 (3): 242-251.

Kals, E., D. Schumacher & L. Montada (1998): Experiences with nature, emotional ties to nature and ecological responsibility as determinants of nature protect behavior. Zeitschrift für Sozialpsychologie 29, Nr. 1: 5-19.

Kelle, A. & H. Sturm, Hrsg. (1984): Tiere leicht bestimmt. Bestimmungsbuch einheimischer Tiere, ihrer Spuren und Stimmen. Bonn: Dümmler.

--- (1993): Pflanzen leicht bestimmt. Bestimmungsbuch einheimischer Pflanzen, ihrer Knospen und Früchte. Bonn: Bildungsverlag Eins.

Killermann, W., P. Hiering & B. Starosta (2016): Biologieunterricht heute. Eine moderne Fachdidaktik. Donauwörth: Auer Verlag GmbH.

Kittlaus, B. (2017a): Außerschulische Lernorte im Thüringer Schulportal. https://www.schulportal-thueringen.de/lernorte (zugegriffen: 22. Juni 2017).

--- (2017b): Lernorte und Schule. Lernorte aus schulischer Sicht. https://www.schulportal-thueringen.de/lernorte/lernorteundschule (zugegriffen: 22. Juli 2017).

Klaes, E. (2008): Außerschulische Lernorte im naturwissenschaftlichen Unterricht – Die Perspektive der Lehrkraft. Bd. 86. Studien zum Physik- und Chemielernen. Berlin: Logos Verlag Berlin GmbH.

Klafki, W. (2007): Neue Studien zur Bildungstheorie und Didaktik. Zeitgemäße Allgemeinbildung und kritisch-konstruktive Didaktik (6. Aufl.). Weinheim / Basel: Beltz.

Knecht, P., E. Matthes, S. Schütze & B. Aamotsbakken, Hrsg. (2014): Methodologie und Methoden der Schulbuch- und Lehrmittelforschung. Bad Heilbrunn: Julius Klinkhardt.

Knoblich, L. (2015a): Spiel, Spannung und Abenteuer in der Natur. Das Seesport- und Erlebnispädagogische Zentrum Kloster als außerschulischer Lernort. Saarbrücken: AV Akademikerverlag.

--- (2015b) (Gestalter), Friedrich-Schiller-Universität Jena Körperschaft des öffentlichen Rechts (Inhaber): Wort-/Bildmarke „Nat Ed Way Smart". Registriernummer 30 2015 009 888. München: Deutsches Patent- und Markenamt.

--- (2016a): Expeditionsheft Abenteuer Artenvielfalt – Wirbellose im „Biotopverbund Rothenbach" bei Heberndorf. Jena: Arbeitsgruppe Biologiedidaktik, Friedrich-Schiller-Universität Jena.

--- (2016b): Expeditionsheft Abenteuer Artenvielfalt – Organismen in ihrer Umwelt am Bleilochstausee. Jena: Arbeitsgruppe Biologiedidaktik, Friedrich-Schiller-Universität Jena.

--- (2016c): Adventure Biodiversity: Exploring species and ecosystem diversity with "biotracks". https://www.undekade-biologischevielfalt.de/projekte/aktuelle-projekte-bei-traege/detail/projekt-details/show/Wettbewerb/1676/ (zugegriffen: 1. Juli 2017).

--- (2016d): Die Vielfalt der wirbellosen Tiere im Flächennaturdenkmal „Biotopverbund Rothenbach" bei Heberndorf (Landkreis Saale-Orla-Kreis / Thüringen) (Insecta, Arachnida, Gastropoda, Chilopoda, Diplopoda, Malacostraca). Thüringer Faunistische Abhandlungen XXI: 239–250.

--- (2016e): Expedition in den „Biotopverbund Rothenbach". Poster, Jena: Arbeitsgruppe Biologiedidaktik, Friedrich-Schiller-Universität Jena. https://www.schulportal-thue-ringen.de/web/guest/media/detail?tspi=6361

--- (2016f): Expedition an den Bleilochstausee. Poster, Jena: Arbeitsgruppe Biologiedidaktik, Friedrich-Schiller-Universität Jena. https://www.schulportal-thueringen. de/web/guest/media/detail?tspi=6358

--- (2016g): Expedition in das Sormitzgebiet. Poster, Jena: Arbeitsgruppe Biologiedidaktik, Friedrich-Schiller-Universität Jena. https://www.schulportal-thueringen.de/ web/guest/media/detail?tspi=6360

--- (2016h): Expedition in das Plothener Teichgebiet. Poster, Jena: Arbeitsgruppe Biologiedidaktik, Friedrich-Schiller-Universität Jena. https://www.schulportal-thueringen. de/web/guest/media/detail?tspi=6359

--- (2016i): Lösungen zum Expeditionsheft Abenteuer Artenvielfalt – Wirbellose im „Biotopverbund Rothenbach" bei Heberndorf. Jena: Arbeitsgruppe Biologiedidaktik, Friedrich-Schiller-Universität Jena.

--- (2016j): Lösungen zum Expeditionsheft Abenteuer Artenvielfalt – Organismen in ihrer Umwelt am Bleilochstausee. Jena: Arbeitsgruppe Biologiedidaktik, Friedrich-Schiller-Universität Jena.

--- (2017a): Faunistische Nachweise im Landschaftsschutzgebiet „Obere Saale" (Landkreis Saale-Orla-Kreis / Thüringen) (Amphibia, Arachnida, Aves, Insecta, Mammalia, Reptilia). Thüringer Faunistische Abhandlungen XXII, 183-199.

--- (2017b): Faunen-, Floren- und Lichenesfunde im „Biotopverbund Rothenbach"/Heberndorf. https://naturgucker.de/?aktion=1633313108 (zugegriffen: 19. September 2017).

--- (2017c): Faunen-, Floren- und Lichenesfunde am Nordufer des Bleilochstausees. https://naturgucker.de/?aktion=1414685612 (zugegriffen: 19. September 2017).

--- (2017d): Erfassung gefährdeter Pflanzen im Landschaftsschutzgebiet „Obere Saale" am Bleilochstausee von Kloster bis zur Remptendorfer Bucht (Saale-Orla-Kreis). Informationen zur floristischen Kartierung in Thüringen 36: 18–22.

--- (2017e): Naturerfahrung mit Neuen Medien!? Workshop, Jena: Friedrich-Schiller-Universität Jena, 1. Februar.

--- (2017f): Lernort: Abenteuer Artenvielfalt - Wirbellose im „Biotopverbund Rothenbach" bei Heberndorf. https://www.schulportal-thueringen.de/web/guest/media/detail?tspi=6361 (zugegriffen: 25. September 2017).

--- (2017g): Lernort: Abenteuer Artenvielfalt – Organismen in ihrer Umwelt am Nordufer des Bleilochstausees. https://www.schulportal-thueringen.de/web/guest/media/detail?tsp i=6358 (zugegriffen: 25. September 2017).

--- (2017h): Lernort: Abenteuer Artenvielfalt – Samenpflanzen und Wirbeltiere im Sormitzgebiet bei Leutenberg. https://www.schulportal-thueringen.de/web/guest/media/detail?tspi=6360 (zugegriffen: 25. September 2017).

--- (2017i): Lernort: Abenteuer Artenvielfalt – Ökosysteme im Plothener Teichgebiet. https://www.schulportal-thueringen.de/web/guest/media/detail?tspi=6359 (zugegriffen: 25. September 2017).

--- (2020a): Expeditionsheft Abenteuer Artenvielfalt - Wirbellose im "Biotopverbund Rothenbach" bei Heberndorf (2. Aufl.). Jena: Arbeitsgruppe Biologiedidaktik, Friedrich-Schiller-Universität Jena, 35 Seiten. Für: Serie „Außerschulische Lernorte" im Thüringer Schulportal: Lernort: Abenteuer Artenvielfalt - Wirbellose im „Biotopverbund Rothenbach" bei Heberndorf. https://www.schulportal-thueringen.de/web/guest/media/detail?tspi=6361

--- (2020b): Expeditionsheft Abenteuer Artenvielfalt - Organismen in ihrer Umwelt am Bleilochstausee (2. Aufl.). Jena: Arbeitsgruppe Biologiedidaktik, Friedrich-Schiller-Universität Jena, 33 Seiten. Für: Serie „Außerschulische Lernorte" im Thüringer Schulportal: Lernort: Abenteuer Artenvielfalt – Organismen in ihrer Umwelt am Nordufer des Bleilochstausees. https://www.schulportal-thueringen.de/web/guest/media/detail?tspi=6358

--- (2020c): Arbeitsblatt Biotrack am Rothenbach mit der App „OsmAnd". Jena: Arbeitsgruppe Biologiedidaktik, Friedrich-Schiller-Universität Jena, 2 Seiten. Für: Serie „Außerschulische Lernorte" im Thüringer Schulportal: Lernort: Abenteuer Artenvielfalt - Wirbellose im „Biotopverbund Rothenbach" bei Heberndorf. https://www.schulportal-thueringen.de/web/guest/media/detail?tspi=6361

--- (2020d): Arbeitsblatt Einteilung der Teams „Expedition Rothenbach". Jena: Arbeitsgruppe Biologiedidaktik, Friedrich-Schiller-Universität Jena, 1 Seite. Für: Serie „Außerschulische Lernorte" im Thüringer Schulportal: Lernort: Abenteuer Artenvielfalt - Wirbellose im „Biotopverbund Rothenbach" bei Heberndorf. https://www.schulportal-thueringen.de/web/guest/media/detail?tspi=6361

--- (2020e): Arbeitsblätter Bienenexperten. Jena: Arbeitsgruppe Biologiedidaktik, Friedrich-Schiller-Universität Jena, 4 Seiten. Für: Serie „Außerschulische Lernorte" im Thüringer Schulportal: Lernort: Abenteuer Artenvielfalt - Wirbellose im „Biotopverbund Rothenbach" bei Heberndorf. https://www.schulportal-thueringen.de/web/guest/media/detail?tspi=6361

--- (2020f): Arbeitsblätter Waldbodenexperten. Jena: Arbeitsgruppe Biologiedidaktik, Friedrich-Schiller-Universität Jena, 7 Seiten. Für: Serie „Außerschulische Lernorte" im Thüringer Schulportal: Lernort: Abenteuer Artenvielfalt - Wirbellose im „Biotopverbund Rothenbach" bei Heberndorf. https://www.schulportal-thueringen.de/web/guest/media/detail?tspi=6361

--- (2020g): Arbeitsblätter Totholzexperten. Jena: Arbeitsgruppe Biologiedidaktik, Friedrich-Schiller-Universität Jena, 7 Seiten. Für: Serie „Außerschulische Lernorte" im Thüringer Schulportal: Lernort: Abenteuer Artenvielfalt - Wirbellose im „Biotopverbund Rothenbach" bei Heberndorf. https://www.schulportal-thueringen.de/web/guest/media/detail?tspi=6361

--- (2020h): Arbeitsblätter Regenwurmexperten. Jena: Arbeitsgruppe Biologiedidaktik, Friedrich-Schiller-Universität Jena, 4 Seiten. Für: Serie „Außerschulische Lernorte" im Thüringer Schulportal: Lernort: Abenteuer Artenvielfalt - Wirbellose im „Biotopverbund Rothenbach" bei Heberndorf. https://www.schulportal-thueringen.de/web/guest/media/detail?tspi=6361

--- (2020i): Arbeitsblätter Ameisenexperten. Jena: Arbeitsgruppe Biologiedidaktik, Friedrich-Schiller-Universität Jena, 4 Seiten. Für: Serie „Außerschulische Lernorte" im Thüringer Schulportal: Lernort: Abenteuer Artenvielfalt - Wirbellose im „Biotopverbund Rothenbach" bei Heberndorf. https://www.schulportal-thueringen.de/web/guest/media/detail?tspi=6361

--- (2020j): Arbeitsblatt Biotrack am Bleilochstausee mit der App „OsmAnd". Jena: Arbeitsgruppe Biologiedidaktik, Friedrich-Schiller-Universität Jena, 2 Seiten. Für: Serie „Außerschulische Lernorte" im Thüringer Schulportal: Lernort: Abenteuer Artenvielfalt – Organismen in ihrer Umwelt am Nordufer des Bleilochstausees. https://www.schulportal-thueringen.de/web/guest/media/detail?tspi=6358

--- (2020k): Arbeitsblatt Einteilung der Teams „Expedition Bleilochstausee". Jena: Arbeitsgruppe Biologiedidaktik, Friedrich-Schiller-Universität Jena, 1 Seite. Für: Serie „Außerschulische Lernorte" im Thüringer Schulportal: Lernort: Abenteuer Artenvielfalt – Organismen in ihrer Umwelt am Nordufer des Bleilochstausees. https://www.schulportal-thueringen.de/web/guest/media/detail?tspi=6358

--- (2020l): Arbeitsblätter Waldexperten und Wiesenexperten. Jena: Arbeitsgruppe Biologiedidaktik, Friedrich-Schiller-Universität Jena, 10 Seiten. Für: Serie „Außerschulische Lernorte" im Thüringer Schulportal: Lernort: Abenteuer Artenvielfalt – Organismen in ihrer Umwelt am Nordufer des Bleilochstausees. https://www.schulportal-thueringen.de/web/guest/media/detail?tspi=6358

--- (2020m): Arbeitsblätter Seeexperten. Jena: Arbeitsgruppe Biologiedidaktik, Friedrich-Schiller-Universität Jena, 18 Seiten. Für: Serie „Außerschulische Lernorte" im Thüringer Schulportal: Lernort: Abenteuer Artenvielfalt – Organismen in ihrer Umwelt am Nordufer des Bleilochstausees. https://www.schulportal-thueringen.de/web/guest/media/detail?tspi=6358

--- (2020n): Lösungsheft Abenteuer Artenvielfalt - Wirbellose im "Biotopverbund Rothenbach" bei Heberndorf (2. Aufl.). Jena: Arbeitsgruppe Biologiedidaktik, Friedrich-Schiller-Universität Jena, 35 Seiten. Für: Serie „Außerschulische Lernorte" im Thüringer Schulportal: Lernort: Abenteuer Artenvielfalt - Wirbellose im „Biotopverbund Rothenbach" bei Heberndorf. https://www.schulportal-thueringen.de/web/guest/media/detail?tspi=6361

--- (2020o): Lösungsheft Abenteuer Artenvielfalt - Organismen in ihrer Umwelt am Blei-lochstausee (2. Aufl.). Jena: Arbeitsgruppe Biologiedidaktik, Friedrich-Schiller-Universität Jena, 33 Seiten. Für: Serie „Außerschulische Lernorte" im Thüringer Schulportal: Lernort: Abenteuer Artenvielfalt – Organismen in ihrer Umwelt am Nordufer des Bleilochstausees. https://www.schulportal-thueringen.de/web/guest/media/detail?tspi=6358

--- (2020p): Arbeitsblätter Bachexperten. Jena: Arbeitsgruppe Biologiedidaktik, Friedrich-Schiller-Universität Jena, 5 Seiten. Für: Serie „Außerschulische Lernorte" im Thüringer Schulportal: Lernort: Abenteuer Artenvielfalt – Organismen in ihrer Umwelt am Nordufer des Bleilochstausees. https://www.schulportal-thueringen.de/web/guest/media/detail?tspi=6358

--- (2020q): Arbeitsblatt Verhalten im Naturschutzgebiet (NSG). Jena: Arbeitsgruppe Biologiedidaktik, Friedrich-Schiller-Universität Jena, 1 Seite. Für: Serie „Außerschulische Lernorte" im Thüringer Schulportal: Lernort: Abenteuer Artenvielfalt – Organismen in ihrer Umwelt am Nordufer des Bleilochstausees. https://www.schulportal-thueringen.de/web/guest/media/detail?tspi=6358, Lernort: Abenteuer Artenvielfalt - Wirbellose im „Biotopverbund Rothenbach" bei Heberndorf. https://www.schulportal-thueringen.de/web/guest/media/detail?tspi=6361

--- (2020r): Biotrack Naturwanderung Heberndorf. Jena: Arbeitsgruppe Biologiedidaktik, Friedrich-Schiller-Universität Jena, GPX-Datei. Für: Serie „Außerschulische Lernorte" im Thüringer Schulportal: Lernort: Abenteuer Artenvielfalt - Wirbellose im „Bio-topver-bund Rothenbach" bei Heberndorf. https://www.schulportal-thueringen.de/web/guest/media/detail?tspi=6361

--- (2020s): Biotrack Bootstour Bleilochstausee. Jena: Arbeitsgruppe Biologiedidaktik, Friedrich-Schiller-Universität Jena, GPX-Datei. Für: Serie „Außerschulische Lernorte" im Thüringer Schulportal: Lernort: Abenteuer Artenvielfalt – Organismen in ihrer Umwelt am Nordufer des Bleilochstausees. https://www.schulportal-thueringen.de/web/guest/media/detail?tspi=6358

--- (2020t): Biotrack Mountainbiketour Bleilochstausee. Jena: Arbeitsgruppe Biologiedidaktik, Friedrich-Schiller-Universität Jena, GPX-Datei. Für: Serie „Außerschulische Lernorte" im Thüringer Schulportal: Lernort: Abenteuer Artenvielfalt – Organismen in ihrer Umwelt am Nordufer des Bleilochstausees. https://www.schulportal-thueringen.de/web/guest/media/detail?tspi=6358

--- (2020u): Biotrack Untersuchungspunkte Retschbach. Jena: Arbeitsgruppe Biologiedidaktik, Friedrich-Schiller-Universität Jena, GPX-Datei. Für: Serie „Außerschulische Lernorte" im Thüringer Schulportal: Lernort: Abenteuer Artenvielfalt – Organismen in ihrer Umwelt am Nordufer des Bleilochstausees. https://www.schulportal-thueringen.de/web/guest/media/detail?tspi=6358

--- (2020v): Biodiversität, Bildung und Biologieunterricht. Digital gestützte Biodiversi-tätsexkursionen. Biologie in unserer Zeit 50 (2): 134-142. http://dx.doi.org/10.1002/biuz.202010703

Knoblich, L. & C. Hoffmann (2018): Modulentwurf zur Ergänzung des Lehrplans für das Wahlpflichtfach Naturwissenschaften und Technik in Thüringen. Jena (unveröffentlichtes Dokument).

Knoop, P. A. & B. van der Pluijm (2006): GeoPad: Tablet PC-enabled Field Science Education. In: Berque, D. A., J. C. Prey & R. H. Reed, eds.: The Impact of Pen-based Technology on Education: Vignettes, Evaluations, and Future Directions: 103-113.

König, C. (2018): Re: kurze Frage Lehrperson. E-Mail: 30. Mai 2018.

Konradin Medien GmbH (2017): Neue Medien. http://www.wissen.de/neue-medien (zugegriffen: 25. Juni 2017).

Köpke, I. (2006): Bewertung von Lebensmitteln im Biologieunterricht – eine empirische Untersuchung zum Ernährungshandeln von Schülerinnen und Schülern der Klasse 9. Dissertation, Kiel: Christian-Albrechts-Universität zu Kiel.

Köthe, K. (2014): Vom Perthes-Verlag zum Geocaching: Biologie vermessen, kartieren und interpretieren. Erste Staatsexamensarbeit, Jena: Friedrich-Schiller-Universität Jena.

Krapp, A. & R. M. Ryan (2002): Selbstwirksamkeit und Lernmotivation. Eine kritische Betrachtung der Theorie von Bandura aus der Sicht der Selbstbestimmungstheorie und der pädagogisch-psychologischen Interessentheorie. Zeitschrift für Pädagogik 44: 54–82.

Krüger, D. (2003): Entwicklungsorientierte Evaluationsforschung – Ein Forschungsrahmen für die Biologiedidaktik. Erkenntnisweg Biologiedidaktik 2: 7–24.

Krüger, H.-H. & W. Helsper, Hrsg. (2010): Einführung in Grundbegriffe und Grundfragen der Erziehungswissenschaft. Opladen & Farmington Hills: Verlag Barbara Budrich.

Krüger, M. (2010): Bewegtes Lernen im Biologieunterricht – Ein Unterrichtskonzept zur Förderung des Lernerfolgs. sportunterricht 59, Nr. 11: 328–333.

Kubb, C. (2017a): Naturschutz. http://www.biologie-schule.de/naturschutz.php (zugegriffen: 23. Juni 2017).

--- (2017b): Umweltschutz. http://www.biologie-schule.de/umweltschutz.php (zugegriffen: 23. Juni 2017).

Kuckartz, U. (1998): Umweltbewusstsein und Umweltverhalten. Berlin: Springer.

Kühl, E. (1927): Die Natur des Menschen und die Struktur der Erziehung bei Rousseau und Pestalozzi. Dissertation, Jena: Universität Jena.

Kullak-Ublick, H. (2012): Erziehungskunst – Waldorfpädagogik heute: Rettet die Bildung! Zehn Thesen zur Schule der Zukunft. http://www.erziehungskunst.de/artikel/rettet-die-bildung/rettet-die-bildung-zehn-thesen-zur-schule-der-zukunft/ (zugegriffen: 23. Juni 2017).

Kultusministerkonferenz (2012): Medienbildung in der Schule. http://www.kmk.org/fileadmin/Dateien/veroeffentlichungen_beschluesse/2012/2012_03_08_Medienbildung.pdf (zugegriffen: 24. Juni 2017).

Kyburz-Graber, R., L. Rigendinger, G. Hirsch Hadorn & K. Werner Zentner (1997): Sozi-o-ökologische Umweltbildung. Hamburg: Krämer.

Labudde, P. (2004): Fächerübergreifender Unterricht in Naturwissenschaften: ‚Bausteine' für die Aus- und Weiterbildung von Lehrpersonen. Beiträge zur Lehrerbildung 22, Nr. 1: 54–68.

--- (2014): Fächerübergreifender naturwissenschaftlicher Unterricht – Mythen, Definitionen, Fakten. Berlin: Springer-Verlag GmbH.

Lampe, H.-U., F. Liebner, H. Urban-Woldron & M. Tewes (2015): Innovativer naturwissenschaftlicher Unterricht mit digitalen Werkzeugen. Experimente mit Messwerterfassung in den Fächern Biologie, Chemie, Physik. Hg. von Deutscher Verein zur Förderung des mathematischen und naturwissenschaftlichen Unterrichts e. V. MNU Themenreihe Bildungsstandards. Neuss: Klaus Seeberger.

Lehnert, H.-J. (2013): Biologische Muster. Artmonographien verschlüsselt darstellen. Unterricht Biologie 37: 28–31.

Leske, S. (2009): Biologische Vielfalt weltweit und regional erhalten – Einflussfaktoren für Handlungsbereitschaften von Schüler(inne)n der Sekundarstufen I und II. Dissertation, Göttingen: Georg-August-Universität zu Göttingen.

Liefländer, A. (2012): Effektivität von Umweltbildung zum Thema Wasser — Empirische Studie zu Naturverbundenheit, Umwelteinstellungen und Umweltwissen. Dissertation, Bayreuth: Universität Bayreuth.

Liutik, C. & O. Pänke (2016): Leitlinie zum Umgang mit geistigem Eigentum an der Friedrich-Schiller-Universität Jena - IP-Strategie. http://www.sft.uni-jena.de /forschung_multimedia/FSU_IP_Strategie_20161212.pdf (zugegriffen: 26. Juni 2017).

Loft, L. (2009): Erhalt und Finanzierung biologischer Vielfalt - Synergien zwischen internationalem Biodiversitäts- und Klimaschutzrecht. Hg. von H. W. Louis & J. Schumacher. Bd. 12. Schriftenreihe Natur und Recht. Berlin / Heidelberg: Springer.

Lorenz, K. & F. M. Wuketits, Hrsg. (1983): Die Evolution des Denkens. München: Piper.

Löwenberg, A. (2000): Naturkundliche Bildung im schulischen und außerschulischen Bereich: Interessenförderung durch den Einsatz lebender Insekten und anderer Wirbellosen im Unterricht. Dissertation, Heidelberg: Pädagogische Hochschule Heidelberg.

Lude, A., S. Schaal, M. Bullinger & S. Bleck (2013): Mobiles, ortsbezogenes Lernen in der Umweltbildung und Bildung für nachhaltige Entwicklung – der erfolgreiche Einsatz von Smartphone und Co. in Bildungsangeboten in der Natur. Baltmannsweiler: Schneider Verlag Hohengehren.

Magurran, A. E. (2004): Measuring Biological Diversity. Malden / Oxford / Carlton: Blackwell Science Ltd.

Manderbach, R. (2017): Fauna-Flora-Habitat-Richtlinie. http://www.fauna-flora-habitat richtlinie.de/ (zugegriffen: 15. Oktober 2017).

Matthes, E. & C. Heinze, Hrsg. (2005): Das Schulbuch zwischen Lehrplan und Unterrichtspraxis. Bad Heilbrunn: Julius Klinkhardt.

Mayring, P. (2010): Qualitative Inhaltsanalyse. Grundlagen und Techniken. Weinheim / Basel: Beltz.

MEDIA-TOURS (2020): Was ist ein POI? https://www.wegeundpunkte.de/gps.php? content=poi (zugegriffen: 1. Mai 2020).

Meier, R. (1993): Der Königsweg: Medien selbst herstellen. In: Friedrich Jahresheft XI: Unterrichtsmedien: 28-31.

Meinhardt, G. (2016a): Bestätigung der Fotoerlaubnis. Schleiz: Staatliches Gymnasium „Dr. Konrad Duden" Schleiz.

--- (2016b): Re: Exkursion - Planung in der Endphase. E-Mail: 7. April 2016.

Menzel, S. & S. Bögeholz (2007): Fragebogen zur Wahrnehmung von lokaler und globaler Biodiversität. In: S. Menzel, Learning Prerequisites for Biodiversity Education. Chilean and German Pupils Cognitive Frameworks and Their Commitment to Protect Biodiversity. Dissertation. Mathematisch-Naturwissenschaftliche Fakultäten, Georg-August-Universität zu Göttingen: Göttingen.

Meyer-Ahrens, I., M. Moshage, J. Schäffer & M. Wilde (2010): Nützliche Elemente von Schülermitbestimmung im Biologieunterricht für die Verbesserung intrinsischer Motivation. Zeitschrift für Didaktik der Naturwissenschaften 16: 155–166.

Minelli, A. (2001): Diversity of Life. Encyclopedia of Life Sciences. Nature Publishing Group. DOI: 10.1038/npg.els.0004120.

Ministerium für Bildung (2016): Fachlehrplan Gymnasium Biologie Sachsen-Anhalt. http://www.bildung-lsa.de/pool/RRL_Lehrplaene/Erprobung/Gymnasium/FLP_Gym_ Biologie_LT.pdf?rl=59 (zugegriffen: 24. Juni 2017).

Mittelstädt, H. & R. Mittelstädt (2015): 99 Tipps – Digitale Medien im Unterricht. Berlin: Cornelsen Schulverlag GmbH.

Moegling, K. (1998): Fächerübergreifender Unterricht – Wege ganzheitlichen Lernens in der Schule. Bad Heilbrunn: Klinkhardt.

Möhring, C. (2009): Biodiversität in der Forschung. Weinheim: WILEY-VCH Verlag GmbH & Co. KGaA.

Müller, A. H. (1978): Lehrbuch der Paläozoologie. Band II. Invertebraten. Teil 3. Arthropoda 2 - Hemichordata. Jena: Gustav Fischer.

Müller, S. & Y. Serth (2012): Mit digitalen Medien den Schulalltag optimieren – 66 praktische Ideen für Selbstorganisation und Unterricht. Mülheim an der Ruhr: Verlag an der Ruhr.

Müller, T. (2012): GEO. Tipps und Materialien für Lehrerinnen und Lehrer. Vielfalt draußen entdecken. Wie man einen Forschertag vorbereitet. Wie er in den Unterricht passt. Hamburg: Gruner+Jahr AG & Co KG.

Munzinger, S. (2017a): naturgucker.de - impressum. http://www.naturgucker.info/start/ impressum/ (zugegriffen: 8. November 2017).

--- (2017b): Re: Datenbank GEO-Tag. E-Mail: 9. Oktober 2017.

Naturpark Thüringer Schiefergebirge / Obere Saale (2010): Leitbild und Entwicklungsziele. Unser Naturpark – Heimat mit Zukunft. https://www.db-thueringen.de/servlets/MCRFileNodeServlet/dbt_derivate_00028288/Naturpark.pdf (zugegriffen: 26. Juni 2017).

Naturpark-Haus und -verwaltung (2017): Aktionen im Naturpark - Thüringer Schiefergebirge - Obere Saale. http://www.thueringer-schiefergebirge-obere-saale.de/Neuigkeiten/aktionen/ (zugegriffen: 26. Juni 2017).

Naturparkverwaltung Thüringer Schiefergebirge / Obere Saale (2015): 2. Katalog LERN-ORTE entsteht im Naturpark Thüringer Schiefergebirge/Obere Saale. http://www.naturparkmagazin.de/thueringer-schiefergebirge-obere-saale/2-katalog-lernorte-ent steht-im-naturpark-thueringer-schiefergebirgeobere-saale/ (zugegriffen: 7. November 2017).

Naturschutzbund Deutschland Landesverband Nordrhein-Westfalen e. V. (2014): Die Nilgans Alopochen aegyptiaca. https://nrw.nabu.de/natur-und-landschaft/landnutzung/jagd/jagdbare-arten/wasservoegel/04390.html (zugegriffen: 29. Juni 2017).

Niedersächsisches Kultusministerium (2015): Kerncurriculum für das Gymnasium Schuljahrgänge 5-10 Naturwissenschaften Niedersachsen. http://db2.nibis.de/1db/ cuvo/datei/nw_gym_si_kc_druck.pdf (zugegriffen: 24. Juni 2017).

--- (2017): Kerncurriculum für das Gymnasium – gymnasiale Oberstufe die Gesamtschule – gymnasiale Oberstufe das Berufliche Gymnasium das Abendgymnasium das Kolleg Biologie. http://db2.nibis.de/1db/cuvo/datei/bi_go_kc_druck_2017.pdf (zugegriffen: 24. Juni 2017).

Oerke, B. (2007): Natur- und Umweltschutzbewusstsein: Dimensionalität und Validität beim Messen von Einstellungen und Verhalten. Dissertation, Bayreuth: Universität Bayreuth.

Ohler, G. (2019): Verwaltungsvorschrift des Thüringer Ministeriums für Bildung, Jugend und Sport zur Durchführung des Kurses Medienkunde an den Thüringer allgemeinbildenden und berufsbildenden Schulen. https://bildung.thueringen.de/fileadmin/schule/schulwesen/2019-09-17_Verwaltungsvorschrift_Medienkunde.pdf (zugegriffen: 25. April 2020).

OsmAnd BV (2010-2020): Offline mobile Karten und Navigation. https://osmand.net/de (zugegriffen: 27. Juni 2017).

Overden, D. & M. Greenhalgh (2010): Der große Kosmos-Naturführer Teich, Fluss, See. 900 Tiere und Pflanzen. Stuttgart: Franckh Kosmos.

Pädagogisches Landesinstitut Rheinland-Pfalz (2017): M 0.4.2: Aufgabenformate. http://www.kmk-format.de/material/Deutsch/0_Kompetenzorientierung_und_-entwicklung_im_Fach_%20Deutsch/0_4_Kompetenzorientierte_Aufgaben/M_0_4_2.pdf (zugegriffen: 28. Juni 2017).

Pohl, C. (2008): Die Bedeutung außerschulischer Lernorte für den Biologieunterricht. Eine Befragung und Untersuchung zur Einstellung der Biologielehrerinnen und Biologielehrer der verschiedenen Schulformen der Sekundarstufen I und II. Münster: Schüling Verlag.

PONS GmbH (2017): Latein» Deutsch-Wörterbuch. https://de.pons.com/% C3%BCbersetzung/latein-deutsch (zugegriffen: 25. September 2017).

Porsch, R., Hrsg. (2016): Einführung in die Allgemeine Didaktik. Münster / New York: Waxmann Verlag GmbH.

Pott, E. (2001): Bach-Fluss-See – Pflanzen und Tiere unserer Gewässer. München: BLV.

Potthast, T. (2007): Biodiversität - Schlüsselbegriff des Naturschutzes im 21. Jahrhundert? Erweiterte Ergebnisdokumentation einer Vilmer Sommerakademie. Münster: Landwirtschaftsverlag.

Pütz, N., Hrsg. (2007): Studienhilfe Biologiedidaktik. Vechta: Hochschule Vechta.

Raatz, R. T. (2017): Osmand Anleitung: Kostenlose Karten- und Navigations App. http://www.smartphone-tipp.de/apps/anleitung-osmand/ (zugegriffen: 25. Juni 2017).

Ramsey, J., H. R. Hungerford & A. N. Tomera (1981): The Effects of Environmental Action and Environmental Case Study Instruction on the Overt Environmental Behavior of Eighth-Grade Students. The Journal of Environmental Education 13: 24–29.

Rasch, B., M. Friese, W. J. Hofmann & E. Naumann (2010): Quantitative Methoden 1. Einführung in die Statistik für Psychologen und Sozialwissenschaftler. Berlin / Heidelberg: Springer.

Rauner, A. (2016): Vollzug des Bundesnaturschutzgesetzes – BnatSchG -, des Thüringer Gesetz für Natur und Landschaft (ThürNatG) sowie der Bundesartenschutzverordnung - BArtSchV. Ihr Antrag auf Erteilung einer artenschutzrechtlichen Ausnahmegenehmigung. Schleiz: Landratsamt Saale-Orla-Kreis.

Reaka-Kudla, M. L., D. E. Wilson & E. O. Wilson, eds. (1997): Biodiversity II. Understanding and Protecting Our Biological Resources. Washington, D. C.: Joseph Henry Press.

Reichholf-Riehm, H. (1993a): Die farbigen Naturführer. Schmetterlinge. München: Mosaik Verlag GmbH.

--- (1993b): Die farbigen Naturführer. Insekten. München: Mosaik Verlag GmbH.

Reppe, M. (2012): Der Einsatz „Neuer Medien" im Biologieunterricht im 21. Jahrhundert am Beispiel der Stoffeinheit Humanbiologie. Erste Staatsexamensarbeit, Jena: Friedrich-Schiller-Universität Jena.

Reumann, T. (2014): GPS in der Schule - Welchen Nutzen hat das Geocaching mit Schülern? http://schule-gps.de/pages/geocaching/schule-und-geocaching.php (zugegriffen: 26. Juni 2017).

Riemer, P. (2017): kurze Frage aktuelle Auflage Biologielehrbücher {SrvReqNo: [409944]}. E-Mail: 19. April 2017.

Ripka, F. (2014): Lernort: Geocaching – Orientierungslauf mit GPS-Geräten - Thüringer Schulportal. http://www.schulportal-thueringen.de/web/guest/media/detail?tspi=4647 (zugegriffen: 26. Juni 2017).

Rost, J., C. Gresele & T. Martens (2001): Handeln für die Umwelt. Anwendung einer Theorie. Münster: Waxmann.

Rothmaler, W. (2011): Exkursionsflora von Deutschland. Gefäßpflanzen: Grundband. Hg. von E. J. Jäger. Heidelberg: Spektrum Akademischer Verlag.

Schaal, S. (2013): Biodiversität to go. Lebensräume mit GPS-Gerät, Handy & Co. erkunden. Unterricht Biologie 37: 32–37.

Schaal, S. & A. Lude (2015): Using Mobile Devices in Environmental Education and Education for Sustainable Development – Comparing Theory and Practice in a Nation Wide Survey. Sustainability 7: 10153–10170. https://doi.org/10.3390/su70810153

Schaefer, M. (2012): Wörterbuch der Ökologie. Heidelberg: Spektrum Akademischer Verlag.

Schallenberger, E. H., Hrsg. (1976): Studien zur Methodenproblematik wissenschaftlicher Schulbucharbeit. Bd. 5. Zur Sache Schulbuch. Kastellaun: Aloys Henn Verlag.

Schefter, T. (2017): Nicht die Glücklichen sind dankbar. Es sind die Dankbaren, die glückl... http://www.aphorismen.de/zitat/108653 (zugegriffen: 2. Juli 2017).

Schiefele, U., A. Krapp, K.-P. Wild & A. Winteler (1993). Der „Fragebogen zum Studieninteresse" (FSI). Diagnostica, 39 (4): 335-351.

Schlüter, K. (2007): Vom Motiv zur Handlung – Ein Handlungsmodell für den Umweltbereich. In: Krüger, D. & H. Vogt, Hrsg.: Theorien in der biologiedidaktischen Forschung: 57-67.

Schmidt, A. (2016a): AW: Planung Exkursion 7a in der Endphase. E-Mail: 6. April 2016.

--- (2016b): Bestätigung der Fotoerlaubnis. Bad Lobenstein: Staatliches Gymnasium „Christian-Gottlieb-Reichard" Bad Lobenstein.

Schmitt-Menzel, I., F. Streich & WDR mediagroup licensing GmbH (2010): Frag doch mal ... die Maus! Erstes Sachwissen - Im Wald. München: Kursiv Verlag GmbH.

Schmutzler, M. (2017): AW: kurze Fragen zu BaseCamp. E-Mail: 30. Januar 2017.

Schnell, R., P. B. Hill & E. Esser (2018): Methoden der empirischen Sozialforschung (11. Aufl.). Berlin / Boston: Walter de Gruyter GmbH.

Schönfeld, R. (2008): Das GPS Handbuch. GPS-Handgeräte in der Praxis: PC-Software, digitale Karten, GPS-Empfänger der Fa Garmin. o. O.: Monsenstein und Vannerdat.

Schrader, S., V. L. Schütz & W. Scholze (2006): Jugend für Umwelt und Sport. Tipps und Tricks für Natursportlerinnen und Natursportler. Hg. von Jugend für Umwelt und Sport. Meckenheim: o. V.

Schröder, K., C. Mallon, S. Lorenzen & M. Wilde (2009): Videoanalyse zum Einfluss lebender Tiere auf das Schülerverhalten, Lernzuwachs und Motivation im Biologieunterricht. Erkenntnisweg Biologiedidaktik 8: 55–68.

Schröder, U. (2016a): Bitte um kurze Antwort / kurzen Rückruf zwecks faunistischen Untersuchungen. E-Mail: 2. November 2016.

--- (2016b): AW: WICHTIG: letzte kurze Frage vor Absenden der Publikation - Bitte um Rückmeldung bis 18.11.2016 (Nachmittag). E-Mail: 18. November 2016.

--- (2016c): Datenauszüge aus dem Fachinformationssystem (FIS) Naturschutz (LINFOS) in der TLUG. Tier- und Pflanzenarten Bleiloch. Thüringer Ministerium für Umwelt, Energie und Naturschutz (TMUEN), Hrsg. Erfurt: o. V.

--- (2017): AW: Stand der floristischen Untersuchungen (Region Bleilochstausee und Heberndorf). E-Mail: 5. Juli 2017.

SCHUBZ – Umweltbildungszentrum der Hansestadt Lüneburg (2012): Bildung für eine nachhaltige Entwicklung mit digitalen Medien im internationalen Austausch. http://www.undekade-biologischevielfalt.de/undekade/media/101214060155_99830.pdf (zugegriffen: 23. Juni 2017).

Schultz, P. W. (2002): Inclusion with nature: The psychology of human-nature relations. In: P. Schmuck & P. Schultz, eds.: Psychology of sustainable development: 61–78.

Schulze, M. & M. Busch (2014): Geocaching im Unterricht - Unterstützer bei der Umsetzung der neuen kompetenzorientierten Lehrpläne - Thüringer Schulportal. https://www.schulportal-thueringen.de/catalog/detail?tspi=103972_ (zugegriffen: 26. Juni 2017).

Seidel, G., Hrsg. (1995): Geologie von Thüringen. Stuttgart: Schweizerbart.

Seifert-Rösing, I. (2017): Land des blauen Goldes. http://www.kreis-slf.de/fileadmin/user_upload/Flyer_Land_des_blauen_Goldes.pdf (zugegriffen: 26. Juni 2017).

Seipel, K. (2020): Schulbuchkatalog - Thüringer Schulportal. http://www.schulportal-thueringen.de/werkzeuge/schulbuchkatalog (zugegriffen: 1. Mai 2020).

Sekretariat der Kultusministerkonferenz, Hrsg. (2016): Strategie der Kultusministerkonferenz „Bildung in der digitalen Welt". Berlin: o. V.

Six, U., U. Gleich & R. Gimmler, Hrsg. (2007): Kommunikationspsychologie - Medienpsychologie. Weinheim: Beltz Psychologie Verlags Union (PVU).

Spahn-Skrotzki, G. (2010): Bildung zur Verantwortung gegenüber dem Leben. Fächerübergreifender Unterricht als Weg zu verantwortlichem Handeln im ökologischen und bioethischen Kontext. Bad Heilbrunn: Julius Klinkhardt.

Spektrum Akademischer Verlag (1999a): Lexikon der Biologie. Biodiversität. http://www.spektrum.de/lexikon/biologie/biodiversitaet/8597 (zugegriffen: 12. Oktober 2017).

--- (1999b): Lexikon der Biologie. Deduktion und Induktion. http://www.spektrum.de/lexikon/biologie/deduktion-und-induktion/17074 (zugegriffen: 8. Oktober 2017).

Spörhase-Eichmann, U. & W. Ruppert, Hrsg. (2004): Biologie-Didaktik. Praxishandbuch für die Sekundarstufe I und II. Berlin: Cornelsen.

Staeck, L. (2009): Zeitgemäßer Biologieunterricht. Eine Didaktik für die Neue Schulbiologie (6. Aufl.). Baltmannsweiler: Schneider Verlag Hohengehren.

Ständige Konferenz der Kultusminister der Länder in der Bundesrepublik Deutschland, Hrsg. (2005): Bildungsstandards im Fach Biologie für den Mittleren Schulabschluss.

Beschluss vom 16.12.2004. München / Neuwied: Wolters Kluwer Deutschland GmbH.

Stein, G. (1977): Schulbuchwissen, Politik und Pädagogik. Untersuchungen zu einer praxisbezogenen und theoriegeleiteten Schulbuchforschung. Bd. 10. Zur Sache Schulbuch. Kastellaun: Aloys Henn.

Steyer, R. (2017): Reliabilitätsanalyse. http://www.metheval.uni-jena.de/get.php?f=1011 (zugegriffen: 29. Juni 2017).

Stichmann, W. (2006): Der große Kosmos-Naturführer. Tiere und Pflanzen. Stuttgart: Franckh-Kosmos.

Stolpe, K. & L. Björklund (2013): Students' long-term memories from an ecology field excursion: Retelling a narrative as an interplay between implicit and explicit memories. Scandinavian Journal of Educational Research 57, Nr. 3: 277–291.

Streit, B. (2007): Was ist Biodiversität? Erforschung, Schutz und Wert biologischer Vielfalt. München: Beck.

Stremke, A. & M. Ludwig (2000): Außerschulische Umweltbildung in Thüringen – Stand und Erfahrungen. Hg. von Thüringer Landesanstalt für Umwelt. Landschaftspflege und Naturschutz in Thüringen 37, Nr. 1: 17–19.

Stresemann, E. (1995): Exkursionsfauna von Deutschland – Wirbeltiere. Band 3. Hg. von H.-J. Hannemann, B. Klausnitzer & K. Senglaub. Jena: Gustav Fischer.

--- (2000): Exkursionsfauna von Deutschland – Wirbellose: Insekten. Hg. von H.-J. Hannemann, B. Klausnitzer & K. Senglaub. Heidelberg / Berlin: Spektrum Akademischer Verlag.

Stresemann, E., H.-J. Hannemann, B. Klausnitzer & K. Senglaub (1992): Exkursionsfauna von Deutschland Band 1 – Wirbellose (ohne Insekten). Berlin: Volk und Wissen.

Thüringer Institut für Lehrerfortbildung, Lehrplanentwicklung und Medien (2014): Hinweise zur Lehrplanimplementation. http://www.thueringen.de/mam/th2/schulaemter/hinweise_zur_lehrplanimplementation_end.pdf (zugegriffen: 1. Juli 2017).

--- (2017): Medienkunde - Thüringer Schulportal. http://www.schulportal-thueringen.de/bildung_medien/medienkunde (zugegriffen: 25. Juni 2017).

Thüringer Kultusministerium (1999): Lehrplan für das Gymnasium Biologie. https://www.schulportal-thueringen.de/media/detail?tspi=1406 (zugegriffen: 24. Juni 2016).

Thüringer Landesanstalt für Umwelt und Geologie (2011): Rote Listen der gefährdeten Tier- und Pflanzenarten, Pflanzengesellschaften und Biotope Thüringens. Naturschutzreport 18. o. O.: o. V.

--- (2016): Kartierung der Farn- und Blütenpflanzen Thüringens. https://www.thueringen.de/th8/tlug/umweltthemen/naturschutz/bot_artenschutz/kartierung_ffh_rote_liste_pflanzen/index.aspx (zugegriffen: 21. November 2016).

--- (2017): Natur und Landschaft - nachhaltig schützen und gestalten. https://www.thueringen.de/th8/tlug/wir_ueber_uns/chronik/fachabteilungen/index.aspx (zugegriffen: 6. Oktober 2017).

Thüringer Ministerium für Bildung, Jugend und Sport, Hrsg. (2011): Thüringer Schulordnung für die Grundschule, die Regelschule, die Gemeinschaftsschule, das Gymnasium und die Gesamtschule (ThürSchulO). Erfurt: o. V.

--- (2015a): Lehrplan für den Erwerb der allgemeinen Hochschulreife Mensch-Natur-Technik. https://www.schulportal-thueringen.de/media/detail?tspi=1393 (zugegriffen: 24. Juni 2017).

--- (2015b): Thüringer Bildungsplan bis 18 Jahre. Bildungsansprüche von Kindern und Jugendlichen. Erfurt: donner+friends.

--- (2016): Lehrplan für den Erwerb der allgemeinen Hochschulreife Sport. https://www.schulportal-thueringen.de/media/detail?tspi=3500 (zugegriffen: 24. Juni 2017).

--- (2017): Ferien in Thüringen. http://www.thueringen.de/th2/tmbjs/bildung/schulwesen/ferien/#fer2015 (zugegriffen: 26. Juni 2017).

--- (2018): Lehrplan für den Erwerb der allgemeinen Hochschulreife. Wahlpflichtfach Naturwissenschaften und Technik. https://www.schulportal-thueringen.de/media/detail?tspi=3702 (zugegriffen: 18. September 2018).

Thüringer Ministerium für Bildung, Wissenschaft und Kultur, Hrsg. (2010): Medienkunde. Erfurt: o. V.

--- (2011a): Lehrplan für den Erwerb der allgemeinen Hochschulreife Latein. https://www.schulportal-thueringen.de/media/detail?tspi=1399 (zugegriffen: 25. Juni 2017).

--- (2011b): Lehrplan für den Erwerb der allgemeinen Hochschulreife Mathematik. https://www.schulportal-thueringen.de/web/guest/media/detail?tspi=1392 (zugegriffen: 25. Juni 2017).

--- (2012a): Lehrplan für den Erwerb der allgemeinen Hochschulreife Biologie. http://www.schulportal-thueringen.de/web/guest/media/detail?tspi=2284 (zugegriffen: 24. Juni 2017).

--- (2012b): Lehrplan für den Erwerb der allgemeinen Hochschulreife Wirtschaft und Recht. https://www.schulportal-thueringen.de/media/detail?tspi=2843 (zugegriffen: 25. Juni 2017).

--- (2012c): Lehrplan für den Erwerb der allgemeinen Hochschulreife Ethik. https://www.schulportal-thueringen.de/media/detail?tspi=2838 (zugegriffen: 25. Juni 2017).

--- (2012d): Lehrplan für den Erwerb der allgemeinen Hochschulreife Geografie. https://www.schulportal-thueringen.de/media/detail?tspi=2840 (zugegriffen: 25. Juni 2017).

--- (2012e): Lehrplan für den Erwerb der allgemeinen Hochschulreife Sozialkunde. https://www.schulportal-thueringen.de/media/detail?tspi=2842 (zugegriffen: 25. Juni 2017).

--- (2012f): Lehrplan für den Erwerb der allgemeinen Hochschulreife Informatik. https://www.schulportal-thueringen.de/media/detail?tspi=3657 (zugegriffen: 25. Juni 2017).

--- (2012g): Lehrplan für den Erwerb der allgemeinen Hochschulreife Geschichte. https://www.schulportal-thueringen.de/media/detail?tspi=2839 (zugegriffen: 1. Juli 2017).

--- (2012h): Lehrplan für den Erwerb der allgemeinen Hochschulreife Kunst. https://www.schulportal-thueringen.de/media/detail?tspi=2844 (zugegriffen: 25. Juni 2017).

--- (2012i): Lehrplan für den Erwerb der allgemeinen Hochschulreife Physik. https://www.schulportal-thueringen.de/media/detail?tspi=2280 (zugegriffen: 25. Juni 2017).

--- (2012j): Lehrplan für den Erwerb der allgemeinen Hochschulreife Chemie. https://www.schulportal-thueringen.de/media/detail?tspi=2285 (zugegriffen: 25. Juni 2017).

--- (2013): Lehrplan für den Erwerb der allgemeinen Hochschulreife Evangelische Religionslehre. https://www.schulportal-thueringen.de/media/detail?tspi=2845 (zugegriffen: 25. Juni 2017).

Thüringer Ministerium für Landwirtschaft, Forsten, Umwelt und Naturschutz, Hrsg. (2012): Thüringer Strategie zur Erhaltung der biologischen Vielfalt. Erfurt: Werbeagentur Kleine Arche GmbH.

Todt, A. (2016): UN-Dekade Biologische Vielfalt - Impressum. https://www.undekade-biologischevielfalt.de/impressum/ (zugegriffen: 8. November 2016).

Tulodziecki, G., B. Herzig & S. Blömeke (2017): Gestaltung von Unterricht. Eine Einführung in die Didaktik. Bad Heilbrunn: Julius Klinkhardt.

Tulodziecki, G., B. Herzig & S. Grafe (2010): Medienbildung in Schule und Unterricht. Bad Heilbrunn: UTB GmbH.

Umweltbundesamt (2016): Biodiversität. Umweltschutz und Biodiversität. http://www.umweltbundesamt.de/das-uba/was-wir-tun/forschen/umwelt-beobachten/biodiversitaet (zugegriffen: 12. Oktober 2017).

Umweltinstitut München e. V. (2016): WLAN: Bundesregierung warnt. http://www.umweltinstitut.org/themen/mobilfunkstrahlung/wlan-bundesregierung-warnt.html (zugegriffen: 26. Juni 2017).

Verband Deutscher Naturparke e. V. (2012): Barrierefreier Landurlaub. Land erleben. Land genießen. https://www.landreise.de/fileadmin/e-magazin/Barrierefreier-Landurlaub_2012/index.htm (zugegriffen: 26. Juni 2017).

---, Hrsg. (2013): Naturparke Deutschland. Spielend Lernen! Angebote für Schulen. Troisdorf: Rautenberg Media & Print Verlag KG.

Verfürth, M. (1987): Kompendium Didaktik Biologie. München: Franz Ehrenwirth Verlag GmbH.

Verwaltung und Verein Naturpark „Thüringer Schiefergebirge/Obere Saale" (2009): Naturpark-Kursbuch. Mit Bus, Bahn und Schiff durch den Naturpark mit seinen Sehenswürdigkeiten. Mit uns Natur entdecken, erleben und genießen. Berlin: o. V.

Vopel, V. (2017a): Aw: Grüße und kurze Frage. E-Mail: 21. Februar 2017.

--- (2017b): Aw: AW: Vielen Dank und kurze Ergänzung. E-Mail: 22. Februar 2017.

--- (2017c): Aw: Stoffverteilungsplan Kl. 7. E-Mail: 7. März 2017.

Weidmann, S. (2017): kurze Ergänzungsfrage aktuelle Auflage Biologielehrbücher {Srv-ReqNo:[410075]}. E-Mail: 18. April 2017.

Weitzel, H. (2013a): Überall zu jederzeit individualisiert lernen? Unterricht Biologie 37: 2–9.

--- , Hrsg. (2013b): Mobiles digitales Lernen. Bd. 37. Unterricht Biologie. Zeitschrift für alle Schulstufen. Seelze: Friedrich Verlag GmbH.

--- (2013c): Zelluläre Vielfalt. Vom digitalen Abpausen zur biologischen Zeichnung. Unterricht Biologie 37: 10–13.

--- (2013d): Licht an – und «action». Mit Handyclips diagnostizieren und dokumentieren. Unterricht Biologie 37: 14–17.

WeltN24 GmbH (2016): Johanna Wanka: Computer und WLAN für alle Schulen. https://www.welt.de/politik/deutschland/article158640491/Milliardenprogramm-fuer-WLAN-und-Computer-in-Schulen.html (zugegriffen: 26. Juni 2017).

Wilkins, J. S. (2009): Species. A history of the idea. Berkeley / Los Angeles, California: University of California Press.

Wilson, E. O. (1988): Biodiversity. Washington, D. C.: National Academy Press.

--- (1992): Ende der biologischen Vielfalt? Der Verlust an Arten, Genen und Lebensräumen und die Chancen für eine Umkehr. Übers. von B. Dittami, A. Held, W. Hensel, B. P. Kremer, A. Meder & S. Vogel. Heidelberg / Berlin / New York: Spektrum Akademischer Verlag.

Wirth, V., M. Hauck & M. Schultz (2013a): Die Flechten Deutschlands. Band 1. Stuttgart: Eugen Ulmer KG.

--- (2013b): Die Flechten Deutschlands. Band 2. Stuttgart: Eugen Ulmer KG.

WWF Deutschland (2016a): Die Rote Liste bedrohter Tier- und Pflanzenarten - WWF Deutschland. http://www.wwf.de/themen-projekte/weitere-artenschutzthemen/rote-liste-gefaehrdeter-arten/ (zugegriffen: 23. Juni 2017).

--- (2016b): Hintergrundinformationen. Rote Listen der bedrohten Tier- und Pflanzenarten. http://www.wwf.de/fileadmin/fm-wwf/Publikationen-PDF/WWF-Hintergrundinformation-Rote-Liste-IUCN-und-Deutschland.pdf (zugegriffen: 23. Juni 2017).

Zumbach, J. (2010): Lernen mit Neuen Medien. Instruktionspsychologische Grundlagen. Stuttgart: Kohlhammer.

Zweckverband Naturpark Teutoburger Wald/Eggegebirge (2017): Naturpark Teutoburgerwald - GPS-Erlebnisregion. https://www.naturpark-teutoburgerwald.de/wandern/gps-erlebnisregion/ (zugegriffen: 26. Juni 2017).

Printed in the United States
By Bookmasters